INVENTING
TEMPERATURE

"INVENTING TEMPERATURE: MEASUREMENT AND SCIENTIFIC PROGRESS, FIRST EDITION" was originally published in English in 2004.
This translation is published by arrangement with Oxford University Press.
Copyright ⓒ 2004 by Oxford University Press, Inc.

All rights reserved.
Korean translation copyright ⓒ 2013 by EAST-ASIA PUBLISHING CO.
Korean translation rights arranged with Oxford University Press through EYA(Eric Yang Agency).

이 책의 한국어판 저작권은 EYA(Eric Yang Agency)를 통한
Oxford University Press와 독점계약한 도서출판 동아시아에 있습니다.
저작권법에 의하여 한국 내에서 보호를 받는 저작물이므로 무단전재와 복제를 금합니다.

온도계의 철학
측정 그리고 과학의 진보

초판 1쇄 펴낸날 2013년 10월 25일 | **초판 16쇄 펴낸날** 2025년 8월 1일

지은이 장하석 | **옮긴이** 오철우 | **감수** 이상욱 | **펴낸이** 한성봉
편집 안상준·김종립 | **디자인** 김숙희 | **마케팅** 오주형 | **경영지원** 국지연
펴낸곳 도서출판 동아시아 | **등록** 1998년 3월 5일 제1998-000243호
주소 서울시 중구 필동로8길 73 [예장동 1-42] 동아시아빌딩
블로그 blog.naver.com/dongasiabook | **전자우편** dongasiabook@naver.com
페이스북 www.facebook.com/dongasiabooks | **인스타그램** www.instagram.com/dongasiabook
전화 02) 757-9724, 5 | **팩스** 02) 757-9726

ISBN 978-89-6262-074-0   93400

잘못된 책은 구입하신 서점에서 바꿔드립니다.

INVENTING TEMPERATURE

MEASUREMENT
AND
SCIENTIFIC
PROGRESS

장하석 지음
오철우 옮김
이상욱 감수

온도계의 철학

동아시아

부모님께

이 책에 쏟아진 찬사들

온도계에 얽힌 과학, 역사, 그리고 철학을 통해 우리가 아무런 의심 없이 믿고 있던 과학적 상식을 뒤엎은 책 『온도계의 철학』으로 2006년 과학철학 분야 최고 권위의 '러커토시상'을 받고 일약 대가의 반열에 오른 사람이 바로 우리나라가 낳은 세계적인 과학철학자 장하석 교수다. 나는 그를 '21세기의 토머스 쿤'이라고 불렀지만, 내심 그가 쿤을 능가하는 학자가 되어주길 기대하고 있고 능히 그리 할 수 있으리라 믿는다.

최재천 · 이화여자대학교 석좌교수

장하석 교수의 『온도계의 철학』이 번역되어 무척 기쁘다. 이 책은 토머스 쿤 이후에 점점 멀어지기만 하던 과학철학과 과학사의 소통을 꾀하면서, 동시에 과학을 메타적으로 연구하는 과학학과 자연과학의 만남을 유도하려는 장하석 교수의 오랜 노력의 결실이다. "온도계를 사용해서 온도를 재는데, 온도를 재는 온도계의 온도는 어떻게 잴 수 있을까?"라는 호기심에서 출발한 이 책은 이미 과학사와 과학철학 양쪽 영역에서 고전적인 필독서가 되었다.

홍성욱 · 서울대학교 과학사 및 과학철학 교수

우수한 과학자들은 대한민국을 부강하게 하고 선진국을 만들어왔다. 하지만 이제는 기술적인 응용과학을 넘어 인류에 이바지하고 공헌할 기초과학과 인문학을 통해 명실상부한 선진 국가를 이루어야 한다. 장하석 교수는 그 상징적 인물이다. 40대 초반의 나이에 케임브리지대학교 석좌교수로 초빙되어 이미 세계적 석학들 사이에서 기립박수를 받고 있는 그를 가히 대한민국의 자부심이라 부르고 싶다.

정몽준 · 정치인

과학적인 개념들 중에서 아주 많은 것들이 우리 일상에 들어와 있다. 그러나 우리는 그런 개념들을 실감하지 못한다. 장하석 교수의 『온도계의 철학』은 독자를 일깨워 흥미진진한 역사와 복잡한 과학철학의 세계로 우리를 이끌어준다. 그는 "물은 섭씨 100도에서 끓는다"라는 속기 쉬울 정도로 간단명료한 말의 건너편에 있는 역사와 철학의 세계로 우리를 이끈다. 어느 순간에 우리는 장하석 교수가 들려주는 철학과 과학의 거대한 흐름 한복판에 서 있는 자신을 발견한다. 학생들에게 이 책은 과학철학으로 들어가는 훌륭한 길이 된다. 전문가에게는 최첨단 과학이 물리학 기초 개념의 특별한 이야기와 함께할 수 있음을 보는 일이 크나큰 도움이 될 것이다. 『온도계의 철학』은 역사, 철학, 그리고 과학이 교차하는 놀라운 책이다.

피터 갤리슨 · 하버드대학교 과학사 및 물리학 석좌교수

『온도계의 철학』은 물리학의 역사와 철학의 훌륭한 종합이다. 풍부하고 자세한 역사적 사실을 철학의 예리함과 상상력과 결합해 보여준다. 더욱이 이런 장점들이 한데 어울려 '잃어버린 문제'와 '잃어버린 지식'이라는 이 책 전반의 논쟁적 주제를 설득력 있게 전해준다. 즉, 과학사와 과학철학이 기성 이론들에 숨어 있는 이론과 실험의 빈틈, 현대 과학이 다룰 수 있고 다루어야 하는 빈틈을 찾아내어 보여줄 수 있다는 것이다.

제레미 버터필드 · 케임브리지대학교 과학철학 교수

『온도계의 철학』은 역사학의 엄밀성과 철학의 예리함을 갖추고서, 잘 정의되어 있고 깊숙한 흥미를 자아내는 주제를 다룬다. 과학의 역사와 철학 분야에 관심을 두는 많은 독자들이 읽어야 한다.

R. I. G. 휴즈 · 서든캘리포니아대학교 철학 교수

장하석 교수는 온도의 개념과 온도계 구성이 발전해온 역사를 우리에게 흥미롭게, 때때로 매혹적으로 들려준다. 과학의 역사와 철학, 그리고 물리학을 연구하는 이들은 그 역사에서 흥미로움을 느낄 것이다. 물리학에 폭넓은 배경지식을 지니지 않은 이들도 이 책에서 가치를 발견할 것이다.

앨런 프랭클린 · 콜로라도대학교 물리학 교수

한국어판 출간에 부쳐

고국의 독자들께

제가 2004년에 출간했던 이 책이 드디어 한국어판으로 빛을 보게 되어 정말 기쁩니다.

저는 한국을 떠난 지가 참 오래되었지만, 서울에 계신 부모님, 누나, 매형과 또 다른 가족들, 그 이외에도 많은 분들이 저를 항상 아껴주시고 또 제가 세계무대에서 이루어가고 있는 성과들을 자랑스럽게 여겨주시고 있다는 것을 잘 압니다. 그 때문에 큰 힘도 되고, 무거운 책임감도 때로는 느낍니다.

특히 이 책이 2006년 러커토시상(Lakatos Award)을 수상하여 국내 학계뿐 아니라 언론에도 소개가 되면서, 읽어보고 싶다는 관심을 표명해주시는 분들이 많았습니다. 그러나 영어 실력이 뛰어난 분들도 이러한 학술서를 소화해내는 데는 어려움이 많다는 것을 느끼게 되었습니다. 이제 번역본이 나오게 되었으니 많은 분들께 편안하게 선사할 수 있겠습니다.

온도계라는 시시한 것이 어떻게 훌륭한 철학책의 주제가 될 수 있나 하고 의아해하실 분들도 있으리라 생각됩니다. 저도 과학과 철학 공부를 하던 시절에 온도계에 관한 책을 쓰겠다고 생각해본 적은 없었습니다. 박사

후 연구원으로 있던 시절에 우연히 가지게 된 관심이 커졌던 것인데, 그 경위를 짤막히 말씀드려보면 이렇습니다.

'우리가 안다고 하는 것들을 정말 어떻게 알지?'라는 의문을 갖고 논의하는 것을, 철학자들은 공연히 거창하게 '인식론'이라 합니다. 이 책은 아주 실용적인 종류의 인식론 논의입니다. 우리가 다들 일상생활에서 매일같이 사용하는 온도계. 이 온도계들이 진짜 온도를 틀리지 않게 말해준다는 것을 우리가 정말 어떻게 자신할 수 있는가? 온도계에 넣은 수은이, 온도가 올라가는 그대로 균일하게 팽창하는 것인지, 어떻게 시험해볼 수 있는가? 이런 순진한 질문들이 의외로 대답하기 힘들다는 것을 깨달으면서, 이 책의 연구는 시작되었습니다.

현대 물리학에서는 이런 시시한 문제는 다루지도 않고, 인식론적으로 생각해봐도 아무 해답이 나오지 않았습니다. 온도계를 시험해보려면 온도를 먼저 알아야 하는데, 온도계 없이 온도를 어떻게 안다는 이야기입니까? 순환논리로 빠져 들어갈 수밖에 없을 듯했습니다. 그런 생각을 하다 보니 모든 물리량의 측정 방법에 다 그런 기초적 문제가 있는 것을 깨닫게 되었고, 이 온도계 문제를 풀어야만이 일반적으로 과학 지식의 기초를 이해할 수 있겠다는 중요성도 느꼈습니다. 그런 고민을 하다가 과학사도 들여다보게 되었습니다. 현대 과학에서는 이런 시시한 문제는 다루지 않는다고 말씀드렸는데, 그러면 옛날 과학에서 이미 해결한 문제라는 이야기가 되겠지요. 그래서 온도계를 처음 발명하고 온도 개념을 정립시켰던 그 옛날 과학자들의 글을 찾아서 읽기 시작했습니다. 중요한 업적이 프랑스에서 많이 나왔었던지라, 그 문헌을 읽기 위해 프랑스어도 배웠습니다. 그런데 그렇게 들여다봐도 간단한 해답이 보이지는 않았습니다. 이런 식으로 빠져들다 보니 한이 없었고, 교편생활도 바쁜지라, 결국 연구를 시작해서 책이 나오는 데까지 꼭 10년이 걸렸습니다. 온도계 하나 가지고? 학문이란, 깊이 들어가보면 다 그렇습니다.

그런데 책을 쓸 때는 주제를 깊이 파고 들어가는 것도 중요하지만, 말하자면 그 주제에서 다시 나오는 것도 중요합니다. 이 주제가 어떤 의미가 있고, 왜 의미가 있는지, 이 책은 학술서이지만 어떻게 전문가가 아닌 일반 독자들도 흥미를 가지고 볼 수 있을지, 그런 것들을 전달하려 제 나름대로 노력했는데 어느 정도 잘 이루어졌는지는 모르겠습니다.

생각지 않게 접한 책 한 권이 사람의 인생을 바꾸어놓을 수도 있다는 것을 저는 잘 압니다. 제가 한국에서 중학교 3학년 때 애독했던 칼 세이건(Carl Sagan) 교수의 『코스모스(Cosmos)』라는 책은 과학에의 열정을 키워주었을 뿐 아니라, 저의 정치적, 철학적인 세계관에까지 깊은 영향을 주었습니다. 그렇게 생겼던 꿈들을 그 이후 30년 동안 살아오면서 미흡하지만 어느 정도 이루어내 가는 보람을 느끼고 있습니다. 저의 작품도 단 한 명의 독자에게라도 그 비슷한 영향을 줄 수 있다면, 그것으로 만족합니다.

원문에 포함된 「감사의 말」을 보시면 그 즉시 아시겠지만, 제가 이 책을 쓰기까지 너무나 많은 분들의 도움과 격려를 받았습니다. 그리고 이 한국어판을 내는 데에도 여러 분들이 오랜 기간 많은 수고를 하셨습니다. 한성봉 사장님, 박현경 주간님을 비롯한 동아시아 출판사 모든 담당자들께서 성심성의껏 해주셨습니다. 오철우 기자는 뛰어난 번역가이실 뿐만 아니라, 과학사, 과학철학 분야의 공부를 제대로 하신 분이라 알고 있습니다. 번역 감수를 맡아주신 이상욱 교수는 명망이 높은 과학철학자이시고, 자신이 런던대학교 유학생 시절부터 저와 절친하게 지내며 저의 철학적 견해를 누구보다 잘 속속들이 이해하고 있습니다. 이 훌륭한 두 분이 작업을 해주셨으니 정확하고도 멋진 한국어판이 되었으리라 믿고 있습니다.

  이 책을 펼쳐서 서문이라도 봐주시는 독자님들의 관심, 고맙습니다. 좀 호기심이 나신다면, 열심히 쓴 것이니 정성들여서 읽어봐주십시오. 원문의 서문에서 설명한 대로, 통독이 힘겨우시면 부분별로 골라서 읽으셔도 무난합니다. 다른 책에서는 보기 힘든 좀 색다른 재미가 있으실 것으로 기대합니다.

2013년 10월
영국 케임브리지에서

감사의 말

　이것이 나의 첫 번째 책이니, 책을 쓰는 과정에서 내게 직접 도움을 주신 분들, 그리고 내가 학자가 되어 이런 책을 쓸 수 있게 도와주신 분들께 감사의 말씀을 전해야겠다.

　가장 먼저, 또 가장 중요한 것은, 부모님께 감사한다. 두 분은 나를 기르시며 지극한 사랑과 물심양면의 지원뿐 아니라 이제는 자랑스럽게 내 것이 된 기본 가치를 전해주셨다. 또한 되도록 최고의 삶을 살기를 바라신 부모님의 기대와 희망에 걸맞지 않았던 내 삶에 대한 스스로의 결정들조차도 지원해주신 부모님의 그 믿음과 인내에 감사드린다.

　유학하는 동안에 나를 아들처럼 보살펴주신 여러 고마운 분들이 계셨다. 특히 뉴욕 플래츠버그에 계신 큰아버지, 큰어머니 장영식 부부, 또 로스앤젤레스에 계신 삼촌, 숙모 장철환 부부께 감사드린다. 마찬가지로 나의 장모 엘바 시글러(Elva Siglar)께 감사드린다.

　형과 누나는 사랑하는 형제자매이자 내 삶을 지적으로 또 정서적으로 내내 이끄는 빛이었다. 두 사람은 또 자신만큼이나 멋진 분들과 결혼하셨으며, 그분들은 여러 모로 내게 도움을 주셨다. 또한 사랑스러운 조카들도 빼놓을 수 없는 가족의 중요한 일부이다. 이 가족이 없다면 나도 있을 수 없다. 한국의 훌륭한 전통에서는 대가족도 중요한데 내게도 그랬고, 특출히 지적인 우리 사촌들 틈에서 많은 것을 배우면서 자랐다.

나를 가르쳐준 많은 선생님들께 크나큰 충심으로 감사를 드린다. 초등학교 1학년 때의 이종화 선생님은 내게 과학에 대한 사랑을 처음으로 일깨워주셨다. 서울 홍익대학교 부속초등학교를 다닐 때의 다른 모든 선생님들께도 감사드린다. 가장 특별한 감사를 노스필드 마운트 허만 고등학교(Northfield Mount Hermon School)에 계셨던 훌륭하신 모든 선생님들께 드리고 싶다. 그분들은 내게 학자뿐 아니라 스스로 온전한 인간이 되는 길을 가르쳐주셨다. 내가 택하게 된 지적 경로를 가장 직접적으로 잡아주신 분은 글렌 반더블리트(Glenn Vandervliet)와 휴즈 팩(Hughes Pack) 선생님이셨다. 또 기억하지 않고 지나갈 수 없는 분들로 짐 앤털(Jim Antal), 프레드 테일러(Fred Taylor), 이본 존스(Yvonne Johnes), 본 오스먼(Vaughn Ausman), 딕과 조이 언스워스(Dick and Joy Unsworth), 메리와 빌 콤프턴(Mary and Bill Compton), 줄리와 글렌 둘마지(Juli and Glenn Dulmage), 빌 힐렌브랜드(Bill Hillenbrand), 메그 도넬리(Meg Donnelly), 제임스 블록(James Block), 그리고 고 신영일 선생님이 계신다. 예전에 내가 말하기로 약속했던 것이 있는데, 내 생애에서 이 책보다 더 나은 무엇을 성취하지 못할 수 있기에 여기에서 그것을 말해야겠다. "이것이 다 노스필드 마운트 허만 덕분입니다."

캘리포니아 이공대학교(Caltech)의 학부생 시절에 나는 그 학교에 생각지 않았던 훌륭한 인문사회과학대학이 있었다는 데 대해 매우 감사했다. 인문학 교수님들, 특히 브루스 케인(Bruce Cain), 로버트 로젠스톤(Robert Rosenstone), 댄 케블스(Dan Kevles), 랜디 커렌(Randy Curren), 니콜라스 더크스(Nicholas Dirks), 그리고 짐 우드워드(Jim Woodward)의 가르침과 아껴주심이 없었다면 나는 인문학 분야에서 학자가 되기는커녕 대학 생활을 견뎌내지도 못했을 것이다. (나는 옥스퍼드대학교 출판부의 이 과학철학 도서 시리즈에서도 우드워드 교수의 바로 뒤를 잇는 영예를 누리게 되었다.) 이 학교의 여름연구장학생

(SURF) 프로그램은 또한 매우 중요했다.

3학년 때 방문학생으로 1년 동안 가 있었던 햄프셔대학교도 나의 학문적 진로에 막대한 영향을 끼쳤으며, 이에 대해 허버트 번스틴(Herbert Bernstein)과 제이 가필드(Jay Garfield) 교수님께 특별히 감사를 드리고 싶다.

스탠퍼드대학교로 대학원을 간 것은 무엇보다 낸시 카트라이트(Nancy Cartwright), 피터 갤리슨(Peter Galison) 밑에서 연구하기 위함이었다. 이후로 두 분은 내게 단순히 박사 학위 지도교수가 아니었다. 이분들은 내가 학문의 지적이고 사회적인 세계로 들어가는 문을 헤아리지 못할 정도로 많이 열어주셨다. 내가 스탠퍼드대학교로 갈 때 존 듀프레(John Dupré)가 나의 사유에 그토록 영속적인 영향을 남기리라는 것은 전혀 예상하지 못했던 바였다. 나는 또한 팀 레노아(Tim Lenoir), 패트 수피스(Pat Suppes), 말렌 로즈먼드(Marleen Rozemond), 스튜어트 햄프셔(Stuart Hampshire)를 비롯해 많은 선생님들께, 또한 나의 동료 대학원생들 그리고 철학과 대학원의 연구 환경을 완벽하게 마련해주신 전문 행정직원분들께 감사를 드리고자 한다.

1993~94년에 하버드대학교에서 박사 후 연구원 생활을 할 때 너무도 인자한 후원자이셨던 제럴드 홀튼(Gerald Holton)은 당시에 그리고 그 이후에도 잴 수 없을 정도로 큰 가르침을 주셨다. 그와 니나 홀튼(Nina Holton)과 함께한 친밀한 관계는 진정한 특전이었다. 나는 또한 하버드대학교에 있는 동안에 여러 가지로 친절하고 유능하게 일을 도와주신 홀튼 교수의 비서관 조언 로스(Joan Laws)께 감사한다.

많은 다른 멘토분들은 아무런 공식적 의무도 없었는데도 내게 가르침과 지원을 주셨다. 그분들의 너그러움이 없었더라면 나의 지적인 삶은 지금보다 훨씬 더 빈곤했을 것이다. 고 토머스 쿤(Thomas Kuhn)이 보여주신 인자한 관심은 자신이 나아갈 방향을 찾으려 분투하는 어린 학부생에게는 너무도 특별한 힘의 원천이 되었다. 에벌린 폭스 켈러(Evelyn Fox Keller)는 내게 과학을 사랑하면서도 과학에 질문을 던지는 방법을 보여주셨다. 제드 부크왈드(Jed Buchwald)는 내가 철학으로 박사 학위를 마친 후에 과학사 분야를 배우는 데 많은 도움을 주셨고, 나도 과학사 연구를 일류로 해낼 수 있다는 자신감을 심어주셨다. 앨런 차머스(Alan Chalmers)는 처음에 자신의 훌륭한 교과서로 나를 가르치셨으며 나중에는 이 책에 담은 나의 지적인 방향을 처음으로 분명히 할 기회를 마련해주셨다. 제레미 버터필드(Jeremy Butterfield)는 내가 10년 전 영국에 왔을 때 이래로 계속 나의 지적 발전과 커리어의 단계마다 도움을 주셨다. 샘 슈웨버(Sam Schweber)는 다른 많은 젊은 학자들에게 베풀어주셨던 것처럼 부드럽고 후하게 나를 지도해주셨다. 마찬가지로 올리비에 다리골(Olivier Darrigol), 코스타스 가브로글루(Kostas Gavroglu), 사이먼 섀퍼(Simon Schaffer), 마이클 레드헤드(Michael Redhead), 사이먼 손더스(Simon Saunders), 닉 맥스웰(Nick Maxwell), 마르첼로 페라(Marcello Pera)께도 감사드린다.

힘과 자극이 된 다학제 분위기를 이루었던 런던 유니버시티칼리지(UCL) 과학기술학과(전 과학사 및 과학철학과)의 모든 동료들에게도 진심으로 감사를 전한다. 대략 선임 순위로 말해서, 학과의 교수진은 피요 라탄지(Piyo Rattansi), 아서 밀러(Arthur Miller), 스티브 밀러(Steve Miller), 존 터니(Jon Turney), 브라이언 바머(Brian Balmer), 조 케인(Joe Cain), 앤드루 그레고리(Andrew Gregory), 제인 그레고리(Jane Graegory)이다. 또한 삶의 아주 많은 부분을 학과에 쏟아 부은 헌신적인 행정직원들, 특히 마리나 잉엄(Marina Ingham)과 벡 허스트(Beck Hurst)께도 감사를 드리고자 한다. 친절히 인도하고 보살펴주신 학장님, 부학장님 앨런 로드(Alan Lord)와 짐 파킨(Jim Parkin)께도 감사드리고 싶다.

런던에서 보낸 교수 생활은 우리 학과 바깥에서 이루어진 수많은 교류로 더욱 풍성해졌다. 지원과 지적 자극의 크나큰 원천은 런던 정경대학에 있는 '자연과학 및 사회과학 철학 센터(CPNSS)'였다. 특히 측정 프로젝트를 함께 운영했던 낸시 카트라이트, 메리 모건(Mary Morgan), 칼 헤이퍼(Carl Hoefer)께 감사를 드리고자 한다. 이 프로젝트 덕분에 이 책의 여러 부분에 도움을 준 다른 협력자 및 지원자들과도 함께 일할 수 있었다. 또한 내가 사학자로서 교육을 마칠 수 있도록 도와준 런던 과학의학기술사 센터의 동료들, 특히 조 케인, 앤디 워리크(Andy Warwick), 데이비드 에저톤(David Edgerton), 재닛 브라운(Janet Browne), 라라 마크스(Lara Marks)께도 감사를 드리고 싶다.

내가 이 책을 아이 키우듯 했다면, 많은 다른 친구와 동료들은 예뻐하는 조카 돌보듯이 도움을 주었다. 특별한 감사를 드리고 싶은 이들 중에는 이상욱, 닉 라스무센(Nick Rasmussen), 펠리시아 맥캐런(Felicia McCarren), 캐서린 브래딩(Katherine Brading), 에이미 슬레이튼(Amy Slaton), 브라이언 바머, 마르셀 바우만스(Marcel Boumans), 엘레오노라 몬투스키(Eleonora Montuschi), 테레사 누메리코(Teresa Numerico)가 있다.

이 책의 저술에 그리 직접적인 영향을 주지는 않았지만 나의 전반적인 지적 발달에 크나큰 도움을 준 다른 친구들도 많다. 그중 특별히 기억해야 할 다음 사람들이 있다. 고 안승준과 그의 훌륭한 가족, 김성호, 에이미 클라츠킨(Amy Klatzkin), 데보라와 필 맥킨(Deborah and Phil McKean), 수잔나와 폴 니클린(Susannah and Paul Nicklin), 웬디 린치(Wendy Lynch), 빌 브라브만(Bill Bravman), 조디 캣(Jordi Cat), 엘리자베스 파리스(Elizabeth Paris), 김동원, 홍성욱, 알렉시 아스무스(Alexi Assmus), 마우리찌오 수아레프(Mauricio Suárez), 베티 스모코비티스(Betty Smocovitis), 데이비드 스텀프(David Stump), 제시카 리스킨(Jessica Riskin), 소냐 아마데이(Sonja Amadae), 김명성, 벤 해리스(Ben Harris), 존슨 정(Johnson

Chung), 코너베리 볼턴(Conevery Bolton), 씰리아 화이트(Celia White), 에밀리 저언버그(Emily Jernberg), 그리고 고 선더 투너스(Sander Thoenes).

또한 내게 자기들을 가르칠 기회를 줌으로써 도리어 나를 가르친 모든 학생들에게, 특히 그저 제자가 아니라 이제는 귀중한 친구나 지적 동료가 된 이들에게 진심의 감사를 보내야 할 것이다. 그런 많은 사람들 중에서, 지금도 나와 함께 공부하는 이들은 빼고서, 내가 만났던 순서대로 그들의 이름을 기록한다. 그래엄 라이온스(Graham Lyons), 가이 허씨(Guy Hussey), 제이슨 러커(Jason Rucker), 그랜트 피셔(Grant Fisher), 앤디 해몬드(Andy Hammond), 토머스 딕슨(Thomas Dixon), 클린트 찰로너(Clint Chaloner), 제시 슈스트(Jesse Schust), 헬렌 위컴(Helen Wickham), 알렉시스 데 그레이프(Alexis de Greiff), 칼 갈리(Karl Galle), 마리 폰 미르바흐-하프(Marie von Mirbach-Harff), 사비나 레오넬리(Sabina Leonelli). 이 모든 학생들은 내 커리어의 궁극적 목적은 가르치는 것이라는 믿음을 유지하도록 도와주었다.

이 프로젝트의 여러 측면에서 다른 많은 사람들께 때때로 도움을 감사히 받았다. 모두 다 말할 수는 없겠지만 생각나는 분들을 여기에 기록한다(알파벳 순). 레이첼 앵케니(Rachel Ankeny), 테오도어 아라바치스(Theodore Arabatzis), 다이애나 바칸(Diana Barkan), 마티아스 되리이스(Matthias Dörries), 로버트 폭스(Robert Fox), 앨런 프랭클린(Allan Franklin), 얀 골린스키(Jan Golinski), 그래엄 구데이(Graeme Gooday), 로저 한(Roger Hahn), 롬 하레(Rom Harré), 존 하일브론(John Heilbron), 래리 홈스(Larry Holmes), 키스 허치슨(Keith Hutchison), 프랭크 제임스(Frank James), 캐서린 켄딕(Catherine Kendig), 김미경, 데이비드 나이트(David Knight), 크리스 로렌스(Chris Lawrence), 신시아 마(Cynthia Ma), 미켈라 마시미(Michela Massimi), 에버렛 맨델손(Everett Mendelsohn), 마르크-조르주 노비키(Marc-Georges Nowicki), 앤소니 오히어(Anthony O'Hear), 존 파워스(John Powers), 스타티

스 프실로스(Stathis Psillos), 패디 리카르(Paddy Ricard), 조지 스미스(George Smith), 바바라 스테판스키(Barbara Stepansky), 로저 스튜어(Roger Stuewer), 조지 테일러(George Taylor), 토마스 우벨(Thomas Uebel), 롭 워렌(Rob Warren), 프리델 바이네르트(Friedel Weinert), 제인 웨스(Jane Wess), 에밀리 윈터번(Emily Winterburn), 닉 와이어트(Nick Wyatt).

이 연구 작업을 수행하는 데에는 여러 기관들의 도움도 중요했다. 리버흄 트러스트(Leverhulme Trust)의 연구비 지원이 없었다면 이 연구와 저술을 끝내지 못했을 것이다. 진심으로 큰 감사를 드린다. 대영도서관, 런던 과학박물관과 그 도서관, 런던 유니버시티칼리지, 하버드대학교, 예일대학교, 런던 왕립학회, 케임브리지대학교, (영국) 국립해양박물관을 비롯해 많은 곳에서 도움을 주신 도서관 사서, 기록보관인, 큐레이터들께 감사한다.

몇몇 사람들의 중요하고도 시의적절한 관여가 없었다면 이 책은 태어나지 못했을 것이다. 나의 이 프로젝트는 제럴드 홀튼과 함께한 나의 박사 후 연구 과정에서 비롯했다. 피터 갤리슨이 옥스퍼드대학교 출판부의 과학철학 시리즈에 추천해주셨다. 메리 조 나이(Mary Jo Nye)는 책의 구성과 관련해 결정적인 제안을 해주셨다. 옥스퍼드대학교 출판부에서 선정한 심사관 세 분은 매우 유익한 조언을 해주셨고 그것은 이 책의 방향을 생산적으로 크게 바꾸어놓았으며 여러 세부내용도 정제할 수 있도록 도와주셨다. 칼 헤이퍼와 제레미 버터필드는 무척 요긴했던 마지막 순간의 조언을 해주셨다. 시리즈 출판의 편집자인 폴 험프리스(Paul Humphreys)는 몇 년 동안 내게 용기를 주며 원고를 계속 개선하도록 큰 인내와 지혜로 안내해주셨다. 피터 올린(Peter Ohlin)과 밥 밀크스(Bob Milks)는 친절하고 전문적인 관심을 기울여 원고 검토와 손질, 출판의 과정을 이끌어주셨다. 린 칠드레스(Lynn Childress)는 꼼꼼하고 원칙에 충실하게 원고를 정리해주셨다.

마지막으로 이 프로젝트를 위해 보낸 오랜 기간 동안 끊임없는 사랑을 주고 내 연구에 진정한 관심을 보여준 아내 그레첸 시글러(Gretchen Siglar)에게 깊은 감사의 마음을 전하며 이를 기록해두고자 한다.

차례

이 책에 쏟아진 찬사들 6
한국어판 출간에 부쳐 8
감사의 말 12
온도계의 역사 연표 25
서문 27

제1장 온도계의 고정점 고정하기 37

역사 Narrative 39
물이 끓는점에서 끓지 않을 때 무엇을 해야 하나

혈액, 버터, 깊은 지하실: 필요하지만 찾기 힘든 고정점 40
성가신 여러 가지 끓는점 44
과가열, 그리고 진정한 비등이라는 신기루 52
과가열에서 벗어나기 61
끓음의 이해 70
깔끔하지 못한 에필로그 82

분석 Analysis 90
고정성의 의미와 성취

표준의 타당성 확인: 정당화의 하향성 91
표준의 반복적 개선: 건설적인 상향성 99
고정성 변호: 설득력 있는 거부, 뜻밖에 찾은 강건함 106
어는점의 경우 113

제2장 정령, 공기, 그리고 수은 127

역사 Narrative 129
온도의
'실재적' 척도를
찾아서

규준적 측정 문제 130
드 뤽과 혼합법 134
혼합법에 배치되는 칼로릭 이론 140
칼로릭 학설의 신기루, 기체의 선형성 146
르뇨: 간소함과 비교동등성 154
판정: 수은보다 공기 162

분석 Analysis 171
경험주의의
맥락에서 보는
측정과 이론

관찰가능성의 단계별 성취 172
비교동등성, 그리고 단일값의 존재론적 원리 180
뒤엠 식 전체론에 반대하는 최소주의 186
르뇨, 그리고 라플라스 이후의 경험주의 193

제3장 그 너머로 나아가기 215

역사 Narrative 217
온도계가
녹고 얼 때의
온도 측정하기

수은은 얼 수 있는가? 218
수은은 어는점을 스스로 보여줄 수 있는가? 223
수은의 어는점 굳히기 232
과학적 도예공의 모험 241
그것은 우리가 아는 그런 온도가 아니다? 249
웨지우드에 쏠린 집단 비판 257

분석 Analysis 277
태생지 너머로
나아가는
개념의 확장

퍼시 브리지먼의 여행 안내 278
브리지먼을 넘어서: 의미, 정의, 타당성 287
측량 확장을 위한 전략 295
성장의 전략, 서로 받쳐주기 301

제4장 이론, 측정, 그리고 절대온도 315

역사Narrative 317
온도의 이론적 의미를 찾아

온도, 열, 그리고 냉 318

열역학 이전의 이론적 온도 329

추상적인 것을 향한 윌리엄 톰슨의 움직임 339

톰슨의 두 번째 절대온도 353

부분적으로만 구체적인 카르노 순환 모형 359

기체 온도계를 사용해 절대온도의 근삿값 구하기 369

분석Analysis 377
조작화― 사물과 행위 간의 접촉 만들기

환원의 숨겨진 어려움 378

추상적인 개념들 다루기 385

조작화와 그 타당성 391

반복을 통한 정밀성 402

열역학 없는 이론적 온도? 410

제 5 장 측정, 정당화, 그리고 과학의 진보 421

측정, 순환, 그리고 정합론 424
정합론이 진보하게 만들기: 인식적 반복 431
반복의 열매: 풍부화와 자기 교정 439
전통, 진보, 그리고 다원론 444
추상적인 것과 구체적인 것 448

제 6 장 상보적 과학 – 다른 방식의 확장된 과학: 과학사와 과학철학 453

과학사와 과학철학의 상보적 기능 456
철학, 역사, 그리고 상보적 과학 내의 상호작용 460
상보적 과학이 생산하는 지식의 성격 465
과학사와 과학철학의 다른 연구 갈래와 관련해 477
과학으로 이어지는 다른 길 480

과학, 역사, 철학 용어의 해설 485
옮긴이 후기 497
감수의 글 499
참고문헌 504
찾아보기 525

일러두기

- 본문에서 저자가 텍스트를 인용할 때는 다음 두 가지를 따랐다.
  해당 텍스트의 영어 번역이 있을 경우에는 그 번역을 사용했다(따로 표시한 경우는 예외).
  영어 번역이 없을 경우에는 저자가 직접 번역하여 인용했다.

- 인용문을 제외한 본문의 굵은 서체는 모두 저자가 강조한 부분이다. 인용문에서 강조된 부분은 저자가 강조를 추가했음을 밝혔다.
  또한 인용문의 [ ]는 인용문에서 생략되거나 누락된 부분을 저자가 추가 및 보완한 부분이다.

- 본문에 나오는 전문 용어는 학계에서 두루 쓰이는 용어를 선택해 우리말로 옮겼다.
  과학 용어는 주로 대한물리학회 물리학용어집, 대학수학회 수학용어집, 대한화학회 화학용어집 등을 참조했다.

- 번역 용어 중 번역자와 감수자가 의견의 차이를 보인 용어는 주석으로 양쪽의 의견을 정리하였다.

- 주석은 원서에서는 각주였으나, 한국어판에서는 각 장의 미주로 바꾸었다.

- 책, 논문집, 저널, 백과사전은 『 』, 논문 및 본문 내에 나오는 절의 제목은 「 」, 예술작품, 시, 가사, 설화는 〈 〉로 구분하였다.

온도계의 역사 연표

1660년경	갈릴레오, 산크토리우스, 드레벨 등: 온도계를 사용했다는 최초의 기록
1690년경	에스치나르디, 레날디니 등: 온도 측정의 고정점으로 끓는점과 녹는점을 처음 이용
1710년대	파렌하이트: 수은 온도계
1733년	시베리아를 횡단하는 최초의 러시아 탐험이 시작되다. 그멜린이 이끌다
1740년경	셀시우스: 백분위 섭씨온도계
1751년~	디드로 등: 『백과전서(L'Encyclopèdie)』
1760년	잉글랜드에서 조지 3세 즉위
1764년~	블랙: 잠열과 비열 측정
	와트: 증기엔진 개량
1770년대	어빈: 열용량 이론
1772년	드 뤽: 『대기 변화에 관한 연구(Recherches sur les modifications de l'atmosphère)』
1776년	미국 독립 선언
1777년	영국 왕립학회 온도측정위원회의 보고서
1782~1783년	물이 복합물질임을 논증, 라부아지에의 이론 확산
1782년	웨지우드: 점토 고온온도계
1783년	캐번디시/허친스: 수은의 어는점 확증
1789년	라부아지에: 『화학 요론(Traité élémentaire de chimie)』 출판
	프랑스혁명 시작
1793년	루이 16세 처형
	프랑스 '공포정치' 시작, 대영제국과 전쟁
1794년	라부아지에 처형, 로베스피에르 사망, 공포정치 종결
	파리 에콜폴리테크니크 설립

1798년	라플라스: 『천체역학론(Traité de mécanique céleste)』 제1권 출판
1799년	나폴레옹의 제1집정관 취임
1800년	럼퍼드: 영국 왕립연구소(RI) 설립
	허셜: 적외선 가열 효과 관측
	볼타: '전지(배터리)'의 발명
	니컬슨과 칼라일: 물의 전기분해
1801년	베르톨레/프루스트: 화학 성분 구성에 관한 논쟁 시작
1802년	돌턴, 게이-뤼삭: 기체의 열적 팽창에 관한 연구
1807년	다비: 칼륨과 나트륨 분리 전기분해법 발견
1808년	돌턴: 『화학철학의 새 체계(A New System of Chemical Philosophy)』 제1부 출판
1815년	나폴레옹 퇴위
1820년경	프레넬: 빛의 파동 이론 확립
1820년	외르스테드: 전자기적 작용 발견
1824년	카르노: 『불의 동력에 관한 고찰(Réflecxions sur la puissance motrice du feu)』
1827년	라플라스 사망
1831년	패러데이: 전자기 유도 발견
1837년	푸리에: 신뢰할 만한 저온 측정, 섭씨 영하 80도까지
1840년대	줄, 마이어, 헬름홀츠 등: 에너지 보존 법칙의 동시 발견
1847년	르뇨: 폭넓은 열 측정 결과를 처음으로 출판
1848년	윌리엄 톰슨(켈빈 경): 절대온도에 대한 최초의 정의
1854년	줄과 톰슨: 다공 마개 실험을 이용해 톰슨의 두 번째 절대온도 개념 조작화
1871년	프랑스-프러시아 전쟁 종결, 르뇨 실험실 파손

서문

 이 책은 '상보적 과학(complementary science)'을 보여주는 하나의 사례가 되고자 한다. '상보적 과학'은 역사와 철학 연구를 통해서 과학 지식에 기여하는 학문으로, 현대의 전문가적 과학에서 배제된 과학적 물음을 던진다. 그것은 교육을 받아 상식이 된 과학의 기초 진리를 우리는 왜 받아들이고 있는가라고 묻는 데에서 시작한다. 전문가적 과학에서는 많은 것들이 묻고 비평하는 일에서 벗어나 있기에, 그런 과학에서 효과적이라고 입증된 데에는 또한 불가피하게 어느 정도 독단주의(dogmatism)와 협애한 관심이 뒤따르게 마련이고 결과적으로 이는 사실상 지식의 소실로 귀결될 수 있다. 과학의 역사와 철학은 '상보적인' 방식을 취할 때에 이런 상황을 개선할 수 있다. 나는 이 책에서 그것을 구체적이고 상세하게 보여주고자 한다.
 오늘날에는 매우 진지한 과학 비평가들조차 많은 과학 지식을 실제로 당연하게 받아들이고 있다. 우리가 쉽게 믿는 과학의 많은 결과는 사실 매우 비범한 주장들이다. 잠시 멈추고서 다음의 명제들이 500년 전에 영민하고 지적인 자연의 관찰자에게 얼마나 믿기 어려웠을지 생각해보라. 지구는 매우 오래되어 나이가 40억 년을 훨씬 넘겼다. 지구는 거의 진공인 우주공간에 존재하며 태양 둘레를 공전한다. 태양은 약 1억 5,000만 킬로미터나 멀리 떨어져 있다. 태양에서는 수소폭탄의 폭발과 같은 핵융합을 통해서 엄청난 양의 에너지가 생산된다. 모든 물체들은 눈에 보이지 않는 분자와 원자로 이루어져 있다. 다시 그것은 너무도 작고 작아서 직접 관찰하거나 느낄 수도 없는 기본입자로 이루어져 있다. 살아 있는 생명체의 세포 각각에는 DNA라고 불리는 매우 복잡한 분자가 있다. DNA는 유기체의 형상과 기능을 주요하게 결정한다, 등등. '서구' 문명에 순응하며 사는 오늘날 교육받은 많은 대중들은 주저 없이 이런 명제 대부분에 동의하고, 자신의 아들딸에게도 그것들을 자신 있게 가르칠 것이며, 또 일부 무지한 사람이 이런 진리에 의문을 품으면 화를 낼 것이다. 그렇지만 이런 과학적 상식을 믿는 이유를 말해달라고 물으면, 대부분의 사람은 설득력 있는 주장을 제시하지는 못할 것이다. 사람들이 믿음을 정당화하고자 할 때, 그런 믿음이 더 기초적이고 확고할수록 더욱 난처해질 수 있다. 이는 묻지 않는 믿음이 진정한 이해인 양 여겨져 왔음을 보여주는 것이라 할 것이다.

이런 상황은 열에 관한 우리의 과학 지식에서 가장 두드러지게 나타난다. 그래서 이런 상황은 이 책의 적절한 연구 주제가 된다. 나는 과학사학자에게 이미 잘 알려진 열의 형이상학적 성격에 관한 논쟁을 되짚어보는 대신에, 대체로 그다지 문제가 되지 않는다고 여겨지면서 동시에 열에 관한 모든 경험적 연구에 근본이 되는 기초적 난제를 살펴볼 것이다. 바로 '온도 측정법(thermometry)', 즉 온도의 측정 방법이라는 연구 분야이다. 우리가 쓰는 온도계가 온도를 정확히 알려준다는 것을 우리는 어떻게 알 수 있을까? 특히 온도계들이 서로 일치하지 않는다면? 우리는 온도계 자체가 제시하는 온도 기록에 대해 순환적인 신뢰(circular reliance)를 품지 않으면서 온도계 안의 유체가 온도 상승에 따라 정확하게 팽창하는지 아닌지 어떻게 시험할 수 있을까? 온도계가 없었던 시절의 사람들은 언제나 같은 온도에서 물이 끓거나 얼음이 녹는다는 것을, 그래서 이런 현상이 온도계의 눈금을 매기는 데 쓸 '고정점(fixed point)'으로 사용될 수 있음을 어떻게 알았을까? 당시에 알려진 모든 온도계를 물리적으로 망가뜨리는 극도의 뜨거움과 차가움에서, 어떻게 새로운 온도 표준을 정립하고 입증했을까? 그리고 온도 측정의 실천(practice)을 뒷받침해주는 믿을 만한 이론은 있었던가? 그런 이론이 있었다면, 잘 정립된 온도 측정법이 없는 상황에서 이런 이론들을 경험적으로 검증하는 것은 어떻게 가능했을까?

이런 물음들이 이 책의 앞쪽 네 장의 주제를 이루며, 각 장에서 역사적으로 그리고 철학적으로 충분히 상세하게 다뤄질 것이다. 오늘날 일상생활에 낯익은 온도 측정법의 형식, 기초 실험 과학과 표준적인 기술 응용을 과학자들이 세워 나갔던 18세기와 19세기의 전개 과정이 나의 관심사이다. 그래서 나는 내내 아주 단순한 기기에 관해 논하겠지만, 이런 단순 기기에 관한 단순한 인식적 물음은 우리를 곧바로 지극히 복잡한 쟁점으로 이끌 것이다. 나는 예전의 많은 저명한 과학자들이 어떻게 이런 쟁점과 씨름했는지 보여주고, 그들이 내놓은 해법을 비판적으로 살피고자 한다.

이 책에서는 오늘날 우리가 당연하게 받아들이는 많은 단순 지식이 실제로는 혁신적 사고, 각고의 실험, 대담한 추측, 그리고 심각한 논쟁이라는 엄청난 일을 겪은 뒤에야 비로소 얻어진 놀라운 성취물이라는 점을 보여주고자 한다. 그런 논쟁은 사실 언제나 아주 만족스럽게 해결된 적은 결코 없을 것이다. 나는 아주 기본적인 결과물 뒤편에 숨어 있는 깊은 철학적 물음과 심각한 기술적 난제를 지적할 것이다. 나는 그런 결과물을 창조하고 그에 관한 논쟁에 충실하게 관여했던 위대한 정신의 연구자들을 다시 불러내어 보여줄 것이다. 이런 성취에 나의 소박한 평가를 덧붙이면서도, 또한 그런 성취에 대해 학교와 미디어가 주입한 맹목적 믿음을 일소하고자 시도할 것이다.

사람들에게 과학의 권위를 받아들이라고 들볶는 일은 바람직하지도 않고 또한 더 이상 효과적이지도 않다. 그 대신에 교육받은 대중은 모두 과학에 참여하도록 초대를 받아 과학적 탐구의 진정한 성격과 가치를 경험할 수 있다. 이것은 과학이 얼마나 놀라운 것을 발견했는지 들려주는 직업 과학자들의 점잖고 생색나는 이야기를 그저 듣기만 하는 것이 아니다. 그런 자리에서야 당신은 정말 깊고 구체적으로 이해하기는 너무 어렵기에 그런 놀라운 것을 그저 믿어야만 할 것이다. 과학을 한다는 것은 당신이 자신의 물음을 던지는 것, 자신의 탐구를 행하는 것, 그리고 자신의 근거로 자신의 결론을 이끌어내는 것이 되어야 한다. 물론 몇 년에 걸친 전문 교육을 먼저 받지 않고서야 현대 과학의 '첨단' 또는 '미개척지'를 발전시키는 것은 가능하지 않을 것이다. 그렇지만 과학에 언제나 첨단만이 있는 것도 아니며, 그것이 반드시 과학에서 가장 가치 있는 부분인 것도 아니다. 답을 얻은 물음도 여전히 다시 물을 만한 가치를 지닌다. 그렇게 당신은 표준적인 답에 이르는 방법을 스스로 배울 수 있고, 가능하다면 새로운 답을 발견하거나 또는 가치는 있지만 잊힌 답을 복원할 수도 있다.

어떤 점에서 나는 과학의 오래된 방식, 그러니까 18세기와 19세기에 유럽의 "신사 계층(gentleman)"이 매우 진지하고 즐겁게 행했던 그런 종류의 '자연철학(natural philosophy)'을 다시 불러내고 있다. 그러나 사실 그런 상황은 우리 시대에 달라졌다. 고무적인 측면에서 보면, 오늘날에는 훨씬 더 많은 수의 남녀가 당면한 생존 문제에 꼭 필요하지 않은 그런 활동에 참여할 여유를 지닌다. 다른 면에서 보면, 과학은 지난 2세기 동안에 훨씬 더 발전하고 직업화 및 전문화하여, 아마추어가 전문 직업인과 동등한 관계로 상호작용하거나 말 그대로 전문가 지식의 발전에 기여하는 일은 더 이상 있을 법하지 않게 되었다.

현대 사회의 이런 환경에서 비전문가를 위한 비전문가의 과학은 역사적이고 철학적이어야 한다. 그것은 '상보적 과학(또는 과학사와 과학철학의 상보적 양식)'으로 잘 실행되고 있다. 이에 관해서는 제6장에서 자세히 설명한다. 앞쪽 네 장의 연구는 이를 설명하는 예시로 제시된 것이다. 그것들은 상보적 과학에서 다른 주제를 연구할 때에 따를 수 있는 하나의 본보기가 될 수도 있다. 이런 연구가 상보적 과학도 자연에 관한 지식을 향상할 수 있다는 믿음을 독자들에게 줄 수 있기를 바란다. 이 책에서 다룬 과학적 소재의 대부분은 역사적인 것이고, 그래서 나는 엄밀히 말해 새로운 것을 내 스스로 많이 생산했다고 주장하지는 않는다. 그렇지만 버려졌거나 잊힌 지식을 되살려낸 일도 지식 창조의 한 형태라고 나는 믿는다. 역사적 상황을 이해하면서 우리는 더 자유로워질 수 있어 오늘날 우리가 합의하는 바의 기초가 된, 옛 거장들이 도달한 최선의 판단에 동의할 수도 동의하지 않을 수도 있을 것이다.

제1장부터 제4장까지는 각각 지금은 당연하게 받아들여지는 온도에 관한 과학 지식의 내용을 다룬다. 그렇지만 가까이 다가가 살피면, 첫눈에는 단순해 보였던 그런 하나의 과학 지식을 성취하고 지키는 것이 실제로는 아주 불가능한 것처럼 보이게 하는 난해한 수수께끼가 나타난다. 역사적 조명에서는 당시에 있었던 실제의 과학 논쟁을 다루는데, 뒤이어 논쟁의 변천을 자세히 다룬다. 각 에피소드의 결론은 옛 과학자들이 제안하고 논란을 벌인 문제풀이의 설득력에 관해 판단하는 형식을 취한다. 그 판단은 내 자신의 독립적인 성찰로 얻은 것인데, 때로는 현대 과학의 결론과 일치하지만 때로는 그렇지 않기도 한다.

제1~4장은 각각 두 부분으로 구성된다. 역사(narrative) 부분에서는 철학적 난제를 이야기하며 그 난제를 풀려는 역사적 시도에 관해 문제 중심으로 이야기를 전한다. 분석(analysis) 부분에서는 앞부분이 전하는 주된 이야기의 흐름에서 벗어났을 수도 있는 특정한 과학적, 역사적, 철학적 측면을 다양하게 심층 분석한다. 각 장의 분석 부분은 이야기보다는 철학적 분석과 논증을 담을 것이다. 그러나 이런 두 구분이 일부러 역사와 철학을 분리하려는 뜻이 아님을 강조해야 하겠다. 철학적인 관념과 논증을 이야기에 체현할 수 없다는 차원의 것도 아니며 역사는 언제나 이야기의 형식으로 제시되어야 한다는 것도 아니다.

이 책의 마지막 부분들은 좀 더 추상적이고 방법론적이다. 제5장은 앞쪽 네 장의 구체적 연구에 체현된 추상적이고 인식론적인 일련의 관념을 더욱 체계적이고 명시적인 방식으로 보여준다. 그 논의에서, 나는 측정법이 토대론(foundationalism)의 문제가 완전히 명료하게 드러나는 지점이라고 규정한다. 내가 제안하는 대안은 '인식적 반복(epistemic iteration)'의 방법에 의해 보강되는 일종의 정합론(coherentism)이다. 인식적 반복은 우리가 처음에 기존의 지식 체계를 어느 정도 존중하면서도 다 옳다고 굳게 믿지는 않은 채 그것을 채용하는 데에서 시작한다. 우리는 처음에는 확증된 체계에 기초하면서도 초기의 체계를 다듬거나 심지어 교정하는 결과로 이어지는 탐구에 나선다. 과학에서 성공적인 발전 과정을 소급적용해 정당화하는 것은 바로 이런 자기 교정의 과정이지 의심을 품을 수 없는 어떤 기초에 의거한 확신은 아니다. 마지막으로 제6장에서는 이 책에 담은 그런 종류의 연구를 통해 내가 얻고자 했던 바가 무엇인지를 명시적인 방법론적 용어로 분명하게 밝히는 일종의 선언으로 마무리한다. 지금은 매우 간략한 그림으로 제시했을 뿐인 상보적 과학이라는 인식은 제6장에서 더 충분하고 체계적으로 전개될 것이다.

이 책은 다양한 요소를 하나로 합치고 있기에 선택적으로 읽을 수도 있다. 앞쪽 네 장의 역사 부분을 읽으면 이 책의 주된 주제를 한데 모을 수 있다. 그 경우에 네 장의 분석 부분에 있는 여러 절들은 독자의 특정한 관심사별로 골라 읽을 수 있다. 만일 여러분이 상세한 역사 부분을 견디기 쉽지 않다면 역사 부분들은 건너뛰고서 제1~4장의 분석 부분과 제5장만을 읽어도 괜찮다. 만일 여러분이 너무 바쁘고 더 추상적인 마음으로 철학을 읽는 것을 선호한다면, 제5장 하나만을 읽을 수도 있다. 그렇지만 앞 장들에 담긴 상세한 내용의 일부라도 읽지 않는다면, 제5장에서 밝힌 논증의 생동감과 설득력은 훨씬 떨어질 것이다. 제6장은 주로 과학사와 과학철학 분야의 직업적 학자와 학생들을 위한 것이다. 그렇지만 앞쪽 다섯 장에 담긴 연구에 특별히 흥미를 느끼거나 또는 당혹스러워하거나 혼란스러워하는 이들에게는 제6장을 읽는 것이 도움이 될 것이다. 거기에서 내가 하고자 하는 바에 대한 나 자신의 설명을 읽을 수 있다. 일반적으로는 각 장은 서로 독립적으로, 순서에 관계없이 읽을 수 있다. 그렇지만 이 책의 장은 대체로 연대순으로 배치되었으며 각 장에 담긴 역사적이고 철학적인 논의는 말 그대로 누적적인 것이다. 그래서 모든 장을 읽을 시간과 의지가 있다면, 책을 순서대로 읽으면 좋다.

이 책이 옥스퍼드대학교 출판부의 과학철학 연구 시리즈에 포함된 데에서 알 수 있듯이, 이 책은 철학 연구서로 쓰였다. 그렇지만 여기에 제시된 연구는 철학인 동시에 과학과 역사의 연구물이다. 나는 그런 연구물이 어떤 경계를 넘나들면서 민감한 특정 학문 분야에 불쾌감을 줄 수도 있음을 인식한다. 그리고 내가 전문가들에게 잘 알려진 여러 가지 기초적인 내용을 설명하더라도 이것이 잘난 척하거나 무지 탓이 아니라 그저 다양한 독자층을 배려하고자 한 것임을 이해해주기 바란다. 나는 오늘날의 직업적

철학이 대다수 학생들이 피하는, 다른 인간적 관심사를 다루지 않는 약화된 학문 분과가 될 위험에 처해 있음을 우려한다. 그렇게 되어서는 안 된다. 이 책은 부족하지만 경험과학 연구처럼 좀 더 실용적으로 의미 있다고 여겨지는 활동들에 철학이 어떻게 더 생산적으로 관여할 수 있는지 보여주는 하나의 모형이 되고자 한다. 구체적 과학 활동에 대한 비판적 연구에서 흥미롭고 유용한 철학적 통찰이 나올 수 있음을 보여주는 데 이 책이 도움이 되기를 바란다.

내 자신의 직업적인 사고에 가장 가깝게 있으면서 내가 염두에 둔 독자는 과학사와 과학철학을 통합학문으로 실천하고 발전시키고자 여전히 애쓰는 적은 수의 학자들과 학생들이다. 더 넓게 보면, 이 책에 담긴 인식론과 과학적 방법론의 논의는 과학철학자, 그리고 아마도 일반 철학자의 관심을 끌 수도 있을 것이다. 18세기와 19세기의 물리학과 화학에 관한 논의는 과학사학자들에게 관심사가 될 것이다. 제1~4장에 담긴 사료의 많은 부분은 2차 문헌에서는 볼 수 없는 것들이어서 과학사에 독창적 기여가 될 것이다. 나는 또한 우리가 지금 믿는 바를 어떻게 믿게 되었는지에 관한 이야기, 또는 우리가 지금 알고 있는 바를 과거에는 어떻게 발견했는지에 관한 이야기가 많은 현장 과학자들, 이공계 학생들, 그리고 비직업적인 과학 애호가들에게 흥미롭게 읽히기를 바란다. 그러나 결국에 철학자이건 역사학자이건 과학자이건, 그런 직업 호칭은 내가 주로 열망하는 바와 그리 관련은 없다. 만일 여러분이 나의 말에서 이 책을 쓰게 한 매력 중 어느 하나라도 얼핏 본다면, 그렇다면 이것은 여러분을 위한 책이다.

제 1 장

온도계의 고정점 고정하기

역사
Narrative

물이 끓는점에서 끓지 않을 때 무엇을 해야 하나
혈액, 버터, 깊은 지하실: 필요하지만 찾기 힘든 고정점
성가신 여러 가지 끓는점
과가열, 그리고 진정한 비등이라는 신기루
과가열에서 벗어나기
끓음의 이해
깔끔하지 못한 에필로그

분석
Analysis

고정성의 의미와 성취
표준의 타당성 확인: 정당화의 하향성
표준의 반복적 개선: 건설적인 상향성
고정성 변호: 설득력 있는 거부, 뜻밖에 찾은 강건함
어는점의 경우

INVENTING TEMPERATURE

역사Narrative

물이 끓는점에서 끓지 않을 때 무엇을 해야 하나

> 물의 열이 **끓는점을 초과하는 현상**에 영향을 끼치는 환경조건은 매우 다양하다.
> — 헨리 캐번디시, 『끓음의 이론』, 1780년 경

    열에 관한 과학 연구는 온도계의 발명과 더불어 시작했다. 이런 문구는 닳고 닳은 진부한 표현이지만, 이는 우리 연구의 시작점이 되기에 충분한 진실을 담고 있다. 온도계의 구성 작업은 "고정점(fixed point)"을 확정하는 일과 더불어 시작했다. 오늘날 우리는 온도 측정법에서 물의 끓는점, 어는점 같은 익숙한 고정점을 초창기 과학자들이 확정해가는 과정에서 직면했던 커다란 도전을 기억하지 못하곤 한다. 제1장은 지금은 잊혀 현실감이 덜한, 그런 고정점을 찾는 옛 도전에 다시 익숙해지고자 하는 시도이다. 이 장의 역사 부분에는 당시 과학자들이 물의 끓는점이라는 하나의 고정점을 확정해 가면서 마주치고 극복한 놀랄 만한 난관에 관한 역사적 설명을 담

았다. 나머지 절반인 분석 부분은 더 넓은 철학적, 역사적 주제를 다루며 역사의 흐름을 방해할 수도 있을 심층논의를 따로 떼어 담았다.

혈액, 버터, 깊은 지하실: 필요하지만 찾기 힘든 고정점

1600년 무렵에 갈릴레오와 당대 사람들은 이미 온도계를 쓰고 있었다. 17세기 말엽에 온도계는 크게 유행했으나 잘 알려진 대로 여전히 표준화를 이루지는 못했다. 1693년 당시 온도계에 대한 불만의 소리를 직접 들어 보자. 핼리 혜성이라는 이름의 기원이 된 천문학자이자 당시 런던 왕립학회의 서기였던 에드먼드 핼리(Edmond Halley: 1656~1742)의 불평이다.

그것들 중 어느 하나라도 (…) 만들어지거나 조정된 적이 있는지, 그래서 이런 결론을 내릴 수도 있을 터인데, 대체 그 '분도(Degree)'나 '구분(Division)'이 무엇을 의미하는지, 나는 알 길이 없다. 또한 서로 간에 어떤 일치도 없이 비교도 없이 각자 특정한 장인(Workman)에 의해 유지되는 '표준' 말고는 다른 방식으로 눈금이 매겨진 적도 없었다. (Halley 1693, 655)

아주 근본적으로 말하면, 언제나 같은 온도에서 일어난다고 알려져 온도 측정의 기준으로 삼을 만한 현상, 즉 표준적인 '고정점'은 당시에 없었다. 믿을 만한 고정점이 없었으므로 어떤 의미 있는 온도 척도를 만드는 것이 불가능했으며, 또한 모든 온도계 제작자가 공유하는 고정점도 없었으므로 표준 척도를 만들려는 희망도 거의 없었.

핼리 자신은 알코올("포도주의 정령")의 끓는점을 고정점으로 사용할 것을 제안했다. 그는 자신이 만든 온도계에서 알코올이 끓기 시작할 때 어떻게 언제나 같은 높이로 올라가는지를 관찰했다. 그러나 그는 곧이어 신중한 문구를 더했다. "허나 반드시 명심할 점이 있다. 이런 목적에 사용된 포도주의 정령은 고도로 정류하거나, 점액을 확실히 제거해야 한다. 그렇지 않으면 서로 다른 정령의 선(Goodness of the Spirit)이 더 일찍 또는 더 늦게 끓게 하여, 결국에는 설계된 정확함(Exactness)을 흩뜨릴 것이다"(1693, 654). 저온 고정점과 관련해서는, 그는 물과 아니스 열매(aniseed) 기름의 어는점을 사용했던 로버트 후크(Robert Hooke)와 로버트 보일(Robert Boyle)의 방식을 받아들이지 않았다. 그는 그 어느 것도 "아주 정확히 확정할 만하지 않으며 오히려 상당한 정도의 허용 범위를 지닌다"라고 생각했다. 전반적으로 볼 때에, 핼리는 "뜨거움과 차가움 척도의 시작은 무언가를 얼리는 그런 온도점에서 나와서는 안 된다"라고 생각했으며, 대신에 "파리 관측소 밑에 있는 석굴(Grottoe)"처럼 지하 깊숙한 곳의 온도를 사용할 것을 제안했다. "호기심 많은 마리오트 선생의 실험"에서 그곳의 온도는 사시사철 일정한 것으로 입증됐다는 것이다(656).[1]

핼리의 기여로 인해 향후 오랫동안 온도 측정법을 괴롭히게 될 기본 문제들이 명료하게 드러났다. 온도계의 안정성과 유용성을 보증하기 위해서는, 추정되는 고정점이 "상당한 정도의 오차 허용 범위"를 지니지 않으며 실제로 철저히 고정된 것임을 확신할 수 있어야 한다는 것이다. 이 문제에는 두 가지 부분이 있는데, 인식적인 것과 물질적인 것이다. 인식적인 문제는 제안된 고정점이 실제로 고정된 것인지 판단하는 방법을 어떻게 알 수 있느냐의 문제이다. 즉, 이미 신뢰하는 온도계 없이 어떻게 그런 판단을 어떻게 할 수 있을까? 지금 서술하고 있는 고정점의 역사 부분에서 이 문제가 표면적으로 두드러지게 나타나지는 않을 것이다. 그렇지만

이 장의 분석 부분에서는 이 문제를 우선적으로 다룰 것이다(특히 이 장의 「표준의 타당성 확인」을 보라). 우리가 고정성을 판단하는 방법을 안다고 가정하면, 이제는 고정된 실제의 온도점을 찾아내거나 창조하는 물질적 문제를 마주하게 된다.

17세기 내내 그리고 18세기 초기에는 고정점 제안이 많이 등장했다. 그러나 어떤 것이 가장 좋은지에 관해 명확한 합의는 이루어지지 못했다. [표 1.1]은 18세기 말엽까지 매우 저명한 과학자들이 사용했던 몇몇 고정점을 정리한 것이다. 우리 현대인의 눈에 가장 재미있는 것 중 하나는 (프랑스의 의사인) 호아침 달렌스(Joachim Dalencé: 1640~1707?)가 제안한 온도 척도이다. 그는 버터의 녹는점을 뜨거운 고정점으로 삼았다. 그러나 이조차도 (이탈리아 메디치 가문의) 대공 페르디난드 2세(Grand Duke Ferdinand Ⅱ)와 그의 형 레오폴드 메디치(Leopold Medici)가 이끈 피렌체 실험철학자 그룹인 치멘토 아카데미(Accademia del Cimento)의 온도계에서 쓴 "여름철 가장 심한 더위(greatest summer heat)" 같은 이전 제안보다 개선된 것이었다. 심지어 위대한 아이작 뉴턴(Isaac Newton: 1642~1727)도 흔히 "혈온(blood heat)"으로 불리던 사람 몸의 온도를 1710년 자신의 온도 척도에서 고정점으로 사용하는 현명치 못한 선택을 했던 것으로 보인다.[2]

18세기 중반 무렵에는 물의 끓음과 얾을 온도 측정에서 우선적인 고정점으로 사용하는 것과 관련해 일종의 합의가 등장하고 있었는데, 이는 다른 이들도 있지만 스웨덴 천문학자 안데르스 셀시우스(Anders Celsius: 1701~1744)의 연구 덕분이었다.[3] 그렇지만 합의는 완전히 이루어지지 않았고 문제가 없는 것도 아니었다. 1772년 장-앙드레 드 뤽(Jean-André De Luc: 1727~1817)은 다음과 같은 경고의 글을 발표했다. 드 뤽에 관해서는 뒤이어 자세히 살펴볼 예정이다.

[표 1.1] 여러 과학자들이 사용한 고정점 요약

인물	연도	고정점*	출처
산크토리우스	1600년 무렵	촛불의 불꽃 그리고 눈	Bolton 1990, 22
치멘토 아카데미	1640년? 무렵	겨울철 가장 심한 추위 그리고 여름철 가장 심한 더위	Boyer 1942, 176
오토 폰 구에리케	1660년? 무렵	첫 번째 밤 서리	Barnett 1956, 294
로버트 후크	1663년	증류수의 얾	Bolton 1900, 44-45; Birch [1756] 1968, 1:364-365
로버트 보일	1665년?	아니스 열매 기름의 응고 또는 증류수의 얾	Bolton 1900, 43
크리스티안 하위헌스	1665년	물 끓음 또는 물 얾	Bolton 1900, 46; Barnett 1956, 293
호노리 파브리	1669년	눈 그리고 여름의 최고의 더위	Barnett 1956, 295
프란시스코 에스치나르디	1680년	얼음 녹음 그리고 물 끓음	Middleton 1966, 55
호아침 달렌스	1688년	물 얾 그리고 버터 녹음 또는 눈 그리고 깊은 지하실	Bolton 1900, 51
에드먼드 핼리	1693년	깊은 동굴 그리고 정령 끓음	Halley 1693, 655-656
카를로 레날디니	1694년	얼음 녹음 그리고 물 끓음	Middleton 1966, 55
아이작 뉴턴	1701년	눈 녹음 그리고 혈온	Newton [1701] 1935, 125, 127
기욥 아몽통	1702년	물 끓음	Bolton 1990, 61
올레 뢰머	1702년	얼음/소금 혼합물 그리고 물 끓음	Boyer 1942, 176
필리프 데 라 이레	1708년	물 얾 그리고 파리 관측소 지하실	Middleton 1966, 56
다니엘 가브리엘 파렌하이트	1720년 무렵	얼음/물/소금 혼합물 그리고 얼음/물 혼합물 그리고 건강한 몸의 온도	Bolton 1990, 70
존 파울러	1727년 무렵	물 얾 그리고 손을 넣고 견딜 수 있는 가장 뜨거운 물	Bolton 1990, 79-80
R. A. F. 드 레오뮈르	1730년 무렵	물 얾	Bolton 1990, 82
조셉 니콜라스 드릴	1733년	물 끓음	Middleton 1966, 87-89
안데르스 셀시우스	1741년까지	얼음 녹음 그리고 물 끓음	Beckman 1998
미셸리 뒤 크레스트	1741년	파리 관측소 지하실 그리고 물 끓음	Du Crest 1741, 8
브리태니커 백과사전	1771년	물 얾 그리고 밀랍 응고	Encyclopedia Britannica, 1st ed., 3:487

* 표에서 '그리고'는 이점 고정 체계임을 가리킨다

오늘날 사람들은 자신들이 이런 [고정]점들을 확실하게 확보했다고 믿는 바람에, 이 문제에 관해 저명한 사람들조차 이야기하는 불확실성에는 거의 주의를 기울이지 않는다. 또한 그런 불확실성에서 비롯하는 일종의 혼란에도 주의를 기울이지 않는다. 우리는 여전히 거기에서 벗어나지 못하고 있다. (De Luc 1772, 1:331, §427) [4]

드 뤽이 말한 "혼란"의 의미를 음미하려면, 바로 1771년에 출판된 『브리태니커 백과사전(Encyclopedia Britannica)』 제1판에 실린 다음과 같은 글을 읽는 것으로 충분할 것이다. 거기에서는 높은 고정점(upper fixed point)으로 "물 위에서 떠다니는 밀랍이 응고할 정도로 뜨거운 물"을 제시하고 있다(3:487). [5] 아니면 스코틀랜드 궁정의 천문학자 찰스 피아치 스미스(Charles Piazzi Smith: 1819~1900)가 제시한 더 기괴한 사례도 있다. 그는 이집트 기자의 대피라미드(Great Pyramid of Giza)의 중앙에 있는 왕의 현실의 온도를 높은 고정점으로 제안했다. [6]

성가신 여러 가지 끓는점

1776년 런던 왕립학회(Royal Society of London)는 온도계의 고정점에 관한 분명한 권고안을 만들고자 저명한 7인을 위촉해 위원회를 만들었다. [7] 위원회의 의장은 헨리 캐번디시(Henry Cavendish: 1731~1810)였다. 은둔한 귀족이자 헌신적인 과학자인 그는 한때 "부자 중 최고의 현자, 현자 중 최고의 부자"[8]로 불렸던 인물이었다. 왕립학회 위원회는 물의 두 가지 고정점을 사용해야 한다는 점을 당연하게 받아들였지만 고정점이 정말로 고정적인지를 두고서 폭넓게 퍼져 있던 의문들, 특히 끓는점에 관한 의문을 다루고자 했다. 출판된 위원회 보고서는 서두에서 당시의 온도계들, 심지어 "최고 장인들"이 제작한 것들 사이에서도 각자 설정한 끓는점의 조건은 서로 다르다는 점을 밝혔다. 그 차이의 크기는 화씨 2~3도나 되었다. 그렇게 된 두 가지 원인은 명료하게 지목되었으며 제대로 다루어졌다.[9] 첫째, 당시에는 끓는 온도가 기압에 따라 변한다는 것이 널리 알려져 있었고,[10] 그래서 위원회는 '수은 29.8영국인치(대략 757밀리미터)'를 표준 기압으로 명시하고서 그런 조건에서 끓는점을 얻어야 한다고 규정했다. 드 뤽의 이전 연구에 의거하여, 위원회는 또한 대기가 표준 압력에 도달할 때까지 기다리기 쉽지 않은 경우에는 압력에 맞춰 끓는점을 조정하는 공식도 제시했다. 끓는점이 여러 가지로 나타나게 하는 두 번째의 주요한 원인은 온도계 자루(stem)에 있는 수은이 온도계 아래쪽의 둥근 뿌리(bulb)에 있는 수은과 반드시 같은 온도에 있지 않다는 것이었다. 이 문제도 역시 수은 기둥 전체를 끓는 물에 잠기게 하는(또는 끓는 물에서 나오는 증기에 담기게 하는) 장치를 통해서 간단하게 처리됐다. 그러므로 왕립학회 위원회는 두 가지의 주된 문제를 찾아내고 그 둘을 만족스럽게 해결한 셈이었다.

그러나 위원회 보고서는 또한 오래된, 훨씬 다루기 쉽지 않은 문제들도 언급했다. 그런 문제 중 하나는 런던 과학박물관이 소장한 1750년대 이래의 온도계 척도에 상징적으로 나타나 있다. 조지 애덤스(George Adams: ?~1773)가 만든 그 척도([그림 1.1])에는 두 개의 끓는점이 있다. 화씨 204도에서 "물은 끓기 시작한다", 그리고 화씨 212도에서 "물은 맹렬하게 끓는다." 다르게 말하면, 애덤스는 끓음의 여러 단계가 나타나는 화씨 8도 범위만큼의 온도 구간을 의식하고 있었다. 이는 실력 없는 장인의 들쭉날쭉한 솜씨 탓이 아니었다. 애덤스는 영국 최고의 기기 제작자 중 한 명이었고, 조지 3세(George

Ⅲ)가 웨일즈 공(Prince of Wales)이 된 1756년부터 그의 공식적인 "수학 장비 제작자(Mathematical Instrument Maker)"였다.[11] 이미 (위원회 의장인) 캐번디시 자신이 "빠른" 끓음과 "느린" 끓음 사이에 온도 차이가 있는지의 물음을 다룬 적이 있었다([1766] 1921, 351). "끓는 정도"의 차이와 연계된 온도 차이가 존재한다는 인식은 뉴턴 때까지 거슬러 올라갈 수 있다([1701] 1935, 125). 뉴턴은 자신의 (온도) 척도에서 33도에 물이 끓기 시작했고 34도 내지 34.5도에서 맹렬하게 끓었다고 기록했는데, 이는 화씨로 보면 대략 5~8도의 구간을 가리키는 것이었다. 이와 비슷한 현상은 왕립학회 위원회의 주요 일원이며 18세기 말엽에 온도 측정 분야에서 아마도 가장 중요한 유럽의 권위자로 손꼽힐 만한 드 뤽도 관찰했다.

장–앙드레 드 뤽([그림 1.2])은 오늘날 과학사학자들 사이에서도 잘 알려지지 않은 인물이니, 순서상 그의 삶과 연구를 여기에서 간략하게 설명하고자 한다.[12] 당시에 드 뤽은 지질학자, 기상학자, 물리학자로서 엄청난 명성을 얻고 있었다. 어릴 적에 그는 시계공이며 급진 정치인이자 경건한 종교서적의 저자였던 아버지 프랑수아 드 뤽(François De Luc)에게서 교육을 받았는데, 한때 장–자크 루소(Jean-Jacques Lousseau)는 그의 아버지를 두고서 "훌륭한 벗, 가장 정직하고도 지루한 벗"이라고 부르기도 했다(Tunbridge 1971, 15). 아들 드 뤽은 과학, 상업, 정치, 종교에 골고루 적극적인 관심을 지녔다. 지질학적 발견에 대한 매우 대중적인 자연신학적 해설 몇 편, 앙투안 라부아지에(Antoine-Laurent de Lavoisier: 1743~1794)의 새로운 화학을 비판하는 강건한 주장들, 그리고 공기가 물로 변형된다고 추측한, 비(rain)에 관한 논쟁적인 이론이 그의 이름으로 발표됐다.[13] 초기의 "과학적 산악인" 중 한 명인 드 뤽은 개척자로서 알프스 등반에 나서기도 했으며(남동생 기욤–앙투안(Guillaume-Antoine)과 함께했다), 그런 경험은 자연사, 지질학, 기상학에 대한 여

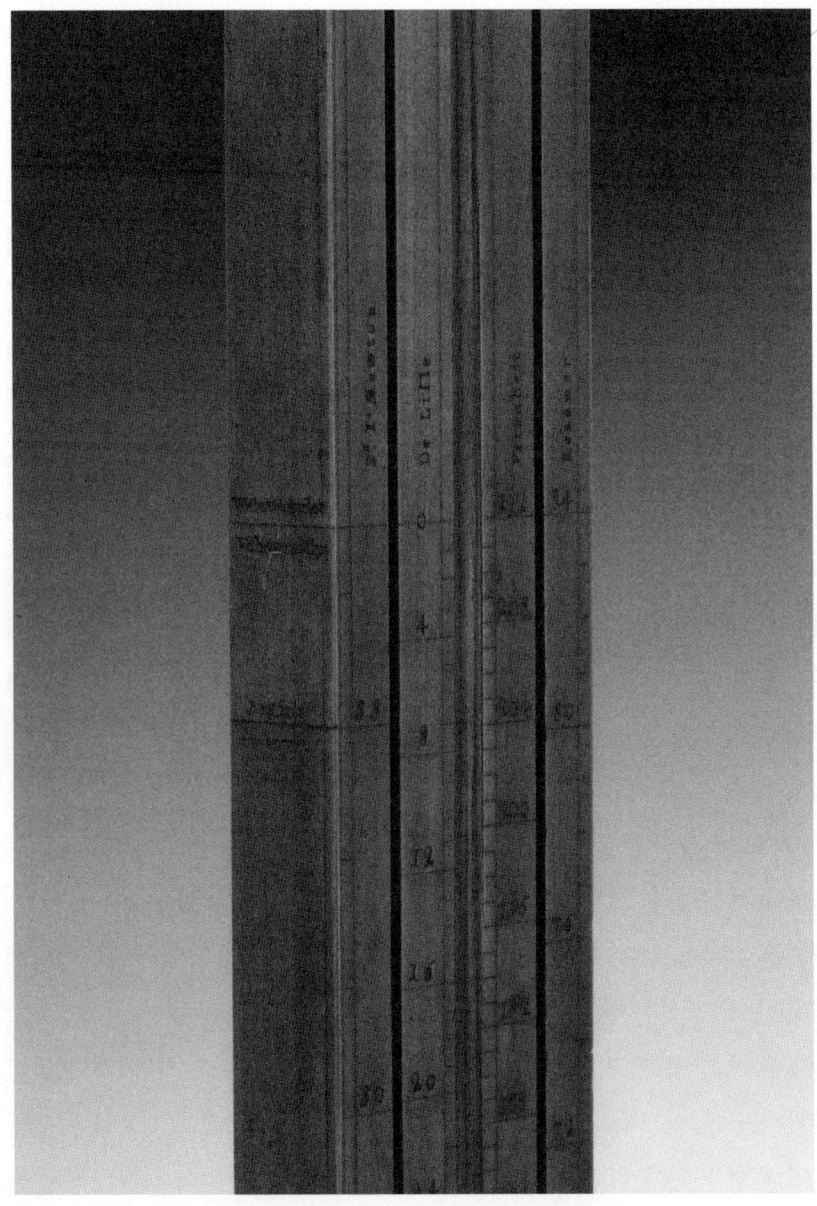

[그림 1.1] 조지 애덤스의 온도 측정 척도. 두 가지의 끓는점이 나타난다(목록번호 1927-1745). 런던 과학박물관/과학과 사회 사진도서관

러 과학적 관심을 자극하고 융합시켰다. 그는 기압계의 압력을 이용해 산의 높이를 측정하는 방법을 크게 개선했으며, 그 덕분에 어떤 이들은 이런 위업 하나만으로도 그를 전 유럽에서 가장 중요한 물리학자 중 하나로 부르기에 손색이 없다고도 여겼다.[14] 좀 더 일반적으로 보면, 그는 기상학 기기를 발명하고 개선했던 인물로 유명했으며 이런 기기를 이용해 이룬 훌륭한 관측 활동으로도 명성을 얻었다. 이론을 세우려는 의지는 있었으나, 확실히 그의 경험적 지식은 다음과 같은 말이 보여주는 태도 안에 놓여 있었다. "완벽을 향한 측정 기기의 발전은 자연에 관한 지식을 향하여 이루어져온 발걸음 중에서 가장 실질적인 것이다. 왜냐하면 측정 기기들이야말로 빠르게 퍼지는 형이상학의 허튼소리 체계들을 혐오할 수 있게 해주기 때문이다"(De Luc 1779a, 69). 1772년 제네바에서 드 뤽이 벌이던 사업이 몰락했고 이즈음에 그는 상업 활동에서 은퇴하고서 전적으로 과학 연구에 몰두했다. 곧이어 그는 잉글랜드로 이주해 정착했다. 그곳에서 그는 왕립학회 특별회원(fellow)으로 환영을 받았으며 또한 샬로트 왕비(Queen Sharlotte)의 곁에서 "낭독자(Reader)"라는 위엄 있는 직책을 얻어 활동했다. 드 뤽은 조지 3세의 왕궁의 중요한 일원이 되었고, 죽는 날까지 궁정이 있는 윈저 지역에 머물렀다. 그러면서도 여행을 많이 다니며 과학 활동을 위한 인간관계를 유지했는데, 특히 버밍엄 달 학회(Lunar Society)와 독일, 특히 괴팅겐의 많은 학자들과 특별한 관계를 이어갔다.

드 뤽의 첫 번째 과학 저서로, 1772년 두 권으로 출판된 『대기의 변형에 관한 연구(Inquiries on the Modification of the Atmosphere)』는 오래전에 기압을 이용한 높이 측정 논의를 정리하겠노라 약속했던 터였기에 간절히 기다려지던 책이었다. 10년 연기된 끝에 출판된 이 책에는 또한 온도계의 구성과 사용에 관한 상세한 논의도 함께 담겼다. 거기에는 온도 변화에 맞춰 기압계 기록

[그림 1.2] 장–앙드레 드 뤽. Geneva, Bibliothèque publique et universitaire, Collections iconographiques

을 수정해야만 했기에 드 뤽이 애초부터 온도계에 관심을 가졌다는 설명이 실려 있다.[15] 나중에 이 책의 제2장에서 온도 측정에 관한 드 뤽의 연구가 지닌 여러 측면을 이야기할 기회가 있겠으니, 여기에서는 "끓음의 정도"에 따라 달리 나타날 수 있는 끓는 온도의 다양성이라는 주제로 돌아가기로 한다. 우선 드 뤽은 이렇게 단언했다.

> 끓기 시작할 때에 물은 아직 도달할 수 있는 최고 수준의 열을 지니지 않는다. 그래서 물 덩어리 전체는 운동해야 한다. 달리 말하면, 끓음은 용기의 바닥에서 시작해, 최대의 맹렬한 기세로 물 표면 전체에 퍼진다. 비등의 시작에서 가장 강렬한 단계까지, 물에서는 1도 이상 열의 증가가 나타난다. (De Luc 1772, 1:351-352, §439)

후속 실험들에서 드 뤽은 "치익소리(hissing)"부터 완전한 끓음까지 이르는 비등의 스펙트럼에 상응하는 온도 구간이 자신의 온도계로 볼 때 76도에서 80도(섭씨 95~100도, 화씨 203~212도)에 이른다는 것을 입증했다. 그것은 앞에서 논의한 애덤스의 온도계에 나타난 화씨 204에서 212도의 구간과 매우 일치하는 것이다. 완전한 끓는점을 80도로 맞춰놓은 드 뤽의 온도계에서 가장 약한 수준의 진정한 끓음은 78.75도에서 시작했다. 따라서 끓음의 시작 온도부터 끓음의 정점 온도까지는 1.25도(섭씨 1.5도 이상)의 구간이 존재했다.[16]

왕립학회 위원회는 이 문제를 세밀하게 조사했는데, 사실 위원회의 지도적인 위원인 캐번디시와 드 뤽이 이전부터 이 문제에 관심을 기울여왔던 점을 생각하면 그리 놀라운 일은 아니다. 위원회가 발견한 바는 끓는점의 안정성을 어느 정도 다시 확인해준 것이었다.

대부분의 경우에 물이 빠르게 끓거나 매우 부드럽게 끓거나 거의 차이는 없었다. 차이가 있다 해도 언제나 같은 식은 아니었다. 물이 빠르게 끓을 때 온도계는 간혹 더 높았고 간혹 더 낮았다. 그렇지만 그 차이가 10분의 1도를 넘는 경우는 좀체 없었다. (Cavendish et al. 1777, 819-820)

그래도 여전히 의문은 남아 있었다. 실험은 금속 단지에서 이루어졌는데 가열이 그릇 바닥에서만 이루어졌는지 또는 측면에서도 함께 이루어졌는지가 중요한 문제처럼 여겨졌다.

우리가 얕은 단지에 짧은 온도계를 꽂고서 거의 4인치 되는 용기 측면을 불에 노출한 채 진행한 일부 실험들에서, 물이 천천히 끓을 때보다 빠르게 끓을 때에 온도는 항상 더 낮게 유지됐다. 그리고 단지 바닥만이 불에 노출됐을 때보다는 온도가 일반적으로 더 높았다. (820)

이런 실험 결과는 위원회가 했던 다른 실험들과도 일치하지 않았을 뿐더러 애덤스와 드 뤽이 관찰했던 바를 바로 뒤집는 것이었다. 애덤스와 드 뤽에 의하면, 맹렬하게 끓는 물은 부드럽게 끓는 물보다 온도가 더 높았다.

우려스러운 요인들은 또 있었다. 하나는 끓는 물의 깊이였다. "온도계 뿌리(ball)[17]를 물에 깊이 잠기게 하면, 그 뿌리는 물에 둘러싸여 대기보다 더 한 무게에 압축될 것이고, 그런 이유에서 원래보다 더 뜨거워질 것이다" (817-818). 실험들은 이런 우려를 입증해, 온도계 뿌리 위쪽에 있는 물의 깊이 1인치마다 대략 0.06도의 변이가 나타남을 드러냈다. 그렇지만 그런 관찰 결과를 일반 법칙으로 진전시키고자 하지는 않았다. 그 이유 중의 하나로, 이런 효과가 확실하게 압력의 변화에서 야기된 듯이 보였다 해도, 대기

압에 의해 야기되는 효과의 절반 크기일 뿐이기 때문이었다. 훨씬 더 당혹스러운 문제는 다음과 같은 사실이었다. "어떤 측정에서는 온도계 뿌리 **아래쪽**에 물이 많다고 해도 끓는점이 상승했다. (…) 그렇지만 마지막의 이런 효과가 언제나 일어나는 것은 아니었다"(821-822, 강조는 저자 추가). 위원회가 결국에는 끓는점을 고정하는 방법에 관해 아주 명확한 권고안을 만들었지만, 위원회 보고서는 또한 엉거주춤한 의미의 불확실성도 보여주었다.

> 그러나 관찰 실험은 언제나 빗물이나 증류수를 가지고 행해졌지만, 기압계 높이를 동일하게 맞췄을 때에도 각각 다른 날에 행해진 실험들 사이에는 매우 민감한 차이가 존재했다. (…) 우리는 이런 차이가 무엇에서 비롯했는지 전혀 알지 못한다. (826-827)

과가열, 그리고 진정한 비등이라는 신기루

끓는점에 관한 왕립학회 위원회의 연구물은 18세기 말엽에 끓음 현상에 관한 첨단 지식이 얼마나 불안정했는지 생생하게 보여주는 증언이다. 어느 누구도 드 뤽 이상으로 그 어려움을 명료하게 인식하지는 못했다. 드 뤽은 왕립학회 위원회에서 활동하기 훨씬 이전부터 그런 어려움에 관해 우려했다. 1772년에 책의 출판을 준비하던 때에, 드 뤽은 "끓는 물 열의 변이(variation)에 관한 연구"라는 제목을 달아 15개 장의 부록을 책에 추가했다. 이 연구의 논리적 출발점은 끓음 온도가 고정적인지 아닌지를 논쟁하기에 앞서 끓음을 명확하게 정의하는 것이었다. 그러면 끓음이란 무엇인가? 드 뤽(1772, 2:369, §1008)은 "진정한 비등(la vraie ébullition)"을, 열원과 접촉하는 물의 첫 번째 층이 가능한 한 최대량의 열(그의 영어로는 "불(fire)")로 포화되어 증기로 바뀌고 거품의 형태로 물을 뚫고 지나 상승하는 현상이라고 생각했다. 그는 이 첫 번째 층에서 획득한 온도를 확정하고자 했다. 그것은 실험의 측면에서 볼 때에 터무니없는 요구였다. 첫 번째 층은 너무도 얇은 층이었기에 어떤 온도계도 그 안에 담가둘 수 없었다. 초기 실험들은 통상의 조건에서 물의 첫 번째 층의 온도와 나머지 부분의 온도 사이에 실질적인 차이가 존재할 수밖에 없음을 보여주었다. 예를 들어, 드 뤽이 기름가열장치(oil bath)에 넣은 금속 용기 안의 물을 가열할 때, 물 중간에 넣어둔 온도계는 기름 온도가 섭씨 150도 이상일 때에만 섭씨 100도에 도달했다. 누구나 물의 첫 번째 층은 섭씨 100도와 150도 사이 어딘가의 온도가 되었을 것이라고 쉽게 추측할 수 있을 것이다. 드 뤽은 뜨거운 기름에 넣은 작은 물방울들이 기름이 충분히 뜨거울 때엔 폭발적으로 증기로 바뀌는 실험을 통해 나름대로 최선의 판단을 내렸다. 진정한 비등이 일어나려면 물의 첫 번째 층이 대략 섭씨 112도에 도달해야만 한다는 것이었다.[18]

정말 물은 끓기 이전에 섭씨 112도까지 가열될 수 있었을까? 아마도 자신도 실험 결과에 대해 못미더웠던지 드 뤽은 또 다른 실험을 계획했다 (1772, 2:362-364, §§994-995). 기름에 뜬 작은 물방울들이 너무도 흔치 않은 조건에 있었을 것이라고 생각한 그는 새로운 실험에서 적당한 크기의 물 덩어리들을 모두 첫 번째 층의 온도까지 올리고자 시도했다. 개방된 물 표면의 열 손실을 줄이기 위해, 물을 길고 가는 목(폭이 대략 1센티미터)을 지닌 유리 플라스크에 넣고는 전처럼 기름가열장치에서 천천히 가열했다. 물은 이상한 방식으로 끓었다. 간헐적으로 매우 큰 거품을 만들어내고 때때로 물 일부가 플라스크 바깥으로 튈 정도로 폭발적이었다. 이런 기이한 끓음이 진행되는 동안에, 물의 온도는 섭씨 100도와 103도 사이에서 오르내렸다. 어느 정도 시간이 지나자 물은 플라스크의 일부만을 채우고서 더 안정적인 끓음의 단계로 접어들었는데, 그때의 온도가 섭씨 101.9도였다. 드 뤽이 관찰한 것은 나중에 "과가열"이라 불린 현상, 말 그대로 액체가 통상적인 끓는점 이상으로 가열되는 현상이었다.[19] 진정한 비등에 필요한 온도는 통상적으로 인정되는 물의 끓는점보다 높다는 것이 이제 드 뤽에게는 분명해진 듯했다.

이 문제에 답하는 데에는 주요한 문제가 하나 있다. 물에 녹아 있는 공기(용해공기) 때문에 진정한 비등의 온도에 도달하기도 전에 비등과 비슷한 현상이 나타났다. 드 뤽은 보통의 물은 상당량의 용해공기를 지니는데, 가열하면 그 일부가 끓는점에 이르기 전에 용해 상태에서 밀려나 작은 방울(종종 용기의 안쪽 표면에 붙어 있는 것이 관찰된다)을 형성한다는 것을 알았다. 그는 또한 물 표면의 증발이 끓는점 아래에서도 상당한 비율로 발생함을 인지하고 있었다. 이런 두 사실을 다 고려하면, 의미 있는 증발은 진정한 비등점보다 훨씬 낮은 온도에서 작은 공기방울의 안쪽 표면에서 일어나는 것이 틀림없다고 드 뤽은 결론을 내렸다. 그런 다음에 공기방울은 증기로 부풀고, 위로 떠오르고, 바깥으로 벗어나서 공기와 수증기의 혼합물을 방출할 것이다. 이것을 끓음이라 볼 수 있을까? 끓음의 한 현상인 것은 확실하지만 드 뤽이 정의한 그런 진정한 비등은 아니다. 그는 용해공기의 이런 작용을 자신이 연구 과정에서 극복해야 할 "가장 큰 장애"라고 규정했다. 그것은 바로 "진정한 비등이 나타나기 이전에 이런 식으로 공기에 의해 발생하는 내부 증기 생산"이었다.[20]

드 뤽은 진정한 비등을 연구하기로 결심했다. 그것은 용해공기가 완전히 제거된 물을 만들겠다는 것이었다. 그는 할 수 있는 모든 시도를 했다. 다행히도, 실제로 물은 계속 끓이면 용해공기의 상당량을 바깥으로 배출하는 경향이 있었다.²¹ 그래서 그는 유리관을 뜨거운 끓는 물로 채우고 그 관을 밀봉했다. 이것이 식자, 물은 수축하고 밀봉된 관 안에는 진공이 만들어졌으며, 나아가 물을 벗어난 공기가 그 진공에 머물렀다.²² 이 과정은 원하는 만큼 반복할 수 있었다. 또한 드 뤽은 관을 흔들어주면(그의 표현을 빌면 병을 헹구는 방식으로) 공기의 방출이 촉진된다는 것을 알았다. 이는 탄산음료 캔을 따기 전에 흔드는 실수를 해본 사람들은 알 만한 익숙한 사실이다. 이런 과정들을 거쳐, 드 뤽은 섭씨 140도 정도로 뜨거운 기름가열장치에서만 안정적 끓음 상태가 되는 물을 확보했다.²³ 그러나 이전과 마찬가지로, 그는 이번에는 물을 가는 관에 넣기는 했지만 물이 정말로 기름가열장치의 온도에 도달할 것인지 확신할 수 없었다. 물의 온도임을 입증하기 위해서 온도계를 물 안에 고정하다 보니 애써 정제한 물에 외부의 공기 일부가 들어가는, 정말 미칠 노릇인 부작용이 생겼다. 물 안에 온도계를 미리 담가둔 채로 정제 과정을 거치는 것 외에 대안은 없었다. 이렇다 보니, 그렇잖아도 섬세해야 하는 정제 작업은 믿을 수 없을 정도로 큰 좌절과 고통을 안겨주었다. 그는 다음과 같이 보고했다.

> 이 작업은 4주에 걸쳐 지속됐다. 그동안에 나는 잠잘 때, 시내에서 사업을 할 때, 그리고 두 손이 필요한 일을 할 때를 빼고는 손에서 플라스크를 거의 내려놓지 못했다. 나는 먹고, 읽고, 쓰고, 친구를 만나고, 산책을 하고 그랬지만 언제나 물을 흔들어대고 있었다⋯. (De Luc 1772, 2:387, §§1046-1049)

미칠 노릇으로 계속 흔들어대야 했던 4주간의 노력은 헛되지 않았다. 그가 공기를 제거해 얻은 값진 정제수는 심지어 진공에서 섭씨 97.5도의 열에도 끓지 않고 견딜 수 있었다. 통상의 대기 압력에서는 섭씨 112.2도까지 올라간 다음에 맹렬히 끓었다(2:396-397, §§1071-1072). 이제 순수한 물의 과가열 현상은 아무런 합리적 의심 없이 확인되었고, 이 실험에서 온도는 비등하는 물의 "첫 번째 층"이 도달한 온도로 드 뤽이 애초에 추정한 것과 매우 흡사했다.

과가열의 발견은 드 뤽에게 실험의 승리였다. 그렇지만 그것은 완전히 혼란스러운 정도는 아니지만 그에게 이론적 딜레마를 안겨주었다. 보통의 물에는 공기가 충분히 차 있어 물이 진정한 비등 상태에 이를 수 없었지만, 그가 만든 공기 없는 순수한 물은 통상적으로 끓지 않고 일정하지 않은 온도를 보이며 폭발적으로 끓어오를 뿐이었다. 게다가 물에서 공기가 제거되지 않았는데 목이 가는 플라스크에서도 폭발적인 끓음의 한 유형이 역시 나타날 수 있다는 점은 문제를 더욱 복잡하게 만들었다. 드 뤽이 끓음 연구를 시작했던 것은 진정한 끓음의 온도를 알아내고자 함이었다. 그런데 그는 할 바를 다했을 무렵에도 진정한 끓음이란 무엇인지 더 이상 알지 못했다. 그렇지만 적어도 끓음이 단순하고 균일한 현상이 아님을 발견한 것은 그가 이룬 공로로 인정할 만했다. 다음은 드 뤽의 1772년 논문의 여러 부분들에서 찾은 것으로, 끓는점 부근에 물에서 생길 수 있는 현상들이다. 어떤 순서를 매기고자 최선의 노력을 했지만 그렇다고 아주 깔끔한 분류는 아니다.

1. 일반 끓음(common boiling): 수많은 증기 거품들이 (아마도 물과 섞여서) 안정적인 속도로 표면을 지나 솟아오른다. 이런 끓음은 열원에 따라 다양한 수준 또는 "정도"로 활발하게 일어날 수 있다. 끓음의 속도에 따라 어느 정도 차이가 있을 수 있지만 온도는 적당하게 안정적이다.
2. 치익소리(hissing, 드 뤽이 쓴 프랑스어로 sifflement): 수많은 증기 거품들이

물 여기저기에서 어느 정도 솟아오르지만, 표면에는 이르지 못하고 다시 액체 상태가 된다. 이런 현상은 물의 중층 또는 상층이 바닥층보다 차가울 때에 나타난다. 충분히 끓기 전에 생기는 이 소리는 한때 주전자의 "노랫소리"로 알려질 정도인데 차를 즐기는 사람에게는 익숙하게 들린다.

3. 요동 끓음(bumping, 프랑스어로 soubresaut, 둘 다 나중에 쓰인 용어): 따로 떨어진 커다란 증기 거품들이 간혹 솟아오른다. 증기 거품들은 한 번에 한 차례만 생길 수도 있고, 불규칙한 패턴으로 여러 차례 생길 수도 있다. 온도는 불안정해서 커다란 거품이 생기면 떨어지고, 아무런 거품도 생기지 않는 동안에는 올라간다. 종종 시끄러운 소리가 들린다.

4. 폭발(explosion): 물의 많은 부분이 폭발음과 함께 갑자기 분출해 증기가 되며 남은 액체는 모두 다 맹렬하게 바깥으로 튀어나온다. 이런 현상은 요동 끓음의 극단적인 경우로 여겨질 수 있다.

5. 빠른 증발(fast evoporation only): 증기 거품이 전혀 생성되지 않더라도 상당량의 증기와 열은 물의 열린 표면을 통해서 꾸준하게 빠져나간다. 온도는 특정 조건에 따라서 안정적일 수도 있고 불안정적일 수도 있다. 이런 현상은 통상적인 끓는점 아래에서 일반적으로 일어나지만 과가열된 물에서도 일어날 수 있다. 과가열된 물의 경우에 이는 요동 끓음이나 폭발 끓음의 과정에 있는 하나의 단계일 수 있다.

6. 부글거림(드 뤽이 쓴 프랑스어로 bouilonment): 이 현상이 비록 겉으로는 끓음의 모습을 보이지만 이는 용해공기(또는 용해된 다른 기체)가 탄산수의 공기 거품처럼 물에서 벗어나는 과정일 뿐이다. 특히 갑작스러운 압력 방출이 있을 때 일어나기 쉽다.[24]

그러면 이제 이 중에서 어떤 것이 "진정한" 끓음일까? 선택할 대상 중 어느 것도 마음에 썩 들지 않고, 또 어느 것도 완전히 배제할 수 없다. 부글거림은 전혀 끓음처럼 보이지 않을 수 있지만 뒤에 나올 「끓음의 이해」에서 보듯이 나중에 널리 퍼진 끓음의 이론은 끓음을 액체 상태의 물에 용해된 수증기(기체)의 방출 현상으로 여겼다. 치익소리와 빠른 증발은 우리가 오늘날 아는 끓음으로 보자면 아마도 충분히 쉽게 배제될 수 있을 것이다. 그 경우에 증기 거품이 물 내부에서 생겨나 물 표면까지 나아가지 않기 때문이다. 그렇지만 우리는 다음에 나올 「깔끔하지 못한 에필로그」에서는 물 표면의 증발을 "끓음"의 핵심으로 여기는 믿을 만한 이론적 관점도 존재함을 보게 될 것이다. 아마도 드 뤽이 말한 "진정한 비등"의 개념으로는 요동 끓음(그리고 그것의 특별한 경우인 폭발)이 가장 가까울 수 있다. 이 경우에 용해공기의 간섭이 거의 또는 전혀 없으며, 물의 "첫 번째 층"은 열에 의한 포화와 같은 상태에 다다를 수 있다. 그렇지만 요동 끓음을 진정한 끓음으로 정의한다면, 이전까지 받아들인 끓는점의 개념과는 다른 상당한 불편함이 새로 생겨났을 것이다. 왜냐하면 요동 끓음의 온도가 일반 끓음의 온도보다 눈에 띄게 높지 않을 뿐더러 그 온도 자체가 불안정하기 때문이다. 남은 유일한 선택지는 일반 끓음을 진정한 끓음으로 받아들이는 것인데, 이는 끓는점이란 공기와 섞여 순수하지 않은 물이 끓는 온도임을 의미했다. 결국에 드 뤽은 끓음에 대한 자신의 연구에서 만족스러운 어떤 결론에도 도달하지 못했던 것으로 보이고, 그의 연구 결과가 당시에 널리 받아들여지거나 잘 알려졌다는 아무런 증거도 없다. 그렇지만 수십 년 뒤에 그의 생각은 강력하게 부활했는데, 이에 관해서는 곧 다시 살펴보겠다.

19세기가 지나는 동안에, 후속 연구에서 끓음은 드 뤽이 얼핏 보았던 것보다 훨씬 더 복잡하며 규칙이 없는 현상인 것이 밝혀졌다. 그 주요한 기여는 1810년대에 프랑스 물리학자이자 화학자인 조셉-루이 게이-뤼삭(Joseph-Louis Gay-Lussac: 1778~1850)에 의해 이루어졌다. 그는 당시에 전 유럽에서 가장 유능하고 믿을 만한 실험가 중 한 명으로 여겨졌으며 그의 초기 명성이 열역학에서 얻어졌기에, 그가 이 연구에 뛰어든 것은 의미 있는 일이었다. 게이-뤼삭(1812)은 (정확성은 의심스럽지만) 물이 유리 용기 안에서 섭씨 101.232도에서 끓었으며 금속 용기에서는 섭씨 100.000도에서 끓었다고 보고했다. 그렇지만 미세한 유리 가루를 유리 용기에 집어넣으면 끓는 물의 온도는 섭씨 100.329도로 떨어졌으며 쇳가루를 넣으면 정확히 섭씨 100.000도가 되었다. 게이-뤼삭의 발견은 온도 측정의 고정점이 "완벽한 불변"인지 확인하는 일이 극히 중요하다고 강조했던 그의 동료 장 바티스트 비오(Jean Baptiste Biot: 1774~1862)에 의해 권위 있는 물리학 교과서에 발표됐다. 비오(1816, 1:41-43)는 게이-뤼삭의 현상이 당시의 열물리학으로는 설명할 수 없다고 인정했으나, 그런 지식이 끓는점의 정의를 더 정교하게 하는 데 기여해 결국에 끓음은 금속 용기에서 행해야 한다는 요구조건(specification)에 도달할 수 있었다고 생각했다. 만일 게이-뤼삭과 비오가 옳다면, 런던 왕립학회 위원회의 위원들이 우연히 금속 용기를 사용했다는 것만으로도 끓는점에 대해 합리적으로 고정된 결과를 얻었던 셈이다. 그런 선택의 이유는 위원회 보고서에서 설명되지 않았으나, 드 뤽은 위원회의 나머지 위원들에게 자신의 골칫거리인 과가열 실험이 유리 용기에서 수행되었음을 조언했을 것이다.

일부 단편적인 비판을 받긴 했어도 게이-뤼삭의 연구 결과는 드 뤽의 것과는 달리 널리 보고되고 받아들여졌다. 그렇지만 의미 있는 다음 단계로 나아가는 데에는 또다시 30년이 걸렸다. 이번에는 다시 제네바가 무대였고, 런던으로 이주한 의사 알렉상드르(Alexandre)와 대중적인 과학 저술가로 잘 알려진 제인(Jane)의 아들인 물리학 교수 프랑수아 마르셋(François Marcet: 1803~1883)이 주인공이었다. 마르셋(1842)은 강한 황산이 담긴 유리 용기를 사용해 보통 물에서 섭씨 105도 넘는 과가열을 만들어냈다. 어찌 됐건 황산이 쉽게 끓지 못하도록 물 표면을 변형했음이 분명했다. 마르셋 이후에 과가열은 확실하게 연구 대상으로 인식되면서 신기록 온도를 달성하려는 대가들의 실험이 경쟁적으로 뒤따랐다. 헨트대학교(University of Ghent)의 화학자인 프랑수아 마리에 루이 도니(François Marie Louis Donny: 1822~?)는 (물을 끓기 어렵게 하는 요인인) 점착(adhesion)에 관한 이런 통찰을 공기의 역할에 관한 드 뤽의 생각과 결합했고, 그래서 자신이 만든 특별한 장비에서 공기 없는 물을 사용해서 무려 섭씨 137도를 구현했다. 도니는 이렇게 선언했다. "보통의 비등을 구현하는 능력이 현실적으로 액체의 고유 속성이라고 생각할 수 없다. 왜냐하면 액체에 용해된 기체 물질이 있을 때에만, 달리 말해서 순수 상태가 아닐 때에만 액체는 비등하기 때문이다"(1846, 187-188).

1861년에 로잔 아카데미(Academy of Lausanne)의 물리학 교수인 루이 듀포어(Louis Dufour: 1832~1892)의 연구는 고려할 만한 주요 요인을 하나 더 추가했다. 듀포어(1861, esp. 255)는 비등 상태를 만드는 데 고체 표면 접촉이 결정적 요인이라고 주장했고, 물에서 공기를 제거하지 않고서도 다른 액체에 떠다니는 물방울의 온도를 섭씨 178도까지 끌어올림으로써 자신의 생각이 올바름을 입증하고자 했다. 듀포어의 신기록은 1869년 조지 크렙스(George Krebs: 1833~1907)가 도니의 기법을 개량해서 섭씨 200도로 추정되는 온도를 구현하면서 깨졌다.[25]

과가열 기록 경쟁은 흥미롭게 지켜볼 만한 것이었겠지만 또한 크나큰 이론적 난제를 던져주었다.[26] 이제는 "통상의" 끓는점까지 온도를 올린다고 해서 충분히 끓음을 구현할 수 있는 것은 아니라는 데에 모든 연구자들이 동의했다. 그러나 끓음을 구현하는 데 필요한 부가 조건이 과연 무엇이 냐에 관해서는 연구자들이 의견일치를 이루지 못했다. 그리고 이런 부가 조건들이 충족되지 않는다면 과가열이 어디까지 멀리 갈 수 있을지도 분명하지 않았다. 1846년에 이미 도니는 이런 점에 관해서 곤혹스러운 불확실성을 이렇게 표명했다. "액체를 완벽한 순수의 상태로 만들 수 있다면 어떤 일이 일어날지는 아무도 예측할 수 없다." 앞에서 인용한 연구에서, 크렙스는 공기를 완전히 제거한 물은 전혀 끓지 않을 수 있다는 견해를 밝혔다. 프랑스에 열역학을 소개한 인물로 유명한 파리의 저명한 물리학자 마르셀 에밀 베르데(Marcel Émile Verdet: 1824~1866)의 매우 신중한 관점으로 보면, 물 전체를 즉시 기화할 만한 열이 존재하는 과가열의 온도에는 아마도 한계가 존재할 수 있었다. 그렇지만 베르데는 하나의 실험만이 그런 견해를 뒷받침한다는 것을 인정했다. 여기에서 '하나의 실험'이란 아무리 압력을 가해도 기체가 액화될 수 없는 최저 온도를 뜻하는 임계점(critical point)에 관해 샤를 카냐르 드 라 투르(Charles Cagniard de la Tour: 1777?~1859)가 행한, 지금은 고전이 된 연구[27]를 뜻했다. 이렇게 19세기 말이 되어도 이런 물음에 관해서는 충분한 불확실성이 존재했다. 1878년에 발간된 『브리태니커 백과사전』의 제9판은 이렇게 보고했다. "순수한 물의 끓음은 아직 관찰되지 않았다고 이야기되고 있다."[28]

과가열에서 벗어나기

바로 앞 절의 논의에서 수수께끼가 하나 남는다. 즉, 그처럼 제어할 수 없고 제대로 이해되지도 않는 변이가 물을 끓이는 데 필요한 온도에 존한다면, 끓는점은 어떻게 온도계의 고정점으로서 제구실을 할 수 있다는 말인가? 분명한 "끓는점"이 존재한다는 인식은 과가열 현상으로 인해 위협받았을 수도 있었다. 하지만 과가열 연구에 쓰인 모든 온도계에는 점점 더 서로 일치하는 뚜렷한 끓는점으로 눈금이 매겨졌다. 철학자는 온도계 보정에 쓸 정도로 충분히 안정적이고 단일한 온도를 지니는 그런 류의 끓음 현상이 존재했으리라고 추측만 할 수 있을 뿐이다. 과학자들은 그런 류의 끓음 현상을 가지고 더욱 특이한 사례를 계속 연구할 수 있었을 것이라고 생각할 수 있다. 다행히 좀 더 자세히 역사를 들여다보면, 그런 철학적 추측이 사실이었음이 확인된다. 변덕스러운 끓는점이 고정점으로 사용될 수 있었던 데에는 세 가지의 주요 요인들이 있었다.

무엇보다도 첫째로, 즉각적인 안도감은 물이 **끓지 않으면서** 버틸 수 있는 온도와 **끓으면서** 유지하는 온도 사이에는 차이가 있다는 깨달음에서 생겨났다. 드 뤽과 이후에 과가열을 관측한 이들은 지속적 끓음이 시작되자마자(또는 요동 끓음의 경우에 큰 공기 거품이 방출될 때마다) 과가열 된 물의 온도는 떨어진다는 것을 알고 있었다. 극한 온도는 끓음이 시작되기 직전에야 나타났다. 그러므로 도니, 듀포어, 크렙스가 구현한 놀라운 과가열된 온도 결과는 끓는점을 고정한다는 목적에서 보면 모두 다 무시될 수도 있었다. 드 뤽의 경우에 물은 끓지 않으면서 섭씨 112도까지 나아갔으나, 물이 끓는 동안에 그가 기록한 최고 온도는 섭씨 103도였다. 여전히 뒤의 경우에도 "통상의" 끓는 온도보다는 섭씨 3도나 높은 것이지만, 유리 용기에서 끓는 물의 온도가 섭씨 101.232도라는 게이–뤼삭의 관찰도 있었다. 마르셋(1842, 397과 404)은 이 문제를 어느 누구보다도 더 세심하게 연구했다. 그는 보통의 유리 용기에서 끓는 물의 온도가 섭씨 100.4도와 101.25도 사이에서 나타난다는 것을 관찰했다. 황산으로 처리된 유리에서는 끓는 동안에 온도가 섭씨 103도 또는 104도까지 쉽게 올라갔으며 요동 끓음으로 인해 어느 경우에서도 온도는 매우 불안정했다.

  여기에서 끓는점을 안정화하는 두 번째 요인이 등장한다. 사실 이 "두 번째 요인"은 빗나간 순수주의자들에게 당혹스러움을 안겨줄 만한 여러 가지 요인들의 집합을 가리킨다. 그런 요인들을 처리하는 마음가짐은 과가열을 막을 수 있다면 뭐든지 하자는 것이었다. 나는 이미 왕립학회 위원회가 유리 대신에 금속 용기를 사용함으로써 과가열 문제를 피했다는 점을 언급한 바 있다. 게이-뤼삭은 금속 조각이나 가루(심지어 유리 가루)를 집어넣는 방식으로 유리 용기에서 과가열을 막는 방법을 보여주었다. 다른 연구자들은 고체 물질(특히 목탄과 분필) 집어넣기, 순간적인 국지 가열, 역학적인 충격 같은 다른 방법들을 찾아냈다. 그러나 대부분 실제 상황에서 과가열의 예방은 그저 너무 건드리지 않을 때에 나타났다. 만일 자연적으로 생기는 물을 (공기를 제거하느라 수고를 들이는 대신에) 공기가 충분히 차 있는 평상시 상태대로 놔둔다면, 물을 담은 용기를 (농축된 황산 같은 물질로 씻거나 매끄럽게 하기보다는) 그저 약간 먼지 묻고 거칠게 놔둔다면, 그리고 고체 표면에서 물을 분리하는 것 같은 이상한 작업을 하지 않는다면, 그러면 일반적인 끓음이 일어났다. 비등을 촉진하는 요인에 관한 진지한 이론적 주장들은 다음 절에서 이야기하겠지만 20세기에도 이어졌다. 그러나 모든 연구자들은 과가열을 멈추고 요동 끓음을 막는 방법에 관해서는 충분히 의견일치를 보였다. 베르데는 "보통 조건"에서 물에는 용해된 공기가 존재할 것이고 물은 고체 면에 닿아 있을 것이기에 끓음은 정상 끓는점에서 "정상적으로(normally)" 일어날 것이라고 말했다(Gernez 1875, 351을 보라). 지나치게 발전된 정제 기술이 없는 시대에 지표면 근처에서, 그리고 보통의 유럽 문명 조건 속에서 살아가는 사람들이 물을 끓이는 그런 종류의 환경에서 끓음 온도가 매우 고정적이었다는 점은 초기의 온도 측정에서 큰 축복이었다.

그렇지만 너저분한 상태를 태평스럽게 그대로 두는 것은 결국에 과학 지식을 세우는 가장 건강한 전략이 아니었다. 이 점은 왕립학회 위원회도 매우 잘 알고 있었다. 위원회가 기여한 바이면서 끓는점을 고정적이게 만드는 데 기여한 세 가지 요인 중 마지막은 여러 가지 원인 때문에 생기는 끓는점의 변이를 줄이는 명료한 방법을 찾아내는 것이었다. 다음은 위원회의 주요한 권고 사항이다. "끓는점을 조정하는 가장 정확한 방법은 온도계를 물에 담그지 않고 제시된 방식처럼 막힌 용기 안에서 증기에만 노출하는 것이다"(Cavendish et al. 1777, 845). 제시된 바가 [그림 1.3]이다. 어찌 되었건, 끓는 물 자체보다는 끓어 생긴 증기를 사용하는 것은 온도에서 다스리기 매우 힘든 여러 가지 변이들을 제거하는 듯이 보였다.

> 그러므로 증기의 열은 동일한 단지의 여러 다른 부위에서 예민하게 다르지 않은 것으로 보인다. 물이 빨리 끓건 서서히 끓건, 단지 안의 물이 깊건 얕건, 물 표면과 단지 꼭대기 사이의 거리가 멀건 가깝건, 열에는 어떤 예민한 차이가 존재하는 듯이 보이지도 않는다. 따라서 제대로 막은 용기를 써서, 증기 안에서 시험한 온도계의 높이는 이런 실험에서 시도된 방법의 차이에 의한 영향은 거의 받지 않는 것으로 보인다. (824)

캐번디시는 증기를 사용하라는 권고안을 매우 강력하게 제기했다(1776, 380). 이미 그는 왕립학회에서 쓰는 장비들을 재검토하면서 같은 제안을 했던 적이 있었다. 위원회 보고서는 증기를 사용하는 것이 사실상 더 안정적인 결과를 냈다고 언급했을 뿐이지만, 캐번디시는 더 나아가서 드 뤽

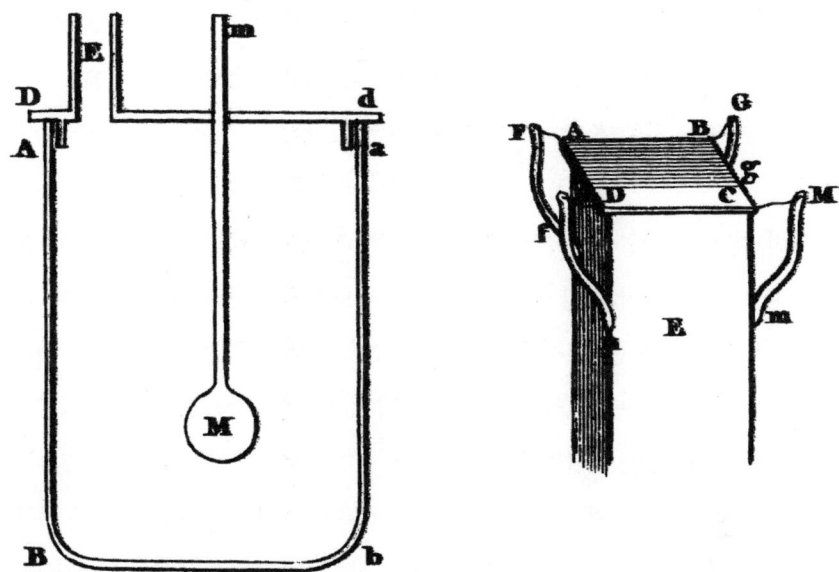

[그림 1.3] 왕립학회의 온도측정위원회가 끓는점을 고정하고자 쓴 금속 단지의 도식도. 그림에서 mM은 온도계이며, E는 증기가 빠져나가는 "굴뚝"이다. 오른쪽 그림에서, ABCD는 그 굴뚝을 적절하게 덮고 있는 느슨한 양철판이다. 이 그림들은 Cavendish et al. 1777에서 856쪽 맞은편에 있는 도판에서 가져온 그림 4와 그림 3이다. 이런 용기에 관한 충분한 설명과 그것의 적절한 사용법은 위 책의 845-850쪽에서 읽을 수 있다. 출처: 왕립학회

의 이론적 구상을 좇으면서도 수정했다. 그리고 그는 미출판 논문에서 증기 사용이 더 좋은 이론적 근거까지 제시했다.[29] 캐번디시는 "끓음의 원리(principle of boiling)" 네 가지 중 처음 두 가지를 다음과 같이 이야기했다.

왕립학회의 실험에서 그랬듯이, 막힌 용기에서 끓는 물의 증기가 품은 열보다 아주 약간 더 가열되는 순간에 물은 증기나 공기와 접촉하고 있다면 즉시 증기가 된다. 이런 수준을 나는 끓는 열 또는 끓는점이라고 부를 것이다. 이는 대기의 압력, 아니 좀 더 적절하게는 물에 작용하는 압력이 어느 정도이냐에 따라

확실하게 달라진다. 그러나 두 번째로는, 물이 증기나 공기와 접촉하고 있지 않다면 증기 변환 없이 드 뤽이 비등 열이라고 부른 열을 훨씬 더 많이 품을 것이다. (Cavendish [n.d.] 1921, 354)

캐번디시는 끓는 물의 온도가 다양할 수 있으며 아마도 언제나 증기 온도보다는 높을 것이고 환경에 따라서 그 정도가 다를 것이라고 믿었다. 끓는 물 자체의 온도는 고정되지 않았고, 그는 "물보다는 증기가 끓는점을 조정해 나갈 수 있는 상당히 더 정확한 방법에 어울리는 것이 틀림없다"라고 생각했다(359-360).

드 뤽의 생각은 달랐다. 물이 끓어 생긴 증기의 온도가 왜 끓는 물 자체보다 더 안정적이고 보편적일 수 있다는 것인가? 1777년 2월 19일 왕립학회 위원회에서 협업을 하던 와중에 캐번디시에게 보낸 편지에서, 드 뤽은 캐번디시의 글 『끓음의 이론(Theory of Boiling)』에 대해 의견을 이야기하고 자신이 생각하는 몇 가지 의문점을 제시했다.[30] 다음 문장은 그중에서 가장 두드러진 부분이다.

잠시 모든 이론을 무시한다면, 힘들기는 하겠지만 끓는 물의 증기 열이 물 자체의 열보다 더 고정적이라고 여겨질 수도 있겠습니다. 그것들은 증기가 생기기 전에 이미 전체적으로 아주 잘 섞여 있어 서로 온도에 영향을 주지 않을 수 없어 보이기 때문이지요. 그런데 막 생기는 순간의 증기가 실제로 고정적인 자신만의 온도를 지닌다고 가정하려면, 실제 증기가 이런 고정된 수준의 열에서만 증기가 될 수 있음이 엄격한 참이어야 하고 또한 어떤 직접적 실험을 거쳐 입증되어야 합니다. [그러나] 저는 캐번디시 님의 추론에서 그런 것을 찾지 못했습니다…. (De Luc, in Jungnikel and McCormmach 1999, 547과 550)

드 뤽의 의문이 강조하듯이, 캐번디시가 증기를 선호한 것은 비범한 어떤 신념에 바탕을 두고 있다. 즉, 고정된 압력 조건에서 끓는 물에서 나온 증기는 물 자체의 온도가 어찌 되었건 언제나 동일한 온도를 지닌다는 것이다. 이런 주장에는 변호가 필요했다.

무엇보다 먼저, 물 자체가 더 높은 온도를 지녀도 물에서 생겨난 증기(즉, 수증기)[31]는 왜 섭씨 100도일 뿐인가? 다음이 캐번디시의 답변이다.

> 이런 [증기(steam)] 거품들은 물을 지나 상승하는 동안에 끓는점보다 더 뜨거워질 수는 거의 없다. 왜냐하면 당연히 증기 거품과 맞닿는 물의 아주 많은 부분이 즉각 증기로 바뀔 테지만, 거품과 맞닿는 물의 막으로 인한 냉각 효과로 증기는 끓는점보다 더 뜨거워질 수 없기 때문이다. 그래서 거품이 상승하는 동안에 지속적으로 맞닿는 것은 끓는점까지만 가열되는 물이다. (Cavendish [n.d.] 1921, 359)

증기가 생성되려면 매우 많은 열이 필요하다는 사실은 저명한 스코틀랜드 물리학자이자 화학자인 조셉 블랙(Joseph Black: 1728~1799)의 잠열(latent heat) 연구 이후로 널리 받아들여졌다. 그리고 드 뤽과 캐번디시는 블랙의 연구가 더 앞선 연구였음은 인정했지만 두 사람은 비슷한 생각을 각자 더 발전시켰다. 그렇지만 과가열된 끓는 물 안에서 증기의 온도는 언제나 "끓는점"까지 다시 떨어질 것임을 설득력 있게 입증하려면, 증기가 주변의 물에서 지속적으로 받는 열의 양과 비교하여 증발에 의해 냉각되는 정도를 정량적으로 추정해야 했다. 이런 추정은 캐번디시가 할 수 있는 바를 훨씬 넘어섰다.

또한 드 뤽도 증기가 끓는 물에서 나온 다음에 끓는 온도 아래로 냉각되지 않도록 하려면 어떻게 해야 하는지에 관한 물음을 던졌다. 이런 물음에 캐번디시는 아무런 이론적 설명을 제시하지 못했다. 다만 그가 경험적으로 볼 때에 정당하게 입증된다고 여긴 원리를 다음과 같이 독단적인 말투로 전했다. "공기와 섞이지 않은 증기는 [끓는 온도] 아래로 아주 약간이라도 냉각되기만 하면 즉각 물로 다시 돌아간다"([n.d.] 1921, 354). 드 뤽의 경험은 그 반대였다. "작은 용기의 **입**과 목이 동시에 열려 있을 때, 증기는 응집하지 않은 채 눈에 띌 정도로 냉각한다"(이 장의 「깔끔하지 못한 에필로그」에서 이런 논증의 요지를 다시 논하겠다). 그는 또한 현실적으로 공기가 완벽하게 없는 상태에서 증기가 생길 수 있는지에 대해서도 의문을 제기했다. 공기가 없는 상태는 캐번디시의 원리를 적용하고자 할 때 반드시 필요한 요건이었다.[32]

왕립학회 위원회의 최종 보고서를 보면, 이 문제에 관해 어떤 확고한 합의도 이루어지지 못했음이 분명했다. 위원회가 뜨거운 고정점 확보를 위해 제시한 주요 권고는 캐번디시가 옹호했던 증기 기반의 절차(procedure)를 채택하자는 것이었는데, 보고서는 또한 증기 아닌 물을 사용하는 두 가지 대안적 방법도 승인했다. 그 하나는 확실히 드 뤽의 이전 연구에서 나온 절차였다.[33] 드 뤽이 주요 권고안에 묵묵히 동의한 것은 겉보기에 증기 온도가 고정성을 띠기 때문이었지 캐번디시의 이론적 논거에 인정할 만한 어떤 우월성이 있었기 때문은 아니었다. 1777년 2월 캐번디시에게 보낸 편지에서, 이미 드 뤽은 증기 온도가 자신이 생각했던 것보다 훨씬 더 고정적인 듯이 보인다는 데 대해 놀라움을 나타낸 대목이 두 곳이나 있었다. 드 뤽은 다음과 같이 설득력 있게 제안했다.

선생님, 그러면 주장들에 안주하지 말고 즉각적인 실험을 진행하도록 합시다.

이것이 가장 짧고 확실한 길입니다. 그리고 모든 것을 시도한 다음에, 우리에게 최선의 해법인 듯이 나타나는 것을 얻겠지요. 선생님도 기꺼이 바라시는 모든 노력을 기울여, 우리가 그것을 찾을 수 있기를 고대합니다. (De Luc, in Jungnickel and McCormmach 1999, 550)

그리하여 증기를 사용함으로써 왕립학회 위원회는 끓음의 이론들에 관한 불화와 상처를 피할 수 있었다. 이는 고정점을 경험적으로 정의하는 데 충분히 도움이 될 만한 명료한 작업 절차를 가져다주었다. 그렇지만 특정한 압력 조건에서 끓는 물의 증기가 왜 고정적 온도를 지니는지에 관해서는 아무런 합의된 이해가 없었다.

증기의 안정성을 보여주는 더욱 결정적인 실험적 확증은 마르셋의 연구가 이루어지기까지 65년을 기다려야 했다. 마르셋의 연구에서 증기의 온도가 증기가 생겨나는 끓는 물의 온도와는 상관없이 끓는점 표준에 거의 가깝다는 사실이 입증됐다. 물 온도가 섭씨 105도를 넘었을 때에도 증기 온도는 섭씨 100도보다 소수점 첫째 자리 수 정도만 높을 뿐이었다(Marcet 1842, 404-405). 이런 차이는 무시할 수 없는 정도이지만, 당시에 심각한 과가열 상태의 끓는 물에서 얻은 결과인 점을 생각하면 확신할 만한 결과였다. 과가열 상태의 끓음을 보통 상태의 끓음으로 변환하는 모든 수단을 도입하면서 상황은 훨씬 좋아졌다. 이런 기법들이 물 온도를 섭씨 100도에 아주 가깝게 떨어뜨릴 수 있다면, 증기 온도는 확실히 섭씨 100도나 거의 그 부근에서 고정될 것이었다. 마르셋의 연구는 끓는점의 고정성에 진짜 위협을 가했던 과가열의 역사에서 한 장을 마감했다. 그러나 그의 연구가 증기가 끓는점 아래로 냉각될 수 있는지에 관한 물음에는 답을 주지는 못했다.

끓음의 이해

"증기점(steam point)"은 강건함이 입증됐다. 19세기 중반 과가열의 난제들이 극복된 이후에는 증기점의 고정성(fixity, 또는 고정가능성(fixability))에 어떤 심각한 의문도 제기되지 않았다.[34] 이제 남은 문제는 경험적으로 입증된 증기점의 고정가능성을 이해하는 데 있었다. 이런 이해를 위한 과제는 매우 실증주의적인 물리학자들 외에 모든 이들의 관심을 끌 만한 도전이었다. 앞의 두 절에서 불충분하게 설명하는 바람에, 끓는점에 관한 당시 이론들이 불협화음을 내고 혼란스러웠던 상황처럼 보일 수도 있다. 그러나 더 자세히 들여다보면, 증기점의 실용적 사용에 깔끔하게 들어맞는 이론적 측면이 뚜렷하게 발전하는 과정도 나타난다. 이런 발전이 끓음의 현상과 증기점의 고정가능성을 적절하게 이해하는 데 아주 충분했는지를 이 절에서 다루고자 한다.

아주 기초적인 문제로 시작해보자. "끓음"이라는 이름에 걸맞은 어떤 것이 일어나려면, 증기가 액체 상태의 물 안에서 생겨야 하며 액체를 지나 밖으로 나와야 한다. 그러나 이것은 왜 고정된 온도 같은 데에서 일어나야 할까? 결정적인 요인은 수증기의 압력과 온도 사이의 관계이다. 물을 닫힌 공간에서 될수록 많이 증발시킨다고 생각해보자. [그림 1.4]의 왼쪽과 같은 장치에서, 기압계처럼 뒤집어 세운 유리관의 수은 기둥 위쪽에 적은 양의 물을 두면, 물은 더 이상 증발할 수 없을 때까지 수은 위쪽의 진공 공간으로 증발한다. 그러면 그 공간은 증기로 "포화되었다"라고 말할 수 있다. 마찬가지로 공기가 있는 닫힌 공간에 그런 최대량의 증발이 일어나면, 그 공기는 포화되었다고 말한다. 좀 헷갈릴 수 있겠지만, 그런 환경에 있다면 증기 자체도 포화되었다고 말할 수 있다.

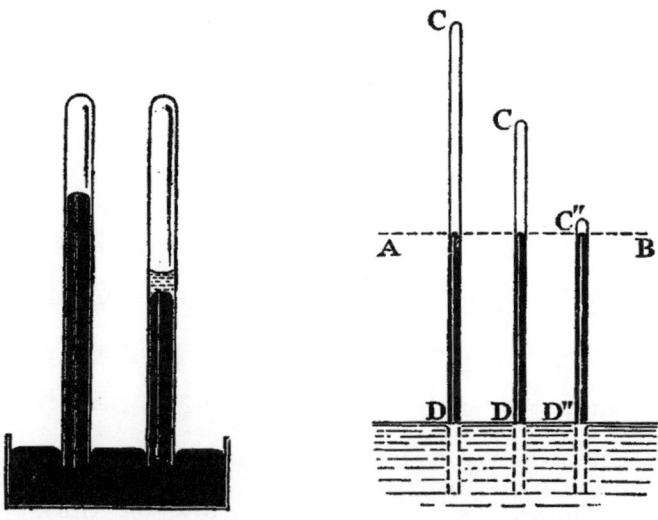

[그림 1.4] 포화된 증기의 압력을 보여주는 실험 (Preston 1904, 395)

 포화된 증기의 밀도는 증기 압력이 온도에 의해, 그리고 온도에 의해서만 결정되는 일정한 값을 지니는 그런 것이라는 사실은 이미 18세기 중반에 알려졌다. 포화 상태에 이른 다음에 누군가 공간을 더 넓힌다면(예를 들어 뒤집어 세운 시험관을 약간 더 높게 들어 올리는 식으로), 그 공간에는 이전과 같은 압력을 유지할 수 있는 증기가 추가로 생성된다. 또 누군가 그 공간을 줄인다면, 충분한 증기가 다시 물로 돌아가 증기 압력은 여전히 똑같이 유지된다([그림 1.4]의 오른쪽을 보라). 그러나 만일 온도가 올라가면 허용된 공간 단위마다 증기는 더 많이 생성되어 증기 압력은 더 높아진다. 증기 압력을 보여주고 측정하는 수은 기반의 이 단순한 장비를 처음 고안한 이는 사실 헨리 캐번디시의 아버지인 찰스 캐번디시 경(Lord Charles Cavendish: 1704~1783)이었다. 아들은 아버지의 연구 결과를 충분히 인정했으며 또한 그것에 상당한 이론적 의미를 부여했다.[35] 증기 압력이 온도에만 배타적으로 의존하는

제1장 온도계의 고정점 고정하기 | 71

성질을 발견한 캐번디시의 공로는 나중에 제임스 와트(James Watt: 1736~1819), 존 돌턴(John Dalton: 1766~1844), 빅토르 르뇨(Victor Regnault: 1810~1878)를 비롯해 수많은 저명한 관측자들에 의해 확인되었다. [표 1.2]는 여러 관측자들이 얻은 증기-압력 자료의 일부를 보여준다.

표에서 볼 수 있듯이, 포화된 증기의 압력(편의상, 지금부터는 "증기 압력"으로 부른다)은 온도가 섭씨 100도일 때에 통상적인 대기 압력과 같아진다. 이런 관찰 결과는 끓음의 인과관계를 이해하는 데에 기본이 되는 이론적 착상을 가져다주었다. 즉, 물이 외부 공기의 저항을 극복할 정도로 충분한 압력을 지니는 증기를 생성할 때에 끓음이 발생한다는 것이다.[36] 이런 관점은 끓는점이 압력에 의존하는 성질을 자연스럽게 설명해주었다. 또한 끓는점을 정의하는 데 증기 온도를 사용한 것을 완벽하게 정당화해주었다. 온도와 포화 증기 압력의 관련성이 끓는점의 고정성을 떠받치는 데 핵심적이기 때문이었다.

내가 **압력-균형 끓음 이론**(pressure-balance theory of boiling)이라고 이름을 붙인 이 관점은 강력하고 매력적인 이론의 틀이었다. 그러나 해야 할 "정돈하기(mopping up)"나 "변칙 없애기(anomaly busting)"는 아직 많이 남아 있었다(인용된 문구는 토머스 쿤(Thomas Kuhn)의 "정상과학(normal science)" 설명에서 자유롭게 가져온 말이다). 압력-균형 끓음 이론에서 첫 번째로 큰 변칙은 외부 압력이 고정된 때에도 끓는 온도가 고정되지 않는 것이 분명하다는 사실이었다. 이런 경우에 해야 할 전형적이고 합리적인 일은 압력-균형 메커니즘의 "정상(normal)" 작동을 막는 간섭 요인이 존재하리라고 추정하고, 그런 다음에 이것을 밝히려고 시도하는 것이었다. 대안의 관점으로는, 외부 압력과 증기 압력의 일치는 끓음의 필요조건이지 충분조건은 아니라는 것이었고, 그래서 끓음이 일어나려면 다른 촉진 요인도 존재해야 한다는 것이었다. 사실

[표 1.2] 물의 증기-압력 측정값 비교표

온도	C. 캐번디시 (1757년 경)[a] 증기 압력[e]	돌턴 (1802년)[b] 증기 압력	비오 (1816년)[c] 증기 압력	르뇨 (1847년)[d] 증기 압력
35°F (1.67℃)	0.20in. Hg*	0.221		0.20
40	0.24	0.263		0.25
45	0.28	0.316		0.30
50 (10℃)	0.33	0.375		0.3608
55	0.41	0.443		0.43
60	0.49	0.524		0.52
65	0.58	0.616		0.62
70	0.70	0.721		0.73
75	0.84	0.851		0.87
86 (30℃)		1.21	1.2064	1.2420
104 (40℃)		2.11	2.0865	2.1617
122 (50℃)		3.50	3.4938	3.6213
140 (60℃)		5.74	5.6593	5.8579
158 (70℃)		9.02	9.0185	8.81508
176 (80℃)		13.92	13.861	13.9623
194 (90℃)		20.77	20.680	20.6870
212 (100℃)		30.00	29.921	29.9213
302 (150℃)		114.15		140.993
392 (200℃)				460.1953
446 (230℃)				823.8740

a 이 데이터는 Cavendish [n.d.] 1921, 355의 각주에서 가져왔다.
b Dalton 1802a, 559-563. 마지막 숫자(302°F, 150℃ 일 때)는 외삽(extrapolation)으로 얻은 것이었다.
c Biot 1816, 1:531. 프랑스식 데이터(비오와 르뇨의 것)는 100분위 온도와 밀리미터 수은 단위를 사용한 것이었다. 내가 압력 데이터를 인치당 25.4밀리미터의 비율로 영국인치로 변환했다.
d Regnault 1847, 624-626. 35°-75°F 구간에 있는 르뇨의 입력 숫자는 근삿값으로 변환해 얻어진 것이다 (50°F의 경우는 예외).
e 이 표의 모든 증기 압력 데이터는 증기에 의해 균형을 이룬 수은 기둥의 높이(영국인치)를 나타낸다.

* in.은 인치, Hg는 수은을 가리킨다 – 옮긴이

이런 두 가지의 관점은 서로 아주 잘 병립할 수 있었다. 그리고 심지어 한 명의 저자가 간혹 이 두 관점을 서로 바꿔가면서 사용하기도 했다. 즉, 끓음을 일으키는 데엔 x라는 요인이 필요하다고 말하는 것은 x가 없다면 끓음이 방해된다고 말하는 것과 실제로는 동일한 것이었다. 이런 촉진 또는 방해 요인들의 작동에 관해 갖가지 경쟁 가설들이 존재했다. 이런 보조 가설 중 어느 하나라도 정말 성공적으로 압력-균형 끓음 이론을 변호해냈는지, 그리하여 증기점의 사용에 대한 이론적 정당화를 이루어냈는지 이제 살펴보자.

게이-뤼삭(1818, 130)은 물을 담은 용기에 대한 물의 점착(adhesion)과 물 자체의 내부 응집(cohesion) 때문에 끓음이 지체될 수 있다는 이론을 제시했다. "용기에 대한 유체의 점착은 그 유체의 점성도(viscosity)와 비슷한 것으로 생각할 수도 있을 것이다. (…) 유체의 응집 또는 점성도는 끓는점에 상당한 영향을 끼치는 것이 분명하다. 왜냐하면 유체 안쪽에서 형성되는 증기는, 그 표면에 가해지는 압력, 그리고 입자들의 응집이라는 넘어야 할 두 가지 힘을 지니게 되기 때문이다." 그러므로 "그 안쪽 부분은 실제의 끓는점보다 더 많은 열을 품을 것"이며, 물에 대한 용기의 표면 점착이 더 세다면 그렇게 품는 여분의 열도 더 많아질 것이다. 게이-뤼삭의 추론으로는, 물이 금속 용기보다 유리 용기에서 "더 어렵게" 끓는 이유는 금속과 물 사이보다 유리와 물 사이에 더 강한 점착력이 있기 때문이었다. 끓음은 이제 완전히 끈적끈적한 현상처럼 이해되었다. 먼저 진한 소스를 끓일 때를 생각하고, 물도 자기 내부의 점성도와 어떤 고체 표면에 대한 점착을 어느 정도 지닌다고 한다면, 이런 끈적끈적함을 시각적으로 좀 더 쉽게 그려볼 수 있다.

25년 뒤에 마르셋(1842, 388-390)은 이 점착 가설을 좀 더 엄격하게 검증하는 일에 나섰다. 먼저 그는 끓는 물이 담긴 유리 용기에 금속 조각들을 집어넣으면 끓는 온도가 낮아질 것이라고, 그러나 용기가 완전 금속일 때에 물이 끓는 온도인 섭씨 100도 정도까지 크게 낮아지지는 않으리라고 예측했다. 이런 예측은 그의 실험에서 입증되었다. 그가 그동안 금속 조각을 집어넣을 때에 얻었던 가장 낮은 끓는 온도는 섭씨 100.2도였고, 이는 온도가 정확히 섭씨 100도까지 내려갔다는 게이-뤼삭의 이전 주장과는 대조되는 것이었다. 더 중요한 것은, 마르셋은 만일 용기의 안쪽을 물에 대한 점착이 금속보다 훨씬 작은 물질로 덮는다면 끓는 온도는 섭씨 100도 이하로 내려갈 것이라고 예측했다는 것이다. 또다시 예측대로 마르셋은 황(sulphur) 거품이 여기저기 박힌 유리 용기를 사용하여 물을 섭씨 99.85도에서 끓이는 데 성공했다. 용기의 바닥과 측면을 얇은 니스(gomme laque)로 덮으면 끓음은 섭씨 99.7도에서 일어났다. 섭씨 0.3도가 큰 차이는 아니지만, 마르셋은 금속 용기에서 끓는 물의 온도에 끓는점을 정했던 기존의 온도 측정법에 확실한 오류가 있음을 자신이 찾아냈다고 생각했다.

그동안 연구자들은 주어진 대기압 조건에 있는 금속 용기에서 끓는 물이 가장 낮은 온도를 지닌다고 여겨서, 실수를 범한 것이 분명하다. 어떤 경우들에선 그 온도가 0.3도나 더 낮아질 수 있기 때문이다. 그런데도 전반적으로 정확하게 참일 것이라고 여겨진 그런 사실에 바탕을 두고서, 물리학자들은 금속 용기에서 끓는 물의 온도를 온도 측정 척도에 쓸 고정점의 하나로 선택했다. (Marcet 1842, 391)

마침내 이론적 이해는 기존의 과학 활동을 정교화할 수 있는 지점에 도달한 듯이 보였다. 그것은 소급적 정당화를 넘어서는 것이었다.

마르셋은 점착 가설로 수정된 압력–균형 끓음 이론이 합리적 의심을 넘어 올바르다는 것을 훌륭히 확증한 것처럼 보였다. 그렇지만 20년 뒤에 듀포어(1861, 254-255)는 점착의 역할에 대해 강한 이의를 제기했다. 그는 다른 액체 위에 떠우는 방식으로 물방울을 고체 표면에서 멀리 떨어지게 한 다음에 그 물방울의 극한 과가열 현상을 관찰했으며, 이를 바탕으로 고체 표면에 대한 단순한 점착이 과가열의 주요 원인이 될 수 없다고 주장했다. 그 대신에 듀포어는 물과 다른 물질 사이의 접촉점에서 일어나는, 잘 이해되지 않던 분자의 작용의 중요성을 강조했다.

예컨대, 물이 고체와 완전히 분리되어 있다면 언제나 섭씨 100도를 넘겨 증기로 변한다. 내게 의심할 여지가 없어 보이는 것은, 이질적인 분자들의 연합작용 없이 열이 혼자서 물에 작용해 이른바 정상 비등 온도 이상으로 물의 상태를 변화시킬 수 있다는 것이다.

증기의 생성은 액체 상태를 유지하는 일종의 평형(equilibrium)이 깨질 때에만 일어날 것이라는 것이 듀포어의 인식이었다. 끓음은 압력–균형점에서 일어날 수 있지만, 평형이 아무리 불안정한 상태라 해도 그것을 깨는 데에는 어떤 추가 요인이 필요했다. 열이 스스로 촉진 요인으로 작용할 수야 있지만 그런 작용은 정상적인 끓는점보다 더 높은 온도에서만 일어날 수 있었다. 듀포어는 또한 증기 압력 자체가 증기 생성의 원인이 될 수는 없다는 다소 이해하기 어려운 주장도 내놓았다. 증기 압력은 끓음이 실제 시작되기 전에는 존재하지 않는 "미래 증기(future vapor)"의 속성일 뿐이기 때문이라는 것이다. 듀포어의 비판은 설득력 있었지만 더 나아가 대안적인 이론을 제시하는 데에선 아주 멀리 나아가지 못했다. 그는 아주 솔직하게 관련 분자들의 힘의 작용을 충분히 이해하지 못했음을 인정했다.[37] 따라서 그가 한 연구의 주요한 영향은 확고한 대안을 내놓지는 못했지만 점착 가설을 뒤집는 것이었다.

이런 이론적 공백을 채우려는 두 가지 주요한 시도가 있었다. 하나는 액체를 끓게 할 때 액체의 열린 표면이 지니는 의미에 관해 캐번디시와 드 뤽이 각자 제시한 가설을 부활시키는 것이었다. 캐번디시가 말한 "끓음의 제1 원리"를 보면, 끓는점에서 물이 증기로 변환되는 현상은 물이 공기나 증기와 맞닿아 있을 때에만 확실한 것이었다. 그리고 드 뤽은 물 내부에 있는 공기 거품들이 증기 생성의 장소가 될 것임에 주목한 바 있다. 드 뤽에게 이는 진정한 끓음에서 벗어나는 골치 아픈 일탈 현상이지만 새로운 이론적 틀에서는 끓음의 결정적인 상태로 간주되기에 이르렀다. 이제 이에 관해 더 자세하게 설명을 하고자 한다.

이런 발전의 과정에서 중대한 한 걸음을 베르데가 내딛었다. 그의 연구는 앞 절에서 잠시 이야기한 바 있다. 기본적인 압력-균형 이론을 좇아서, 그는 "정상의" 끓는점을 증기 압력이 외부 압력과 같아지는 온도라고 정의했는데, 이는 그런 온도에서 끓음이 "가능해지지만 반드시 일어나는 것은 아니다(possible, but not necessary)"라고 했던 듀포어의 관점과 일치하는 것이었다. 베르데는 고체 표면 접촉이 비등을 일으키는 핵심 요인이라고 본 듀포어의 관점을 받아들이면서도, 또한 캐번디시와 드 뤽의 길을 좇아 고체 표면의 작용을 이해하려는 흥미로운 시도를 했다. 그는 끓음이 모든 고체 표면이 아니라 거친 미시 구조(microscopic roughness)를 지니는 "잘 젖지 않는(비습윤성)" 표면에 의해서만 유발된다는, 다소 잠정적인 이론을 제시했다. 그런 표면에서는 불규칙성을 보이는 지점 주변에서 생겨나는 모세관 척력(capillary repulsion)이 빈 공간을 지닌 작은 주머니를 만들어내고, 그것이 증발의 장소로서 기능을 할 수 있다는 것이었다. 그런 공간에는 애초에 공기나 증기가 없었을 터이지만 증발을 일으키는 과정에서 진공이 기체가 찬 공간과 같은 역할을 할 수 있으리라는 설명은 이해될 만한 것이었다. 만일 그런 설명이 학술적으로 견고한 것이라면, 듀포어의 관찰뿐만 아니라 점착 가설을 지지하는 듯한 다른 모든 관찰들도 설명될 수 있을 것이었다.[38]

파리의 물리화학자인 데지레-장-바티스트 제르네(Désiré-Jean-Baptiste Gernez: 1834~1910)는 베르데의 가설을 적극적으로 받아들였다. 그는 루이 파스퇴르(Louis Pasteur)의 "충실한 협력연구자" 중 한 명이었으며 결정학부터 기생충병인학까지 다양한 분야에 관해 글을 써서 발표했던 인물이었다.[39] 1866년과 1875년에 출판된 글에서, 제르네는 [그림 1.5]에서 제시된 장치를 이용해 포집한 공기 주머니를 액체 안쪽에 집어넣으면 과가열된 물에서는 언제나 일반 끓음이 유도될 수 있다고 보고했다. 끓음은 일단 시작하면 자기지속성을 띠기 때문에 이런 목적에는 아주 작은 양의 공기만으로도 충분했다. 제르네(1875, 338)는 드 뤽의 연구 업적이 무시되는 바람에 적어도 반세기가 허송세월로 허비됐다고 생각했다. "끓음 현상에 대해 드 뤽이 제시한 설명은 너무도 명료하고 실제에 어울리는 것이었기에, 그것이 보편적으로 받아들여지지 않았다는 것은 놀라운 일이다."[40] 제르네의 견해로는, 끓음에 대한 충분한 이해는 드 뤽의 생각을 지속적으로 철저하게 적용하면서 이루어질 수 있었다. 그런 과정은 누구보다도 도니, 듀포어, 베르데가 이끌었다. 도니(1846, 189)는 끓음에 대해 "내부 표면에서 생겨나는 증발(evaporation from interior surfaces)"이라는 새로운 이론적 정의를 제시한 바 있었다. "끓음은 다름 아니라 기체 거품들을 둘러싸고 있는 액체 내부 표면들에서 일어나는 극히 빠른 증발의 일종이다."

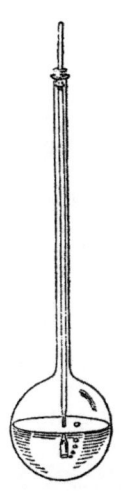

[그림 1.5] 열린 공기 표면이 물 내부에 들어가도록 한 제르네의 장치. 출처: British Library

제르네(1875, 376)는 도니의 정의를 받아들이면서도 그것을 정교화하는 두 가지를 추가했다. 먼저, 그는 그런 끓음은 "정상 비등점"이라고 불릴 수 있는, 분명한 어떤 온도에서 시작한다고 단언했다. 그는 액체 내부에서 기체가 들어찬 공기 방울의 표면은 수작업으로 집어넣을 수도 있고, 용해되어 있던 기체의 이탈에 의해 자발적으로 생성될 수도 있다고 덧붙였다. (이 대목에서, 우리는 또한 모세관력(capillary force)에 의해 만들어진, 베르데의 빈 공간의 잠재적 역할, 그리고 화학 작용 또는 전기 분해로 생성된 내부 기체의 잠재적 역할을 인정해야 할 것이다.[41]) 제르네의 "정돈하기"에 의해 압력-균형 끓음 이론이 매우 충분할 정도로 강화됐다. 내부 기체의 존재는 끓음을 일으키는 결정적인 조건이었고, 압력의 균형과 더불어 충분조건을 구성하게 되었다. 끓음의 이론적 기초는 이제 매우 탄탄한 듯이 보였다.

그렇지만 끓음에 관한 이론 논쟁에 꼬여 있는 문제들은 더 많았다. 베르데와 제르네가 끓음에서 기체가 하는 역할을 열심히 증명하고 있는 동안에, 이와 대조적인 관점이 런던의 찰스 톰린슨(Charles Tomlinson: 1808~1897)에 의해 발전하고 있었다. 톰린슨은 끓음을 일으키는 결정적 요인은 기체가 아니라 작은 고체 입자들이라고 믿었다. 그는 과가열된 액체를 사용해 자신이 벌였던 몇 가지 흥미로운 실험에 바탕을 두어 이런 논증을 폈다. 과가열된 액체에 고체 물체를 집어넣으면 끓음이 유도된다는 이전 관찰들에서 더 나아가, 톰린슨(1868-1869, 243)은 화학적 방법으로 금속 물체들에서 먼지 알갱이를 모두 깨끗이 제거하면 금속 물체의 증기 발산력이 사라진다는 것을 보여주었다. 그는 공기의 역할을 반박하는 결정적인 논증을 펴기 위해서, 미세 철망으로 만든 작은 상자를 과가열된 액체 안에 잠기게 하고서 금속이 깨끗함을 유지하는 한 끓음이 일어나지 않음을 보여주었다. 그는 철망 상자 안쪽에 포획된 공기로 가득 차 있었으므로 공기가 정말 결정적 요인이라면 거기에서도 당연히 눈에 띌 만한 증기의 생성이 나타났을 것이라고 추론했다. 그는 다음과 같은 견해를 밝혔다. "내가 보기에는, 끓음의 필요조건으로서 물이나 기타 액체에 있는 공기와 기체의 존재에 너무 큰 의미가 부여되어온 듯하다"(246). "미래 증기"의 속성에 바탕을 두어 끓음을 이론화하는 데 반대했던 듀포어의 경고를 무시하고서, 톰린슨은 자신의 논의를 다음과 같은 "정의"로 시작했다. "끓는점이나 그 부근 온도에 있는 액체는 자신의 증기로 과포화된 용액이며 소다수, 셀처 탄산수, 샴페인과 같은, 기체가 녹아 있는 용액과 정확히 똑같은 상태를 이룬다"(242). 이런 개념 덕분에 톰린슨은 과포화 용액에 관한 자신의 이전 연구에서 얻은 통찰을 사용할 수 있었다.

톰린슨의 이론과 실험은 상당히 큰 관심을 끌었으며 논쟁이 뒤따랐다. 이런 논증이 해결됐는지, 그리고 어떻게 해결됐는지는 분명하지 않다. 1904년이 되어서도, 토머스 프레스턴(Thomas Preston)이 열에 관해 쓴 박식한 교과서의 제2판에서는 다음과 같은 보고가 실렸다. "용해된 공기가 비등을 촉진하는 데 끼치는 영향은 의문의 여지가 없다. 그러나 그 작용이 공기 자체에서 기인하는지, 공기에 떠 있는 먼지 입자들이나 또는 다른 불순물에서 기인하는지는 충분히 규명되지는 않은 듯하다"(Preston 1904, 362). 두 진영에서 인용한 직접적인 경험 증거의 많은 부분도 사실 모호한 것이었다. 보통 공기는 일반적으로 작은 고체 입자를 품고 있다. 반면에 고체 입자를 액체 내부에 들어가게 하다 보면 그 내부에는 공기도 들어가기 십상이다(드 뤽이 공기를 제거한 물에 온도계를 집어넣으려고 시도했을 때 이미 인식했던 것처럼). 일부 실험은 모호함이 줄었으나 여전히 결정적이지는 않았다. 예를 들어, 톰린슨을 공격하던 제르네도 철망 상자를 이용한 톰린슨의 실험이 확실히 공기의 역할을 부정하는 증거가 될 수 있음을 인정했다. 그러면서도 그는 톰린슨의 실험 결과가 누구에 의해서도 재현되지 못했기에 신뢰할 수 없다는 주장을 폈다. 듀포어가 앞서 그랬듯이, 제르네(1875, 354-357, 393)도 기꺼이 과가열 액체를 공기의 과포화 용액으로 여기면서도 톰린슨이 끓기 직전의 액체를 자기 증기를 지닌 과포화 용액으로 여긴 데 대해서는 이해할 수 없다는 식으로 폄훼했다.

끓음의 이론에 관한 톰린슨과 제르네의 논쟁 과정은 되짚어볼 만큼 흥미진진한 것이지만, 그 세부 내용은 어떤 분명한 의미에서 우리가 지금 다루는 문제, 즉 증기점의 고정성을 이해하는 데에는 그리 중요하지 않은 것이었다. 포화 증기는 그것을 생성하는 진정한 원인이 무엇이건 압력-온도의 관계를 따른다. 마찬가지로 증기를 생성하는 정확한 방법도 또한 상관없는 일이다. 증기가 안정적인 일반 끓음으로 생성되건 요동 끓음이나 불안정한 과가열 끓음으로 생성되건, 또는 폭발 끓음으로 생성되건 외부 표면에서만 일어나는 증발로 생성되건, 압력-온도의 관계는 언제나 동일하다. 한 세기의 정교화하는 과정을 거친 뒤에야 **끓음 자체는 "끓는점"의 정의 또는 규정과 관련이 없음**이 분명해졌다.

깔끔하지 못한 에필로그

끓는점의 결정이 이론적으로나 실험적으로나 증기의 움직임에 따라 정해지는 것이라면, 우리는 이 역사 부분을 마무리하기 전에 증기의 물리학에서 몇 가지 중요한 점을 더 고려해야만 할 것이다. 가장 결정적인 것은 포화 증기의 압력과 온도 간의 명확한 연관성이었다. 물의 끓음이라는 일견 단순해 보이는 사안을 두고 벌어진 뒤틀린 논쟁들을 지켜보고 나서, 포화 증기의 압력-온도 연관성에 관해 골칫거리인 문제들이 있었을 것이라고 장담한다면 너무 성급한 것일까?

드 뤽의 우려를 생각해보자. 물론 캐번디시는 그럴 리 없다고 단언했지만, 드 뤽은 포화 증기가 다시 물로 응결하지 않으면서도 압력-온도 법칙이 가리키는 온도보다 더 낮게 냉각될지도 모른다고 우려했다. 왕립학회 위원회가 끓는점을 고정하기 위해서 채택한 특정한 장치에서는 이런 일이 일어나지는 않았을 것이다. 그렇지만 더 넓게 보면, 드 뤽의 우려는 한 세기가 지나 19세기 말에 증기의 "과포화"에 대한 연구를 통해 실재적인 것으로 증명됐다. 이 이야기는 여기에서 간략하게나마 주목할 만하다. 과포화 현상은 증기점의 고정화를 위협했을 것이며, 또한 이런 연구에서 얻어진 어떤 통찰이 끓음과 증발을 이해하는 데에 새로운 빛을 던져주었기 때문이다.

우리의 관심사로 볼 때에, 과포화 연구에서 가장 흥미로운 개척자는 스코틀랜드의 기상학자인 존 에이트킨(John Aitken: 1839~1919)이었다. 그의 연구는 특히나 찰스 윌슨(C. T. R. Wilson)이 안개상자(cloud chamber)를 발명하는 데 중요한 자극을 주었기 때문에 과학사학자들에게도 상당한 주목을 받았다. 에이트킨은 공학연구자로 교육을 받았으나 건강 문제로 그 직업을 포기하고, 이후에는 주로 자신이 제작한 여러 가지 장비들을 이용한 과학 연구에 집중했다. 전기 작가인 카길 노트(Cargill Knott)에 따르면, 에이트킨은 이슬의 기원, 빙하의 운동, 온도 측정, 향의 발산, 그리고 혜성이 지구 대기에 끼칠 수 있는 영향처럼 "기상학적 성격을 지닌 모든 문제에 예민하게 반응하는 마음"의 소유자였다. 그는 "자신이 보기에 물리학적 추론에 의해 충분히 뒷받침되지 못하는 어떤 이론"도 받아들이지 않았던 "조용하고도 조심성 있는 탐구자"였으며, "자신의 방식과 자신의 방법으로" 모든 문제를 연구했다. 앞으로 보겠지만, 이런 자질은 증기와 물에 관한 그의 연구에서도 충분히 입증된다.[42]

에이트킨은 자신이 과포화 증기를 연구하게 된 실제적인 동기에 대해 분명하게 밝혔다. 대기에 나타나는 "구름 응결(cloudy condensation)"의 다양한 형태, 특히나 빅토리아 시대 영국의 산업 도시에 어둡게 드리운 안개를 이해하기 위함이었다(1880-1881, 352). 그가 이룬 주요한 발견은, 만일 주변에 먼지가 충분하게 있지 않다면 증기가 물로 응결하지 않으면서도 압력-온도의 표준적인 연관성이 가리키는 온도보다 일상적으로 더 낮게 냉각될 수 있다는 점이었다. 에이트킨은 이를 매우 간단한 실험을 통해 보여주었다(338). 그는 눈에 보이지 않는 증기를 끓음 장치에서 큰 유리 용기로 옮겼다. 유리 용기가 "먼지 있는 공기, 즉 보통의 공기"로 가득 차 있을 때에는, 이곳에 들어온 증기의 많은 부분이 상당한 정도의 냉각 과정을 거치면서 응결해 작은 물방울로 변했고, 결국에 "짙은 흰 안개(dense white cloud)"가 생겨났다. 그러나 유리 용기에 솜을 통과해 여과된 공기로 가득 차 있을 때에는, "안개 현상이 전혀 없었다." 그는 먼지 입자들이 응결자로서 구실을 했으며 하나의 먼지 입자는 각 안개 입자의 핵으로서 구실을 했다고 판단했다. 먼지가 구름 응결의 생성에 필수적이라는 생각은 분명히 기상학에서 넓은 의미를 지니는 것이었다. 무엇보다 그는 다음과 같이 말했다.

> 공기 중에 먼지가 없다면 짙은 안개도 없고 옅은 안개도 없고 구름도 없다. 그리고 아마 비도 없을 것이다. (…) 우리는 완벽하게 깨끗한 대기에서도 증기가 응결해 비를 만들 수 있는지 말할 수 없다. 그러나 만일 그렇다면, 비는 거의 구름 끼지 않은 하늘에서도 내릴 것이다. (…) 공기가 비 내리는 조건을 갖추면, 즉 과포화 증기를 안고 있을 때에는 지구 표면의 모든 것이 응결자가 되고 증기는 거기에 스스로 쌓일 것이다. 풀잎마다 나뭇가지마다 스쳐가는 공기가 쌓아둔 물기가 뚝뚝 떨어질 것이며 우리 옷은 축축해지고 물기를 떨구고, 그래서 우산도 소용없어질 것이다…. (342)

증기점의 고정과 관련해 에이트킨의 발견이 지니는 의미가 그 당시에는 부각되지 않았던 것으로 보이지만, 내가 보기에는 이 발견의 의미가 확실하다. 증기가 "증기점"(즉, 포화 증기의 증기 압력이 외부 압력과 같아지는 온도) 아래로 쉽게 냉각될 수 있다면, 증기점은 이제 액체 상태의 물의 끓는점보다 더 고정적인 것이 아니다. 게다가 현실에서 이것이 합리적인 고정점이 될 수 있게 한 것은 정확하게 말해 환경적인 것이다. 우리가 쓰는 "보통의" 재료는 물에 있는 공기이건 공기에 든 먼지이건, 불순물로 가득 차 있다. 캐번디시가 증기는 과포화 상태가 되지 않는다고 주장한 것은 옳았으나 그런 주장은 오로지 그가 언제나 먼지로 차 있는 공기를 다루고 있었기 때문에 옳았다.[43] 이제 우리는 그것이 인간 생활에서 증기점이 겉보기에 고정적임을 보여준 어떤 특별한 사건이었을 뿐이라는 점을 알고 있다. 지상의 공기는 거의 언제나 충분히 먼지로 차 있고 어느 누구도 끓는점 실험장치의 공기를 여과할 생각은 할 수 없었을 것이다(견고한 규칙성을 찾아 나가는 과정에서 뜻밖의 발견이 하는 역할에 관해서는 이 장의 분석 부분에 있는 「고정성 변호」에서 논의하겠다).

에이트킨 연구에 대한 논의를 여기에서 끝내기 전에, 간략하게나마 그의 생각을 더 넓게 살펴보는 것이 증기의 과포화에 관한 그의 연구를 더 잘 이해하는 데 도움이 될 것이다. 또한 그것은 앞 절들에서 논한 끓음에 관한 논쟁과 흥미로운 방식으로 관련을 맺고 있다. 증기의 과포화에 관한 그의 연구는 "물이 여러 형태 중 한 가지에서 다른 것으로 바뀔 때의 조건들"에 관한 일반적인 이론의 관점에서 나왔다. 일반적으로는 네 가지의 상태 변화가 있다. 녹음(고체에서 액체로), 얾(액체에서 고체로), 증발(액체에서 기체로), 그리고 응결(기체에서 액체로)이 그것들이다. 상태 변화에 관한 에이트킨의 일반적 관점 덕분에 그는 증기가 틀림없이 과포화의 능력을 지니고 있다고 예상했고, 이후에 그는 그 현상을 관찰해냈다.[44] 그의 이야기를 들어보자.

나는 물이 얼지 않으면서도 어는점 아래로도 냉각될 수 있음을 알고 있었다. 나는 얼음이 녹지 않으면서 어는점 위로 가열될 수 있다고 거의 확신했다. 나는 끓는점 위로도 가열될 수 있음을 입증한 바 있다. (…) 이런 점을 알고 나니, 수증기가 응결하지 않으면서도 끓는점 아래로 냉각될 수 있다는 생각도 충분히 그럴듯하게 느껴졌다. 대기 중 수증기가 압력에 상응하는 온도 아래로 냉각됨을 실험으로 입증하고자 하던 차에 대기 중 먼지가 "자유 표면"을 만들고 거기에 증기가 응결함으로써 증기의 과포화를 막는다는 생각이 들었다. (Aitken 1880-1881, 341-342)

상태의 변화는 온도의 변화로 일어난다. 그러나 "이런 변화를 일으키는 데에는 단순한 온도 이상의 무언가가 더 필요하다. 변화가 일어나기에 앞서 '자유 표면(free surface)'이 존재해야만 한다." 에이트킨은 다음과 같이 선언했다.

물에 "자유 표면"이 없을 때, 이런 변화가 일어날 수 있는 온도에 관해 현재로서는 도무지 아무것도 알지 못한다. (…) 사실 우리는 "자유 표면"이 없는 조건이라면 이런 변화들이 일어나는 것이 가능하기는 할까 하는 점에 대해 확신을 갖지 못한다. (339)

그에게 "자유 표면"은 말 그대로 "물이 자기 상태를 자유롭게 바꿀 수 있는 표면"을 의미한다. 더 앞선 글에서, 에이트킨(1878, 252)은 자유 표면이 어떤 액체와 기체/증기(또는 진공) 사이에 형성된다고 주장한 바 있다. 이는 그가 물질의 두 가지 다른 상태(고체, 액체, 또는 기체) 사이의 접촉점이, 관련된 두 상태 사이에 변화를 일으키는 자유 표면을 구성한다고 생각했음을 보여준 것으로 보인다.[45] 나는 에이트킨이 자유 표면에 관한 자신의 개념을 정확하게 전개한 적이 있는지 알지 못한다. 나중에 드러났듯이, 먼지 입자가 증기의 응결을 촉진하는 정확한 메커니즘은 하찮은 주제가 아니었으며 이를 규명하는 데에는 특히나 표면 굴곡이 증기 압력에 끼치는 효과에 관해 많은 이론적 탐구가 필요했다.[46] 서로 다른 종류의 "자유 표면들"이 상태 변화를 촉진하는 방식에서 본질적인 무엇을 공통으로 지니고 있없는지는 분명하지 않다.

끓음의 경우에 적용할 때, 에이트킨의 자유 표면 이론은 끓음에서 용해 공기가 하는 역할에 관한 드 뤽, 도니, 듀포어 계열의 사유방식과 아주 잘 맞아떨어졌다. 에이트킨은 이런 사유방식을 익히 잘 알고 있었다. 그러나 그렇다고 해서 그의 생각이 압력-균형 끓음 이론과 반드시 조화를 이루는 것은 아니었고, 사실 에이트킨은 이 이론을 적극적으로 거부했다. "압력 자체는 물이 증기로 바뀔지 여부와 아무런 관련이 없다"(1878, 242). 그 대신에 그는 끓는 데 중요한 것은 "증기 분자들이 얼마나 빽빽하게 수면 위 공간을 채우는가" 하는 점이라고 생각했다. 그의 정의에 따르면, 끓는점은 "수은 29.905인치의 표준 대기압에서 증발이 일어나 대기가 그 증기로 이루어질 때의 온도"였다. 이런 정의는 통상적이지 않았지만 증기점을 고정하기 위해서 왕립학회 위원회가 채택했던 캐번디시의 작업 절차와 매우 병립할 만한 것이었다. 에이트킨은 끓는점에 관한 자신의 정의가 액체 내부에서 일어나는 증기라는 의미에서 "끓음"이 꼭 필요하지 않은 것임을 인식하고 있었다.

> 그러면 끓음과 증발 간의 차이는 어디에 있느냐고 물을 수도 있겠다. 이런 관점에서 보면, 그 차이는 없다. 끓음은 자신의 증기만이 생겨난다는 점에서 증발이다. 그리고 흔히 증발이라 부르는 것은 기체가 생겨난다는 점에서 끓음이다. 역학적으로 액체 전체에서 증기가 끓어오름이 끓음이라는 사건이다. (…) 액체에 자유 표면이 없을 수도 있고 솟아오르는 거품이 없을 수도 있다. 그래도 그 액체는 끓을 수 있다. (Aitken 1878, 242)

에이트킨은 확실히 지식의 미개척지에서 연구하고 있었다. 그러나 끓음의 이론에 한정해서, 그 노고의 결실은 한 세기 먼저 그 주제에 관해 이룬 드 뤽의 개척자적인 업적보다 훨씬 더 심각하게 혼란을 가중시키는 것이었다.

먼지와 짙은 안개에 관한 그의 주요 글의 끝 부분에서, 에이트킨은 자신은 그저 이 전체 주제를 열었을 뿐이라는 뜻을 밝혔다.

> 여전히 할 일은 많이, 아주 많이 남아 있다. 미지의 나라에 발을 들인 여행자처럼 나는 나의 비틀대는 발걸음이 거의 출발점 너머로 나아가지 못했음을 알고 있다. 주변에는 온통 미지의 것들이며, 그곳에 가기까지는 여러 알프스 산맥의 정상이 가로막고 있다. 그 산 정상의 비탈을 오르기 위해서는 내 발걸음보다 더 강건한 발걸음들이 필요할 것이다. 나는 원치 않으나 현재로서는 이 연구를 그만둘 수밖에 없다. (Aitken 1880-81, 368)

에이트킨이 겸허함을 밝힌 이후 한 세기가 훨씬 지나서, 지금 우리는 끓음, 증발, 그리고 그런 통상적인 다른 현상이 과학에서는 여전히 "많은 높은 산들"을 이루고 있음을 전혀 인식하지 못하는 경향이 있다. 에이트킨은 자신이 비틀대는 몇 발걸음 정도만 내딛을 수 있었을 뿐임을 개탄했다. 그러나 오늘날 과학 교육을 받은 우리의 대다수는 에이트킨이 가지 못한 나라의 존재조차 까맣게 모르고 있다.[47]

이미 에이트킨의 시대에, 과학은 전문화의 길을 따라 충분히 멀리 나아갔기에 기초 지식이라도 전문적인 연구 주제와 분명하게 연관되지 않을 때에는 무시되었다. 더 이른 시기에 쓴 글에서 에이트킨은 일부 저명한 저자들이 끓는 온도와 녹는 온도에 관해 부정확한 진술을 하고 있다고 맹비난을 했다. 제임스 클러크 맥스웰(James Clerk Maxwell)의 『열 이론(Theory of

Heat)』, 존 틴들(John Tyndall)의 『열, 운동의 한 양식(Heat A Mode of Motion)』 같은 고전에서 명백하게 부정확한 서술 부분을 찾아 인용하고서는, 에이트킨은 자기 저서의 정신에 의미심장한 처방을 던졌다.

이제, 나는 그런 권위자들이 보여주었던 것처럼 서술들에 지나친 강조를 두고 싶지 않다. 그저 그런 서술들을 과학 문헌에서 통용되는 화폐 정도로 여기려고 한다. 그것은 권위자의 도장을 찍은 채 유통되어 오면서, 그 가치에 의문을 던지지 않는 작가들에 의해 수용되고 또다시 출판되어왔다. (Aitken 1878, 252)

분석 Analysis

고정성의
의미와 성취

> 아직 소리 나는 종을 울려요.
> 완벽한 헌납을 할 생각은 잊으세요.
> 모든 것에는 틈새가 있는 법.
> 빛은 바로 거기로 들어요.
>
> — 레너드 코헨(Leonard Cohen), 〈성가(Anthem)〉, 1992

앞의 역사 부분에서, 온도 측정의 특정한 고정점 하나를 구축하는 과정에서 이와 관련해 생겨난 놀라울 정도의 실용적이고 이론적인 난제들을 역사적으로 자세하게 설명했다. 그러나 고정점을 고정하는 일은 여기 역사 부분에서 비춰진 모습보다는 훨씬 덜 직선적이었을 것이다. 고정점을 좀 더 충분히 이해하기 위해서는 더 심화된 논의가 필요하다. 여기 분석 부분에서, 어떤 현상이 고정점이 된다는 것이 정말 무엇을 의미하는지, 그리고 이미 만들어진 고정성의 표준이 없다면 고정성은 어떻게 판별할 수 있는지를 철학적으로 따져보면서 앞쪽 두 절을 시작하고자 한다. 고정성의 표준에 관한 철학적인 우려는 역사 부분에서 두드러지게 나타나지 않앉는데, 이는 과학자들 자신이 그런 문제를 명시적으로 논하지 않는 경향이 있었기 때문이다. 그렇지만 고정점의 구축은 어떤 암묵적인 표준이 채용되지 않고서는 불가능했을 것이고, 여기에서 그런 표준이 무엇이었는지 논하는 것은 가치 있는 일이다. 일단 표준이 명료하게 규명되면, 이어 우리는 온도에서 어떤 현상이 실제로 고정적인지, 또는 얼마나 고정적인지에 관한 평가 작업을 다시 따져볼 수 있다. 앞의 역사 부분에서 이야기됐듯이, 가장 널리 받아들여진 고정점들(끓는점 또는 증기점)조차 상당한 차이를 보여주었다. 「고정성 변호」에서는 끓는점의 이야기에 등장하는 두드러진 대목들을 살펴보면서, 제시된 고정점의 고정성을 변호하는 데 사용될 수 있는 인식적 전략들을 논할 것이다. 마지막으로 「어는점의 경우」에서는 앞으로 진행될 논의들에 담길 더 넓고 깊은 관점에 도움이 될 수 있도록 간략하게나마 어는점에 관해 살펴볼 것이다.

표준의 타당성 확인: 정당화의 하향성

추상적이지만 이전에 아무것도 입증된 적이 없는 고정점을 찾아야만 하는 어떤 사람의 과업을 생각해보라. 이런 상황은 별들 사이의 우주 공간에 내던져져 무엇이 정지해 있는지 찾으라는 물음을 받은 이가 처할 곤경과 그리 다르지 않다. 절대적 정지 같은 것은 존재하지 않는다고 말하는 아인슈타인은 논외로 하더라도, 우주 공간의 별난 존재인 우리가 어떻게 무엇이 움직이고 무엇이 고정됐는지 판단하는 일을 시작이나 할 수 있을까? 무언가가 고정됐는지 아닌지를 말하려면 그것이 고정된 것으로 밝혀져 판단의 기준이 될 만한 다른 무언가가 있어야 한다. 하지만 어떻게 최초의 고정점을 찾을 수 있다는 말인가? 이는 우리가 벽에다 물건을 걸어두기 위해 못을 박고자 하지만 사실상 거기에 아직 벽이 존재하지 않는 것과 같은 상황이다. 건물의 기초를 놓고자 하지만 기초를 다질 단단한 땅이 존재하지 않는 것이다.

앞의 역사 부분에서는, 과학자들이 스스로 최초의 고정점 문제를 폭넓게 논하지 않았기에 과학자들이 제안한 고정점의 평가가 어떻게 가능한가 하는 물음에는 거의 주목하지 않았다. 그렇지만 잠시 철학적으로 되돌아보더라도, 특정한 현상이 고정된 온도에서 일어나는지 아닌지 말하고자 한다면 어떤 독립적인 판단의 기준이 있어야 한다는 것이 드러난다. 그렇지 않다면 우리는 각각의 제안된 고정점이 스스로 고정되었다고 선언하고 그것에 맞지 않는 모든 다른 것들은 가변적이라고 선언하는 혼란스러운 상황에 직면할 것이다. 그런 혼돈을 극복하기 위해서는 제안된 고정점 자체에 직접 기반을 두지 않는 어떤 표준이 필요하다. 그러나 표준이라는 것이 신에 의해 주어지는 것은 아니다. 그 표준은 정당화되고 그 타당성은 검증돼야 한다. 그런데 어떻게? 우리는 하나의 표준이 다른 표준에 의해 타당성을 검증받고 그것은 또 다른 표준에 의해 타당성을 검증받는, 그런 과정이 계속되는 무한회귀에 붙잡힌 것인가?

이런 주제는 구체적인 사례를 통해서 철저하게 생각해보는 것이 도움이 될 것이다. "혈온(사람의 체온)"을 온도 측정의 고정점으로 사용했던 뉴턴의 실패 사례를 떠올려보라. 장비 제작 장인 다니엘 가브리엘 파렌하이트(Daniel Gabriel Fahrenheit: 1686~1736)도 또한 혈온을 그가 생각한 세 가지 고정점 중 하나로 사용했던 것으로 보인다. 지금 우리는 인간의 체온이 어떤 건강한 몸에서도 항상 똑같지 않음을 알고 있다. 이는 혈온을 온도 측정의 고정점으로 사용하는 것이 잘못임을 의미한다.[48] 그러나 우리는 그것을 어떻게 '알게' 되는가? 21세기에 우리 대부분이 하는 일이라고는 상점에 가서 좋은 온도계를 사는 것이지만, 그것이 뉴턴이나 파렌하이트를 비평하는 좋은 방법이 될 수는 없었을 것이다. 그런 온도계는 당시에 어디에서도 가질 수 없었다. 지금의 편리한 표준 온도계는 과학자들이 혈온과 같은 나쁜 고정점을 배제하고 좋은 고정점을 안착시킬 때까지는 존재할 수 없었다. 여기에서 쟁점은 우리가 어떻게 혈온을 처음부터 고정점이 아니라고 배제하는가 하는 것이지, 다른 고정점들에 기반을 둔 온도계를 써서 혈온이 고정적인 것이 아님을 입증하는 측정 방법을 어떻게 얻을까 하는 공허한 주제가 아니다.

이런 난제를 푸는 열쇠는, 아주 원시적인 온도계를 쓰더라도 혈온이 고정적이지 않음을 밝히는 것이 충분히 가능하다는 점을 인식하는 것이다. 예를 들어, 대부분 액체는 열을 받으면 팽창하는 성질을 지니기에, 아무 액체나 중간 정도 채워 밀봉한 유리관으로도 충분할 것이다. 사실 이런 장치는 「혈액, 버터, 깊은 지하실」에서 논한 핼리의 1693년 논문에서 보고했던 실험에 사용됐던 것이다(또는 누구나 공기나 다른 기체를 담은 시험관이나 플라스크를 거꾸로 뒤집어서 열린 입구를 액체에다 담그면 된다). 우리의 관찰을 돕기 위해서, 시험관에는 몇 개의 눈금을 표시할 수 있고 또 임의의 숫자를 눈금에다 붙일 수도 있다. 사실, 많은 초기 장비들이 이런 원시적인 형태를 띠고 있었다. 이런 장비들은 우리가 현재 알고 있는 온도계와는 주의 깊게 구분해야 한다. 당시 장비들은 외견상 정량적인 것이지만 그렇더라도 그런 숫자 표시에 체계적인 의미를 부여할 만한 원리에 의해서 눈금이 매겨지는 것이 아니기 때문이다. 나는 미들턴의 견해를 좇아 그런 정성적인 장비를 '온도경(thermoscope)'이라고 부르고자 하며, '온도계(thermometer)'라는 용어는 어떤 일치된(identifiable) 방법에 따라 결정된 정량 척도를 사용하는 장

비들에 사용하고자 한다.⁴⁹

측정에 관해 널리 알려진 철학 이론들의 학술용어로 이야기하면, 온도경이 보여주는 것은 온도의 서열 척도(ordinal scale)이다. 서열 척도에도 숫자가 사용될 수 있지만 그런 '숫자' 또는 수는 한정된 서열만을 가리킬 뿐이어서, 그 숫자를 이용한 덧셈 같은 산술 연산은 의미가 없다. 이와 달리, 진정한 온도계라면 거기에 쓰이는 숫자는 어떤 산술 연산에서 의미를 지니는 연산 결과를 내놓을 수 있다. 그렇다고 온도계의 숫자를 이용한 모든 온도 산술 연산이 의미를 지닌 결과를 내놓는 것은 아니다. 예컨대 서로 다른 두 물체의 온도를 단순히 합하는 것은 의미가 없다. 반면에 온도를 열용량으로 곱한다면, 거기에서 나온 값들을 더해 전체 열용량을 구할 수 있다. 그러나 마지막 사례에서도 조금 더 미묘한 문제가 나타난다. 산술 연산은 열용량 개념을 받아들이는 사람에게만 의미가 있기 때문이다 (이와 관련한 어빈의 방식을 제4장의 「열역학 이전의 이론적 온도」에서 설명하겠다). 사실, 온도라는 것이 어떤 종류의 양인지에 관해서는 복잡한 철학적 논란이 있다. 나는 당분간 이런 복잡한 논란을 피해, 모호하더라도 진정한 온도계는 수치적인(numerical) 온도 척도를 제공한다는 정도로 말하고자 한다.⁵⁰

온도경은 고정점을 확정하는 데 꼭 필요한 것이다. 그것은 수치적인 양을 측정하지는 않지만 어떤 것이 다른 것에 비해 더 따뜻할 때 이를 가리켜준다. 만일 규칙적인 시간 간격으로 겨드랑이 또는 다른 어느 적당한 몸 부위들에 온도경을 갖다 댄다면, 온도경의 표시가 오르내리는 것을 관찰할 수 있을 것이다. (지금은 일단 깊은 논의를 유보하고서) 온도경의 표시가 다양한 방식으로 오르내리는 동안에도 온도는 사실상 완벽하게 변함이 없다는 믿기 힘든 가능성을 배제한다면, 우리는 혈온이 일정하지 않으며 고정점으로 사용해서는 안 된다고 추론할 수 있다. 여기에서 주요한 인식적 요점은 온도경이 어떤 고정점을 가질 필요조차 없다는 것이며, 그래서 순환 논리에 의존하지 않고서도 고정점을 평가할 수 있다는 것이다. 온도경을 표준으로 채용하면 고정점을 일차적으로 평가할 수 있다.

그러나 우리는 정당화의 문제를 한 단계 더 진전시켰을 뿐이다. 이제는 우리가 왜 온도경을 신뢰할 수 있는지 물어야 한다. 대부분 액체가 열을 받으면 팽창한다는 것을 우리가 어떻게 아는가? 온도경 자체는 그런 액체의 팽창을 보증하는 용도로서는 쓸 수 없다. 우리는 의지할 만한 온도경이 존재하지 않았던 애초의 상황으로 되돌아갈 필요가 있다. 온도경의 첫 번째 토대는 아무 도움을 받지 않고 정량화할 수 없는 인간 감각(sensation)에 있다. 비록 인간의 감각이 온도가 오르면 액체가 팽창한다는 일반 규칙을 증명할 수는 없다 해도, 감각은 일종의 정당화를 제공해준다. 우리는 열을 받으면 액체가 팽창한다는 관념을 갖고 있는데, 이는 우리가 감각기관으로 매우 자명하게 느낄 수 있는 사례를 관찰하기 때문이다. 예컨대 우리가 차갑게 느껴지는 온도경 위에 따뜻한 손을 얹어놓으면 온도경의 액체가 점점 오르는 것을 볼 수 있다. 손에 화상을 입힐 정도의 뜨거운 물에 온도경을 넣으면 온도경의 액체는 급속히 오른다. 다시 온도경을 눈(snow) 속에다 넣으면 이제는 곤두박질치는 것을 볼 수 있다. 온도경 뿌리(bulb)를 적시고서 거기에 입으로 바람을 세게 불면 온도경의 액체가 내려가는 현상을 볼 수 있는데, 이는 비에 젖은 옷을 입은 채 서서 바람을 맞을 때 추위를 느끼는 경험을 떠올리게 한다. 우리가 여기에서 보는 바는 인간 감각이 온도경에는 제1의 표준이 된다는 점이다. 우리 감각기관이 지시하는 바와 온도경이 기본적으로 일치한다는 점은 온도경의 신뢰성을 일단 믿을 수 있게 한다. 만일 온도경의 표시와 우리 자신의 감각 사이에 명료하고도 지속적인 불일치가 존재한다면, 온도경은 의심의 대상이 될 것이다. 예를 들어, 많은 이들은 섭씨 4도일 때보다는 0도일 때에 더 춥게 느낄 것이고, 그래서 물이 4도일 때보다 0도일 때 부피가 더 커진다는 것을 관찰하고 나서는 물의 부피 변화를 온도의 표준으로 안심하고 사용하는 데에 의문을 표할 것이다.

그런데 지금 우리는 같은 문제를 그저 다시 한 번 더 따지고 있을 뿐인 것은 아닐까? 우리는 우리가 감각을 신뢰할 수 있음을 어떻게 아는가? 고대부터 철학자들은 우리 감각기관을 신뢰해야 할 절대적인 근거는 존재하지 않음을 잘 알고 있었다. 여기에서 우리는 경험과학의 맥락에서 만족스럽지는 않지만 불가피한 토대론적 정당화(foundationalist justification)라는 낯익은 마지막 지점에 다다를 것이다. 루드비히 비트겐슈타인(Ludwig Wittgenstein, 1969, 33, §253)의 말을 빌리면, "토대가 잘 다져진 믿음의 토대에는 토대가 없는 믿음이 놓여 있다." 토대 없음(groundlessness)은 통제될 수 있는 그런 것이 아니다. 따라서 만일 우리가 온도 측정의 고정점의 경우에 해왔던 것처럼 우리 믿음을 옹호하는 데 제시하는 경험적 정당화를 끝까지 좇는다면, 결국에 우리는 신체의 감각에 도달한다. 또한 정당화의 최종 토대(basis)가 신뢰할 만하지 않다고 여겨지면, 경험적 정당화의 어느 것도 신뢰를 받을 수는 없게 된다. 만일 감각 자체는 어떤 확고한 정당화도 지니지 못함을 받아들인다면, 우리는 경험적 정당화라는 인식 자체를 다시 개념화해야만 할 것이다. 정당화라는 전통적인 인식은 논리적 증명의 이상을 향해 나아가고자 했다. 그런 증명에서는 우리가 정당화하고자 하는 명제들이 먼저 받아들인 일련의 명제들에서 연역된다. 문제는 이런 방식의 증명에는 먼저 받아들인 선행 명제들을 다시 증명해야만 한다는 데에서 생긴다. 그로 인한 결과는 무한 회귀, 또는 증명 없이 믿는 것이 요구되는 불만족스러운 중단 지점에 도달한다. 그러나 다음 절에서 좀 더 명료해지겠지만, 정당화는 증명으로 이루어질 필요는 없고, 또한 어떤 표준의 정당화가 증명으로 존재해야 한다고도 보기 힘들다.

나는 표준의 정당화가 **존중의 원리**(principle of respect)에 바탕을 두고 있다는 견해를 제시하고자 한다. 이 책에서도 그런 원리는 작용하고 있음을 볼 수 있을 것인데, 그것이 무엇인지는 뒤에 가서 적절한 대목에서 더 자세하게 정의하도록 하겠다. 존중의 원리가 어떻게 작용하는지 보기 위해, 인간 감각과 측정 장비 간의 관계를 일반적으로 생각해보자. 기본 측정 장비들이 처음에는 우리 감각에 충실함을 보여줌으로써 정당화되지만, 또한 우리는 그런 장비를 이용해 우리 감각을 증진하거나 바로잡을 수 있다. 달리 말하면, 측정 장비의 사용은 감각을 선행 표준으로 존중함으로써 이루어지지만 그렇다고 감각의 판단이 무조건적 권위를 지니는 것은 아니다. 때로는 합리적으로 할 수 있는 일이라고는 감각을 무시하는 것밖에 없음을 보여주는 다음과 같은 경우가 널리 알려져 있다. 먼저 한 손을 뜨거운 물이 든 양동이에 넣고 다른 손은 차가운 물이 든 양동이에 넣는다. 잠시 뒤에 두 손을 양동이에서 뺀 다음에 이제는 미적지근한 물에다 함께 집어넣는다. 그러면 한 손은 물이 차갑다고 느끼고, 다른 손은 따뜻하다고 느끼게 된다. 그렇지만 온도경은 마지막 양동이 물의 온도가 매우 균일하며 손을 넣은 지점에 따라 크게 다른 것이 아님을 확인해준다.[51] 그러나 이런 경우가 있다고 해서 우리가 감각에 의한 증거를 무조건 거부하는 것은 아니다. 감각이 도움이 되지 않는 경우가 인정되는데도, 왜 감각의 일반적 권위가 유지되는 것일까?

우리가 감각을 선행 표준으로 인정하는 이유는 그것이 다른 표준보다 더 견고한 정당화를 지니고 있기 때문이 아니라 정확하게 말해서 그것이 다른 표준들보다 선행하기 때문이다. 선행 표준의 권위가 절대적인 것은 아니므로 나중의 표준이 앞선 표준에서 벗어날 여지는 있다. 그런데도 선행 표준은 왜 존중을 받는 것일까? 많은 경우에, 그것은 선행 표준이 절대 확실한 정당화는 아닐지라도 어떤 인정할 만한 장점을 표준의 적용 과정에서 보여주기 때문이다. 그러나 결국에는 우리에게 설득력 있는 다른 대안이 없기 때문이다. 비트겐슈타인이 말했듯이, 무언가의 믿음이 먼저 있지 않다면 어떠한 인식 활동도, 심지어 의심 행동도 시작할 수 없다. "믿음(belief)"이 여기에서 사용하기에 적절하지 않은 말일 수 있지만, 우리가 가장 익숙하다고 여긴 진리를 받아들이고 사용함으로써 시작할 수밖에 없다고 충분히 안전하게 말할 수 있을 것이다. 지구의 나이가 수백 살임을 나는 아는가? 모든 인간들에겐 부모가 있음을 나는 알고 있는가? 나는 정말로 내 손이 둘이라는 것을 알고 있는가? 이런 기본적인 명제들에는 절대적인 증명이 제시되지 않았지만, 이 명제들에 정당화를 요구하는 것은 무익한 일이다. 비트겐슈타인(1969, 33, §250)은 (조지 에드워드) 무어(G. E. Moore)의 반反회의론 논증에 관해 숙고하는 과정에서 다음과 같이 썼다. "정상의 상황에서, 내 손이 둘임은 내가 그 증거로 제출할 수 있는 그 무엇만큼이나 확실하다." 감각을 믿는다는 것은 받아들임(acceptance)과 같은 것이다.

우리가 존중의 원리를 따를 때, 앞선 표준과 나중의 표준 사이에는 정확히 어떤 종류의 관계가 형성되는 것일까? 그것은 어떤 종류의 단순하고 논리적인 관계도 아니다. 나중의 표준이 앞선 표준에서 연역되는 것도 아니며, 단순 귀납이나 일반화를 통해 유래하는 것도 아니다. 나중의 표준과 앞선 표준이 모순될 수도 있으므로, 그것은 엄격한 정합성(consistency)의 관계도 아니다. 다만 나중의 표준에는 그것이 선행 표준과 충분히 합치됨을 입증해야 한다는 제약이 부여된다. 그런데 "충분함"은 어떤 의미인가? 충분하다고 말할 수 있는 정도의 합치를 정확하게 미리 설정하려고 시도한다면 어리석은 일일 것이다. 오히려 "충분함"은 그럴듯하기만 하다면 선행 표준을 존중하겠다는 의지(intent)를 가리키는 것으로 이해되어야 한다. 이 모두가 몹시도 모호하다. 여기에서 모호하다는 것은 정당화가 표준을 개선하는 과정에서 진행되는 바를 만족스럽게 담아내기에는 충분히 풍부한 개념이 아니라는 뜻이다. 다음 절에서, 만일 우리가 정당화의 정적인 논리 관계를 찾는 일을 멈추고서 지식 구축의 역동적 과정을 밝히려고 노력한다면 좀 더 유익한 방향으로 문제 전체를 조망할 수 있음을 보여주고자 시도할 것이다.

표준의 반복적 개선: 건설적인 상향성

앞 절에서 나는 정당화를 추구하는 과정을 다루었다. 그러면서 이미 수용된 고정점에서 시작해 우리가 고정성을 받아들일 때 그 토대가 되는 여러 층을 더 깊게 들어가 살펴보았다. 이제는 거꾸로 역사에 등장한 온도 표준 사이의 관계를 있었던 그대로, 즉 감각의 원시세계에서 시작해 이어지는 표준들의 점진적 구축 과정을 되짚으며 그 관계를 살펴보고자 한다. 이 연구는 과학 지식이 자신에 토대를 두면서 지속적으로 자신을 만들어가는 다단계 반복의 과정을 예비로 잠시 들여다볼 수 있게 해줄 것이다. 온도경이 뜨거움과 차가움에 대한 우리의 감각을 교정해준다면, 우리는 감각에서 파생된 온도경의 표준이 자신의 토대가 되는 선행 표준인 감각을 교정하는 역설적 상황을 경험하게 된다. 얼핏 보면 이런 과정은 자기모순처럼 보인다. 하지만 좀 더 주의 깊게 살펴보면, 그것은 자기 교정이자 더 넓게 말해 자기 개선으로 보일 것이다.

나는 앞선 표준과 나중 표준의 관계에서 핵심은 존중의 원리였다고 주장했다. 그러나 존중은 그 관계의 한 측면을 비춰줄 뿐이다. 우리가 새로운 표준을 창출하고자 하며 옛것에 안주하는 데 만족하지 않는다면, 그것은 우리가 옛 표준으로는 얻을 수 없는 무언가를 하고자 하는 것이다. 존중은 제일의 제약일 뿐이지 추동력은 아니다. 변화의 긍정적 동기는 "진보하라는 정언명령(imperative of progress)"이다. 진보의 의미에는 수많은 것들이 있겠지만(이에 관해서는 제5장에서 더 일반적으로 논하겠다), 표준의 개선에 관한 진보에는 우리가 바라는 몇 가지 자명한 측면이 있다. 즉, 고려 대상이 되는 표준을 사용해 판단의 정합성에 도달할 수 있는가, 판단에는 정확성과 신뢰성이 있는가, 그리고 표준이 적용되는 현상의 범위는 얼마나 되는가 하는 것들이다.

진보가 존중의 원리를 따르면서 이루어지더라도, 그것은 나선형의 자기 개선을 의미한다. 선행 표준에 기반을 둔 연구는 결국에 선행 표준 위에서 개선된 새로운 표준의 창조로 나아갈 수 있다. 자기 개선이 가능한 것은 바로 존중의 원리가 옛 표준이 모든 것을 결정해야 한다는 요구를 하지 않기 때문이다. 존중에는 너그러움이 있기에 진보를 위한 숨 쉴 공간이 만들어진다. 존중과 진보 간의 변증법에서 생겨나는 자기 개선의 과정은 자력 해결(bootstrapping)이라고 부를 수도 있겠지만, 이미 다른 의미로 널리 쓰이기에 혼동을 피하고자 나는 이 말을 사용하지는 않겠다.[52] 대신에 나는 그 과정이 계속해서 많은 단계를 거칠 가능성을 특별히 염두에 두어 "반복(iteration)"이라는 말을 하고자 한다.

여기에서 말하는 "반복"은 수학에서 유래한 개념이다. 수학에서 그것은 "목표로 삼은 정확도를 성취하기 위해서 이어지는 근사들(approximations)이 앞선 결과 위에서 이루어지는, 문제풀이 또는 계산의 방법"으로 정의된다.⁵³ 이제는 문제풀이를 위한 계산 방법의 중요한 기법이 된 반복은 오랫동안 철학자들에게 하나의 영감이 되었다.⁵⁴ 예를 들어 찰스 샌더스 퍼스(Charles Sanders Peirce)는 2의 세제곱근을 계산하는 데에 반복 알고리즘을 끌어들였다([그림 1.6] 참조). 그는 거기에서 바른 추론은 스스로 교정한다는 자신의 가설을 입증하고자 했다.

수학적 계산의 특정한 방법들은 스스로 교정한다. 그리하여 어떤 오류가 일어나더라도 계속 가던 길을 똑바로 가기만 하면 되며, 결국에 오류는 교정된다. (…) 그것은 추론(reasoning)이 지닌 가장 훌륭한 특징 중 하나, 그리고 과학의 원리(doctrine)에서 가장 중요한 철학적 주제(philosopheme) 중 하나를 떠올리게 한다. 사실 이런데도 내가 아는 어떤 책의 서술에서도 이와 관련해 찾아볼 만한 것이 없는 것 같다. 다시 말하면, 추론은 스스로 교정하는 경향을 지니며, 그럴수록 추론의 계획은 더욱 현명하게 짜인다. **아니다. 그것은 자신의 결론을 교정할 뿐만 아니라 심지어 자신의 전제까지도 교정한다.** (…) 만일 모든 개연성 있는 추론(inference)이 그 전제보다 덜 확실하다면, 추론 위에 추론을 쌓는, 종종 아주 깊이 쌓는 과학은 곧 나쁜 방향에 놓일 것이다. 하지만 모든 천문학자들은 정교한 추론의 결과로 나온 항성의 목록 중 기본항성(fundamental star)의 자리가 그런 추론을 연역하는 데 쓰인 어떤 개별 관측보다 훨씬 더 정확하다는 사실을 잘 알고 있다. (Peirce [1898] 1934, 399-400. 굵은 강조는 저자의 추가)

수학적 알고리즘을 추론 일반에 비유하는 은유적인 도약을 한 퍼스의 정신을 좇아서, 나는 더 넓힌 반복의 개념을 제안한다. 나는 이것을 수학적 반복(mathematical iteration)과 대비되는 것으로서 "인식적 반복(epistemic iteration)"이라고 부를 것이다. 인식적 반복은 앎(knowledge)의 연속 단계들이

Correct Computation	Sum of Two	Triple	Erroneous Computation	Sum of Two	Triple
1			1		
0			0		
1	1	3	1	1	3
4	5	15	4	5	15
15	19	57	*Error!* 16	20	60
58	73	219	61	77	231
223	281	843	235	296	888
858	1081	3243	904	1139	3417
3301	4159	12477	3478	4382	13146
12700			13381		
$1\frac{3301}{12700}$	1.2599213		$1\frac{3478}{13381}$	1.2599208	
Error	+.0000002		Error	−.0000002	

[그림 1.6] 찰스 샌더스 퍼스([1898] 1934, 399)가 보여준, 2의 세제곱근을 계산하는 반복 알고리즘. 하버드대학교 출판부의 벨크냅 프레스의 허락을 받아 재인용. Copyright © 1934, 1962 by the President and Fellows of Harvard College

각각 앞선 단계에 의존하면서 어떤 인식 목표의 성취를 높이고자 창출되는 과정이다. 인식적 반복이 수학적 방법과 결정적으로 다른 점은, 수학적 반복이 다른 수단에 의해 알려진 정답 또는 적어도 원칙적으로 알 수 있는 정답에 접근하는 데 쓰인다는 점이다. 인식적 반복에서는 그런 경우가 그리 명료하지는 않다.

주목할 만한 또 다른 차이는 하나의 수학적 반복 과정이 처음의 어떤 추측(conjecture)에서 연속적인 모든 근사들을 산출해내는 단 하나의 알고리즘에 의존하는 데 비해, 인식적 반복 과정에서는 그런 일련의 메커니즘을 언제나 사용할 수 있는 것이 아니라는 점이다. 그보다 인식적 반복은 창조적 진화의 과정에 아주 가깝다. 각 단계에서, 나중 단계는 앞 단계에 기반을 두지만 어떤 식으로건 앞 단계에서 곧바로 연역될 수는 없다. 단계와 단계의 각 연결(link)은 존중의 원리와 진보의 정언명령에 기반을 두며, 연쇄사슬 전체는 연속적 전통 안에서 혁신적 진보를 보여준다.

아마도 일부 실재론자들(realists)은 진리의 획득이 인식적 반복과 같은 과정이 가리키는 목표점이라고 주장할 것이다. 그러나 나는 인식적 목표에 다양성을 허용하는 것이 더 낫다고 생각한다. 적어도 시작하는 시기에는 그렇다. 우리가 인식적 반복에 의해 "진리라는 것(the truth)"에 접근하고 있다고 확신할 수 있는 실제 사례는 극히 소수에 불과하다. 다른 목적들이 더 쉽게 성취되고, 그런 성취의 수준이 더 쉽게 평가된다. 이 문제에 관해서 제5장에서 더 자세하게 논할 것이다. 당분간은 지금의 목적에 맞게, 진리에서 비껴나 있는 어떤 가치들이 궁극적으로 진리의 성취에 기여하건 아니건 간에 반복을 통한 진보로 이끄는 목적과 잣대가 될 수 있음을 인정하는 것만으로 충분하다.

인식적 반복은 이후의 장에서도 다시 이야기되는 주제가 될 것이고, 제5장에서 충분히 일반적인 논의가 이루어질 것이다. 지금은, 초기 온도계에 나타난 표준의 반복에 관해서만 논하고자 한다. [표 1.3]은 우리가 이 장에서 그동안 살펴본 온도 표준의 반복적 발전 단계들을 요약한 것이다.

단계 1: 온도 표준을 찾아가는 반복적 연쇄사슬에서 첫 번째 단계는 뜨거움과 차가움에 대한 몸의 감각이었다. 우리에게는 경험적 지식을 얻을 설득력 있는 다른 출발점이 없기에, 시초에는 감각이라는 기본적인 타당성 검증이 전제될 수밖에 없다. 그것이 "교육되지 않은" 지각에는 이론이나 전제가 없다는 의미는 아니다. 장 피아제(Jean Piaget) 이후 수많

[표 1.3] 온도계 표준의 반복적 발전에 나타난 단계들

시기, 그리고 관련된 과학자들	표준
초기 시기 이래	단계 1 : 몸의 감각
17세기 초엽: 갈릴레오 등	단계 2 : 유체 팽창을 이용한 온도경
17세기 말엽부터 18세기 중엽: 에스치나르디, 레날디니, 셀시우스, 드 뤽 등	단계 3a: 어는점과 끓는점을 고정점으로 삼은 수치 온도계
18세기 말엽: 캐번디시, 왕립학회 위원회 등	단계 3b: 위와 같은 수치 온도계. 다만 끓는점이 증기점으로 대체됨

은 발달·인지 심리학자들이 강조했듯이, 일상의 지각은 점진적으로 학습되었을 뿐이지 복합적인 것이다. 여전히 감각은 과학 지식을 만들어가는 과정에서 우리의 출발점이다. 에드문트 후설(Edmund Husserl 1970, 110-111, §28) 이래로, 우리는 "과학 세계(scientific world)"를 만들어가는 과정에는 "생활 세계(life world)"가 존재함을 당연하게 받아들인다고 말할 수도 있다.

단계 2: 뜨거움과 차가움의 감각과 유체 부피의 변화 사이에 일반적으로 관찰되는 상관관계에 기반을 두어 다음번의 표준, 즉 온도경이 만들어졌다. 따라서 처음에 온도경의 토대는 감각이었다. 그러나 온도경은 더 넓은 범위의 온도 현상을 더욱 확실하고 더욱 일관되게 서열화함으로써 관측의 질을 향상했다. 온도경에 표시되는 온도 기록(reading)의 일관성과 유용성 덕분에, 초기에 감각으로 토대를 다진 데 이어 이제는 온도경의 타당성을 보여주는 독자적인 원천이 되었다.

단계 3a: 온도경이 확립되자 이제는 어떤 현상이 고정점이 될 만큼 충분히 온도에 변함이 없는지에 관해 분별 있는 판단을 할 수 있었다. 고정점들, 그리고 그 사이 간격의 구분선이 등장하면서, 수치적인 온도 척도를 만드는 것이 가능해졌다. 이후에 그것은 반복적인 연쇄사슬에서 다

음번의 표준을 구성했다. 수치 온도계가 성공적으로 만들어졌을 때 (여기에서 "성공"이란 말의 의미에 관해서는 제2장의 「관찰가능성의 단계별 성취」를 참조하라) 온도의 진정한 정량화를 가능하게 함으로써 온도경의 개선을 이루었다. 수치 온도계를 이용해, 온도와 열과 관련한 의미 있는 계산이 이루어질 수 있었으며 온도계 관측은 수학적 이론화의 주제가 될 수 있었다. 이론화가 성공하자, 이제 그것은 새로운 수치 온도계의 표준을 만드는 데 또 다른 타당성 검증의 원천이 되었다.[55]

단계 3b: 끓는점은 처음부터 고정점이었던 것은 아니었다(이 장의 「어는점의 경우」에서 이야기하겠지만 어는점도 마찬가지였다). 끓는점을 안정화하는 데에는 상당히 성공적인 전략들이 있었는데, 이와 관해서는 「고정성 변호」에서 더 논하도록 하겠다. 그러나 사람들은 버터의 고정점을 다루고자 시도할 수도 있었다. 사실 과학자들은 끓는점을 대체할 어떤 것을 발견했다. 다름 아니라 끓을 때에 발산되는 증기의 온도, 즉 증기점이었다. 좀 더 정확하게 말하면, 포화된 증기의 압력이 표준의 대기 압력과 동일할 때의 온도였다. "증기점"을 고온 고정점으로 사용하는 새로운 수치 온도계는 온도 표준을 개선한 것이었다. 끓는점보다 더 고정적이라는 점은 차치하고라도, 증기점은 포화 증기의 압력-온도 법칙과 압력-균형 끓음 이론에서 더 많은 이론적 뒷받침을 받는다는 이점을 갖고 있었다(앞의 역사 부분에서 「끓음의 이해」를 보라). 새로운 온도계, 그리고 끓는점을 이용한 예전 온도계 간의 관계는 흥미롭다. 그것들이 연속해 등장했지만, 연속적인 반복의 단계들은 아니었다. 오히려 그것들은 온도경 표준에 대해 경쟁적으로 반복해 개선하려는 단계(단계 2)였다. 이런 점은 끓는점 척도(단계 3a)가 없었더라도 증기점 척도(단계 3b)가 확보될 수 있었음을 이해한다면 더욱 명료해질 것이다.

고정성 변호: 설득력 있는 거부, 뜻밖에 찾은 강건함

앞선 두 절에서, 나는 고정점을 평가하고 확립하는 것이 어떻게 가능했는지 논했다. 이제는 특히 끓는점의 경우로 되돌아가서 고정점들이 실제로 어떻게 만들어지는지의 문제를 다루고자 한다. 일찌감치 널리 받아들여진, 온도경의 도움으로 도달한 판단은 물이 끓는 온도는 고정돼 있다는 것이었다. 그것은 「성가신 여러 가지 끓는점」과 「과가열, 그리고 진정한 비등이라는 신기루」에서 보았듯이 오류가 매우 많은 것으로 판명되었다. 흥미로운 역설은 끓는점이 고정적이라는 바로 그 전제에서 만들어진 정교한 수치 온도계에 의해서 끓는점의 고정성이 아주 명료하게 부정되었다는 것이다. 매우 불편하게도, 세상은 과학자들이 그러기를 희망하는 것보다는 훨씬 더 번잡스러운 것으로 밝혀졌고, 과학자들은 가장 설득력이 있는 고정점에 동의할 수밖에 없었으며, 그래서 최선을 다해 그 고정점을 지켜내야 했다. 변호할 수 있는 고정점이 자연적으로 나타나지 않는다면 만들어내야 했다. 물론 이 말이 실제로는 그렇지 않은데 일부러 특정 온도점이 고정적인 것처럼 속여야 한다는 뜻은 아니다. 우리에게 필요한 것은 고정점이 유지되는, 명료하게 확인할 수 있는 물적 조건을 찾아내거나 또는 만들어야 한다는 것이다.[56] 만일 그런 것이 이루어진다면, 우리는 여러 변이를 설득력 있게 부정할 수 있다. 달리 말하면 이렇다. 우리가 "물은 언제나 섭씨 100도에서 끓는다"라고 말하면 틀린 말이겠지만, 그것이 참이 아닌 예외적 조건들을 우리가 지목하자마자 충분히 바른 것이 되기 때문에 그것은 설득력 있는 사실 부정이 될 수 있다.

이처럼 고정성을 변호하는 데에는 여러 가지 인식적 전략들이 있다. 역사 부분에서 끓는점과 관련해 이야기한 것에서 곧바로 몇 가지 상식적인 전략들을 엿볼 수 있다.

1. 변이의 원인들을 쉽게 제거할 수 있다면, 제거하라. 물에 용해된 여러 고체 불순물이 끓는 온도를 올린다는 점은 일찍부터 알려져 있었다. 그때의 현명한 처방은 끓는점을 고정하는 데에는 증류수만을 사용하는 것이었다. 끓는 온도의 변이를 일으키는 것으로 잘 알려진 또 다른 원인은 대기압의 변이였다. 이때의 한 가지 처방은 표준 압력에 맞추는 것이었다. 또한 이론적으로 명료하게 이해되지 않았던 변이의 많은 원인이 존재했다. 그렇지만 경험 차원에서 변이를 없애기 위해 해야 할 일은 명확했다. 먼저 유리 대신에 금속 용기를 사용하라. 또 유리를 사용한다면 너무 철저하게 씻지 말고, 특히 황산으로 씻지는 말라. 그리고 물에서 용해된 공기를 제거하지 말라 등등이 있다.
2. 변이의 원인들이 쉽게 제거되지 않지만 확인되고 정량화될 수 있다면, 보정할 수 있는 방법을 익히라. 대기가 정확하게 표준 압력에 이를 때까지 기다린다는 것이 지루한 일이기에, 다른 압력값에 대해서는 보정할 수 있는 공식을 만드는 것이 더욱 편리한 것이었다. 이와 비슷하게 왕립학회 위원회는 온도계 뿌리 위쪽 물의 깊이에 따라 끓는점을 보정하는 경험공식을 사용했다. 보정공식 덕분에 변이는 제거되지는 않았지만 통제된 방식으로 다루어질 수 있었다.
3. 설명할 수 없는 작은 변이는 무시하고 그것이 사라지길 기대하라. 아마도 이런 쪽의 가장 두드러진 사례는 "끓음의 정도"에 따라서 달라지는 변이였을 것이다. 이런 변이는 뉴턴, 애덤스, 드 뤽 같은 저명한 관측자들에 의해 널리 보고되었던 바였다. 그러나 어찌 되었건 그 효과는 19세기 이래로 더 이상 관측되지 않았다. 헨리 캐링턴 볼턴(Henry

Carrington Bolton 1900, 60)은 이런 신기한 사실을 알아차리고 초기 관측들을 다음과 같이 애써 해명하고자 했다. "이제 우리는 그런 들쭉날쭉한 온도가 온도계의 위치에 따라(온도계는 액체에 잠겨서는 안 된다), 대기의 압력에 따라, 물의 화학적 순도에 따라, 그리고 물을 담은 용기의 형상에 따라 다르다는 것을 안다. 그래서 그 현상[끓는 온도]의 불변성에 관해 의문들이 제기됐다는 것이 놀라운 일은 아니다." 내 견해로, 그런 설명은 다른 원인들의 융단 밑에 붙은 먼지를 청소하는 격이니 그다지 설득력 있지는 않다. 수수께끼 같은 다른 변이들도 시간이 흐르면서 사라졌다. 그중에는 왕립학회 위원회가 보고했던, 설명할 수 없는 하루하루의 변이, 온도계 뿌리 아래쪽 물의 깊이에 따른 온도 차이 등이 있었다. 이 모든 경우들에서, 분명하지 않은 이유로 보고된 변이들은 사라졌다. 변이들이 모습을 감춘다면, 그것을 걱정할 이유도 거의 없다.

온도 측정의 원리에 관한 통찰력 있는 글에서, 칼 보이어(Carl B. Boyer 1942, 180)는 이렇게 말했다. "자연은 아주 너그럽게도 아주 정확하게 온도 표시의 구실을 하는 아주 많은 자연적 온도점을 과학자들의 처분에 맡겨왔다." (이 말은 다음과 같은 비트겐슈타인[1969, 66, §505]의 알쏭달쏭한 격언을 생각나게 한다. "무엇을 안다는 것은 언제나 자연의 호의 덕분이다.") 이제 우리는 고정점이 매우 어렵게 성취되었다는 점에서 자연이 아마도 보이어가 생각한 만큼 너그럽지는 않음을 안다. 그렇지만 과학자들이 어쩔 도리 없는 변이들을 길들이려는 시도에서 어떻게든 성공하고자 한다면 자연은 어떤 식으로건 너그러워질 수밖에 없었다. 「과가열에서 벗어나기」와 「깔끔하지 못한 에필로그」에서, 끓는점과 증기점이 누렸던 것은 다름 아니라 기대 이상의 안정성을 가능하게 한 행운 또는 뜻밖의 발견(serendipity)이었음을 이미 보여준 바 있다. 뜻밖의 발견은 "우연하게 운 좋은 발견을 하는 **능력**(faculty)"으로 정의된다는 점에서 평범하고 우둔한 행운과 같은 되는 대로 식의 경우와는 다르다. 이 용어는 호레이스 월폴(Horace Walpole, 영국 작가이며, 정치인 로버트의 아들)이 페르시아 설화인 〈세렌디프의 세 왕자(The Three Princes of Serendip)〉에서 가져다 만들었다. 설화에서 주인공들은 그런 재능을 갖춘 인물들이었다. 이후의 논의에서 나는 결국에 바라던 결과를 만들어내는 경향성을 띠는 운 좋은 우연의 일치를 가리킬 때 이 말을 쓰고자 한다.

끓는점의 고정성으로 나아가는 뜻밖에 발견한 가장 중요한 요소는 보통 상당한 양의 공기가 지상의 물에 용해된 채 존재한다는 사실이다. 증기점과 관련해서는 보통 지상의 공기에 떠다니는 먼지가 상당한 양으로 존재한다는 사실이 도움이 된다. 공기가 없고 먼지가 없는 곳에서 온도 측정 방법과 열의 과학이 발전했더라면 어떻게 되었을까 하고 상상해보는 것도 흥미로운 일이다. 우발성(contingency)을 이해하려면, 「깔끔하지 못한 에필로그」에서 꽤 길게 인용했던 먼지 없는 세계의 기상학에 관한 에이트킨의 상상을 다시 떠올려보라. "공기 중에 먼지가 없다면 짙은 안개도 없고 옅은 안개도 없고 구름도 없다. 그리고 아마 비도 없을 것이다…." 잠재적인 세계들은 일단 **빼고**, 여기에서는 지상에 발을 붙이고 사는 우리 인간에게 사실상 축복이 되는 뜻밖의 발견이 지닌 의미를 밝히겠다는 좀 더 냉정한 일에 집중하고자 한다.

뜻밖의 발견의 요소들을 둘러싼 결정적인 핵심 중 하나는 그런 요인의 작동이 높은 단계에 있는 이론의 운명과는 별개라는 점이다. 사람들이 증기점을 사용하는 이론적인 근거들은 다양하게 존재했다. 캐번디시는 물에서 솟아오르는 증기 거품들은 주변의 물에 열을 빼앗기기 때문에 상승하는 과정에서 정확하게 "끓는점"까지 냉각될 것이라고 생각했다. 그는 또한 증기는 일단 방출되면 끓는점 아래로 냉각될 수는 없다고 추측했다. 드뢱은 이런 생각 어느 것에도 동의하지 않았지만, 증기점을 현상학적인 근거로 사용하는 것은 받아들였다. 비오(1816, 1:44-45)는 증기점의 사용에 동의했지만 그것은 다른 이유 때문이었다. 그는 올바른 끓는점은 끓는 물의 맨 꼭대기 층에서 얻어야 한다고 생각했고, 그러려면 온도계를 끓는 물의 맨 꼭대기 층에 정확하게 수평으로 유지하는 재주를 부려야만 했다. 고맙게도 증기를 대신 사용할 수 있었는데, 왜냐하면 증기 온도는 끓는 물의 맨 위층 온도와 동일할 것이기 때문이었다. 마르셋(1842, 392)은 그런 가정이 널리 받아들여진 것을 개탄했다. 자신의 실험 결과에서는 그것이 실제로는 부정확한 것으로 나타났기 때문이었다. 이유는 따지지 말라. 증기점은 더 나은 고정점으로서 거의 보편적으로 채택됐으며 믿을 만한 온도 측정법의 확립에 도움을 주었다.

 물에 용해된 공기가 끓음을 촉진하는 경향을 띠는 진정한 메커니즘에 관해서는 다른 견해들도 있었다. 심지어 톰린슨은 공기에는 먼지 입자가 떠 있기 때문에 공기는 증기 방출에 효과적일 뿐이라는 견해를 밝혔다(이 경우에 그의 작업에서 먼지는 뜻밖의 발견이라는 이중 의무를 다하는 것이었으리라). 이론이야 어찌 됐건, 용해된 공기가 바람직한 효과를 낸다는 것은 결정적이고도 도전받지 않는 사실로 유지되었다. 마찬가지로 세기가 바뀌어갈 즈음에 증기 생성의 메커니즘에 관해 난해한 이론적 연구가 진행되고 있었다. 그런 연구 결과들은 개의치 않고, 먼지가 과포화를 막음으로써 증기점을 안정화한다는 것은 충분하게 받아들여졌다.

 높은 단계의 이론에서 떨어져 독립해 있었던 덕분에, 뜻밖의 발견으로 얻어진 강건한 고정점들은 이론의 굵직한 변화에도 살아남았다. 증기점은 열의 칼로릭 이론이 막 만들어지고 있었던 1777년에 왕립학회 위원회의 권고문에서 이제 확고한 지위를 다졌다. 증기점은 칼로릭 이론이 생겨나고 다듬어지고 무너지는 시기 내내 계속 수용되었다. 또한 열역학의 현상학적인 단계와 분자운동학적 단계를 거치면서도 지속됐다. 19세기 말엽에는 에이트킨의 연구 덕분에 증기가 유지되는 공기에서 먼지를 다 제거하지 말아야 한다는 새로운 인식이 생겨났을 법도 하지만, 에이트킨 권고의 정확한 이론적 토대는 온도 측정에서 중요한 문제가 아니었다. 증기점의 이론적 해석과 정당화는 두루 변화했지만 그동안에도 증기점은 여전히 고정된 채 유지되었다. 이론 변화가 관측 결과의 의미 자체에도 근본적인 변화를 초래했을 때에도, 고정점의 강건함 덕분에 정량적 관측은 안정적으로 이루어질 수 있었다. 수치가 "정말로 의미하는 바"가 무엇이건 간에, 수치는 동일하게 유지될 수 있었다.

정밀과학의 분야들도 다른 기본적 측정의 기초에서 이런 강건함을 공유한다면, 이는 지식의 지속과 축적에 상당히 의미 있는 일이 될 것이다. 나는 그러리라고 생각한다. 허버트 파이글(Herbert Feigl)은 경험과학의 안정성은 중간급 규칙들에 담긴 눈에 띄는 강건함에 있으며, 이는 감각 데이터도, 높은 단계의 이론도 내세울 수 없는 강건함이라고 강조한 바 있다. "나는 사실과학(factual science) 분야 이론의 경우에 상대적으로 안정적이고 근사적으로 정확한 토대(검증 장소라는 의미에서)는 개별 관측, 흔적, 감각 데이터 등에서 찾을 수 있는 것이 아니라, 오히려 경험적, 실험적 법칙에서 찾을 수 있다고 생각한다"(Feigl 1974, 8). 예를 들어, 천칭을 이용한 무게 측정은 아르키메데스(Archimedes)의 지렛대 법칙에 의존하며, 기본 광학장비를 사용한 관측은 스넬(Snell)의 굴절 법칙에 의존한다. 적어도 그 법칙에 의해 이루어진 측정의 맥락에서, 이런 법칙들은 수백 년 동안 실패하지 않았으며 의문시된 적도 없었다. 온도 측정의 확립된 고정점도 또한 파이글이 그토록 큰 가치를 부여한 그런 종류의 강건함을 구현하는 것이며, 고정점의 역사 연구에서 우리가 얻은 통찰은 중간급 규칙들이 어떻게 그토록 강건할 수 있는지 밝혀줄 빛을 던져준다.

토머스 쿤, 파울 파이어아벤트(Paul Feyerabend), 메리 헤세(Mary Hesse), 노우드 러셀 핸슨(Norwood Russell Hanson), 그리고 심지어 칼 포퍼(Karl Popper)의 잘 알려진 설득력 있는 논증 덕분에, 우리가 지닌 이론들이 실제로는 관측에도 영향을 끼친다는 것은 이제는 널리 동의를 받고 있다. 그렇지만 우리는 모든 관측이 패러다임 변동이나 다른 종류의 주요한 이론적 변화에 의해서 동일한 방식으로 영향을 받는 것은 아니라는 파이글의 관점을 심각하게 받아들여야 한다. 높은 단계의 이론이 아무리 철저하게 변한다 하더라도, 일부 중간 단계의 규칙들은 심지어 그 깊은 이론적 의미와 해석이 눈에 띄게 변할 때에도 상대적으로 영향을 받지 않은 채 유지될 수 있다. 그런 강건한 규칙이 보증하는 관측도 역시 혁명적 분수령을 가로질러서 변함없이 유지되는 공정한 기회를 누릴 것이다. 그리고 그것이 바로 우리가 물의 끓는점/증기점의 사례에서 보았던 바이다.

높은 단계의 이론들과 중간 단계의 규칙들을 잇는 연결의 느슨함은 낸시 카트라이트(Nancy Cartwright, 근본적 법칙 대 현상학적 법칙에 관한), 피터 갤리슨(Peter Galison, 이론, 실험, 장비 사용의 "끼워넣기(intercalation)"에 관한), 그리고 이언 해킹(Ian Hacking, 낮은 단계의 인과적 규칙에 바탕을 둔 실험적 실재)의 최근 연구에서 강한 지지를 받고 있다.[59] 중간 단계의 규칙과 개별 감각관측 간의 연결고리에 관해서는, 데이터와 현상의 구별에 관한 제임스 우드워드(James Woodward)와 제임스 보겐(James Bogen)의 연구가 파이글의 논증을 강화했다. 안정성은 현상 안에서 발견되며, 우리가 현상을 구성할 때 사용하는 개별 데이터 지점들에서 찾을 수 있는 것은 아니라는 것이다. 끓는점의 경우에 설득력 있게 변이를 거부하는 전략들에서, 우리는 어떻게 중간 단계 규칙이 개별 관측에 나타나는 변덕스러운 모든 변이를 물리치고 보호되는지를 아주 구체적인 사례로 살펴보았다. 이런 논의는 보겐과 우드워드가 보여준 사례 중 하나인 납의 녹는점과도 아주 훌륭하게 잘 들어맞는다. 납의 녹는점은 그것을 결정하기 위한 개별 실험 시도들에서는 온도계 기록에 변이가 나타나지만 안정적인 현상이다.[60]

어는점의 경우

고정점의 논의를 마무리하기에 앞서, 다른 일반적 고정점, 즉 물의 어는점을 확립하는 과정을 간략하게나마 살펴보는 것이 도움이 될 것이다. (어는점은 종종 얼음의 녹는점으로 이해되지만 얼음의 고체 부분 내부의 온도를 측정하고 제어하기는 사실 쉽지 않았다. 그래서 일반적으로도 온도계를 어는 과정 또는 녹는 과정에 있는 얼음과 물의 혼합물에서 액체 부분에다 꽂아두었다.) 어는점의 이야기는 그 자체로 당연히 흥미로울 뿐 아니라 끓는점에 대해 유용한 비교 또는 대조가 되며 앞 절들에서 이야기한 좀 더 일반적인 인식론적(epistemological) 통찰을 검증하는 데에도 도움이 된다. 제5장의 「추상적인 것과 구체적인 것」에서 더 자세히 논하겠지만, 일반적 통찰은 끓는점의 에피소드를 살펴봄으로써 얻을 수도 있으나 당연히 그런 한 가지 경우에서 많은 증거의 뒷받침을 얻어낼 수는 없다. 일반적 관념이라면 더 일반적인 고찰을 거쳐, 그리고 일반적 관념이 다른 구체적 경우를 이해하는 데 도움이 됨을 보여줌으로써 스스로 타당성(validity)을 입증해야 한다. 후자의 검증과 관련해서는 구체적인 경우로서 우선 어는점을 다루는 것이 이치에도 맞는데, 끓는점의 일반 규칙을 백분위 온도 척도의 다른 한 쪽인 어는점에 적용해 결실을 얻지 못한다면 규칙의 일반성을 기대하기는 어렵기 때문이다.

끓는점과 어는점의 역사에는 어느 정도 분명하게 유사점이 있다. 두 온도점의 고정성이 초기에 제시되었을 때 둘 다 더욱 세심한 관찰 결과에 의해 반박되었다. 그러면서 그 고정성을 변호하는 데 다양한 전략이 적용되었다. 두 경우에, 용해된 불순물이 끼치는 효과를 이해하는 것이 고정성에 관한 의심을 물리치는 데 효과적으로 기여했다(이 점은 아마도 끓는점보다는 어는점에서 훨씬 더 중요한 요인이었다). 그리고 끓는점의 고정성이 과가열 현상에 의해 위협받았듯이, 마찬가지로 어는점의 고정성은 과냉각(supercooling) 현상에 의해 위협받았다.[61] "정상적인" 어는점 아래의 온도에 있는 액체가 액체 형태를 유지하는 이런 현상은 18세기 초 무렵에 물에서 발견됐다. 과냉각 현상은 물의 얾을 고정점으로 삼으려는 시도를 헛되게 할 정도로 위협적이었다. 누군가 "순수한 물은 언제나 섭씨 0도에서 언다. 다만 그렇지 않은 때를 제외하고"라고 말할 수 있었기 때문이었다.

누가 처음으로 과냉각 현상을 인지했는지는 분명하지 않다. 그러나 파렌하이트(1724, 23)가 런던 왕립학회 특별회원으로 선출되는 과정에 제출한 논문 중 하나에서 그런 현상을 보고한 것으로 널리 알려져 있다. 드 뤽은 공기를 제거한 물(「과가열, 그리고 진정한 비등이라는 신기루」에서 설명함)을 사용해 얼리지 않은 채 물을 화씨 14도(섭씨 영하 10도)까지 냉각시켰다. 1780년대에는 과냉각이 수은에서 일어날 것으로 추정되었고, 그 덕분에 캐번디시의 오랜 공동연구자이자 왕립학회 서기였던 찰스 블래그덴(Charles Blagden: 1748~1820)의 중요한 심화 연구가 나타났다.[62] 과냉각에 대한 연구는 19세기 내내 이어졌다. 한 예로, 듀포어(1863)는 작은 물방울들을 얼리지 않은 채 섭씨 영하 20도까지 냉각했다. 과냉각에서 그는 「과가열, 그리고 진정한 비등이라는 신기루」에서 이야기했듯이 물을 섭씨 178도까지 과가열했을 때에 사용했던 것과 매우 비슷한 기법을 사용했다.

19세기 말까지도 과냉각에 대한 이론적 이해는 과가열에 비하면 훨씬 덜 확고했다. 아마도 이는 통상적인 어는 현상에 대한 이해조차도 너무 부족했기 때문일 것이다. 가장 기초적인 단서는 잠열이라는 블랙의 개념에서 나왔다. 물이 어는 온도에 도달한 뒤에도 얼음으로 바뀌려면 매우 많은 열이 물에서 빠져나와야만 한다. 마찬가지로 얼음이 이미 녹는점에 있다 해도 녹으려면 많은 열이 얼음에 들어가야 한다. 블랙의 데이터에 의하면, 어는점에 있는 얼음은 파렌하이트가 정한 척도로 볼 때 얾 아래에 있는 140도(그 정도 온도까지 냉각시키면서도 액체 상태를 유지하는 것이 가능하다면)의 액체인 물이 품고 있을 법한 바로 그만큼의 잠열을 품고 있었다.[63] 다른 말로 하면, 섭씨 0도의 물은 섭씨 0도인 같은 양의 얼음보다 훨씬 더 많은 열을 품고 있다는 것이다. 물 전체가 얼려면 그런 초과 열(excess heat)은 모두 다 빠져나와야 한다. 만일 초과 열의 일부만이 빠져나오면, 당연히 물 일부만이 얼고 나머지는 섭씨 0도의 액체 상태로 남는다. 그러나 물 일부가 얼고 나머지는 얼지 않는 특별한 이유가 없다면 물은 미결정의 집단적 상태(collective state of indecision, 또는 좀 더 현대적 개념으로 말하면, 대칭 상태)에 붙잡혀 있을 수 있다. 결국에는 물 전체는 액체 상태로 남지만 열 손실이 액체 전체에 고르게 퍼진 채 온도는 섭씨 0도 이하가 되는 불안정한 평형이 된다. 그러므로 잠열은 과냉각 상태가 어떻게 유지될 수 있는지를 설명해주었다. 그렇지만 그것은 과냉각이 언제 일어나거나 혹은 일어나지 않을지에 관한 설명이나 예측을 제공해주지는 못했다.

과냉각의 존재가 (제대로 이해되지는 않은 채) 받아들여졌는데도 어는점의 고정성은 어떻게 변호되었는가? 과가열이 끓는점의 고정성을 강렬하게 위협하지 못하게 막았던 요인 중 하나를 「과가열에서 벗어나기」에서 다시 떠올려보자. 물이 끓지 않으면서 아주 극한의 온도까지 가열될 수 있더라도 일단 끓기 시작하면 훨씬 더 이치에 맞는 온도로 떨어졌다는 것이다. 비슷한 현상이 어는점도 구해냈다. 파렌하이트 이후로, 과냉각 연구자들은 "총알얼음(shooting)"으로 불린 현상을 알아차렸다. 흔들기(shaking)와 같은 어떤 자극이 주어지면, 과냉각된 물은 얼음 결정들이 촉매점(catalytic point)에서 튀어나오면 순식간에 얼음이 될 수 있다. 온도 측정의 측면에서 말하면, 놀랍게도 총알얼음의 결과로 전체 온도를 정상적인 어는점까지 끌어올리는 데 필요한 만큼의 얼음(그리고 잠열의 방출)이 만들어졌다.[64] 제르네(1876)는 과냉각에서 나타나는 총알얼음 현상이 정상의 얾보다 온도 고정점으로서 사실상 더 믿을 만하게 쓸 수 있다고 주장했다.[65]

총알얼음의 원인과 예방법에 관해서는, 다양한 견해와 상당한 불일치, 그리고 크나큰 이론적 불확실성이 존재했다. 블래그덴(1788, 145-146)은 "이 주제는 여전히 커다란 모호함이 해소되지 않은 채로 남아 있다"라는 인식으로 자신의 결론을 보여주었다. 그러지만 이는 온도 측정 방법에 중요한 영향을 끼칠 만한 것은 아니었다. 실제로 총알얼음은 필요할 때에 안전하게 유도될 수 있었다(과가열 상태의 "요동 끓음"을 의지대로 예방할 수 있는 것과 마찬가지이다). 역학적으로 흔들어대는 것이 효과가 있는지에 관해서는 심각한 논란이 일었지만, 작은 얼음 조각을 과냉각된 물에 떨어뜨리면 언제나 효과가 있다는 데에는 모두가 일찌감치 동의하고 있었다. 「깔끔하지 못한 에필로그」에서도 이야기했듯이 이런 조건은 훨씬 나중에, 특히 에이트킨에 의해 발전한 일반 이론의 관점에도 훌륭하게 들어맞는다. 에이트킨의 관점으로 보면, 온도의 고정성이란 물의 두 가지 다른 상태 사이에 있는 평형의 특징이었다. 그러므로 액체 상태인 물과 고체 상태인 물이 서로 접하면서 함께 나타날 때에 고정된 온도는 믿을 만하게 산출할 수 있다는 것이었다. 과냉각에서 더 나아가, 에이트킨은 "자유 표면"이 없는 얼음은 녹지 않으면서 섭씨 180도까지 가열될 수 있다고 보고했다.[66] 실용적인 차원에서 보면, 평형의 중요성은 훨씬 더 일찍 인식되었다. 1772년 드 뤽은 얼음이 녹는 온도는 물이 어는 온도와 같지 않다고 주장하면서, "녹는 얼음 또는 얼음 속의 물"의 온도를 어는점/녹는점의 정확한 개념으로 제안했다.[67] 그리고 파렌하이트는 이미 자신의 두 번째 고정점을 물-얼음 혼합물의 온도로 정의한 바 있다(Bolton 1900, 70). 이런 공식화(formulation)는 에이트킨의 것과 같은 일반 이론의 틀에 기초한 것은 아닐지라도 열평형에는 물과 얼음이 둘 다 존재해야 함을 분명하게 지목한 것이었다.

어는점의 이야기는 표준에 대한 일반적인 설명, 그리고 「표준의 타당성 확인」과 「표준의 반복적 개선」에 담긴 표준의 타당성 확인과 개선의 과정에 아주 잘 일치한다. 어는점은 온도경의 표준을 존중하며 그 위에서 개선하며 수치 온도계의 주된 형식을 만들어가는 데 토대가 되었던 일부였다. 그런 맥락에서 끓는점에 관해 내가 이야기했던 것의 대부분은 어는점에도 적용된다. 마찬가지로 「고정성 변호」에서 논한, 변이 가능성에 대한 설득력 있는 거부의 전략도 또한 어는점에 아주 잘 적용된다. 어는점의 경우에서도 변이의 원인은 가능하다면 제거되었으며 설명할 수 없는 작은 변이들은 무시되었다. 그러나 어는점에서 교정은 큰 구실을 하지는 못했다. 교정할 수 있는 눈에 띄는 변이의 원인들이 나타나지 않았기 때문이었다.

어는점에 관한 에피소드는 또한 「고정성 변호」에서 다룬 뜻밖의 발견과 강건함의 논의를 강화해준다. 어는점의 강건함도 끓는점/증기점을 강건하게 한 뜻밖의 발견과 동일한 것에서 기인했다. 두 경우에 모두 다 명료한 이론적 이해가 없었거나 적어도 이론적 합의가 존재하지 않았다. 그렇지만 고정성을 확인해주는 실용적 측정은 그런 측정이 왜 효과적인지 이해하는 훌륭한 이론이 나타나기 이전에도 오랫동안 자리를 잡고 있었다. 그런 측정은 종종 문제가 인식되기 전에도 이미 자리를 잡고 있기도 했는데, 사실은 모르는 사이에 그 문제를 풀고 있었던 것이다! 어는점의 경우에는 특별히 평형을 유지하려고 신경을 쓰지만 않는다면 누구나 용기를 휘저어 과냉각 상태를 깨뜨리기가 아주 쉬웠다. 블랙(1775, 127-128)은 공기 분자가 자발적으로 물속으로 들어가 일으키는 지각할 수 없을 만한 요동만으로도 그런 효과가 충분히 일어날 것이라고 생각했다.[68] 특히 온도계 기록을 얻기 위해서 온도계를 물에 넣고 빼는 과정이 역학적 요동을 일으킬 테고, 또한 온도계는 얼음 결정이 형성되는 시작점이 되기에 편한 고체 표면의 구실을 할 수도 있었다. 냉동고가 없던 시절에는 그랬을 테지만 실험이 추운 날에 집 밖에서 진행되면, "서리 내린 날씨에는 거의 언제나 공기 중에 이리저리 떠다니는 얼어붙은 입자"가 물 안에 떨어져 과냉각 된 물에서 얼음 생성을 일으킬 것이었다.[69] 그러나 초기 실험가들은 물을 담은 용기를 덮어야 할 만한 특별한 이유를 발견하지는 못했을 것이다. 짧게 요약하면, 과냉각은 불안정한 평형 상태이기에, 부주의하게 잘못 다루면 그 평형은 깨지고 총알얼음의 과정이 일어날 것이다. 그러므로 끓는점의 이야기에서 그런 것처럼, 어는점 이야기의 주제는 무작위의 우연 중에 나타난 고정성의 유지(preservation)에 있는 것이 아니라, 고정성을 찾는 인식적 필요와 인간의 자연스러운 부주의 경향이 만나 이룬 뜻밖의 발견으로 고정성의 보호(protection)가 이루어졌다는 데 있다.

주

1. 핼리가 후크와 보일의 이름을 명시적으로 거론하지는 않았다. 1663년 런던 왕립학회에 물의 어는점을 사용하자고 한 후크의 제안에 관해서는 Birch[1756–1757] 1968, 1:364–365를 보라. 아니스 열매 기름을 사용한 보일에 관해서는 Barnett 1956, 290을 보라.
2. Newton [1701] 1935, 125, 127을 보라. 더 상세한 논의는 Bolton 1900, 58과 Middleton 1966, 57에서 읽을 수 있다. 혈온은 사실 상대적인 의미에서 그 정도로 어설픈 선택은 아니었을 수 있다. 이에 관해서 나는 이 장의 분석 부분에서「표준의 타당성 확인」에서 더 논의하고자 한다. 나의 견해로는, 미들턴(Middleton)은 성급하게 온도계에 관한 뉴턴의 연구를 "뉴턴의 명성에 거의 어울리지 않는" 것으로 호되게 비판했다. 현대 지식에 의하면, 건강한 사람의 온도는 섭씨 1도가량 사람마다 다를 수 있다.
3. 셀시우스의 기여에 관해서는, Beckman 1998을 보라. 18세기 말엽에 등장한 합의를 보면, 두 가지 고정점들이 척도를 정의하는 데에 함께 사용되었다. 그렇지만 Boyer 1942에서 강조되었듯이 하나의 고정점만을 사용하는 것도 마찬가지로 설득력을 얻고 있었다는 점도 기억해두어야 한다. 일점 고정법(one-point method)에서 온도는 온도 측정용 유체의 부피가 고정점에 있을 때의 부피에 비해 얼마나 변화했는지 나타내는 방식으로 측정되었다.
4. 이 문헌에서 인용하면서, 나는 내가 사용하고 있는 두 권짜리 판본(4절판)에 있는 단락 수와 쪽수를 모두 다 표기했다. 네 권짜리 판본(8절판)이 따로 있고 쪽수가 다르기 때문이다.
5. 뉴턴([1701] 1935, 125)은 이런 온도점에다 자신의 척도 기준으로 20과 11분의 2도라는 온도를 부여했다. 1797년 제3판이 나올 때가 되어서야『브리태니커 백과사전』은 당시에 지배적인 흐름을 따라잡아 다음과 같이 서술했다. "현재 보편적으로 선택되는 고정점들은 (…) 물의 끓는점과 어는점이다." "Thermometer", *Encyclopedia Britannica*, 3rd ed., 18:492–500, on pp. 494–495.
6. 피아치 스미스에 관한 정보는 에든버러에 있는 왕립스코틀랜드박물관의 전시물에서 얻었다.
7. 이 위원회는 1776년 12월 12일의 회의에서 임명됐다. 오베르(Aubert), 캐번디시, 허버든(Heberden), 호슬리(Horsley), 드 뤽, 마스켈린(Maskelyne), 스미턴(Smeaton)으로 구성됐다. 런던 왕립학회의 문서보관소에 있는『왕립학회 저널북(Journal Book)』제28권(1774-1777), 533–534쪽을 보라.
8. 이런 표현은 장–바티스트 비오(Jean-Baptiste Biot)가 한 것으로, Jungnickel and

McCormmach 1999, 1에 인용됐다. 캐번디시는 데본셔 공작 2세인 윌리엄 캐번디시(William Cavendish)와 레이첼 러셀(Rachel Russell)의 손자였다. 켄트 공작인 헨리 드 그레이(Henry de Grey)의 딸인 앤 드 그레이(Anne de Grey)가 그의 어머니이다. 캐번디시와 그레이 가계도를 보려면 Jungnickel and McCormmach 1999, 736-737을 참조하라.
9. 더 자세한 내용은 Cavendish et al. 1777. esp. 816-818, 853-855를 보라.
10. 로버트 보일(Robert Boyle)이 17세기에 이미 이에 주목했고, 다니엘 가브리엘 파렌하이트는 물의 끓는점에 근거해서 기압을 나타내는 기압계를 만들 정도로 그 정량적 관계를 잘 알고 있었다. Barnett 1956, 298을 보라.
11. 애덤스의 척도에 관한 서술의 출처는 Chaldecott 1955. 7 (no. 20)이다. 그의 지위와 연구에 관한 정보를 얻으려면 Morton and Wess 1993, 470 등을 보라.
12. 드 뤽의 삶과 연구에 관한 가장 간편하고 간략한 설명의 출처는 *Dictionary of National Biography*, 5:777-779의 해당 인물 항목에 있다. 더 자세한 내용은 De Montet 1877-1878, 2:79-82와 Tunbridge 1971을 보라. *Dictionary of Scientific Biography*, 4:27-29의 해당 인물 항목에도, 정당화할 수 없을 듯한 드 뤽의 명성에 글쓴이 자신이 어처구니없어하는 바람에 글이 빗나가기도 하지만 역시 많은 정보가 담겨 있다. 비슷하게, W. E. K. 미들턴의 저작에도 드 뤽에 관한 많은 정보가 담겨 있지만 그에 대한 강한 반감이 나타난다.
13. 드 뤽의 비 이론을 둘러싼 논쟁에 관해서는 Middleton 1964a와 Middleton 1965를 보라. 비의 이론은 드 뤽이 라부아지에의 새로운 화학을 반대하는 데 토대가 되기도 했다.
14. 이런 찬사는 *Journal des Sçavans*, 1773, 478에서 볼 수 있다.
15. De Luc 1772, 1:219-221, §408을 보라.
16. De Luc 1772, 2:358, §983을 보라. 드 뤽 자신의 온도계는 나중에 '레오뮈르(Réaumur)' 척도로 알려진 방식을 사용했다. 이 척도에는 어는점과 끓는점 사이에 80개의 눈금이 있다. R. A. F. 레오뮈르가 80분도 척도를 사용했으나 드 뤽은 원래의 설계를 상당히 수정해서 사용했다.
17. 온도 측정용 액체인 수은이 공 모양으로 모여 있는 온도계의 맨 아래쪽 부분. 온도가 오르면 수은이 팽창하면서 수은 높이가 올라간다. 온도계 공보다 온도계 뿌리라는 표현이 우리말로 훨씬 더 이해하기 쉽다고 생각해 뿌리라고 번역하고자 한다—옮긴이
18. 이런 실험들에 관한 더 상세한 내용은 De Luc 1772, 2:356-362, §§980-993을 보라.
19. "과가열(superheating)"이라는 용어는 1870년대에 존 에이트킨(John Aitken)이 처음 사용한 것으로 알려졌다. Aitken 1878, 282를 보라. 프랑스어인 surchaufffer는 이보다 아주 조금 더 일찍 사용됐다.
20. 끓는 과정에서 공기가 하는 역할에 관한 논의는, De Luc 1772, 2:364-368, §§996-1005

를 보라. 인용문은 364쪽에서 가져온 것이다.
21. 이런 관찰을 훨씬 나중에 나온 존 에이트킨(1923, 10)의 설명과 비교해보라. 에이트킨의 연구는 제1장의 「깔끔하지 못한 에필로그」에서 좀 더 자세히 논의할 것이다. "물을 한동안 끓이면 그 안의 기체는 점점 줄어든다. 그러므로 더 높은 온도가 반드시 있어야 기체가 물에서 분리될 것이다. 따라서 우리는 한동안의 끓음 뒤에 물 온도가 상승함을 알게 된다. 사실상 끓는점은 증기가 생성되는 온도가 아니라 기체가 물로부터 분리되는 자유 표면이 생성되는 온도에 달려 있다."
22. 드 뤽은 이런 실험 기법을 온도계 안에 넣어 사용할 목적으로 알코올 재료를 준비하면서 이미 사용한 적이 있다. 알코올은 물보다 더 낮은 온도에서 끓기 때문에(정확한 온도는 농도에 따라 다르다), 물의 끓는점에 알코올 온도계 눈금을 매기는 데에는 분명하게 문제가 있었다. 드 뤽(1772, 1:314-318, §423)은 용해공기가 제거된 알코올이 끓는 물의 온도를 버텨낼 수 있음을 발견했다. 만일 미들턴(Middlelton[1996, 126])이 과가열에 관해 드 뤽이 논한 부분을 읽었다면, 다음과 같은 자신의 심한 판단을 다시 생각했을지도 모른다. "여기에 자기기만 아닌 다른 것이 있다손 치더라도, 드 뤽의 이런 방법으로는 알코올이 거의 모두 다 없어졌을 것이 분명하다 (…) 그런데도 이런 생각이 드 뤽의 권위에 힘입어 널리 퍼졌다."
23. 정제 과정에 관한 묘사는, De Luc 1772, 2:372-380, §§1016-1031을 보라. 용해공기를 제거한 물을 가지고 한 끓음 실험("여섯 번째 실험")은 2:382-384, §§1037-1041에 서술돼 있다.
24. 끓음에 관한 논의는, De Luc 1772, 2:380-381, §1033을 보라.
25. 크렙스의 연구는 Gernez 1875, 354에 보고돼 있다.
26. 이런 과가열 기록 경쟁과 초전도 연구에서 더 높은 온도에 도달하려는 요즘의 경쟁 사이에는 흥미로운 유사성을 그릴 수도 있겠다.
27. Gernez 1875에 있는, 과가열 연구들에 대한 비평을 보라. 도니의 말은 347쪽에서 인용했다. 베르데의 견해에 관한 보고는 353쪽에서 읽을 수 있다.
28. "Evaporation," *Encyclopedia Britannica*, 9th ed., vol. 8 (1878), 727-733, on p. 728. 강조는 원저자의 것이다. 이 항목의 설명은 윌리엄 가넷(William Garnett)이 썼다.
29. "끓음의 이론(Theory of Boiling)"이라는 제목이 붙은 이 보고서에는 날짜가 명시돼 있지 않으나, 확실히 1777년 이후에 작성되거나 마지막 수정이 이루어졌던 것으로 보인다. 왜냐하면 이 보고서에서는 왕립학회 위원회의 연구 결과가 언급되고 있기 때문이다. Jungnickel and McCormmach 1999, 548, 각주 6에 기록돼 있듯이, 캐번디시는 드 뤽의 업적을 세심하게 연구했다.
30. 드 뤽의 편지는 Jungnickel and McCormmach 1999, 546-551에 본래의 프랑스어와 번역판 영어로 실려 있다. 꺾쇠괄호 부분을 제외하고 나의 인용은 McCormmach의 번

역에서 가져온 것이다. 드 뤽이 의견을 밝힌 대상인 보고서는 Cavendish [n.d.] 1921의 초기 판본이었을 것이다.
31. 현대의 용례에서 증기와 수증기 사이에 본질적 차이는 없는데, 마찬가지로 드 뤽의 관점에서 증기와 수증기는 물의 기체 상태를 이르는 그저 다른 이름일 뿐이었다. 그렇지만 18세기 말에 이르러 많은 사람은 끓음에 의해 생긴 증기와 저온 증발로 생긴 수증기는 근본적으로 다르다고 보았다. 캐번디시가 좋아했던 널리 퍼진 관념에서 증발은 물이 공기로 용해되는 과정으로 이해되었다. 드 뤽은 이런 관념을 강하게 비판했던 한 사람이었다. 이런 비판에서, 예컨대 그는 용매작용을 할 만한 공기가 전혀 없는 진공 속에서도 증발이 매우 잘 진행된다는 점을 지적했다. 더 자세한 내용은 Dyment 1937, esp. 471–473과 Middleton 1965를 참조하라.
32. De Luc, in Jungnickel and Mccormmach 1999, 549–550을 보라.
33. Cavendish et al. 1777, 832, 850–853에 드 뤽의 이전 연구 활동에 관한 언급이 있다.
34. 마르셋은 이미 1842년에 증기점이 "보편적으로(universally)" 받아들여졌다고 말했다. 같은 평가를 19세기 말에, 예컨대 Preston 1904, 105에서도 볼 수 있다.
35. Cavendish [n.d.] 1921, 355, 그리고 또한 Jungnickel and McCormmach 1999, 127을 보라.
36. 이런 생각은 또한 액체가 날아가 기체 상태가 되지 않는 것은 주변 대기의 힘 때문일 뿐이라는 앙투안 라부아지에의 견해와도 상응하는 것이다. Lavoisier [1789] 1965, 7–8을 보라.
37. 이런 인정에 대해서는, Dufour 1861의 마지막 부분들, 특히 264쪽을 보라.
38. 베르데 관점에 대한 나의 해설 부분은 Gernez 1875, 351–353을 따른 것이다.
39. 제르네에 관한 정보는 M. Prévost et al., eds., *Dictionnaire de Biographie Française*, vol. 15 (1982), 그리고 *Dictionary of Scientific Biography*, 10:360, 373–374에 게이슨(Geison)이 '파스퇴르' 항목에 쓴 해설에서 얻은 것이다.
40. 제르네의 견해로 보면, 아마도 라부아지에의 화학을 반대하는 일에 드 뤽 자신이 보인 "불행한 열정"이 드 뤽의 견해에 대한 전반적 거부를 불러 일으켰다.
41. 후자의 효과는 Dufour 1861, 246–249에서 증명되었다.
42. 에이트킨의 삶과 연구에 관해 가장 충분하게 접할 수 있는 설명은 Knott 1923이다. 이 문단의 모든 정보는 여기에서 가져온 것이다. 인용된 문구는 xii–xiii쪽에 있다. 안개상자의 개발과 관련해 도움을 주는 에이트킨의 논의는 Galison 1997, 92–97을 보라.
43. 캐번디시를 난처한 처지에서 구해낸 것은 사실상 그의 장치에 언제나 물–증기 표면이 존재했다는 사실일 수 있다. 그러나 이는 또 다른 문제를 불러일으킨다. 증기가 한쪽 끝에서 물과 맞닿아 있다면, 증기의 규모가 아무리 크다 해도 증기 전체를 통틀어 과포화 현상이 일어나지 않게 막을 수 있지 않았을까?

44. 증기 응결에 관한 에이트킨의 최초 관찰은 1875년 가을에 이루어졌다. 그러나 그는 이미 이 주제에 관해 "끓음, 응결, 얾과 녹음에 관해(On Boiling, Condensing, Freezing, and Melting)"라는 제목의 논문을 왕립 스코틀랜드 기술 학회(Royal Scottish Society of Arts)에서 1875년 7월 발표한 바 있었다(Aitken 1878).
45. 그는 이렇게 말하기도 했다. "어떤 액체가 고체나 다른 액체와 접촉해 있으면 언제나 자유 표면은 형성되지 않는다." 이는 액체가 증기로 변하게 하는 데 단지 고체와 액체의 접촉면이 자유 표면 구실을 하지 못한다는 뜻이다(이 문장이 끓음을 자세히 논하는 대목에 등장했으니 이해될 만한 의미이다). 보통의 끓음에는 "낯선 분자들"이 필요하다고 본 뒤푸어의 생각과 자유 표면에 대한 에이트킨의 인식을 비교해보라.
46. 더 자세한 내용은, Galison 1997, 98~99와 Preston 1904, 406~412를 보라.
47. 물론 물의 끓음과 얾이 매우 복잡한 현상임을 알고서 세련된 현대식 방법으로 연구하고 있는 일부 전문가들이 있다. 이런 전문가들의 연구를 개론 수준에서 보려면, Ball 1999, part 2를 참조하라.
48. 현대의 추산은 건강한 사람의 외부 체온에는 대략 섭씨 1도를 중심으로 변이가 존재한다는 것이다. 그 평균은 대략 섭씨 37도(화씨 98.5도)이다. Lafferty and Rowe 1994, 588을 보라. 1871년 독일 의사 카를 분데르리히(Carl Wunderlich: 1815~1877)는 건강한 사람의 체온은 화씨 98.6도에서 99.5도에 이른다고 주장했다. Reiser 1993, 834를 보라. 그러나 파렌하이트에 의하면, 그것은 화씨 96도일 뿐이었다. 초기의 판단에 나타나는 이런 차이(divergence)는 아마도 실제로 온도 변이가 있을 뿐 아니라 온도계에도 차이가 있기 때문인 것으로 풀이된다. 그래서 『브리태니커 백과사전』 제3판(1797) 제18권 500쪽에는 인간의 체온은 화씨 92도에서 99도까지 걸쳐 있다는 보고도 실렸다. 물론 온도는 온도계를 몸 어디에 놓느냐에 따라 달라진다.
48. Middleton 1966, 4를 보라. 그는 산크토리우스(Sanctorius)가 온도경에 의미 있는 숫자 척도를 붙인 최초의 인물이며, 이로써 온도경을 진정한 온도계로 탈바꿈시켰다고 생각한다.
50. 온도의 경우에 해당되는 몇 가지 고려 사항들을 담고 있는 좀 더 심화한 척도 분류 논의를 보려면, 예를 들어 Ellis 1968, 58~67을 참조하라.
51. 예를 들어 Mach [1900] 1986, §2를 보면 널리 전해지는 이 사례에 관한 논의를 볼 수 있다.
52. 가장 두드러진 예는 Glymour 1980이다. 거기에서 자력 해결은 좀 더 실질적인 지식 창출 과정보다는 이론 검증의 특정한 양식을 가리키는 말로 쓰였다.
53. *Random House Webster's College Dictionary*(New York: Random House, 2000). 비슷하게 『옥스퍼드 영어 사전(Oxford English Dictionary)』 제2판도 다음과 같은 설명을 달았다. "수학 용어. 앞선 결과 위에서 이루어지는 연산의 반복. (…) 특히, 어떤 공식에서 근삿값이

대신 사용될 때, 주어진 방정식의 해에 더 가까운 어림셈을 할 수 있도록 고안된 공식을 반복해 적용하는 것. 그럼으로써 연속적으로 더 가까워지는 일련의 어림셈을 얻을 수 있다."

54. 현대의 반복 계산 방법론을 개관하려면, Press et al. 1988, 49-51, 256-258 등을 보라. 자기 교정(self-correction)에 관한 관념의 역사와 그 역사에 나타난 반복법의 지위에 관해 더 자세히 보려면 Laudan 1973을 참조하라.

55. 단계 3a의 실제 역사적 전개 과정은 단순하게 요약할 만큼 깔끔하고 말끔하지 않았기 때문에 그에 관해서는 여기에서 몇 가지 조건을 달아야 한다. 나의 논의는 두 가지 고정점을 사용하는 수치적 온도계에 초점을 맞추고 있지만, 당시에 한 가지 고정점만을 쓴 수많은 온도계들이 존재했으며(미주3에서 설명했듯이), 간혹 둘 이상의 고정점을 사용하는 많은 온도계도 있었다. 그렇지만 고정점에 관한 기본적인 철학적 핵심은 고정점의 개수에 달린 것은 아니다. 단계 2와 단계 3a 사이에는, 이미 말했듯이 다양하게 제안된 고정점들이 경쟁했던 다소 긴 시기가 있었다. 또한 주의 깊은 온도경 연구 없이 고정점을 확립하려는 일부 시도들도 있었던 것으로 보인다. 이는 단계 1에서 단계 3으로 곧바로 도약하려는 시도들이었으며, 전반적으로 성공적이지는 않았다.

56. 고정점은 씨 없는 수박을 만들 수 있는 것처럼 인공적으로 만들어낼 수 있다. 이런 일들은 자연이 허락하지 않는다면 불가능하겠지만, 그렇더라도 그것들은 인간의 창조물이다.

57. 그러나 볼턴은 그런 시도를 한 인물로 기억될 만하다. 나는 이런 변이가 사라진 데 대해 설명하려는 어떤 다른 시도도 알지 못한다.

58. *Collins English Dictionary*(London: HarperCollins, 1998).

59. Cartwright 1983, Galison 1997, Hacking 1983을 보라. 나는 양자물리학의 에너지 측정에서 비슷한 느슨함이 있음을 보인 바 있다. Chang 1995a를 보라.

60. Bogen and Woodward 1988을 보라. 308-310쪽에서 녹는점의 경우가 논의된다. Woodward 1989도 참조하라.

61. "과냉각"은 현대적인 용어이다. 이 용어가 사용된 첫 사례는 1898년『옥스퍼드 영어사전』제2판에서 찾을 수 있다. 19세기 말엽에는 종종 "초용해(surfusion)"로 쓰였고(참조: 과가열의 프랑스어는 *surchauffer*), 더 앞선 시기에는 따로 마땅한 용어가 없어 대체로 "정상적인 어는점 아래로 액체가 냉각되는 것"으로 서술되었다.

62. 수은의 과냉각은 제3장의「수은의 어는점 굳히기」에서 다시 논할 것이다. Blagden 1788을 보라. 144쪽에는 드 뤽의 연구에 관한 보고도 실려 있다.

63. 다른 이들의 측정에서도 비슷한 잠열의 수치가 나타났다. 빌케(Wilcke)는 화씨 130도를 제시했고, 캐번디시는 화씨 150도를 제시했다. Cavendish 1783, 313을 보라.

64. 그렇지만 블래그덴(1788, 134)은 다음과 같은 글을 남겼다. "만일 어떤 조건에서 (…) 총알얼음이 천천히 진행된다면, 액체에 많은 얼음이 생긴 뒤에도 온도는 종종 어는점 아래에서 머물 수도 있다. 얼음의 일부가 온도계의 뿌리 부분에 가까이 형성될 때까지 온도는 빠르게 또는 적당한 높이까지 오르지 않는다."
65. 제르네는 그 제안에서 반복법(iterative method)을 사실상 채택해 사용했다.
66. 이 실험은 카넬리(Carnelly)가 한 것이다. Aitken 1880–81, 339를 보라.
67. De Luc 1772, 1:344, §436과 1:349, §438을 보라.
68. 이는 이전에 끓여두었던 물이 더 쉽게 어는 듯하다는 당혹스러운 관찰 결과를 기발하게 설명하는 과정에서 제시되었다. 공기는 물이 끓으면서 배출될 것이고 끓음이 멈춘 뒤에 다시 물로 들어갈 것이기에, 블랙은 그런 과정에 관련되는 분자 요동이 과냉각을 막는 데 충분히 작용하리라고 생각했다. 그러므로 한번 끓인 물은 보통의 물보다 더 쉽게 어는 것으로 보이고, 그래서 보통의 물은 더 쉽게 과냉각될 수 있다는 것이다. 그렇지만 블래그덴(1788, 126-128)은 반대로 끓인 물이 더 쉽게 과냉각된다고 주장을 견지했다. 그는 끓으면서 공기가 제거되기 때문에 그런 효과가 나타난다고 생각했다. (참조: 공기 없는 물을 사용한 드 뤽의 과냉각 실험은 앞에서 이야기한 바 있다.)
69. 이것은 당시에 매우 널리 퍼진 관념이었으며 여기에서 인용된 블래그덴(1788, 135)의 경우가 그런 사례로 표현되었다.

제 2 장

정령, 공기, 그리고 수은

역사
Narrative

온도의 '실재적' 척도를 찾아서
규준적 측정 문제
드 뤽과 혼합법
혼합법에 배치되는 칼로릭 이론
칼로릭 학설의 신기루, 기체의 선형성
르뇨: 간소함과 비교동등성
판정: 수은보다 공기

분석
Analysis

경험주의의 맥락에서 보는 측정과 이론
관찰가능성의 단계별 성취
비교동등성, 그리고 단일값의 존재론적 원리
뒤엠 식 전체론에 반대하는 최소주의
르뇨, 그리고 라플라스 이후의 경험주의

INVENTING TEMPERATURE

역사 Narrative

온도의
'실재적' 척도를
찾아서

> 온도계는 현재 그렇게 받아들여지는 것과 달리 열의 정확한 비율을 나타내는 데 적용될 수 없다. (…) 사실 일반적으로는 그 척도의 균등한 구분점들이 열의 균등한 팽창 압력을 보여준다고 생각되지만, 그런 견해는 제대로 확정된 어떠한 사실에도 기초한 것이 아니다.
> — 조셉-루이 게이-뤼삭, 「기체와 증기의 팽창에 관한 탐구」, 1802

    제1장에서 나는 온도 측정의 고정점을 확립하는 과업에 관련한 분투, 그리고 결국에는 달성한 많은 성공의 요인들에 관해 논했다. 일단 고정점들이 합리적인 수준에서 확립되자, 이제 고정점들 사이의 구간과 그 바깥에 있는 열의 등급들에 숫자를 매기는 절차를 찾아냄으로써 수치 온도계가 만들어질 수 있었다. 이는 사소한 문제처럼 보일 수도 있다. 그러나 사실 거기에는 깊은 철학적 난제가 놓여 있었으며, 그것은 한 세기 넘게 논쟁과 실험을 거친 뒤에야 극복되었다.[1]

규준적 측정 문제

저명한 네덜란드 의사였던 헤르만 부르하베(Herman Boerhaave: 1668~1738)는 1732년 큰 영향력을 미친 화학 교과서 『화학 요론(Elementa Chemiae)』 초판을 출판했다. 거기에 실린 흥미로운 문장에 이 장의 주된 주제가 암시되어 있다.

> 나는 저 근면하고도 비할 데 없는 명장이신 다니엘 가브리엘 파렌하이트(Daniel Gabriel Fahrenheit) 선생께서 내게 한 벌의 온도계를 만들어주셨으면 하고 갈망했다. 하나는 모든 유체 중에서 가장 조밀한 수은으로 만들고 다른 하나는 가장 희박한 알코올로 만든 온도계인데, 그것들은 아주 멋지게 조율해야 하며 같은 정도의 열에서 두 온도계에 담긴 액체의 상승이 언제나 정확하게 똑같아야 한다. (Boerhaave [1732] 1735, 87)

제품은 전달되었으나, 부르하베는 두 온도계가 서로 아주 잘 일치하지 않음을 발견했다. 두 온도계의 눈금은 같은 고정점을 사용해 같은 절차를 따라 같은 방식으로 매겨졌기에, 파렌하이트는 그 원인을 설명하느라 쩔쩔맸다. 마침내 그는 그 장비들이 같은 유형의 유리로 만들어지지 않았다는 데 문제가 있었다고 생각했다. 분명히 "보헤미아, 잉글랜드, 네덜란드에서 만들어진 갖가지 유리는 같은 정도의 열에 같은 식으로 팽창하지 않았다." 부르하베는 이런 설명에 수긍했고 매우 큰 배움을 얻은 느낌을 갖고서 되돌아갔다고 한다.[2]

또 다른 저명한 온도계 제작자이자 프랑스 귀족인 레오뮈르(R. A. F. de Réaumur: 1683~1757)의 경우에도 다른 측면에서 같은 상황이 나타났다. 레오뮈르는 "18세기 전반부에 과학 아카데미(Académie des Sciences)의 가장 저명한

[표 2.1] 다른 액체로 채워진 온도계 간의 불일치

수은	알코올	물
0(℃)	0	0
25	22	5
50	44	26
75	70	57
100	100	100

출처: 표에 사용된 데이터는 Lamé 1836, 1:208에서 가져온 것이다.

회원"이었으며, 야금(冶金)부터 유전(油田)까지 폭넓은 분야에서 저술을 남긴 박식가였다.[3] 부르하베와 비슷한 시대를 산 레오뮈르는 수은과 알코올 온도계가 공통의 범위 전반에 걸쳐 동일한 기록을 나타내지 않았음을 알아차렸다(1739, 462). 그는 이런 차이가 다른 패턴을 따르는 액체들의 팽창에서 비롯한다고 생각했다. 레오뮈르의 관찰과 설명은 곧 받아들여졌다. [표 2.1]에서 볼 수 있듯이 파악하기 어려운 효과는 아니다.

이런 문제에 관해 사람들이 취하는 태도는 다양하다. 퍼시 브리지먼(Percy Bridgman) 같은 철저한 조작주의자(operationalist)라면 측정 장비의 각 유형이 별개의 개념을 규정하기에 그것들이 일치해야 한다고 기대하거나 주장할 이유가 없다고 말할 것이다.[4] 순진한 규약주의자(conventionalist)라면 우리는 그저 하나의 측정 장비를 고를 수 있을 뿐이고 그러면 당연히 다른 것들은 부정확한 것이 된다고 말할 것이다. 레오뮈르의 말을 빌리면, "알코올 온도계가 수은 온도계의 언어를 말하게 하고 싶다면" 수은 온도계의 표준에 맞춰 알코올 온도계의 눈금을 조정하면 될 것이고, 반대의 경우도 마찬가지일 것이다(1739, 462). 앙리 푸앵카레(Henri Poincaré) 같은 좀 더 세련된 규약주의자라면 우리는 열 현상의 법칙을 될수록 단순하게 만들어주는 온도 표준을 선택해야 한다고 말할 것이다.

온도계를 만들거나 사용하는 아주 소수의 과학자들은 이런 철학적 태도 중 하나를 택했다. 그러나 대부분은 온도라 불리는 객관적 속성의 존재를 믿었고 지속적으로 그 진정한 값을 측정하는 방법을 알고자 했다는 의미에서 실재주의자(realist)들이었다. 만일 다양한 온도계들이 기록의 불일치를 나타낸다면 기껏해야 그중 하나만이 올바를 수 있었다. 그래서 그 물음은 곧 이런 온도계들 중에서 어떤 것이 "실재의 온도" 또는 "실재의 열 정도"를 제시하는가, 또는 그런 값에 가장 가깝게 제시하는가 하는 것이었다. 이는 언뜻 볼 때보다 더욱 심오하고 난해한 물음이다.

이 상황을 더 세심하게 살펴보자. 제1장의 「혈액, 버터, 깊은 지하실」에서 논했듯이, 18세기 중엽에 온도계의 눈금을 매기는 방법으로 널리 받아들여진 것은 우리가 지금 "이점 고정법(two-point method)"으로 알고 있는 그것이었다. 예를 들어, 백분위 척도는 물의 어는점과 끓는점을 고정점으로 사용한다. 우리는 얾 0도일 때 온도 측정용 액체의 높이, 그리고 끓음 100도일 때 그 액체의 높이를 표시한다. 그러고는 그 사이 구간을 균등하게 나눈다. 따라서 중간 값은 50도인 식이다. 이런 절차는 액체가 온도에 대해 균일하게 (즉, 선형적으로) 팽창하고, 따라서 온도의 균등한 증가가 부피의 균등한 증가를 일으킨다는 가정에서 작동한다. 이런 가정을 검증하기 위해서, 우리는 부피 대 온도의 실험 계획을 세워야 한다. 그러나 여기에 문제가 하나 있다. 우리는 신뢰할 만한 온도계를 갖기 전까지는 온도 기록을 얻을 수 없고, 그 온도계는 지금 우리가 만들고자 하는 바로 그것이기 때문이다. 이 대목에서 수은 온도계를 사용한다면 우리는 그저 수은 팽창이 균일하다는 당연한 결과를 얻을 것이다. 그리고 또 다른 온도계를 검증용으로 사용하고자 한다면, 그 온도계의 정확도는 어떻게 확립할 수 있을 것인가?

내가 "규준적 측정 문제(problem of nomic measurement)"라고 이름을 붙인 이 문제는 온도 측정에만 있는 고유한 문제가 아니다.[5] 우리가 어떤 경험 법칙에 의거한 측정 방법을 가질 때마다 우리는 그 법칙을 검증하고 정당화하는 데에서 동일한 문제에 부딪힌다. 좀 더 엄밀하고 추상적으로 표현하면 다음과 같다.

1. 우리는 X라는 양을 측정하고자 한다.
2. X라는 양은 직접 관찰할 수 없다. 그래서 우리는 직접 관찰할 수 있는 다른 양 Y를 통해 그것을 추론한다. ('관찰가능성(observability)'의 정확한 의미에 관한 충분한 논의를 보려면 제1장의 분석 부분에 있는 「표준의 타당성 확인」을 참조하라.)
3. 이런 추론을 위해서 X를 Y의 함수로 표현하는 법칙이 필요하다. 그것은 $X = f(Y)$와 같이 표현된다.
4. 이런 함수 f의 형식은 경험적으로 발견되거나 검증될 수 없다. 왜냐하면 그것은 Y와 X의 값을 둘 다 안다는 것과 관련이 있으며, X는 우리가 측정하고자 하는 미지의 변수이기 때문이다.

이런 순환(circularity)은 아마도 '관찰의 이론 의존성'이 지니는 가장 불편한 형태일 것이다(규준적 측정 문제에 관한 더 많은 논의에 관해서는, 이 장의 분석 부분에 있는 「비교동등성, 그리고 단일값의 존재론적 원리」를 보라).

이처럼 근본적으로 철학적인 문제가 던져졌을 때, 적당한 온도 측정용 액체의 선택을 놓고 벌어지는 복잡하고도 지난한 분투가 있었다는 것은 놀라운 일이 아닐 것이다. 이런저런 사람들의 상상에 따라, 수은, 에테르(ether), 알코올, 공기, 황산, 아마씨 기름(linseed oil), 소금물, 올리브기름, 석유 등등 당혹스러울 정도로 다양한 물질들이 제안되었다. 조시아 웨지우드(Josiah Wedgwood)는 자신의 도자기 가마에서 그런 것처럼 고열에서 실제로 수축하는 점토 덩어리를 사용하기도 했다(제3장의「과학적 도예공의 모험」을 보라). 온도 측정용 물질의 목록만큼이나 놀라울 정도로 다양한 것은 이런 특정 주제에 관해 스스로 진지하게 관여했던 저명한 과학자의 목록이다. 많이 친숙한 이름의 일부를 거론하면, 블랙, 드 뤽, 돌턴, 라플라스(Laplace), 게이-뤼삭, 뒬롱(Dulong), 프티(Petit), 르뇨, 켈빈(Kelvin) 등이 그렇다.

알려진 온도 측정용 유체 중 세 가지는 진정한 온도를 가리킨다고 주장할 만한 주요한 경쟁 후보가 되었다. 첫째 대기의 공기, 둘째 수은 또는 퀵실버(quicksilver), 그리고 셋째 "포도주의 정령" 또는 그냥 "정령"으로 불리는 에틸알코올이 그것들이다. 이 장의 역사 부분 중 나머지는 그것들이 벌이는 싸움의 역사를 보여주는데, 1840년대에 이르러 공기 온도계가 최선의 표준으로 확립됨과 더불어 막을 내린다. 그 논의를 관통해, 강조점은 이 분야에서 연구했던 여러 과학자들이 기본적인 인식론의 문제에 어떻게 대응하고자 시도했는지에 맞춰질 것이다. 또 이 장의 두 번째 부분에서는 더 넓은 철학적, 역사적 맥락에서 그런 시도들이 분석될 것이다.

드 뤽과 혼합법

온도 측정은 온도 측정용 물질의 선택과 관련한 확고한 원칙 없이 시작됐다.[6] 아주 초기의 온도경과 17세기의 온도계는 공기를 사용했다. 그런 변덕스러운 장비들은 "유리 안 액체" 온도계로 쉽게 대체됐는데, 그런 용도로 선호된 액체는 한동안 '정령'이었다. 암스테르담에서 연구 활동을 했던 파렌하이트는 1710년대에 수은의 사용을 확립하는 데 기여한 인물이었다. 작고, 깔끔하고, 믿음직한 그의 수은 온도계는 유럽의 나머지 지역에서, 그리고 부분적으로는 파렌하이트의 장비에 친숙한 네덜란드에서 (예컨대 부르하베 밑에서) 교육을 받은 의사들 사이에 널리 통용되었다.[7] 레오뮈르는 '정령', 즉 알코올을 선호했는데, 그의 권위 덕분에 '정령' 온도계는 한동안 프랑스에서 아주 약간의 대중적 인기를 누렸다. 그 밖의 지역에서는 백분위 척도를 개척한 안데르스 셀시우스(Anders Celsius)를 비롯해 많은 이들이 수은을 선호했다.

처음에 사람들은 자신들이 쓰고 있는 온도 측정용 액체가 무엇이건 간에 온도 상승에 따라 균일하게 팽창한다고 가정하곤 했다. 다른 유형의 온도계 사이에서 불일치를 보여주는 관측 결과들로 인해 정당화의 요구가 더욱 명료해졌다. 그러나 한동안은 이런저런 유체가 균일하게 팽창하고 다른 것은 그렇지 못하다는 식의 근거 없는 주장의 형태로 관습은 그저 계속됐다. 19세기 초엽이 되어서도, 빛의 파동 이론을 공표했던 토머스 영(Thomas Young: 1773~1829)이 발전시킨 관점으로서 고체가 액체나 기체보다 더 균일하게 팽창한다는 견해도 나왔다. 생애의 많은 부분을 정치 망명이나 수감 상태에서 보낸 스위스의 군사 기술자 자크 바르텔레미 미셸리 뒤 크레스트(Jacques Barthélemi Micheli du Crest: 1690~1766)는 수은보다는 '정령'이 더 규칙적으로 팽창한다는 취지의 색다른 주장을 1741년에 발표했다.[8] 그렇지만 동시대 사람인 스코틀랜드 의사 조지 마틴(George Martin: 1702~1741)은 반대의 견해를 나타냈다. 그는 거센 추위에서는 "['정령'이] 매우 규칙적으로 응축하지 않는 것으로 몇몇 실험에서 나타나는 것 같다"라고 말했다.

이는 주로 실용적인 이유 때문에 수은 온도계를 옹호했던 마틴의 견해에도 가까워 보인다(Martine [1738] 1772, 26). 독일 물리학자이자 형이상학자인 요한 하인리히 람베르트(Johann Heinrich Lambert: 1728~1777)도 '정령'의 팽창이 불규칙적이라고 주장했다. 17세기 프랑스 학자인 기욤 아몽통(Guillaume Amontons: 1663~1738)과 마찬가지로, 그는 공기가 불균일하게 팽창하며 액체는 그렇지 않다고 믿었다. 그렇지만 아몽통도 람베르트도 그런 가정을 뒷받침하는 적절한 논증을 제시하지는 못했다.[9]

그런 감정적이고 직관적인 옹호는 어떤 면에서건 신뢰를 얻는 데 실패했다. 칼로릭 이론(caloric theory, 열소(熱素) 이론) 이전의 시대에는, 논쟁을 잠재울 만한 설득력 있는 추론과 실험의 한 가지 전통이 있었다. 그것은 혼합법(method of mixtures)이었다. 어는 물(당연히 백분위 0도)과 끓는 물(역시 당연하게 백분위 100도)의 같은 양을 단열 용기 안에서 섞는다. 만일 그 혼합물에 꽂은 온도계가 50도를 가리킨다면, 이는 진정한 온도임을 보여주는 것이다. 그런 혼합물을 갖가지 비율로 만들어서(끓는 물과 어는 물을 1:9의 비율로 섞으면 물은 백분위 10도를 가리켜야 한다 등등), 두 고정점 사이의 척도 어디에서나 온도계가 정확한지 검증할 수 있다. 이런 기법이 있으니, 이제는 더 이상 어떤 유형의 온도계를 두고서 또 다른 온도계를 평가하는 순환에 빠져들 이유가 없었다.

온도계 검증을 위한 혼합법을 일찍이 도입한 이는 테일러 급수(Taylor series)로 유명한 영국 수학자이자 1714~1718년에 왕립학회 서기를 지낸 브루크 테일러(Brook Taylor: 1685~1731)일 것이다. 테일러(1723)는 아마씨 기름 온도계가 혼합법으로 검증했을 때에 만족스럽게 작동했다고 전하는 짧은 보고서를 발표했다. 그의 검증은 아주 엄밀한 것이 아니었으며, 1쪽짜리 보고서에는 아무런 수치도 제시되지 않았다. 그것은 또한 서로 다른 유체들의 성능을 비교하려고 계획한 시험도 아니었다(이는 당시가 부르하베와 레오뮈르가 '정령' 온도계와 수은 온도계의 차이점을 보고하기 이전이었음을 생각하면 이해할 수 있는 일이다). 몇십 년이 지나 1760년에 혼합법은 조셉 블랙에 의해 부활했다. 그는 수은 온도계를 대상으로 비슷한 실험들을 수행했고, 거기에서 그 온도계의 정확성에 관한 만족스러운 결과를 얻어냈다.[10]

혼합의 전통을 최고점까지 끌어올린 이는 제네바의 기상학자이자 지질학자, 물리학자인 장 앙드레 드 뤽이었다. 그의 삶과 업적의 여러 측면에 관해서는 제1장에서 자세히 논한 바 있다(특히 「성가신 여러 가지 끓는점」과 「과가열, 그리고 진정한 비등이라는 신기루」를 보라). 우리가 제1장에서 그에 관해 나눈 이야기의 마지막에서, 드 뤽은 순수한 물의 끓는 거동을 연구하고자 물이 가득 찬 플라스크에서 공기를 빼내려고 4주 동안이나 물을 흔들어대고 있었다. 드 뤽은 자신의 1772년 저술에서 온도 측정에 관해 생각할 수 있는 거의 모든 측면을 다루었으며, 그중에서 유체의 선택 문제는 주요한 관심사의 하나였다. 그는 온도 측정용 유체의 선택은 바로 그것, 즉 선택의 문제라고 말했다. 그렇지만 드 뤽은 그런 선택을 하는 데에는 몇 가지 원칙이 있어야 한다고 주장했다. 그에게 "근본 원칙(fundamental principle)"은 유체가 "부피의 균등한 변이에 의거해서 열의 균등한 변이를 측정할 수 있어야 한다"라는 것이었다(De Luc 1772, 1:222-223, §§410b-411a). 그러나 그런 유체가 있더라도 어떤 유체가 그런 요구조건을 만족시키는지는 입증된 바가 없었다.

드 뤽의 탐구는 결국에 수은이 가장 만족스러운 온도 측정용 액체라는 결론으로 나아갔다.[11] 그가 수은의 우월성을 보여주는 "직접 증거"이며 온도계에 수은을 쓰는 "제1의 이유"로 여겼던 것은 혼합 실험의 결과였다(1:285-314, §422). 드 뤽은 자신의 멘토이자 친구이며 당시에 제네바에서 저술

[표 2.2] 혼합법을 이용한 드 뤽의 수은 온도계 검증 결과

	실재 열의 온도 (계산값)[a]	수은 온도계의 기록	앞의 두 점 사이의 수은 응축
	z + 80	80.0	—
	z + 75	74.7	5.3
	z + 70	69.4	5.3
	z + 65	64.2	5.2
	z + 60	59.0	5.2
	z + 55	53.8	5.2
	z + 50	48.7	5.1
끓는 물	z + 45	43.6	5.1
	z + 40	38.6	5.0
	z + 35	33.6	5.0
	z + 30	28.7	4.9
	z + 25	23.8	4.9
	z + 20	18.9	4.9
	z + 15	14.1	4.8
	z + 10	9.3	4.8
	z + 5	4.6	4.7
녹는 얼음	z	0.0	4.6

출처: 데이터는 De Luc 1772, 1:301, §422에서 가져온 것이다.
[a] 이 표의 모든 온도는 레오뮈르 척도를 따른 것이다. 실재 열의 정도에 표시된 "z"는 (열의 완전한 부재를 가리키는) "절대영도" 온도점을 알지 못함을 의미한다.

출판은 거의 남기지 않았으나 매우 큰 영향력을 끼친 조르주–루이 르 사주 2세(George-Louis Le Sage the Younger: 1724~1803)가 혼합법의 공로자라고 전했다. 일반적으로 이야기하면, 드 뤽은 이미 알고 있는 두 온도의 물을 섞은 다음에 계산으로 얻은 온도와 온도계에 표시된 온도 기록을 비교했다. 가장 단순한 경우를 다시 떠올려보자. 어는 온도(섭씨 0도)의 물과 끓는 온도(섭씨 100도)의 물을 동일한 양으로 섞으면 섭씨 50도의 혼합물이 만들어져야 한

[표 2.3] 여러 가지 온도계와 열의 "실재적" 등급에 대한 드 뤽의 비교

열의 실재 도수 (계산값)[a]	40.0
수은 온도계	38.6
올리브기름 온도계	37.8
카밀레 기름 온도계	37.2
타임 기름 온도계	37.0
포화 소금물 온도계	34.9
'정령' 온도계	33.7
물 온도계	19.2

출처: De Luc 1772, 1:311, §422의 자료를 정리
a 이 표의 모든 온도는 레오뮈르 척도를 따른 것이다.

다. 그 혼합물에 넣은 온도계가 올바르다면 섭씨 50도를 가리킬 것이다.[12]

드 뤽 실험의 결과는 모호하지 않았다. 실재 열의 정도 계산값에서 벗어난 수은 온도계의 기록은 [표 2.2]에서 볼 수 있듯이 기꺼이 받아들일 만하게 소소했다(드 뤽이 끓는 물의 온도를 100도가 아니라 80도로 설정한 "레오뮈르" 척도를 사용하고 있음에 유의하라). 수은 하나를 다룬 이런 고찰보다 훨씬 더 결정적인 것은 비교 관점이었다. [표 2.3]에서 볼 수 있듯이 여덟 가지 다른 액체의 성능을 나란히 비교한 드 뤽의 결과물을 보면, 수은이 열의 "실재적" 도수에 가장 가까운 근삿값을 제공한다는 데에는 의문의 여지가 없었다.

이런 결과는 또한 이론적 고찰과 조화를 이루는 것이었다. 드 뤽은 액체 응축이 온도에 따라 균일하게 진행돼 나중에는 그 수축 때문에 분자들이 매우 조밀하게 모여 더 이상 응축되는 데 저항하게 된다고 추론했다.[13] 그래서 눈에 띄는 응축의 "속도 저하"는 액체의 부피가 열의 진정한 양적 변화를 반영하지 못할 정도로 액체가 조밀 단계에 들어섰음을 보여주는 신

호라는 것이 그의 생각이었다. 따라서 온도가 내려갈 때 "다른 액체에 비해 응축 속도가 큰 액체는 부피의 변화가 온도 변화에 비례하는 데 가장 가까운 것일 가능성이 높다"라는 것이다. 이런 판단 기준에서, 수은이 최선의 선택임이 입증됐다.[14] 드 뤽은 자신이 얻은 결과를 너무도 믿었기에, 온도계를 구성하는 데에 수은이 "독점적 우선권"을 누릴 만한 자격을 지닌다고 선언했다. 자신의 입증에 감명을 받은 지인의 말을 빌려, 그는 의기양양하게 이렇게 밝혔다. "확실히 자연은 온도계를 만드는 데 쓸 이런 광물을 선사했다"(De Luc 1772, 1:330, §426). 제1장에서 논한 끓는점에 관한 그의 연구와는 달리, 수은을 옹호하는 드 뤽의 실험과 논증은 널리 받아들여졌고, 전 유럽에서 물리학과 화학 분야의 지도적인 여러 권위자들 사이에서 인정을 받았다. 1800년 무렵 드 뤽의 연구는 이 주제와 관련해 감명 깊은 공감을 얻었으며 주요한 학문, 국가, 언어의 경계를 넘어서 퍼져 나갔다.[15]

혼합법에 배치되는 칼로릭 이론

그렇지만 수은에 대한 이런 합의는 자리를 굳히자마자 무너지기 시작했다. 분란은 일정량의 물을 가열하는 데 필요한 열의 양이 그 온도 변화량에 단순 비례한다는 드 뤽의 결정적인 전제를 둘러싸고 벌어졌다. 예를 들어, [표 2.2]에 있는 목록의 결과를 제시하면서 드 뤽은 일정량의 물 온도를 5도씩 올릴 때마다 같은 양의 열이 들어간다고 가정하고 있었다. 일반화해서 적용할 때 그것은 물의 비열(specific heat)이 불변이며 온도에 따라 달라지지 않는다는 가정에 도달했다. 이는 편리한 가정이었고, 당시에 드 뤽이 이를 의심할 특별한 이유도 없었다.[16] 그러나 1800년 전후 몇십 년 동안 열의 화학과 물리학이 발전하는 과정에 나타난 주요 특징인 칼로릭 이론이 점차 정교해지고 적용가능성(readiness)과 자신감도 커지면서 드 뤽의 전제는 도전을 받았다. 칼로릭 이론의 역사가 낯선 독자를 위해 약간의 배경 설명을 해야 하겠다.[17]

칼로릭 이론의 핵심은 칼로릭의 존재를 가정한다는 것이었는데, 칼로릭은 당시에 열의 원인, 심지어 열 자체로도 인식되던 물질적 실체였다. 아주 일반적으로는 칼로릭이 보통 물질 쪽에 끌리면서도 자기 척력(self-repulsive)을 지닌 (따라서 탄성을 지닌) 미묘한 유체(subtle fluid)로 여겨졌다. 자기 척력의 존재는 고체의 융해(melting)부터 기체의 압력 증가에 이르는 열의 효과를 모두 설명해주었기에 칼로릭의 매우 중요한 특성이었다. 칼로릭 이론의 여러 변형 이론이 등장했으며 이들은 서로 경쟁하며 발전하고 있었다. 나는 비열과 잠열의 의미에 대한 관점에 따라서 칼로릭 이론들(또는 칼로릭 연구자들)을 크게 두 갈래로 나눈 로버트 폭스(Robert Fox, 1971)의 구분법을 따를 것이며, 이렇게 나뉜 두 그룹을 각각 "어빈주의(Irvinist) 그룹"(폭스의 견해를 좇아서)과 "화학적 관점(chemical) 그룹"으로 부르도록 하겠다.

어빈주의자들은 글래스고대학교(University of Glasgow)에서 블랙의 학생이자 공동연구자로 있었던 윌리엄 어빈(William Irvin: 1743~1787)이 제시한 학설을 추종했다. 어빈은 어떤 물체에 담긴 칼로릭의 양은 물체의 칼로릭 수용력(capacity)과 물체의 "절대온도"(열이 완전히 없을 때는 0도)를 곱해서 구할 수 있다고 추정했다. 한 물체에 담긴 열은 보존되면서 어떤 이유에서건 열 수용력이 증가한다면, 물체의 온도는 떨어질 것이다. 이는 갑자기 양동이의 폭이 넓어지면 거기에 담긴 액체의 높이가 낮아지는 것과 같은 이치로 설명되었다. 어빈은 그런 경우에 온도를 동일한 수준으로 유지하는 데 필요한 열을 잠열이라고 생각했다. 어빈의 열 이론에 관해서는 제4장의 「열역학 이전의 이론적 온도』에서 더 논하겠다.

반면에, 칼로릭의 화학적 관점에서 보면 잠열은 열의 다른 상태로 이해되었고, 온도계에 영향을 주는 힘을 상실한 열의 상태로 추정되었다. 블랙은 얼음 녹음 현상을, 액체 상태의 물을 만드는 칼로릭과 얼음의 결합(combination)으로 바라보았다. 블랙 자신이 열의 형이상학적 성질에 관해서는 종국에 적대적인 태도를 견지하는 길을 선택했지만,[18] 잠열에 대한 그의 관점은 다른 화학자들에 의해 받아들여지고 일반화되어 칼로릭이 보통 물질과 화학적 결합을 할 수 있는 물질로 인식되었다. 앙투안 라부아지에는 1770년대를 거치며 비슷한 관점을 발전시켰고, 더 나아가서 자신의 저명한 새로운 화학 교과서인 『화학 요론(Elements of Chemistry)』(1789)에 실은 화학원소표에 칼로릭(그리고 또한 빛)을 포함시켰다.[19] 열에 대한 이런 화학적 관점에서 보면, 물질 입자들과 결합 상태로 들어가는 숨은 칼로릭은 고체가 녹아 액체가 되고 액체가 증발해 기체가 되면서 유동성이 증가하게 하는 원인이었다. 이런 숨은 칼로릭은 응축이나 응고(congelation) 과정에서 다시 감지될 수 있을 것으로 나타나게 된다. 보통의 화학 반응에서 열의 흡수와 방출도 같은 식으로 설명되었다. 칼로릭과 물질의 화학 결합이라는 개념은 학술용어에도 통합돼 "결합(combined)" 칼로릭 대 "자유(free)" 칼로릭이라는 용어도 생겨났다. 이런 용어는 더 현상학적인 용어인 "숨은(latent)" 칼로릭과 "감지 가능한(sensible)" 칼로릭과 더불어 사용되었다(Lavoisier [1789] 1965, 19).

이제 다시 혼합법의 이야기로 돌아가자. 어빈주의자들 가운데 가장 이름난 드 뤽 비평가는 영국의 퀘이커교도이자 물리학자이자 화학자인 존 돌턴(John Dalton: 1766~1844)이었다. 돌턴의 비판적 공격은 그의 저술 『화학철학의 새로운 체계(New System of Chemical Philosophy)』에 발표되었다. 그 저술의

제1부(1808)는 현재 그가 제시한 화학 원자 이론(chemical atomic theory)으로 더 유명하지만, 사실은 대부분 열을 다루었다. 돌턴(1808, 11)은 처음에는 수은 온도계를 신뢰하다가 좀 더 고찰한 끝에 이를 포기했던 "크로퍼드의 권위에 압도되었다"라고 고백했다(여기에서 돌턴은 아일랜드 의사인 아데어 크로퍼드(Adair Crawford: 1748~1795)를 언급한 것인데, 그는 1779년 초판을 내어 널리 읽힌 동물의 열에 관한 자신의 논고에서 드 뤽의 혼합법을 강하게 옹호했던 어빈주의자였다). 드 뤽의 연구를 특별히 거론하면서, 돌턴은 비열의 불변성에 의문의 여지를 남겨두면서 이렇게 선언했다. "이런 점이 해결되기 전에는, 진정한 평균 온도를 얻기 위해 [파렌하이트의 척도(화씨)로] 32도와 212도의 물을 혼합하는 것은 거의 쓸데없는 일이다"(1808, 49-50). 돌턴에 의하면, 혼합법의 타당성을 반박하는 데에는 쉬운 논증이 있었다. 뜨거운 물과 차가운 물을 섞으면 결과적으로 전체 부피가 약간 감소하는 것으로 관찰되었다. 칼로릭 이론에 대한 돌턴 식의 해석으로 보면, 부피의 감소는 말 그대로 칼로릭이 들어갈 공간이 적어지고, 따라서 열용량이 줄어드는 것을 의미했다. 어빈주의의 기본 추론에 의하면, 이는 온도가 상승함을 의미했다. 그래서 돌턴(1808, 3-9)은 일반적으로 혼합물은 드 뤽이 단순 계산을 통해 제시한 것보다 더 높은 온도를 띤다고 생각했다.[20] 비록 돌턴에게는 온도 측정 분야에서 눈에 띄는 추종자가 없었지만, 드 뤽을 반박하는 그의 논증은 쉽게 무시할 수 없었을 것이다. 왜냐하면 그런 반박 논증은 기체의 역학적 가압과 감압을 이용한 단열 가열과 냉각의 해석이라는 돌턴의 훨씬 영향력 있는 연구(1802a)에 관련된 것과 똑같은 논증이었기 때문이다.

칼로릭의 화학적 관점에 기울어져 있던 칼로릭 연구자들은 드 뤽의 혼합법에 훨씬 더 쉽게 의문을 제기했다. 결합 칼로릭 또는 숨은 칼로릭은 온도계에 등록되지 않는 그런 종류의 칼로릭으로 여겨졌기에, 온도계의 정확도를 판단하는 데에는 물체 안 칼로릭의 전체량과 자유 칼로릭의 양 간의 관계를 알아야 할 필요가 있어 보였다. 그래서 다시 칼로릭이 언제 어떻게 물질에 결합하고 풀려나는지 알아야 할 필요도 생겨났다. 그러나 결합 상태와 자유 상태 간에 전이가 일어나는 정확한 원인은 여전히 심각한 논란의 대상인 채로 남아 있었다. 이런 상황에서 비열에 관한 의문이 폭넓게 제기됐다. 비열은 물체의 온도를 단위 온도만큼 올리는 데 투입한 열의 총량이었으니, 거기에는 결합 상태로 들어간 모든 양을 포함해야 했다. 후자의 양이 얼마인지 알지 못한다면 누구도 비열에 관해 이론적으로 아무 말도 하지 못할 것이었다.

이런 이론적 우려의 영향을 가장 잘 보여주는 사례는 저명한 광물학자이자 성직자였으며 현대 결정학의 창시자 중 한 명인 르네 쥐스트 아위(René-Just Haüy: 1743~1794)의 저술 『자연철학에 관한 기초 논고(Elementary Treatise on Natural Philosophy)』이다. 이 교과서는 새로 설립된 학교(lycées, 1801년 이루어진 학교 개혁에 의해 탄생한 엘리트 교육기관—옮긴이)에서 사용하라는 나폴레옹의 명을 직접 받았으며, 곧이어 에콜 폴리테크니크(École Polytechnique)에서도 권장 교재가 되었던 책이었다. 그러므로 다음과 같은 아위의 주장에는 그 자신의 권위뿐 아니라 나폴레옹의 권위도 담겨 있었다.

> 드 뤽 실험의 기여는 (…) 수은이 지닌 이점을 분명하게 보여주었다는 것이다. 모든 알려진 액체들 중에서[21] 수은은 적어도 0도와 끓는 물 온도 사이의 구간에서 열 증가에 정확하게 비례하는 팽창을 수행하는 그런 상태에 가장 근접한 것이다. (Haüy [1803] 1807, 1:142)

그렇지만 불과 3년도 채 안 돼, 훨씬 더 높은 이론적 문제를 다룬 이 책의 제2판에서 아위는 드 뤽을 옹호했던 태도를 철회했다. 이제 아위는 물체의 팽창과 온도의 상승은 물체 안에 들어가는 칼로릭의 서로 다른 두 가지 효과라고 강조했다. 그는 이런 두 가지 효과를 구분한 것을 매우 두드러지게 라플라스의 공로로 돌리면서(이 부분은 다음 절에서 더 살펴보겠다), 라부아지에와 라플라스가 열에 관해 남긴 유명한 1783년 연구보고(memoir)를 언급했다.

아위(1806, 1:86)는 팽창을 추적해 숨은 상태로 바뀐 추가 칼로릭의 부분까지 나아갔고, 온도 상승을 추적해 감지 가능한 상태를 유지하는 칼로릭의 부분까지 나아갔다. 이제 온도 측정에서 결정적인 물음은 이 두 가지 양의 관계였다. "만일 팽창의 양으로 장력(tension)의 증가를 측정하고자 한다면,[22] 물체 팽창의 기능을 하는 칼로릭 양은 온도를 올리는 칼로릭 양에 비례해야만 한다"(1:160). 아위의 새로운 사유 방식에 의하면, 드 뤽의 추론은 적어도 사소하게 무시할 만한 것이었다. 아위가 지적한 대로 결정적으로 복잡한 문제는, 더 낮은 온도에서는 분자 간의 거리가 더 좁아 분자 간의 인력이 더 세기 때문에 저온에서 물이 팽창하려면 더 많은 칼로릭이 있어야 한다는 점이었다. 이런 이유에서 그는 혼합물의 실재 온도는 드 뤽의 단순한 계산으로 얻어진 수치보다 언제나 더 낮을 것이라고 주장했다.[23]

요약하면, 당시에 무르익은 이론적 성찰들은 물의 비열의 불변성 또는 변이를 완전히 열린 물음의 대상으로 만듦으로써 혼합법에는 회복하기 어려운 손상을 가하는 흐름으로 나아갔던 것으로 보인다. 심지어 드 뤽조차도 실제로 돌턴과 아위의 비판이 출판되기 전에 이런 불확실성의 지점을 인식했음을 보여주는 자료도 있다. 돌턴이 자신에게 혼합법에 관해 가르침을 주었던 권위자로 인용했던 크로퍼드는 동물의 열에 관한 자신의 책 제2판에서 다음과 같이 말했다.

하지만 드 뤽 선생은 일전에 이 주제와 관련해 나를 두둔하는 내용을 담은 어느 논문에서[24] 직접 그렇게 언급한 적이 있다. 우리가 그런 실험들을 통해서 확실하게 수은 팽창과 열 증가의 연관성을 확언할 수 없다고 말이다. 우리는 수은 팽창과 열 증가 사이의 호응을 그런 실험들을 통해 추론할 때, 열을 받아들이는 물의 수용력이 어는점과 끓는점 사이의 모든 온도에서 변함없이 지속된다는 것을 당연하게 여기는 경향이 있다. 하지만 이것이 증명 없이 인정돼서는 안 된다. (Crawford 1788, 32-33)

당시에 크로퍼드는 여전히 수은 온도계의 실제 정확성에 대한 신념을 견지하고는 있었지만,[25] 이런 말은 혼합법의 가장 중요한 옹호자인 두 사람조차도 그것의 이론적 설득력을 의심하기에 이르렀음을 보여준다.

칼로릭 학설의 신기루, 기체의 선형성

칼로릭 이론이 혼합법의 토대를 허물었다면, 이제는 온도 측정용 유체를 선택하는 과정에서 어떤 대안들을 제시했을까? 그 답은 곧바로 명료한 것은 아니었다. 드 뤽에 대한 주요한 두 명의 비판자로 앞에서 논한 아위와 돌턴은 드 뤽이 틀렸다는 데에만 의견일치를 보였을 뿐이었다. 혼합물의 진정한 온도와 관련해서, 돌턴은 그것이 드 뤽의 값보다 더 높아야 한다고 생각했고, 아위는 그것이 드 뤽의 것보다 더 낮아야 한다고 생각했다. 이런 불일치가 해결되기는 했을까? 나는 이 주제와 관련해 심각한 논쟁이 있었음을 보여주는 자료를 본 적이 없다. 액체의 열적 팽창에 관해 정량적 이론을 세우려는 어떤 시도에서는, 사실 아위와 돌턴은 칼로릭 연구자 중에서도 예외적인 인물이었다. 그런데 정량적 이론화는 너무 어려운 일이었고, 또 미시적 추론이 물질 입자들이 서로 각자에 발휘하는 특정할 수 없는 힘이 아니라 액체 팽창에 영향을 끼치는 데 필요한 칼로릭의 양을 일일이 계산하는 일이 되자마자 그런 추론도 빠르게 기반을 잃어버렸다.[26] 대신에 대부분의 칼로릭 이론가들은 분명하게 더 쉬워 보이는 길에 빠져들었다. 열의 작용은 액체나 고체보다는 기체에서 가장 순수하게 드러난다고 칼로릭 이론은 가르쳤다. 기체에서는 작디작은 물질 입자들이 서로 너무 멀리 떨어져, 서로 무시할 수 없는 어떤 힘을 발휘할 수도 없을 것이고, 따라서 기체에서는 모든 주요한 작용이 물질 입자들 사이의 공간을 채우는 칼로릭에서 기인할 것이었다. 그렇다면 이론가들은 입자 간의 힘이라는 불확실성을 다루는 일을 완전히 피할 수 있었다.[27]

기체의 열적 거동의 단순함에 대한 믿음은 조셉-루이 게이-뤼삭(1802)과 돌턴(1802a)이 각각 발표한 관찰 결과에 의해 엄청나게 강화되었다. 모든 기체는 그 온도가 균등한 양씩 증가할 때 초기 부피의 균등한 일정량만큼씩 팽창한다는 것이었다. 이것은 기체의 열적 거동이 눈에 띌 정도로 단순성(simplicity)과 균일성(uniformity)을 지닌다는 놀라운 사실을 확인해주는 것처럼 보였고, 이로써 많은 칼로릭 연구자들은 기체가 온도에 따라 균일하게 팽창한다고 가정하게 되었다. 높게 평가받은 자신의 화학 교과서에서 루이-자크 테나르(Louis-Jacques Thenard: 1777~1857)가 보여준 논법이 전형적인 사례였다. 그는 이 책을 게이-뤼삭에 헌정했다. "모든 기체는 [액체, 고체와는] 대조적으로 균등하게 팽창하며 그 팽창은 균일하고 모든 온도에서 균등하다. 대기압의 조건에서 0도일 때 부피의 1/266.67로 팽창한다. 이런 법칙의 발견은 돌턴과 게이-뤼삭의 업적인 것이 틀림없다"(Thernard 1813, 1:37). 그렇지만 그런 추론에는 논리적인 틈새가 있다. 이런 일반적 견해의 근거로서 늘 인용됐던 돌턴과 게이-뤼삭 자신들도 이런 틈새를 매우 명료하게 인식하고 있었다. 우리가 기체의 열적 팽창이 온도 효과에 의해서만 배타적으로 결정되는 현상이라고 인정한다고 해도, 곧바로 기체의 부피가 온도에 따라 변하는 선형함수이어야 한다는 것이 뒤따르는 것은 아니다. 한 가지 변수를 지닌 모든 함수가 선형적인 것은 아니다!²⁸ 선형성을 획득하려면 추가 논증이 더 필요했고, 이에 가장 진지하게 도전한 이가 바로 라플라스였다.

기체 온도계에 관한 관심의 부활은 로버트 폭스(Robert Fox 1974)가 이름 붙인 유명한 "라플라스주의 물리학(Laplacian Physics)"이 떠오르던 상황에서 나타났다. 그것은 대략 1800년부터 1815년까지 프랑스 자연과학을 가장 크게 지배했던 흐름이었다. 수학자, 천문학자이자 물리학자인 피에르-시몽 라플라스(Pierre-Simon Laplace: 1748~1822)는 화학자 클로드-루이 베르톨레(Claude-Louis Berthollet: 1748~1822)와 긴밀하게 연합해 연구 작업을 했는데, 둘은 이전에 각자 라부아지에와 공동연구를 해본 경험이 있었다. 둘은 함께 자연과학을 위한 새로운 프로그램을 시작했으며, 그 프로그램을 수행할 다음 세대의 과학자를 육성했다.²⁹ 베르톨레와 라플라스는 점 같은 입자들 사이에서 작동하는 중심 힘의 작용으로 모든 현상을 설명하려는 "뉴턴주의" 연구 프로그램을 추종했다. 뉴턴의 천체역학을 수학적으로 정교화한 업적으로 명성을 얻은 라플라스는 이제 그 엄밀성과 정확성을 다른 물리학으로 확장하려는 열망을 지니고 있었다. "보편 중력의 발견으로 천체물리학이 도달한 저 완벽의 상태로, 우리는 지상 물체의 물리학을 끌어올리려 한다"(Laplace 1796, 2:198). 19세기 들어 첫 번째 10년 동안에 라플라스와 그 문하들은 단거리 힘(short-range force)에 바탕을 두어 광학 굴절, 모세관 현상, 음향학 분야에서 새로운 이론들을 만들어냄으로써 폭넓은 환호를 받았다.³⁰ 열 이론은 분명한 다음 표적이 되었다. 그것은 이미 음속에 대한 라플라스의 고찰에서 핵심 부분이었을 뿐 아니라 일찍이 라부아지에와 공동연구를 하던 시기까지 거슬러 올라갈 수 있는 그의 오래된 관심사 중 하나였기 때문이었다. 이 외에도 어빈주의가 점차 수그러들면서 열 이론에서 이론적 주도는 라부아지에의 화학 전통으로 넘어갔던 터였다. 앞으로 보겠지만 라플라스는 이것을 흥미로운 방식으로 변형했다.

라플라스의 그런 초기 시도는 그의 고전적인 저술 『천체역학(Treatise of Celestial Mechnics)』의 제4권에서는 공기 온도계를 옹호하는 논증에서 볼 수 있는데, 그것은 간략하고도 느슨한 것이었다(1805, xxii와 270). 라플라스는 공기 온도계가 "열의 실제 등급(real degrees of heat)"을 정확하게 가리킨다는 것은 "적어도 매우 그럴 듯하다"라고 말했다. 그러나 그의 전체 논지는 다음과 같은 데에 있었다. "만일 공기의 부피는 똑같은 채로 유지하면서 공기의 온도가 오르는 상황을 고려하면, 열에 의해 야기되는 탄성력이 같은 비율로 증가할 것이라는 것은 아주 자연스럽게 가정할 수 있다." 그러고는 그는 가열된 기체를 가두어두는 외부 압력이 줄어드는 상황을 고려했다. 만일 그 압력이 초기의 값으로 되돌려지면, 기체 부피는 압력이 일정한 부피에서 증가했던 것과 같은 비율로 증가할 것이다. 이 마지막 단계는 마리오트(보일)의 법칙(Mariotte's(Boyle's) law)을 취하면 바로 나온다.[31] "자연스러운"이란 말로만 뒷받침되는 이런 제대로 구성되지 않은 논증이 많은 사람들에게, 심지어 심술궂은(vicious) 아위(1806, 1:167-168)에게도 설득력 있게 받아들여졌던 것으로 보인다. 라플라스의 권위와 칼로릭 이론의 그럴듯함(plausibility)이 결합하면서, 이제 공기 온도계는 여러 적극적 연구자들이 보기에 "진정한 온도계"의 지위에 올랐다. 글래스고대학교의 화학 흠정교수인 토머스 톰슨(Thomas Thomson: 1773~1852)은 "어떤 기체도 균등하게 팽창하지 않는다"라는³² 자신의 이전 견해를 뒤집어서, "모든 기체의 팽창이 균등하다는 (…) 것이 요즘 화학자들의 견해이다"라고 인정했다. 그나마 수은 온도계에 유일하게 위안이 되었던 것은 일반의 견해로 볼 때 그것이 공기 온도계보다 쓰기에 편하고, 게이-뤼삭(1807)도 매우 명료하게 보여주었듯이 그 온도 기록이 물의 어는점과 끓는점 사이의 구간에서는 공기 온도계의 기록과 충분히 가깝게 일치한다는 점이었다.

그러는 사이에 라플라스는 1805년 공기 온도계에 대한 자신의 논증에 그다지 만족하지 못하고, 더 상세하고 정량적인 논증을 개발하는 데로 나아갔다.³³ 그는 온도의 개념을 더 정밀하게 다듬고자 제네바의 물리학자이자 고전학자인 피에르 프레보스트(Pierre Prevost: 1751~1839)의 접근 방법을 채용했다. 프레보스트는 칼로릭을 "불연속 유체(discrete fluid)"로 인식해 온도를 복사 칼로릭(radiant caloric)의 평형이라는 개념을 통해 정의했다.³⁴ 라플라스는 그런 종류의 관점을 분자 수준의 설명으로 확장해, 분자 사이에 동시적인 칼로릭 방출과 흡수의 연속 과정에 의해 만들어지는 분자 간(intermolecular) 칼로릭 밀도로 온도를 정의했다.³⁵ 하지만 도대체 왜 분자에 담긴 칼로릭이 복사되어야 하는 것인가? 거기에는 칼로릭을 끌어당기고 붙잡아두는 분자의 물적 핵심에서 칼로릭을 밀어내는 어떤 힘이 존재해야만 할 것이다. 라플라스에 의하면, 이런 힘은 근처의 다른 분자들에 담긴 칼로릭이 발휘하는 척력(repulsion)이었다. 라플라스의 모형은 자유 칼로릭과 숨은 칼로릭이라는 오랜 구분에도 잘 들어맞는 듯이 보일 것이다. 분자가 품고 있는 숨은 칼로릭의 일부는 칼로릭-칼로릭의 척력에 의해 자유로워져 자유 칼로릭이 될 수 있다는 것이다. 그렇지만 그것은 숨은 칼로릭이 물질에 화학적으로 결합해 상태 변화(changes of state)나 화학 반응, 또는 어떤 이례적인 물리적 동요를 통하지 않고는 분자에서 벗어날 수 없다는 라부아지에의 개념과는 상충할 것이다.

라플라스는 이런 개념의 혼란을 비범한 방법으로 벗어났다. 그는 자유 칼로릭을 분자 내부로 넣으며 라부아지에의 원래 그림에서 상당히 멀어졌다. 자유 칼로릭의 입자들은 속박돼 있으면서도 여전히 서로 척력을 행사했다. 마찬가지로, 어느 분자 안에 있는 자유 칼로릭은 다른 분자들의 자유 칼로릭도 몰아낼 수 있었다. 반면에 숨은 칼로릭은 역시 분자에 속박돼 있지만 척력을 행사하지는 않아 라플라스가 힘에 기반한 공식의 유도 과정에서는 무시될 만했다.[36] 라플라스는 분자 밖으로 내몰린 자유 칼로릭을 "공간자유 칼로릭(free caloric of space)"이라 불렀는데, 이는 라부아지에의 숨은/결합 칼로릭과 자유/감지 가능한 칼로릭에 더해진 제3 상태의 칼로릭이었다(예전의 복사 칼로릭이라는 개념과 매우 흡사했다).[37]

이렇게 다듬어진 존재론으로 무장한 라플라스는 더 나아가 분자 내부에 포함된 자유 칼로릭의 밀도와 분자들 사이의 공간에서 이리저리 움직이는 자유 칼로릭의 밀도 간에는 명확한 상관성이 존재할 것이라는 주장을 폈다. 왜냐하면 어떤 분자 바깥으로 제거된 칼로릭의 양은 그 제거 원인의 세기와 함수 관계일 것이 명확했기 때문이었다. 그래서 공간자유 칼로릭의 밀도는 온도를 측정하는 데 활용될 수 있었다. 이런 온도의 개념과 더불어, 공기 온도계가 "자연의 진정한 온도계"라는 라플라스의 논증은 일정한 압력에 놓인 공기의 부피는 공간자유 칼로릭의 밀도에 비례함을 보여주는 데 있었다.[38]

라플라스는 이런 비례성을 다양한 방식으로 입증하고자 했다. 가장 직관적인 입증은 아래와 같이 바꿔 설명할 수 있다.[39] 라플라스가 제시한 기본 관계식은 다음과 같다.

$$P = K_1\rho^2c^2 \qquad (1)$$

$$T = K_2\rho c^2 \qquad (2)$$

여기에서 P는 압력이며, K_1과 K_2는 상수, ρ는 기체의 밀도, c는 각 분자에 담긴 자유 칼로릭의 양이다. 첫 번째 관계식은 기체에 담긴 칼로릭의 자기 척력의 결과를 기체 압력으로 간주하는 데에서 나온다. 어느 두 분자 사이에서 밀어내는 힘은 c^2에 비례하며 밀도 ρ의 한 분자의 층이 동일한 밀도의 분자의 층에 행사하는 압력은 ρ^2에 비례할 것이다. 라플라스는 두 번째 관계식을 옹호하며 온도, 즉 분자 간 공간에 있는 자유 칼로릭의 밀도는 일정한 시간 동안에 각 분자가 방출하는(그리고 흡수하는) 칼로릭의 양에 비례할 것이라고 주장했다. 이 양은 그 원인이 되는 것의 세기, 즉 각 분자 내부에서 몰아내기 활동에 나서는 자유 칼로릭의 양에 비례할 것이다. 방정식 (1)과 (2)를 결합함으로써, 라플라스는 $P = KT/V$라는 식을 얻어냈다. 여기에서 V는 부피(기체의 어떤 양에 대한 ρ에 반비례한다), K는 상수이다. P가 고정될 때에, T는 V에 비례한다. 즉, 일정한 압력의 조건에 있는 기체의 부피는 온도의 진정한 측정값을 제공한다.

이제는 정말 정량적인 식의 유도를 이루어내는 일이 남았다. 추상적으로 말하면, 훌륭한 "뉴턴주의자"라면 해야 할 일이 명확해졌다. 두 칼로릭 입자들 사이의 힘을 거리의 함수로 작성하라, 그리고 총합 효과를 계산하기 위해 적절한 적분(integration)을 수행하라. 불행하게도 이것은 출발부터 가망이 없는 일이었다. 라플라스(1821, 332-335)가 이런 식의 유도를 시작하고 끝내 이루어냈다는 사실은 그저 그의 수학적 천재성을 입증해주었을 뿐이다. 칼로릭 간 힘의 함수가 어떤 것인지는 라플라스도 몰랐고 어느 누구도 알지 못했다. 두 입자를 사용한 실험을 한다는 것도 명백히 불가능한 일이었고, 어떤 추론에 도움이 될 만한 단서도 거의 없었다. 식을 유도하는 과정에서 라플라스는 그 함수의 알려지지 않은 측면에 대해서는 단순하게 $f(r)$이라고 쓰고서 그것의 다양한 정적분값(integrals)에 대해서는 계속 서로 다른 기호들을 만들어 썼다. 최종 공식에서 그 알려지지 않은 식, 어떤 한정된 적분값에는 K라는 기호가 부여됐고, 어떤 주어진 기체의 유형에 대한 상수로 다루어졌으며, 어떤 중요한 것에도 문제가 되지 않는 것으로 판정되었다. 이런 식의 유도에서 실제 작업은 모두 라플라스가 줄곧 도입했던 여러 가지 다른 전제들에 의해 이루어졌다.[40] 그 전제들은 인상적인 목록이 되었다. 칼로릭 기본 이론이 그리는 기체의 그림에 덧붙여서 라플라스는 다음과 같이 가정했다. 즉, 기체는 열적 평형에 있으며 밀도는 균일할 것이다, 기체 분자는 둥글고 변화하지 않으며 서로 매우 멀리 떨어져 있을 것이다, 각 분자는 정확히 같은 양의 칼로릭을 담고 있을 것이다, 칼로릭 입자 간의 힘은 다름 아닌 거리의 함수이며 그렇기에 적어도 감지할 수 있을 정도의 거리에 있을 때에 그런 힘은 무시할 수 있을 것이다, 공간 자유 칼로릭 입자들은 눈에 띌 정도로 빠른 속도로 움직일 것이다 등등.

이런 전제들은 이론적으로 방어할 수 없었고 경험적으로 검증할 수 있는 것도 아니었기에, 대부분의 프랑스 이론가들조차도 칼로릭에 관한 라플라스 식의 계산에서 먼 거리를 유지했다는 것은 그리 놀라운 일이 아닐 것이다. 주목할 만한 가치를 지닌 유일한 예외가 있다면 그것은 라플라스 사후에도 라플라스 칼로릭 이론을 정교화하는 일을 계속했던 시메옹―드니 푸아송(Siméon-Denis Poisson: 1781~1840)이다.[41] 애써 라플라스 칼로릭 이론의 세부 내용을 반박하는 사람들은 많지 않았다.[42] 오히려 그에 대한 거부는 라플라스 연구 프로그램 자체가 전반적으로 쇠락하고 기각되는 과정에서 크게 일어났다. 비록 전반적으로 불신을 받았지만, 라플라스의 논법은

1840년대와 1850년대에 사디 카르노(Sadi Carnot)의 연구가 부흥하고 심화해 발전하기 전까지는 유일하게 가능성 있는(viable) 열물리학의 이론적 설명으로 남았으며(제4장의 「추상적인 것을 향한 윌리엄 톰슨의 움직임」을 보라), 19세기 후반에 분자운동 이론이 성숙하기 전까지 유일하게 가능성 있는 미시물리학적 설명으로 남았다.

르뇨: 간소함과 비교동등성

그렇게 온도 측정의 원리들은 "라플라스 물리학의 흥망성쇠"의 시기를 지나 처음 시작했던 곳, 거의 정확히 그 지점으로 다시 돌아왔다. 앞에서 논한 라플라스 연구 이후의 20년에는 열의 이론들 전반에 대해 자신감이 지속적으로 줄어들던 시기라는 대체적인 특징을 부여할 수 있을 것 같다. 그 후속으로, 정직한 관측을 넘어서는 모든 학설들에 대해 회의론과 불가지론이 폭넓게 퍼져 나타났다. 자신감의 상실은 또한 이론적 관심과 이론 정교화의 상실을 초래했으며, 이와 동시에 교육적이고도 전문직업적인 논법은 더 단순한 이론적 개념으로 되돌아갔다[43](나중에 분석 부분의 「르뇨, 그리고 라플라스 이후의 경험주의」에서 라플라스 이후의 경험주의를 좀 더 깊게 분석하고자 한다). 이 시기를 상징하는 인물은 저명한 수학자이자 물리학자, 공학연구자였던 가브리엘 라메(Gabriel Lamé: 1795~1870)이다. 라메는 푸리에(Joseph Fourier: 1768~1830)의 제자 중 한 명이었으며 파리 에콜 폴리테크니크의 물리학 교수로서 자신의 선임자였던 피에르 뒬롱(Pierre Dulong: 1785~1838)과 알렉시스-테레스 프티(Alexis-Thérèse Petit: 1791~1820)의 길을 스스로 뒤따르고자 했다. 그는 에콜의 물리학 교과서로 쓴 자기 저서의 서문에서 모호하지 않은 어조로 이렇게 자신의 견해를 밝혔다.

프티와 뒬롱은 그 의문스럽고 형이상학적인 이론들, 그 모호해서 헛된 가설들에서 벗어나 자유롭게 가르치려고 언제나 노력했다. 실험의 기술이 믿을 만한 길잡이 구실을 할 정도까지 완벽해지기 전에는 그런 이론들과 가설들이 거의 모든 과학을 구성하곤 했다. (…) [그들의 업적 이후에는] 미래의 언젠가는 물리학 교육도 자연 현상에 관해 설익어서 종종 해롭기도 한 제1 원인의 가설을 진술할 필요 없이, 그런 현상을 지배하는 법칙들에 이르는 실험과 관찰의 해설만으로 구성할 수 있으리라고 상상할 수 있게 되었다. 중요한 점은 과학이 실증적이고 합리적인 상태가 되어야 한다는 것이다.

이런 그의 태도에 대해 그의 에콜 폴리테크니크 동창생이자 "실증주의(positivism)"의 창시자인 오귀스트 콩트(Auguste Comte: 1798~1857)는 찬탄을 보냈다.[44] 라메는 온도 측정용 액체의 선택을 논하면서 기체가 분자들 사이 힘의 영향을 받지 않는 열의 순수한 작용을 다른 어떤 물질들보다 더 잘 드러낸다는 데 동의했다. 그렇지만 뒬롱과 게이-뤼삭(그리고 라플라스에 빠져들기 이전의 아위)과 마찬가지로, 라메는 그런 전제에서 도출할 수 있는 결론들에는 한계가 있음을 명료하게 인식하고 있었다.[45]

비록 공기 온도계의 표시가 오로지 열의 작용에만 기인한다고 여길 수 있더라도, 그렇다고 해서 그 수치가 절대적 의미에서 그 작용의 에너지를 측정한 값이라고 당연하게 볼 이유는 없다. 그것은 일정한 압력의 기체가 지닌 열의 양은 그 기체의 부피 변화에 비례해 증가한다는 입증이 빠져 있는 가정일 것이다. 그런 비례성이 실제로 유지되는 장비가 있다면, 그 장비의 표시는 온도의 절대적 측정치를 보여줄 것이다. 하지만 공기 온도계가 그런 속성을 지녔음이 증명되지 않는 한, 그 온도 기록은 자연 온도의 아직 밝혀지지 않은 함수라고 여길 수밖에 없을 것이다. (Lamé 1836, 1:258)

여기에서 선형성(linearity)의 단순한 가정은, 수학적이고 물리적인 해석에 곡선 좌표(curvilinear coordinates)를 도입한 인물로 주로 기억되는 라메의 눈에는, 자명하게도 경솔한 것으로 비쳤을 것이다.

이렇게 포기한 상태에서 등장한 인물이 앙리 빅토르 르뇨(Henri Victor Regault: 1810~1878)였으며, 그는 라플라스 이후 경험주의(post-Laplacian empiricism)라는 매우 간소한 판본(version)으로 주조한 해법을 들고 나왔다. 르뇨의 이력이 만들어낸 연구 스타일은 지금 다루는 과학적, 철학적 주제와 직접 연관되기에, 그의 이력은 여기에서 조금 자세히 살펴볼 가치가 있다. 오늘날 르뇨는 드 뤽과 거의 마찬가지로 사실상 잊힌 인물일 수 있지만, 그의 전성기에 그는 전 유럽에서 가장 권위 있는 실험물리학자로 분명하게 받아들여졌다. 르뇨의 승승장구는 너무도 눈에 띄었기에 그의 비판자였던 폴 랑주뱅(Paul Langevin, 1911, 44)조차도 나폴레옹의 영광의 시기에 비유할 정도였다. 두 살 때 고아가 됐고 성장기에 별 재산도 없었던 르뇨는 당시에 프랑스혁명의 유산이었던 엘리트 교육제도의 수혜를 크게 받았다. 능력과 의지만으로 그는 에콜 폴리테크니크에 입학할 수 있었으며 1840년 30세의 나이에 게이-뤼삭을 이어 그곳에서 화학 교수가 되었다. 같은 해에 그는 프랑스 과학 아카데미(Académie des Science)의 화학부 회원에 선출되었고, 이듬해에는 콜레주 드 프랑스(Collège de France)의 실험물리학 교수가 되었다. 그 무렵에 증기기관의 연구와 작동에 관한 모든 데이터와 경험 법칙을 확정하는 공공연구의 새로운 임무가 정부 각료에 의해 주어졌는데, 그런 실험 연구를 해낼 사람은 바로 르뇨였다.

그리하여 저명한 연구소에서 풍부한 연구비를 받으며 다른 몇 가지 의무를 다하며 안정적인 자리를 잡은 르뇨는 정부에 필요한 정보를 제공했을 뿐 아니라 그 일을 하는 과정에 논란의 여지가 없는 정밀 측정의 대가로서 자신의 자리를 굳혔다. 마르셀린 베르텔로(Marcelin Berthelot)는 훗날 1849년에 르뇨를 만났을 때 받은 강한 인상을 이렇게 회고했다. "정밀이라는 바로 그 정신이 그의 몸으로 구현된 것 같았다"(Langevin 1911, 44). 윌리엄 톰슨(William Thomson: 1824~1907, 후의 켈빈 경(Lord Kelvin))부터 드미트리 멘델레예프(Dmitri Mendeléeff)까지 전 유럽에서 온 젊은 과학자들이 신화가 된 그의 연구실을 방문했고, 많은 이들이 한동안 머물며 그의 조수로서 연구하며 배웠다.[46] 아마도 르뇨는 마음만 먹으면 유럽의 과학계를 **을러서**(frighten) 자기 연구 결과의 권위를 인정하라고 요구할 수 있을 정도였으리라. 마티아스 되리이스(Matthias Dörries 1998a, 258)는 다른 물리학자들에게는 자기 실험을 재현하는 데 필요한 실험 장치를 갖출 여력이 없었기에 그들이 르뇨의 결과에 도전하기란 어려웠다고 말한다. 그가 지닌 장비의 규모만 따져도 그의 권력은 잠재적 독재자를 능가할 수 있을 정도였다! 어떤 자리에서 르뇨는 최대 30기압의 압력까지 측정하고자 자신이 건설한 24미터 높이의 압력계(manometer)를 소개하는데, 이는 나중에 콜레주 드 프랑스의 역사 관광에서 이름난 볼거리가 되었다.[47] 그가 내놓은 산출물의 엄청난 양과 철저함도 같은 효과를 자아냈을 것이다. 증기기관과 관련한 르뇨의 보고서는 파리 아카데미의 논문집(Mémoires)에서 전 3권을 다 차지했는데 각 권은 700~900쪽에 달했으며 정밀 데이터와 끝없는 실험 절차에 관한 설명으로 꽉 차 있었다. 전 3권 중 첫 번째 권을 언급해, 제임스 데이비드 포브스(James David Forbes 1860, 958)는 "거의 생각하기조차 두려운 자디잘고 근면성실한 노동의 총합"이라고 설명했다.

하지만 이 장의 분석 부분의 「뒤엠 식 전체론에 반대하는 최소주의」와 「르뇨, 그리고 라플라스 이후 경험주의」에서 더 논하겠지만, 르뇨가 다른 이들과 남다른 점은 그저 근면 또는 다작만은 아니었다. 장-바티스트 뒤마(Jean-Baptiste Dumas 1885, 169)는 르뇨가 실험물리학에 의미 있는 새로운 원리를 도입했으며, 이것이 르뇨가 과학에 결코 잊힐 수 없을 정도로 기여한 업적으로 여겨진다고 주장했다. 이런 주장의 요점을 설명하기 위해, 뒤마는 장-바티스트 비오가 물리학의 고전적인 논고에서 선보였던 방법론을 거론하며 대비했다. 비오는 관찰을 위해 단순한 장치를 사용하고서 그 다음에 모든 필요한 보정 과정을 확실히 거치며 추론한 데 비해, 르뇨는 (뒤마의 표현을 빌리면) 현실적이었다. "보정을 통한 실험 활동의 기술에서, 유일하게 확실한 절차는 아무것도 요구하지 않는 그런 절차이다."[48] 뒤마는 르뇨의 남다른 연구 스타일을 이렇게 요약했다.

> 혹독한 비평가인 그는 어떤 오류의 원인도 자신이 놓치는 것을 허용하지 않는다. 독창적인 정신을 지닌 그는 그 모든 오류를 피하는 기술을 발견한다. 정직한 학자인 그는 단지 자기 연구 결과의 평균값을 제시하는 것이 아니라 논의와 관련한 요소들을 모두 다 출판한다. 각 물음에 대해 맞는 독특한 방법을 도입한다. 그는 검증을 다각화하고 다양화해서 결국에 그 결과의 정체에 관해 아무런 의문을 남기지 않는다. (Dumas 1885, 174)

르뇨는 모든 전제들을 측정으로 검증하고자 했다. 이는 측정이 어떤 이론적 전제에도 의존하지 않은 채 이루어져야 한다는 의미였다. "물리학의 기본 데이터를 확립할 때에는 누구나 될수록 직접적인 방법을 사용해야 한다"(Regnault, Langevin 1911, 49에서 재인용). 르뇨는 모든 기본 측정 방법을 설계하는 과정에서 이론적 전제들을 엄정하게 제거하는 것을 목표로 두었다. 그렇지만 말처럼 쉬운 것이 아니었다. 모든 전제는 측정에 의해 점검되어야 한다는 말은 좋지만, 측정 장비를 구성하는 물질적 실체가 어떻게 거동하는지에 관해 아무 전제도 할 수 없다면 어떻게 측정 장비를 설계할 수 있다는 말인가? 온도 측정의 문제로 돌아가보자. 우리는 르뇨 이전의 모든 연구자들이 온도계를 검증하려는 시도에서 논쟁적인 전제(contentious assumption)를 끌어들일 수밖에 없었음을 보아왔다. 이와는 대조적으로 르뇨는 칼로릭의 본성, 비열의 불변 또는 변이, 심지어 열의 보존과 같은 모든 전제들을 어렵게 피해왔다.[49] 그는 어떻게 그런 대단한 일을 해낼 수 있었을까?

르뇨의 비결은 "비교동등성(comparability)"[50]이라는 인식에 있었다. 만일 온도계가 우리에게 진정한 온도를 제시한다면, 그것은 적어도 동일 조건에서는 언제나 동일한 기록을 보여주어야 한다. 마찬가지로 어떤 유형의 온도계가 정확한 장비라면, 이런 유형의 온도계는 모두 다 적어도 온도 기록에서 서로 일치해야 한다. 르뇨(1847, 164)는 이것을 "모든 측정 장치들이 충족해야 하는 본질적 조건"이라고 생각했다. 비교동등성은 최소주의를 아주 잘 따르는 잣대였으며, 당시에 불신을 받던 도량형학(meterology)에는 제대로 적합한 것이었다. 그가 가정한 것이라고는 어떤 주어진 상황에서 실제의 물리량은 단 하나의 고유한 값을 지녀야 한다는 것뿐이었다. 어떤 장비가 한 가지 상황에서 여러 값을 보여준다면, 그 표시된 값에서 적어도 일부는 분명히 부정확한 것이기에 그런 장비는 신뢰할 수 없었다. 이런 "단일값의 원리(principle of single value)"에 관한 더 자세한 논의는 다음에 나올 「비교동등성, 그리고 단일값의 존재론적 원리」를 보라.

비교동등성이라는 일반적 인식은 르뇨가 처음 발명한 것은 아니었다. 사실상 그것은 온도 측정 분야에서 오랫동안 장비 신뢰성(reliability)을 높이기 위한 기본 필수 사항으로 폭넓게 인식되었고 거의 상식적인 용어가 되어왔다. 이 용어를 쉽게 이해하려면 온도계가 그 기원의 시기, 즉 표준화에 너무도 미흡해 다른 온도계들의 기록이 의미 있게 서로 비교할 수조차 없었던 시기를 생각해보면 된다. 그 규칙을 입증한 한 가지 예외적 사례가 오히려 초기의 어려움을 잘 보여줄 수 있을 것이다. 1714년에 파렌하이트는 서로 완벽하게 일치했던 두 개의 '정령' 온도계를 보여주어 당시에 할레 대학교(University of Halle)의 수학 및 물리학 교수로 있었으며 나중에 학장이 되었던 크리스티안 프라이헤르 폰 볼프(Christian Freiherr von Wolff)를 깜짝 놀라게 했다(「규준적 측정 문제」에서 보았듯이, 그가 부르하베를 위해 다른 액체로 만든 온도계에서는 이룰 수 없었던 일이었지만).[51] 비교동등성은 온도 측정의 초기 개척자들이 표준화를 좇을 때에 하나의 구호처럼 되었다.

르뇨는 비교동등성의 이런 낡은 개념을 각 유형의 온도계가 지닌 장단점을 검증하는 강력한 도구로 탈바꿈해놓았다. 르뇨가 도입한 독창성은 더 높은 수준의 회의론이었다. 이전의 시기에는 온도계에 눈금을 매기는 엄격한 방법이 정착되자마자 사람들은 그런 방법으로 만든 모든 장비는 정확하게 서로 동등하게 비교될 수 있다고 가정하곤 했다. 르뇨(1847, 165)가 보기에 이는 너무도 경솔한 것이었다. 당시에 눈금을 매기는 표준의 방법은 대체로 서로 다른 온도계들이 고작 몇 가지 온도점에서만 서로 일치하게 하면 될 뿐이었다. 그것이 다른 모든 지점에서도 온도계들이 서로 일치하리라는 것을 보증하지는 못했다. 다른 온도점에서 일치한다는 것은 경험적 검증을 해봐야 알 수 있는 열린 가설이었고, 그것은 동일한 유체를 쓰는 온도계라 해도 또 다른 방식으로는 차이가 난다면 마찬가지의 검증

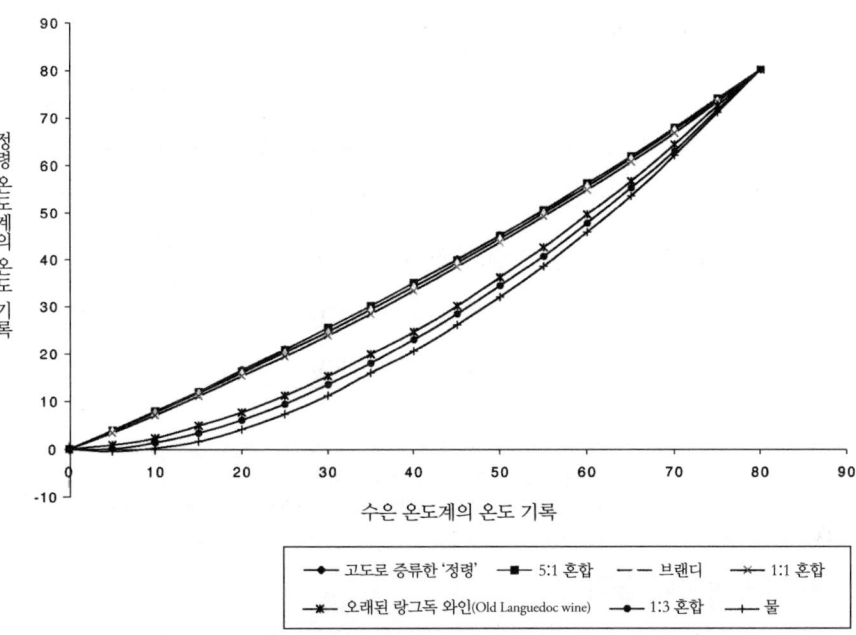

[그림 2.1] '정령' 온도계들에 대한 드 뤽의 비교. 데이터와 설명은 De Luc 1772, 1:326, §426에서 가져온 것이다.

대상이었다.

르뇨가 사용한 비교동등성의 원칙이 얼마나 결실을 맺었는지는 다음 절에서 자세하게 살펴보도록 하겠다. 그러기에 앞서서 마지막으로 기억해둘 점을 정리해본다. 먼저, 드 뤽은 르뇨처럼 거의 체계적으로 비교동등성을 사용하지는 않았지만, 비교동등성의 사용에서 이루어진 이런 혁신의 업적은 적어도 부분적으로는 드 뤽에게도 돌아가야 할 것이다. 드 뤽은 기압계(barometer)에 관한 자신의 유명한 연구에서 비교동등성을 익숙하게 사유했으며, 또한 그가 비교동등성을 측정의 일반적 필수요건으로 여겼음을 어느 정도 보여주는 자료도 있다.[52] 온도 측정에서 그는 '정령' 온도계를 반박하는 부가 논증으로 비교동등성의 잣대를 사용했다. [그림 2.1]에서 제시된 드 뤽의 연구 결과는 '정령'이 농도에 따라 다른 법칙을 좇아 팽창하기에 '정령' 온도계는 동등하게 비교될 수 있는 장비가 아님을 보여주었다.[53] 그렇지만 단순히 온도계에 쓰이는 '정령'의 표준 농도를 지정함으로써 이런 어려움을 피하는 것은 왜 가능하지 않았을까? 그랬더라면 그 농도를 정확하게 측정해야 한다는 또 다른 근본적 어려움이 생겨났을 것이다. 그것은 드 뤽(1779)이 7년 뒤에 출판한 비중 측정법(areometry, 액체의 단위 부피당 질량인 비중(specific gravity)을 측정하는 것)에 관한 자세한 글에서 볼 수 있듯이, 쉽지 않은 일이었다.[54]

판정: 수은보다 공기

비교동등성에 기반을 둔 르뇨의 검증 방법이 낳은 것은 무엇이었나? '정령' 온도계가 이미 어찌할 도리 없이 큰 불신을 받았기에(비교동등성의 의미에서, 그리고 또 다른 여러 의미에서), 르뇨의 주요한 관심은 공기 온도계와 수은 온도계 사이에서 판단을 내리는 일이었다. 또한 그 사이에 이런 특정한 쟁점은 더욱 실제로도 긴급한 사안이 되었다. 더 높은 온도 영역에서 이루어진 뒬롱과 프티의 연구에서 수은과 공기의 차이가 백분위 척도에서 10도나 되는 것으로 드러났기 때문이다(이 연구의 자세한 내용에 관해서는 이 장의 분석 부분의 「르뇨, 그리고 라플라스 이후의 경험주의」를 보라). 진지한 과학적 연구에서 수은 온도계와 공기 온도계를 번갈아가며 쓸 수는 없다는 것이 분명해졌고, 이제는 선택을 해야 했다.

비교동등성과 관련해, 더 명료한 문제의 징후를 드러낸 것은 바로 수은이었다. 1842년에 처음 발표한 공기 온도계와 수은 온도계의 온도 기록에

[표 2.4] 다른 유형의 유리로 제작된 수은 온도계들에 대한 르뇨의 비교

공기 온도계	수은, '슈아지-르-후아' 크리스털	수은, 보통 유리 (5번 온도계)[a]	수은, 녹색 유리 (10번 온도계)	수은, 스웨덴 유리 (11번 온도계)
100 (℃)	100.00	100.00	100.00	100.00
150	150.40	149.80	150.30	150.15
200	201.25	199.70	200.80	200.50
250	253.00	250.05	251.85	251.44
300	305.72	301.08	—	—
350	360.50	354.00	—	—

출처: Regnault 1847, 239의 자료를 표에 맞춰 개작한 것이다.
a 보통 유리의 팽창 패턴은 거의 섭씨 300도까지 수은의 팽창 패턴과 아주 잘 일치하며, 그래서 공기 온도계의 온도 기록은 보통 유리 재질의 수은 온도계의 온도 기록과 아주 잘 조응한다는 점에 주목하라.

관한 비교 연구의 과정에서, 르뇨(1842c, 100-103)는 "유일하게 참된(the)" 수은 온도계 같은 것은 존재하지 않음을 확인했다. 다른 유형의 유리로 만든 수은 온도계는 고정점에서 동일한 기록을 표시하도록 눈금 조정을 한다 해도 서로 차이가 났다. 차이는 눈에 띨 정도였으며, 특히 100도 이상 온도에서는 더욱 그랬다. 설상가상으로 르뇨(1847, 165)가 나중에 낸 자세한 보고서에서 덧붙였듯이, 같은 유형의 유리 시료들이라 해도 다른 열처리를 거치면 동일한 팽창 법칙을 따르지 않았다. 르뇨(1847, 205-239)는 서로 다른 네 가지 유형의 유리로 만든 열한 가지의 수은 온도계를 대상으로 각고의 실험을 벌인 끝에, 수은 온도계의 비교동등성이라는 가정을 폐기하기에 이르렀다. [표 2.4]에 보이듯이, 가장 나쁜 경우에는 섭씨 5도를 넘는 현저한 차이가 나타났다. 마치 파렌하이트의 망령이 다시 나타나 씩 웃으며 '결국에 내가 옳았군, 유리의 유형 때문에 실질적 차이가 생긴 거였어!' 하고 말하는 듯했다. 더욱 역설적인 것은 애초에는 수은을 옹호하고자 의도했던

드 뤽의 기법이 이제는 수은을 불신하는 데 사용되고 있다는 점이었다.

여기에서 유리의 물질 거동 차이에서 기인하는 비교동등성의 실패는 단지 실용적 난제일 뿐이며 수은 자체의 열적 팽창과는 무관하지 않은가 하고 반론을 제기할 수도 있다. 특정한 유형의 유리를 수은 온도계 제작에 쓰는 표준 유리로 지정하면 충분히 쉽게 문제가 해결되지 않겠는가? 그러나 유리의 열적 거동은 복잡했고 아주 충분히 이해되지 못했다. 표준의 수은 온도계에서 비교동등성을 성취하려면 유리의 정확한 화학 조성, 제조 과정(온도계의 아래쪽에 있는 둥근 뿌리 모양을 바람을 불어 만드는 정확한 방법까지), 그리고 사용 조건에 대한 세세한 요건들이 지정되어 있어야 했다. 르뇨가 바라는 정도의 정확성을 충족하는 그런 세부요건을 제어하려다 보면 완전히 비현실적인 절차가 요구되고, 또한 당시에는 누구도 파악하지 못한 이론적이고 경험적인 지식이 필요해질 것이었다. 불확실성은 정확도를 높이려는 의지를 꺾을 만큼이나 상당히 컸다(이는 '정령'의 농도 차이 때문에 '정령' 온도계의 비교동등성을 이루지 못했던 상황과도 비슷하다). 이에 더해 고약한 순환의 문제도 다시 출현했는데, 유리의 물질 거동을 온도 함수로서 경험적으로 규명하는 시도를 하려면 그에 앞서서 신뢰할 만한 온도계가 먼저 존재해야 했기에 더욱 어려운 일이었다.

1842년 수은 온도계에는 비교동등성이 결여돼 있다고 선언한 르뇨는 동등성을 비교할 수 있는 유일한 유형으로서 공기 온도계의 사용을 인정할 준비가 거의 되어 있었다. 공기의 열적 팽창은 너무 컸기 때문에(대략 유리의 160배), 유리 외피 팽창의 변이는 무시할 수도 있었다(Regnault 1842c, 103). 그러나 여전히 완전히 만족스럽지는 않았다. 유리에 어떤 특별한 지위를 부여하는 것을 인정하지 않았던 르뇨(1847, 167)는 공기 온도계, 그리고 일반적인 기체 온도계도 다른 모든 온도계와 마찬가지로 비교동등성의 경험

[표 2.5] 다른 공기 밀도로 채워진 공기 온도계들에 대한 르뇨의 비교

공기 온도계 A		공기 온도계 A'		온도 차이 $(A-A')$
압력 (mmHg)	온도 기록 (℃)	압력 (mmHg)	온도 기록 (℃)	
762.75	0	583.07	0	0
1,027.01	95.57	782.21	95.57	0.00
1,192.91	155.99	911.78	155.82	+0.17
1,346.99	212.25	1,030.48	221.27	−0.02
1,421.77	239.17	1,086.76	239.21	−0.04
1,534.17	281.07	1,173.28	280.85	+0.22
1,696.86	339.68	1,296.72	339.39	+0.29

출처: Regnault 1847, 181의 자료를 표에 맞춰 개작한 것이다.

적 검증을 엄격하게 받아야 한다고 요구했다. 그가 주저했던 데에는 그럴 만한 이유가 있었다. 그 자신의 연구에서는 기체의 종류를 하나로 고정해도 평균 팽창 계수(coefficient)가 밀도에 따라 달라질 수 있음이 드러났다. 팽창 법칙의 **형태**(form)도 다양했던 것일까? 다른 농도의 알코올이 그랬듯이? 팽창 계수의 변이는 성가신 문제였지만, 온도계 하나하나에 눈금을 매기는 데 개념상의 문제는 없었기에 물의 끓는점에 100도를 부여했다. 다른 한편에서는 법칙의 형태에 나타나는 변이는 좀 더 심각한 문제였을 것이고, 비교동등성의 실패를 초래할 수도 있을 만한 것이었다. 르뇨(1847, 172)는 실험 연구에서 이 문제를 다루는 것이 "절대적으로 핵심적인(absolutely essential)" 일이라고 여겼다.

이 때문에 르뇨는 대기의 공기부터 시작해서 다양한 밀도의 기체들로 채워진 일정한 부피(constant-volume)의 온도계를 만들었다. 그는 압력이 일정한 상태의 공기 온도계는 고온에서 민감도가 떨어지는 고유한 성질을 지

[표 2.6] 공기 온도계와 황산가스 온도계에 대한 르뇨의 비교

공기 온도계 A		황산가스 온도계 A'		온도 차이 $(A - A')$
압력 (mmHg)	온도 기록 (℃)	압력 (mmHg)	온도 기록 (℃)	
762.38	0	588.70	0	
1,032.07	97.56	804.21	97.56	00.00
1,141.54	137.24	890.70	136.78	+0.46
1,301.33	195.42	1,016.87	194.21	+1.21
1,391.07	228.16	1,088.08	226.59	+1.57
1,394.41	229.38	1,089.98	227.65	+1.73
1,480.09	260.84	1,157.88	258.75	+2.09
1,643.85	320.68	1,286.93	317.73	+2.95

출처: Regnault 1847, 188의 자료를 표에 맞춰 개작한 것이다.

닌다는 이유로 그런 공기 온도계는 제외했다[55](이 장비들의 설계에 관해서는 분석 부분의 「관찰가능성의 단계별 성취」에서 더 논하겠다). 르뇨가 마련한 전형적인 절차는 그런 온도계 두 개를 기름가열장치 안에 나란히 놓고서, 각 온도점에서 서로 얼마나 다른지 살피는 것이었다. 백분위 0도에서 300도까지 이르는 척도의 여러 온도점에서 그런 온도 기록 짝들이 얻어졌다. 시험 결과는 안도할 만한 것이었다. 예를 들어, [표 2.5]의 데이터는 '초기' 압력(즉, 온도가 0도일 때의 압력)이 수은 높이 762.75밀리미터인 공기 온도계 A의 온도 기록과 초기 압력이 583.07밀리미터인 공기 온도계 A'의 온도 기록을 비교해 보여준다. 두 온도계의 차이는 0도에서 340도 범위에서 언제나 0.3도 미만으로 나타났으며, 온도 측정값과 비교하면 언제나 0.1퍼센트 미만이었다. 또한 두 온도 기록의 차이가 체계적인 것이 아니라 무작위로 변화했다는 사실도 두 온도계의 높은 비교동등성을 입증해주었다. 초기 압

력의 범위가 438밀리미터에서 1,486.58밀리미터에 이르는 다른 비슷한 시험들에서 나온 결과도 마찬가지로 고무적이었다.[56] 르뇨(1847, 185)는 다음과 같이 선언했다. "그러므로 모든 확실성을 갖고서 '공기 온도계는 서로 다른 밀도로 공기를 채울 때에도 완벽하게 동등성을 비교할 수 있는 장비이다'라는 결론을 앞의 실험들에서 얻을 수 있다."

르뇨는 또한 비교동등성을 일반적인 기체 온도계로 확장할 수 있는지 알아보고자 다른 몇몇 실험들을 시도했다. 그는 비교동등성이 공기와 수소 사이에서, 그리고 또한 공기와 탄산가스(이산화탄소) 사이에서는 잘 유지됨을 알아냈다. 다른 밀도의 공기들과 마찬가지로, 이런 기체들도 팽창계수는 서로 아주 달랐지만 팽창 법칙의 동일한 형태를 띤다는 것이 밝혀졌다. 그러나 [표 2.6]에서 보이듯이, 공기와 황산가스 사이에는 심각하고도 체계적인 차이가 어느 정도 존재했다.[57] 이 때문에 르뇨는 한 번 더 모든 기체의 거동이 동일하지 않은 지점을 드러내었으며 일반화한 기체 온도계는 동등성을 비교할 수 있는 장비가 되지 못할 것임을 보여주었다. 르뇨(1847, 259)는 다음과 같이 단언하는 것만으로도 충분히 행복했다. "공기 온도계는 높은 온도를 확정할 때에 자신 있게 사용할 수 있는 유일한 측정 장비이다. 그것은 온도가 100도를 넘을 때에 우리가 미래에 채용하게 될 유일한 온도계이다."

이런 결론을 두고서는 두 가지 질문이 제기될 수도 있다. 첫째, 다른 기체들도 많은데 왜 유독 공기가 선호되었는가? 다른 기체 온도계들이 한결같이 비교동등성을 결여하고 있는 것으로 입증되었던 것도 아니다. 르뇨의 저술에서 이런 쟁점에 관한 명시적인 논의를 찾을 수 없기에, 여기에서는 그저 추정해볼 뿐이다. 실용적인 측면, 즉 공기 온도계는 가장 쉽고도 가장 싸게 얻을 수 있고 보존할 수 있고 제어할 수 있었다는 점이 충분히 이런 문제의 결론을 냈을 수 있다. 이렇게 보면, 왜 르뇨가 다른 기체 온도계의 밀도에 따른 비교동등성 실험 결과를 내지 않기로 결정했는지 그 이유도 설명될 수 있다. 그런 실험을 하지 않고서는 르뇨는 사용할 온도계를 채택할 때에 그리 편안함을 느끼지는 못했을 것이다. 르뇨가 대기의 공기가 여러 다른 기체의 혼합물이라는 사실에도 겉으로 보기에 그리 걱정하지 않았다는 점은 흥미롭다. 그것이 비교동등성의 조건을 만족시키고 눈에 띄는 어떤 이상한 거동을 보이지 않는 한, 그가 공기를 마다하고 다른 순수 기체를 선호할 이유도 없었다. 이것은 르뇨가 보인 반이론적 경향과도 일맥상통하는 것이다. 이에 관해서는 분석 부분의 「르뇨, 그리고 라플라스 이후의 경험주의」에서 더 논하겠다.

두 번째 물음은 르뇨가 공기 온도계의 비교동등성이 충분히 증명되었다고 믿을 만한 근거가 그에게 있었느냐 하는 것이다. 그 자신의 연구에서 수은 온도계가 유리 유형의 변이 문제로 비교동등성을 결여하고 있음이 드러났던 것처럼, 공기 온도계의 변이가 비교동등성을 무너뜨릴 정도의 다른 매개변수들(parameters)이 존재할 가능성은 없었던 것일까? 다시 나는 르뇨가 이 문제에 관해 어떻게 생각했을지 추정할 뿐이다. 나는 특별히 그에게 의미 있어 보이는 또 다른 남은 변이들은 없었으며, 만일 그런 것이 떠올랐다면 그는 실험에 나섰을 것이라고 생각한다. 다른 한편으로 보면, 연구 대상으로서 그리고 의문시되는 매개변수의 종착점은 존재하지 않았기에, 빅토르 르뇨조차 잠재적 변이를 시험하는 과정에서 자신의 원칙에 반하더라도 어느 지점에선가 멈춰 설 수밖에 없는 것이 실용적인 태도였을 것이다. 어떤 경우이건 칼 포퍼라도 권고했을 법한 이야기이지만, 우리가 할 수 있는 유일한 일은 아직 반증되지 않은 것이면 어떤 것이건 당분간 채택하고 사용하는 것이다.

이런 남은 물음들 때문이었던지, 공기를 옹호하는 르뇨의 최종 선언은 없었다. 수은과 공기 온도계의 비교에 관한 그의 1842년 논문은 다음과 같이 비관적인 어조로 끝을 맺었다.

> 기체 팽창에 관해 지금까지 받아들여진 그런 단순한 법칙들로 인하여 물리학자들은 공기 온도계를 열의 양이 증가하는 데 실제로 비례하는 표시를 가리키는 표준적인 온도계로 간주하기에 이르렀다. 지금은 이런 법칙들이 정확하지 않은 것으로 인식되기에, 다시 공기 온도계는 열 증가의 다소 복잡한 함수로 움직이는 다른 모든 온도계들과 동일한 등급으로 떨어졌다. 이를 통해서 열의 절대적인 양을 측정하는 수단을 손에 넣는 일에서 우리가 얼마나 멀리 떨어져 있는지 알 수 있다. 우리 지식의 현재 상태에서는, 이런 양에 좌우되는 현상에서 단순 법칙들을 실험에 의해 발견하리라는 희망은 거의 없다. (Regnault 1842c, 103-104)

나중의 보고서에서도 그가 이 문제에 관해 조금이라도 더 낙관적으로 바뀌었음을 보여주는 징후는 없었다(Regnault 1847, 165-166). 바뀐 것이 있다면, 그는 이전에 기체 온도계를 경솔하게 옹호했던 것과 관련해 앞의 인용문에 나타난 냉소적인 발언에서 더 나아갔을 뿐이었다. 르뇨는 공기의 열적 팽창이 균일함을 입증하려는 이론적 논증에 참을성이 없었으며, 그런 명제를 실험으로 입증하려고 시도할 때 나타나는 순환의 문제를 너무 잘 인식하고 있었다. 그가 공기와 수소, 탄산가스 온도계 사이의 비교동등성, 그리고 그것들과는 다른 황산가스 온도계의 일탈을 알아냈을 때에도, 그는 주의를 기울여 전자가 옳고 후자가 틀렸다고 말하지는 않았다. "황산가스는 앞의 기체들이 보여주는 팽창의 법칙에서 눈에 띄게 벗어나 있다. 황산가스의 팽창 계수는 **공기 온도계에 나타나는 온도와 더불어** 감소한다"
(Regnault 1847, 190. 강조 추가). 그는 비교동등성 자체가 진리는 아니라는 인식
에서 벗어난 적이 없었다. 결국에 그가 어렵게 얻어낸 바는 다른 모든 것
들이 공기 온도계보다 나쁘다는 다소 냉혹한 판단 하나였다. 그렇지만 그
것이 의미 없는 성취인 것은 결코 아니었다. 그의 업적은 논란의 여지가
없는 원리와 명확한 실험 결과에 바탕을 두고서, 정확한 온도 측정용 유체
를 선택하는 논증을 처음으로 발전시킨 것이었다.

온도 측정에 관한 르뇨의 연구는 그의 대부분의 실험 연구와 마찬가지
로 빠르고 폭넓게 받아들여졌다.[58] 그의 추론은 나무랄 데 없었으며, 그의
기법은 비할 데 없었고, 그의 철저함은 압도할 만한 것이었다. 그는 자신
의 연구를 뒷받침하는 이론을 동원하지 않았으나, 너무도 능란하게 이론
을 피할 줄 알았기에 주요한 이론적 비판을 받을 만한 여지를 남겨두지 않
았다. 1847년 기체 온도계의 비교동등성에 관한 르뇨의 저술이 출판되면
서, 온도 측정의 발전에서 중요한 단계는 완결되었다. 그런데 역설적이게
도 한 해 만에 논쟁의 기초 조건이 급진적으로 돌이킬 수 없게 변동하기
시작했고, 그런 변동은 젊은 시절에 르뇨 실험실을 겸손하게 순례했던 바
로 그 윌리엄 톰슨에 의해 절대온도의 이론적 정의가 새로이 규명되면서
시작했다. 에너지 보존 법칙(principle of energy conservation)과 그 후속으로 나온
열의 분자운동론의 부흥을 거치면서 1850년대 중반 무렵이 되어 그 개념
의 풍경은 몰라볼 정도로 바뀌어 있었다. 이론적 격동을 거치며 온도의 정
의와 측정에 일어난 일들은 제4장에서 다룰 예정이다.

분석 Analysis

경험주의의 맥락에서 보는 측정과 이론

> 우리가 이론 하나를 제시하고 자연이 '아니오'라고 소리치는 그런 식이 아니다. 그보다 우리는 혼란스럽게 여러 이론들을 제시하고 자연은 '불일치'라고 소리치는 그런 식이다.
> — 임레 러커토시(Imre Lakatos), 「비판과 과학 연구 프로그램의 방법론」, 1968–1969

제1장의 역사 부분에서는 특별한 영웅이 등장하지 않았다. 이 장에서는 그런 영웅이 하나 있으니 빅토르 르뇨이다. 너무 잘 알려진 오래전 성인들을, 마찬가지로 오래전 방식으로 계속 찬양하기만 한다면 그런 위인전은 재미가 없다. 그런데 르뇨의 업적은 별 이유 없이 외면되어왔기에 조명을 받을 만한 자격을 지닌다. 오늘날 르뇨의 연구에 관해 아는 사람들 대부분은 그것이 완전히 따분할 정도는 아니라 해도 매우 단조롭다고 생각하곤 한다. 나는 이 책에 담은 역사 부분에서 온도 측정용 유체 문제를 푸는 르뇨의 해법이 그저 평범하게 얻어진 성공이 아니었음을 충분히 보여주었기를 바란다. 아주 오랫동안 빼어난 과학자들을 괴롭혔던 어떤 과학 문제에

대해 이처럼 나무랄 데 없고 설득력 있게 해법이 제시되는 것을 목격하는 것도 드문 일이다. 이런 문제를 다루는 르뇨의 특징은 그의 연구 전반에도 스며들어 있었다. 이제 나는 르뇨의 성취를 다양한 각도로 분석함으로써 그 성격과 가치를 좀 더 밝혀보려 한다. 관찰가능성(observability)의 확장에 나타난 발걸음으로서, 형이상학을 책임 있게 다루는 사례로서, 이론 검증에서 '전체론(holism)' 문제의 해법으로서, 그리고 프랑스 물리학에 나타난 라플라스 이후 경험주의의 정점으로서 다루어보고자 한다.

관찰가능성의 단계별 성취

측정 표준의 개선은 육체 감각의 협애하고 조야한 세계에서 벗어나 인간 지식 전반을 확장하고 정교하게 만드는 데 기여하는 과정이다. 경험주의는 어떤 다른 궁극의 권위도 인정하지 않는 것이니, 경험주의자에게 던져진 과제는 **궁극적으로 감각 경험에 토대를 두고서** 그런 지식의 개선을 이루는 일이다. 마지막에 나는 엄격한 경험주의만으로는 과학 지식을 구축하는 것이 충분하지는 않다고 논증할 생각이지만, 그것이 우리를 얼마나 멀리 나아가게 할 수 있는지 살펴보는 것은 가치 있는 일이다. 르뇨는 그 길에서 우리가 맞이하고 싶은 최고의 길잡이이다. 그의 경험주의는 매우 엄밀해서, 경험적 데이터는 관찰로 증명되지 않은 가설에 의존하는 측정 절차를 거쳐 얻어서는 안 된다는 주장까지 폈다.

르뇨가 실제로 자신의 목표에 성공적이었는지, 그리고 좀 더 일반적으로는 엄격한 경험주의가 실행 가능한 것인지, 얼마나 실행 가능한 것인지 알아보기 위해서는, 먼저 관찰을 한다는 것이 어떤 의미인지 주의 깊게 살펴보는 데에서 시작해야 하겠다. 이것은 경험주의에 관한 철학 논증에서, 특히 경험주의 인식론 안에서 과학적 실재론의 입론가능성(viability of scientific realism)을 따지는 철학 논증에서 중대한 논쟁 지점이 되어왔다. 나의 견해로는, 여기에서의 핵심 물음은 우리가 건전한 의식에서, 과학 지식의 경험적 토대를 구축하는 데에서 얼마나 우리 자신을 스스로 도울 수 있느냐 하는 것이다. 경험주의의 표준적 답변은 우리가 관찰 가능한 것만을 사용할 수 있다고 말하지만 "관찰 가능한"이 어떤 의미인지 더 자세히 밝혀지기 전까지는 그런 답변에서 아주 많은 것을 얻기 어렵다. 저명한 현대 논자들 중에서 바스 반 프라센(Bas van Fraassen)은 우리가 관찰 가능하다고 말할 수 있는 것에 가장 엄격한 제한을 설정했다. 반 프라센(1980, 8-21)이 말한 "관찰가능성"은 외부 도움 없이 인간의 감각기관에 의한 원칙상의 지각가능성(in-principle perceivability)을 의미한다. 이런 개념은 그가 제시하는 "구성적 경험주의(constructive empiricism)"의 기초를 이루는데, 그는 우리가 어느 정도 확실하게 알 수 있는 것이라고는 관찰 가능한 현상뿐이며, 과학은 관찰할 수 없는 것에서 진리를 얻으려는 헛된 시도에 관여해서는 안 된다고 주장한다.

일부 실재론자들은 관찰 가능과 관찰 불가능이라는 구분을 모두 무효화하고자 시도해왔으나, 나는 반 프라센이 관찰가능성이라는 자신의 개념을 분명하고도 의미 있게 충분히 보여주었다고 믿는다. 그렇지만 나는 관찰 가능성이라는 반 프레센의 개념이 과학 활동(scientific practice)에 그리 많은 연관성을 지니지 못한다는 비판자들의 주장은 옳다고 생각한다. 이런 논지를 가장 효과적으로 제시한 이는 아마도 그로버 맥스웰(Grover Maxwell)일 것이다. 그의 논증이 이전 세대의 반실재론자, 즉 논리실증주의자를 겨냥한 것이긴 하지만, 맥스웰(1962, 4-6)은 관찰 가능한 것과 관찰 불가능한 것 사이에 있는 선은 과학의 진보를 거치면서 이동할 수 있다고 주장했다. 이런 논지를 펴기 위해서, 그는 사실 실제의 역사와도 그리 다르지 않은 허구의 사례 하나를 제시했다. "현미경이 등장하기 이전 시절에, 파스퇴르 같은 과학자가 살고 있었다. 통상의 관례대로 이 사람을 존스라고 부르겠다." 감염성 질환의 작용을 규명하고자, 존스는 감염 메커니즘으로서 관찰 불가능한 "벌레(bug)"가 존재한다고 가정하고는 그것을 "미생(crobe)"이라고 불렀다. 그 이론 덕분에 매우 효과적인 살균과 격리의 수단이 생겨나면서 그의 이론은 크게 인정을 받았으나 미생이 실재하는지에 관해 합리적인 의심은 계속 남았다. 그렇지만 "존스는 운이 좋게도 복합현미경이 발명될 때에도 살아 있었다. 그가 말한 미생은 매우 자세하게 '관찰되었고', 각 질환에 원인이 되는 **미생물**(microbe, 그래서 그런 이름으로 불리기 시작했다)의 특정 종을 식별해내는 것이 가능해졌다." 당시에는 아주 고집 센 철학자만이 미생물의 존재를 믿으려 하지 않았다.

맥스웰은 박테리아학이나 현미경의 역사에 관해 아주 깊은 지식을 내세우지 않고서 글을 쓰고 있지만, 그의 주된 논지는 유효하다. 연관된 모든 과학적 목적에서, 지금 시기에 우리가 현미경으로 관찰하는 박테리아는 관찰 가능한 실체로 다루어진다. 현미경 이전의 시기에, 그리고 잘 확립된 시각적 관찰 장비가 되기 이전의 현미경 초기 시절에는 상황이 그렇지 않았다. 이언 해킹은 현미경에 관해 잘 알려진 그의 선구적인 철학적 연구에서 크게 가르침이 있는 사례를 인용해 이야기한다.

우리는 종종 사비에르 비샤(Xavier Bichat)를 살아 있는 조직을 연구하는 분야인 조직학의 창시자로 여긴다. 1800년 그는 자신의 연구실에 현미경을 들여놓는 것을 허용하지 않으려 했다. 저서 『일반 해부학(General Anatomy)』 서문에 그는 이렇게 썼다. "사람들이 불명료한 조건에서 관찰할 때에는 각자 자기 방식대로 보며, 영향을 받는 대로 본다. 그러므로 우리를 이끌어야 하는 것은 결정적인 속성들의 관찰이지" 최상의 현미경이 제공하는 흐릿한 영상은 아니라는 것이다. (Hacking 1983, 193)

그러나 해킹이 지적했듯이, 우리는 더 이상 비샤의 세계에 살고 있지 않다. 오늘날 대장균 박테리아는 쿼크나 블랙홀과 같은 지위가 아니라 달이나 해류와 같은 지위에 있다. 반 프라센이 말한 관찰가능성 개념의 타당성(validity)을 부정하지 않으면서도, 나는 우리가 역사적 우연과 과학적 진보를 설명해주는 또 다른 관찰가능성의 개념도 유익하게 받아들일 수 있다고 믿는다.

내가 제안하는 관찰가능성의 새로운 개념은 **"관찰가능성은 성취물이다**(observability is an achievement)"라는 문구로 요약할 수 있다. 이와 관련해 우리가 해야 하는 것은 '인간'의 추상적 범주에 따른 관찰 가능한 것과 관찰 불가능한 것의 구분이 아니라 우리가 잘 관찰할 수 있는 것과 잘 관찰할 수 없는 것의 구분이다. 경험주의에 충실한 기본 태도에서는 관찰 관념의 핵심에 인간 감각을 두겠지만, 대부분의 과학적 관찰이 우리가 감각하는 것에서 추론을 끌어내는 데에 존재함을 어렵지 않게 인정할 수 있다(감각 자체에 영향을 줄 만한 배경 전제들을 일단 제쳐놓더라도).[59] 하지만 우리는 감각을 통해 얻은 추론을 모두 다 "관찰"의 결과물이라고는 말하지 않는다. 추론이라면 당연히 합리적으로 믿을 수 있거나 또는 신뢰할 만한 과정을 거쳐 만들어져야 한다. (그러므로 관찰가능성을 이렇게 정의하면 신뢰성(reliability)이라는 개념과 얽힌다. 흔히 신뢰성은 올바른 결과를 내는 성향(aptness)으로 인식되지만 내가 말하는 관찰가능성의 개념은 여러 가지의 신뢰성 개념과 조응할 수 있다.) 모든 관찰은 감각에 바탕을 두는 것이 틀림없지만, 가장 중요한 점은 우리가 감각에서 무엇을 안전하게 추론할 수 있는가 하는 것이지, 관찰 내용이 얼마나 순수하게, 또 얼마나 직접적으로 감각에서 나오는가 하는 것은 아니다. 간단히 말하면, 나는 관찰을 **감각에서 나오는 신뢰할 만한 결정**(reliable determination from sensation)이라고 정의하고자 한다. 이런 정의에서는 그때의 추론이 얼마나 신뢰할 만한 것이어야 하는가에 관한 물음은 일단 임의의 판단에 맡겨지지만, 거기에 선을 명확히 긋는 것이 그리 중요한 문제는 아니다. 더 중요한 것은 비교에 의한 판단(comparative judgment)이며, 그럴 때에 우리는 관찰가능성의 향상을 인식할 수 있다.

"관찰"과 "관찰가능성"을 이렇게 사유하다 보면, 르뇨의 성취를 새롭게 바라볼 수 있는 시각이 생긴다. 온도 측정 분야에서 르뇨가 기여한 바는 온도의 관찰가능성을 정량적으로 향상시켰다는 점이며, 이론에 의거하지 않으면서 그런 일을 해냈다는 점이다. 내가 조금 전에 언급한 관찰가능성의 철학적 논의에서, 매우 일반적인 흐름(move)은 관찰과 관련한 추론의 타당성이 과학적 이론에 의해 인정받을 수 있다는 것이다. 뒤에 나오는 「뒤엠 식 전체론에 반대하는 최소주의」와 「르뇨, 그리고 라플라스 이후의 경험주의」에서 자세히 논하겠지만, 몇 가지 이유 때문에 르뇨는 온도 표준의 타당성 확인(validation)을 위해서 더 엄격한 경험주의 전략을 선택했다. 열의 정량적 이론들이 이미 확립된 수치 온도계의 온도 기록을 통해 입증되어야 했기에, 그는 무엇보다도 그런 이론들에 의거하는 일을 피하고자 했다. 온도의 수치적 개념을 관찰 가능한 것으로 확립하는 과정에서, 그는 그렇게 추정되는 어떠한 정량적 관찰도 사용할 수는 없었다. 그렇다면 어떻게 수치 온도계의 관찰가능성을 확립해 나갈 수 있었을까?

제1장의 「표준의 반복적 개선」에서 논했던 온도 표준의 전반적 진화 과정을 짧게 되돌아보자. 우리가 외부 도움을 받지 않은 채 감각에만 의지한

다면("1단계" 표준), 온도는 매우 조야하고 제한된 감각에서만 관찰 가능한 속성을 지닌다. 온도경의 발명("2단계" 표준)은 다른 종류의 온도를 관찰 가능한 속성으로 만들어냈다. 수치 온도계("3단계" 표준)는 관찰 가능한 또 다른 종류의 온도 개념을 확립했다. "온도"라는 하나의 말은 그 개념을 이루는 별개의 여러 층들이 존재한다는 사실을 가리곤 한다. 이제 일부 사람들은 수치 온도계가 실제로 확립되기도 전에 이론적으로 제시된 온도의 개념을 정량적 수치로 받아들였다. 하지만 그때에도 온도, 즉 3단계의 수치적 온도는 관찰할 수 없는 속성으로 존재했다. 그것이 관찰 가능하게 된 것은 나중이었다. 관찰가능성은 이분법으로 나눌 수 있는 것도 아니며 완전하게 연속적인 것도 아니다. 그것은 진보하며, 여러 방식으로 계속 향상하며, 또한 서로 별개의 표준들이 연속 확립되는 서로 다른 단계에 놓여 있다.

르뇨의 공기 온도계는 당시에 최상의 3단계 온도 표준이었다. 다음 두 절에서 더 논하겠지만, 그 온도 표준의 신뢰성을 확립하기 위해서(다시 말해, 수치 온도 개념의 관찰가능성을 확립하기 위해서), 르뇨는 신뢰성을 평가하는 이론 이외의(non-theoretical) 잣대로 비교동등성을 사용했다. 그러나 그에게는 관찰가능성이 이미 잘 확립된, (온도경에 기반을 둔) 서열 온도(ordinal temperature) 같은 다른 개념도 또한 필요했다. 이런 상황은 르뇨의 실험 장비가 실제로 어떤 구조였으며 어떻게 사용됐는지 세밀하게 살펴보면 더 명확해진다. 그의 공기 온도계는 부피가 일정한 종류였기에, 그것으로 할 수 있는 일은 압력을 통해 온도를 규명하는 것이었다. 그런 장비에는 적어도 온도에 따라 공기 압력이 천천히 변한다는 질적 보장이 있어야 하는데, 이는 2단계 장비를 써서 입증할 수 있다. 그러나 수치 압력도 수치 온도만큼이나 지각하기 어렵고 수치 온도 못지않게 이론적 지지를 받지 못하고 있

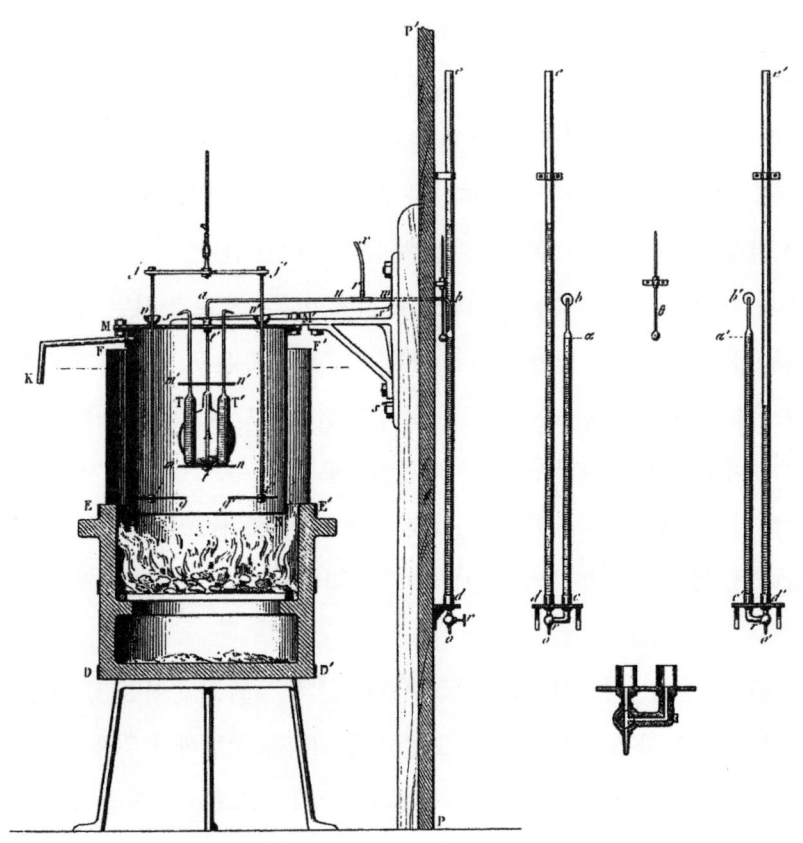

[그림 2.2] 르뇨의 일정한 부피의 공기 온도계. Regnault 1847, 168-171, figs 13과 14에서 가져온 그림. Courtesy of the British Library

는데, 정말 압력값을 통해서 온도를 확실히 결정할 수는 있을까? 다행히 수치 기압계와 압력계는 당시에 이미 충분한 정도까지 확립돼 있었다는 역사적 사실 덕분에 가능한 일이었다. 그러므로 르뇨에게 압력은 수치적 양으로 관찰 가능한 것이었다.[60]

르뇨의 공기 온도계에는 또 다른 중요한 도움이 있었는데, 그것은 사실 수치적 수은 온도계였다. 이는 난해한 부분이기에 주의 깊게 살펴봐야 한다. 르뇨는 공기 온도계의 몸통([그림 2.2]에서 커다란 플라스크 A)을 압력계(a 지점과 오른쪽 그림의 수은 높이 a'의 사이)에 연결하는 관 내부의 공기 온도를 측정하는 데에 수치적 수은 온도계를 사용했다.[61] 이는 관 안의 공기가 가열장치 안의 커다란 플라스크 내부 공기와 같은 온도로 유지될 수는 없었기에 필요한 일이었는데, 또한 실제적인 이유로도 그 관에 어떤 종류의 공기 온도계도 쓸 수 없었기 때문이었다. 그런데 수은 온도계가 여전히 적합성 검증을 받지 못한 상황에서(게다가 르뇨 자신도 불신하고 있었던 터에) 어떻게 그것을 사용하는 것이 가능했을까? 어쩌면 르뇨조차도 원칙에서 벗어나 지름길을 찾는 데에서 완전히 자유롭지는 않았던 것처럼 보인다. 하지만 이 실험의 목적에서 수은 온도계의 사용은 몇 가지 서로 다른 이유에서 매우 적합한 것이었다.

무엇보다 첫째, 그런 가는 관에 담긴 공기의 양은 매우 적었으며, 그래서 그 온도를 측정하는 과정의 작은 오차에서 차이가 생기더라도 매우 작을 것이었다. 이는 다른 온도계를 참고해 따져보지 않더라도 우리가 얻을 수 있는 판단이다. 둘째로, 수은 온도계가 전반적으로 비교동등성을 결여한 것으로 입증되었다 해도 그 비교동등성의 실패가 낮은 온도에서는 덜 심각했다([표 2.4]의 데이터를 보라). 이는 뜨거운 공기가 연결관에서 아주 약간 냉각하리라 예상할 수 있기에 유용하다. 셋째, 앞선 시기에 이루어진 수은 온도계와 공기 온도계의 비교 실험에서는 둘이 섭씨 0도와 100도 사이에서는 거의 완벽하게 조응한 것으로 나타났으며 온도가 섭씨 100도를 크게 넘지 않을 때에도 매우 훌륭하게 조응한 것으로 나타난 바 있다. 그러므로 온도의 일상 범위에서 수은 온도계의 신뢰성은 공기 온도계 자체의 신뢰성과 더불어 유지되거나 무너지는 것이며, 수은 온도계를 쓴다고 해서 불확실성이 추가로 생겨나는 것은 아니다. 마지막으로, 궁극적으로 앞의 모든 논점들을 압도하는 논점이 하나 더 있다. 결국에 르뇨는 자기 온도계의 설계를 세세하게 정당화하지도 않았으며 할 필요도 없었다. 검증은 최종의 온도 기록에서 비교동등성을 따져봄으로써 이루어졌으며, 정확히 그 기록들이 얻어진 과정을 정당화함으로써 이루어지지는 않았다. 결과적으로, 르뇨의 공기 온도계에서 수은 온도계의 사용은 발견에 도움이 되었을 뿐이며 공기 온도계를 써서 수치 온도를 관찰 가능한 속성으로 확립하려는 연구에 방해가 되지는 않았다.

비교동등성, 그리고 단일값의 존재론적 원리

관찰과 관찰가능성에 대한 우리의 인식을 다듬었으니, 이제 우리는 수치 온도를 관찰 가능하게 만드는 길에 버티고 서 있던 가장 큰 난제, 즉 '규준적 측정 문제'를 르뇨가 어떻게 해결했는지 살펴볼 준비를 갖췄다. 앞에서도 이야기했듯이 그 해법은 비교동등성이라는 판단 잣대인데, 이제는 그 해법의 성격을 더 깊이 이해하는 길에 나서고자 한다. 이 장의 역사 부분의 「규준적 측정 문제」에서 제시된 문제의 정식(formulation)을 떠올려보자. 우리는 어느 측정 기법의 기초가 되는 이론적 전제를 갖고 있는데, 그것은 측정하려는 양 X를 직접 관찰할 수 있는 또 다른 양 Y의 함수로 표현하는 법칙의 형태를 지닌다. 즉, $X = f(Y)$이다. 그런데 우리는 그 함수의 형태를 정당화하는 과정에서 순환의 문제에 빠진다. 함수 f는 X 값을 알지 못하면 결정할 수 없는데, X는 f를 알지 못하고서 결정할 수 없다. 온도 측정용 유체의 문제에서 알지 못하는 양 X는 온도이며, 직접 관찰할 수 있는 양 Y는 온도 측정용 유체의 부피이다.

온도경("2단계" 표준)을 채용할 때에, X와 Y 사이에 알려지거나 가정된 유일한 관계는 그 둘이 동일한 방향으로 변화한다는, 다른 말로 함수 f는 단조함수라는(monotonic) 것이었다. 수치 온도계("3단계" 표준)를 개발하려는 도전 과제는 부분적으로는 적합한 고정점들을 찾아냄으로써 해결되었지만, 고정점들은 따로 떨어져 있는 온도점의 X 값을 수치로 고정해주었을 뿐이었다. 고정점만이 전체 범위의 값에서 Y를 통해 X를 도출할 수 있으려면, f의 형태가 무엇인지 찾아내는 과제는 여전히 남아 있었다. 수치 온도계를 만드는 통상의 실행 방식은 고정점들 사이 구간을 균등하게 나누는 식으로 척도를 만드는 일이었는데, 이는 결국에 f가 선형함수라고 추정하는 것과 같았다. 각각의 온도 측정용 유체들은 f가 그 물질에 대한 선형함수라는 가설을 저마다 구현해 보여주었다. (또한 온도계에 눈금 매기는 다른 방법들에는 또 다르게 상응하는 가설들이 있었을 것이다.) 규준적 측정 문제는 이런 가설들을 시험하는 데에 충분히 사용할 만한 정교한 표준을 찾는 일의 어려움 때문에 생겨난다.

르노가 성공할 수 있었던 것은 무엇보다도 그가 다른 어느 앞사람들보다 더 명료하게 이런 인식적 상황의 엄혹함, 즉 2단계 표준은 3단계 표준의 선정 문제를 해결해주지 않을 것이며 다른 어떤 신뢰할 만한 표준도 사용할 수 없었음을 잘 알고 있었기 때문이었다. 이론의 도움을 기대하는 것도 헛된 일이었다. 2단계 표준에 의해 증명된 이론들은 정량적인 정밀함을 제공해주지 못했기 때문에 쓸모가 없었다. 3단계 표준에 의해 증명되어야 하는 이론들을 사용하려고 시도했다가는 순환의 문제에 빠질 것이 뻔했다. 결론은 제안된 3단계 표준 하나하나를 그 각자의 우수함으로 판단해야 한다는 것이었다. 비교동등성은 르노가 판단의 잣대로 선택한 인식적 덕목(virtue)이었다.

그러나 정확하게 말해서 비교동등성이 왜 덕목이 되는가? 비교동등성이라는 필수 요건은 결국에 자기 정합성(self-consistency)을 요구하는 데로 나아간다. 그것은 논리적 정합성의 문제라기보다는 우리가 말하는 물리적 정합성의 문제이다. 이런 요구의 바탕에는 내가 다른 곳에서 이름 붙인 **단일값의 원리**(principle of single value, 또는 단일가치 부여(single-valuedness)), 즉 실제의 물리적 속성은 어느 주어진 상황에서 단 하나의 값만을 지닌다는 원리가 놓여 있다.[62] 「규준적 측정 문제」에서 이야기했듯이, 온도 측정용 유체 논란에 관여한 과학자 대부분은 온도에 관해서는 실재론자였다. 그들은 온도가 실재하는 물리적인 양의 일종이라고 믿고 있었다는 의미에서 그랬다. 따라서 그들은 르뇨가 단일값의 원리를 온도에 적용한 데 대해 전혀 반대하지 않았다.

이런 상황이 실제로는 어떻게 작용했을지는 쉽게 생각할 수 있지만, 여전히 철학적인 물음 하나가 남는다. 단일값의 원리는 어떤 종류의 기준인가? 그리고 무엇이 우리로 하여금 그 원리에 동의하게 만드는가? 그것이 모순 없는 논리적 원리인 것은 아니다. 일정량의 기체가 동시에 섭씨 15도이며 35도인 균일한 온도를 지닌다고 말하면 난센스가 되겠지만, 그런 난센스에도 여전히 그 온도가 섭씨 15도이며 또한 15도가 아니라고 말하는 식의 논리적 모순은 없다. 어떤 물체의 온도가 동시에 두 값을 지닌다는 것은 논리 때문이 아니라 온도의 물리적 속성 때문에 불합리한 것이다. 이런 상황을 어느 조건에서 여러 값을 지니면서도 불합리가 되지 않는 어떤 비물리적인 속성과 대비해보자. 예컨대 한 사람은 두 가지 이름을 가질 수 있고 순수하게 수학적인 함수는 여러 값을 취할 수 있다. 우리는 두 지점에 동시에 존재할 수 있는 환상의 물체를 상상할 수 있지만, 그것이 실제의 물리적 대상이 될 때에는 심지어 양자역학이라 해도 여러 위치에서 한

입자의 검출은 0이 아닌 확률로 나타난다는 정도까지만 말할 수 있을 뿐이다. 물리적인 문제에 대한 수학적인 해에서 우리는 종종 복수의 값을 얻지만(가장 단순한 예로, 방정식 $x^2=1$에 의해 주어지는 값이 물리적인 양임을 생각해보라), 특정한 물리적 환경을 고려해서 하나의 해만을 선택한다(만일 앞의 예에서 x가 예컨대 고전적인 입자의 운동에너지라면, 후보 값에서 −1을 쉽게 제외할 수 있다). 줄여 말하면, 우리가 단일값의 원리에 충실하도록 만드는 것은 논리가 아니라 물리 세계에 대한 우리의 기본 인식이다.

다른 한편으로는, 단일값의 원리가 경험적인 가설이 아니라는 점도 명백하다. 만일 어떤 사람이 단일값의 원리를 뒷받침하기 위해서 측정 장비를 사용해 자신이 늘 어떤 시각에 특정한 양의 단일값을 얻는다는 것을 입증하려 한다면, 우리는 그것을 시간 낭비라고 생각할 것이다. 게다가 만일 어떤 사람이 그 원리를 반박하기 위해서 여러 값을 지닌다고 주장하는 관찰 결과를 제시한다면(예를 들어, 지금 이 컵의 물이 지닌 균일한 온도는 섭씨 5도이며 10도이다), 우리는 어이없다는 반응을 보일 것이다. 우리는 이런 식의 관찰에 대해 "틀렸다고 말하기조차 아깝다(not even wrong)"라고 말할 것이며, 그 사람에게 그의 말은 의미가 없다고 설득하는 형이상학적 대화에 끼어들고 싶은 욕구를 느낄 것이다. 관찰 보고서가 단일값의 원리를 어긴다면 그것은 이해할 수 없는 것으로 여겨져 기각될 것이다. 그러나 더 자주 있는 일은 무엇보다도 그런 경험의 불합리한 설명이나 해석이 우리에게 일어나지 않는다는 것이다.

단일값의 원리는 논리로도 경험으로도 정당화되지 않는, 내가 이름 붙인 **존재론적 원리**(ontological principles)의 으뜸 사례에 해당한다(Chang 2001a, 11-17). 존재론적 원리는 특정 인식적 학계에서 일반적으로 실재의 본질적 특성으로 여겨지는데, 실재를 설명하는 모든 과정에서 이해가능성(intelligibility)

의 토대가 되는 그런 전제들이다. 존재론적 원리를 부정할 때 사람들이 놀라는 것은 그것이 오류이기 때문이 아니라 난센스이기 때문이다. 그러나 존재론적 원리는 논리적으로 증명될 수 없고 경험적으로 검증될 수도 없다면, 어떻게 우리는 그 원리의 올바름을 확립할 수 있다는 말인가? 그 타당성(validity)의 근거는 무엇인가? 존재론적 원리는 푸앵카레가 말한 규약(conventions)과도 비슷하지만, 나는 푸앵카레가 규약으로 분류한 모든 것을 존재론적 원리의 범주에 넣는 데에는 주저한다. 아마도 가장 가까운 것은 칸트의 선험적 종합(synthetic a priori)일 것이다. 존재론적 원리가 늘 타당한 이유는 우리가 그것을 침해하는 것이면 무엇이건 실재의 요소로 받아들일 수 없기 때문이다. 그렇지만 존재론적 원리와 칸트의 선험적 종합 사이에는 두드러진 차이가 하나 있는데, 나는 우리가 견지하는 존재론적 원리의 올바름에 관하여 절대적이고 보편적이며 영원한 확실성을 주장할 수 있다고는 믿지 않는다는 것이 다른 점이다. 우리의 존재론적 원리는 틀릴 수도 있다.

앞에서 마지막으로 인정한 점으로 인해 중대한 도전이 하나 생겨난다. 즉, 우리의 존재론적 원리에 불확실성이 있다면 그것을 어떻게 극복할 수 있는가? 개인 또는 인식적 학계는 어떤 그릇된 존재론적 신념에 너무 빠져들면 그 신념을 위반하는 어떤 이론이나 실험 결과에 맞서는 편견을 지니게 될 것이다. 잘 알려졌다시피 존재론적 논쟁에서는 합의가 거의 이루어지지 않는 상황인데, 존재론적 원리의 사용이 상대론의 늪으로 퇴행해 결국에 개인이나 인식적 학계가 저마다 자기 변덕과 사변적인 존재론 "원리"를 좇아서 제안된 지식 체계를 멋대로 판단하는 것을 막을 수는 있을까? 어떤 자명한 판단 잣대 없이 그런 불일치를 해소하는 것이 가능하기는 할까? 짧게 말하면, 우리가 존재론의 객관적 확실성에 가까이 있는 어떤 것에 도달한다는 보장도 없으니, 아예 그것을 완전히 포기하는 것이 더 낫지 않겠는가?

아마 그럴지도 모른다. 다만 동일한 관점으로 볼 때 관찰을 하고 관찰에 토대를 두어 이론을 검증하는 경험주의적 활동도 또한 포기해야 한다면 말이다. 앞에서 제1장의 「표준의 타당성 확인」에서 강조했듯이, 우리 감각기관은 자신이 받은 인상과 다른 무엇에 대해서는 우리에게 확실성을 주지 않는다는 것이 지난 수 세기 동안 철학의 상식이 되어왔다. 인간의 감각기관이 세계의 특징을 정말 있는 그대로 기입하는(register) 특출한 재능을 지니고 있다는 보장은 없다. 심지어 우리가 강건한 의미의 객관성을 얻기를 포기하고 그저 상호주관성(intersubjectivity)에 목표를 둔다 해도, 거기에는 여전히 심각한 문제들이 존재한다. 서로 다른 관찰자가 행한 관찰은 서로 다르며, 누구의 관찰이 옳은지 판단하는 자명하고도 오류 없는 방법은 존재하지 않는다. 그리고 같은 증거라도 서로 다른 방식으로 이론들과 연관되어 해석될 수 있다. 그런데도 우리는 우리 지식 체계의 다른 부분을 판단할 때 주요한 판단 잣대로서 관찰에 의지하는 실천(practice)을 포기하지는 않는다. 오히려 우리는 최선을 다하여 우리의 관찰을 향상하고자 한다. 마찬가지로 나는 우리가 존재론적 원리를 자세히 찾아내어 지식 체계 평가에 사용하는 실천을 포기하지 말고 그 원리를 향상하기 위해서 최선을 다해야 한다고 믿는다. 오류가능적 경험주의(fallibilist empiricism)가 자유로이 떠도는 것이 허용된다면, 존재론이 오류가능성을 고백한다고 해서 존재론을 금한다면, 정의롭지 못할 것이다.

그리하여 우리는 다소 예기치 못했던 결과에 도달했다. 우리가 르뇨의 연구를 자세히 살펴볼 때, 애초에 가장 순수하고 가능성 있는 경험주의의 한 부분처럼 여겨진 것은 이제 존재론적 원리에 결정적으로 바탕을 두고 있음이 드러난다. 르뇨라면 이에 대해 어떻게 말했을지 나는 확신할 수 없다. 그렇지만 검증할 수 없는 존재론적 원리를 따르고 싶은 욕구와 검증할 수 있지만 검증되지 않은 경험적 가설에 의지하는 안주 사이의 차이는 주목해야 한다. 전자는 엄격한 경험주의의 근본적 한계점을 보여 준다. 후자는 특정한 환경에서 실용적 편의를 위한 경우를 빼고는 정당성을 지니지 못한다. 존재론적 원리를 고수한다면 분명한 목표, 즉 이해가능성(intelligibility)과 이해(understanding)라는 목표가 충족될 수 있다. 비교동등성은 엄격하게 말해 실용적인 이유에서 요구되었다고 생각할 수도 있을 것이다. 그렇지만 나는 우리가 종종 정합성(consistency) 그 자체를 위해, 좀 더 정확하게 말하면 이해가능성을 위해, 정합성을 원한다고 믿는다. 섭씨 300도 부근의 온도 기록에서 1도도 안 될 정도로 작게 (또는 몇 도 정도로) 차이가 난다고 해서 르뇨가 살던 시대에 어딘가에 응용할 때 상당한 정도로 실제로 차이가 나타났을까 하는 의문도 든다. 수은 온도계는 르뇨의 정밀한 표준으로 판단할 때 비교동등성이 결여되어 있었지만, 실용적인 목적으로 보면 사용될 수 있었을 것이고 실제로 사용되었다. 비교동등성에서는 작은 차이도 온도 측정용 유체를 선택할 때에는 결정적인 고려 사항이라고 주장하게 르뇨를 떠밀었던 것은 실용성이 아니라 형이상학(또는 미학(esthetics))이었다.

뒤엠 식 전체론에 반대하는 최소주의

르뇨에 대한 또 다른 평가는, 그의 업적을 "전체론(hollism)"의 문제에 대한 해법으로 바라보는 것이다. 전체론의 문제는 프랑스 물리학자이자 철학자인 피에르 뒤엠(Pierre Duhem)의 연구에서 가장 일반적으로 찾아볼 수 있는데, 뒤엠은 전체론 문제를 다음과 같이 요약했다. "물리학에서 하나의 실험은 동떨어진 가설 하나를 반박할 뿐만 아니라 이론 그룹 전체를 반박할 수 있다"([1906] 1962, sec. 2.6.2, 183). 이런 엄청난 문제는 일반적인 것이지만 여기에서 나는 온도 측정이라는 특정한 맥락에서 이 문제를 다루고자 한다. 르뇨의 연구에 대한 분석을 뒤엠 식의 전체론 문제에 대한 해법으로 제시하기 전에, 먼저 가설 검증과 관련해 일반적으로 고려해야 할 점을 살펴봐야 하겠다. 가설은 가설의 관찰 예측과 실제 관찰의 결과를 비교함으로써 검증된다는 표준적인 경험주의적 인식을 생각해보자. 이는 본질적으로는 이론 검증에서 "가설-연역(hypothetico-deductive)"의 관점을 보여주는 기본 관념이지만, 나는 이런 관념을 약간 다른 방식으로 규정하고자 한다. 앞에서 언급한 과정에 나타나는 일은 어떤 양을 두 가지 방식, 즉 가설을 통한 연역과 관찰의 방식으로 결정하는 것이다.

이론 검증에 관한 표준적인 인식을 이렇게 다시 개념화한다면 우리는 그것을 더 넓은 범주에 드는 한 가지 유형으로 바라볼 수 있다. 나는 그것을 "중첩결정 시도(attempted overdetermination)" 또는 그냥 "중첩결정"이라고 부를 텐데, 그것은 가설 검증의 방법으로서, 어떤 전제들의 집합(set of assumptions)에 바탕을 두고서 하나의 양을 여러 차례에 걸쳐 결정하는 것을 말한다. 만일 여러 개의 결정값이 서로 일치한다면, 그것은 사용된 전제 집합의 올바름 또는 유용함을 옹호하는 것이 된다. 만일 불일치가 나타난다면 그것은 전제 집합을 반박하는 것이 된다. 중첩결정은 물리적 정합성에 대한 검증이며, (앞 절에서 논한 대로) 실재하는 물리적인 양은 어느 주어진 상황에서 하나 이상의 값을 가질 수 없다는 '단일값의 원리'에 바탕을 두고 있다. 중첩결정이 이론적 결정값과 경험적 결정값의 비교일 필요는 없다. 그것은 두 가지(또는 그 이상)의 이론적 결정값 또는 두 가지의 관찰 결정값 간의 비교일 수도 있다. 중요한 점은 어떤 양이 우리가 "경험적"이라고 부를 만한 어떤 검증에서건 한 차례 이상 결정된다는 것이며, 그중에서 적어도 하나의 결정값은 관찰에 기반을 두어야 한다는 것이다.[63]

이제 중첩결정에 의한 검증의 개념이 온도계의 검증에 어떻게 적용되는지 살펴보자. 온도의 실재적 척도를 찾아가는 길에는, 관찰할 수 없는 기본 가설이 하나 놓여 있었다. 다음과 같은 형식이었다. '온도라 불리는 객관적으로 존재하는 속성이 있다. 그리고 그 값은 온도계 X(또는 온도계 형태의 X)에 의해 정확하게 나타난다.' 좀 더 꼬집어 말하면, 어떤 일반적인 상황에서 주어진 온도 측정용 액체가 온도에 따라 균일하게(즉, 선형적으로) 팽창한다는 식의 비관찰적 가설이 존재했다는 것이다.

드 뤽의 혼합법은 중첩결정에 의한 검증으로서 다음과 같이 이해할 수 있다. 즉, 먼저 계산값으로 혼합물의 온도를 결정하라, 그런 다음에 검증 대상인 온도계로 혼합물을 측정해 온도를 결정하라. 두 결과는 동일한가? '정령'이나 다른 액체의 온도계에서는 명백하게 그렇지 않았고, 수은 온도계에서는 사정이 훨씬 나았다. 이는 중첩결정 시도가 '정령' 온도계가 올바르다고 보는 가설 집합에서는 분명하게 실패했음을 보여주며, 대신에 수은 온도계가 올바르다고 보는 다른 가설 집합에서는 그런 실패가 그리 심각하지 않음을 보여준다. 그것은 훌륭한 결과였다. 그러나 드 뤽의 검증은 전체론의 문제로 보면 심각하게 허약한 것이었다. 왜냐하면 그는 자신이 검증하려는 주된 가설에 더해 다른 비관찰적 가설들도 사용할 수밖에 없었기 때문이었다. 계산에 의한 최종 온도의 결정은 '열의 보존'과 '비열의 불변성'이라는 적어도 두 가지의 비관찰적 가설에 의거하지 않고서는 이루어질 수 없었다. 그러니 누구라도 '정령' 온도계를 지키고자 하는 사람이라면 그런 보조 전제들 중 하나로 "반증의 방향을 바꿀" 수도 있었을 것이다. 내가 알기로는 어느 누구도 그런 식으로 '정령' 온도계를 변호하지는 않았지만, 이 장의 역사 부분의 「혼합법에 배치되는 칼로릭 이론」에서 논했듯이 수은을 옹호하는 드 뤽의 적극적 논증에 맞서서 그가 사용한 보조 가설들을 거론한 사람들은 있었다. 돌턴이 그런 사람 중 한 명이었는데, 그는 드 뤽이 수은의 사례에서 이룬 성공적인 중첩결정이 겉만 번드레한 우연이라고 주장했다. 물의 비열은 불변이 아니었으며 수은은 선형적으로 팽창하지 않았는데, 돌턴에 의하면 이런 두 가지 오류는 서로 그 효과를 상쇄시킬 만한 것들이었다.

르뇨는 어떨까? 온도 측정에 관한 르뇨 연구의 아름다움은 그가 열과 온도에 관해 의미 있는 추가된 어떤 가설에도 의지하지 않은 채 중첩결정의 실험을 어렵게 해냈다는 사실에 있다. 르뇨는 중첩결정을 뒷받침할 만한 것이 기본 가설 자체에 충분히 있음을 알고 있었다. 온도는 같은 유형의 서로 다른 온도계들로 측정함으로써 중첩결정이 될 수 있었다. 그렇게 중첩결정이 된 값들은 없어도 될 어떤 불확실한 전제들에 관련될 필요가 없었다. 르뇨의 연구는 내가 이름 붙인 "최소주의적 중첩결정(minimalist overdetermination)"(또는 줄여서 "최소주의")이라는 전략의 예를 잘 보여준다. 최소주의의 핵심은 관련이 없는(또는 보조적인) 비관찰적 가설을 될수록 모두 다 없애는 것이다. 그것은 비관찰적 가설 일반을 다 없애자는 실증주의적 열망과는 다르다. 오히려 최소주의는 명료하게 검증할 수 있는 비관찰적 가설들만의 탄탄한 체계를 세우거나 따로 골라내자는 실재론의 전략이다. 최소주의 실천의 기술은 될수록 작은 토대 위에서 중첩결정의 상황을 계획하는 능력에 있다. 그것은 르뇨가 체계적으로 아주 훌륭하게 해낸 일이다.

최소주의는 검증의 결과물이 긍정적이냐 부정적이냐에 상관없이 전체론의 문제를 좋은 방향으로 개선할 수 있다. 일반적으로 말해, 중첩결정이 실패할 때에 탓할 수 있는 다른 전제들이 더 적다면 중첩결정의 실패는 검증 대상으로 삼은 가설에 더욱 강력한 고발장이 될 수 있다. 여러 보조 가설들이 반증의 논리에 끼어든다면, 그중 어떤 것이 다른 것보다 더 믿을 만한지 고민하기보다는 그것들을 다 없애는 것이 해결책이 될 수 있다. 르뇨는 이런 일을 멋지게 해냈다. 르뇨의 실험에서 중첩결정의 실패가 나타났을 때 비난은 곧바로 검증 대상인 온도계에 맞춰질 수 있었다. 이런 결과를 피하는 데에는 두 가지 선택지만이 있었다. 하나는 단일값 온도계의 개념을 완전히 포기하는 것이고, 다른 하나는 실험자가 단순 측정 기기를 정확히 읽을 능력이 있는지 의문을 던지는 것 같은 이례적인 회의론의 태도를 취하는 것이다. 누구도 이런 두 가지 중 어느 것도 추구하지는 않았고, 그래서 수은 온도계에 대한 르뇨의 비난은 아무런 도전도 받지 않은 채 버틸 수 있었다.

또한 관련 가설들이 더 적다면, 성공적인 중첩결정에 더욱 큰 힘이 실릴 수 있다. 성공적인 중첩결정은 우연한 일치의 산물이며 오류들은 체계적으로 서로 상쇄됐을 뿐이라는 주장은 언제든 나올 수 있다. 앞에서 이야기했듯이 돌턴이 드 뤽을 비판했던 방식이 그렇다. 반면에 르뇨의 실험은 논리 구조에서 너무 엄격해 그런 식의 비판을 들을 여지조차 남겨두지 않았다. 일반적으로 말하면 관련 전제들이 많아질수록 중첩결정의 성공을 설명해야 하는 일도 더 많아질 수 있다. 최소주의는 이런 문제에 맞서는 확실한 방법이 된다.

이런 이야기에는 논란의 여지가 없어 보이지만, 최소주의는 사실 규약적 지혜(conventional wisdom)를 거스른다. 최소주의는 순환에서 가치(virtue)를 발견하기 때문이다. 여기에서 규약적 지혜라 부르는 것은 사실 뒤엠의 논중에서 비롯하는 것이다. 뒤엠은 관찰의 이론 의존성과 관련해 실험실 장비들은 일반적으로 물리학의 원리에 바탕을 두어 설계되었기 때문에 생리학자보다는 물리학자가 우려할 것이 더 많다고 주장했다. 그래서 생리학자는 물리학에 대한 믿음을 바탕으로 나아갈 수 있지만 물리학자는 물리학의 가설에 바탕을 두고서 물리학의 가설을 검증해야 하는 고약한 순환에 사로잡히게 된다는 것이었다.[64] 그런 순환을 깨치고 나오려는 욕구는 널리 존재한다. 그런데 이와 반대로 최소주의는 그런 순환을 더 강화하라고 권고한다.

검증 결과가 부정적인 경우에, 르뇨의 성공적 최소주의가 주는 교훈은 매우 명확하다. 즉, 어떤 이론에 의거한 관찰을 통해 그 이론을 검증한다면 결국에는 그 이론을 공허하게 확증하게 될 뿐이라는 막연한 두려움을 떨쳐버려야 한다. 그런 순환적 검증으로 얻는 외견상의 입증이 가치 있는지 아닌지는 더 따져야 하는 열린 물음이다. 확실한 것은 특정 이론을 따라 이루어진 관찰이라고 해서 언제나 그 이론이 타당성을 보장하지는 않는다는 점이다. 이는 적어도 1960년에 아돌프 그륀바움(Adolf Grünbaum 1960, 75, 82)이 지적한 논점이었다. "설명항에 홀로 떨어져 등장하는 경험적 가설 H의 반증가능성은 불가피하게 결론에 이르기 어렵다는 뒤엠의 테제"를 반박하는 논증의 맥락에서, 그륀바움은 물리적 기하학의 경우를 논하며 다음과 같이 지적했다. "[측정 막대의 왜곡을 바로잡는] 보정값을 계산하는 데 물리 법칙 P_0가 쓰이고 그 물리 법칙에 유클리드 기하학 G_0의 기본이 담겼다고 해서, 그렇게 보정된 측정 막대로 얻은 기하학도 유클리드적일 것이라고는 결코 보장할 수 없다." 비슷한 논지는 좀 더 최근에 앨런 프랭클린 등(Allan Franklin et al. 1989)과 해럴드 브라운(Harold Brown 1993) 같은 다른 이들도 제기한 바 있다. 그러므로 칼 포퍼(Karl Popper)가 "거의 모든 이론에 대해 입증이나 확증을 이루는 일은 쉽다, 우리가 확인을 추구한다면"이라고 단언했지만(1969, 36) 그 말은 조금 부주의했던 것이라고 생각한다. 사실, 입증을 이루는 일이 언제나 그리 쉽지만은 않다. 그리고 어떤 이론이 그 이론에 기초한 관찰로 검증하는 과정에서 반증될 때 그 반증을 회피하기는 대단히 어렵다. 앞에서 논했듯이 이런 경우에 순환은 최소주의의 한 형태가 되며, 그것은 부정적 검증 결과를 더욱 더 확실하게 저주스러운 것으로 만든다. 그러므로 이론-중립적 관찰을 소망해야 할 확실한 이유는 없으며 또한 피터 코소(Peter Kosso 1988, 1989)가 말한, 관찰 장비의 이론과 그 장비의 관찰로 검증될 이론 간의 "독립성(independence)"을 추구해야 할 분명한 이유도 없다.[65]

검증 결과가 긍정적인 경우에도, 독립성이 주는 만족은 허상이다. 뒤엠이 말한, 물리 법칙에 의존하는 생리학자들은 그 물리 법칙이 신뢰할 만할 때에나 만족할 수 있다. 검증 대상인 이론에서 관찰을 분리하는 것은 관련된 관찰 결과를 뒷받침할 다른 좋은 이론이 있을 때에나 좋은 방책이다. 그런 대안의 이론이 없는 경우에 최소주의는 괜찮은 전략이 된다. 우리가 드 뤽의 사례에서 보았듯이 예상하지 못한 우연한 일치의 결과로 입증이 이루어진 것이 아닌가 하는 의심이 든다면 결과에 대한 평가는 절하되기 마련이다. 최소주의는 검증 절차에서 잠재적인 불확실성의 많은 원천을 없앰으로써 그런 식의 의심을 줄여준다.

논의를 마무리하기에 앞서, 내가 르뇨의 최소주의를 특정한 유형의 문제를 푸는 창의적이고 효과적인 해법이라는 점에서 높게 평가하는 것이지 그것이 만병통치약이라고 치켜세우는 것은 아님을 상기시키고자 르뇨의 최소주의에 담긴 몇 가지 한계를 언급해야겠다. 최소주의의 검증을 거치면 확실한 승자가 된다는 보장은 없다. 르뇨에게는 다행히도, 공기 온도계가 비교동등성의 검증에서 살아남은 유일하게 사용 가능한 온도계로 판명되었다. 하지만 우리는 몇 가지 다른 유형의 온도계들이 비교동등성 검증을 다 통과할 만하면서도 여전히 서로 불일치하는 상황도 쉽게 상상할 수 있다. 또한 그런 검증을 아주 충분히 통과하는 온도계는 전혀 없을 수도 있다. 최소주의는 어떤 판정이 나올 때 그 판정을 더 강하게 보증할 수야 있지만, 명료한 판정이 반드시 나오리라는 보장을 해주지는 못한다. 다른 전략과 마찬가지로, 르뇨의 전략은 적절하고 운 좋은 환경에서 적용되었기 때문에 효과를 낼 수 있었다.

르뇨, 그리고 라플라스 이후의 경험주의

르뇨의 경험주의는 라플라스 이후 프랑스 과학에서 지배적이었던 경험주의 흐름의 맥락에서 만들어졌다. 르뇨의 연구를 더 깊게 이해하려면, 그가 처해 있던 상황을 더 자세히 살펴보아야 한다. 라플라스 과학의 지배가 끝나고 바로 뒤이어 당시 프랑스 물리학이 나아간 방향은 과학이 어떻게 야심적 이론화의 실패를 극복할 수 있는지를 보여주는 중요한 사례이다. 라플라스 이후의 국면에서는 먼저 이룩해야 할 두 가지의 주요한 일이 있었다. 하나는 이론에서의 현상론적 분석이며, 다른 하나는 실험에서의 정밀 측정이었다. 이런 선결 과제를 하나씩 자세히 들여다보자.

현상론적 흐름은 적어도 열물리학 분야에서는 라플라스에 대한 직접적인 반작용이었던 것으로 보인다. 좀 더 일반적으로 보면, 이로 인해 관찰 불가능한 실체에 관한 이론화가 한풀 꺾였다. 장 바티스트 조셉 푸리에(Jean Baptiste Joseph Fourier: 1768~1830)의 등장은 여기에서 중요한 전조였다. 로버트 폭스(1974, 120, 110)에 의하면, 푸리에는 피에르 뒬롱(Pierre Dulong: 1785~1838), 알렉시스 테레즈 프티(Alexis Thérèse Petit: 1791~1820), 프랑수아 아라고(François Arago: 1786~1853), 오귀스탱 프레넬(Augustin Fresnel: 1786~1827)을 비롯해 "새로운 세대의 반(反)라플라스 모반자들에게는 선량하고 영향력 있으나 다소 초연한 후견인(patron)"이 되었다. 우주 만물에 적용되는 단 하나의 뉴턴주의 방법이라는 라플라스 과학의 꿈과는 대조적으로, 푸리에 연구의 힘과 매력은 관심사의 초점을 의식적이고 명백하게 줄여나가는 것이었다. 열의 이론은 역학 법칙으로 환원할 수 없는 것만을 다루고자 했다. "무엇이나 역학 이론의 범위가 될 수 있다 해도, 그 역학 이론들은 열의 효과에는 적용되지 않는다. 이것들은 현상의 특정한 질서를 구성하지만 현상 자체는 운동과 평형의 원리에 의해 설명될 수 없다"(Fourier [1822] 1955, 2, 또한 23쪽도 보라).

푸리에는 열의 궁극적이고 형이상학적인 본성(nature)에 관해서는 내내 분명한 의견을 말하지 않았으며, 이론화의 과정에서 "심층(deep)" 원인에는 관심의 초점을 두지 않았다. 그의 분석에서 출발점은 그저 열에는 초기 분포(initial distribution)가 있고, 연구 대상인 물체의 경계부에는 어떤 특정한 온도가 있다는 것이었다. 어떤 메커니즘에 의해 초기 조건과 경계 조건이 생겨나고 유지되는지는 그의 관심사가 아니었다. 그래서 그는 시간의 흐름에 따른 초기 분포 확산의 관찰 결과를 예측할 수 있는 방정식을 만들어냈으며, 그 방정식을 형이상학적으로 정당화하려는 시도는 거의 하지 않았다. 푸리에의 연구에 나타나는 반(反)형이상학적 선입견은 실증주의 철학과는 상당히 잘 어울리는 것이었다. 폭스가 이야기했듯이, 푸리에는 1829년에 오귀스트 콩트(Auguste Comte: 1798~1851)가 했던 실증주의 강연들에 참석한 바 있다. 콩트는 자신의 저서 『실증주의 철학 강의(Course of Positive Philoshopy)』를 푸리에에 헌정할 정도로 푸리에의 연구에 대단히 큰 찬탄을 보여주었다.[66]

푸리에 연구와 실증주의의 친연성은 에른스트 마흐(Ernst Mach)의 회고적인 찬사에서도 강조되었다. "열전도에 관한 푸리에의 이론은 이상적인 물리 이론으로 규정할 수 있을 것이다. (…) 푸리에의 이론 전체는 진정으로 열전도의 사실들에 관한 일관되고, 정량적으로 정확하며, 추상적인 그런 개념 안에 존재하며, 순조롭게 측량되고 체계적으로 배열된 사실들의 목록에 존재한다"(Mach [1900] 1986, 113).

푸리에는 라플라스주의 과학의 황혼기에 등장한 열 이론의 한 부분만을 대표하는 인물이었지만, 미시물리학에 거리를 두는 현상론적인 흐름은 더 큰 부분을 이루었다. 물론 거기에는 결코 한 가지 목소리만이 존재한 것은 아니었다. 현상론에서 또 다른 중요한 인물은 공학연구자이자 군 장교였던 사디 카르노(Sadi Carnot: 1796~1832)였다. 그의 연구에 관한 더 자세한 논의는 제4장「추상적인 것을 향한 윌리엄 톰슨의 움직임」에서 하겠다. 카르노의 『불의 동력에 관한 고찰(Reflections on the Motive Power of Fire)』(1824)은 칼로릭 이론을 잠정 수용해 쓴 것이지만 미시물리학의 추론 방식에서는 벗어나 있었다. 이상적인 열기관에 대한 그의 분석은 기체에 딸린 거시적 매개변수들, 즉 온도, 압력, 부피, 그리고 기체에 담긴 열의 양, 그 사이에 유지되는 관계를 발견하는 것을 추구했을 뿐이었다. 이런 변수들 중 마지막 것을 빼고는 다들 직접 측정할 수 있는 것이었다. 토목기사인 에밀 클라페롱(Émile Clapeyron: 1799~1864)이 1834년에 카르노의 연구를 되살렸을 때, 그리고 심지어 윌리엄 톰슨이 1840년대 말에 카르노-클라페롱 이론을 처음에 받아들였을 때에도, 카르노의 이론은 이런 거시 현상론적 분위기는 여전했다. 물론 톰슨의 후기 연구는 결코 현상론적인 것은 아니었지만.

현상론에 덧붙여 실험의 정밀성은 점점 더 19세기 프랑스 물리학을 지배한 경험주의의 또 다른 주요 과제였다. 그 자체로 실험의 정밀성의 추구는 미시물리학의 이론화에 대한 라플라스주의의 강조가 수그러들면서 더욱 눈에 띄게 두드러졌지만, 그렇더라도 라플라스주의와 아주 잘 병존할 수 있었다. 여러 역사학자에 의하면, 정밀 측정을 향한 추세는 계몽주의 시대에 유래한 "정량화 정신(quantifying spirit)"으로 생겨난 흐름이었으며[67] 라플라스의 전성기 내내 그리고 이후에도 계속 발전했다. 19세기 초 정밀함에 대한 지고의 찬사는, 폭스가 라플라스 물리학에 거스른 대표적 모반자로 지목한 두 사람, 뒬롱과 프티에게 돌아갔다. 뒬롱-프티의 공동연구는 아마도 둘이 1819년에 선언한 논쟁적인 "원자열 법칙(law of atomic heat)"(모든 원소들에서 원자 무게와 비열의 곱은 일정하다는 관찰 결과로, 개개의 모든 원자는 동일한 열용량을 지닌다는 의미로 받아들여졌다)으로 가장 잘 알려져 있을 것이다. 그렇지만 그들에게 국내외에서 논란의 여지가 없는 명예를 안겨준 것은 열적 팽창에 관해, 즉 냉각 법칙과 온도 측정에 관해 더 일찍 발표한 두 편의 공저 논문이었다. 그 논문에 관해서는 역사 부분의 「르뇨: 간소함과 비교동등성」에서 인용한 라메의 말에서 잠깐 엿볼 수 있다.[68]

이런 흐름이 만들어낸 과학의 분위기(style)에서 르뇨는 교육을 받았고, 또 그는 그런 과학의 분위기에 결정적으로 기여했다. 뒤엠(1899, 392)은 르뇨를 실험물리학에서 "진정한 혁명"을 일으킨 인물로 평했다. 에드먼드 바우티(Edmond Bouty)의 평에서는, "적어도 25년 동안 르뇨의 방법론과 권위가 모든 물리학을 지배했으며 모든 연구와 교육에서 피할 수 없는 것이 되었다. 이전까지 도달하지 못했던 수준의 정밀성을 추구하는 정신(scruples)은 젊은 학파의 지배적 관심사가 되었다." 그러나 푸리에, 카르노, 클라페롱, 뒬롱, 프티, 라메 같은 경험주의의 주요한 앞사람들의 연구와 비교할 때 르뇨의 연구에서 무엇이 그리 차별적이고 강력했다는 것일까?

한 가지는 명백하고도 뻔하다. 즉, 르뇨의 혁명은 실험물리학에서의 혁명이었던 것이지 이론물리학에서 그렇지는 않았다. 르뇨가 이론에 기여한 바는 거의 없었고, 이론은 르뇨가 벌이려는 혁명에 도움을 줄 수도 없었다. 그것을 다른 현상론자들의 연구와 대비해보자. 푸리에와 카르노는 경험주의자였지만 사실 경험주의 연구에 그리 많이 기여하지는 않았다. 이는 앞뒤가 맞지 않는 모순이 아니라 말 그대로이다. 관찰 가능한 속성에 관해 이론을 세운다 해서 그런 이론화가 반드시 실제적 관찰 결과를 생산하는 일과 관련이 있는 것은 아니다. 푸리에와 카르노의 이론은 관찰을 직접 향상시킬 만한 일을 하지 않았다. 다시 온도 측정의 예를 들어보자. 푸리에는 열의 역학적인 효과(물질의 열적 팽창을 포함해)를 다루고자 했던 것이기에, 그가 확립한 열 이론의 전통은 온도계의 작동 방식을 규명하는 데 도움이 되지 못했다. 사실, 푸리에는 온도 측정 방법에 관해 상당한 만족을 나타냈다([1822] 1955, 26-27). 카르노의 열기관 이론은 기체의 열적 팽창에 관해 당시에 알려진 관계식을 사용했을 뿐이며, 이런 관계식의 정당화에 어떤 기여도 할 수 없었다. 푸리에와 카르노는 좋게 보아 경험적 데이터의 소비자였는데, 소비자가 할 수 있는 최선은 소비자의 수요로써 생산을 북돋는 일이었다.

푸리에와 카르노의 전통에 있는 현상론자들은 반형이상학의 태도를 보여주었을 뿐이었다. 그러나 르뇨는 반이론적이었다. 다시 말해, 현상론적 이론조차도 르뇨의 회의론의 표적이 되었다. 그의 실험은 법칙성을 흔드는 효과를 이용해서, 널리 알려진 경험 법칙도 면밀한 조사의 대상으로 삼았다. 처음에 르뇨는 뒬롱–프티의 법칙과 관련한 비열 연구를 통해 화학에서 물리학으로 다가갔다.[69] 이 법칙이 (어쨌건 많은 이들이 그러리라고 의심했듯이) 근사적으로만 진리임을 발견한 뒤에, 그는 기체의 거동에 관한 더 신뢰할 수 있는 규칙성을 찾는 데로 관심을 돌렸다. 르뇨가 검증의 정밀함을 높여가면서, 이런 법칙들조차 누덕누덕 기운 근삿값(approximations)인 것으로 모습을 드러냈다. 이미 1842년에 르뇨는 기체에 관한 근본 진리로 여겨졌던 두 가지 법칙을 반박할 만큼 충분한 데이터를 수집해두고 있었다. 그 법칙의 하나는 모든 유형의 기체는 동일한 온도 한계점들 사이에서 동일한 정도로 팽창한다는 것인데, 이는 40년 전에 게이-뤼삭과 돌턴의 실험에서 얻은 결론이었다. 다른 법칙은 어떤 유형의 기체는 그 초기 밀도와 무관하게 동일한 온도 한계점들 사이에서 동일한 정도로 팽창한다는 것인데, 이는 1702년 아몽통의 연구 이래 일반적으로 받아들여져 왔다.[70] 르뇨의 1847년 보고서는 이 법칙들을 반박하는 내용을 좀 더 자세하게 다시 다루었으며, 마리오트(보일)의 법칙이 근사적일 뿐이며 오류를 담고 있는 진리임을 입증하는 결과를 제시했다.[71]

이런 경험을 거치며, 르뇨는 그의 시대까지 실험물리학이 이룩했다는 그럴듯한 진보에 관해 환멸을 느끼게 되었다. 만일 가장 믿을 만한 경험 규칙들의 몇몇이 오류로 입증되고, 다른 보장이 더해지지 않는다면 그런 규칙 어느 것도 신뢰할 수 없게 될 것이었다. 그 시점부터 그는 그럴듯한 법칙들에 대한 믿음을 모두 다 거두었으며 정밀 측정을 통한 철저한 데이터 수집으로 진정한 규칙을 확립하겠다는 것을 자신의 과업으로 삼았다. 그가 이런 활동을 하는 동안에 패러데이(Faraday), 외르스테드(Ørsted), 줄(Joule), 마이어(Mayer) 같은 지성인들은 후세대가 대담하고 예리한 통찰력이라며 찬사를 보낼 만한 새로운 이론적 추론을 내놓았으나, 당시에 르뇨가 변덕스러워 보이는 이런 이론들에 별 흥미를 나타내지 않은 것도 당연한 일이었다.[72] 드 뤽이 "사람들이 자기 이론에 더 신중해지는 데에는 정밀함을 좇는 정신과 육체의 '현미경'이 마찬가지로 필요하다"라고 말했는데

(1779, 20), 이런 말보다 르뇨의 연구 정신을 더 잘 표현할 수는 없었을 것이다. 베르텔로(Berthelot)의 생각에, 르뇨는 "순수한 진리를 탐색하는 데 헌신했으며, 그는 그런 탐색이 무엇보다도 불변의 수치를 측정하는 데 있다고 생각했다. 그는 모든 이론에 호의적이지 않았으며 이론의 약점과 모순을 부각하는 데 열심이었다"(Langevin 1911, 44-45에서 인용한 베르텔로의 말). 르뇨에게 진리를 탐색한다는 것은 "이론가들이 말하는 자명한 공리(axioms)을 정확한 데이터로 대체하는 것"을 의미했다(Dumas 1885, 194).

르뇨가 자신에게 부여한 과업은 힘들지만 분명했던 것으로 보인다. 그러나 르뇨 정도의 지적 성실성을 갖춘 사람이 보기에도, 당시 측정 방법은 이론적 규칙에 의존해 있었고, 르뇨는 측정을 통해 바로 그런 종류의 이론 규칙을 결정적으로 검증하고 나선 것임은 역시 분명했다. 따라서 르뇨는 경험주의적 이론 검증의 근본적 순환 문제에 직면하게 되었다. 이론을 완벽하게 회피한다면 실험도 역시 전부 다 불가능하게 될 것이었다. 각 실험이 어느 정도의 전제들을 당연한 것으로 받아들여야 한다고 인정하면서도, 학자적 양심에서 르뇨는 다시 그 전제들을 검증하는 후속 실험들에 나서야만 했다. 이런 식의 처리 과정(process)에는 끝이 없었다. 르뇨는 마티아스 되리이스가 "실험 기법(experimental virtuosity)"의 결코 끝나지 않을 순환이라 말했던 것에 붙들리고 말았다. 르뇨의 본래 의도는 이론을 씻어낸 관찰로 시작하고, 이어 논란의 여지가 없는 데이터에 바탕을 두어 면밀한 이론화를 이루는 데로 나아가자는 것으로 보인다. 그렇지만 논란의 여지가 없는 데이터를 획득하는 과업은 끝이 없는 것으로 드러났고, 이는 이론적인 작업은 무한히 늦춰져야 함을 의미했다. 르뇨도 자기 연구 활동의 이런 측면에 대해 어떤 좌절을 느꼈던 것으로 보인다. 1862년에 그는 자신이 벗어날 수 없었던 순환(cycle)에 관해 언급했다. "내가 연구 활동을 하며 더 나아갈수록, 이런 순환은 계속하여 커졌다…"[73] 르뇨의 연구가 후세대의 과학자와 역사학자들에게서 받았던 많은 미적지근한 찬사의 이면에는 그런 좌절감이 있었을 것이다.[74] 예를 들어, 로버트 폭스는 르뇨의 "기념비적인 성취"를 분명한 태도로 인정하지만, 이와 동시에 "결과물의 지루한 축적에 전념한" 르뇨의 모습은 특히나 "1840년대 프랑스 바깥에서 일어난 물리학의 중대한 발전"을 생각할 때 불행한 일이었다는 견해를 보여주었다(1971, 295, 299-300).

그런 평가는 어떤 의미에서는 합당해 보인다. 특히나 이론의 발전을 과학의 진보에서 가장 흥미로운 부분이라고 보면서 그것에 초점을 맞춘다면 그렇다. 그렇지만 다른 의미에서 나는, 르뇨는 물리학 분야에서 "진정한 혁명"을 일으켰다고 말한 뒤엠이 오히려 더 정확하게 짚었다고 생각한다. 왜 그런지 보려면, 그가 단지 비범하게 면밀하고 능숙한 실험실 전문기술인력(technician) 그 이상이 될 수 있었던 점을 인식해야만 한다. 이와 관련해, 정밀 측정의 전통에서 르뇨 연구의 특징을 앞사람들의 것과 비교하는 것이 도움이 될 수 있다. 내가 어떤 포괄적인 의미에서 그런 비교 작업을 할 수는 없겠기에, 르뇨의 온도 측정 방법을 뒬롱과 프티의 온도 측정 방법과 비교하는 것을 출발점으로 삼는 것이 매우 유익하겠다. 뒬롱과 프티는 르뇨 이전의 프랑스 물리학에서 의문의 여지가 없는 정밀 실험의 대가로 받아들여졌으므로, 둘의 연구는 우리가 르뇨의 혁신(innovation)이 무엇이었는지 평가하는 데에 최상의 기준(benchmark)이 된다.

되돌아보면, 온도 측정에 대한 뒬롱과 프티의 결정적인 기여는 온도 측정용 유체를 합리적으로 선택해야 할 긴급한 필요성을 부각했다는 점이었다. 이들은 두 가지 중요한 방식으로 이런 일을 해냈다. 먼저, 이들은 수은과 공기의 불일치가 매우 두드러지는 규모임을 입증했다. 수은 온도계와 공기 온도계가 물의 어는점과 끓는점 사이에서는 서로 완벽하게 일치한다는 게이-뤼삭의 이전 결과를 확증하면서, 뒬롱과 프티는 이전에 어느 누구도 정확한 결정값을 얻을 수 없었던 고온 상태의 비교 실험을 수행했다. 이들의 결과는 수은과 공기 온도계의 불일치는 온도가 올라갈수록 커져, 그 차이가 백분위 350도 부분에서는 10도가량이나 된다는 점을 보여주었다(수은이 더 높은 값이었다).[75] 이런 불일치의 양은 두 온도계를 번갈아 쓰는 것이 불가능할 정도였다. 둘째, 뒬롱과 프티의 실험 절차에는 비범한 정도의 세심함과 기법이 두드러졌다는 점에서, 이런 수은-공기 불일치의 원인을 실험 오차라고 돌릴 수도 없었다는 점이었다. 이들은 이런 방향으로 자신들의 성취에 자부심을 품고 있었으며, 이런 유형의 실험에서 이룰 수 있는 최고 수준의 정밀함에 자신들이 도달했다고 단언했다.[76] 어느 누구도 이들의 자신감에 확실한 도전을 내밀 수 없었다. 르뇨 이전까지는 그랬다.

뒬롱과 프티는 정밀 측정의 월등한 기술로 온도 측정용 유체를 명확히 판단해 선택할 수 있었을까? 물론 이들은 그러고자 했다. 둘의 논문은 서두에서 이런 물음에 만족스러운 답을 제시하지 못한 드 뤽과 돌턴의 실패를 언급했다. 돌턴에 대해서는 그 학설이 경험 데이터에 기반을 두지 않았음을 주로 비판했으며, 자신들의 정밀 실험이야말로 필요한 데이터를 제공할 수 있으리라는 자신감을 내보였다.[77] 그들 자신의 긍정적 기여를 위해, 뒬롱과 프티(1817, 116)는 라플라스 식의 정교함을 다 포기하고서 온도의 단순 개념에 바탕을 두어 진정한 온도계의 조건을 제시하는 것을 출발점으로 삼았다. 즉, 균등한 양의 열이 추가될 때 물질의 부피가 균등하게 증가한다면, 이것이 완벽한 온도 측정용 물질이 된다는 것이었다. 그렇지만 이들은 그런 조건이 직접적인 경험적 검증에 어울린다고 생각하지는 않았다. 열의 양은 측정하기 힘들었고, 특히 고온에서는 더욱 더 측정하기 힘든 변수였기 때문이었다. 그 대신에 처음부터 이들의 전략은 팽창의 균일성을 방해하는 요인들에서 자유로운 기체나 금속 같은 후보 물질의 열적 팽창을 관찰하기 위해 수은 온도계를 기준으로 사용한다는 것이었다.

그들이 어떤 결론을 얻고자 이런 관찰을 계획했는지는 결코 명확하지 않다. 하지만 다음과 같은 생각이었을 것으로 여겨진다(Dulong and Petit 1816, 243). 만일 많은 후보 물질이 같은 패턴의 열적 팽창을 보인다면, 각각은 균일하게 팽창하는 것으로 받아들일 수 있다. 그런 일치가 나타났다면 균일성을 방해하는 요인은 그리 중요하지 않을 가능성이 매우 크다. 왜냐하면 물질마다 다르게 마련인 방해 요인이 팽창의 패턴에서 정확하게 똑같은 방해를 일으키는 일은 매우 일어나기 힘든 우연의 일치일 것이기 때문이다. 이들의 경험적 연구는 이런 균일성의 예측이 서로 다른 금속들에서 완전하게 구현되지 않음을 보여주었고, 그리하여 이들은 기체가 최상의 온도 측정용 물질이라는 결론에 도달했다.[78] 이것은 흥미로운 주장이기는 하지만 궁극적으로는 실망스러운 것이다. 무엇보다도 게이-뤼삭과 돌턴이 충분히 명쾌한 논증으로 불신했던 초기 칼로릭 학설의 추론을 넘어서는 어떤 이론적 진전도 보여주지 못했기 때문이다. 뒬롱과 프티 자신들이 인정했듯이 이는 그저 개연성에 기댄 논증이었으나, 사실 서로 잡아당기는 물질 입자들이 칼로릭의 자기 척력 때문에 서로 떨어져 있다는 칼로릭 학설의 형이상학이 버팀목이 되어주지 못하니 그런 개연성도 상당히 줄어들었다.

뒬롱과 프티가 온도 측정용 유체의 문제를 푸는 데 실패했던 것은, 이들의 실험 기법이 불충분했기 때문이 아니라 그 연구의 틀에 철학적 정교함이 빠져 있었기 때문이었다. 르뇨만이 인식적 문제를 풀었다. 뒬롱과 프티는 관찰할 수 없는 방식으로 온도를 정의했기 때문에 잘못된 길로 나아갔다. 이들의 데이터가 아무리 훌륭했더라도, 선형적 팽창을 입증하고자 그들이 그려 보였던 논증은 약화할 수밖에 없었다. 이와 대조적으로, 앞의 세 절에서 설명했듯이 르뇨는 가장 강해 보이는 논증의 전략을 고안했으며, 다행스럽게도 그런 전략이 작동할 수 있었다. 르뇨는 온도경에서 수치 온도계로(온도 표준의 2단계에서 3단계로) 나아가는 진전을 이루어냈으며, 그것은 지상의 물적 조건에서 이룰 수 있었던 가장 훌륭한 것이었다. 좀 더 일반적인 과학 용어로 말하면, 그는 실용적인 온도 측정 방법을 당시로서는 최고로 완벽하게 만들어냈다.

그렇지만 확실히, 르뇨의 연구가 더 진전할 수도 있었던 부분은 존재했다. 이론에서 완전 독립한다는 것이 어느 시점까지는 확실히 장점이었지만, 나중에 어느 시점에선 열 이론과 연결하는 가치 있는 일을 했어야 했다. 이론적 온도 측정 방법의 심화 발전 과정은 제4장에서, 특히 윌리엄 톰슨의 연구를 중심으로 다루어진다. 그렇지만 그 내용으로 건너가기 전에 해야 할 또 다른 이야기가 있다. 르뇨의 공기 온도계가 아무리 완벽하다 해도, 그것은 극한 온도, 특히 유리가 버텨내지 못하는 고온에서는 쓸 수 없었다. 다음 장에서는 매우 낮고 매우 높은 온도의 측정에서 이루어진 몇 가지 주요한 발걸음을 되짚어 추적하고자 한다. 이야기는 18세기 중엽에서 다시 시작한다.

주

1. 이 장에 실린 일부 내용의 초기 판본은 Chang 2001b에 실려 출판되었다. 「비교동등성, 그리고 단일값의 존재론적 원리」와 「뒤엠 식 전체론에 반대하는 최소주의」에 실린 내용의 일부는 Chang 2001a에서 가져왔다.
2. 부르하베가 이 일을 겪으며 얻은 교훈은 경험과학에서 성급한 가정을 하는 데 대한 경고였다. "그러니 우리가 진리에 이르고자 한다면, 자연 지식을 좇아 연구하면서 얼마나 무한하게 주의를 기울여야 하겠는가? 너무 성급하게 일반 규칙을 만들어내려다 보면 우리는 얼마나 자주 실수의 나락으로 떨어질 것인가?"
3. *Dictionary of Scientific Biography*, 11:334에 있는, 레오뮈르에 관한 고우(J. B. Gough)의 글을 보라.
4. Bridgman 1927, 특히 3–9쪽을 보라. 브리지먼의 관점에 관해서는 제3장의 「퍼시 브리지먼의 여행 안내」와 「브리지먼을 넘어서」에서 더 자세히 논하겠다.
5. Chang 1995a, esp. 153–154쪽을 보라. 이 문제는 양자물리학의 에너지 측정에 관한 나의 연구에서 처음 다루어졌다.
6. 이 장에서 세세하게 다루지 못하는 초기 역사에 관해서는 Bolton 1900, Barnett 1956, 그리고 Middleton 1966의 앞부분을 보라.
7. 의사들에 의해 수은 온도계가 확산됐다는 이런 설명에 관해서는, *Encyclopaedia Britannica*, supplement to the 4th, 5th, and 6th editions (1824), 5:331을 보라.
8. 뒤 크레스트(1741, 9-10)는 (깊은 지하실이나 광산 갱도의 일정한 듯한 온도가 가리키는) 지구 덩어리의 온도가 기본적으로는 고정돼 있으며, 따라서 (세네갈과 캄차카 지역의 각 온도처럼) 지상에서 관찰되는 매우 극한적인 온도는 중간치 온도에서 멀리 떨어져 있는 것이라고 믿었다. 그의 '정령' 온도계는 수은 온도계에 비해 그런 가설에 더 잘 일치하는 온도 기록을 나타냈다. Middleton 1966, 90–91을 보라.
9. Lambert 1779, 78쪽과 Amontons 1702를 보라. 또한 람베르트에 관해서는 Middleton 1966의 108쪽을, 아몽통에 관해서는 63쪽을 보라.
10. Black 1770, 8–12와 Black 1803, 1:56–59를 보라.
11. 액체가 아닌 온도 측정용 물질과 관련해, 드 뤽은 고체 물질을 비교적 빨리 버렸으며, 아몽통의 공기 온도계를 특별히 언급하면서 자신이 공기에 반대하는 상세한 여러 근거를 제시했다. De Luc 1772, 1:275–283, §§420–421을 보라.
12. 드 뤽이 정확하게 끓는점과 어는점에 있는 물을 사용하지 않았다고, 그래서 그의 추론은 테일러의 추론보다는 다소 더 복잡했다는 점은 주목해야 한다. 이것은 그의 친구이건 적이건 그를 평하는 사람들 사이에서도 종종 무시되는 사실인 듯하다. 그러

나 드 뤽 자신은 그렇게 실행한 데 대해 충분히 숙고한 근거를 제시했다. 끓는점의 물에 관해서 그는 다음과 같이 말했다. "끓는 물은 (부피로) 측정할 수도 없고 무게를 [정확하게] 잴 수도 없다." 이에 관해서는 De Luc 1772, 1:292, §422를 보라. 물을 끓이기 전에 물의 무게를 재고자 할 수도 있지만, 그러면 물이 끓기 시작하고 나서는 증발에 의해서 상당한 양의 손실이 발생할 것이다. 어는점과 관련해서는 그런 문제는 없었지만, 드 뤽은 정확하게 어는점에 있는 충분히 큰 부피의 액체 상태의 물을 준비하는 것은 어려운 일이었다고 지적했다(298-299쪽). 그래서 그는 거의 끓고 있는 물과 거의 얼고 있는 물을 사용해야만 했다. 얼핏 보기에, 이런 사정은 드 뤽에게 고약한 순환(vicious circularity)의 멍에를 지게 했던 것으로 보인다. 그가 쓴 뜨거운 물과 차가운 물의 온도를 측정하려면 먼저 온도계를 쓰지 않을 수 없었기 때문이다. 그는 만족할 만한 보정의 과정을 거쳤지만(299-306쪽), 그런 기본 절차는 정합성(consitency)을 검증하기 위해서라면 문제가 되지 않는다. **만일 수은 온도계가 정확하고 우리가 그 온도계로 측정된** 온도 a도와 b도에 있는 같은 양의 물을 섞는다면 수은 온도계는 혼합물의 온도로 $(a+b)/2$도를 나타낼 것이다.

13. 여기에서 그는 물질 입자들이 고유하게 상호 인력을 지니며 열의 척력 작용에 의해 균형을 이룬다는 가정을 받아들이지 않은 것이 분명하다. 열의 척력 작용은 나중에 1800년 무렵에 칼로릭 이론의 중요 내용이 되었다.
14. De Luc 1772, 1: 284-285, §421. 271쪽의 §418에 있는 일곱 가지 다른 액체들을 비교한 표도 참조하라.
15. 드 뤽이 받은 감명 깊은 지지에 관해 좀 더 자세한 내용으로는, Chang 2001b, 256-259를 보라.
16. 그런 의미에서, 이런 가정의 지위는 드 뤽의 실험들(그리고 모든 관련된 열량 측정)에서 사용된 다른 가정의 지위와 같은 것이었는데, 그 가정은 열이 보존되는 양이라는 것이었다.
17. 칼로릭 이론의 역사를 다룬 가장 좋은 문헌은 여전히 Fox 1971이다. 짧지만 정보가 많은 설명을 얻으려면, Lilley 1948을 보라.
18. 열의 형이상학적 성격에 관한 블랙의 관점에 관해서는, Black 1803, 1:30-35를 보라.
19. 열에 관한 라부아지에 관점의 발전에 관해서는 Guerlac 1976을 보라. 그가 작성한 "단순 물질의 표"는 Lavoisier [1789], 1965, 175에서 볼 수 있다.
20. 돌턴의 칼로릭 이론에 관한 일반적인 논의에 관해서는 Fox 1968을 보라. 돌턴(1808, 9ff)은 드 뤽에 대한 단순 비판을 넘어서서 수은은 온도에 선형적인 비례보다는 2차 방정식의 비례로 팽창한다는 복잡한 이론과 실험의 논증으로 나아갔다. 그는 이런 신념에 기초해서 새로운 온도 척도를 고안하기도 했는데, 척도의 정확성은 그에게 의문의 여지없이 확실해 보였다. 그 척도는 열 현상을 지배하는 몇 가지 경험 법칙

들을 단순화한 것이었다. Cardwell 1971, 124–126도 참조하라.
21. 공기 온도계와 관련해, 아위([1803] 1807, 1:259-260)는 아몽통의 장비를 언급하며 드 뤽에 대해서는 마찬가지의 태도로 그 약점을 논했다.
22. 아위(1806, 1:82)는 온도를 감지 가능한 칼로릭의 "장력"이라고 정의했다. 이는 볼타가 쓴 전기 장력(electric tension)을 의식적으로 비유해 마크-오귀스트 픽테(Marc-Auguste Pictet)가 발전시킨 개념이다. Pictet 1791, 9를 보라.
23. 아위의 추론은 어느 정도 자세하게 따라가볼 만한 가치를 지닌다. 뜨거운 물과 차가운 물을 같은 양으로 섞는다고 생각해보자. 평형 상태에 도달하면서 뜨거운 물은 일정한 양의 열을 내놓고, 그것은 차가운 물에 흡수된다. 내놓은 열의 한 부분은 뜨거운 물을 수축시키는 구실을 한다(그런 칼로릭의 양을 $C1$이라고 부르자). 그리고 나머지 ($C2$)는 그것을 냉각하는 구실을 한다. 마찬가지로 차가운 물이 흡수한 칼로릭의 일정 부분($C3$)은 물을 팽창시키는 구실을 하고 나머지($C4$)는 물을 따뜻하게 하는 구실을 한다. 혼합의 결과로 얻어지는 온도를 알기 위해서는 $C2$와 $C4$의 양을 알아야 한다. 반드시 그 둘이 서로 같아야 할 필요는 없기 때문에 혼합의 온도가 반드시 처음 두 온도의 산술적인 평균인 것은 아니다. 아위는 뜨거운 물이 내놓은 칼로릭의 전체량은 차가운 물이 흡수한 전체량과 같아야 한다($C1+C2=C3+C4$)는 전제에서 출발한다. 그리고서 그는 $C3$이 $C1$보다 크고, 따라서 $C2$는 $C4$보다 클 수밖에 없다고 추론한다. 그 근거는, 물질의 분자들이 서로 더 가깝게 있어 칼로릭의 팽창 작용에 더 센 저항이 생기기에, 더 낮은 온도에서는 물이 열적 팽창을 할 때 더 많은 칼로릭이 필요하기 때문이라는 것이다. 더 높은 온도에서는 분자 간의 인력이 더 약해지는데 이는 분자 간의 거리가 더 멀기 때문이다. 그러므로 뜨거운 물이 수축할 때에는 차가운 물이 같은 정도로 팽창하면서 흡수하는 양보다 더 적은 양의 칼로릭을 내보내도 되는 것이다($C1<C3$). 이는 다시 뜨거운 물을 식히는 데에는 차가운 물을 뜨겁게 하는 데 들어가는 칼로릭보다 더 많은 칼로릭이 소모됨을 의미한다($C2>C4$). 이 대목에서 아위는 혼합물의 부피가 애초 두 가지 부피의 합과 동일하다고 가정하는 것으로 보이는데 이런 식의 가정은 우리가 앞에서 보았듯이 돌턴에 의해 논박의 대상이 된 바 있다. 또한 아위는 온도를 올리는 데 실제로 쓰인 칼로릭 부분만을 생각한다면 물의 비열은 불변이라고 가정하는 것으로 보이며, 그런 가정을 바탕으로 그는 혼합물의 온도가 드 뤽이 계산한 값보다 언제나 더 낮다는 결론을 내렸다. Haüy 1806, 1:166–167을 보라.
24. 나는 크로퍼드가 여기에서 거론한 드 뤽의 논문이 어떤 것인지 확인할 수 없었다.
25. 이는 크로퍼드가 만든 온도계의 부가적 시험에 바탕을 둔 것이었다. 이 실험에서 그는 물이 끓는 온도와 얼음이 어는 온도에 있는 공기를 담은 두 개의 열린 금속원통을 만들었다. 이 두 개의 원통을 열린 면을 마주하면서 서로 통할 수 있도록 두었다.

그리고 수은 온도계를 접촉 지점에 꽂았다. 크로퍼드는 경계 지점에 있는 공기의 실제 온도는 두 극한 온도의 산술적 평균이며 그것이 자신이 만든 수은 온도계가 보여주는 바라고 믿었다. 그런 결과를 통해서 그는 수은 온도계가 실제로 정확하고, 그러므로 결국에 혼합법이 매우 정확한 것이 틀림없다고 추론했다. 첨언하면, 크로퍼드는 수은 온도계가 거의 정밀한 수준까지 정확했다고 믿었으며, 물의 끓는점과 어는점 사이의 중간 구간에서 수은의 온도가 실제 온도보다 감지할 수 있을 정도로 낮았다는 드 뤽의 결과를 논박하기도 했다([표 2.2]의 데이터 참조). Crawford 1788, 34-54를 보라. 크로퍼드의 장치가 의도한 대로 정확한 평균 온도를 신뢰할 만한 수준으로 보여주었다고 누구를 설득할 수 있었을지는 의문스럽다.

26. 사실 정량적 평가가 없는 상황에서는 아위의 추론이 수은 온도계를 더욱 더 변호하는 것으로 해석되었을 수도 있었을 것이다. 드 뤽의 혼합 실험에서 수은은 계산된 실제 온도보다 어느 정도 더 낮은 기록을 나타냈으니 말이다! 어떤 경우에도 아위는 수은이 알코올보다 더 낫다는 판정에 이른 드 뤽의 시험을 여전히 인정했기 때문에, 드 뤽의 계산에 나타난 오차는 충분히 작은 것이라고 생각했을 것이다. Haüy 1806, 1:165를 보라.
27. 이런 널리 퍼진 인식에 관한 더 자세한 내용은 Fox 1971, ch. 3(「기체의 특별한 지위」)를 보라.
28. 돌턴(1808, 9)은 다음과 같이 썼다. "탄성 있는 유체의 팽창을 다룬 내 실험에 관한 발표와 게이-뤼삭의 발표 이후에, 곧바로 그 뒤를 이어서 (…) 일부에서는 기체가 균등하게 팽창한다고 상상하는 일이 나타났다. 그러나 이는 다른 출처의 실험 결과에서는 확인되지 않았다." 오히려 그는 기체가 "온도의 균등한 증가에 대해 기하학적으로 진행하는 식으로" 팽창한다고 생각했다(11). Gay-Lussac 1802, 208-209도 보라. 이 장의 맨 앞에 명언(epigraph)로 인용된 문장이 실려 있다. 라플라스주의 이론을 찾느라 다른 길로 나아가기 전에 이런 점을 명료하게 인식하고 있었던 아위(1806, 1:263-264)는 게이-뤼삭이 온도의 함수로서 변화하는 공기의 열적 팽창 계수(coefficient)를 발견했다고 보고하기도 했다.
29. 라플라스와 베르톨레의 학파(circle)를 다룬 자세한 문헌으로는, Crosland 1967을 보라.
30. 이런 이론들의 세부 내용에 관해서는, Gillispie 1997, 그리고 또 Heilbron 1993, 166-184를 보라.
31. 압력에 따라 온도를 가리키는 일정 부피의 공기 온도계를 위해서라면 두 번째 단계는 불필요했을 것이다. 그러나 라플라스는 일정 압력의 공기 온도계를 고려하고 있었기 때문에 그 단계를 집어넣어야만 했다.
32. 초기의 견해에 대해서는 T. Thomson 1802, 1:273을 보라. 나중의 견해에 대해서는 T. Thomson 1830, 9-10을 보라. 공기의 균등 팽창을 옹호하면서, 톰슨은 "우리에겐 팽

창 이외에 온도를 측정할 수단이 없기 때문에 이런 견해의 진리성을 실험적으로 입증하기란 거의 불가능하다"라고 인정했다. 그러나 그는 "이런 견해는 매우 그럴듯한 근거 위에 세워졌다"라고 덧붙이면서도 사실상 그런 근거를 제시하지 않았다.

33. 라플라스는 기체 거동에 관해 칼로릭 이론의 일반 원리에서 파생한 몇 가지 중요한 논증을 1821년 9월 10일 파리 과학 아카데미에 발표했으며, 그 구두요약문은 늦춰져 나중에야 인쇄됐다(Laplace [1821] 1826). 새로 고친 원고는 『천체역학』 제5권에 실렸다 (Laplace [1823] 1825).
34. 이런 관점은 처음에 Prevost 1791에서 제안되었으며 몇 차례의 후속 출판물에서 정교화되었다.
35. 여기에서 우리는 라플라스의 분자가 기체 상태에서는 서로 접촉하지 않는 것이었으며 이는 기체에서도 공간을 꽉 채우고 있는 돌턴의 원자와는 달랐다는 점을 유의해야 한다(돌턴 원자의 하나하나는 "칼로릭의 대기"에 둘러싸인 조밀한 핵심으로 구성된다).
36. 신기하게도, 이런 설명의 대목에서 라플라스의 성숙한 관점은 아위보다 드 뤽의 관점과 더 일치했다.
37. 이런 그림의 설명으로는 Laplace [1821] 1826, 7을 보라. 또 숨은 칼로릭은 라플라스 자신의 계산 과정에 들어오지 않는다는 강조는 Laplace [1823] 1825, 93, 113을 보라. **공간자유 칼로릭**(la chaleur libre de l'espace)이라는 용어는 Laplace 1821, 335에서 볼 수 있다.
38. Laplace [1821] 1826, 4. 공간자유 칼로릭의 "극도의 희귀성(extreme rarity)"은 칼로릭이 분자들 사이에서 오가는 속도가 매우 높아 생기는데, 이 때문에 그 양은 물체 내부에 담긴 자유 칼로릭의 전체량 가운데 무시할 정도로 적을 것이라고 이야기할 수 있었다. 그러면 공간자유 칼로릭의 양은 사실상 자유 칼로릭의 총 함량의 유의미한 일부를 구성하지 않으면서도 자유 칼로릭의 총 함량을 측정하는 데 기여할 수 있게 된다.
39. 이 부분은 Laplace [1821] 1826, 3–6에 있는 설명을 따른 것이며, Laplace [1823] 1825에서 얻은 이해를 가져와 보충했다. 비슷한 설명을 Brush 1965, 12–13에서 볼 수 있다.
40. 비슷한 관점을 Heilbron 1993, 173–180이 제시했으며 또한 Truesdell 1979, 32–33에서도 볼 수 있다. 이런 상황과 라플라스의 이전 상황 사이에는 상당한 연속성이 있었다. 이전에 모세관 현상과 광학적 굴절 분야의 업적은 더 큰 찬사를 받았는데, 당시에도 라플라스는 거기에서 특정한 힘 함수(force function)는 중요하지 않음을 입증한 바 있다. Fox 1974, 101을 보라.
41. 예를 들어 Poisson 1835를 보라. 폭스(1974, 127과 120-121)에 의하면, 푸아송은 "라플라스 자신보다 훨씬 더 큰 열정을 갖고서 [라플라스] 프로그램을 추구했던 것 같다."
42. 그런 이들 중 한 명이 스코틀랜드의 광업 공학연구자 헨리 메이클(Henry Meikle)이었다. 그는 온도 측정에 관한 라플라스의 논법을 설득력 있는 논증 기교를 동원해 직접 공격했다. Meikle 1826과 Meikle 1842를 보라.

43. Fox 1971, 261-262, 276-279를 보라.
44. Fox 1971, 268-270을 보라. 인용된 문구는 Lamé 1836, 1:ii-iii에서 가져왔으며, 폭스의 번역은 그의 책 269-270에 실려 있다.
45. Lamé 1836, 1:256-258. Haüy [1803] 1807, 1:263-264 참조.
46. 르뇨 실험실을 찾은 방문자의 목록은 Dumas(1885), 178에서 얻을 수 있다. 멘델레예프에 관해서는 Jaffe 1976을 보라.
47. 이 장비에 관해서는 Regnault 1847, 349와 Langevin 1911, 53을 보라.
48. 예를 들어, 뒤마(1885, 174-175)가 논했듯이 얼마의 부피를 지닌 기체의 무게를 재는 일을 생각해보자. 기체를 담은 어느 정도 규모의 유리 풍선을 천칭의 한쪽에 두고 작은 금속 무게추를 다른 쪽에 둘 때에는, 주변 공기의 부력 효과를 정확하게 평가함으로써 겉보기로 측정된 무게를 보정할 필요가 있다. 그러기 위해서는 공기의 정확한 압력과 온도, 유리(그리고 금속의 틀)의 정확한 밀도와 부피 등을 알아야 한다. 그런 복잡하고도 불확실한 보정의 절차를 개선하기보다 르뇨는 보정의 필요 자체를 제거했다. 그는 무게를 재려는, 기체를 담은 유리 풍선의 반대쪽에 똑같지만 공기를 뺀 유리 풍선을 걸어두었다. 그래서 천칭은 마치 완벽한 진공 상태에 있는 듯이 움직였다. 이런 절차에서는 걱정할 만한 유일한 부력 보정은 기체의 무게와 균형을 맞추고자 쓴 금속 무게추였는데, 사실 그것은 거의 무시할 만한 영향이었을 것이다.
49. 르뇨는 일부의 다른 실험들(특히 열량 측정법)에서는 열의 보존을 가정했다.
50. 옮긴이는 comparability를 '비교동등성'으로 번역하였다. 이 단어를 비교 대상 A와 B를 비교할 수 있다는 뜻이 아닌, A와 B에서 동등성을 유추할 수 있는 요소가 있다는 뜻으로 생각하였기 때문이다. 감수자는 이와 달리 '비교가능성'을 번역어로 제시하였다. '비교동등성'이라는 단어가 서로 동등하지 않은 온도 측정법의 비교가 동등한 것 사이의 비교처럼 생각될 여지가 크기 때문이었다. - 편집자
51. 파렌하이트와 볼프 간의 교류에 관해서는, Bolton 1900, 65-66과 Van der Star 1983, 5를 보라.
52. De Luc 1772, vol. 1, part 2, ch. 1에서 기압계에 관한 그의 논의, 그리고 De Luc 1779, 93ff에서 비교동등성을 비중 측정법(areometry)에 적용하려는 그의 시도를 보라.
53. '정령' 온도계에 대한 드 뤽의 공격에 담긴 전제는, 수은 온도계는 이와 대조적으로 서로 동등하게 비교될 수 있다는 것이었다. 수은이 균질한 액체이며 다른 어떤 것과도 잘 섞이지 않기 때문에, 그 농도는 쉽게 변하지 않으리라고 드 뤽은 생각했다. 그는 또한 수은 내부에 어떤 불순물이 있다면 수은의 유동성이 떨어지기 때문에 쉽게 눈에 띌 것이라고 믿었다. 이런 점에 관해서는 De Luc 1772, 1:325-326, 330, §426을 보라. 수은 온도계의 비교동등성에 관한 견해는 이후에도 수십 년 동안 지속적으로 이어졌던 것으로 보인다. 예를 들어 Haüy [1803] 1807, 1:142-143(그리고 후속 판본들의

해당 문장들)과 Lamé 1836, 1:219를 보라.
54. 또한 De Luc 1772, 1:327–328, §426을 보라. 액체 비중 측정법의 초기 개척자였던 파렌하이트가 정령(알코올)의 표준 시료를 자신이 만든 모든 '정령' 온도계의 표준으로 삼았던 일이 나타나 있다. 그는 팽창 패턴의 변이를 인식했으나 그것을 사소하게 성가신 존재로 여겼던 것으로 보인다. Van der Star 1983, 161, 163에 실려 있는, 파렌하이트가 부르하베에게 보낸 1729년 4월 17일자 서신을 보라.
55. 이런 효과에 대한 설명으로는 Regnault 1847, 168–171을 보라.
56. 예를 들어, Regnault 1847, 181, 184의 표를 보라.
57. 또 다른 기체 간 비교에 관해서는 186–187의 표를 보라.
58. 그 영향에 대한 진술은 너무도 많아서 여기에 다 인용할 수 없다. 예를 들어, Forbes 1860, 958과 W. Thomson 1880, 40–41을 보라. 제4장에서 더 논의하겠지만 톰슨(켈빈 경)은 열역학에 관한 자신의 논문에서는 언제나 끊임없는 존경을 보이면서 르뇨의 데이터를 신뢰했다.
59. 관찰이 관찰된 대상에서 관찰자로 정보를 실어 나르는 상호작용의 인과적 연쇄사슬, 그리고 관찰자가 정보의 흐름을 추적하는 데 쓰는 추론의 역방향 연쇄사슬로 구성된다는 관점에 관한 정교한 논의로는, 예를 들어 Shapere 1982, Kosso 1988, 그리고 Kosso 1989를 보라.
60. 압력계에서, 압력은 수은 기둥의 길이로 결정된다. 수은 기둥의 길이가 관찰 가능한 양으로 확립된 것은 이 실험 이전이며, 수치 압력의 관찰가능성이 이루어지기 이전이다. 이는 실제로 사소하지 않은 논점이다. 당시와 같은 상황에서 길이의 정밀 측정은 첨단의 작업이었으며, 그 측정 작업은 관찰자의 몸에서 나오는 요동을 방지하기 위해서 종종 망원경과 측미계(micrometer)를 사용해 이루어졌다.
61. 공기 온도계의 온도 기록을 얻는 르뇨의 방법은 사실 매우 완벽했다. 그는 "초기" 상태(섭씨 0도)와 가열된 상태(측정하려는 온도)에 있는 공기 무게를 구하는 식을 방정식으로 풂으로써 문제의 온도를 계산했다. 더 자세한 논의로는, Chang 2001b, 279–281을 보라.
62. Chang 2001a를 보라. 이 원리는 브라이언 엘리스(Brian Ellis)가 측정 척도의 요건으로 제시한 것을 떠올리게 한다. 엘리스(1968, 39)는 스티븐스(S. S. Stevens)가 제시한 측정의 정의가 불충분하다고 비판한다. "측정은 어떤 규칙이건 그 규칙을 좇아서 행하는 대상이나 사건에 대한 숫자의 지정이다." 매우 현명하게, 엘리스(41)는 우리가 "숫자를 지정하는 규칙"을 갖고 있기만 하다면 우리는 측정 척도를 지니고 있는 것이고, 그때에 그 규칙은 "충분히 주의를 기울인다면 같은 조건에 있는 같은 대상에 같은 숫자(또는 숫자 범위)가 언제나 지정된다는 의미에서 확정적이다(determinative)"라고 규정했다. 엘리스는 여기에다 (모든 것에 숫자 2를 지정하는 것처럼 정보가 쓸모없어지는

숫자 지정을 배제하기 위해서) 이 규칙은 겹치지 않아야 한다(non-degenerate)는 부가 조건 하나를 붙였다.
63. 이론의 결정값 하나와 관찰의 결정값 하나를 각각 가져야 한다는 주장은 궁극적으로는 무의미하다. 우리는 이론적인 것과 관찰적인 것 사이의 구분은 옹호되기 어렵다는 것을 알고 있다. 이는 반 프라센이 강조했듯이, 관찰 가능한 것과 관찰 불가능한 것의 구분은 적절하지 않다는 말과는 다른 의미이다. "이론적인(theoretical)"과 "관찰 불가능한(unobservable)"은 동의어가 아니다.
64. Duhem [1906] (1962), part 2, ch. 6, sec. 1 (pp.180-183)을 보라.
65. 코소의 논문 발표보다 10여 년이나 앞서서, 롯섀퍼(Rottschaefer 1976, 499)는 비슷한 "이론 중립성(theory-neutrality)"의 원리를 "새로운 정설론(new orthodoxy)"의 중심으로 이미 규정했다. "그러므로 이론에서 자유로운 관찰에 의해 이론들이 검증된다는 견해는 물러가고 이론이 실린 관찰에 의해 이론들이 검증된다는 견해가 그 자리를 대체하고 있다. 그러나 그때의 관찰에는 검증 대상이 되는 특정 이론에 중립적인 이론들이 실린다."
66. 책은 해부학자이자 동물학자인 앙리 마리 블랭빌(Henri Marie Ducrotay de Blainville)에게도 함께 헌정됐다. 푸리에와 콩트의 관계에 관한 더 많은 논의로는 Fox 1971, 265-266을 보라.
67. 예를 들어 Frängsmyr et al. 1990과 Wise 1995를 보라.
68. 후자의 논문은 파리 아카데미의 경쟁 부분에서 상을 수상했다. 폭스(1971, 238)는 콩트, 푸아송(Poisson), 라메, 휴웰(Whewell) 같은 권위 있는 지도자들의 이름을 들며, 이들이 이 연구를 실험 방법의 모범으로서 경탄했다고 했다.
69. Dumas 1885, 162를 보라. 이 연구의 결과는 다른 후속 논문 두 편과 함께 Regnault 1840에 실려 출판됐다.
70. Regnault 1842a, 1842b를 보라. 각 보고서의 제2부는 전자의 법칙을 다루며, 첫째 보고서의 제1부는 후자의 법칙을 다룬다.
71. 두 가지 팽창 법칙에 관해서는, Regnault 1847, 91, 119-120을 보라. 마리오트 법칙과 관련해, 르뇨의 결과(1847, 148-150, 367-401)는 그 법칙이 탄산의 경우에 섭씨 0도에서는 유지되지 않으며 섭씨 100도에서, 그것도 밀도가 낮을 때에 유지됨을 보여주었다. 대기의 공기와 질소에 대해서는 일반적으로 이 법칙은 적용되지 않았다. 수소의 거동도 거기에서 벗어났지만 공기와 질소와는 정반대의 방향으로 나타났다. 르뇨는 앞선 연구의 결론(Regnault 1842b)에서 기체 법칙이 "한계점에서나(at the limit)"(즉, 기체 밀도가 0에 접근할 때에) 진리일 수 있다는 믿음을 지니고 있었다. 1847년 무렵에 그는 그런 제한적인 희망마저도 포기한 것으로 보인다.
72. Dumas 1885, 191을 보라.

73. Dörries 1998b, esp. 128–131을 보라. 인용 문구는 123쪽에서 가져온 것이다.
74. Dörries 1997, 162–164에 그런 비판적인 찬사의 일부가 요약되어 있다.
75. Dulong and Petit 1817, 117–120을 보라. 120쪽의 표 1에 요약이 실려 있다. 또한 Dulong and Petit 1816, 250, 252를 보라.
76. Dulong and Petit 1817, 119. 이들의 실험 절차에 관한 상세한 묘사가 Dulong and Petit 1816, 245–249에 있다.
77. Dulong and Petit 1816, 241–242, 그리고 Dulong and Petit 1817, 114–115.
78. Dulong and Petit 1817, 153. 금속에 대한 실험 결과로는 Dulong and Petit 1816, 263과 Dulong and Petit 1817, 136–150을 보라. 거기에 이들이 서로 다른 기체를 대상으로 열적 팽창의 균일성을 보여주는 확장된 새로운 연구를 수행했다는 기록은 없다. 이들의 논문은 대기의 공기에 관한 실험만을 보고했다. 이와는 별도로, 이들은 여러 기체들의 균일성에 관한 게이-뤼삭의 옛 실험 결과를 언급했을 뿐이다. Dulong and Petit 1816, 243을 보라.

제3장

그 너머로 나아가기

역사 Narrative	**온도계가 녹고 얼 때의 온도 측정하기** 수은은 얼 수 있는가? 수은은 어는점을 스스로 보여줄 수 있는가? 수은의 어는점 굳히기 과학적 도예공의 모험 그것은 우리가 아는 그런 온도가 아니다? 웨지우드에 쏠린 집단 비판
분석 Analysis	**태생지 너머로 나아가는 개념의 확장** 퍼시 브리지먼의 여행 안내 브리지먼을 넘어서: 의미, 정의, 타당성 측량 확장을 위한 전략 성장의 전략, 서로 받쳐주기

INVENTING TEMPERATURE

역사Narrative

온도계가
녹고 얼 때의
온도 측정하기

> 요즘에는 어떤 고온의 값을 결정하고자 할 때, 반사된 레이저 빔을 사용해 표적 방출률을 확정하고, 그 온도는 적외선 감지 이색 고온온도계로 측정하며, 정보는 자동으로 컴퓨터 데이터 저장소에 기록된다. 담당 엔지니어는 늘 이런 방식으로 일이 이루어지지 않았던 시절은 생각하지도 못한다.
>
> — 마토우세크(J. W. Matousek), 「옛 시절의 온도 측정 방법」, 1990

   앞의 두 장에서, 온도 측정에서 가장 기본이 되는 요소인 고정점과 수치 척도의 확립 과정을 살펴보았다. 제2장의 역사 부분은 수치 척도를 점점 더 엄밀하게 확립해가는, 19세기 중반까지 이어지는 노력에 초점을 맞추었다. 그러나 어느 정도 그럴듯한(reasonable) 수치 온도계가 확립되자마자 또한 다른 목표가 분명해졌다. 수월하게 확립된 온도 범위 이상으로 그 척도를 확장하자는 것이었다. 수은이 얼거나 끓을 때에는 수은 온도계가 물리적으로 파손된다는 점은 명백한 난제였다. 그런 파손 온도점(breaking-point)을 넘어서는 열적 현상에 관해 명확한 지식을 얻는 일은 이전까지 지도로 그려지지 않은 영토를 지도화하는 일과 매우 흡사했다. 이 장의 역사 부분에서, 나는 그런 난제가 양 끝의 온도점에서 어떻게 다루어졌는지를 담아내는 이중의 서술을 보여주고자 한다. 하나는 수은의 어는점에 대한 연구 활동이며, 다른 하나는 가마의 온도를 측정할 수 있는 온도계를 만들고자 했던 도예의 대가 웨지우드의 노력에 초점을 맞추고자 한다. 둘 다 실패의 교훈을 간직한 놀라운 성공의 이야기이다. 분석 부분에서는 경험 지식을 이미 확립된 영역 너머로 확장하는 일에 관해 기술한 역사 부분에서 제기되는 정당화와 의미의 주요 쟁점을 좀 더 논하도록 하겠다. 거기에서 퍼시 브리지먼(Percy Bridgman)의 조작주의 철학(operationalist philosophy)을 되살린 관점을 사용하여, 어떤 개념이 애초에 설명하던 현상의 영역 너머로 그 개념을 확장하는 과정을 좀 더 설명해보고자 한다.

수은은 얼 수 있는가?

상트페테르부르크의 제국 아카데미(Imperial Accademy)에서 화학과 자연사 교수로 있던 요한 게오르크 그멜린(Johann Georg Gmelin: 1709~1755)은 1733년 시작한 시베리아 횡단 10년 여정에서 학계 관찰자 팀을 이끄는 엄청난 과업을 떠안았다.[1] 이 탐사 여행은 안나 이바노브나 여제(Empress Anna Ivanovna)가 명한 것이었는데, 그는 러시아제국의 광대한 동쪽 영역에 관해 더 많은 지식을 얻고자 했던 삼촌 표트르 대제(Peter the Great)의 생각을 실현하고자 했다. 또한 아메리카 대륙으로 가는 길을 탐사하는 비투스 베링(Vitus Bering: 1681~1741)과 알렉세이 치리코프(Alexei Chirikov: 1703~1748) 선장들의 해양 탐사 팀과 반대쪽 끝에서 멋지게 만난다는 계획도 세워져 있었다. 탐사 중에 이들은 어느 지역에서는 여름철인데도 땅이 지표면 아래 몇 피트까지 꽁꽁 얼어 있다는 사실을 발견했다. 두 번째 겨울을 보내던 중에 예니세이스크(Yeniseisk) 지역에서 그멜린은 다음과 같이 기록했다(Blagden 1783, 362-363에서 재인용).

공기마저 얼어붙은 듯했다. 짙은 안개는 굴뚝에서 나온 연기가 솟아오르는 것을 용서치 않았다. 새들은 마치 죽은 듯이 하늘에서 떨어지고, 따뜻한 방 안으로 옮기지 않으면 곧바로 얼어 죽었다. 문을 열 때마다 짙은 안개는 이내 그 주변에 몰려들었다. 아무리 짧다 해도 낮 동안에 해 주변에서는 어슴푸레한 햇무리가 자주 보였고, 밤에는 달 주변에 가짜 달과 달무리들이 자주 보였다.

이런 놀라운 추위가 정확하게 어느 정도나 되는지 감지하는 것은 불가능했다. 그런데 만족스럽게도 그멜린은 다음과 같이 적었다. "감각과 같은 속임수를 쓰지 않는 우리 온도계는 우리에게 의문의 여지없는 엄청난 추위를 알려주었다. 온도계 안의 수은은 파렌하이트 척도로 영하 120도[섭씨 영하 84.4도]로 줄어들었다." 이런 관찰값은 지상의 어느 곳에서도 기록된 적이 없는 엄청난 최저 온도였기 때문이었기에 세계 과학자들을 놀라게 할 정도였다. 예를 들어, 저명한 자연학자이자 "전기학자(electrician)"였으며 나중엔 런던 파운들링 병원의 의사가 된 윌리엄 왓슨(William Watson: 1715~1787)은 "그런 엄청난 추위는 이런 관찰 실험에서 그 실재가 입증되지 않았더라면 존재한다고는 거의 생각할 수가 없다"라고 말했다. 그러나 온도계 덕분에 그멜린의 관찰은 "거의 의심할 수 없다"라고 했다(Watson 1753, 108-109).

반세기 뒤에 이런 설명을 검증하고자 했던 찰스 블래그덴이 보기에는, 그멜린의 실수가 분명했다. 시베리아의 겨울철 온도라 해도 북부 유럽에서 관측되는 최저 온도보다 화씨 100도 정도 더 낮다는 것은 거의 있을 수 없는 일처럼 보였다. 블래그덴(1783, 371)은 그멜린의 온도계에 든 수은은 사실상 얼어붙고 완전히 수축해서 실제보다 훨씬 더 낮은 온도를 가리켰을 것이 분명하다고 추론했다. 그멜린은 당시에 본질상 유체로 흔히 여겨지던 수은이 얼어붙었을 가능성은 생각하지도 않았다.[2] 실제로 그는 2년 뒤에도 그럴 가능성은 간단하게 일축했다. 야쿠츠크(Yakutsk) 지역에서 동료 중 한 명이[3] 자신의 기압계에 든 수은이 얼어붙었다고 알리면서 이 문제에 관심을 가질 수밖에 없었을 때였다. 그멜린은 눈앞에 얼어서 딱딱해진 수은을 보았지만 그는 이것이 식초와 소금을 사용해 정제한 수은에 물이 들어갔기 때문이라고 스스로 믿었다. 그는 기압계에서 수은을 꺼내어 잘 건조한 다음에 "그 온도계에 나타나는 훨씬 더한 추위에 노출하더라도" 그것이 다시 얼어붙지 않음을 보이면 된다는 말로 자신의 설명을 다시 확인했다. **어떤 온도계를 사용한다는 말인가?** 블래그덴(1783, 364-366)이 보기에는, 그멜린의 "확언(confirmation)"은 그저 수은 온도계는 믿을 수 없다는 것을 확인해주는 것일 뿐이었다. 다음 겨울철에 그멜린은 자신의 장비들에서 수은 응결의 증거를 관찰하기까지 했으나, 그는 이때에도 자신의 온도계와 기압계의 수은 기둥이 공기방울 때문에 파손되었다고 말했다. 그는 이런 현상의 원인을 설명하는 데에 상당한 애를 먹었지만 수은이 동결했을 가능성은 생각하려 하지 않았다(Blagden 1783, 368-369).

수은이 정말로 얼 수 있음을 보여주는 최초의 입증은 25년 뒤에나 이루어졌다. 그것은 상트페테르부르크 아카데미(St. Petersburg Academy)의 물리학 교수였던 조셉 애덤 브라운(Joseph Adam Braun: 1712?~1768)의 업적이었다. 1759~1760년 상트페테르부르크의 겨울은 매우 혹독해 12월에 온도는 드릴(Delisle) 척도로 212도나 되었는데, 이는 섭씨 영하 41.3도, 화씨 영하 42.4도와 같은 값이었다(제4장의 「온도, 열, 그리고 냉」에서 다시 논하겠지만, 드릴 온도 척도는 물의 끓는점을 0도로 설정하며, 차가워질수록 그 숫자가 커져 물의 어는점은 150도에 맞춰져 있다). 브라운은 이 기회에 눈과 질산(nitric acid, HNO₃)을 섞은 "혼합냉동제(freezing mixture)"를 사용해서 관찰할 수 있는 가장 심한 인공적 추위를 만들어낼 수 있으리라고 생각했다.[4] 수은 온도계는 드릴 600도(섭씨 영하 300도) 넘게 나아갔고 그 안의 수은은 완전히 얼어붙었다. 브라운은 의문을 남김없이 확인하기 위해서 온도계를 깨고서(당시로서는 사소하지 않은 물적 희생이었다) 그 안의 딱딱한 금속을 확인했다(Watson 1761, 158-164). 브라운이 아는 수준에서는, 수은의 고체화는 액체가 어는 현상과 다르지 않았으며, 그래서 그것은 "차가움의 개입(interposition of cold)"에 의한 단순한 효과였다.

브라운의 연구는 확실히 대단해 보였다. 윌리엄 왓슨은 브라운의 연구에 대해 런던 왕립학회에 보낸 자신의 공식 보고서에서 이렇게 감탄했다.

> 브라운 선생의 발견 이전에, 수은이 가단성 있는 금속이라고 누가 감히 확언할 수 있었던가? 그렇게 강렬한 정도의 차가움이 그런 수단으로 만들어질 수 있다고 누가 말할 수 있었던가? 질산을 눈에 부어 생기는 효과가 질산을 얼음에 섞어 생기는 효과를 그렇게나 뛰어넘을 수 있다고 누가 말할 수 있었던가…?
> (Watson 1761, 172)

그 이후에 수은이 자연적인 차가움으로도 얼 수도 있다는 사실이 러시아에서 활동한 또 다른 독일 출신의 자연학자 페테르 시몬 팔라스(Peter Simon Pallas: 1741~1811)에 의해 결국 확인되었다. 팔라스는 카트린느 여제(Catherine the Great)가 시베리아 탐사 여행에 초대한 인물이었으며, 그는 1768년부터 1774년까지 그 탐사 여행에 성공적으로 참여했다.[5] 1772년 12월에 그는 자신의 온도계에 든 수은이 얼어붙은 것을 관찰했으며, 그런 뒤에 받침접시에 담은 4분의 1파운드가량의 수은을 얼림으로서 이런 사실을 더욱 명확하게 확인했다.[6] 수은의 동결을 받아들이기 어렵다고 여기던 사람들은 팔라스가 사용한 수은의 순도에 의문을 던짐으로써 반박하고자 애썼으나, 결국에는 여러 다른 실험들이 그런 회의론을 잠재웠다.

얼어붙은 수은의 이야기에서 얻을 수 있는 직접적이고 손쉬운 교훈은 우리에게 낯익은 현상의 영역 그 너머로 나아갈 때에는 예기치 못한 것들이 일어날 수 있고 또 일어난다는 점이다. 공리주의 법률가인 제레미 벤담(Jeremy Bentham: 1748~1832)은 이 사례를 들어, 믿고자 하는 우리의 의지(willingness)가 어떻게 낯익음(familiarity)과 묶여 있는지를 설명했다. 벤담이 런던에 사는 어느 "학식 있는 의사"에게 브라운의 실험 이야기를 전했을 때 그가 받은 반응은 다음과 같은 것이었다. "나이 든 이가 젊은이와 대화를 하면서 취하곤 하는 그런 권위의 거드름을 피우며, [그분은] 그 이야기가 거짓이라고 단언했고, 그런 이야기를 어떤 식으로건 증명하고자 하는 데 대해 스스로 창피함을 느껴야 한다고 말했다." 벤담은 이런 이야기를 (존 로크가 전한) 어느 독일 여행자의 이야기와 비교했다. 그 여행자는 시암 왕국(Siam, 타이 왕국의 옛 명칭—옮긴이)의 왕에게 네덜란드에서는 물이 겨울에는 고체가 되어 사람들과 마차들이 그 위를 지나며 여행한다는 말을 했다가 왕에게 "경멸하는 웃음과 함께" 혼이 났다고 했다.[7] 로크가 전했다는 이야기의 출처는 불분명하지만, 거기에 담긴 철학적 요점은 의미가 있다.

이제 이런 단순 편견에서 생긴 직접적인 문제는 충분한 경험에 의해 해결될 수 있으며, 열린 마음이나 이론의 대담함이라는 건강한 활동(healthy does)에 의해 예방할 수도 있다. 예를 들어, 칼로릭 이론의 초기 학설을 발전시켰던 에든버러의 윌리엄 클레그혼(William Cleghorn)도 그런 현상이 물리적으로 구현되기 오래전에 이미 "열을 매우 큰 폭으로 줄이면 공기 자체도 고체가 될 수 있다는 것이 불가능한 일은 아니다"라고 판단했다.[8] 그렇지만 그멜린의 예측은 또한 더 깊고도 난해한 물음을 가리키는 것이었다. 만일 우리가 블래그덴과 마찬가지로 수은 온도계가 수은의 어는점에 가까이 갈수록 오작동할 것이 틀림없음을 인정한다면, 우리는 그 정도의 저온을 측정할 때 그 대신에 무엇을 사용하라고 제안할 수 있을까? 더 일반적으로 말하면, 우리가 새로운 영역에서 일어나는 물질의 거동이 더 낮익은 영역에서 우리가 알고 있는 것과 일치하지 않는다면, 우리는 또한 익숙하고 신뢰받는 관찰 장비들이 그런 새로운 영역에서 제 기능을 못할 수도 있음을 인정해야 할 것이다. 관찰 장비들을 신뢰할 수 없다면, 어떻게 새로운 영역의 현상에 대해 경험적 연구를 할 수 있을까? 우리는 제2장에서 수은 온도계가 18세기에 최상의 온도 표준이었음을 보았다. 쓸 수 있는 최상의 표준이 실패할 때에 우리는 어떻게 새로운 표준을 만들어내는가, 그리고 무엇에 기초해서 그런 새로운 표준을 공인할 수 있는가?

수은은 어는점을 스스로 보여줄 수 있는가?

수은이 실제로 얼 수 있음이 인정된 이후에, 즉시 생기는 난제는 수은의 어는 온도를 결정하는 것이었다. 브라운은 수은의 어는점이 "변동 폭이 너무 커서 정확하게 결정할 수가 없는" 것 같다고 인정했다. 그가 보고했던 드릴 469도(섭씨 영하 212.7도)는 그가 수은의 응결을 관찰했을 때에 가장 따뜻했던 온도였으며, "수은 응결의 평균 온도"는 드릴 650도(섭씨 영하 333.3도)로 계산됐다. 이들은 수은 온도계의 온도 기록에서 얻은 수치였다. 브라운은 또한 "고도로 정제된 포도주 정령(농축된 에틸알코올)"으로 만든 온도계도 가지고 있었다. 그는 자신이 그 알코올은 얼릴 수 없었으며 그 알코올 온도계가 수은을 얼리는 차가운 상태에서도 드릴 300도(섭씨 영하 100도)를 가리킬 뿐이었다고 보고했다. 그가 사용한 세 개의 알코올 온도계는 모두 다 서로 잘 일치했으며 또한 덜 차가운 온도에서는 수은 온도계와도 일치했다.[9] 나중에 시베리아에서 팔라스는 자신의 얼어붙은 수은이 드릴 215도(섭씨 영하 43.3도)에서 녹는 것으로 관찰됐다고 보고했다.[10] 따라서 브라운과 팔라스의 연구를 최상의 것으로 받아들이고 마찬가지로 그 온도점에서 신뢰할 만한 권위를 인정한다면, 수은의 진정한 어는점이 숨겨진 온도 구간은 거의 섭씨 300도의 차이가 나는 폭넓은 범위로 존재하는 것이었다. 당시에 상트페테르부르크의 군대에서 일한 스코틀랜드 출신의 물리학자 매튜 거스리(Matthew Guthrie: 1732~1807)는 1785년에 수은의 어는점에 관해서는 아무것도 확실한 것이 없으며 그저 가능성만이 있을 뿐이라는 견해를 밝혔다. 거스리(1785, 1-4, 15)는 알코올 온도계를 사용한 자신의 실험을 통해 "가장 순수한 수은의 진정한 응결점"은 레오뮈르 척도의 영하 32도(섭씨 영하 40도)라는 결론을 제시했으며, 그런 수치는 팔라스의 연구에 가장 일치한다고 언급했다.

이 문제에 관한 초기 불확실성의 의미는 브라운을 옹호하는 장−앙드레 드 뤽의 변론에서 잘 찾아볼 수 있다. 제2장의「드 뤽과 혼합법」에서 우리는 드 뤽이 1772년「대기의 변화에 관한 연구(Inquiries on the Modifications of Atmosphere)」라는 논문에서 수은을 온도 측정용 유체로 선택해야 한다는 강력한 논증을 펼쳤음을 보았다. 그는 같은 논문에서 브라운의 실험이 차가움에 의한 수은 수축이 어는점까지 매우 규칙적이라는 데 의문을 제기할 만한 어떤 근거도 보여주지 않았다고 주장했다. 이에 앞서 브라운의 실험 결과 발표 직후에, 이에 대한 반론이 파리의『학자 저널(Journal des Savants)』에 발표된 바 있었다. 아낙(Anac)이라는 이름의 저자는 내내 브라운이 쓴 아주 흔한 냉각 방법으로 드릴 650도(섭씨 영하 333도, 화씨 영하 568도) 같은 온도에 도달할 수 있었다는 데 대해 그저 믿지 못하겠다는 태도를 보였다. 그러나 드 뤽은 아나 자신이 알고 있는 더 익숙한 사례들에 바탕을 두고 새로운 영역의 현상들에 관한 관찰 결과를 판단하려 한다고 비판했다. 아낙은 또한 브라운의 온도가 당시에 드릴 521도와 7분의 3도(섭씨 영하 247.6도)로 계산된 절대영도보다도 훨씬 낮기 때문에 그것이 실제적인 것일 수 없다고 주장했다. 이 대목에서 그는 기욤 아몽통의 연구에서 유래한 숫자를 인용하고 있는데, 그것은 관찰을 통해 얻은 공기의 온도-압력 관계를 압력이 사라지는 지점까지 외삽 추론(이미 알려진 사실을 바탕으로 알려지지 않은 사실을 이끌어내는 추론-옮긴이)함으로써 얻은 것이었다("아몽통 온도"에 관해서는 제4장의 「추상적인 것을 향한 윌리엄 톰슨의 움직임」을 보라). 드 뤽은 이런 평가는 물론 절대영도의 개념 자체를 비웃으면서, 관찰된 온도-압력의 선형적 관계가 절대영도까지 계속되리라는 전제, 그리고 온도가 공기압에 그토록 본질적으로 연계된다는 이론적 전제, 이런 두 전제의 불안정함을 지적했다(De Luc 1772, 1:256-263, §416).

드 뤽은 또한 브라운의 숫자에서는 불일치로 보이는 것도 사실 일치된 것일 수 있다고 주장했다. 이런 주장은 수은이 얼거나 어는점 부근에서 이상 거동을 보이는 온도에서 온도를 재기 위해서는 알코올 온도계를 사용한다는 일견 현명한 실행 방법에 관해서도 심각한 의문이 들게 만들었다. 우리는 제2장의 「드 뤽과 혼합법」에서 드 뤽이 혼합법을 사용하여 표준 알코올 온도계의 온도 기록이 끓는점과 어는점 사이의 온도점에서 '실재' 온도보다 거의 섭씨 8도나 낮게 나타나 부정확하다는 논증을 펼친 것을 살펴보았다. 드 뤽은 또한 알코올 온도계와 수은 온도계의 온도 기록 간에는 심각한 불일치가 나타남을 입증해 보였다. 수은–알코올의 불일치는 혼합법의 설득력과는 무관하게 실재적인 것이다.

드 뤽의 데이터에서는 온도가 높을수록 알코올이 수은보다 더욱 "가속하는" 팽창을 보여주었다. 더 낮은 온도에서도 같은 패턴이 계속 이어진다면, 선형성을 따른다고 가정할 때보다 알코올은 실제로 상당히 더 작게 수축할 것이었다. 이는 선형적으로 눈금 매긴 알코올 온도계의 기록이 실제 온도보다 높거나 또는 어쨌거나 수은 온도계보다 높게 나타남을 의미한다. 드 뤽은 알코올 온도계에서 드릴 척도 300.5도(드 뤽 자신의 척도로 영하 80.75도)는 사실상 수은 온도계에서 드릴 척도 628도(드 뤽 척도 영하 255도)의 열과 동일할 것이라고 판단했다([그림 3.1]). 이렇게 보면 앞에서 보았듯이 수은 온도계에서 수은의 어는점을 드릴 척도 650도로 제기하고 알코올 온도계에서 드릴 척도 300도를 제시했던 수수께끼 같은 브라운의 실험 결과도 이해된다. 그래서 드 뤽은 거기에 이상한 점은 없으며 어는점 부근에서 수은 온도계를 불신할 만한 특별한 이유도 없다고 주장했다. 더 심각한 걱정은 수은의 어는점 부근에서 적어도 드릴 척도로 300도(섭씨 200도)나 벗어나 표시된 듯한 알코올 온도계에 있었다.[11]

드 뤽의 논증은 수은의 어는점에 관한 연구 과정에 놓인 두 가지의 장벽을 고스란히 드러내었다. 첫째, 그런 극한의 차가움에서 믿을 만하다고 알려진 온도 표준은 존재하지 않았다. 드 뤽은 알코올 온도계가 더 안정적이라는 일부 사람의 그릇된 인식을 산산이 깨버렸지만, 그 자신이 더 믿을 수 있는 대안의 표준을 제시하지는 못했다. 드 뤽은 근거가 빈약하지만 기대를 담아서 그저 수은이 어는점까지 적합하게 규칙적인 수축을 계속할 것이라는 추측을 보여주었을 뿐이었다. 둘째, 우리는 드 뤽이 절대영도에 관해 근거 없는 가정을 한다며 아낙을 꾸짖을 때에도 그의 논증이 사변

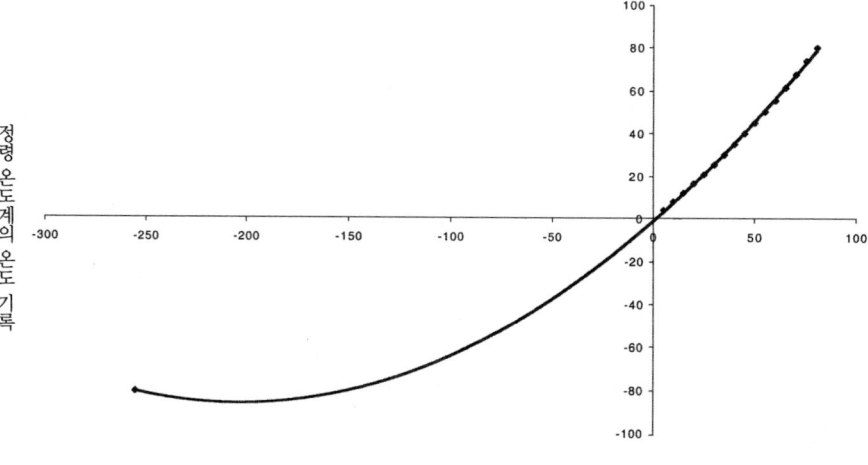

[그림 3.1] 드 뤽의 수은과 알코올 온도계 비교와 그 결과의 외삽 추론. 제2장의 [그림 2.1]에 있는 계열 1의 것과 같은 데이터가 여기에 사용되었다. 여기에 나타난 곡선은 드 뤽의 데이터와 외삽 추론으로 내가 작성할 수 있는 최선의 2차함수이다.

적이었음을 지적할 수 있다. 드 뤽이 사변을 피하기는 어려웠다. 왜냐하면 상대적으로 따뜻한 제네바의 기후에서, 그가 자신의 논의에서 생겨나는 불확실성을 해소하기 위해 따로 실험을 행할 수 없었기 때문이다. 당시에는 가장 좋은 혼합냉동제를 갖고 있었다 해도, 상트페테르부르크 같은 지역에서나 나타나는 아주 추운 자연적 온도에서 실험을 하지 않는다면 충분히 낮은 온도의 조건을 얻기는 불가능했다.

이런 장벽을 넘어서는 발전은 드 뤽 연구 직후에, 영국 제국주의의 도움을 약간 빌려 이루어졌다.[12] 수은의 어는점에 관해 새로운 실험을 벌이고자 했던 왕립학회는 오늘날의 캐나다 온타리오 주에 있는 알버니 요새(Fort Albany)의 총독이었던 토머스 허친스(Thomas Hutchins: ?~1790)라는 인물에게서 그런 실험을 완수할 길을 찾았다.[13] 허친스는 1766년 이래 허드슨 만 회사

(Hudson's Bay Company)에 고용되어 북아메리카에 머물고 있었다. 또한 그는 그곳에서 앤드루 그레이엄(Andrew Graham)과 공동연구를 하면서 자연학자로서도 명성을 쌓았다. 1773년에 휴가차 잉글랜드에 돌아온 그는 복각계(dipping needle, 지자기를 측정하는 장비—옮긴이)와 수은 응결 현상에 관한 관찰 연구를 수행하기로 왕립학회와 협약을 맺게 되었다. 허친스는 1775년 수은을 얼어붙게 하는 실험에 처음 성공했다(당시 남쪽에서 영국제국이 식민지 혁명가들과 전쟁을 벌이기 시작했을 때에도 허드슨 만 회사는 상대적으로 조용한 분위기였다). 그렇지만 초기의 브라운처럼 허친스는 자신 있게 수은의 어는점을 결정할 수는 없었다.

허친스의 실험 이야기에 관해 전해들은 조셉 블랙은 1779년 그레이엄에 보낸 편지를 통해 사려 깊은 충고를 전해주었다(편지는 Hutchins 1783, *305-*306에 다시 실렸다). 블랙의 서신은 부정적인 평가로 시작했다. "저는 브라운 교수의 실험을 보면서 (수은을 얼릴 만큼) 차가운 정도의 온도는 온도계 자체의 수은을 응결하는 방식으로 간편하게 발견될 수 없다고 늘 생각해왔습니다." 그렇지만 그는 수은 온도계가 여전히 수은의 어는점을 결정하는 데에 사용될 수 있다는 견해를 다음과 같이 밝혔다. 먼저 수은 온도계를 수은으로 채워진 더 넓은 원통의 한가운데에 집어넣는다. 그러고는 원통을 바깥부터 점차 냉각한다. 그러면 온도계 바깥의 수은이 온도계 안의 수은보다 먼저 얼기 시작할 것이다. 바깥쪽의 수은이 아말감(amalgam) 정도로 굳기 시작하는 순간에 온도계의 온도를 기록한다. 블랙은 자신 있게 이렇게 내다봤다. "같은 수은으로 그렇게 행해진 모든 실험에서는 온도계 장비가 언제나 같은 온도를 가리킬 것임을 나는 전혀 의심하지 않는다."

왕립학회를 대신하여 런던에서 허친스의 실험 방향을 조정하던 이는 헨리 캐번디시였다. 블랙과는 별도로 캐번디시가 허친스에게 자신이 쓰던 것과 거의 정확하게 동일한 솜씨 있는 실험 설계를 제공할 수 있었던 일은 충분히 행복한 우연의 일치였다. 게다가 그 설계가 캐번디시도 공유했던 잠열이라는 블랙의 개념에 결정적으로 의지하는 것이었음을 생각한다면, 그것은 이만저만한 우연의 일치가 아니었다. 액체가 얼려면 온도가 어는점까지 도달한 이후라 해도 상당히 많은 양의 열이 그 액체에서 제거되어야 하기에(제1장 「어는점의 경우」 참조), 블랙과 캐번디시는 수은으로 채운 더 큰 원통이 있다면 그것이 어는 데에는 꽤 많은 시간이 걸릴 테고, 그러는 사이에 원통 안 수은의 온도는 거의 균일하고 일정해지리라고 굳게 믿고 있었다. 사실 캐번디시(1783, 305)는 녹은 상태의 납과 주석이 냉각하면서 고체가 될 때 비슷한 패턴의 거동이 나타나는 것을 관찰한 적이 있었다. 줄여 말하면, 온도계를 그 한가운데에 놓으면 온도계는 냉각의 충분한 효과를 마지막으로 받을 테고, 그리하여 온도계 안의 수은 자체는 얼지 않으면서도 어는점에 매우 가깝게 접근할 수 있다는 것이었다. 캐번디시는 자신이 만든 장치의 설계를 다음과 같이 설명했다.

> 이 원통을 혼합냉동제 속에 담가두고 마침내 원통 안을 채운 수은의 대부분이 언다면, 그 순간 둘러싸여 있는 온도계가 나타내는 온도가 바로 수은의 정확한 어는점이 된다는 것은 자명하다. 왜냐하면 이 경우에 온도계의 뿌리 부분이 상당한 시간 동안 실제 얼어붙은 수은에 둘러싸여 있을 수밖에 없어서, 온도계의 온도가 그 온도점보다 눈에 띄게 높을 수는 없기 때문이다. 또 원통 안 수은의 일부가 여전히 유체인 동안에 온도계의 온도가 그 온도점보다 눈에 띄게 낮을 수도 없다. (Cavendish 1783, 303-304)

캐번디시는 자세한 사용설명서를 함께 넣어 [그림 3.2]에 있는 장치를 허드슨 만 회사로 서둘러 보냈다. 허친스는 (영국 군대가 버지니아, 요크타운에서 항복한 직후인) 1781~1782년의 겨울철에 실험을 수행했다. "실험은 공기가 막힘이 없이 트인 공간에서 고작 몇 장의 사슴가죽들을 기워놓은, 바람막이 삼아 바람 부는 쪽에 세운 요새의 위쪽에서 이루어졌다. 거기 작업장 위에는 많은 눈이 있었다(18인치 깊이)…"(Hutchins 1783, *320). 갖가지 기술적인 어려움과 해석상의 혼란도 있었지만, 허친스는 캐번디시가 만족할 만한 수준으로 가까스로 실험을 수행했으며, 자신이 설계한 몇 가지 실험도 또한 완수했다. 허친스가 결론으로 내린 수은의 어는점은 화씨 영하 40도였다(섭씨 영하 40도, 그런데 놀랍게도 이 온도점은 화씨와 섭씨의 숫자가 일치하는 바로 그 지점이었다). 허친스와 캐번디시가 이 숫자를 자신 있게 결론으로 제시할 수 있었던 것은 그것이 서로 다른 세 가지의 환경 조건에서 얻어진 기록이었기 때문이었다. 원통 안의 수은이 어는 동안에, 온도계의 뿌리 부분에 얼어 있던 수은이 녹는 동안에, 그리고 얼어붙은 수은 덩어리 중에서 녹고 있는 액체 부분에다 온도계를 꽂았을 때에 얻어진 동일한 온도 기록이었다(Cavendish 1783, 321-322).

  수은의 어는점에 관한 허친스와 캐번디시의 결과물은 많은 과학자들에게 매우 기꺼이 받아들여졌다. 그것은 팔라스의 이전 추정치(섭씨 영하 43도)와 거의 일치했으며, 알코올 온도계를 사용한 거스리의 측정값과도 정확하게 일치했다. 블래그덴도 무척 기뻐했다.[14]

허드슨 만 회사에서 늦게 이루어진 실험들은 마침내 철학자들이 의견을 달리해 크게 갈라지게 했을 뿐 아니라 전반적으로 매우 잘못된 생각을 향유하게 했던 그 온도점을 결정했다. 여러 자명한 분위기로 볼 때에 수은 응결이라는 것이 파렌하이트 척도로 0도보다 500도 내지 600도나 더 낮을 개연성은 거의 없

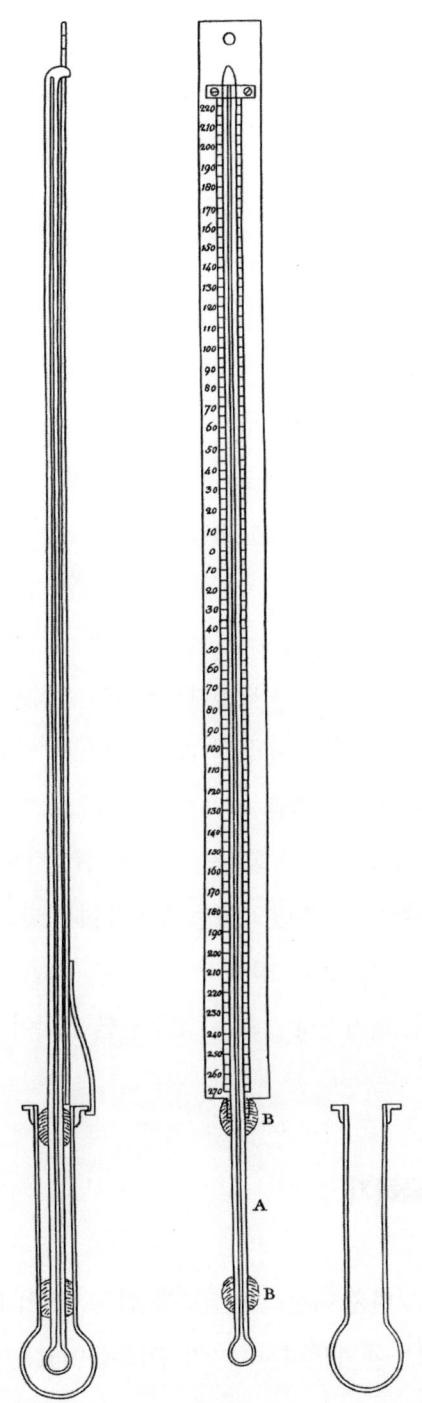

[그림 3.2] 수은의 어는점을 결정하는 캐번디시의 장치로, 허친스가 실험에 사용했다(1783, tab. 7, facing p. *370).
Courtesy of the British Library

었지만 (…), 그러나 어느 누구도 그것이 100도에도 이르지 못하리라고는 감히 상상하지 못했다. 그렇지만 허친스 선생은 그런 수치조차 진리에서 한참 벗어난 것임을 분명하게 증명했다… (Blagden 1783, 329)

이 결과에는 한 가지 작은 수정이 가해졌다. 그것은 캐번디시가 런던으로 되돌아온 허친스의 온도계를 살피던 중에 나왔다. 캐번디시의 왕립학회 위원회가 1777년에 정한 절차 규정에 의해 눈금을 매긴 표준 온도계와 비교할 때 허친스의 온도계가 표준에서 약간 벗어나 있는 것이 발견됐기 때문이었다. 따라서 캐번디시(1783, 309와 321)는 수은의 진정한 어는점이 0도 아래의 38과 3분의 2도였다고 계산했다. 그가 우수리를 없앤 값이 화씨 영하 39도였다. 허친스-캐번디시 연구는 다음의 작은 사건에서 보이듯이 확실히 빠르게 영향을 끼치기 시작했다. 스웨덴 화학자 토르베른 베리만(Torbern Bergman)이 1782년 저서 『광물학 개설(Outline of Mineralogy)』을 출판했을 때에 그는 표에 수은의 어는점을 화씨 영하 654도로 기록했다. 영국 의사이자 버밍엄 달 학회(Lunar Society) 회원인 윌리엄 위더링(William Withering)은 이 책을 영어로 번역했는데, 베리만의 표를 수정해야 한다고 여겨 수은의 "녹는점"에 "화씨 영하 39도 또는 영하 654도"라고 적었다.[15] 그렇지만 다음 절에서 보게 되듯이, 허친스의 결과는 정말 간단한 것이 아니었다.

수은의 어는점 굳히기

캐번디시와 블래그덴은 허친스의 결과를 검토하면서 1782~1783년 겨울을 보냈다. 그 결과물이 캐번디시(1783)가 쓴 논문이었는데, 거기에서 그는 허친스의 모든 관찰 결과를 명확하고도 일관성 있게 해석하려고 노력했고 또한 대체로 성공을 거두었다. 우월한 지식을 갖춘 21세기의 관점에서 보면, 수은의 어는점에 관한 18세기 실험 연구의 관련 과제를 낮게 평가하기 쉽다. 대부분의 온도계는 믿을 만하지 않았고 서로 일치하지도 못했다. 혼합냉동제는 일시적이고 변덕스러운 차가움을 만들어내는 재료여서 수은을 천천히 또는 대량으로 얼리기는 어려웠다. 차가운 온도는 제어할 수 없는 바깥 공기의 온도에 의해 결정적으로 영향을 받았다. 수은의 가는 기둥이 얼어붙은 고체인지 여전히 액체이지만 멈춰 있을 뿐인지 아는 것은 시각적으로 어려운 일이었기에, 수은의 어는점 부근에 있는 수은 온도계의 기록은 믿을 수 없었다. 더욱이 얼어붙은 수은이 종종 온도계 유리관의 안쪽 벽에 달라붙어 있다가 다시 따뜻해질 때 미끄러져 내리면서, 온도 기록을 떨어뜨리는 설명하기 힘든 현상을 초래했다. 그리고 극한의 추위로 인해 유리가 깨지기 쉬운 상태가 되어, (덜컹거리는 오랜 여정에서 세심한 주의를 받으며 상트페테르부르크와 런던 등지에서 황야로 옮겨진) 소중한 온도계들은 실험 도중에 파손되는 것이 일상이었다.

 이런 실제적인 모든 문제들 중에서도 으뜸은 과냉각 현상에 의해 나타나는 눈속임에 있었다. 물과 마찬가지로 수은은 "정상적인" 어는점 아래로 냉각되고도 액체 상태를 유지할 수 있었다. 나는 앞에서 "원통 안 수은이 약간이라도 액체 상태를 유지하는 동안에는, 수은이 감지될 만큼 그 [어는점] 밑으로 떨어질 수는 없다"라는 캐번디시의 말을 인용한 적이 있다. 그가 허친스 실험에 나타난 일부 "눈에 띄는 현상(remarkable appearance)"을 설명하려면 자신이 했던 이 말의 잘못을 인정해야 했다. 캐번디시는 일부 실험에서는 수은이 과냉각되어 어는점 밑에서도 액체 상태로 남았던 것이 틀림없다는 결론을 내렸다. 물에서 나타나는 과냉각은 그만큼의 혼란을 가져왔지만, 수은의 경우에는 "정상의 어는점" 자체가 큰 논란 대상이었기에 수은의 과냉각이 일으켰을 당혹스러움은 누구라도 상상할 수 있을 것이다. 과냉각이 캐번디시의 실험 장치를 얼마나 혼란으로 몰아갔을지도 또한 쉽게 이해할 수 있다. 다행히도, 과냉각에 대한 당시의 이해 수준은 캐번디시가 허친스의 결과에서 가장 두드러지게 이상한 것들을 파악할 정도로 충분히 발전해 있었다. 당시에 수은의 과냉각은 여전히 하나의 가설이었는데, 사실 허친스의 결과에 대한 캐번디시의 분석은 어는점의 수치뿐 아니라 과냉각의 존재를 입증해주는 구실을 했다(이는 칼 헴펠(Carl Hempel 1965, 371-374)이 말했던 "자기 증거적(self-evidencing)" 설명을 보여주는 좋은 사례일 것이다).

두 가지 사례(허친스의 두 번째와 세 번째 실험)에서, 수은 온도계는 바깥 원통의 수은이 액체 상태를 유지하는 동안에 화씨 영하 43도를 가리켰다. 그런 뒤에 바깥쪽 수은이 얼기 시작하자 온도계는 화씨 영하 40도로 갑자기 올라갔다. 캐번디시는 이것을 과냉각이 붕괴될 때에 나타나는 전형적인 "총알얼음(shooting)" 거동이라고 해석했다. 이런 경우에는 과냉각된 액체 중 아주 많은 부분이 갑자기 얼어붙으면서, 방출된 잠열은 그 전체를 정상의 어는 온도에 이르게 한다(과냉각과 총알얼음에 관한 좀 더 자세한 설명으로는 제1장의 「어는점의 경우」를 보라). 만일 그렇다면, 이 관찰은 정상의 어는점이 실제로 화씨 영하 40도임을 보여주는 또 다른 증거가 될 수 있었다. 더 큰 도전은 다른 네 가지 사례(네 번째부터 일곱 번째까지 실험)에서 관찰된 거동이었다. 즉, 매번 온도계는 "영하 40도에서 정지하는 법 없이 어는점 밑으로 크게 떨어졌다"(Cavendish 1783, 317). 이것 외에도 허친스가 남긴 상세 기록들을 보면 정지 온도점(stationary point)이 여러 가지로 나타났고, 어떤 경우에는 온도가 갑자기 화씨 영하 400도 밑으로 떨어지기도 했다. 캐번디시(1783, 318)의 견해로는, 이 모든 것은 "[바깥쪽] 원통의 수은이 그 자신은 얼지 않으면서도 빠르게 어는점 아래로 너무 크게 냉각하여 그것에 둘러싸인 온도계 안의 수은이 얼어붙은 것"을 의미했고 "만일 그렇다면 이는 그 현상들을 완벽하게 잘 설명해주는" 것이 되었다. 블랙의 제안으로 비슷한 실험 장치를 사용했던 거스리(1785, 5-6)는 수은이 여전히 액체이지만 거기에 꽂아둔 온도계는 레오뮈르 척도의 영하 150도(섭씨 영하 187.5도, 화씨 영하 305.5도)를 가리키는 비슷하게 당혹스러운 관찰 결과를 보고했다. 그는 이런 사실을 과냉각에 의거해 설명해준 데 대해 블래그덴에게 감사함을 나타냈다(Blagden 1783, 355-359 참조).

    허친스-캐번디시의 어는점 수치에 의문을 제기하는 근거는 하나 더 있었다. 신기하게도 그 어는점 수치는 둘의 논문에서나, 블랙과 주고받은 서신에서나 자세히 논의된 적이 없었다. 캐번디시-블랙 실험 장치의 설계는 온도계 안의 수은을 어는점 밑으로는 내려가지 않게 하면서 어는점 근처에 도달하도록, 그래서 수은이 얼면서 눈에 띄게 수축해 잘못된 온도 기록을 나타내지 않도록 하는 데 초점을 맞추었다. 그렇지만 그 설계는 수은의 수축이 일정하게 지속되다가 결국에 어는점에 도달한다는 단순한 가정에 바탕을 두었다. 그런 가정의 논거는 무엇이었을까? 캐번디시는 이전에 드뤽이 수은의 규칙성을 옹호했던 논증이 지금 보면 우스꽝스럽게도 어는점이 화씨 영하 568도라는 주장을 뒷받침하기 위해 맞춰진 것이었기에 그런 논증에는 신중한 태도를 취해야만 했다. 거스리(1785, 5)는 그런 확인이 허친스가 수은 온도계와 함께 사용했던 알코올 온도계에 의해서만 이루어질 수 있다고 생각했다. 나는 거스리가 수은 온도계에 대해 의심을 품은 것은 옳았다고 생각한다. 하지만 알코올이 수은의 어는점을 지나면서도 규칙적인 수축을 잃지 않았다는 그의 자신감은 어디에서 비롯했을까? 그는 이에 대해 말하지 않았다.

수은 어는점 부근의 온도에서는 알코올과 수은 온도계가 모두 다 불안정했다. 한편으로는 제2장의 「드 뤽과 혼합법」에서 논했듯이 알코올의 열적 팽창이 일반적으로 선형적이지 않다는 것이 널리 받아들여진 관점이었고, 캐번디시도 특별히 알코올 온도계에 의지하는 것을 꺼렸다.[16] 다른 한편으로는, 수은의 어는점 부근에서 수은 온도계의 기록을 경계하지 않기는 어려웠다. 수은 온도계의 가장 훌륭한 옹호자인 드 뤽조차도 어는점 부근에서 액체는 선형적으로 팽창할 것 같지 않다는 일반적인 견해를 표명했다(「드 뤽과 혼합법」을 보라). 만일 이것이 수은과 알코올 중에 어느 것이 더 적당한지를 두고 벌이는 싸움이라면, 그 결과는 그저 무승부였을 것이다. 허친스의 관찰에서는 아주 낮은 온도에서 그의 알코올 온도계와 수은 온도계의 기록 간에 대략 화씨 10도의 불일치가 존재함이 분명해졌다. 캐번디시의 판단(1783, 321)으로, 수은의 어는점은 알코올 온도계로 잴 때에 화씨 영하 28.5도와 영하 30도 사이에 있었다.[17]

캐번디시는 특유의 재능을 발휘하며 수은 온도계에 매달렸다. 이번에는 존 맥내브(John McNab)와 헨리 하우스(Henry House)에게 허드슨 만 회사의 후속 실험을 수행하도록 주문하면서, 캐번디시는 더욱 효과적인 혼합냉동제를 써서 수은의 어는점보다 더 낮은 온도를 구현하고 그것을 연구하는 것이 목표였기 때문에 알코올 온도계를 사용할 수밖에 없었다. 그런데 캐번디시는 여전히 수은 온도계의 표준에 맞춰 알코올 온도계의 눈금을 조정했다. 그 과정은 이랬다.

실험을 행하면서 맥내브 선생은 때로는 이 온도계를 쓰고 때로는 저 온도계를 썼다. 하지만 (…) 나는 모든 관찰값을 동일한 표준으로 환산했다. 즉, 수은이 어는 온도보다 덜 차가운 온도에서는 같은 환경에서 수은 온도계에 나타날 법한 온도를 적어두었다. 하지만 이보다 더 차가운 온도에서는 그렇게 할 수 없고 수은 온도계도 아무 쓸모가 없다. 나는 수은 온도계가 어느점에서 정령 온도계들보다 얼마나 더 낮게 버티는지 알 수 있었고, 그래서 정령 온도계에 나타나는 차가운 온도를 그 차이만큼 높여 조정했다. (Cavendish 1786, 247)

이런 식으로 캐번디시-맥내브 팀은 화씨 영하 78.5도(섭씨 영하 61.4도)까지 내려가는 온도를 측정했다. 그런 온도는 진한 황산(H_2SO_4)을 눈과 섞어서 구현했다(Cavendish 1786, 266).

캐번디시의 관심과 자신감에도 불구하고, 수은의 어는점과 그 아래의 온도 측정은 한동안 불확실성의 영역으로 남아 있었다. 블래그덴과 리처드 커완(Richard Kirwan)이 수은의 어는점을 온도 측정에서 0도로 삼아야 한다는 생각을 제시했을 당시에, 1797년 『브리태니커 백과사전』의 제3판도 수은의 어는점이 "잘 밝혀진 온도점이 아니다"라고 말하며 이런 생각을 거부했다.[18] 1808년에 존 돌턴은 사실상 수은의 어는점을 0도로 삼는 새로운 온도 계측 척도를 만들었다. 그러나 제2장의 「혼합법에 배치되는 칼로릭 이론」에서 보았듯이 그는 수은이 실제 온도를 좇아 거의 균일하게 팽창한다는 믿음에는 반론을 제기했다. 대신에 돌턴의 온도 척도는, 순수한 액체의 팽창이 그 액체 밀도가 가장 클 때의 온도점(대체로 어는점, 그러나 물은 제외)에서 나오는 온도의 제곱값에 비례한다는 자신의 이론적 신념에 바탕을 둔 것이었다. 이 법칙을 좇아 물의 어는점과 끓는점을 각각 화씨 32도와 212도로 확정한 돌턴은 수은의 어는점을 화씨 영하 175도로 추산했다(1808, 8, 13-14). 돌턴의 온도 계측 척도가 일반적으로 사용되었다는 증거는 없지만, 당시에 그가 틀렸음을 입증하는 논증도 없었다. 수은 온도계와 알코올 온도계는 모두 다 정당화되지 않은 채로 남아 있었으며, 얼어붙은 수은에 관한 경험적 연구에서도 진전이 이루어지기 어려웠다. 그토록 낮은 온도는 구현하기도 쉽지 않았을 뿐더러 그런 상태를 오래 유지하기는 훨씬 더 어려웠기 때문이다. 이는 수십 년이 지나서야 가능해졌다.

19세기 전반에 저온 측정에서 이루어진 가장 두드러진 진전은 1837년에 조용히 찾아와, 눈에 띄지 않는 방식으로 일반 지식의 일부가 되었다. 이렇게 저평가된 연구의 저자는 클로드-세르배-마티아스 푸이에(Claude-Servais-Mathias Pouillet: 1790~1868)였다. 이듬해인 1838년 뒬롱이 숨지자 그는 파리 과학교수회(Faculty of Sciences)의 물리학 의장이던 뒬롱의 자리를 이어받았다. 푸이에는 줄곧 의장직을 유지하다가 1852년에 나폴레옹 3세의 제국 정부에 대한 충성 맹세 서약을 거부했다는 이유로 자리에서 물러났다. 푸이에가 저온 연구를 하고 있었을 무렵에 그는 이미 파리에서(파리 고등사범학교(École Normale)에서, 그리고 나중에는 과학교수회에서) 물리학을 20년 동안 가르치고 있었으며 또한 교과서의 저자로도 잘 알려진 인물이었다. 그의 초기 연구는 비오의 지도를 받아 광학 분야에서 이루어졌으며 그는 이어 전기와 열 분야에서 중요한 실험 연구를 계속했다. 아마도 그는 르뇨 이전에 기체의 팽창과 압축(compressibility)에 관해 가장 신뢰할 만한 실험가였을 것이다.[19]

지금 보면, 푸이에의 연구물에서 주된 요소들은 매우 단순하다. 당시에는 틸로리에(A. Thilorier)라는 화학자가 마침 드라이아이스(냉동된 이산화탄소)를 제조해내어 이를 황화에테르(sulphuric ether)와 섞어 만든 반죽 물질(paste)을 알리고 있었다. 틸로리에의 반죽은 어떤 혼합냉동제보다도 더 큰 냉동의 효과를 낼 수 있었다. 푸이에는 이 새로운 물질을 이용해 더 낮은 저온의 영역으로 가보고자 했다. 무엇보다도 먼저 그는 이 반죽 냉각 물질의 냉각 가능 온도를 결정하는 일에 나서 그것이 섭씨 영하 78.8도라는 결론을 내렸다.[20] 이 실험에서 그는 공기 온도계를 사용했는데, 그것이 놀랄 만한 일은 아니었다. 푸이에는 이전에도 공기 온도계를 사용해 연구한 적이 있으며 1827년 교과서에서는 뒬롱, 프티, 라플라스의 논증을 인용하면서 기체 온도계를 분명하게 옹호하는 목소리를 낸 적도 있었기 때문이다.[21] 더 흥미로운 물음은, 그 정도의 저온에서도 공기가 액화 근처에도 가지 않는다는, 또는 어떤 극적인 방식으로 그 물질 상태가 변하지 않는다는 이점이 당시에 자명했을 텐데 왜 확실히 어느 누구도 수은의 어는점 부근 온도를 연구하면서 공기 온도계를 사용하지 않았느냐 하는 것이다. 나는 그런 역사적인 물음에 어떤 설득력 있는 답을 가지고 있지 못하다. 그러나 주된 원인들은 아마도 실용적인 문제였을 것이고, 특히 대부분의 공기 온도계는 몸집이 상대적으로 커서, 관찰 대상인 수은이나 다른 물질을 충분한 양으로 그 온도계 둘레에 채우려다 보면 비현실적일 정도로 많은 양의 고급 냉각제도 덩달아 필요했을 것이다. 푸이에는 틸로리에의 반죽과 그 자신의 공기 온도계 개량 노력 덕분에 당시에 그가 썼던 공기 온도계의 크기에 걸맞게 충분한 양의 냉각제를 지녔던 최초의 사람이었을 것이다.

극저온의 영역에서 공기 온도계를 사용함으로써 푸이에는 이전의 연구자들보다 더 나은 중요한 이점을 누렸다. 공기 온도계의 정확성에 대한 푸이에의 자신감에는 뚜렷한 근거가 있지는 않은 듯했으나(제2장의 「칼로릭 학설의 신기루, 기체의 선형성」에서 보았듯이), 적어도 공기 온도계는 수은 온도계와 알코올 온도계의 온도 표시를 검증하는 또 다른 독립적인 수단이 되었다. 푸이에는 이제 수은의 어는점을 확인하는 연구를 시작했다. 그는 이런 실험에서 공기 온도계를 사용하기 어렵다는 점을 인정했다. 그가 그 어려움이 무엇인지 구체적으로 밝히지는 않았지만, 나는 그런 실험에는 공기 온도계를 담글 정도로 상당히 많은 양의 수은이 필요했을 테고 그렇게 많은 수은 전체를 균일한 온도로 유지하면서 충분히 천천히 그토록 낮은 온도까지 냉각하기는 무척이나 어려운 일이었으리라고 짐작한다. 틸로리에 혼합물을 썼다면 지나치게 급작스러운 변화와 불균등한 냉각이 일어났을 것이다. 어려움이 무엇이었건 간에 너무도 심각한 것이었고 푸이에는 번거로운 우회로를 택해야만 했다. 그래서 사용된 것이 열전쌍(thermocouple)이라는 장치였다. 그것은 서로 다른 두 금속의 접합부에 열이 가해질 때에 거기에서 유도되는 전류를 측정함으로써 온도를 측정할 수 있는 기구였다. 푸이에(1837, 516)는 비스무트-구리(bismuth-copper) 열전쌍을 선택해서 일상의 온도 범위(섭씨 17.6도에서 77도까지)에서 공기 온도계와 비교하며 그 열전쌍의 선형성을 점검했다. 그리고 나서 그는 단순한 외삽 추론을 통해서 열전쌍의 척도를 확장했고, 거기에서 틸로리에 반죽의 온도가 섭씨 영하 78.75도인 것으로 측정되었는데 이것이 그 특정 온도점에서 공기 온도계 기록들의 0.1도 이내에 있는 것이라는 "주목할 만한 사실"을 얻고는 기뻐했다. 이런 근접한 일치 덕분에 푸이에는 비스무트-구리 열전쌍이 매우 낮은 온도를 정확하게 표시해준다는 자신감을 얻었다.

열전쌍은 그 다음에 수은의 어는점 연구에 사용되었으며 수은의 어는점을 섭씨 영하 40.5도(화씨 영하 40.9도)로 보여주고 있었는데, 이는 캐번디시-허친스가 수은 온도계를 사용해 얻은 화씨 영하 39도에 매우 근접한 것이었다. 이제 푸이에는 그런 수은의 어는점과 틸로리에 반죽의 온도점 사이에 있는 온도의 눈금을 매긴 알코올 온도계를 만들었다. 0도 아래의 온도 범위에서 알코올이 선형적으로 팽창한다고 가정하는 이런 척도가 더 따뜻한 온도들을 선형적으로 외삽 추론해서 얻은 알코올 척도와 동일한 것은 아님을 주목해야 한다. 푸이에(1837, 517-519)는 서로 다른 여섯 가지의 알코올 온도계를 만들었는데, 그것들이 모두 다 섭씨 영하 40.5도의 0.5도 이내 범위에서 수은의 어는점의 온도 기록을 보여주었다고 밝혔다. 그는 기쁘게 다음과 같이 말했다. "이런 차이는 너무도 작아서 우리는 섭씨 0도부터 영하 80도의 범위에서 알코올 온도계가 공기 온도계와 완벽하게 조응한다고 결론을 내릴 수 있다." 그가 확립한 것은 매우 인상적일 정도로 일관된 한 쌍의 측정 방법이었다. 즉, 공기의 팽창, 비스무트-구리 열전쌍의 전류 세기, 그리고 알코올의 팽창, 이 모든 것들은 물의 어는점과 틸로리에 반죽의 온도점 사이에 있는 구간에서 서로 비례하는 듯이 보였다. 더욱이 수은의 팽창도 수은 자체의 어는점까지 내려가는 동안에 동일한 패턴을 따르는 듯이 보였다. 물론 우리는 푸이에의 연구가 결코 완벽한 수준에 이르지 못한 것임을 인정할 수밖에 없다. 그는 관련된 온도 범위의 중간쯤에 있는 한 온도점, 즉 수은의 어는점의 일치만을 점검했을 뿐이었고, 공기 온도계 자체를 그 온도까지 가져가지는 않았다. 그러나 알코올, 공기, 수은의 팽창이 더 높은 온도에서 서로 얼마나 많이 달랐는지를 생각한다면,[22] 푸이에의 결과가 보여준 그 정도의 일치조차 당시에는 쉽게 예측할 수도 없었을 것이다. 결국에 그멜린이 시베리아에서 보여준 힘겨운 연구 이후에 한 세기가 지나 수은의 어는점은 섭씨 영하 40도 부근 어디쯤이라는 합리적인 확신이 생겨나게 되었다.

과학적 도예공의 모험

온도 척도의 다른 저편에 있는 과학 연구로 우리의 관심을 돌리면, 다소 판이한 성격의 역사가 나타난다. 확인된 온도계를 그 한계점까지 가져갈 정도로 낮은 온도를 만든다는 것은 그 자체로 어려운 일이었다. 반면에 극도로 높은 온도는 많은 세기 동안 인간에게 자연적으로건 인위적으로건 잘 알려져 왔다. 18세기 무렵에 고온은 다양한 실용적 용도에 일상적으로 사용되면서 규격화할 필요가 생겨났다. 그러나 그토록 높은 온도를 측정하는 길 앞에는 극도로 낮은 온도의 측정에 걸림돌이 되었던 난관과 같은 종류의 인식적이고 실제적인 난관이 놓여 있었다. 그래서 **고온 측정**(pyrometry)은 단순히 "호기심"을 품은 신사 계층부터 이윤을 챙기는 산업인까지 폭넓은 분야의 연구자들의 관심을 사로잡은 연구 주제가 되었다.

1797년 『브리태니커 백과사전』의 증보 3판은 온도 측정 분야에서 당시에 이루어진 진보를 다음과 같이 기꺼이 기록했다(18:499-500). "그러므로 우리는 이제 열풍로(air furnace)에서 만들어지는 최고의 열부터 지금까지 알려진 최저의 냉에 이르는 열 척도를 제시할 수 있게 되었다." 『브리태니커』는 "도예 기술을 크게 개량한 인물로 널리 알려진 독창적인 조시아 웨지우드 선생"의 업적을 고온 측정 분야에서 이루어진 당시 최신의 발전으로 꼽았다. 그러나 백과사전에 보고된 고온 기록은 의심스러운 것이다. 주철(cast iron)의 녹는점은 화씨 1만 7,977도였고, 웨지우드의 작은 열풍로의 최고 열은 화씨 2만 1,877도로 기록됐다. 확실히 이런 수치는 너무 높은 것이 아닌가? 현재 과학자들은 태양 표면의 온도를 대략 화씨 1만 도로 보고 있다.[23] 웨지우드의 열풍로가 태양 표면보다 1만 도나 더 뜨겁다는 것을 정말 우리가 믿을 수 있겠는가? 즉각 두 가지 물음이 제기된다. 수은이 끓어 넘치고 유리가 녹아내리는 온도를 훨씬 넘어서는 온도를 읽는 데에 웨지우드가 사용한 온도계는 어떤 종류일까? 그리고 다른 모든 온도계가 기능할 수 없는 온도 범위에서 작동한다는 그 온도계의 신뢰성은 대체 어떻게 평가할 수 있을까? 웨지우드의 온도계는 널리 사용되었으며 그가 제시한 수치들은 한동안 표준 교과서들에서도 인용되었으나, 19세기 초 몇십 년을 거치면서 크게 불신을 받았다.[24] 웨지우드 고온온도계의 흥성과 쇠락은 열의 물리학과 기술에서 지도조차 전혀 없는 영역으로 떠나는 개척 탐험의 흥미진진한 이야기이다.

조시아 웨지우드(Josiah Wedgwood: 1730~1795)가 진지하게 고온 측정 실험을 시작했을 무렵에, 그는 영국에서 지도적인 자기(porcelain) 제조업자로서 지위를 굳혔으며 실제로 유럽 전역에서 최고의 명장(明匠)으로서 오랜 명성을 지녀온 마이센(Meissen)과 세브르(Sèvres) 같은 장인들과 어깨를 나란히 했다. 웨지우드는 1765년 샬로트 왕비(Queen Charlotte)의 다기 완비 세트 주문이라는 지엄한 명을 완수하고 나서 하사 받은 '여왕의 도예공(Potter to Her Majesty)'이라는 칭호에 자부심을 갖고 있었다(Burton 1976, 49-51). 스태퍼드셔(Staffordshir) 지역의 작업장은 웅장하게도 '에트루리아(Etruria, 에트루리아인이 거주하여 나라를 세운 고대 이탈리아의 지명. 지금의 토스카나 등지에 해당함—옮긴이)'라는 별칭으로 불렸는데, 웨지우드는 거기에서 나온 여러 계통의 생산품을 개선하고 개량하려 시도하는 과정에서 가마의 온도에 관한 지식을 넓히고 제어하는 일에 매우 열정적으로 나섰다. 1768년 그는 친구이자 사업 파트너인 토머스 벤틀리(Thomas Bentley)에게 쓴 편지에서 격노해서 이렇게 말했다. "마지막 가마에 있는 모든 단지가 망가졌소! 우리의 크림색 질그릇에 영향을 끼치는 법 없던 그 불길이 그리 오락가락해서 그랬다오."[25]

수은은 화씨 600도와 700도 사이에서 끓는 것으로 알려졌기 때문에, 웨지우드가 쓰기에는 표준의 수은 온도계가 무용지물이었다. 예비 연구를 하는 동안에, 웨지우드는 런던의 세인트토머스 병원(St. Thomas's Hospital)에 있던 화학자이자 의사인 조지 포다이스(George Fordyce: 1736~1802)의 논문을 읽고서 의학용 온도 측정법의 권위를 인정했다.[26] 포다이스는 화씨 700도에는 물체가 빛을 발하기 시작한다고 주장했는데, 웨지우드는 자신의 비망록에서 이렇게 말했다. "수은이 600도에서 끓는다면(또는 끓기 시작한다면) 이 의사는 대체 어떻게 측정했다는 걸까. 포다이스는 이 수은 측정 기구로 700도를 측정했다고 한다." 나중에 그는 이 문제를 두고서 포다이스를 붙들고 긴 이야기를 할 기회가 생겼고, 그 결론은 다음과 같았다. "1780년 봄에 왕립학회의 사무실에서 의사에게 이 문제를 묻자, 그는 정확한 수치를 제시할 뜻은 없었고 이 경우에도 그것은 중요하지 않다고, 또한 자신이 할 수 있는 한 최대로 그럴듯하게 추정했노라고 말했다"(Chaldecott 1979, 74). 공기 온도계는 같은 문제를 지니고 있지는 않았지만, (압력을 측정할 때에) 유리와 수은 재료 자체의 문제가 있었다. 이런 재료는 물러지고 녹고 끓고 증발할 수 있었다.

당시에 고온 측정으로 가장 널리 알려진 바는 다양한 금속의 열적 팽창에 기반을 두고 있었다.[27] 그러나 이런 금속들은 모두 다 자기 가마에서, 그리고 당연히 주물 공정에서 나타나는 더 높은 고온의 열에서는 녹는 것들이었다. 뉴턴([1701] 1935, 127)은 수은의 끓는점보다 더 높은 온도를 추산한 적이 있지만, 그것은 그 자신의 "냉각 법칙(law of cooling)"으로 행한 것이었다. 그 법칙의 힘을 빌어, 그는 뜨거운 물체가 측정할 수 있는 더 낮은 특정 온도까지 냉각하는 데 걸리는 시간을 따져 초기 온도를 계산할 수 있었다. 뉴턴의 냉각 법칙은 고온의 범위에서는 따로 고온온도계가 필요했을 터라 직접 검증될 수는 없었다. 이는 뉴턴의 방법에만 고유한 문제가 아니라 고온을 측정하려 할 때마다 나타나는 문제였다. 이는 제2장의 「규준적 측정 문제」에서 논한 규준적 측정 문제와 매우 비슷해 보이지만, 극한 온도에는 인간의 감각이라는 토대도 완전히 무용지물이기 때문에 훨씬 더 어려운 문제이다(이 주제는 이 장의 분석 부분에서 좀 더 다루어질 것이다).

처음에는 1780년에 웨지우드가 점토-산화철(clay-and-iron-oxide)이라는 특정한 성분 재료를 써서 실험했다. 온도에 따라 색깔이 변하는 특성을 지닌 재료였다. 그렇지만 이내 그는 더 정확하고도 다른 효과를 내는 데 확장할 수 있는 수단을 찾아냈는데, 현대 전문용어로 말하면 "소성 수축(burning shrinkage)"의 효과를 내는 것이었다.

> 이 주제를 집중해 주시하다 보니, 점토 같은 물체의 또 다른 속성이 눈에 띄었다. 그 속성은 (…) 이런 류의 토양이 지닌 차별적 속성으로 여겨질 수 있다. 다름 아니라 **불에 의한 부피의 감소**(diminution of their bulk by fire)이다. (…) 나는 낮은 붉은 열(red-heat)에서 이런 부피 감소가 일어나기 시작하고, 그것이 열이 증가하며 규칙적으로 진행돼 결국에 점토는 유리화한다는[유리 형태를 띤다는] 것을 알게 됐다. (Wedgwood 1782, 208-309)

이런 고온 측정용 점토 조각들은 매우 튼튼했으며, 이것들이 수축하는 거동의 특성은 웨지우드의 애초 기대보다도 더 훌륭하게 고온 측정이라는 목적에 적합했다.[28] 점토 조각들의 최종 크기는 이 점토가 열에 노출된 시간의 길이에 좌우되지도,[29] 온도 정점의 전이나 후에 겪는 더 낮은 온도에 좌우되지 않았으며 오로지 점토 조각들이 견뎌낸 최고 온도의 함수만으로 결정되는 것이 확연해 보였다. "3분 이내에 그 점토 조각들에는 열이 완전하게 침투해 작용했기에 조각들은 그 정도의 열이 만들어낼 수 있는 수축을 충분히 보여주었다." 따라서 이런 조각들을 뜨거운 곳에 적당한 시간 동안 넣어둔 뒤에 꺼내어 식히고 나중에 천천히 측정할 수 있었다(Wedgwood 1782, 316-317). 이는 고온 측정법에서 완전히 놀랍고 새로운 방법이었으며 당시에 극도로 높은 온도에서 쓸 수 있는 유일한 방법이었다. 이미 "도예 명장(master artist)"으로 통하던 웨지우드가 "[자연]철학자(natural philosopher)"의 상위 반열에 오를 수 있었던 것은 바로 이런 성취 덕분이었다. 수축 고온온도계에 관한 웨지우드의 최초 논문이 1782년에 왕립학회 회장 조셉 뱅크스(Joseph Banks)의 이름으로 배포된 왕립학회 『철학회보(Philosophical Transactions)』에 발표되었으며, 이는 웨지우드가 왕립학회 회원(Fellow)으로 즉시 선출되는 데에도 충분히 한몫했던 것으로 받아들여졌다.

그 글에서 웨지우드는 자신의 초기 동기를 숨김없이 밝혔다.

> 내가 관여한 제조 방법의 개선을 위한 오랜 실험 과정에서, 내가 직면한 가장 큰 난관과 혼란의 상당 부분은 실험용 조각들을 달군 열이 어떤 것인지 확인할 수 없었다는 데에서 나왔다. 붉은 열, 옅게 붉은 열, 그리고 백색 열은 불확정적인 표현이었고 (…) 허용범위가 너무 큰 것이었다…

온도계가 없었을 때에는 그는 매우 특별한 비교 기준에 의지해야 했다.

> 그래서 유약을 바른 자기들을 굽는 가마는 세 가지의 측정 기준(measure)을 갖추고 있다. 바닥에 열이 있고 중간은 더 뜨거운 열이 있고 천장은 한층 더 뜨겁다. 질그릇을 굽는 가마는 더 높은 열의 세 가지나 네 가지 다른 측정 기준을 갖추고 있다. 나의 실험들은 이것들을 사용해 행해졌다. (Wedgwood 1782, 306-307)

그러나 이런 측정 기준들은 적절하지 않았으며, 에트루리아에서 점토를 굽지 않는 사람들에게는 확실히 쓸모없는 것들이었다. 이와는 대조적으로, 표준 점토 조각의 수축을 이용하는 방법은 정량화하고 응용성을 넓힌다는 측면에서 충분히 유망한 것이었다.

웨지우드(1782, 309-314)는 작은 직육면체 형태(가로 0.6인치, 세로 0.4인치, 높이 1인치)를 갖는 점토 준비물(preparation)과 수축한 조각의 크기를 측정하는 놋쇠 계량기에 관해 상세한 설명을 제시했다. 점토 조각 가로에서 600분의 1이 수축하는 것에 열 1도를 매기는 식으로 수치 척도를 달아놓았다. 그는 "이런 척도의 분할은 다른 일반 온도계의 척도 분할과 마찬가지로 불가피하게 임의적인 것"이라는 점을 인정했다. 그렇지만 웨지우드는 자신이 세세하게 지정한 절차들이 (제2장의 「르노: 간소함과 비교동등성」에서 정의했던) 비교동등성을 보증할 것이라는 자신감을 지녔다.

이 단순한 방법을 사용함으로써 우리는 이런 원리의 온도계들을 다른 나라에서 다른 사람이 만들더라도 모두 똑같은 정도의 열에 똑같은 영향을 받으며 또한 모두 같은 언어로 말하리라는 확신을 가질 수 있다. 여기에서 마지막 것의 효용성은 이제 너무 잘 알려져 더 이야기할 필요도 없다. (314-315)

이런 측정 장비를 사용해, 웨지우드는 이전에는 어느 누구도 자신 있게 가본 적 없는 아주 넓은 범위의 고온에다 수치를 매기는 데 성공했다(318-319). 고온온도계는 다양한 온도의 열을 명료하게 비교할 수 있게 해주었기에, 그는 거기에서 많은 흥미로운 사실을 알게 되었다. 웨지우드는 놋쇠가 자신의 척도로 볼 때 21도(앞으로 '웨지우드 21도(21˚W)'로 표기하겠다)에서 녹아내리는데 놋쇠 주물공장에서 일하는 노동자는 습관적으로 불길을 웨지우드 140도나 그 이상으로 올린다는 것을 알게 되었다. 그가 보기에 이것은 아무 의미도 없는 연료 낭비가 확실했다.[30] 그는 또한 웨지우드 27도를 넘어서는 것을 모두 다 "백색 열(white heat)"이라는 용어로 그동안 통칭돼왔음을 알게 되었다. 그가 생산할 수 있는 최고 온도가 웨지우드 160도였음

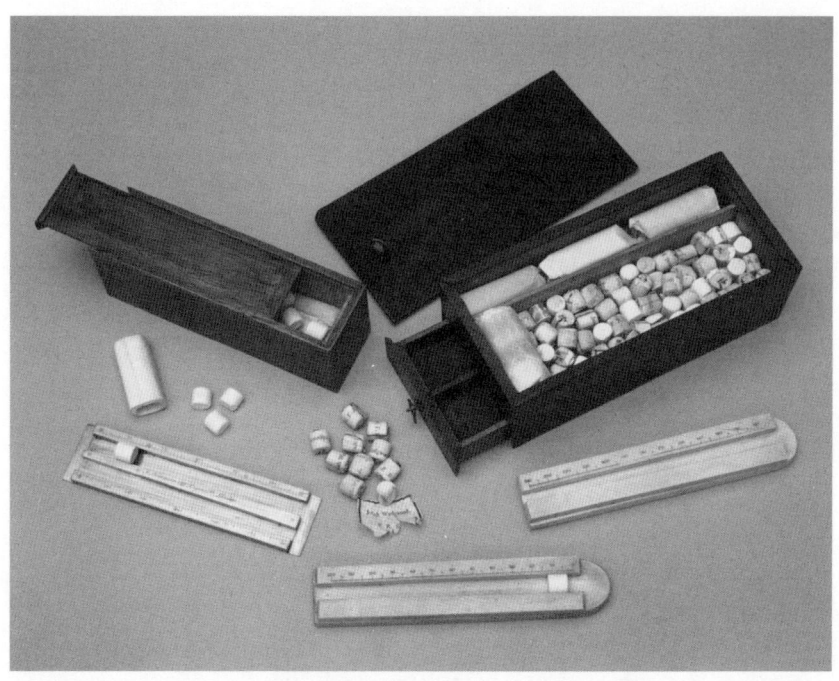

[그림 3.3] 웨지우드가 국왕 조지 3세에게 헌정한 고온온도계(보관목록 번호 1927-1872). Science Museum/Science & Socitey Picture Library

을 고려하면 이런 용어의 모호함은 자명했다. 자신의 사업과 관련해 웨지우드(1784, 366)는 이렇게 털어놓았다. "이 온도계를 발견하기 전까지, 나는 보통 불길과 보통 화덕에서 불과 몇 인치 범위라도 균일한 열(uniform heat)을 구현한다는 것이 비실용성은 고사하고, 극히 어려운 일이라는 것을 생각하지도 못했다."

웨지우드의 고온온도계는 즉각적인 성공을 거두었고, 기술자와 학자들 사이에서 마찬가지로 널리 알려졌다. 예를 들어, 스코틀랜드 화학자인 존 머레이(John Murray)는 자신이 쓴 화학 교과서에서 "매우 널리 사용되는 고온온도계는 웨지우드 선생이 발명한 것이다"라고 썼다(1819, 1:226). 나중에 살펴보겠지만 기통 드 모르보(Guyton de Morveau. 1811b, 89)는 웨지우드의 측정 장비에 대해 비판적이었으면서도 장비의 입증된 효용과 잠재력에 관해서는 분명하게 인정했다. "나는 고온에서 실험을 하는 물리학자와 화학자의 대다수가 이 장비를 일상적으로 사용하면서 이미 검증했듯이 이 장비에서 얻을 수 있는 이점이 있음을 강조한 바 있다." 라부아지에의 공동 연구자였던 아르망 세갱(Armand Séguin)은 웨지우드에게 보낸 편지에서 열에 관한 자신의 실험에서 웨지우드 고온온도계가 "대단한 쓰임새(the greatest use)"였으며 "없어서는 안 될 것(indispensability)"이었다고 말했다. 이 외에도 다른 무수한 긍정적 찬사를 쉽게 찾아볼 수 있다. 웨지우드에게 고온온도계 세트를 받았다는 기록에 남은 화학자, 물리학자의 목록은 인상적인데, 거기에는 블랙, 호프(Hope), 프리스틀리(Priestley), 울러스턴(Wollaston), 베리만(Bergman), 크렐(Crell), 기통 드 모르보, 라부아지에, 픽테, 럼퍼드(Rumford)가 포함돼 있었다. 웨지우드는 고온온도계를 국왕 조지 3세에게 헌정했다는 충분한 자부심을 갖고 있었는데, 헌정한 바로 그 장비는 지금 런던 과학박물관에 보존돼 있다([그림 3.3])[31]

그것은 우리가 아는 그런 온도가 아니다?

웨지우드는 자신의 논문 말미에서 다음에 해야 할 단계를 분명하게 보여주었다(1782, 318). "지금 유일하게 남은 문제는 이런 새로운 온도계의 언어를 이해해야 한다는 것이며, 그 온도계로 측정된 열의 의미가 정말로 무엇인지 알아내는 일이다." 웨지우드의 발명품에 찬사를 보내던 다른 이들이 이런 열망에 확실하게 화답했다. 윌리엄 플레이페어(William Playfair)는[32]

1782년 9월 12일에 웨지우드에게 다음의 편지를 보냈다.

> 이 주제에 관해 누구와 이야기를 나누어보더라도 선생님의 온도계에 찬사를 보내지 않는 분이 없었습니다. (…) 그러나 몇몇 사람들과 마찬가지로 저는 선생님의 온도계의 척도가 파렌하이트의 척도와 비교되었으면 하고 바랍니다. (…) [그리하여] 새로운 의미를 배울 필요도 없이 또는 열의 등급 용어에다 새로운 관념을 갖다 붙일 필요 없이 선생님의 유용한 발명품을 이용할 수 있도록 말입니다. (Playfair, McKendrick 1973, 308-309에서 재인용)

웨지우드는 확실히 플레이페어의 유용한 제안을 도움말 삼아서 이런 요구에 부응하고자 최선을 다했다. 웨지우드는 자신의 이후 소식을 왕립학회에 다음과 같이 전했다.

> 이 온도계가 (…) 나의 제조공장뿐 아니라 실험 탐구에서 두루 얻은 경험으로 볼 때에, 보통 불에서 인화점 이상의 온도를 모두 다 측정하는 장비에 대한 기대에 이제는 답을 줄 수 있다는 것이 밝혀졌다. 하지만 지금으로서는 다른 어떤 온도계와도 연계되지 못한 채 동떨어져 있는 상태에 놓여 있다. 열이 너무 커져서 더 이상 수은 온도계로는 측정하거나 뒷받침할 수 없을 정도가 되어서야 비로소 그런 온도계가 등장하기 시작하기 때문이다. (Wedgwood 1784, 358)

자신의 고온 측정 척도와 수은 기반의 파렌하이트 척도를 연결하기 위해, 웨지우드는 그 둘과 겹쳐 존재할 수 있는 매개적인(mediating) 온도 척도를 찾았다. 이를 위해서 그는 금속의 팽창을 이용했던 익숙한 고온 측정의 전통을 뒤따라 은(silver)을 선택했다. 웨지우드의 이어붙이기 전략(patching-up

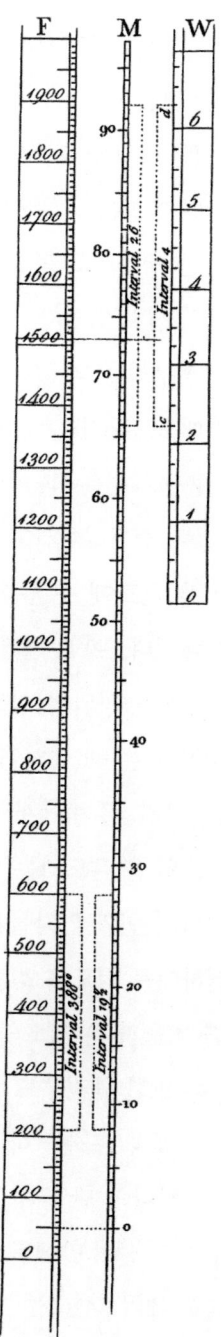

[그림 3.4] 웨지우드의 세 가지 온도 척도 이어붙이기. 파렌하이트 측정치 상단의 시작점은 현재 알려져 있지 않다. Wedgwood 1784의 14번 도판에 있는 그림 1, 2와 3. Courtesy of the Royal Society strategy)은 [그림 3.4]에 잘 나타나 있다. 이 그림은 웨지우드가 애초에 "매우 긴 두루마리의 형태로" 제출한 것이었다.

이런 웨지우드-파렌하이트 비교의 기초는 매우 간단한 것이었다 (Wedgwood 1784, 364-369). 은 조각의 팽창은 고온온도계의 점토 조각을 측정하는 데 사용한 것과 아주 비슷한 계량기로 측정되었다. 은 척도의 낮은 온도 쪽 끝은 수은 척도와 상당히 겹쳐 있었다. 그는 화씨 50도에다 은 척도의 0도를 설정하고서 이 온도점부터 물의 끓는점(화씨 212도)까지의 구간에서 은의 팽창은 계량기로 잴 때 8단위(임의적인 단위)에 달한다는 것을 알아냈다. 그래서 은 척도의 8도 구간은 수은-파렌하이트 척도에서는 162도의 구간에 해당했다. 이런 척도들이 선형적이라고 가정하고서 웨지우드는 단순히 162를 8로 나누어서 각 은 온도에 수은-파렌하이트 온도 20.25도가 "담겨 있다(contain)"는 결론을 내렸다. 이런 결과를 화씨 50도와 수은의 끓는점 사이 구간에서 얻은 비슷한 결과와 합침으로써, 웨지우드가 도달한 결론은 각각의 은 온도에 대한 수은-파렌하이트 척도 20도의 변환 비율 근삿값이었다. 은 척도의 높은 온도 끝 쪽에서도 비슷한 계산을 해서 각각의 웨지우드 온도에 대한 6.5도의 은 온도라는 웨지우드 척도와 은 척도의 변환 비율을 구해냈다.[33] 두 가지 변환 인자들을 합침으로써, 웨지우드는 1도의 웨지우드 온도가 파렌하이트 척도로 20×6.5=130도의 값을 지닌다는 점을 발견했다. 이런 변환 비율과 은 척도의 0도가 화씨 50도로 설정되었다는 사실에 근거해서, 그는 또한 웨지우드 척도의 출발점(붉은 열)을 화씨 1,077.5도에 맞췄다.[34] 이제 웨지우드는 "하나의 언어로 표현되고 모든 부분에서 서로 비교할 만하며 하나의 단일 수 계열로 만들 수 있는, 전체 범위의 열 온도"를 갖추겠다고, 자신이 말했던 그 목표를 이루어낸 것이었다(1784, 358). 그는 파렌하이트와 웨지우드 척도로 이중의 온도 수치를 제시

[표 3.1] 웨지우드가 측정한 고온 온도 일부와 파렌하이트 온도로 변환한 값

현상	웨지우드 척도(°W)	파렌하이트 척도(°F)
웨지우드 열풍로의 최대 열	160	21,877
주철 녹음	130	17,977
철의 용접열, 최대	95	13,427
철의 용접열, 최소	90	12,777
순금 녹음	32	5,237
순은 녹음	28	4,717
스웨덴 구리 녹음	27	4,587
놋쇠 녹음	21	3,807
붉은 열이 낮에 충분히 보임	0	1,077
붉은 열이 어둠에서 충분히 보임	−1	947
수은 끓음	−3.673	600

출처: Wedgwood 1784, 370

했던 것인데, 그 일부가 [표 3.1]에 나타나 있다.

웨지우드의 측정치는 수은 온도계의 상한 그 너머의 범위에 있는 온도로는 처음으로 나름의 신뢰도를 갖추고서 나온 구체적인 값이었다. 그렇지만 그의 연구는 많은 찬사를 받으면서도 또한 점차 날카로운 비판의 대상이 되었다. 무엇보다도 그의 고온온도계 점토 조각(clay pyrometer pieces)을 정확하게 재생산하는 데에는 엄청난 어려움이 존재했다. 그가 초기에 품은 희망은, 그가 발표한 논문의 설명문을 따르면 다른 사람들도 각자 자신만의 웨지우드 온도계를 만들 수 있으리라는 것이었다. 그러나 상황이 그렇지 않았음이 드러났다.[35] 웨지우드 자신이 인정했듯이(1786, 390-401), 점토 조각의 속성은 그것을 만드는 과정의 복잡한 세부사항들에 따라 달라졌으며, 균일한 거동을 보이는 조각들을 생산한다는 것은 매우 어려운 일임

이 드러났다. 표준의 점토 조각을 만드는 데에는 "수작업 과정에서 이론이 제시하지 못하는, 점토 작업장의 실제 경험만이 가르쳐주는, 그런 특유의 미세함과 조심성"이 필요했다(Caldecott 1979, 82에서 재인용). 또한 본래의 조각에 사용되었던 것과 정확하게 똑같은 종류의 점토가 사용될 필요도 있었다. 초기에 웨지우드는 이 문제에 낙관적이어서(1782, 309-311), 다른 장소라 해도 동일한 깊이에서 발견되는 점토에는 충분한 균일함이 존재한다고 생각했다. 그는 만일 문제가 생긴다면 필요한 모든 고온온도계 조각들을 콘월(Cornwall) 지역에 있는 자기 소유의 특별한 지층에서 나온 점토로 만들 수도 있다고 생각했다. "필자는 이를 탁월한 학회[런던 왕립학회]에 제안하며, 이를 받아준다면 영광으로 여길 것이다. 필자는 오랫동안 세계에 고온온도계 조각들을 공급할 수 있도록 이 점토 지층의 충분한 공간을 제공할 수 있다." 그러나 대단히 유감스럽게도 훗날 웨지우드(1786, 398-400)는 콘월의 같은 지역에서 나온 점토의 다른 시료들조차 온도 측정의 과정에서 통제할 수 없을 정도로 서로 다른 특성을 보인다는 것을 알게 되었다. 요약하면, 웨지우드 자신마저도 자신이 애초에 썼던 이른바 "표준 점토(standard clay)"를 재생산하는 데에는 애를 먹어야 했다. 수축 거동(shrinkage behavior)은 그가 명반(alum)과 자연점토를 섞은 다소 인공적인 재료(preparation)를 도입하면서 좀 더 제어할 수 있게 되었지만, 결국에 웨지우드는 몇 가지 고정점의 사용에 의지하는 방식으로 충분한 비교동등성을 보증하고자 했다(붉은 열에는 웨지우드 0도, 은의 녹는점에는 웨지우드 27도, 철의 용접열에는 웨지우드 90도, 열풍로에 가능한 최대의 열에는 웨지우드 160도라는 식으로).[36]

웨지우드가 논문에서는 다루지 않았던 다른 주요한 난관은 일반적인 온도 척도와 어떻게 연계할 것인지에 관한 것이었다. 많은 웨지우드 비판자들은 세 가지 점에서 웨지우드-파렌하이트 변환이 올바르게 이루어지지

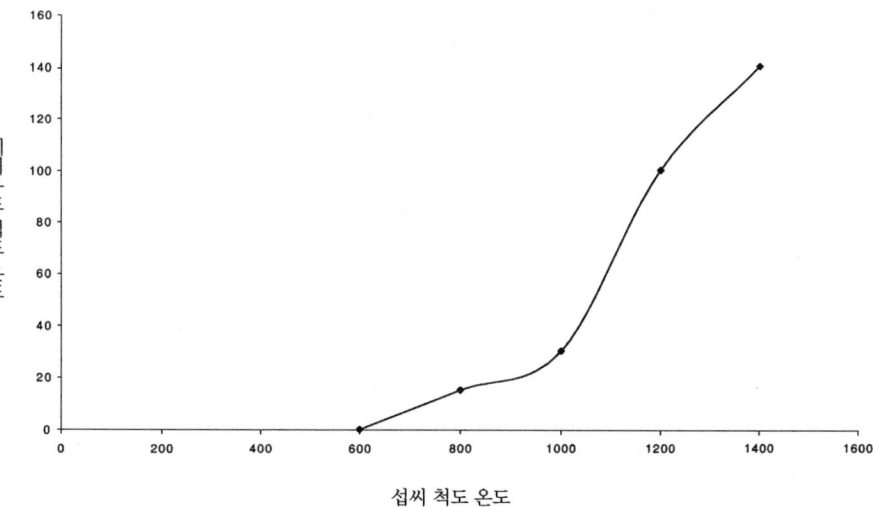

[그림 3.5] 웨지우드 척도 온도와 섭씨 척도(백분위) 온도에 대한 19세기 말의 비교. 도표에 쓴 데이터는 Le Chatelier and Boudouard 1901, 164에 보고된 것이다.

않았다고 믿었다. 아래 세 가지 점에 관한 자세한 논의는 다음 절에서 다룰 것이다.

1. 그가 추산한 붉은 열(그의 척도에서 시작점이자 0도)의 온도는 너무 높았다.
2. 그가 자신의 척도 1도에 상응하는 것으로 추산한 파렌하이트 척도 온도의 수치 또한 너무 높았다.
3. 점토의 수축이 온도에 따라 선형적으로 변한다고 믿을 만한 실증적인 근거는 없었다.

이런 비판은 사후 평가에 의해 뒷받침되었는데, [그림 3.5]에서 보듯이 19세기 말의 물리화학자인 앙리 루이 르 샤틀리에(Henri Louis Le Chatelier: 1850~1936)가 잘 요약했다.

앞에서 언급한 세 가지 비판이 모두 다 사실상 적절하다면, 우리가 웨지우드의 고온 측정법을 바라보는 가장 관대한 시선은 그것이 어느 정도 거칠지만 높은 온도의 표시를 제시해주기는 했지만 개념과 수치의 정확도는 떨어졌다는 정도일 것이다. 훗날의 일부 비평가들은 이런 고온 측정의 분명한 실패를 웨지우드가 과학적으로 정교하지 못했음을 보여주는 근거로 거론했다. 그러나 첫 번째 문제, 즉 점토가 균일한 거동을 보이지 않는다는 점에 관해서는 웨지우드가 문제를 명료하게 인식하고 있었으며 그 문제에 대처하는 매우 합리적인 방법을 고안했기 때문에 그를 비판할 수는 없다. 두 번째 문제는 다른 문제이다. 네일 맥켄드리크(Neil McKendrick 1973, 280, 310)가 웨지우드의 고온 측정을 "명백하게 과학의 결핍", "과학적 정교함의 결여와 이론 구사력의 결여"라고 비난했을 때에, 그가 찾아낸 주요한 결함은 웨지우드가 "파렌하이트 척도로 웨지우드 척도의 눈금을 조정하는 데 실패"했다는 점이었다. 웨지우드가 파렌하이트 척도로 자기 온도계 척도의 눈금을 조정했다는 사실을 맥켄드리크가 못 보았을 리 없기에, 그가 말하고자 하는 바는 확실히 웨지우드가 그 일을 부정확하게 했다는 점일 것이다.

그러나 우리가 어떻게 웨지우드가 틀렸다고 그렇게 확신할 수 있을까? 그리고 더 적절한 물음으로, 우리는 웨지우드의 고온 측정법에 대한 대안으로 제안된 것들 중 어느 것이 더 나았다고 어떻게 자신 있게 말할 수 있는가? 웨지우드가 점토와 은 조각의 팽창과 수축이 오로지 온도에만 좌우되며 또한 온도에 선형적으로 변한다는 자신의 가정을 직접 경험적으로 정당화하지 못했다는 것은 사실에 가장 가깝다. 그러나 이런 가정은 고온을 측정하는 독립적인 방법이 없다면 검증될 수 없었고, 웨지우드는 그런 방법을 알지 못했다. 그는 미개척의 영역으로 나아가고 있었고 그의 보고서를 확인하거나 반박할 수 있는 기존의 권위는 존재하지 않았다. 그의 반대자들은 어떤 근거에서 그의 수치가 틀렸다고 단언했을까? 그것은 웨지우드 고온온도계의 몰락을 둘러싼 커다란 인식적 수수께끼이다. 우리는 물리학자, 화학자, 그리고 도기 기술자들이 웨지우드에 반대하며 따랐던 공정과, 그들이 웨지우드의 고온온도계의 대안으로 내세운 표준의 특성을 꽤 세심하게 살펴볼 필요가 있다(이런 의문들은 1795년 웨지우드의 사망 이후에야 거세게 제기됐고 그래서 우리는 이 도예 명장이 어떻게 반응했을지에 관해서는 그저 추측할 수밖에 없다).

웨지우드에 쏠린 집단 비판

웨지우드 비판자들의 연구를 논하면서 나는 연대기 순서에서 다소 벗어나서 비판자들이 제안하고 개발했던 대안으로서의 고온 측정법이라는 측면에서 사료를 재구성하고자 한다. 나는 그 대안들을 하나씩 논하고 나서 그것들의 집단적 효과를 평가하고자 한다. 결론을 미리 이야기하자면, 나는 웨지우드 비판자들이 옹호했던 온도 표준 각각도 웨지우드의 것과 마찬가지로 빈약하게 확립되었음을 보여줄 것이다. 그들의 주된 강점은 서로 일치한다는 것이었다. 그런 표준의 수렴이 정확히 무엇을 보증할 수 있었던 것인지는 분석 부분에서 충분히 논할 것이다.

백금의 팽창

웨지우드 고온 측정법에 대한 이 대안은 개념으로 보면 보수적인 것이었지만 재료로 보면 혁신적인 것이었다. 그 중심에는 새로운 재료인 백금

(platinum)이 있었다. 백금이 유럽인에게는 알려진 것은 18세기 중반 이후였지만, 영국 의사이자 "미량 화학(small-scale chemistry)"의 대가였던 윌리엄 하이드 올러스턴(William Hyde Wollaston: 1766~1828)이 백금을 펴서 늘릴 수 있게 만들어 유용한 형상으로 주조하고 미세한 줄로 만들 수 있는 신비스러운 공정(process)을 가까스로 개발해낸 것은 19세기 초였을 뿐이었다.[37] 백금이 이전에 알던 어떤 금속보다 더 높은 열 온도를 견딘다는 사실이 발견되었기에, 자연스럽게 그것을 고온 측정용 물질의 목록에 올리는 일은 솔깃한 일이었다. 가장 단순하게 떠올릴 수 있는 생각은 웨지우드 이전의 고온 측정법에서 여러 다른 금속의 팽창을 이용한 것과 비슷하게 백금의 열적 팽창을 이용하자는 것이었다.

백금의 고온 측정법에서 두드러지는 개척자는 루이-베르나르 기통 드 모르보였다. 그는 프랑스혁명과 제국 시대에서 가장 흥미로운 과학과 정치 경력을 지닌 인물 중 한 명일 것이다. 개혁의 열정으로 볼테르(Voltaire)의 찬사까지 받았던 기통은 디종(Dijon)의 이름난 법률가였으나 점차 화학과 정치 분야에서 일어난 두 혁명에 빠져들었다. 새로운 화학 명명법(chemical nomenclature)에 관해 라부아지에와 공동연구를 했으며, 훗날 그의 명성을 남긴 정치 혁명의 과정에 뛰어들어 활동했다. 그는 파리로 이주해 국가의회(National Assembly)와 국민공회(National Convention)의 의원으로 활동했으며, 자신의 이름에서 귀족적인 어감을 주는 '드 모르보'를 떼어버렸으며, 국왕의 처형을 찬성하는 투표를 했고 공안위원회(Committee of Public Safety)의 초대 위원장으로 활동했으나 공포정치(Reign of Terror)의 등장과 더불어 온건파라는 이유로 자리에서 물러났다. 로베스피에르(Robespierre)의 몰락 직후에 다시 위원회로 복귀했으나 곧 정계에서 은퇴했으며, 이어 과학계의 원로 정치인이라는 역할에 집중했다. 새로운 프랑스 학회(French Institute)의 창설 당시에 그 학회의 초대 회원 중 한 명이었으며, 1807년에는 (수학과 자연과학 분야인) 제1종(First Class)의 대표직을 맡았다. 에콜 폴리테크니크에서 거의 20년 동안 교수로 있었고 총장을 두 번 맡았다.[38]

전에 '드 모르보'로 알려진 이 화학자는 1798년과 1799년에 발표된 탄소의 속성에 관한 연구에서 웨지우드 고온온도계를 사용하기 시작했다. 발표된 연구 결과에서는 숯이 극한 열의 효과적인 절연물이며, 다이아몬드는 웨지우드 고온온도계와 변환표로 볼 때 화씨 2,765도에서 연소한다는 내용이 보고됐다.[39] 1803년 그는 프랑스 학회에 자신이 만든 백금 고온온도계를 제출하면서 이것과 웨지우드 고온온도계의 관계에 관한 후속 연구를 전하겠다고 약속했다. 백금 고온온도계와 웨지우드 고온온도계에 대한 비교 연구를 통해, 기통은 파렌하이트 척도에 대한 웨지우드 척도의 눈금을 심각하게 다시 조정해야 한다고 제안했다. (웨지우드가 화씨 1,077도로 제시했던) 웨지우드 0도(0°W)를 화씨 517도로 낮추었으며 웨지우드 1도를 (웨지우드가 생각했던 화씨 130도가 아니라) 화씨 62.5도로 추산했다.[40] 그래서 나타난 전반적인 결과는 웨지우드가 보여준 온도 추산을 상당한 폭으로 낮추는 것이었다. 예를 들어 주철의 녹는점은 화씨 1만 7,327도에서 화씨 8,696도로 조정되었다([표 3.2]에서 앞쪽 두 개 세로줄의 데이터를 보라). 기통은 자신의 눈금 조정이 정확하게 어떻게 수행됐는지를 분명하게 특정해서 밝히지는 않았으나, 그 데이터만으로 판단하면 그는 점토 온도계의 척도를 금과 은의 녹는점에서 백금 척도와 일치하도록 고정한 것처럼 보인다. 그는 백금 팽창이 고온에서 온도에 따라 선형적으로 이루어짐을 보장해주는 것이 없음을 잘 알고 있었는데, 몇 가지 다른 고온온도계와 백금 고온온도계가 일치했다는 점에 의지해 웨지우드 고온온도계보다 백금 고온온도계를 더 신뢰할 만하다고 보았다. 이에 관해서는 곧 살펴보겠다.

[표 3.2] 다양한 고온 측정법으로 생산된 데이터의 비교 표*

	점토 °W[a]	°F로 변환	수은	금속	얼음	물	공기	냉각	현재 값
주석 녹는점			481 (N) 415 (B)[b]	441 (Da) 442 (G)			383 (C/D)[G] 410 (Pa) 455 (Pc)		449 [L]
비스무트 녹는점			537 (N) 494 (B)[b]	462 (Da) 476 (G)			662 (C/D)[G] 493 (Pa) 518 (Pc)		521 [L]
납 녹는점			631 (N) 595 (B)[b]	609 (Da) 612 (G)			617 (C/D)[G] 500 (Pa) 630 (Pc)		621 [L]
아연 녹는점	3 (G)	705 (G)		699 (B)[b] 680 (G) 648 (Da) 773 (Di)			932 (C/D)[G] 680 (Pa) 793 (Pc)		787 [L]
어둠에서 볼 수 있는 붉은 열				947 (W) 977 (Dr)				743 (N)	
안티몬 녹는점	7 (G)	955 (G)		809 (B)[b] 810 (G)			847 (C/D)[G] 810 (Pa)	942 (N)	1167 [L]
낮에 볼 수 있는 붉은 열	0, 정의에 의한 기준	1,077 (W)		1,050 (B)[b] 517 (G) 980 (Da)	1,272 (C/D)[G]		977 (Pb) 1,200 (Pr)	1,036 (N)	
놋쇠 녹는점	21 (W) 21 (G)	3,807 (W) 1,836 (G)		1,869 (Da)					1,706-1,913 [R]
은 녹는점	28 (W) 22 (G)	4,717 (W) 1,893 (G)		1,000 (B)[b] 1,893 (G) 2,233 (Da) 1,873 (Db) 1,682 (Di)			1,000 (Pa) 1,832 (Pb) 1,830 (Pr)		1,763 [C] 1,761 [R] 1,763 [L]
구리 녹는점	27 (W) 27 (G) 27 (Pa)	4,587 (W) 2,205 (G)		1,450 (B)[b] 2,313 (G) 2,548 (Da) 1,996 (Db)	2,295 (C/D)[G]				1,984 [C] 1,981 [R] 1,984 [L]
금 녹는점	32 (W) 32 (G) 32 (Pa)	5,237 (W) 2,518 (G)		1,301 (B)[b] 2,518 (G) 2,590 (Da) 2,016 (Db) 1,815 (Di)			2,192 (Pb) 2,282 (Pc)		1,948 [C] 1,945 [R] 1,948 [L]

	점토 °W[a]	°F로 변환	수은	금속	얼음	물	공기	냉각	현재 값
철 용접열, 최소	90 (W) 95 (G)	12,777 (W) 6,504 (G)							1,922 [R]
철 용접열, 최대	95 (W) 100 (G)	13,427 (W) 6,821 (G)							2,192 [R]
붉게 달궈진 철	88 (C/D)[G]	12,485 (C/D)[G]			2,732 (C/D)[G]				
희게 달궈진 철	100 (C/D)[G]	14,055 (C/D)[G]			3,283 (C/D)[G]				
주철 녹는점	130 (W) 130 (G)	17,977 (W) 8,696 (G)	1,601 (B)[b] 3,479 (Da) 27,86 (Db)		3,164 (C/D)[G][c]		1,922-2,192 (Pb)		2,100-2,190 [R]
연철 녹는점	174 (C/D)[G] 175 (G)[d]	23,665 (C/D)[G] 11,455 (G)			3,988 (C/D)[G]		3,902 (C/D)[G] 2,700-2,900 (Pb)		
강철 녹는점	160 [R] 154 [R]						~2,370~2,550 (Pb)		
최대 열, 열풍로	160 (W) 170 (G)	21,877 (W)							
백금 녹는점	모름 (G)		3,280 이상 (Db)						3,215 [L]

* 19세기 전반까지 발표된 자료

출처 표시

B : Bergman 1783, 71, 94
C : Chaldecott 1979, 84
C/D : Clément and Desormes
Da : Daniell 1821, 317-318 (백금 이용)
Db : Daniell 1830, 279 (백금 이용, 비선형성 보정)
Di : Daniell 1830, 279 (철 이용)
Dr : Draper 1847, 346
G : Guyton 1811b, 90, 표 3; 117, 표 5; 120, 표 7
L : Lide and Kehiaian 1994, 26-31
N : Newton [1701] 1935, 125-126 (물의 최고 끓는점을 212°F로 가정해 변환한 데이터)
Pa : Pouillet 1827-29, 1:317
Pb : Pouillet 1836, 789
Pc : Pouillet 1856, 1:265
Pr : Prinsep 1828, 94
R : Rostoker and Rostoker 1989, 170
W : Wedgwood 1784, 370

a 웨지우드 온도를 나타내는 첫 번째 세로줄의 데이터를 빼고, 나머지 모든 온도는 파렌하이트 척도의 온도이다. 마지막 세로줄은 비교를 위해서 현재 통용되는 수치이다. 괄호 안의 표시는 인용된 자료의 출처를 가리키며 꺾쇠괄호 안의 표시는 원래 자료는 아니지만 내가 얻은 정보의 출처를 가리킨다.
b Bergman 1783은 대체로 녹는점을 어떻게 결정했는지 제시하지 않는다. 그러나 94쪽에서 그는 철의 녹는점 수치가 금속 팽창에 관한 모티머(Mortimer)의 연구에 바탕을 두고 있다고 언급한다. 그래서 나는 수은의 끓는점을 넘는 그의 수치를 모두 다 "금속" 세로줄 칸에 넣었다. 나는 그가 낮은 온도에서는 수은 온도계를 사용했다고 가정한다. 그러나 이는 추정일 뿐이다.
c 이 온도점을 기통은 '흐르는 쇠의 융해(fonte de fer prête à couler)'로 설명한다.
d 이는 '침탄재 없는, 부드러운 쇠의 융해(fusion de fer doux, sans cément)'로 설명된다.

백금 고온 측정법에 관한 주요한 진전은 기통 이후 거의 20년 만인 1821년 존 프레데릭 다니엘(John Frederic Daniell: 1790~1845)이 백금 고온온도계를 독자적으로 발명하면서 이루어졌다. 당시에 다니엘은 기상학자로 널리 알려져 있었으나, 나중에 그는 자신이 발명한 "정압 전지(constant battery)" 덕분에 전기화학 분야에서 더욱 지속적인 명성을 얻을 수 있었다. 그는 생애의 마지막 15년 동안 새로 설립된 런던 킹스칼리지(King's College in London)에서 초대 화학 교수로 지냈는데, 그는 성공적인 연구와 교수 생활뿐 아니라 "고결하게 도덕적이며 종교적인 품성"으로 널리 존경을 받았다.[41] 확실히 기통의 연구를 알지 못한 것으로 보이는 다니엘(1821, 309-310)은 고온 측정 분야에서 "나름대로 성공을 거둔 시도는 오직 한 번만 이루어졌다"라고 단언했는데 그것은 웨지우드의 시도를 말하는 것이었다. 그는 웨지우드의 고온온도계가 상당한 이유로 인해 "오래전에 쓸모없게" 되었는데도 여전히 그 측정값들이 당시에 쓸 수 있는 유일한 자료라는 사실을 개탄했다(그는 균일한 물질 구성을 갖춘 점토 조각을 만드는 일의 어려움, 그리고 그 조각의 수축 정도가 온도뿐 아니라 노출 시간에도 좌우된다는 관찰 결과를 인용해 언급했다).

다니엘(1821, 313-314)은 표준 온도계를 좇아서 두 개의 고정점에 바탕을 두고 자신의 측정 장비에 눈금을 매겼다. 그는 수은 온도계가 화씨 56도를 가리키는 곳에 고온온도계의 0도를 매겼으며, 그가 생각하는 수은의 끓는점인 화씨 655도에다 자신이 만든 척도의 85도를 설정했다. 단순하게 비교하면 다니엘 온도 1도는 대략 화씨 7도에 해당하는 것이었다. 이는 수은과 백금이 모두 다 선형적으로 열적 팽창을 한다고 가정해 이루어진 추산이었지만, 다니엘은 여러 가지 다른 온도점에서 두 온도계를 비교함으로써 그런 가정을 어느 정도는 검증했다. 검증에서 온도 차이는 수은의 끓는점까지의 범위에서 다니엘 척도로 대략 3도 이내에 족히 들었기에, 그 결과는 상당히 믿을 만한 것이었다. 하지만 관측된 추세를 수은의 끓는점 너머까지 확장하는 것이 타당한지를 따지는 가장 중대한 인식적 관점에서 보면, 그는 기통을 넘어서는 진전을 이룬 것은 아니었다. 백금이 그 녹는점까지 계속 선형적으로 팽창할 것이라고 믿으며 다니엘(1821, 319)이 제시한 것은 다음과 같이, 논거에 기반을 둔 것은 아니었다. "열의 균등한 증가와 더불어, 백금의 균등한 팽창은 자연철학에서 가장 잘 확립된 사실 중 하나이다. 반면에 점토의 균등한 수축은 반증이 되지는 않았지만 그동안 논란의 대상이 되어왔던 하나의 가정이다." 제2장의 르뇨의 사례에서 배움을 얻었기에, 양해를 구해서라도 우리가 "백금의 균등한 팽창"이 수은의 끓는점 아래의 온도 범위에서만 "확립된 사실"이었으며, 게다가 수은 자체가 온도에 선형적으로 팽창한다고 가정할 때에만 그렇다는 점을 지적하지 않을 수 없다.

1830년 무렵에 다니엘은 기통의 연구를 알게 되고는 다소 흥미로운 견해를 내놓았다. 전반적으로 다니엘의 연구는 기통의 연구에 비해서 몇 가지 진전된 점을 갖추고 있었다. 실제로 그는 백금 막대의 팽창을 더욱 신뢰할 만하게 관찰하는 방법을 고안해냈다.[42] 원칙적으로 말하면, 다니엘은 기통이 점토 수축의 선형성을 가정한 웨지우드를 뒤따랐다며 비난했다(1830, 260). "그렇지만 기통은 웨지우드 선생의 고온 계산이 부정확하다는 것을 누차에 걸쳐 입증하면서도 사실 자신이 그토록 심혈을 기울였던 점, 즉 점토 조각 수축의 규칙성을 결코 입증하지도 못했다." 다니엘은 문제가 되는 다양한 방법들로 얻은 온도 기록을 훨씬 더 상세하게 비교했다(1830, 260-262). 웨지우드 척도에 대한 기통의 수정에 관해 그가 전반적으로 내린 결론은 기통이 그 척도를 충분히 줄이지 못했고 반면에 0도점(낮에 볼 수 있는 붉은 열)의 하향 조정은 지나쳤다는 것이었다. 다니엘이 보기에, 웨지우드 척도에 대한 최상의 수정은 웨지우드의 0도점 추산을 사실상 아주 약간 올리고 웨지우드 온도 각 1도를 대략 화씨 20도로 크게 낮춤으로써 얻어질 수 있었다. 그렇지만 그는 점토의 수축이 규칙적이지 않기에 웨지우드 척도를 단순히 조정한다고 해서 진정한 온도에 이를 수는 없으리라고 생각했다.

그것은 백금 고온온도계로 판단할 때에 규칙적이지 않았다는 이야기이다. 다니엘(1830, 284-285)은 백금의 팽창도 또한 선형적이지 않을 수 있음을 인정하면서 "공기 온도계로 볼 때 고체의 팽창력은 열에 따라 증가함"을 입증했던 뒬롱과 프티를 따랐다. 뒬롱과 프티의 연구 결과를 외삽 추론하여, 다니엘은 선형성을 가정해서 얻은 자신의 고온온도계 기록의 수정값(corrections)에 도달했다. (다양한 고온 측정 결과를 정리한 [표 3.2]에서 다니엘의 수정된 결과에는 Db 표시를 해두었다.) 이 수정값은 사소한 것이 아니었다. 뒬롱과 프티는 선형성을 가정해서 섭씨 0도와 100도 사이의 눈금을 매긴 철 온도계가 섭씨 372.6도를 가리킬 때에 공기 온도계는 섭씨 300도를 나타냈다고 이야기한 바 있다. 선형성의 일탈은 백금의 경우에 그리 크지 않았지만, 공기 온도계가 섭씨 300도를 가리킬 때에 백금 온도계에서도 섭씨 311.6도로 나타났다(1817, 141; 1816, 263). 이런 비선형성의 지식을 적용해 금속 온도계를 수정한 다니엘의 공로는 인정할 만했지만, 그의 절차에는 두 가지 문제가 있었다. 첫째, 뒬롱과 프티의 공기 온도계에는 기술적인 한계가 있었기에 그들의 관찰은 최대 섭씨 300도(화씨 572도)였다. 따라서 그의 선형적 외삽을 수정하는 과정에서, 다니엘은 관찰로 입증된 영역 너머로 경험 법칙을 외삽해야만 했다. 다니엘은 그런 외삽 추론을 대략 섭씨 1,600도까지 확장했는데 이는 뒬롱과 프티의 전체 범위보다 몇 배나 큰 것이었다. 둘째, 공기 온도계가 우선 정확한 측정 장비라는 보장이 있을 때에만 백금 고온온도계에 대한 다니엘의 수정이 의미가 있는 것이었다. 이 쟁점에 관해서는 나중에 다시 논하겠다.

얼음 열량 측정법

고온 측정의 영역에서 다양한 물질에 대해서 입증할 수 없는 팽창 법칙에 헛되게 의존해야 한다면, 쉽게 관찰할 수 있는 영역에서 측정하는 방법이 현명해 보인다. 그렇게 하는 주요한 방법이 열량 측정법이었다. 그것이 녹일 수 있는 얼음의 양이나 차가운 물에서 일으키는 온도 상승의 양에서 뜨거운 물체의 초기 온도를 도출할 수 있다는 것이다. 물의 잠열과 비열은 매우 크기 때문에, 적당한 양의 얼음이나 물로도 작은 물체의 매우 높은 온도를 눈에 띄게 낮은 온도로 충분히 냉각할 수 있었다. 서로 다른 가정들에 의거한 서로 다른 열량 측정 기술들이 있었지만, 이 모든 방법은 열의 보존(conservation of heat)이라는 가정에 기초를 두고 있었다. 즉, 외부 환경에서 열적으로 분리된 상태에서 평형에 도달한다면 뜨거운 물체가 잃은 열의 양은 찬 물체가 얻은 열의 양과 같다는 것이다. 이에 더해 알고자 하는 어떤 물체의 초기 온도를 추론하는 데에는 또한 그 물체의 비열에 관한 가정이 하나 더 필요했다. 이는 훨씬 더 논란의 여지가 있는 문제인데 이에 관해 조금 더 이야기해보겠다.

얼음 녹이기를 이용한 열량 측정법은, 라부아지에와 라플라스가 1783년 열에 관한 보고서에서 설명한 이 방법을 이용한 이래 널리 알려진 기법이었다. 웨지우드(1784, 371-372)는 고온온도계에 관한 자신의 초기 출판물을 낸 뒤에 라부아지에-라플라스의 논문 요약문을 읽고서 고무되었다. "파렌하이트 온도계와 내 온도계 사이의 매개적인 표준 측정법인 이런 중요한 발견의 응용을 내가 놓칠 수는 없었다." 그렇지만 웨지우드(1784, 372-384)는 자기 고온온도계의 견실성을 검증하기 위해 얼음 열량계(ice calorimeter)를 사용하고자 하다가 크게 실망하고 말았다. 얼음 열량계는 녹는 물이 모두 다 얼음에서 떨어지기 때문에 그것을 모두 모아 무게를 정확히 잴 수 있다는 가정에 의거한 것이었다. 웨지우드는 심지어 고체 덩어리의 얼음도 상당한 양의 녹는 물을 흡수하고 머금는다는 사실을 알아차렸는데, 그런 문제는 라부아지에와 라플라스가 사용한 부순 얼음에서 훨씬 더 심각했다. 얼음 열량계에 대한 웨지우드의 자신감은 얼음의 녹음이 계획대로 진행되는 동안에도 측정 장비에서 새로운 얼음이 생성된다는 자신의 관찰로 인해 크게 흔들렸다. 이로써 그는 얼음의 녹는점과 물 또는 수증기의 어는점은 어쨌든 동일하지 않을 것이라는 결론을 내리게 되었다.

그렇지만 프랑스 학자들은 자기 나라의 두 영웅의 발명품을 그리 쉽게 포기하려 하지 않았다. 라부아지에의 가까운 조수였으며 라부아지에가 1794년 교수대에 처형을 당한 이후에는 프랑스 화학의 어르신(dean)이었던 클로드-루이 베르톨레는 1803년 자신의 화학 교과서에서 웨지우드가 제기한 의문을 물리치고 얼음 열량계를 변호했다. 녹는 물을 머금은 얼음의 문제는 충분한 정도의 물을 이미 흡수한 얼음을 사용함으로써 피할 수 있었다. 로드윅(Lodwig)과 스미턴(Smeaton)(1974, 5)이 지적하듯이, 만일 웨지우드가 라부아지에와 라플라스의 보고서를 충분히 읽었더라면 처음부터 그는 그들이 이런 요인을 고려했으나 부순 얼음에 이미 물이 포화돼 있다고 생각했음을 알아차렸을 것이었다.[43] 녹음과 동시에 일어나는 얼음의 다시 얾에 관해 말하면, 그것은 그 자체로 장비의 기능에 방해가 되지는 않았다. 베르톨레를 인용하면서 기통(1811b, 102-103)은 그 열량계가 "웨지우드의 고온 측정 관찰을 입증하거나 수정하는 데 최상으로 적합한 장비"였다고 주장했다.

적당한 날씨 조건(안정적인 저온)을 만나지 못했던 기통은 얼음 열량계를 사용해 웨지우드의 고온 측정법을 실제로 검증하는 기회를 갖지 못했다. 그러나 그는 니콜라스 클레망(Nicolas Clément: 1778/9~1841)과 그의 장인인 샤를-베르나르 데조르므(Charles-Bernard Desormes: 1777~1862)라는 산업계 화학자이자 유능한 두 실험자들이 얻은 일부의 관련 결과를 인용했다. 데조르므는 한때 에콜 폴리테크니크에서 기통의 실험실 조수로 일했다.[44] 이들의 데이터는 얼음 열량계로 측정한 온도가 웨지우드 고온온도계로 얻은 값(웨지우드뿐 아니라 클레망과 데조르므 자신이 얻은 값)보다 전반적으로 훨씬 낮았음을 보여주었다. 그들의 모든 결과는 기통에 의해 인용됐는데 이 책의 [표 3.2]에 포함돼 있다. 표에서 쉽게 알 수 있듯이 클레망과 데조르므는 얼음 열량계로 매우 높은 네 가지 온도를 측정했으며 그 동일한 온도들이 웨지우드 고온온도계로도 측정되었다. 웨지우드 온도를 파렌하이트 온도(표에서 두 번째 세로줄)로 바꾸는 웨지우드의 변환을 받아들이면, 그 결과값은 얼음 열량 측정으로 얻은 수치보다 대략 1만 도 내지 2만 도나 더 높은 것이었다. 기통의 수정된 변환식을 사용하더라도 그것은 얼음 열량 측정으로 얻은 수치보다 수천 도나 더 높았다.

클레망과 데조르므의 얼음 열량 측정 결과는 불충분했고, 거기에는 별도의 확인 과정이 빠져 있었다. 그러나 진짜 문제는 앞에서 짧게 언급한 대로 그 이론의 원리에 있었다. 우리는 이미 동일한 종류의 문제를 온도계 검증을 위한 드 뤽의 혼합법에서 본 적이 있다(제2장의 「혼합법에 배치되는 칼로릭 이론」을 보라). 그것은 열량 측정(calorimetry)의 기법에 관한 문제이다(곧이어 논할 물 열량 측정에 더 가까운 성격의 문제이긴 하지만). 얼음 열량 측정은 뜨거운 물체가 얼음의 녹는점까지 식으면서 잃는 열의 양을 측정하는 것이지 뜨거운 물체가 처음에 지녔던 온도를 측정하는 것은 아니다. 당시에 열량 측정은 뜨거운 물체의 비열이 온도가 변하는 내내 일정하다는 전제에 기반을 두어 이루어졌다. 이런 전제는 확실히 의심스러운 것이었지만, 이 책의 독자들에게도 이제는 익숙해진 순환(circularity)의 문제 때문에 그 문제를 개선하기는 어려웠다. 즉, 유일한 직접적 해법은 비열을 온도의 함수로서 정확하게 측정하는 것이었는데, 그러기 위해서는 다시 정확한 온도 측정 방법이 존재해야 했지만 바로 이 점이 고온의 영역에서는 빠져 있었던 것이다. 내가 나중에 논할 어떤 연구에서, 뒬롱과 프티(1816, 241-242)는 물체 비열의 정밀한 결정(determining)이 지닌 "극도의 어려움"이 특히나 고온의 영역에서는 온도 측정 분야의 문제를 해결하는 데 가장 큰 걸림돌의 하나라고 간주했다.

물 열량 측정법

또 다른 주요한 열량 측정으로서, 물에 나타나는 온도 변화를 이용하는 방법은 어떨까? 물 열량 측정법은 얼음 열량 측정법보다는 실제로 문제점이 적었지만 동일한 원리의 문제를 안고 있었다. 즉, 냉각되는 물체의 비열을 알지 못한다는 점이 그것이었다. 사실 물의 비열 자체가 온도에 따라 달라질 수 있다는 우려도 있었기에, 이런 경우에 이론적인 문제는 훨씬 더 심각했다. 물 열량 측정법의 역사는 길지만 클레망과 데조르므가 이 방법을 고온의 영역에 도입한 최초의 사람들이었던 것으로 보인다. [표 3.2]에 나타나듯이, 이들은 이 방법을 써서 세 가지의 데이터를 얻었다. 이 방법을 이용해 얻은 구리의 녹는점은 백금 고온 측정법으로 얻은 기통의 결과와 훌륭하게 일치했으며 나중에 같은 방법으로 얻은 다니엘의 두 가지 결과와도 대체로 일치했다. 연철의 녹는점 수치는 웨지우드 방법으로 얻은 수치에 비해 크게 더 낮았으며 얼음 열량 측정법에 의한 결과와는 아주 훌류하게 일치했다. "붉은 열"의 추정치는 웨지우드의 것보다 거의 200도나 높았으며 기통의 것보다는 700도나 높아 이 정도의 불일치에서는 그리 대단한 결론을 얻을 수는 없었다.

냉각 시간

고온 측정의 영역에서 직접 데이터를 얻는 것을 대신하는 또 다른 방법은 뜨거운 물체가 잘 확립된 낮은 온도까지 냉각하는 데 걸린 시간으로 그 물체의 초기 온도를 추정하는 것이었다. 내가 앞에서도 말했듯이, 이 방법은 뉴턴이 납의 녹는점 이상의 온도를 측정할 때 사용했던 적이 있었다. 뒬롱과 프티가 이 방법을 부활시켜 뉴턴보다 더 세심하고 정밀하게 도입했다. 그러나 여전히 근본 문제는 남아 있었다. 즉, 냉각의 법칙(law of cooling)을 입증하려면 별도의 온도 측정이 필요했다는 점이었다. 뒬롱과 프티에게 이런 별개의 온도 측정 방법은 공기 온도계였는데, 제2장의 「르뇨, 그리고 라플라스 이후의 경험주의」에서도 논했듯이 이들은 공기 온도계를 온도의 진정한 표준으로 여겼기 때문에 이들에게 공기 온도계의 사용은 합당한 것이었다.

공기 온도 측정법

19세기 초 무렵에 전반적으로 이론에 부합하는 온도계는 공기 온도계였다. 따라서 여러 가지 고온온도계의 온도 기록을 될수록 공기 온도계의 기록과 비교하는 것은 이해할 만한 일이었을 것이다. 그렇지만 제2장에서 길게 논했듯이 공기 온도계가 수은 온도계보다 우월함을 결정적으로 보여주는 논증은 1840년대 르뇨의 연구 이전에는 없었다. 그리고 르뇨는 자신의 연구 결과가 온도에 따라 공기가 선형적으로 팽창함을 입증한다고 결코 주장한 적이 없었다. 더욱이 공기 온도계의 비교동등성을 입증하는 르뇨의 힘겨운 연구는 오로지 최대 섭씨 340도(화씨 644도)로 비교적 낮은 온도에서만 수행되었을 뿐이었다. 간단히 말해, 공기 온도계를 이용한 비교 연구가 고온온도계의 정확성에 대한 틀림없이 믿을 만한 검증법이라는 확실한 보장은 없었다. 그렇더라도 공기 온도계는 확실히 당시에는 고온을 측정하는 가장 그럴듯한 방법 중 하나였다.

실제적인 의미에서, 누구라도 고온의 영역에서는 무언가의 팽창에 기대어 온도를 측정하고자 한다면 당연히 공기는 확실한 후보였다. 당시에 공기에 대해서는 물질 상태가 변하리라는 어떤 우려도 생각할 수 없었기 때문이었다(훗날에는 매우 높은 온도에서 일어나는 공기 분자의 해리(dissocaiation)가 쟁점이 되었지만). 그러나 그런 안심은 착각이었다. 공기 온도계는 공기를 담은 용기가 튼튼함을 유지할 때에만 제구실을 해냈다. 이 밖에 공기 온도계는 대체로 몸집이 커서 특히 고온에서는 다루기가 매우 어려웠다. 클레망과 데조르므는 유리관 공기 온도계를 그 물질의 한계점까지 끌고 가 아연의 녹는점을 측정하는 데 이용했다. 이들은 아연의 녹는점이 화씨 932도였다고 보고했다(Guyton 1811b, 표 7). 공기 온도계를 이용한 될롱과 프티의 연구는 더욱 상세하고 정밀했으나, 그 범위를 확장하지는 못했다. 사실 이들은 더 높은 정밀도를 보증하기 위해서 자신들이 실험한 온도 범위를 제한해 섭씨 300도(화씨 572도)를 넘어서지는 않았다. 르뇨조차도 공기 온도계를 사용해서 신뢰할 만하게 나아간 최대 온도 범위는 섭씨 400도(화씨 750도) 정도였을 뿐이었다.

자명한 해법은 고온에서도 잘 버티는 물질로 공기통을 만듦으로써 공기 온도계의 온도 범위를 확장하는 것이었다.[45] 이런 방향으로 나아간 최초의 믿음직한 발걸음은 영국-인도인 혼혈의 골동품 연구가이자 인도 캘

커타 조폐국의 분석시험관이었던 제임스 프린세프(James Prinsep: 1799~1840)에 의해 이루어졌다.[46] 그는 대담한 비난을 하면서 시작했다(1828, 79-81). "만일 의문의 여지없이 고온 측정법이라는 주제로 서로 다른 시기에 이루어졌을 그런 모든 실험들이 다 기록된 것이라면, (…) 그 목록(catalogue)은 결판이 난 실패는 아닐지라도 허사가 된 시도들로 채워진 것이리라." 뒬롱과 프티의 연구는 값진 것이지만 비교적 낮은 온도에서만 그랬다. 웨지우드 고온 도계는 열풍로(furnace)에서 생기는 더 높은 열에 응용할 수 있는 유일한 도구였지만 "금속과 도가니에 대한 아주 약간의 실용적 지식"만 있어도 웨지우드의 결과가 믿을 수 없다는 것쯤은 누구에게라도 충분히 가르칠 수 있을 정도였다. 프린세프는 훨씬 최근인 다니엘의 연구를 더 믿음직하게 생각했지만, 다니엘 장비의 설계에서도 어떤 문제를 발견했다. 그는 그 장비에서는 "서로 다른 시험에서 나온 결과들이 바람직스러운 일치(desirable accordance)"를 보여주지 못했음이 확연히 드러난다고 생각했다.[47]

프린세프는 먼저 주철로 공기 담는 통(cast-iron reservoir)을 만드는 방식으로 공기 온도계를 만들고자 했다. 여러 가지의 기술적 난관을 경험한 뒤에, 프린세프는 마침내 훨씬 더 값비싼 해법을 선택했다(1828, 87-89). "거의 10 입방인치 부피의 공기를 담을 수 있는, 무게가 대략 6,500트로이그레인(약 420그램) 나가는 순금의 레토르트, 즉 온도계 뿌리(bulb)"였다. 이런 금 장비는 튼튼한 것이었지만, 그는 원리상의 두 가지 문제를 발견했다. 첫째, 금의 열적 팽창은 당시에 잘 알려져 있지 않았기에 이 용기의 팽창에서 생기는 오차를 보정하기는 어려운 일이었다. 둘째, 고온의 영역에서 일어나는 "기체 팽창의 절대 법칙"의 정확성에 관해 그리 확신하지도 못했다. 대부분 공기 온도계에서 흔하게 나타나는 실제적인 난관들도 또한 있었다. 그렇지만 프린세프(1828, 95)는 몇 가지 정교한 측정 작업을 수행했으며, 그 결과가 특정한 중요 온도점에 대해, 특히 은의 녹는점에 대해 분명한 결과를 보여주었다는 결론을 제시했다. "이런 실험들은 (…) 충분히 신뢰할 만한 것이기에, 표에 최소 400도[파렌하이트 척도]로 나타난 순수 은의 녹는점을 다니엘 선생의 확정치 아래로 줄여야 함을 보증하며, 또한 다니엘 선생의 온도 측정표가 웨지우드 선생의 표와 대비되어 더 우월함을 논란의 여지가 없게 입증한다."

프린세프는 철을 버리고서 금을 선택했을 때 경제성뿐 아니라 온도 범위의 측면에서도 의심을 살 만했다. 철이 금보다 훨씬 더 높은 온도에서도 버틸 수 있기 때문이었다. 당시 사람들이 금속에 관해 알고 있었던 바를 생각한다면, 유일한 희망은 바로 백금이었다. 그러나 앞에서도 언급했듯이, 백금을 다루는 일은 19세기 초에는 여전히 매우 어려운 기술이었다. 실제로 몰다비아의 J. G. 슈미트(J. G. Schmidt, 1805)가 이미 백금 용기에 공기를 밀봉하는 고온온도계를 만들자고 제안했던 적이 있지만 그가 그런 아이디어를 실현했는지를 보여주는 기록은 없다. 기통(1811b, 103-104)은 백금판을 땜질하지 않고서 그런 장치를 만들 수 없다고 생각했다. 물론 그럴 수만 있다면 측정 장비는 땜질 재료만큼 견고해지겠지만. 비슷하게 프린세프(1828, 81)에 의하면, 앤드루 어(Andrew Ure)라는 이가 "백금으로 만든 공기 온도계"를 제안했으며 심지어 그 장비를 판매용으로 만들도록 했다지만, 그런 장비를 이용한 어떠한 실험 보고도 발견되지 않는다.

그렇지만 푸이에는 1836년 백금의 단일 조각으로 만든 공기 저장통으로 공기 고온온도계를 가까스로 만들어냈다. 나는 이미 이 장의 「수은의 어는점 굳히기」에서 극저온에서 이루어진 푸이에의 연구를 논한 적이 있는데, 사실 그 연구에서 사용한 공기 온도계 중 하나는 본래 고온 측정의 목적으로 만들어진 것이었다. 백금 기반의 공기 온도계는 섭씨 1,000도(대략 화씨 1,830도)를 훌쩍 넘는 온도까지 기록할 수 있었다. [표 3.2]에 나타나듯이, 푸이에(1836, 789)가 이 온도계를 이용해 얻은 금속의 녹는점은 다니엘이 자신의 백금 고온온도계로 얻은 값과 매우 잘 일치했다. 그토록 높은 온도에서도 공기 온도계의 온도 기록을 얻을 수 있게 되면서, 고온에서 비열 측정도 가능해짐으로써 열량계의 발전에 도움이 되었다. 푸이에(1836, 785-786)는 백금의 비열이 온도에 따라 꾸준히 상승해 섭씨 100도(화씨 212도) 부근에서는 0.0335이던 것이 섭씨 1,600도(화씨 2,912도) 부근에서는 0.0398이 되었다고 보고했다. 이런 지식 덕분에 그는 물 열량 측정법을 써서 철의 녹는점을 추산할 수 있었다. 철을 녹이는 같은 열에 백금 조각을 넣은 다음에 백금 조각에 대해 열량 측정법을 수행하는 방식이었다. 철의 녹는점으로 그렇게 얻어진 값이 섭씨 1,500~1,600도(대략 화씨 2,700~2,900도)였다.

지금까지 초기의 고온 측정법을 간략하게나마 훑어보았으니, 이제 우리가 답하고자 했던 물음으로 다시 돌아가보자. 즉, 사람들은 어떤 근거에서 웨지우드의 온도 수치가 부정확하다고 판단했던가? 웨지우드 고온온도계가 전반적으로 거부된 직후에 한동안, 사용할 수 있는 그 어떤 대안적 고온 측정법도 원리로 보나 실용성으로 보나 웨지우드의 것보다 확실하게 우월하지는 못했다. 이런 점에서 르 샤틀리에가 19세기 고온 측정법을 되돌아보며 내놓은 호된 평가는 완전히 과장된 것은 아니었다.

웨지우드 이후에 많은 이들이 고온의 측정에 나섰으나 서로 다른 성과를 거두었다. 실제적인 요구에는 너무도 관심이 없었던 그들은 무엇보다도 그 문제를 학술적인 논문으로 발표하는 정도로 여겼을 뿐이다. 결과의 정밀도나 측정의 솜씨보다는 방법의 새로움과 독창성이 그들의 관심을 더 사로잡았다. 또한 과거 몇 년 전까지도 혼란은 점점 더 커졌다. 강철 가마의 온도는 관측자마다 달라 1,500도에서 2,000도까지 다양했으며, 태양의 온도는 1,500도에서 100만 도까지 다양했다. 무엇보다 먼저 이 문제의 주요한 난점을 지목해보자. 엄밀한 의미에서 보자면, 온도는 측정할 수 있는 양이 아니다. (…) 온도 측정 척도의 숫자는 무제한으로 커질 수도 있음은 자명하다. 그런데도 너무 자주 실험가들은 자신만의 척도를 갖는 것이 무슨 긍지인양 여긴다. (Le Chatelier and Boudouard 1901, 2-3)

[표 3.2]에 모은 데이터를 살펴보면 19세기 중엽에 이런 방법들 각각의 비교동등성은 확립돼 있지 않았음을 알 수 있다. 데이터는 너무 미흡해서 비교할 수조차 없거나 같은 방법으로 얻은 같은 현상의 측정치도 서로 상당히 달랐다. 사실 비교동등성의 측면에서 보면, 웨지우드의 점토 고온온도계가 대안의 방법들보다 더 우월했다는 주장도 쉽게 내놓을 수 있다. 이 방법을 사용한 웨지우드, 기통, 클레망과 데조르므, 그리고 푸이에의 결과는 대부분 현상에서 서로 가깝게 일치했기 때문이다([표 3.2]에서 첫 번째 세 로줄의 데이터를 보라). 기통(1811a, 83-84)은 아주 훌륭하게 웨지우드 고온온도계와 그것의 비교동등성을 변호했다. 포미(Fourmi)는 웨지우드 고온 측정용 점토 조각의 수축은 노출된 온도뿐 아니라 노출 시간의 함수라는 논증을 막 발표했던 터였다. 기통은 포미의 데이터를 가져와, 그것이 매우 다른 노출 시간에서 이루어진 다른 시험들 간에 눈에 띌 정도의 비교동등성이 존재함을 사실상 보여준다고 매우 설득력 있게 논증했다.[48]

웨지우드의 것과 다른 방법들은 서로 그렇게 잘 일치하지는 않았다. 그렇지만 우리가 [표 3.2]에서 잠깐만 보아도 알 수 있듯이, 이들이 얻은 수치는 웨지우드의 것에 비해서는 서로 간에 훨씬 더 일치하는 경향을 보인 점도 또한 매우 분명하다. 기통이 이미 1811년에 이 문제에 관해서 다음과 같이 말했다.

고온 측정 척도의 온도들에 할당된 웨지우드의 값들은 상당한 정도로 줄여야 한다는 결론과, 또한 온도계의 0도에서 백열을 내는 철의 온도에 이르기까지 그 결과를 확립하는 데에 지금까지 알려진 모든 열 측정 수단들도 마찬가지로 도움이 된다는 결론을 우리가 얻을 수 있다고 생각한다. (Guyton 1811b, 112)

금의 녹는점 이상에서, 점토 고온온도계의 기록은 기통이 눈금을 재조정했다고 해도 다른 방법들에 의해 얻은 수치들이 한 무리를 이루곤 하는 온도 범위에서 눈에 띄게 멀리 동떨어져 있었다.

그런 상태는 한동안 지속되었다. 현대의 물리학자와 공학자들에게 인정받을 수 있을 만한 그런 종류의 고온 측정법으로 나아가는 진전은 19세기의 마지막 몇십 년 동안에야 등장했다.[49] 현대의 고온 측정법에서 가장 중요한 기초는 뜨거운 물체에서 나오는 열과 빛의 복사, 그리고 온도에 따른 물질의 전기적 속성 변이를 정량적으로 이해하는 것이었다. 그런 지식은 이 장에서 논한 여러 유형의 고온 측정법이 쌓아온 사전 지식에 바탕을 두지 않고서는 얻을 수 없었다. 현대의 고온 측정법은 온도 척도를 확장하는 무용담의 뒷부분에 나오는 이야기인데, 우리가 지금 살피는 그런 종류의 인식적 난제들이 그 발전 과정에서도 등장했을 것이다.

웨지우드 고온온도계는 우리가 현재 신뢰하는 방법이 확립되기 오래전에 불신임을 받았다. 대체로 보면, 웨지우드 고온온도계는 한 무리의 다른 방법들이 점차 반대의 목소리를 내는 대열에 모두 다 결집하면서 종말을 맞이한 것처럼 보인다. 하지만 그런 인식적 결집(ganging up)이 무엇을 증명했는가? 웨지우드 고온온도계는 19세기 들어서도 그 실용적인 장점 때문에 계속 사용되었다. 우리가 웨지우드 고온온도계는 "거의 1세기"에 걸쳐 "고온 분야 연구에서 유일한 길잡이"였다는 르 샤틀리에의 회고가 과장된 것이라고 무시한다 해도, 열의 실제 응용 분야에 관해 1843년 E. 페클레(E. Péclet)가 낸 교과서의 평가를 외면할 수는 없다. 이 교과서는 "베지우드(Vedgwood)"라는 장비가 발명된 지 60년이 되었어도 가장 일반적으로 받아들여지는 고온온도계라고 썼다.[50] 19세기 들어 한참 동안이나 웨지우드 고온온도계가 상용됐음을 보여주는 다른 여러 보고들도 있다.[51] 각자로는 불안정했던 여러 가지 다양한 방법들이 한데 모여 웨지우드 온도계의 부정확성을 선언함으로써 얻은 것은 정확히 무엇이었는가? 이런 물음은 다음의 분석 부분에서 더 체계적으로 다루고자 한다.

분석 Analysis

태생지 너머로
나아가는
개념의 확장

> [물리학은] 사유가 인간 활동의 한 형태일 뿐임을 깨닫는다. (…) 경험이 지적 과정의 타당성을 검증한 영역 그 바깥에서는 지적 과정이 타당성을 획득할 어떠한 보장도 없다.
> — 브리지먼, 「지적 진실성을 위한 투쟁」, 1955

과학적 관찰과 측정을 행하고 서술하기 위해서 우리는 특정한 개념(concept)과 물질적 장비(instrument)를 이용해야 한다. 이런 개념과 장비는 특정한 규칙성(regularity)을 체현해 이루어진다. 앞의 두 장에서 우리는 그런 규칙성의 확립 과정에 관여하는 커다란 난제들이 적어도 어느 정도 극복되는 과정을 살펴보았다. 그렇지만 이런 규칙성을 현상의 새로운 영역으로 확장해 거기에서 그 개념들이 유용하고 의미 있게 기능할 수 있도록 하는 데에는 다시 새로운 도전들이 존재한다. 이 장의 앞부분에서 다룬 두 가지의 역사 부분은 이런 도전들을 풍부하게 보여준다. 이제 나는 개념의 확장(extension of concepts)이라는 문제에 대해 그 측정의 측면과 의미의 측면에서 좀 더 면밀하고 일반적인 분석을 행하고자 한다. 내 논의의 출발은 「퍼시 브리지먼의 여행 안내」에서 조작적 분석(operational analysis)에 관해 퍼시 브리지먼의 도움을 받아서 확장이라는 도전의 성격을 좀 더 세심하게 살피는 것이다. 「브리지먼을 넘어서」에서 나는 의미가 측정으로 환원되는 것을 피하려면 브리지먼의 견해는 수정되어야 함을 논증할 것이다. 그런 환원이 생기면 제안된 개념적 확장의 타당성에 의문을 던지는 것은 불가능해지기 때문이다. 이런 예비적인 단계를 거친 다음에, 「측량 확장을 위한 전략」과 「성장의 전략, 서로 받쳐주기」는 이전에 확립된 표준이 없을 때에 지식의 성장을 도울 수 있는 확장의 전략으로서 "서로 받쳐주기(mutual grounding)"를 제시할 것이다.

퍼시 브리지먼의 여행 안내

이 장의 역사 부분에서 논한 과학자들은 미지의 영토로 들어간 탐험가들이었다. 문자 그대로는 일부만이 탐험가였지만, 은유적 표현으로는 그들이 모두 탐험가였다. 새로운 땅에는 분명한 위험과 신기루가 그들을 기다리고 있었다. 지식을 갖춘 권위자의 여행 안내가 있었다면 그들의 여정은 훨씬 수월했겠지만 당시에 그런 권위자는 없었다. 그렇지만 그들이 밟아온 걸음을 다시 좇아가 분석하고 다시 생각해보지 못할 이유는 없다. 그들이 어떻게 했다면 특정한 함정들을 피할 수도 있었을까, 그들이 갔던 길 말고 다른 길을 갈 수도 있었을까, 또는 더 권할 만한 길을 따라 갔더라도 동일한 목적지에 도착했을까? 이런 물음을 생각하다 보면 새로운 이해와 발견이 나타날 것이다.

우리의 여행에서 우리는 이용할 수 있는 어떤 길잡이의 도움을 찾아야 하는데, 나는 퍼시 윌리엄스 브리지먼(Percy Williams Bridgman: 1882~1961)([그림 3.6]) 말고 더 좋은 길잡이를 생각할 수 없다. "조작주의(이 책에 나오는 operationalism은 철학 용어인 '조작주의'로 일반화되어 있지만, '실행주의'의 의미로 읽을 수도 있다—옮긴이)"의 창시자로 불리지만 자신은 그런 호칭을 부담스러워 한 브리지먼은[52] 고압 물리학 분야에서 개척자적인 업적을 세워 1946년에 노벨상을 수상했다. 그는 기술적인 용감함 덕분에 주요한 과학적 기여를 남길 수 있었다. 자신의 하버드대학교 실험실에서 브리지먼은 이전에 어느 누가 도달했던 것보다 거의 100배나 더 큰 압력을 만들어내고는 그런 고압의 환경에서 다양한 물질이 보여주는 기묘한 거동을 연구했다. 그러나 제럴드 홀튼이 지적했듯이, 브리지먼은 그런 자신의 성취로 인해 또 다른 곤경에 처하게 되었다. 즉, 그런 극도의 압력에서는 이미 알려진 모든 압력 계측기들이 다 부서졌다. 그러니 그는 자신이 실제로 도달한 압력의 수준이 어느 정도인지를 어떻게 알 수 있겠는가?[53] 그것은 브라운이 수은 온도계를 작동할 수 없게 만들어버린 혼합냉동제로 성과를 거두면서 빠졌던 것과 같은 함정이었다. 상황은 브리지먼에게 훨씬 더 가혹했다. 그는 자신이 세운 고압 기록을 계속 깰수록 점점 더 높은 압력들에도 쓸 수 있는 압력 측정 장치를 계속 확립해야 했다. 따라서 브리지먼이 측정에 쓸 방법이 더 이상 없는 개념의 토대 상실(groundlessness of concepts)이라는 상황에 대해 심각하게 사유했다는 것은 놀랄 만한 일이 아니다.

브리지먼은 알버트 아인슈타인(Albert Einstein)이 특수 상대성 이론에서 보여준 동시성(simultaneity)의 정의에서 또 다른 교훈의 자극을 받아 깊게 사유하면서, 조작적 분석이라는 철학적 기법을 정식화했다. 그것은 의미의 토대를 늘 측정에 두는 것이었다. 이런 조작적 관점은 그의 1927년 저서 『현

[그림 3.6] 퍼시 윌리엄스 브리지먼. Courtesy of the Harvard University Archives

대 물리학의 논리(Logic of Modern Physics)』에서 처음 체계적으로 제시되었으며, 이어 당시에 활동하는 물리학자들, 그리고 미국 실용주의 전통이나 논리실증주의의 새로운 철학에 고취된 다양한 사상가들에게 매우 큰 영향을 주었다. 이 장의 나머지 부분에서 우리는 개념이 태어난 영역을 넘어서, 그 개념을 확장하는 문제에 관해서 브리지먼이 우리에게 들려줄 만한 그의 세심한 주의 사항들을 살펴보고자 한다. 과학적 개념의 정의와 의미에 관한 브리지먼의 관심도 마찬가지로, 일상적 예측에서 벗어나 완전히 낯선 현상과 개념이 쏟아져 나오고 그 정점에서 양자역학과 "양자역학의 코펜하겐 해석"이 등장하면서 20세기 초 물리학자들이 겪었던 그런 충격의 전반적 분위기에서 형성되었다. 널리 읽힌 글에다 브리지먼(1929, 444)은 이렇게 썼다. "만일 우리의 범위를 충분히 확장한다면, 우리는 자연이 내재적으로(intrinsically), 그리고 원리(the elements)의 측면에서 이해할 수 없는 존재이며 법칙에 순응하지 않는 존재임을 알게 될 것이다."

그러나 역사 부분에서 보았듯이, 미지에 대한 도전은 훨씬 더 평범한 상황에서도 충분히 존재하는 법이었다. 브리지먼은 이 문제가 어디에나 존재한다고 인식했으며 모든 과학적 개념 중에서 가장 일상적인 개념인 '길이'의 예를 들어 조작적 분석에 관한 자신의 논의를 공개하는 데 나섰다. "본질적인 물리적 한계"로 인해 우리가 동일한 개념을 측정하는 과정에서 서로 다른 현상의 세계에서 서로 다른 조작을 사용할 수밖에 없다는 사실은 그를 사로잡았으며 동시에 우려하게 만들었다. 길이는 우리가 사람 몸과 비교할 수 있는 차원들을 다룰 때에만, 그리고 측정자가 보기에 측정 대상의 물체가 상대적으로 느리게 움직일 때에만 자로 측정된다. 천문학적인 길이나 거리는 빛이 날아가는 데 걸리는 시간의 양으로 측정되는데, 그것은 아인슈타인이 특수 상대성이론을 세우면서 택한 방식이기도 하다.

"천문학의 공간은 미터 막대자의 물리적 공간이 아니라 빛 파동의 공간이다"(Bridgman 1927, 67).

훨씬 더 먼 거리에 대해서는 우리는 "광년"이라는 단위를 쓴다. 그러나 우리가 실제로 하늘에서 저 멀리 빛나는 점에 빛을 보내고서 몇 년이 지나 기대한 대로 반사된 빛 신호가 우리에게 되돌아올 때까지 기다리는 그런 조작적 절차를 실제로 이용할 수는 없다. 태양계 너머의 거리를 측정하려면 훨씬 더 복잡한 추론과 조작이 필요하다.

> 그러므로 거리가 더 멀어질수록 실험 정확도는 점점 더 줄어들 뿐 아니라 길이를 결정하는 조작의 성격 자체도 불명확해진다. (…) 어떤 항성이 105광년 거리에 있다고 말하는 것은 실제로도 그렇고 개념으로도 어떤 목표 지점이 100미터 거리에 있다고 말하는 것과는 완전히 다른 **종류**(kind)이다. (17–18, 강조는 원문)

그러므로 조작적 분석은 길이라는 것이 우리가 길이를 사용하는 전 범위에 적용되는 한 가지의 균일한 개념이 아님을 드러내어준다.

> **원칙적**으로 말하면, 길이를 측정하는 조작마다 **고유하게** 상세한 조건들이 지목되어야 한다. 만일 우리에게 한 가지 이상의 조작 세트가 있다면 우리는 한 가지 이상의 개념을 지니게 되며, 엄밀히 말해 각각 다른 조작 세트에 해당하는 별도의 이름이 존재해야 한다. (10, 강조는 원문)

그렇지만 실제에서는 과학자들이 길이를 두고 여러 개념들을 인정하지는 않으며, 브리지먼도 다른 측정 절차들이 서로 겹치는 영역에서 일치하는 수치 결과를 제시한다면 일련의 개념들을 대표하는 하나의 이름을 쓸 수 있다고 기꺼이 인정한다.

우리가 우리 개념들을 처음에 정의할 때의 영역 바깥에 있는 현상을 다룬다면, 애초의 정의로 이루어진 조작적 절차를 실행하는 데에 물리적 장애가 나타날 수 있다. 그러면 애초의 정의는 다른 것으로 대체되어야 한다. 물론 이런 새로운 조작들은 두 가지 조작 세트가 모두 적용될 수 있는 영역에서 같은 수치 결과를 실험 오차 이내로 제시할 수 있는 것으로 선택되어야 한다. (23)

서로 다른 두 가지 조작적 절차의 결과에 나타나는 수치의 수렴(numerical convergence)은 브리지먼이 보기에 그저 두 가지 조작적 절차를 측정한 것에 대해 "같은 이름을 유지할 수 있게 하는 실제적인 정당화"로 여겨졌다. 그런 상황에서도 우리는 하나의 이름을 써서 여러 가지 조작을 가리킴으로써 개념의 혼동으로 빠져들지도 모르는 위험은 경계해야 한다. 만일 우리의 사유가 조작주의적 자각(operationalist conscience)으로 단련되어 늘 구체적인 측정 절차로 되돌아가 그것을 주목하지 않는다면, 겹치는 영역에서는 결과물 수치의 수렴이 나타나야 한다는 필수 조건도 잊은 채 서로 다른 온갖 종류의 상황에 하나의 단어를 쓰는 관습으로 알게 모르게 빠져들 수 있다. 브리지먼은 다음과 같이 경고했다(1959, 75). "우리의 언어에는 붙박이로 내장된 탈락 기준(built-in cutoff)이 없다." 이와 비슷하게, 우리는 어떤 개념을 수치로 나타내면서 잘못된 길로 나아갈 수도 있는데, 예를 들어 실수 직선(real number line)이 두 방향으로 무한히 계속되는 것처럼 그 개념에는 당연히 무한 확장하는 척도가 존재한다는 생각에 빠질 수 있다. 마찬가지로 우리가 어떤 물리량에 고정해둔 수치 척도는 무한히 분할될 수 있기에 당연히 물리량도 무한한 정밀도로 의미 있게 존재할 것이라고 생각하기 쉬울 것이다. 브리지먼은 우리에게 다음과 같이 깨우쳐준다.

수학은 물리적 범위가 증가하면 기본 개념이 흐릿해져 결국에는 물리적 의미를 완전히 잃고, 그렇게 되면 조작 측면에서 매우 다른 개념들로 대체될 수밖에 없다는 점을 인정하지 않는다. 예컨대 외부 공간에서 우리 은하 안으로 들어오는 항성의 운동이건 원자핵 주변 전자의 운동이건 운동 방정식에는 차이가 없다. 방정식에 쓰는 양의 조작 측면에서, 그 물리적인 의미는 이런 두 가지 경우에 완전히 다른데도 말이다. 우리 수학의 구조는 우리가 원하건 아니건 간에 물리적으로 아무런 의미도 부여할 수 없다 해도 전자의 내부에 관해서도 이야기하도록 만드는 그런 것이다. (Bridgman 1927, 63)

그래서 브리지먼은 우리의 개념들이 애초에 정의된 그 영역을 넘어서 자동으로 확장되지는 않는다는 점을 강조한다. 그는 멀리 떨어진 영역에 있는 개념들은 응용할 수 있는 측정 절차들을 갖추고 있지 않다면 쉽게 그 의미를 잃을 수 있다고 경고한다. 아주 작은 척도에서 길이의 사례는 그런 위험을 명확하게 보여준다. 눈으로 식별할 수 있는 영역을 넘어서면, 자는 갖가지 측미계(micrometer)와 현미경에게 자리를 내주어야 한다. 우리가 원자와 기본입자의 영역으로 나아가면, 길이를 재는 데에 어떤 조작적 절차가 쓰일 수 있을지도 명확하지 않으며, 더 이상 "길이"의 의미가 무엇인지조차도 명확해지지 않는다. 브리지먼은 묻는다.

전자의 지름이 10^{-13}센티미터라는 진술의 의미는 대체 무엇인가? 다시 그 유일한 답은 10^{-13}이라는 숫자를 얻는 조작을 살펴봄으로써 구할 수 있다. 이 수치는 전기동역학의 장 방정식에서 유도한 특정 방정식을 풂으로써 나왔다. 실험에서 얻은 수치 데이터를 그 방정식에 넣는 방식이었다. 그러므로 길이의 개념은 이제 변형되어, 장 방정식에 구현된 전기이론(theory of electricity)까지 포함하게 되었으며 더욱 중요하게는 이런 방정식의 확장이 올바르다는 전제를 갖게 되었다. 방정식의 확장은 실험을 통해 입증될 수 있는 차원을 넘어서서 그 방정식들이 올바른지가 물리학에서 가장 중요하고도 논쟁을 빚는 오늘날의 문제들 중 하나가 되는 영역으로 나아갔다. 이런 장 방정식이 미시 척도에서도 올바른지 확인하려면 우리는 무엇이 길이 측정에 개입하는지 결정하기 위해 전기자기력(electric and magnetic force)과 공간좌표(space coördinate) 사이에서 그 방정식이 요구하는 관계식을 증명해야만 한다. 그러나 공간좌표가 그 방정식과 동떨어진 독립적 의미를 지니지 못한다면, 그 방정식의 증명 시도가 불가능할 뿐 아니라 그런 물음 자체도 무의미해진다. 만일 그 자체만의 길이 개념에 매달린다면 우리는 고약한 순환의 땅에 발을 내딛게 된다. 실제로는 길이의 개념은 독자적인 것으로는 존재하지 못하며 복잡한 방식으로 다른 개념들과 융합한다. 그래서 이 모든 개념들 자체가 변형되어, 그 결과로 이 수준에서 자연을 기술하는 데 쓰이는 개념의 전체 숫자는 줄어들게 된다.[54]

개념 숫자의 감소는 결국에 이에 상응해서 경험적으로 검증될 수 있는 관계식 숫자의 감소로 이어지게 된다. 훌륭한 과학자라면 새로운 영역에서 경험적인 내용이 이처럼 빈곤화하는 데 맞서 싸우려 할 것이다.

이 절을 마치기 전에, 나는 브리지먼의 조작주의가 보여주는 새로운 해석을 좀 더 명료하게 정리하고 싶다. 이는 극한 온도 측정의 문제를 분석하는 틀을 짜는 데에도 도움이 될 것이다. 나는 브리지먼도 그리 여긴다고 생각하는데, 조작주의는 확장의 철학이다. 일반 독자에게는 브리지먼 저술의 많은 내용이 우리가 사용하는 개념 그리고 우리가 깊이 생각하지 않고 일상적으로 하는 말들의 의미 없음(meaninglessness)에 관해 급진적인 불만을 털어놓는 것처럼 비칠 수도 있겠다. 그러나 우리는 브리지먼이 잘 정의된 조작으로 충분히 뒷받침되는 기성 담론들에 관해 회의론을 펴는 데에 관심을 두지 않았음을 인식해야 한다. 그는 어떤 개념을 정의하는 익숙한 조작들이 더 이상 응용될 수 없는 지점인 새로운 상황까지 그 개념이 확장되고 있을 때에만 우려를 나타내기 시작했다.[55] 그의 논증이 우상파괴(iconoclasm)의 형태를 띠기도 하지만, 그것은 어떤 개념이 사실상 새로운 영역으로 확장하고, 특히 그런 확장이 별 생각 없이 이루어지며 대부분 사람들은 그런 일을 알아차리지도 못할 때에 브리지먼만이 예외적으로 그것을 훌륭하게 인식했기 때문에 그런 것이다. 그는 자신을 비롯해 모든 물리학자들에게, 특히 물리학 이론의 면에서 별 생각 없이 이루어지는 그런 개념 확장에 책임이 있다고 생각했다. 아인슈타인은 특수 상대성이론을 통해서 우리가 옛 개념들을 지닌 채 무분별하게 새로운 영역으로 들어갈 때 어떤 위험한 함정에 빠질 수 있는지를 만인에게 가르쳐주었다. 특수 상대성이론의 중심에 있는 것은, 공간적으로 떨어진 두 사건의 동시성을 판단하는 데에는 같은 장소에서 일어나는 두 사건의 동시성을 판단하는 데 필요한 것과는 다른 조작이 필요하다는 아인슈타인의 인식이었다. 후자의 조작을 고수하면 전자의 조작을 충분히 결정할 수 없었으니 더 나아간 규약(convention)이 필요했다. 그렇지만 조작적으로 사유하는 사람이라면, 동시성을 판단하는 데 필요한 조작을 세세히 지정하지 않는다면 "공간적으로 멀리 떨어진 사건 사이의 동시성(distant simultaneity)"의 의미도 확정될 수 없음을 애초부터 인식했어야 했다.[56]

브리지먼의 관점에서 보면, 고전 물리학자들이 자신이 하고 있던 일에 조작주의적 관심을 쏟았더라면 아인슈타인의 혁명은 반드시 필요했던 것이 아니었다. 그는 조작적 사유 방식(operational way of thinking)이 확산되고 부실한 구조를 미연에 조용히 막을 수 있다면 부실한 구조가 미래 언젠가 와해되는 일이 반드시 일어나는 것은 아니라고 생각했다. 물리학이 1905년에 그랬던 것처럼 또다시 넋 놓고 있지 않으려면 조작적 인식(operational awareness)이 필요했다. "아직 태어나지 않은 아인슈타인들의 그런 기여를 불필요한 것으로 만들고자 한다면 우리는 우리 개념의 구조에 있는 이런 접합 부분들(joints)을 계속 인식해야 한다"(Bridgman 1927, 24). 데카르트가 그런 것처럼, 브리지먼에게도 회의론은 그 자체가 목표가 아니었으며 더 적극적인 목표를 성취하기 위한 수단이었을 뿐이었다. 브리지먼은 과학의 진전에 관심을 기울였지 과학의 흠을 잡는 데 관심을 둔 것이 아니었다. 조작적 분석은 우리 지식의 약점이 어디에 있는지를 드러내어 그 지식을 강화하는 노력을 안내하는 탁월한 진단의 도구였다. 브리지먼 식의 이상은 언제나 조작적 정의(operational definition)로 개념을 뒷받침하는, 즉 모든 개념이 사용되는 모든 환경에서 그 개념이 독자적으로 측정 가능해지도록 보장하는 것이다. 조작주의의 금언은 다음과 같은 구절로 정리할 수 있다. 즉, 조작적으로 잘 정의된 개념을 사용함으로써 이론의 경험적 내용을 늘리라는 것이다. 조작주의의 윤리에서는, 확장은 과학자의 의무이지만 별 생각 없는 확장은 최악의 죄악이 될 수 있다.

브리지먼을 넘어서: 의미, 정의, 타당성

우리가 브리지먼의 조작주의를 개념 확장의 일관된 철학으로 해석하고자 한다면 먼저 장애물 하나를 제거해야 한다. 그 장애물은 의미를 지나치게 제한하는 개념인데, 그런 개념은 의미를 측정값으로 환원하는 데까지 이를 수 있다. 나는 이것을 **브리지먼의 의미 환원론**(Bridgman's reductive doctrine of meaning)이라고 부르고자 한다. 조작주의가 의미의 일반 이론으로서는 실패했다는 것은 널리 알려진 평가이다. 유럽에서도 조작주의의 사촌 격으로서, 종종 논리실증주의자들(logical positivists)에게서 비롯한 것으로 이야기되는 의미 확증 이론(verification theory of meaning)이 비슷한 운명을 겪었다.[57] 나는 브리지먼이 의미의 철학 일반론을 만들고자 노력했다고는 생각하지 않지만 그가 그런 열정을 확연히 드러내는 발언을 한 적이 있다. 다음의 두 진술은 매우 눈에 띠며 브리지먼이 했던 여러 다른 발언을 대표할 만한 것이다.

> 일반적으로, 우리는 어떤 개념을 말할 때에 그 의미는 일련의 조작적 절차 그 이상이 아니다. 개념은 그것에 상응하는 일련의 조작들과 동의어이다. (Bridgman 1927, 5)

> 만일 어떤 특정 물음이 의미를 지닌다면 그 물음에 대한 답을 얻어내는 조작들을 찾는 일은 확실히 가능하다. (28)

이런 발언들이 보여주는 의미 환원론은 그 자체로 유지될 수도 없을 뿐 아니라 개념의 확장을 이해하는 데에 도움이 되지도 않는다.

브리지먼은 측정 절차에는 응용할 수 있는 영역이 무제한적이지 않다는 점, 따라서 우리의 개념 구조에서는 같은 단어가 계속 사용될 수 있으나 그것을 측정하는 실제의 조작은 변하게 마련인 그런 "접합 부분(joints)"이 존재한다는 점을 우리에게 강력하게 주지시켰다. 그러나 그것들 주변에 연속적인 조직(tissue)이 전혀 없다면 "접합 부분"이란 것도 존재할 수 없다. 덜 은유적으로 말해보자. 만일 우리가 의미를 측정 절차로 완전히 다 환원한다면, 측정 절차에서 불연속(discontinuity)이 명확히 나타나는 지점에서는 의미의 어떤 연속(continuity)도 가정하거나 요구할 만한 토대가 전혀 존재하지 않게 된다. 브리지먼은 이런 문제를 인식했으나 그의 해결책은 약했다. 그는 동일한 개념에 맞춰진 서로 다른 두 가지 측정 절차의 겹치는 영역에서는 수치 결과의 연속성이 존재해야 한다는 견해를 제시했을 뿐이었다. 그런 수치의 수렴은 그 개념이 연속성을 지니고자 한다면 어쩌면 필요조건이 되지만, 브리지먼도 명확하게 인식했듯이 그것이 연속성 자체를 적극적으로 나타내는 것은 아니다. 만일 우리가 개념의 진정한 확장(genuine extension)을 문제의 초점으로 이야기하고자 한다면, 우리가 지닌 것이 두 가지 무관한 물리량의 측정값이 완전히 우연하게 수렴한 것인지 아니면 두 가지 다른 방법으로 측정된 단일 개념의 값이 수렴한 것인지를 구분해서 말하는 것은 확실히 의미 있는 일이다. 요약해보자. 어떤 개념을 성공적으로 확장하려면 어느 정도 의미의 연속성이 필요하다. 그러나 측정 절차에 응용할 수 있는 영역이 무제한적이지 않은 마당에 의미를 측정 절차로 모두 다 환원한다면 그런 연속성은 불가능해진다.

게다가 우리가 브리지먼의 의미 환원론을 받아들인다면 우리가 도대체 왜 개념의 확장을 모색해야 하는지도 불분명해진다. 이 점은 웨지우드 고온 측정법의 사례에서 아주 잘 드러난다. 애초에 웨지우드는 조작주의적 인식에서 마땅히 해야 할 법한 일을 정확하게 해냈다. 그는 고온 현상에 성공적으로 적용한 온도 측정의 표준을 창안했다. 신뢰를 받는 기존 온도계들이 측정하는 범위에서는 새로운 장비가 제대로 작동하지 않자, 그는 자신의 온도계에다 새로운 수치 척도를 달았다. 왜 이런 행동이 정직한 일이 아니었고 또한 충분한 일이 아니었다는 말인가? 웨지우드 자신을 비롯해서 모든 이들은 왜 웨지우드 점토 척도를 수은 척도로 다시 해석해야 한다고 생각했을까? 분절된 조작 세트가 저 혼자서 필요한 실제적 목적에 기여하는 듯이 보이는데도 왜 사람들은 그토록 강렬하게 연속적 확장을 열망했을까? 만일 우리가 브리지먼의 의미 환원론에 매달린다면 이런 물음에 대해 적절한 대답을 찾기는 어려울 것이다.

웨지우드의 경우에, 개념 확장을 향한 충동을 이해하는 열쇠는 일상 범위의 온도와 그 의미가 연속적인 어떤 속성이 고온 측정 범위에도 존재한다는 인식이 현실적으로 널리 퍼져 있었음을 이해하는 데에 있다. 그런 느낌은 어디에서 왔을까? 고온 측정법의 상황을 자세히 들여다보면, 고온 측정 온도와 일상 온도 사이에 미묘하고도 말로 표현할 수 없는 수많은 연결들이 등장한다. 먼저 우리는 가열 시간을 연장해서, 즉 일상 영역에서 온도 상승을 일으키는 보통 과정을 연속함으로써, 어떤 물체를 고온 측정의 영역으로 가져갈 수 있다. 마찬가지로 일상 영역에서 일어나는 냉각의 원인을 더 길게 또는 더 강하게 유지한다면, 물체는 고온 측정 온도에서 일상의 온도로 내려갈 수 있는데 이런 방법이 열량 측정법을 이용해 고온 측정을 할 때(또는 우리가 매우 뜨거운 물체를 찬 공기에 한동안 내놓을 때)에 사용한 바로 그것이었다. 이런 것들이 공통의 측정 표준으로는 연결되지 않는 두 영역 사이에서 의미의 연속성, 심지어 조작적 의미의 연속성을 제공하는 실제적이며 구체적인 물리적 절차들이다.

앞에서 열거한 연결 사례들은 온도에 관해 매우 기초적이면서도 정성적이고 인과적인 가정들에 바탕을 둔 것이다. 즉, 불은 어떤 보통 물체에 작용하면 그 물체의 온도를 높인다. 또한 서로 다른 온도의 두 물체가 서로 닿아 있다면 둘의 온도는 서로 근접하는 경향을 띤다. 거기에는 어느 정도 정량적인 연결고리(semi-quantitative links)도 존재한다. 연료를 더 많이 소비하면 결과적으로 더 많은 열이 생산된다는 것은 당연하게 받아들여지는데, 이는 에너지 보존의 원시적 관념에 바탕을 두고 있는 것이다. 한 물체에 전달되는 열의 양은 (상태 변화를 막고 영향을 방해하는) 물체 온도의 변화량과 양의 상관관계를 지닌다고 여겨지는데, 그런 가정은 온도를 "열의 정도"로 보는 거칠지만 튼튼한 이해에 바탕을 두고 있다. 그래서 예를 들면 안정된 불길 위에다 도가니를 얹어두면 사람들은 도가니 안 내용물의 온도가 계속 오르고 결국에 어떤 최대치에 도달하리라고 생각한다. 이는 다니엘이 웨지우드의 결과 중 일부를 비판하면서 효과적으로 사용했던 바로 그런 종류의 추론이었다.

> 이제는 거의 누구라도 은이 빛나는 붉은 열에 이르면 곧이어 얼마나 지나서 녹아내리는지를 안다. 그리고 모든 응용 화학자들이 은 도가니를 이용해 연구할 때 쓰라린 경험을 통해 그런 현상을 관찰하곤 한다. 이런 효과를 내는 데 필요한 연료의 소비도, 공기바람의 증가도 우리가 은 융해점이 낮에도 충분히 볼 수 있는 붉은 열에 비해 4와 1/2배나 더 높다고 가정하는 것을 보증하지는 않는다. 같은 근거에 바탕을 두고 충분히 붉은 열이 [화씨] 1,077도이며, 철의 용접열이 1만 2,777도임을 인정하는 것이 가능하지 않으며 주철의 융해점이 5,000도보다 더 높을 수 있음을 인정할 수도 없다. 철이 용접되는 현상은 분명히 철이 녹기 시작하는 단계라고 생각해야 한다. (Daniell 1821, 319)

비슷한 유형의 거친 가정들은 더 낮은 온도의 연구에서도 사용되었다. 이에 관해서는 「수은은 어는점을 스스로 보여줄 수 있는가?」와 「수은의 어는점 굳히기」의 역사 부분에서 쉽게 찾아볼 수 있다.

이런 사례들은 심지어 명확한 측정 절차가 이루어지지 못한다 해도 경험이 부족하고 관찰이 부정확한 새로운 영역으로도 개념이 확장될 수 있고 확장된다는 것을 실례로 보여준다. 나는 개념이 새로운 영역에서 어떤 식이건 의미를 취하는 상황을 가리키는 데에 **의미론적 확장**(semantic extension)이라는 구절을 쓰고자 한다. 먼저 사용의 안전망(secure net of uses)을 갖춘 개념, 즉 제한된 환경 영역 안에서 안정적인 의미를 갖는 개념으로 시작하자. 그런 개념이 확장한다는 것은 인근의 영역에서 그 개념에 이전의 망과 신뢰할 만하게 연결된 사용의 안전망을 부여한다는 것을 의미한다. 의미 확장은 다양한 방식으로 일어난다. 조작적으로, 은유적으로, 이론적으로, 또는 가장 흔하게는 어떤 특정한 경우에 이런 방식들이 섞여서 일어난다. 우리가 명확하게 유념해야 하는 한 가지 점은, 브리지먼이 자신의 철학 담론에서는 그리 강조하지는 않았던 것인데, 구체적인 물리적 절차가 모두 다 측정 절차는 아니라는 점이다(우리는 철이 녹는 온도를 정확하게 알지 못하더라도 철을 녹이는 방법을 알 수 있다). 그러므로 넓게 보면 조작적 의미라 해도 그것이 정량적 측정 결과를 내도록 설계된 조작만으로 다 설명되는 것은 아니다.[58] 어떤 개념을 뒷받침하는 측정 방법이 새로운 영역으로 확장하는 것으로, 내가 **측량 확장**(metrological extension)이라고 부르는 것은 **조작적 확장**(operational extension)의 한 가지 특정한 유형일 뿐이고, 조작적 확장 그 자체는 또한 **의미론적 확장**의 한 측면일 뿐이다. 이런 인식의 도움을 받아서 내가 주장하고자 하는 바는 측량 확장의 정당화는 의미론적 확장의 어떤 다른 측면(조작적이건 아니건)이 이미 문제의 새로운 영역 안에 존재할 때에만 의미 있는 문제로 떠오를 수 있다는 것이다.

이제 의미론적 확장에 대해 좀 더 논의를 시작하기 전에, 의미론적 일반론을 발전시키는 데 브리지먼보다 내가 더 열심인 것은 아니지만, 지금 조작하고 있는 의미의 개념화(conception of meaning)가 가리키는 바를 몇 가지 제시하고자 한다. 우리가 브리지먼의 문제에서 취할 수 있는 한 가지 교훈은 의미라는 것은 제어하기 힘들고 여기저기에 적용된다는(unruly and promiscuous) 것이다. 브리지먼이 소망했던 과학적 개념의 의미에 대한 절대적 제어 같은 것은 가능하지 않다. 이룰 수 있는 대부분의 제어는 명시적인 정의에 동의하고 그것을 존중하는 데 동의하는 과학계에 의해서 이루어진다. 그러나 심지어 확고한 정의라 해도 의미를 조절할 뿐이지 그것을 다 설명해주지는 못한다. 세계 사람들은 길이를 프랑스 파리에 있는 표준 미터로(즉, 특정한 원자 복사선의 파장 길이로) 정의하는 데 동의할 수 있지만, 그것이 우리가 길이라 말할 때 의미하는 모든 것을 다 설명해주는 데에는 여전히 근접하지 못한다. 개념 확장에 관한 우리의 논의에 틀을 제공할 수 있는 가장 좋은 철학적 의미 이론은 "사용으로서의 의미(meaning as use)"라는 개념이다. 이런 개념은 거슬러 올라가면 종종 루드비히 비트겐슈타인의 후기 철학에 다다른다.[59] 만일 우리가 그런 의미의 관점을 취한다면 브리지먼의 초기 사유가 지닌 협소함을 쉽게 인식할 수 있을 것이다. 측정은 어떤 개념이 사용되는 하나의 특정한 맥락일 뿐이기에, 측정의 방법은 그 개념의 의미가 지니는 하나의 특정한 측면일 뿐이다. 이런 점에서 브리지먼의 의미 환원주의는 부적절하다는 것이다.

사실, 브리지먼 자신도 의미 환원주의를 시종일관 따르지는 않았음을 보여주는 대목도 더러 있다. 『현대 물리학의 논리』(1927, 5)의 시작 부분에서 측정 절차의 중요성에 관한 논의를 불러일으키려고 애쓰면서, 브리지먼은 다음과 같이 주장했다. "우리가 그 어떤 것이건 모든 물체의 길이가 얼마라고 말할 수 있다면, 우리는 길이의 의미를 자명하게 아는 것이다. 그리고 물리학자에게는 더 이상 필요한 것이 없다." 브리지먼이 의미에 관해 이처럼 완화된 관념을 고수해 측정 절차를 갖춘다는 것이 의미 있음(meaningfulness)의 충분조건이지 필요조건은 아니라고 보았다면 더 좋았을 것이다. 훨씬 더 중요한 점은 거의 알려지지 않았지만 과학의 "정신적 구성물(mental constructs)"(53-60), 특히 "우리가 감각기관을 통해 직접 경험할 수 없는 물리적 상황을 다룰 수 있도록 해주는" 구성물에 관한 브리지먼의 논의이다. 모든 구성물이 똑같은 것은 아니다.

본질적인 점은 우리의 구성물이 두 종류로 나뉜다는 것이다. 하나는 그 구성물의 정의에 대응하는 것 외에는 다른 어떤 물리적 조작과 관련되지 않는 구성물이다. 다른 하나는 다른 조작을 허용하는, 즉 물리적으로 구분되는 조작이라는 의미에서 몇 가지 다른 방식으로 정의될 수 있는 구성물이다. 구성물 특성의 이런 차이는 본질적인 물리적 차이와 조응한다고 기대될 수 있는데, 이런 물리적 차이는 물리학자의 사유 과정에서 너무도 쉽게 간과된다.

브리지먼의 사상을 논하는 철학자들의 사유에서도 이런 점들은 너무 쉽게 간과되었다. 브리지먼이 여기에서 이야기하는 바는 흔히 알려진 그의 원리와는 완전히 대조되는 것이다. "물리학에 가득한" 구성물의 문제에 관하여, 브리지먼은 하나의 개념이 여러 다른 조작에 상응할 수 있음을 인정했을 뿐 아니라 심지어 이처럼 조작적 의미가 여럿이라는 것은 곧 "사물의 실재가 경험에 의해 곧바로 제시되지 않음을 의미하는 것"이라고 주장했다. 이런 생각을 설명하면서, 브리지먼은 고체 내부의 스트레스라는 개념은 물리적 실재를 지니고 있지만 힘과 전하를 통해서만 드러나는 전기장이라는 개념은 그렇지 못하다는 논증을 폈다. 전기장은 이런 힘과 전하에 의해서 정의된다. 나의 방식으로 표현하면, 브리지먼은 정신적 구성물의 조작적 의미가 애초 정의된 것보다 더 폭넓을 때에만 정신적 구성물에 물리적 실재가 부여될 수 있다고 말하고 있었던 것이다.

이러한 사유는 측량의 타당성(validity)을 어떻게 판단할 수 있는지를 이해하는 데 유용한 열쇠가 된다. 즉, 타당성은 관련된 의미가 그 정의만으로 다 설명되지 않을 때에만 토론할 가치를 지닌다는 것이다. 우리가 가장 극단적인 조작주의를 받아들인다면 측정 방법이 타당한지 아닌지를 물을 필요는 없어진다. 왜냐하면 측정 방법이 개념을 정의하고 그 개념의 의미 그 이상의 것이 없다면, 측정 방법은 규약(convention)이나 동어반복의 문제가 되어 자동으로 타당한 것이 되기 때문이다. 반대로 개념이 그 측정 방법의 세부조건보다 더 넓은 의미를 지닌다면 타당성을 따지는 일은 흥미로운 문제가 된다. 그때에는 개념이 지닌 의미의 다른 측면과 측정 방법이 모순되지 않아야만 측정 방법이 타당하다고 이야기될 수 있다. 다음 절에서는 타당성에 관한 이런 일반적인 관점이 측량 확장이라는 더욱 특정한 문제에 어떻게 적용될 수 있는지 살펴보자.

측량 확장을 위한 전략

이제 나는 측량 확장의 타당성을 판단하는 근거가 어디에 있는지 고찰하고, 온도 측정을 극한 영역으로 확장하는 사례에 이런 고찰을 적용해보고자 한다. 특정한 현상의 영역에서 측정 방법을 잘 정립해 갖춘 어떤 개념에서 시작해보자. 그 개념을 새로운 영역에서 측정 가능한 것으로 만들면 측량 확장이 이루어진다. 원칙적으로는 측량 확장에 새로운 측정 표준이 필요하며, 그것은 예전 표준과 어느 정도 일관된 방식으로 연결되어야 한다.

그런 확장을 타당하게 하려면 다음의 두 가지 조건을 만족시켜야만 한다.

합치(conformity): 만일 그 개념이 이미 존재하는 의미를 새로운 영역에서도 계속 지니게 된다면 새로운 표준은 그런 의미에 합치해야만 한다.
겹침(overlap): 만일 본래의 표준과 새로운 표준의 적용 영역이 겹친다면, 둘은 서로 일치하는 측정 결과를 내놓아야 한다. (두 표준이 동일한 양을 측정한다는 의미이기 때문에, 이것은 달리 말해 제2장에서 세세하게 밝힌 비교동등성이라는 요구 조건을 의미한다.)

앞 절에서 보았듯이 두 번째 조건은 브리지먼이 분명하게 제시했던 것이며 첫 번째 조건은 그가 구성물을 논하는 과정에서 제안된 것이다.[60]

측량 확장의 타당성을 고찰하는 데 이런 사유의 틀을 갖고서 이제 나는 온도 측정을 고온과 저온의 영역으로 확장하는 구체적인 문제로 다시 돌아가고자 한다. 이 절의 나머지 부분에서는, 각자 걸맞은 환경에서는 저마다 유용한 위의 두 갈래 중 한 방향으로 확장하는 데 쓰이는 여러 전략들을 구분하는 것을 시도하겠다. 제2장에서 보았듯이, 18세기 후반부(이 장의 역사 부분에서 주된 역사 사건들이 시작되는 시기)에 유리관의 수은 온도계가 당시 최상의 온도 측정 표준이라는 점은 폭넓게 동의되었다. 1800년 무렵부터는 공기 온도계를 따르는 이들이 확연하게 나타나기 시작했다. 그러므로 우리가 고찰하고 있는 온도 측정의 확장은 본래의 표준이었던 수은 온도계 또는 공기 온도계에서 나왔다.

연결 없는 확장

내가 취한 관점으로 보면, 애초의 웨지우드 고온 측정 척도가 파렌하이트 척도로 변환되지 않고서도 수은 표준의 유효한 확장으로 여겨졌다는 점은 다소 놀라운 일이다. 웨지우드가 했던 일은 그런 애초의 표준에 직접 연결되지 않은 측정 표준을 완전히 새롭게 창안했다는 것이다. 수은 온도계와 웨지우드 고온온도계 사이에는 직접 겹치는 영역이 없었기 때문에, 겹침의 조건은 여기에서 관련이 없었다. 합치의 조건은 매우 만족스럽게 충족되었다. 웨지우드가 고온온도계 덕분에 도자기 기술에서 더 큰 성공을 거두고 또한 웨지우드 고온온도계를 사용했던 수많은 사람들이 만족감을 나타냈으니, 웨지우드 온도 그리고 도자기 화학(ceramic chemistry)과 물리학의 다양한 측면 사이의 연결은 충분히 검증되었다. 앞에서 언급한 대로 다니엘이 기존의 의미에 토대를 두어 웨지우드가 밝힌 은의 녹는점을 강력하게 비판했다는 것은 사실이지만, 그것은 웨지우드의 고온 측정 표준 전반에 대한 불신으로 나아갔다기보다는 따로 떨어진 데이터를 보정하는 수준이었을 뿐이다.

웨지우드의 이어붙이기

애초의 웨지우드 확장에서 유일하게 자명한 결점은, 고온 측정 척도의 시작점이 이미 수은 척도의 끝점보다도 약간 더 높았는데도 상당한 정도의 척도 확장이 측정 표준도 없이 이루어질 수 있게 내버려두었다는 점이었다. 그런 격차가 있다고 해서 웨지우드 고온온도계가 기본적으로 부적합하다고 말할 수 없더라도, 계속 확장되는 온도 척도를 얻으려는 열망, 특히 수은의 끓는점과 붉은 열 사이에서 실제적인 작업을 행하는 사람에게서 그런 열망은 충분히 쉽게 이해될 만한 것이다. 우리가 이 장의 역사 부분의 「그것은 우리가 아는 그런 온도가 아니다?」에서 보았듯이, 이런 문제에 대한 웨지우드의 해법은 새로운 표준과 애초의 표준을 이어주는 제3

의 표준을 사용하여 둘을 연결하자는 것이었다. 매개적인 척도인 은 척도의 고온 끝 부분은 웨지우드 척도와 연결되었으며, 저온 끝 부분은 수은 척도와 연결되었다. 원칙적으로 보아, 이런 전략은 합치와 겹침의 조건을 둘 다 만족시키는 잠재력을 갖춘 것이었다.

그렇지만 웨지우드가 시행한 이런 이어붙이기 전략은 미흡한 부분을 많이 남겼다. 그는 수은의 끓는점까지 나아가는 구간에서 은의 팽창 패턴이 수은의 팽창 패턴과 동일한지, 또는 고온에서 은의 팽창이 점토 조각의 수축과 일치하는 패턴을 따르는지 따져보지 않았다. 그 대신에 웨지우드는 그저 두 온도점을 집어내어 선형성이 존재한다고 가정하면서 은–점토 변환 계수(conversion factor)를 계산해냈다. 은과 수은을 비교하는 경우에는 변환 계수를 서로 다른 두 가지로 확정하고서 둘이 서로 잘 일치한다고 보았으나 충분하지 않았다. 따라서 웨지우드가 이어붙인 척도는 못 몇 개를 여기저기에 박아 세 장의 뒤틀린 널빤지를 붙여 만든 다리(bridge) 정도의 의미였을 뿐이었다. 이 다리는 브리지먼 검증 기준(특히 겹침 조건을 충족할 것)을 통과할 정도로 건실하지는 못했다. 그렇지만 웨지우드의 실패가 이어붙이기라는 일반 전략 자체를 거부하는 사례로 받아들여져서는 안 된다.

전체 범위의 표준

서로 연결되지 않는 표준들을 이어붙이는 대신에 관심 대상이 되는 전체 범위를 포괄하는 단일 표준을 찾으려는 노력이 있을 수 있다. 이는 우리가 지금까지 살펴본 역사에서 흔한 전략이었지만, 그 성공 여부는 적절한 물질 재료를 찾을 수 있느냐에 전적으로 달려 있었다. 고온 측정 범위로 확장하려는 경우에는 얼음 열량 측정법, 물 열량 측정법, 냉각 속도, 그리고 금속 팽창에 기반을 둔 측정 방법들이 전체 범위의 표준을 제공하는 후보가 되었다. 아주 차가운 영역으로 확장하려는 경우에는 알코올 온도계가 확실한 후보였지만 겹침의 조건을 충족하는 데에는 문제가 있었다. 즉, 알코올 온도계는 수은 온도계, 공기 온도계와 비교할 때 겹치는 영역인 일상 온도 범위에서 눈에 띄게 서로 불일치함은 잘 알려져 있었다. 결국에 최선의 해법은 푸이에의 '백금관을 사용한 공기 온도계'였는데, 그것은 실제로 당시로서는 가장 낮은 온도에서 백금의 녹는점 부근까지 전체 범위를 포괄할 수 있었다(이 장의 역사 부분의 「수은의 어는점 굳히기」와 「웨지우드에 쏠린 집단 비판」에서 마지막 부분들을 보라).[61]

그러나 궁극적으로 보면 이런 전략은 이룰 수 없는 일이다. 표준을 아무리 폭넓게 적용할 수 있다 해도 거기에는 한계점이 있게 마련이다. 백금조차도 결국에는 녹고, 공기는 저온의 끝에 이르면 액화하며 고온의 끝에 이르면 구성 이온으로 해리된다(dissociate). 또한 좀 더 현실적인 한계도 있다. 예컨대 누가 뜨거운 물체를 얼음이나 물이 든 양동이에 떨어뜨려 온도를 재려고 할 때에 그런 조작은 사실 뜨거운 물체가 고체나 적어도 액체 상태일 때에나 현실적으로 가능할 것이기에 그런 조작에서 얼마나 뜨거운 물체를 사용할 수 있는지는 한계가 있다. 일반적으로 보아, 어떤 양이 취할 수 있는 값의 전체 범위에 하나의 측정 표준을 부여하려는 열망을 갖는다면, 이어붙이기(patching)로 한발 물러서야만 할 것이다. 온도 측정 확장의 문제에 대해 최선으로 합의된 현대의 해법은 사실상 이어붙이기의 형태이고 이는 국제실용온도눈금(International Practical Scale of Temperature)이 제시하는 바이다. 그러나 현재에는 웨지우드의 이어붙이기보다는 훨씬 더 믿을 수 있는 이어붙이기 방법들이 있다.

목마 넘기

지금까지 논한 모든 전략 중에서 가장 덜 야심 차고 가장 신중한 방법은, 내가 "목마 넘기(leapfrogging)"라고 부르는 것으로 금속 고온온도계의 개발 과정에서 아주 잘 예시된다. 처음에 금속 물질의 열적 팽창 패턴은 비교적 낮은 온도 범위에서 수은 온도계를 이용하여 경험적으로 연구되었다. 그런 다음에 거기에서 입증된 현상론적 법칙이 수은의 끓는점보다 더 높은 온도의 영역으로 확장하는 외삽 추론에 사용되었다. 목마 넘기를 보여주는 또 다른 예시는 캐번디시가 수은의 어는점 아래의 온도 영역을 측정할 때 알코올 온도계를 사용했던 경우였다(「수은의 어는점 굳히기」를 보라). 목마 넘기에 의한 확장은 실험 설계를 통해 겹침 조건을 충족한다. 처음에 이루는 현상론적 법칙의 입증 자체가 겹침 영역에서 수치가 어떻게 확실히 일치하는지를 보여주고 있기 때문이다. 합치의 조건은 특정한 경우에 따라 충족될 수도 그렇지 않을 수도 있다. 그러나 우리가 논했던 사례들에서는 아주 잘 충족되었던 것으로 보인다. 원리적으로 보면 목마 넘기 과정은 무한히 이어질 수도 있다. 일단 새로운 표준이 확립되고 나서, 그 새로운 표준을 참조 기준으로 삼아 새로운 영역에서 새로운 현상론적 법칙이 입증될 수 있고 다시 그 법칙이 더 나아간 새로운 영역으로 외삽될 수 있다면, 더 나아간 확장이 만들어질 수 있다.

이론 단일화

하나의 재료 표준을 발견하려 애쓰거나 또는 여러 재료 표준들을 직접 연결해 희망하는 전 영역을 포괄할 수 있는 연쇄사슬을 찾으려고 노력하는 대신에, 아예 제안되는 각각의 측정 표준을 모두 다 끌어안아 타당화할 수 있는 하나의 이론 틀을 구축하자는 시도도 나올 수 있다. 하나의 공통 이론을 사용해서 여러 가지 다른 표준들을 유효화할 수 있다면, 그것은 그런 표준들을 연결하는 방법이 될 것이다. 만일 여러 가지 새로운 표준들이 이런 식으로 애초 표준에 연결된다면 그것들은 모두 애초 표준의 확장으로 인식될 수 있다. 원리적으로 보면 이는 확실히 타당한 전략이다. 그러나 내가 지금 논하고 있는 역사 시기에는 그런 식으로 온도 측정 표준을 통일할 수 있는 이론이 존재하지 않았다. 이론 통일의 전략을 사용하는 뚜렷한 진전은 훨씬 나중에 절대온도에 대한 켈빈의 이론적 정의에 바탕을 두어 이루어졌을 뿐이었다. 이에 관해서는 제4장에서 자세히 논하겠다.

성장의 전략, 서로 받쳐주기

앞 절의 논의를 거치면서 역사 부분에서도 이미 다루기는 했지만, 우리가 마주하고 있는 문제가 과소결정(underdetermination)의 문제임이 명확해졌다. 어떤 측정 표준의 확장에는 여러 가지 가능한 전략이 존재하며, 각각 주어진 전략에서는 여러 가지 다른 확장이 이루어질 수 있다. 그렇기 때문에 우리에게는 이런 모든 가능한 것들 중에서, 또는 적어도 지금까지 시도된 현실적인 것들 중에서 최선의 확장을 선택해야 하는 과제가 주어진다. 각각의 타당한 확장에서 애초의 표준은 존중되지만, 애초의 표준이 그 확장의 방식을 완전히 결정할 수는 없다. 그리고 기존 의미들이 새로운 영역에서 올바른 측정 표준을 모호하지 않게 명확히 결정하게 할 만큼 충분히 정교하지 않은 일도 쉽게 나타날 수 있다. 기존 의미들과 일치해야 한다는 합치 조건이 종종 아주 쉽게 충족되었던 이유가 여기에 있다.

제2장에서 나는 빅토르 르뇨가 각각의 후보 재료를 물리적 정합성(비교

동등성)이라는 엄격한 검증의 대상으로 삼음으로써 온도 측정용 유체의 선택하는 문제를 어떻게 해결했는지 논했다. 제2장의 분석 부분의 「뒤엠 식 전체론에 반대하는 최소주의」의 말미에서는 그런 전략이 제구실을 하지 못하는 상황의 유형이 어떤 것인지에 관해 넌지시 언급했다. 이제는 우리가 웨지우드 이후의 고온 측정법에서 그런 상황을 대면하게 되었다. 웨지우드는 비교동등성을 위해 자신의 장비를 검증했으며 장비는 그 검증을 통과했다. 다른 사람들의 손에서도 표준 점토 조각이 사용되는 한 웨지우드 고온온도계는 비교동등성의 검증을 통과했던 것으로 보인다. 우리가 르뇨의 연구에서 보았던 것과 같은 엄격함을 적용한다면 웨지우드의 점토 조각을 사용해야 한다는 제한 조건이 웨지우드 고온온도계를 거부하기에 충분했겠지만, 19세기 말엽까지 다른 모든 고온온도계도 마찬가지로 그 정도의 엄격한 비교동등성 검증은 통과할 수 없었을 것이다. 그중에서 가장 잘 제어되었던 백금 고온온도계조차도 기통과 다니엘이 각자 사용했을 때 매우 다른 결과를 내놓았다. 전반적으로 보아, 각각의 고온온도계가 엄격한 비교동등성 검증을 통과하기에는 이용할 수 있는 데이터의 질과 양이 훨씬 이후까지도 확실히 충분하지 않았다.

그래서 우리는 모든 대안적인 고온온도계가 웨지우드의 장비와 마찬가지로 열악했는데도 어떻게 웨지우드 고온온도계를 부정확하다며 배척하는 일이 나타날 수 있었는가 하는 물음으로 돌아가게 된다. 이 장의 역사 부분의 「웨지우드에 쏠린 집단 비판」에서, 우리는 여러 다른 고온온도계들이 웨지우드 고온온도계와는 불일치하며 서로 간에는 비교적 더 일치한다는 것(이런 상황은 [표 3.2]에서도 볼 수 있다)이 제시된 이후에 웨지우드 온도계가 어떻게 배척되었는지 살펴보았다. 체계적인 인식론자에게는 이는 조악한 해법처럼 보일 것이다. 무엇보다도 이런 과정에서 어떤 정당화가 있다 해도, 그것은 완전히 순환적일 뿐이다. 즉, 백금 고온온도계는 얼음 열량계와 일치하기 때문에 우수하다, 그리고 얼음 열량계는 백금 고온온도계와 일치하기 때문에 우수하다 등등으로 나아가는 식이다. 둘째, 여러 가지 불안정한 방법들이 보여주는 수렴 현상에 의지하는 것은 신뢰할 만하고 이용할 수 있는 단일한 방법이 없다는 이유만으로 받아들여지는 빈약한 해법처럼 여겨진다. 하나의 우수한 표준이 존재한다면 그것은 고온 측정 범위의 온도에 대해 조작적 정의를 제공했을 것이며, 그래서 서로 배치되는 빈약한 표준들을 갑자기 만들어낼 필요도 없었을 것이다. 이는 적어도 표면적으로는 설득력 있는 논점들이다. 그렇지만 나는 웨지우드 이후 고온 측정법의 상황이 긍정적인 장점을 지닌 발전의 인식적 전략을 보여주고 있다는 논증을 펼 것이다.

인식론의 기본 용어로 말하면, 여러 표준의 수렴에 의존하다 보면 토대론의 실패를 인정한 이후에 정합론을 채택하는 데에 이른다. 정당화에 관한 토대론 이론과 정합론 이론의 상대적 이점은 제5장에서 더 주의 깊게 논하겠지만, 지금 여기에서 이야기하려는 바는 엄격한 정당화 자체가 아니라 개념 형성과 지식 구축의 역동적 과정으로 나아가는 길잡이인 '정합의 사용(use of coherence)'에 관한 것이다. 이와 관련해 아주 암시적인 은유를 빈 학파(Wiener Kreis)의 지도자이자 통합과학(Unity of Science) 운동의 가장 강력한 주창자였던 오토 노이라트(Otto Neurath)가 제시한 바 있다. "우리는 선박 건조대에서 배를 해체하고 최상의 부품으로 다시 건조할 수 없는 항해자들이, 바다 한가운데에서 자신들의 배를 건조해야 하는 처지와 같다."[62]

종종 이야기되듯이, 노이라트의 이런 은유와 콰인(W. V. O. Quine)이 나중에 제시한 '늘릴 수 있는 직물'이라는 정합론적 은유 사이에는 서로 통하는 어떤 것이 존재한다. "우리의 이른바 지식 또는 믿음의 총체(totality)는 (⋯) 그

가장자리에서만 경험과 부딪히는 인조 직물이다. 아니, 표현을 바꾸면 전체 과학은 경험이 경계 조건이 되는 힘의 장과 같다"(Quine [1953] 1961, 42). 그러나 우리의 논의에서는 매우 중요한 차이점이 하나 있다. 콰인의 은유에서는 직물이 어떤 모양을 취하는지는 중요한 문제가 아니다. 누구는 그것이 찢어지지 않는다고 가정한다. 반면에 우리가 노이라트의 물 새는 배로 항해하고 있을 때에는 우리가 그런 상황에서 무언가 적극적인 행위를 제대로 하지 않는다면 배는 물에 가라앉을 것이다. 달리 말하면, 노이라트의 은유에는 현재 지식 상태에 대한 가치 판단, 즉 그것이 불완전하다는 명확한 가치 판단과 그것이 개선될 수 있다는 확고한 믿음이 담겨 있다. 노이라트의 은유는 진보주의적인 정신을 지니는데 이는 콰인에게는 그리 중심적인 것이 아니다.

웨지우드 이후에 고온 측정법은 물이 많이 새는 배였다. 노이라트의 은유를 좀 더 자유롭게 해석할 수 있다면, 전에는 배 자체가 없었기에 우리는 물 새는 배라 해도 그것이 이미 상당한 성취였다는 점을 인정해야 한다. 클레망과 데조르므 같은 연구자들은 (현실의 난파 상황에서는 비현실적이지만) 근처에 떠다니는 널빤지 몇 개를 끌어 모아 임시변통의 구명선박을 만들려 했던 난파한 선원과도 같았다. 기통은 백금 고온온도계라는 널빤지를 들고서 그 배에 올랐고 그것은 충분히 잘 들어맞았다. 그들은 또한 웨지우드 고온온도계라는 널빤지를 집어 올려 다양하고도 만족스러운 특성에 감탄했지만 잘 들어맞게 만들 수 없었기에 결국에는 내키지 않는 마음으로 바다로 떠나가도록 했다. 이들은 웨지우드 널빤지에 매달린 채 그것과 함께 쓸 수 있는 다른 널빤지가 오기를 기다리면서 떠다니는 길을 선택할 수도 있었지만, 이들은 물이 새기는 하지만 이미 갖고 있던 배에 머물겠다는 결정을 했다. 그런 신중함을 탓하기는 어렵다.

은유에서 벗어나 이야기하면, 이런 과정의 긍정적인 이점은 정확히 무엇이었을까? 나는 그 이점을 측정 표준의 "서로 받쳐주기(mutual grounding)"라고 부르고자 한다. 무엇보다 그것은 불확실성을 관리하는 데에는 탁월한 전략이다. 다른 것보다 더 우수하다고 입증할 만한 측정 표준이 없는 상황에서, 애초부터 그럴듯한 모든 후보 물질들에 기본적으로 동등한 지위를 부여하는 것은 이치에 맞는 일이다. 그러나 대부분의 것들과 지나칠 정도로 다른 어떤 표준은 부정확성에 대한 절대적 판단을 좇지 않더라도 그저 실용주의를 따라 배척할 필요가 있다. 측량 확장 과정에서 우리는 서로 받쳐주기의 상황을 불러일으키는 그런 종류의 불확실성을 쉽게 찾아볼 수 있다. 새롭게 등장한 영역에서는 기존의 의미들이 어떤 측정 표준을 명확하게 선택할 수 있도록 지시할 정도로 충분하고도 정밀하지 않을 수 있다. 즉, 인간 감각으로 얻은 기초도 충분하지 않고 미지의 영역까지 자신 있게 포괄할 수 있는 일반 이론은 별로 없을 것이다. 알려진 영역의 현상론적 법칙을 확장하고자 하면 언제나 귀납 추론(induction)의 문제에 직면한다. 대체로 보아, 많은 대안의 확장들은 그들 사이에서 과소결정 된 선택이 이루어지면서 출현할 것이다.

　서로 받쳐주기는 패배주의자의 타협이 아니라 발전의 역동적 전략이다. 무엇보다 그것은 새로운 표준들이 수렴의 보금자리로 들어올 수 있게 해준다. 관련 표준들 중 어느 것을 절대적으로 신임하지 못한다는 것은 또한 그중 일부가 후속 연구에서 서로 일치하지 않음이 드러날 때 비교적 손쉽게 배척될 수 있음을 의미하기도 한다. 그 과정을 통틀어, 판단들은 서로 받쳐주는 표준들의 전체 집합 안에서 정합의 수준을 증진하는 쪽으로 이루어진다. 정합의 여러 측면 중에서 즉시 추구되는 바는 측정 결과의 수치가 수렴해야 한다는 것이지만, 조작적 절차들이나 공유되는 이론적 정당

화들 간의 관계처럼 고려해야 할 다른 가능한 측면들도 있다.[63]

서로 받쳐주기의 전략은 과소결정을 인정하고, 균등하게 타당한 선택지 중에서 선택을 하도록 강제하지 않음으로써 시작한다. 측정 표준을 선택하는 맥락에서, 복수성(plurality)을 인정한다는 것은 곧 부정확성(imprecision)을 인정함을 의미하게 된다. 꽤 많은 경우에서 우리는 훗날 더 정확하게 만들기를 기약하며 그런 부정확성을 받아들일 수 있다. 만일 우리가 과소결정을 인정하면, 복수의 표준에는 그 표준의 장점을 이론적으로 또는 실험적으로 발전시키고 증명할 기회가 주어질 수 있다. 복수의 표준을 사용하는 관찰을 지속하다 보면 그 도움으로 우리는 한 가지 개념의 항목 아래 넓은 범위의 현상을 수집할 수 있다. 이는 우리가 이전에는 생각지도 못한 연계성을 발견할 가능성을 키우는 최상의 방법이다. 그 일부는 후속 발전의 토대가 될 수 있다. 풍부하고 느슨한 개념은 탐구를 시작하는 과정에서 효과적으로 우리를 안내할 수 있으며, 그러면 그 탐구는 이제 자신에 대한 뒷받침을 배가할 수 있고 그 개념을 더욱 엄격하게 정의할 수 있다. 이는 또한 제5장에서 더 자세히 논할 '발전의 반복적 과정'이기도 하다.

주

1. 그멜린의 시베리아 탐사 여행에 관한 설명은 Blagden 1783, 360–371, 그리고 *Dictionary of Scientific Biography*, 5:427–429에 '그멜린' 항목을 쓴 블라디슬라브 크루타(Vladislav Kruta)의 글에서 가져온 것이다.
2. 이런 시각이 18세기 중엽에도 널리 통용되었음을 보여주는 증거로는, Watson 1761, 157을 보라. "왜냐하면, 누가 수은을 하나의 물질로서, 어떤 추위에도 유체 성질을 보존하는 것으로 생각하지 않을 수 있었다는 말인가?"
3. 이는 아마도 천문학자인 루이 드 릴 드 라 크로이에레(Louis de l'Isle de la Croyere)였을 것이다. 그는 러시아에서 널리 쓰인 온도 척도를 고안했던 조셉-니콜라스 드릴(Joseph-Nicolas Delisle)과 형제지간이었다.
4. "혼합냉동제"는 당시에 극도로 차가운 온도를 만들어낼 수 있을 만한 유일한 수단이었다. 냉각은 눈(또는 얼음)에 섞은 물질(주로 산)의 작용으로 이루어지는데, 눈(얼음)이 녹으면서 주변에서 많은 양의 열(융해의 잠열)을 흡수한다. 파렌하이트는 혼합냉동제를 사용한 최초의 인물로 명성을 얻었지만, 코넬리우스 드레벨(Cornelius Drebbel)이 좀 더 일찍 혼합냉동제를 사용했던 것으로 보인다. 잠열에 관한 조셉 블랙의 연구 이전에 혼합냉동제의 작용은 확실히 아주 신비한 현상으로 여겨졌을 것이다. 왓슨(1761, 169)은 다음과 같이 말했다. "타는 듯한 정령(inflammable spirit)이 차가움을 만들어낸다니, 정제된 정령(rectified spirit, 에탄올을 말한다—옮긴이)이 액체 불꽃 자체처럼 보이듯이, 이는 너무도 이상한 일이다. 더욱이 역설적으로 보이는 것은 타는 듯한 정령은 물에 들어가 뜨거움을 만들어내고, 얼음에서는 차가움을 만들어낸다는 점이다. 물이라는 것이 뭔가, 눈이 녹은 것일 뿐 아닌가?"
5. 팔라스의 간략한 전기에 관해서는 Urness 1967, 161–168을 보라.
6. *Voyages* 1791, 2:237–242.
7. Bentham 1843, 7:95. 이런 문헌을 알려준 조너선 해리스(Jonathan Harris)에 감사한다.
8. 그는 이런 추정이 "다른 증거들의 유추를 통해 입증됐다"라고 말했다. *Encyclopaedia Britanica*, 2d ed., vol. 5(1780), 3542를 보라.
9. 이런 계산은 Watson 1761, 167–171에서 인용한 것이다.
10. *Voyages* 1791, 2:241. 팔라스가 이런 수치(드릴 215도)는 레오뮈르 척도로 볼 때 물의 어는점 아래 29도에 상응한다고 말하는 듯한 대목도 있기 때문에, 거기에는 약간의 의문도 있다. 18세기 말엽에 널리 이해되었던 레오뮈르 척도(드 뤽의 설계)로 볼 때 레오뮈르 영하 29도는 섭씨 영하 36.25도였을 것이다. 그렇지만 팔라스가 사용한 레오뮈르 척도의 눈금이 얼마나 정확하게 매겨졌을지는 명확하지 않고, 따라서 드릴 척도

로 인용된 수치를 이용하는 것이 더 안전하다.
11. 이런 해석에 관해서는 De Luc 1772, 1:255-256, §416을 보라. 드 뤽의 외삽은 또한 알코올의 응축이 드릴 척도 300.5도(드 뤽 척도 영하 80.75도)에서는 완전히 멈춘다는 결과를 제시했다.
12. 이런 발전에 관한 간결하지만 충분한 정보를 담은 설명으로는, Jungnickel and McCormmach 1999, 393-400을 보라.
13. 이후에 이어지는 허친스 인물에 관한 정보는 *Dictionary of Canadian Biography*, 4:377-378에서 윌리엄스(Glyndwr Williams)가 쓴 '허친스' 표제어 설명문에서 가져온 것이다. 나는 그가 미국으로 건너간 지리학자였던 같은 이름의 동시대 인물과는 다른 사람이라고 믿는다.
14. Jungnickel and McCormmach(1999, 294)를 보면, 블래그덴은 허친스의 데이터를 분석하는 과정에서, 그리고 또한 런던에서 수은을 얼리는 캐번디시 자신의 실험 과정에서 캐번디시를 도왔다.
15. Jungnickel and McCormmach 1999, 398-399; Bergman 1783, 71, 83을 보라.
16. Cavendish 1783, 307을 보라. 거기에서 그는 다음과 같이 말했다. "수은이 어느 정도의 차가움에서 어는지가 밝혀져 있다면, 정령 온도계에 대해서는 더 쉽게 답을 얻을 수 있었을 것이다. 그러나 그게 바로 확정해야 하는 대상이었다." 캐번디시의 이 말은, 수은의 어는점이 안정화한 다음에 그가 했던 것처럼 그런 온도점을 안다면 어느 정도 확실하게 알코올이 더 낮은 온도로 수축하는 패턴을 외삽 추론해내는 데에 쓸 눈금 조정 온도점을 얻을 수 있으리라는 의미라고 나는 생각한다.
17. 좀 더 자세한 내용은 서로 다른 온도계의 기록을 다룬 허친스의 비교 연구에서 볼 수 있다(1783, *308ff). 온도계들에 관한 설명은 *207쪽에 나와 있다. 그런데 이는 알코올 온도계로 쟀을 때에 수은이 레오뮈르 척도의 영하 32도(화씨 영하 40도)에서 얼어붙었다는 거스리의 관찰 결과(1785, 11. etc)에 의문을 던져준다. 그것은 나중에 캐번디시가 설명한 작업 절차에 따라 그의 알코올 온도계의 눈금이 수은 온도계와 비교해 조정되었을 때에만 이해될 수 있는 결과이다.
18. Blagden 1783, 397, 그리고 *Encyclopaedia Britannica*, 3d. ed. (1797), 18:496을 보라.
19. *Dictionary of Scientific Biography*, 11:110-111에서 '푸이에' 표제어에 쓴 르네 타통(René Taton)의 글을 보라.
20. Pouillet 1837, 515, 519. 이는 이산화탄소의 승화 온도점으로 현대에 알려진 섭씨 영하 78.48도 또는 화씨 영하 109.26도에 매우 가까운 수치이다.
21. Pouillet 1827-29, 1:259, 263. 푸이에가 인용한 논증의 내용에 관해서는, 이 책 제2장의 「칼로릭 학설의 신기루, 기체의 선형성」을 보라.
22. 이 책 제2장의 「드 뤽과 혼합법」에서 수은과 알코올에 대한 드 뤽의 비교 연구를 논

한 부분, 그리고 「르노, 그리고 라플라스 이후의 경험주의」에서 수은과 공기에 대한 뒬롱과 프티의 비교 연구를 논한 부분을 보라.
23. 라퍼티(Lafferty)와 로(Rowe 1994, 570)는 화씨 9,980도, 섭씨 4,430도로 제시한다.
24. 웨지우드의 측정 결과를 비교적 비판하지 않고 인용한 후기의 사례로는, Murray 1819, 1:527-529를 보라. 푸이에(1827-29, 1:317)는 웨지우드의 측정 기구에 불만족을 표명하면서도 그의 데이터를 사용했다.
25. 1768년 8월 30일 웨지우드가 벤틀리에게 보낸 서신은 Burton 1976, 83에 인용된 것이다. 이 편지의 전문은 Farrer 1903-06, 1:224-226에서 볼 수 있다.
26. 포다이스에 관한 정보는 *Dictionary of National Biography*, 19:432-433에 있다.
27. 예를 들어 Mortimer [1735] 1746-47, Fitzgerald 1760, 그리고 De Luc 1779를 보라.
28. 몇 년 뒤에 기통 드 모르보(Guyton de Morveau)는 점토 조각이 훌륭하게 기능하는 것을 알고서 비슷하게 놀라움을 표했다(기통의 연구에 관해서는 나중에 자세히 살펴보겠다). 기통 (1798, 500)은 두 개의 고온 측정용 점토 조각을 동일하게 강한 열에서 반 시간 동안 시험했는데, 그 온도 기록의 차이가 매우 적음(웨지우드 척도로 160도와 163.5도)을 알고서 큰 인상을 받았다. 그는 "고백하건대 나는 이런 증명 과정에서 이토록 완벽한 성공을 확인할 줄은 생각도 못했다"라고 말했다. 웨지우드 고온온도계의 비교동등성을 옹호하는 기통의 변호에 관해서는 「웨지우드에 쏠린 집단 비판」의 말미를 보라.
29. 찰더코트(Chaldecott 1979, 79)는 지금이야 이런 주장이 잘못된 것이라고 알려져 있지만 그 오류의 증명은 1903년까지 나타나지 않았다고 말한다.
30. 그렇지만 이 점에 관한 웨지우드의 깨달음은 그리 깊지 않았던 것으로 보인다. 다니엘(Daniell 1830, 281)이 다음과 같이 지적했다. "기예(arts)의 목적으로 금속을 녹일 때에는 당연히 금속의 융해점을 훨씬 넘어서는 열이 필요하다. 그래야 금속이 갑자기 냉각 효과에 노출된다 해도 금속이 주조된 틀의 미세한 틈새 안쪽으로 흘러 들어갈 수 있을 것이다. 더 정교하게 놋쇠를 주조하는 일부 경우에는 이런 작업의 완벽성은 금속에 가열되는 세기에 달려 있으며, 철의 융해점조차 넘어서는 열이 필요한 일부의 경우도 있다."
31. 세갱의 편지, 그리고 웨지우드에게 고온온도계를 받은 사람의 목록과, 고온온도계가 동시대인들 사이에서 받은 평가의 기록들에 관해서는, Chaldecott 1979, 82-83과 McKendrick 1973, 308-309를 보라.
32. 이 사람은 아마도 윌리엄 플레이페어(1759~1823)일 것이다. 그는 나중에 프랑스혁명에 참여했던 스코틀랜드의 정치평론가(publicist)였으며, 지질학자이자 수학자인 윌리엄 존(1748~1819)과 형제지간이었다.
33. 화덕에서, 웨지우드 고온온도계가 2.25도를 가리킬 때 은 온도계는 66도를 나타냈다. 또 다른 예에서, 6.25도의 웨지우드 온도는 은 온도계 92도에 해당했다. 따라서

웨지우드 온도계의 4도 구간은 은 온도계의 26도 구간과 동등했으며, 이는 웨지우드 온도 1도가 은 온도계에서는 6.5도임을 보여준다는 것이었다.

34. 웨지우드의 계산은 다음과 같았다. $2.25°W = 66°silver = (50°F + 66 \times 20°F) = 1,370°F$. 따라서 $0°W = (1,370°F - 2.25 \times 130°F) = 1,077.5°F$.
35. 이런 지적은 특히 프랑스에서 나왔다. Chaldecott 1975, 11–12를 보라.
36. 명반 혼합물에 관한 설명으로는 Wedgwood 1786, 401–403을 보라. 그 고정점들에 관해서는 404쪽을 보라.
37. 이런 공정 덕분에 울러스턴은 남은 생애 동안에 안락한 수입을 얻을 수 있었다. 더 많은 유용한 정보를 *Dictionary of Scientific Biography*, 14:486–494에 실린 굿맨(D. C. Goodman)의 '울러스턴' 표제어 해설에서 볼 수 있다.
38. 더 많은 상세 내용은 *Dictionary of Scientific Biography*, 5:600–604에 실린 스미턴(W. A. Smeaton)의 '기통 드 모르보' 해설에서 볼 수 있다.
39. 또한 *Annales de chimie*에 Scherer 1799를 전하면서 기통이 덧붙인 주석(171–172쪽)을 보라.
40. Guyton 1811b, 90–91, 그리고 표 3을 보라.
41. *Dictionary of National Biography*, 14(1888), 33을 보라.
42. 그의 기본 설계에 관해서는 Daniell 1821, 310–311을 보라. 기통의 연구에 대한 비판에 관해서는 Daniell 1830, 259를 보라.
43. 로드윅과 스미턴은 또한 웨지우드의 비판이 적어도 영국에서는 매우 크게 영향력을 발휘했다고 지적하며 라플라스–라부아지에 열량계를 반박하는 데 맞춰진 다른 여러 가지의 비판들을 다루고 있다.
44. Guyton 1811b, 104–105와 표 7의 데이터를 보라. 내가 확인할 수 있는 한 클레망과 데조르므의 고온 측정 연구는 다른 어디에 발표된 적이 없었다. 기통이 자신의 논문에서 제시하는 참고문헌 정보는 잘못된 것으로 보인다. 전기 정보는 *Dictionary of Scientific Biography*, 3:315–317에 실린 '클레망' 표제어에 대한 자크 페인(Jacques Payen)의 해설에서 인용한 것이다.
45. 대안적인(또는 추가적인) 해법으로서, 푸이에(Pouillet)는 일정한 압력을 유지하는 방법(constant-pressure method, 정압법)을 도입하면 고온의 영역에서 공기 온도계의 범위를 확장할 수 있으리라고 생각했다. 정압법에는 공기통이 받는 중압을 줄여주는 이점이 있었다. 르뇨는 이런 생각에 동의했으나(1847, 260-261, 263), 푸이에 자신의 장치는 온도가 오르면서 민감도는 떨어진다고 비판했다(170). 또한 공기통 물질의 팽창 법칙을 알지 못해서 생기는 불확실성에 대해 우려를 표명했다(264-267).
46. 프린세프의 생애에 관한 간략한 정보로는, *Encyclopaedia Britannica*, 11th ed.를 보라.
47. 웨지우드에 대한 프린세프의 공격에는 어느 정도 아이러니도 있다. 그가 웨지우드 고온온도계를 신뢰할 수 없다며 제시한 일차적인 사례는 지나치게 높은 은의 녹는

점이었고, 특히 그것이 구리의 녹는점 위에 놓여 있다는 사실이었다. 프린셉가 지적했듯이, 웨지우드는 자신을 위해 실험을 수행했던 "알코언(Alchorne) 선생의 권위로" 이처럼 오류 있는 은과 구리의 녹는점을 제시했던 바 있다. 알코언은 어떤 권위를 지닌 인물이었을까? 그는 "금속과 도가니에 대한 아주 약간의 실용적 지식"보다 아주 약간 더 많이 아는 런던 탑(Tower of London)의 시험분석관이었다!

48. 포미는 여러 가지의 웨지우드 점토 조각들을 주철의 녹는점 부근 또는 그 이상의 매우 높은 열에다 각각 30 내지 40시간의 주기를 반복해 노출했다. 예를 들어 어떤 조각은 포미의 추산으로 웨지우드 145도인 열에 한 번의 주기만 노출된 뒤에 웨지우드 146도에 해당하는 크기로 수축했다. 웨지우드 145도에 두 번 더 노출하자 그 조각은 웨지우드 148도의 크기로 줄어들었다. 한 번 더 웨지우드 150~151도로 추산되는 온도에 노출했을 때 조각은 웨지우드 151도가 되었다. 반면에 또 다른 조각(일련번호 20)은 웨지우드 150~151도에 단 한 번 노출되고서 웨지우드 151도로 수축했다. 그렇지만 이후에 비평가들은 포미의 판단에 동조했다. 다니엘(1821, 310)은 같은 견해의 목소리를 냈는데, 이는 또한 찰더코트(Chaldecott 1975, 5)가 보여주었듯이 현대적 견해와도 일치하는 것이다.

49. 마토우세크(Matousek 1990, 112-114)가 정리한 바를 보면, 전기저항 온도 측정법(electrical-resistance pyrometry)은 1871년에야 빌리엄 지멘스(William Siemens)가 제안했으며, 복사 고온 측정법(radiation pyrometry)은 1880년 무렵 발견된 슈테판—볼츠만 법칙(Stefan-Boltzmann law)과 더불어 시작됐다. 또 열전기 고온 측정법(thermoelectric pyrometry)은 거슬러 올라가면 그 기본 개념이 1820년대 지벡(Seebeck)의 연구에서 비롯한 것이지만 1880년까지 믿을 만한 방법이 아니었다. (우리는 푸이에가 1830년대에 낮은 온도 범위에서 열전기 방법에 대한 자신감을 얻기 시작했음을 살펴본 바 있다. 멜로니(Melloni)는 같은 시기에 복사열에 관한 자신의 연구에 이 방법을 매우 효과적으로 사용했으나 고온온도계에 사용한 것은 아니었다.)

50. Le Chatelier and Boudouard 1901, 1 그리고 Péclet 1843, 1:4를 보라.

51. Rostoker and Rostoker 1989에 의하면,『미합중국 장교용 병기 교범(Ordance Manual of the Use of Officers in the United States)』은 강철의 녹는점을 웨지우드 160도로 표기했다. 또한 미국의 오스본(H. C. Osborn)은 "기포(blister)" 강철을 제조하면서 웨지우드 고온온도계를 사용해 도움을 얻었다고 1869년에 보고했다. 프랑스에서는 세브르(Sèvres)의 자기(porcelain) 제품 공장에서 화학책임자로 일한 알폰스 살베타(Alphonse Salvétat 1857, 2:260)는 웨지우드 온도계를 비판하면서도 금, 은, 주철의 녹는점에 대한 웨지우드의 온도점은 충분히 정확하다고 보고했다.

52. 브리지먼은 엄격하고 체계적인 철학을 창시하려는 의도가 자신에게는 없었다고 말했다. 1953년 그의 사상을 논의하는 데 바쳐진 학술회의 분과에서 그는 이렇게 푸념했다. "발표 논문들을 들으면서 그저 제가 '조작주의'라고 불리는 이것과 역사적으로

연결돼 있구나 하는 생각을 했습니다. 간단히 말해서 제가 프랑켄슈타인을 창조했는데 그것은 이제 저에게서 확실히 달아나버렸다는 생각이 듭니다. 저는 조작주의나 조작론 이런 말을 혐오합니다. 그건 어떤 도그마, 아니면 적어도 어떤 종류의 테제처럼 들려요. 제가 생각했던 것은 너무도 소박해서 잘난 체하는 어떤 이름으로도 허세를 부릴 수 없습니다. 그보다 그것은 조작적 분석이라는 지속적인 실천으로 만들어지는 태도나 관점이지요." (브리지먼, Frank 1954, 74–75에서 재인용)

53. *Dictionary of Scientific Biography*, 2:457–461에서 에드윈 켐블(Edwin C. Kemble), 프랜시스 버치(Francis Birch), 제럴드 홀튼이 쓴 '브리지먼' 표제어의 해설을 보라. 더 넓은 맥락에서 브리지먼의 생애와 연구를 다룬 긴 설명으로는 Walter 1990을 보라.

54. Bridgman 1927, 21–22. 비슷하게 그는 다음과 같은 물음을 던졌다(1927, 78). "예를 들어, '전자가 어떤 원자와 충돌했을 때 다시 멈추는 데 걸리는 시간은 10^{18}초이다'라고 말할 때에 그 의미는 무엇인가? (…) 이런 짧은 시간 길이는 전기동역학의 방정식들과 연계될 때에만 의미를 얻는다. 그것이 타당한지(validity)에는 의문이 일 수 있고 그것은 방정식에 들어오는 공간과 시간 좌표의 측면으로만 검증될 수 있다. 여기에 우리가 앞에서도 본 것과 같은 고약한 순환이 나타난다. 다시 한 번 더 우리는 개념들이 실험을 통해 획득할 수 있는 것의 한계 지점에서 서로 융합함을 발견한다."

55. 이것은 척도의 문제일 뿐 아니라 관련된 측정 절차의 세세한 조건을 지정하는 모든 환경의 문제이다. 예를 들어, 우리가 거리에서 달리는 차량과 같은 어떤 움직이는 물체의 길이를 알고자 한다면 그것을 어떻게 측정할 것인가? 손쉬운 해법은 멈춘 일상적 크기 물체의 길이를 잴 때처럼 미터 막대자를 들고 차에 타고서 내부에서 차량의 길이를 측정하는 것이다. "그러나 여기에서 새로운 세부 질문이 나올 수 있다. 우리는 어떻게 막대자를 들고서 차에 올라탈 것인가? 뒤에서 차를 쫓아가다가 올라탈 것인가 아니면 차가 앞쪽에 있는 우리를 태우도록 할 것인가? 또는 어쩌면 막대자를 구성하는 물질이 전에는 문제가 없었지만 지금은 달라지지나 않았을까? 실험은 이런 모든 질문에 답해야만 한다"(Bridgman 1927, 11).

56. Bridgman 1927, 10–16을 보라. 아인슈타인의 교훈은 브리지먼에게 너무도 명확해서 그는 아인슈타인이 일반 상대성이론에서 자신의 원리마저 저버리는 듯하게 비치자 아인슈타인을 공개적으로 직접 공격하는 일도 주저하지 않았다. "그는 특수 상대성이론에서 우리에게 그토록 설득력 있게 문제가 있음을 보여준 무비판적인 아인슈타인 이전의 관점을 일반 상대성이론에 포함시켰다. 그러고는 그런 일이 불러올 재난(disaster)의 가능성은 숨겨 버렸다"(Bridgman 1955, 337). 이런 주장이 담긴 글은 처음에 '살아 있는 철학자의 도서관(Libary of Living Philosophers)' 시리즈의 하나로 파울 쉴프(Paul A. Schilpp)가 기획하고 편집한 『알버트 아인슈타인: 철학자-과학자(Albert Einstein: Philosopher-Scientist)』제목의 선집에 실렸다. 아인슈타인은 이에 대해 곤혹

스러운 이해력 부족을 드러내는 짧은 답변을 실었다. 이것은 자신의 행렬역학(matrix mechanics)에서 관찰 가능한 양을 다룰 때에만 아인슈타인을 따르고 있다는 하이젠베르크(Heisenberg)의 주장에 대해 아인슈타인이 반응했던 것과 아주 같은 방식이었다 (Heisenberg 1971, 62-69를 보라).

57. 이에 관해, 그리고 그 밖에 조작주의를 반박하는 비판의 여러 주요 논점들에 관해서는 Frank 1954를 보라.
58. 브리지먼 자신은 적어도 연구 활동의 후기에 이런 점을 인식했다. 『어느 물리학자의 회고(Reflections of a Physicist)』의 서문에서는 이런 구절이 나온다(1955, vii). "나는 이런 새로운 태도를 '조작적'이라고 규정한다. 이런 태도의 핵심은 사람들이 쓰는 용어의 의미는 사람들이 구체적 상황에서 그 용어를 적용하면서 또는 진술의 참을 입증하면서 또는 물음에 대한 답을 찾으면서 수행하는 조작들을 분석해야 알 수 있다는 것이다." 마지막 구절은 사실 너무 폭넓어서, "종이와 연필의 조작(paper and pencil operations)" 같은 개념처럼 조작주의적 태도의 힘을 무력화시킬 정도의 모호함을 보여준다.
59. 예를 들어 Hallett 1967을 보라.
60. 구성물에 대해 브리지먼이 가한 비판의 목표물은 직접적인 조작 의미를 지니는 다른 개념들에서 일반 수학적 관계식을 사용해 도출해내는 이른바 **'이론적 구성물'**이었다. 그러나 고온 측정 온도와 같은 개념도 또한 구성물이었다. 그런 고온에서 우리가 할 수 있는 유일한 직접 경험은 물체가 고온에 불타는 모습일 텐데, 이 경우에도 여러 가지 고온에 대응하는 경험은 우리에게는 없다.
61. 전체 범위 온도 표준을 찾으려는 노력은 오늘날까지 계속되고 있다. 레이프 슈피츠(Lafe Spietz)가 이끄는 미국 예일대학교 연구팀은 요즘에 알루미늄 기반의 터널접합(tunnel junctions)을 이용한 온도계를 만드는 연구를 진행하고 있다. 이것은 절대영도 부근부터 상온에 이르는 온도 범위에서 작동할 수 있다. Cho 2003을 보라.
62. Neurath [1932/33] 1983, 92. 노이라트의 철학 그리고 특히 "노이라트의 배"의 의미에 관한 더 많은 논의로는 Cartwright et al. 1996, 139와 89ff를 보라.
63. Chang 1995a에서 나는 서로 받쳐주기의 관점에서 양자물리학에 나타나는 에너지 측정의 사례를 논했다. 그 사례에서 불확실성은 이론의 격동에 의해 일어났다. 19세기에 여러 가지 거시 영역에서 에너지 측정에 대한 물리학 표준은 이미 확고하게 확립되었고, 그것을 미시 영역으로 확장하는 것은 보편적 타당성을 지닌다고 여겨진 뉴턴 역학과 전자기 고전이론에 기초해 별달리 문제될 것이 없었다. 양자역학의 출현과 더불어 미시 영역에서 고전이론들의 타당성은 부정되었고 예전의 측정 표준들은 갑작스럽게 단일화한 이론적 정당화를 상실했다. 그렇지만 뒤따르는 불확실성은 이미 있던 주요한 측정 방법 두 가지와 새로운 방법 한 가지의 서로 받쳐주기에 의해 매우 부드럽게 처리되었다.

제 4 장

이론,
측정,
그리고
절대온도

역사
Narrative

온도의 이론적 의미를 찾아

온도, 열, 그리고 냉
열역학 이전의 이론적 온도
추상적인 것을 향한 윌리엄 톰슨의 움직임
톰슨의 두 번째 절대온도
부분적으로만 구체적인 카르노 순환 모형
기체 온도계를 사용해 절대온도의 근삿값 구하기

분석
Analysis

조작화 – 사물과 행위 간의 접촉 만들기

환원의 숨겨진 어려움
추상적인 개념들 다루기
조작화와 그 타당성
반복을 통한 정밀성
열역학 없는 이론적 온도?

INVENT
ING
TEMPE
RATURE

역사Narrative

온도의 이론적 의미를 찾아

> 그러므로 우리가 온도 측정을 위한 **명확한** 체계를 구축하는 엄격한 원리를 지니고 있다 해도, 본질적으로는 그 준거라는 것이 표준적인 온도 측정용 물질인 특정한 물체에 있기 때문에 (…) 엄밀히 말해서 실제로 채택된 척도는 **실용적 온도 측정법의 요건에 충분히 가까우면서도 임의의 수치로 매겨진 일련의 준거점**일 뿐이다.
>
> — 윌리엄 톰슨, 「절대적인 온도 측정 척도에 관해」, 1848

이론에 익숙한 독자는 지금쯤 온도 측정에 관한 그토록 많은 연구가 온도나 열의 정밀한 이론적 정의 없이 수행된 것처럼 보인다는 점을 알아채고는 당연히 당혹스러움을 느낄 것이다. 앞의 세 장에서 보았듯이, 19세기 중엽 온도는 넓은 범위에 걸쳐 일관되고 정밀한 방법으로 측정 가능해졌지만 그 모든 것이 이론적으로 많이 이해되지 않은 채 이루어졌다. 그렇다고 관련 이론이 당시에 전혀 없었다는 이야기는 아니다. 열의 성질에 관한 여러 이론들은 고대 이래로 계속 존재해왔다. 그러나 19세기 말엽까지도 온도 측정법을 유용하게 성공적으로 이끌어준 열 이론은 없었다. 우리는 제2장에서 그런 이론적 실패의 일부를 살펴보았다. 이 장의 논의에서는 온도 측정법과 열 이론을 생산적이고 설득력 있게 연결하는 것이 왜 그토록 어려웠는지, 그리고 그런 연결이 마침내 어떻게 이루어졌는지를 보여주고자 한다. 이 책에서 다루어지는 긴 시기의 범위에서 벗어나지 않기 위해서 나는 내 논의를 고전 열역학(classical thermodynamics)에 이르는 이론적 발전 과정까지로 제한할 것이다. 통계역학은 여기의 역사 이야기에는 다루어지지 않는데, 이 책이 다루는 시기에는 그것이 온도 측정법과 의미 있게 연결되지 않았기 때문이다.[1]

온도, 열, 그리고 냉

실용적인 온도 측정법은 온도 측정이 무엇인지 사람들이 자신 있게 말할 수 있게 되기도 전에 이미 상당한 정도의 안정성과 정밀성을 얻었다. 기상학의 역사에 흥미로운 사실 하나가 이런 상황을 엿보여준다. 백분위 온도계가 스웨덴 천문학자인 안데르스 셀시우스의 업적이라고 보는 통상의 평가는 충분히 올바르다. 그렇지만 그의 척도에서 물의 끓는점은 0도였으며 어는점은 100도였다. 사실 셀시우스 혼자서 그런 "뒤집힌" 온도 척도를 채택한 것은 아니었다. 우리는 이미 제3장의 「수은은 얼 수 있는가?」와 「수은은 어는점을 스스로 보여줄 수 있는가?」에서 그렇게 뒤집힌 척도가 사용된 사례를 본 적이 있다. 상트페테르부르크에 거주한 프랑스 천문학자 조셉-니콜라스 드릴(Joseph-Nicolas Delisle: 1688~1768)이 고안했던 수은 온도계가 그랬다(드릴 척도는 [그림 1.1]에 있는 애덤스 온도계에서 볼 수 있다). 영국의 "왕립학회 온도계"에서는 "극한 열(extream heat. 대략 화씨 90도, 섭씨 32도)"에 0도가 매겨졌으며 관을 따라 아래쪽으로 갈수록 숫자가 높아졌다.[2] 이런

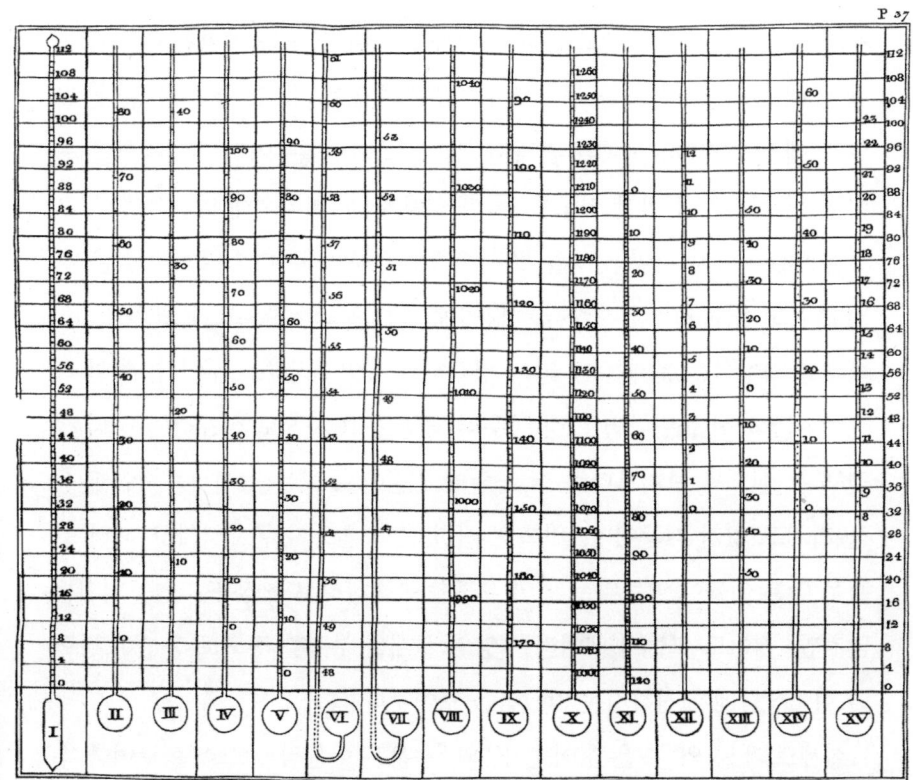

[그림 4.1] 열다섯 가지의 온도 척도에 대한 조지 마틴(George Martine)의 비교. 아홉 번째(드릴)와 열한 번째(왕립학회)는 "뒤집힌" 유형이다. 이 그림은 Martine [1740] 1772의 시작 부분인 37쪽과 마주보는 쪽의 도표에 붙어 있다. Courtesy of the British Library

뒤집힌 척도는 [그림 4.1]에서 상징적으로 보여주듯이 18세기 중엽까지 진지한 과학 연구용으로 사용되었다.[3]

왜 온도 측정법의 초기 개척자들 중 일부가 그렇게 "뒤집힌" 온도계를 만들고 사용했는지는 여전히 추측만 할 수 있을 뿐이다. 왕립학회 온도계의 눈금 조정 이면에 있던 원칙들에 관한 기록은 현재 남아 있는 것이 없는 것 같다. 자신의 온도계에 관해 밝힌 드릴(1738)의 설명은 눈금 조정의

제4장 이론, 측정, 그리고 절대온도 | 319

구체적인 절차에 집중하고 있을 뿐이다. 셀시우스가 왜 그랬는지 그 동기에 관해서도 역사학자들 사이에서도 명확하게 합의되는 부분이 없다. 올로프 베크만(Olof Beckman)의 견해는 "셀시우스와 다른 여러 과학자들은 똑바로 된 척도와 뒤집힌 척도를 둘 다 사용하는 데 익숙해 있었으며 (그 방향에 관해서) 그저 많이 신경을 쓰지 않았다"라는 것이다.[4] 나의 가설은 뒤집힌 온도계를 고안한 사람들은 당시에 열(뜨거움)의 온도보다 냉(차가움)의 온도를 측정하는 문제를 더 많이 생각하고 있었으리라는 것이다. 이런 해석이 이상하게 들린다면 그것은 우리가 냉을 그 자체로 실재하는 양의 성질 또는 실체로 보기보다는 그저 열이 없음으로 보는 형이상학적인 믿음을 가지고 있기 때문이다. 비록 뒤집힌 온도 척도가 존재한다고 해서 그것을 만든 이들이 열보다는 냉의 온도를 측정하려고 애썼음이 입증되지는 않지만, 적어도 그들이 냉이라는 양의 실재를 부정할 정도로 충분히 강력한 형이상학에 매진하지는 않았음을 보여준다.

실제로 제3장의 「수은은 어는가?」와 「수은은 어는점을 스스로 보여줄 수 있는가?」에서 보았듯이, 낮은 온도에 관한 17세기와 18세기의 논의에서 사람들은 "열의 온도(degree of heat)"뿐 아니라 "냉의 온도(degree of cold)"에 관해서도 자유롭게 이야기했다.[5] 드릴 척도에는 냉각이 더 이루어질수록 더 높은 숫자가 부여되기 때문에 저온 연구에서 드릴 척도가 실용적으로 편리하다는 것은 자명하다. 셀시우스 이전의 한 세기를 되돌아본다면, 학자들 간의 외교관이자 "완화된 회의론(mitigated skepticism)"의 대가였던 마랭 메르센 신부(Father Marin Mersenne: 1588~1648)가 이미 한 줄의 숫자는 올라가고 다른 줄의 숫자는 내려가게 하는 식으로 모든 취향에 맞춘 온도계를 고안한 바 있다.[6] 비슷하게 프랑스 물리학자 기욤 아몽통이 고안한 알코올 온도계에는 이중 척도가 적용돼, 명시적으로 하나는 "냉의 온도"로, 다른 하나는 "열의 온

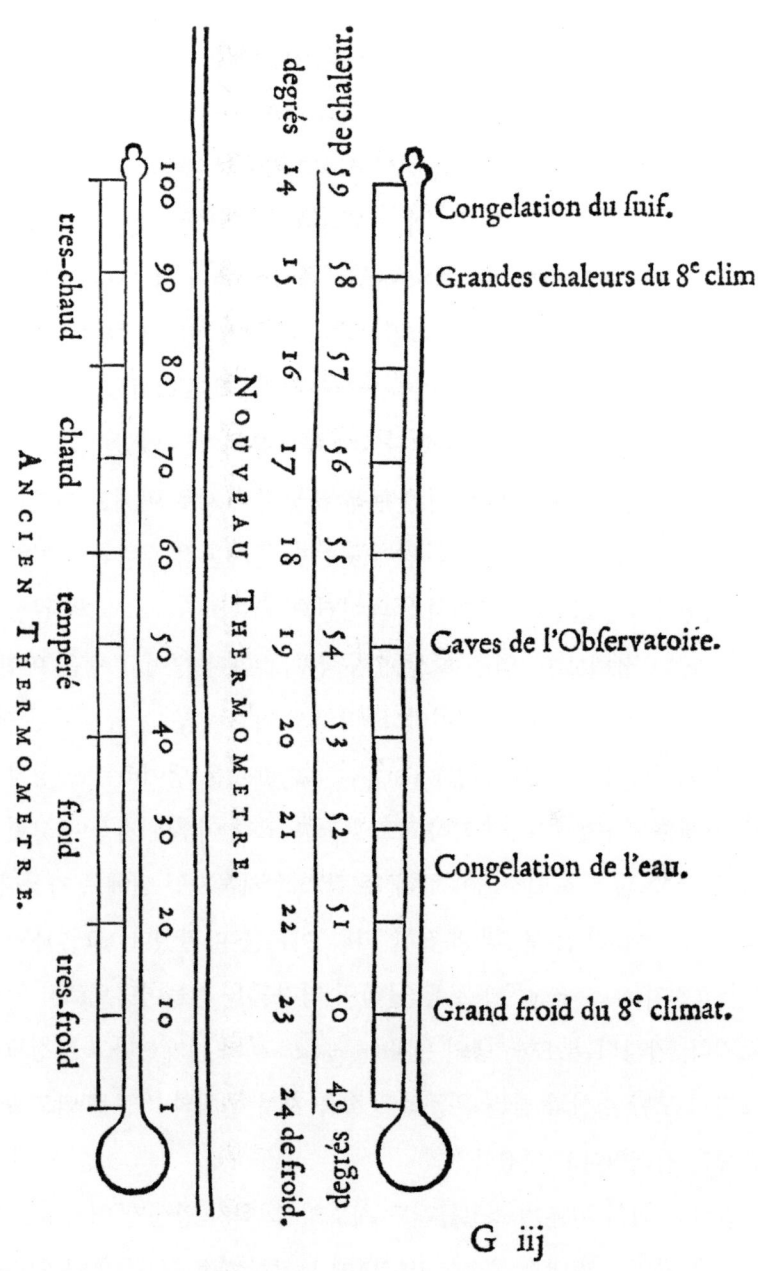

[그림 4.2] 이중 척도를 지닌 아몽통 온도계(1703, 53). Courtesy of the British Library

도"로 일련의 숫자가 매겨졌다([그림 4.2]를 보라).

냉의 역사는 좀 더 자세히 살펴볼 필요가 있는데, 그러다 보면 온도계가 측정하는 것의 문제와 관련해 이론적 만족감으로 잠든 우리를 흔들어 깨울 수 있기 때문이다. 냉을 열과 마찬가지로 실재하는 것으로 여겼던, 말 그대로 능력 있는 철학자와 과학자들은 지상 세계의 네 가지 근본 성질 중 두 가지인 냉과 열을 균등한 지위를 지닌 반대의 성질로 여겼던 아리스토텔레스를 비롯해 수없이 존재했다. 17세기 기계적 철학자들은 아리스토텔레스 철학의 이런 측면에 대해 단일하게 대응하지는 않았다. 그들 중 많은 이들이 열을 운동으로 여기고 냉을 운동의 부재로 이해한 이론들에 동의했지만 기계적 철학은 열과 냉에 균등한 존재론적 지위를 부여하는 것을 배제하지는 않았다. 프랜시스 베이컨(Francis Bacon: 1561~1626)의 관점을 주의 깊게 고찰해보면, 열은 확장 운동의 특별한 유형이고 냉은 마찬가지로 수축 운동의 특별한 유형이었다. 따라서 이 두 가지는 균등한 존재론적 지위를 지녔다. 로버트 보일(Robert Boyle: 1627~1691)은 냉이라는 긍정적 실재를 배제하고자 했으나, 솔직하고도 철저한 고찰 이후에 자신이 그런 결론을 내릴 수 없음을 인정해야 했다. 프랑스 원자론자인 피에르 가상디(Pierre Gassendi: 1592~1655)는 좀 더 복잡한 역학 이론을 마련했다. 그 이론에서는 "열의 원자(calorific atoms)"가 보통 물질의 입자들을 흔들어댐으로써 열을 일으킨다. 가상디는 또한 "냉의 원자(frigorific atoms)"가 존재한다고 추정했는데, 그것이 모난 형상과 굼뜬 운동의 성질을 지녀 물체의 기공을 막고 원자의 운동을 감쇠한다고 여겼다.[7]

가상디 식의 이론은 스코틀랜드 최초의 "화학자 양성가"이자 초창기 화학 역사가였던 토머스 톰슨이 1802년에 보고한 대로, 한동안 큰 인기를 누렸던 것으로 보인다.[8]

냉은 그저 칼로릭을 뺌으로써 만들어지는 것이 아니라 무언가 양의 특별한 성질을 지니는 독특한 물체를 더함으로써 만들어진다고 주장했던 (…) 철학자들이 존재해왔다. 이런 주장을 했던 사람으로는 뮈셴브뢰크(Petrus van Muschenbroek: 1692~1761)와 드 메랑(Jean Jacques d'Ortous De Mairan: 1678~1771)이 있었는데, **이런 주장은 18세기의 시작 무렵에 철학자들의 일반 견해였던 것으로 보인다.** 그들에 따르면, 냉은 염분 성질의 물질(substance)로 초석(nitre)과는 매우 흡사하며, 아주 작은 미립자로 허공에 떠 있으면서 바람에 이리저리 떠다닌다. 그들은 그것에 냉의 입자라는 이름을 붙였다. (T. Thomson 1802, 1:339, 강조는 추가)

심지어 18세기 말엽에도 냉의 성질에 관한 의문은 풀리지 않았다. 1778년에 나온 『브리태니커 백과사전』 제2판은 이 문제에 관해 일치된 견해는 없다고 보고하면서도, 냉을 열과 별개로 보는 견해 쪽으로 나아갔는데 이는 "어떤 물체에 열을 가하면 냉은 거기에서 달아나고 만다" 같은 담론으로 이어졌다. 이런 사고방식은 18세기 말에 출판된 『브리태니커』 제3판에서 유지되고 심지어 더 강화되었다. "열" 표제어의 해설을 쓴 그 필자는 당시 지식의 상당한 불확실성을 받아들이면서, 이에 대한 최선의 대처 방법으로 "자연의 자명한 현상에서 확립된 특정한 원리들을 정해두고 거기에서 출발해 될수록 공정하게 추론하라"라는 의견을 밝혔다. 그리고 그 원리 열 가지를 제시했는데 첫 번째 원리는 다음과 같은 것이었다. "열과 냉은 서로 배척하는 것으로 밝혀졌다. 그러므로 우리는 열과 냉이 둘 다 **양성**이라는(positive) 결론을 내릴 수밖에 없다."[9]

이런 혼란스러운 마당에 놀랄 만한 실험이 나타났다. 그것은 냉의 실재를 직접 확증해주는 듯했으며, 삼라만상의 존재론에서 냉을 추방하는 데 마지막이자 가장 결정적인 논란이 되었던 논쟁을 불러일으켰다. 그 실험은 본래 제네바의 물리학자이자 정치인인 마크-오귀스트 픽테(Marc-Auguste Pictet: 1752~1825)가 했던 연구였다. 픽테(1791, 86-111)는 금속으로 만든 두 개의 오목거울이 서로 마주보는 장치를 만들고서 거울 하나의 초점에 감도가 좋은 온도계를 놓았다. 그런 다음에 뜨거운 (그러나 작렬하지는 않는) 물체를 다른 거울의 초점에 가져다 두고서 온도계의 온도가 즉시 오르기 시작하는 것을 관찰했다. ([그림 4.3]은 나중에 틴들(Tyndall)이 행한 실험을 보여준다.[10]) 69피트나 멀리 떨어진 거울들을 이용한 실험에서 효과는 지체 없이 나타났으며, 이를 통해 픽테는 자신이 관찰한 것은 (빛의 통과처럼) 극히 빠른 속도로 나타난 열의 복사(radiation)이며 공기를 통해 천천히 전달되는 열의 전도(conduction)가 아니라는 결론을 내렸다. 이런 실험 결과가 얼마나 주목할 만한 것인지는, 그 발표가 윌리엄 허셜(William Herschel 1800b)이 햇빛의 적외선이 갖는 가열 효과를 발견한 것보다 10년이나 앞섰다는 점을 기억하면 충분히 알 수 있을 것이다. 열이 무언가의 매개 없이 공간을 통해 이전한다는 것은 당시에 매우 새로운 개념이었다.

이 실험은 이미 충분히 놀라운 것이었다. 그러나 이제 픽테는 변형 실험 하나에 관해 다음과 같은 설명을 이어갔는데, 오늘날에 이런 설명을 읽는 사람들에게는 믿기 힘들다는 반응을 일으킬 만한 것이다.

나는 우리 아카데미의 저명한 수학 교수이며 영원한 학자 오일러의 제자인 베르트랑 선생과 함께 이 주제에 관해 대화를 나누었다. 그분은 내게 냉이 반사될 수 있다고 믿느냐고 물었다. 나는 자신 있게 아니라고 답했다. 냉은 그저 열이 없는 것일 뿐이라고, 그런 음의 성질은 반사될 수 없다고 말했다. 그렇지만 그분은 내게 이 실험을 해보라고 청했고 실험을 하는 나를 도왔다.

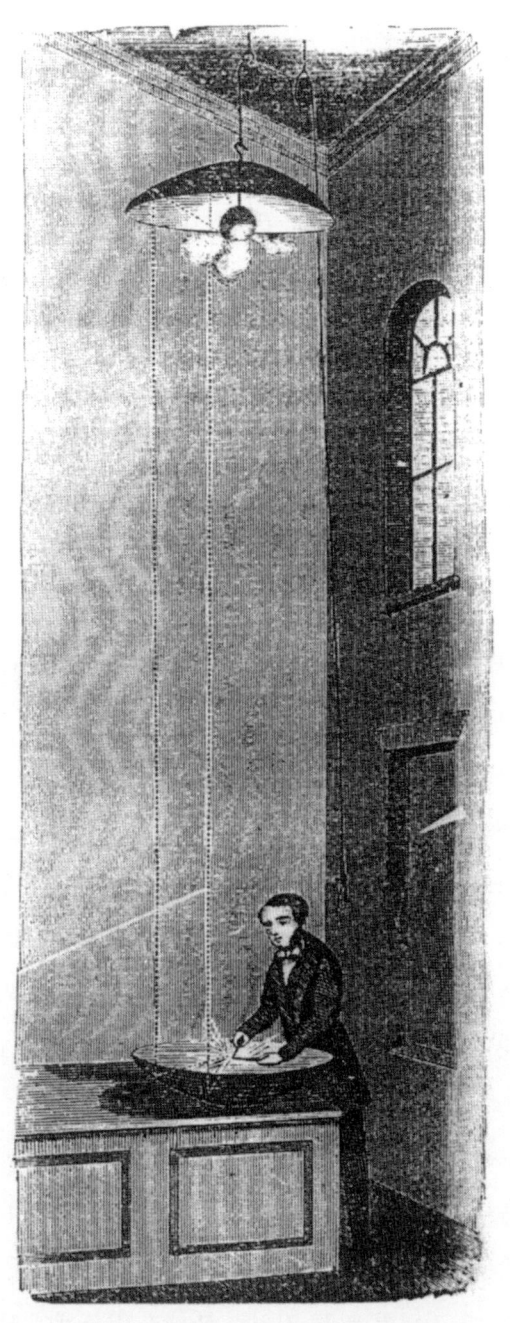

[그림 4.3] 픽테의 "이중 반사(double-reflection)" 실험의 한 형식을 보여주는 삽화. Tyndall 1880(290)에 실렸다. 아래쪽 거울의 초점에서 점화한 불꽃이 위쪽 거울 초점에 놓인 수소-염소(hydrogen-chlorine) 풍선의 폭발을 일으킨다. 픽테가 행한 것에 가까운 실험에서는 아래쪽 초점에 놓인 뜨거운 구리공이 위쪽 초점에 놓인 수소-산소 (hydrogen-oxygen) 풍선의 폭발을 일으킨다. Courtesy of the British Library

픽테가 눈(snow)으로 채운 플라스크를 거울 하나의 초점에 놓자 다른 거울의 초점에 있는 온도계가 즉시 "몇 도 정도" 떨어졌다. 마치 눈이 방출한 냉의 선(rays of cold)이 반사되어 온도계에 모인 것처럼 보였다. 그가 눈에 약간의 아질산(nitrous acid)을 부어 눈을 더 차갑게 만들자, 냉각 효과도 커졌다. 그렇지만 어떻게 검은 물체가 흑선(rays of darkness)을 방출해 반대쪽에 있는 빛을 더 어둡게 한다는 것이 가능한 일이겠는가? 픽테는 자신의 실험에서 나온 결과를 보고 처음에는 "깜짝 놀랐다." 그의 표현을 빌리면 그것은 "오명을 부를 만한(notorious)" 것이었다. 베르트랑(Louis Bertrand: 1731~1812)의 제안은 처음에는 대수롭지 않게 여겨졌지만 이제는 진지하게 다루어져야 했다.

여기에서 이런 상황은 근래에 이언 해킹의 주장을 둘러싸고 벌어진 철학적 논쟁을 떠올리게 한다. 해킹은 이론을 통해서 추정되는 관찰할 수 없는 물체라 해도, 예컨대 우리가 현미경으로 전체 과정을 살피며 세포 안에 어떤 유체(fluid)를 미세주입 할 수 있을 때처럼, 관찰할 수 없는 물체를 실험실에서 성공적으로 다룰 수 있다면 우리에게 그것의 실재를 믿을 자격이 부여된다고 논증했다. 해킹(1983, 23)은 오랫동안 기억될 만한 문구 하나를 제시했다. "만일 당신이 그것을 뿌릴 수 있다면 그것은 실재하는 것이다." 해킹은 이런 통찰이 전자의 반물질인 양전자(positron)의 실재를 믿지 않았던 자신의 불신을 넘어서게 했던 경험에서 나왔다고 설명했다. 작은 니오브(원소기호 Nb: niobium) 공에 양전자를 "뿌려(sprayed)" 그 전하를 바꾸는 방법(현대판의 밀리칸 기름방울 실험(Millikan oil-drp experiment)에서)을 알게 된 뒤에, 해킹은 양전자가 그저 이론적 구성물이라고 보았던 자신의 이전 인식을 어쩔 수 없이 포기해야 했다. 그러나 해킹의 물리학자들이 니오브 공에 양전자를 뿌려 그 전하를 바꾼 것처럼 픽테가 온도계에 냉을 **뿌려** 그 온도를 성공적으로 낮춘 것이 아니라면, 픽테의 실험은 대체 무엇이란 말인가? 해킹의 "실험적 실재론(experimental realism)"에 기반을 둔 유일한 답은 '복사냉(radiant cold)이 참으로 실재한다'라는 것이 될 수밖에 없기에, 냉의 실재를 거부하는 데에 도움을 얻고자 하는 사람은 이제 다른 곳을 찾아봐야 할 것이다.

픽테 자신은 비교적 빠르게 그런 수수께끼에서 벗어났다. 그는 자신이 진정 관찰한 것은 온도계에서 복사되어 빠져나간 열이 얼음 안으로 스며든 것일 뿐이라고 스스로 믿었다. 이런 식으로 온도계가 열을 잃어 자연히 그 온도가 떨어진다는 것이다. 하지만 실재의 그림을 정확히 정반대로 그리는 사람이라면 뒤집힌 거울상 식의 설명을 아주 훌륭하게 해낼 수 있으리라는 것도 확실하다. "열은 실제로 존재하지 않는다(단지 냉이 없는 상태일 뿐이다). 그런데도 특정한 현상 때문에 우리는 어리석게도 그것이 존재한다고 생각할 수 있다. 겉보기에 더 따뜻한 물체가 복사를 통해 차가운 물체에 열을 주는 현상을 관찰할 때, 실제로 일어나는 일은 더 차가운 물체가 뜨거운 물체에 냉을 복사하고 있는 것이며 물체 자신은 이 과정에서 덜 차가워진다는 것이다." 에든버러대학교의 화학자 존 머레이(John Murray: 1778?~1820)는 픽테의 실험, 그리고 관련된 일부 실험들에서 생겨나는 곤혹스러운 문제를 다음과 같이 정리했다.

> 그런데 이런 실험들에서 우리는 겉보기에 차가운 물체에서 양의 냉각력(positively frigorific power)이 방출되는 결과를 얻는다. 냉각력은 정해진 길을 따라 나아가며 간섭되고 반사되고 응집될 수 있으며, 응집 상태에서는 쌓인 냉각의 힘을 발산할 수 있다. 다른 실험들이 복사열의 존재를 입증하는 데 결정적인 것처럼, 이런 실험들은 복사냉의 존재를 입증하는 데 결정적인 것처럼 보인다.

(Murray 1819, 1:359-360)

좀 더 일반적인 견해는 19세기 초 왕립연구소(Royal Institue) 강연에서 빛의 파동 이론을 제시한 인물로 잘 알려진 영국의 박식가 토머스 영(Thomas Young: 1773~1829)에 의해 보고되었다. "열의 상당한 증가는 우리에게 양의 따뜻함 또는 뜨거움이라는 관념을 제공하며, 열의 감소는 양의 차가움이라는 관념을 불러일으킨다. 이런 관념들은 둘 다 단순하며 각각은 어떤 양의 성질(positive quality)이 증가하는 데에서, 아니면 감소하는 데에서 나온다고 볼 수 있다."[11]

이처럼 오래 지속된 논쟁에서 최후의 치열한 전투로 여겨지는 장면을 다른 곳에서 살펴볼 수 있다. 그 싸움은 럼퍼드 백작(Count Rumford: 1753~1814)이 부추겼는데, 그는 픽테의 실험을 받아들이고서 다양한 변형 실험을 개발해 관찰된 결과가 열의 복사라는 의미로는 설명될 수 없음을 입증하고자 했다.[12] 럼퍼드는 열은 물리적 실체(material substance)라기보다는 운동 형태(form of motion)라고 보는 관념을 옹호했던 인물로 역사학자와 물리학자들에게 아주 잘 알려져 있으나, 그가 살던 시대에 그는 발명가와 사회개혁가로 훨씬 더 큰 명성을 얻었다. 그는 화로와 부엌을 개량해 부자가 되었으며, 빈민을 위한 무료 급식 시설을 처음 만들고 군대 조직을 개선하고 거지들을 뮌헨의 빈민구호시설(workhouse)들에 집단수용 하도록 했으며, 또한 런던에 왕립연구소를 창설했다.[13] 럼퍼드의 과학 연구는 언제나 실용성과 맞물려 있었으며, 복사열과 복사냉에 대한 그의 관심도 예외가 아니었다. 그는 반사율 높은 표면이 추운 지역에서 물체(그리고 사람)가 차가워지는 것을 늦추는 구실을 할 것이라는 데에 주목했다. 그런 표면은 더 차가운 주변 물체에서 날아와 그 물체에 부딪히는 "냉각 복사"를 반사해버리는 데에 더 효과적이라는 것이었다. 럼퍼드는 금속 원통에 여러 유형의 표면들로 "옷을 입히고서(clothed)" 실험을 벌여 이런 견해를 검증했으며, 그의 생애 말년에는 "완전한 백색이며, 모자조차 하얀" 자신의 겨울 의상으로 파리 패션에 맞서고자 했던 괴짜로 유명해졌다.[14]

열과 냉의 근본적 존재론이 이처럼 불확실성의 상태에 놓여 있었던 시기에, 온도계가 측정한 것이 무엇인지에 관해 이론의 측면에서 의견일치에 이르기는 당연히 어려운 일이었다. 그러나 알다시피 양성 냉의 존재 문제는 결국에 부정되는 방향으로 흘렀다. 앞에서 언급했던 논문에서, 나는 열의 칼로릭 이론이 확실하고 점증적으로 퍼지면서 럼퍼드의 냉각 복사 개념에 반하는 형이상학적 의견일치가 이루어졌다고 논증한 바 있다. 양성 냉의 어떤 개념도 칼로릭 이론에는 들어맞기 어려웠기 때문이다. 그러므로 칼로릭 이론은 적어도 온도계가 측정한 것이 냉이 아니라 열의 정도 또는 세기라는 논증을 제시하는 것이었다. 그러나 그 덕분에 온도를 완전하고도 상세하게 이론적으로 이해할 수 있게 되었을까? 이것이 다음 절의 주제이다.

열역학 이전의 이론적 온도

온도에 대한 최초의 상세한 이론적 이해는 18세기 말에 칼로릭 이론의 전통에서 나타났다. 칼로릭 이론의 전통에 관해서는 제2장의 「혼합법에 배치되는 칼로릭 이론」에서 간략하게 소개한 바 있다. 열의 문제에 관해 여러 가지 다른 이론들이 존재했으며 라부아지에 이후에 가장 일반적으로 "칼로릭"이라고 불리었기 때문에 나는 "칼로릭 이론들(caloric theories)"이라는 복수형에 관해 말하고자 한다. 열을 물질로 다루는 이론이라면 그 이론에서는 온도를 열-물질의 밀도(density of heat-matter)로 생각하는 것이 아주 자연스럽다. 그러나 간략히 살펴보겠지만, 그런 기초적인 생각을 확인하는 데에는 여러 가지로 대가를 치러야 했으며, 그런 방식으로 온도계의 조작을 이해하는 데에는 결국에 극복하지 못할 것처럼 여겨지는 여러 난관들이 존재했다.

칼로릭의 전통 안에서, 온도에 관한 가장 매력적인 이론적 그림은 스코틀랜드 의사 윌리엄 어빈(William Irvine: 1743~1787)을[15] 추종했던 "어빈주의자들"에서 나왔다. 어빈주의자들은 물체에 함유된 열 총량을 그 물체의 열용량(capacity of heat)으로 나눈 값으로 온도를 정의했다. 이런 "절대적인" 온도는 칼로릭이 전혀 없는 점인 "절대영도(absolute zero)"부터 시작해 수치가 매겨졌다. 어빈주의 이론에서 가장 감탄할 만한 측면 중 하나는 잠열 현상에 대한 설명이었는데, 잠열 현상은 물체의 칼로릭 용량에 나타나는 변화의 결과로 이해되었다. 예를 들어 얼음이 물로 바뀌는 상태 변화는 열용량의 증가를 수반하는데, 이는 얼음이 녹는 동안에 같은 온도를 유지하려면 열의 투입(input)이 있어야 함을 의미했다. 어빈은 직접 측정 실험을 통해서 물의 비열(그는 이것을 열용량과 동일시했다)이 얼음의 비열에 비해 1:0.9의 비율로 실제로 더 높음을 확인했다. 물질 상태의 변화와 잠열에 대한 어빈주의의 설명은 갑자기 폭이 넓어진 양동이에 비유되곤 했다. 양동이의 폭이 넓어지면 거기에 담긴 액체의 표면 높이(온도를 가리킨다)는 내려갈 것이고, 이전과 같은 표면 높이를 유지하려면 더 많은 액체(열을 가리킨다)를 투입해야만 할 것이다([그림 4.4]를 보라). 화학 작용에 관여하는 열에 대해서도 반응물질과 결과물의 열용량 간에 차이가 관찰되거나 추정된다는 점을 들어 비슷하게 설명되었다.

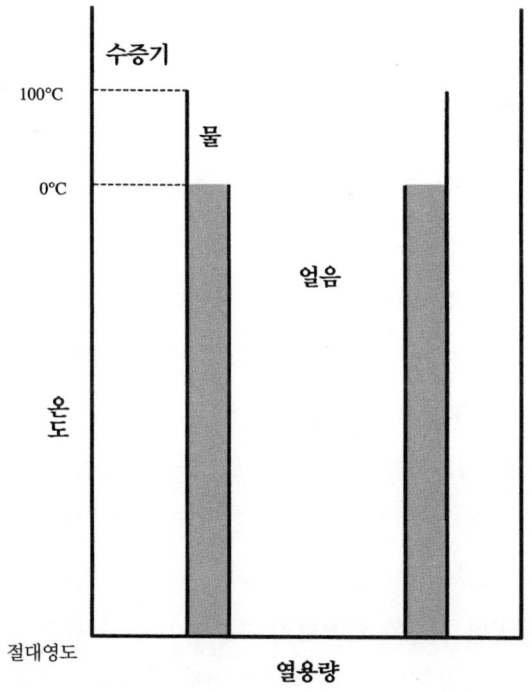

[그림 4.4] 어빈주의의 잠열 이론을 보여주는 그림. 원화는 Dalton 1808의 217쪽 맞은편의 그림에 실렸다.

어빈의 생각(idea)은 매우 논쟁적이었으며 결코 폭넓은 동의를 얻지도 못했지만 그런 생각은 특히 영국에서 영향력 있는 일부 사상가들에 의해 받아들여져 정교하게 다듬어졌다. 아마도 가장 큰 영향을 끼친 어빈주의 이론의 주창자는 아일랜드 의사이자 화학자인 아데어 크로퍼드(Adair Crawford: 1748~1795)였을 것이다. 그는 생애 말엽에 런던에서 활동했지만 학생 시절 글래스고대학교에 있었을 때 어빈의 강의를 들었다. 크로퍼드는 온혈 동물이 어떻게 몸에서 열을 만들어내는지에 관한 오래된 수수께끼의 새로운 해법을 구하는 데 어빈의 이론을 적용했다(기본적으로 우리가 숨을 쉬며 들이키는 공기는 우리가 내쉬는 공기보다 더 높은 열용량을 지닌다). 동물 열에 관한 크로퍼드의 영향력 있는 논고(1779, 1788)는 어빈 이론을 다른 학자들에게 알리는 중요한 징검다리의 구실을 했다. 이를 통해 어빈 이론을 접한 학자들에는 화학 원자 이론의 창시자인 존 돌턴(John Dalton: 1766~1844)도 포함되어 있었다. 다른 중요한 어빈주의자로는 에든버러대학교에서 수학 교수이자 훗날 자연철학 교수를 지낸 존 레슬리(Sir John Leslie: 1766~1832), 그리고 영향력 있는 교과서들을 쓴 저자인 화학자 존 머레이도 있었다.

어빈주의가 쇠락한 것은 주로 실험의 실패에서 기인했다. 사실 어빈주의에 반하는 결정적 요인은 칼 포퍼라면 크게 찬탄했을 법한 그런 어떤 것, 즉 높은 수준의 검증가능성(testability)이었다. 열용량에 관한 어빈의 가설은 열용량, 온도, 열 총량 사이의 정밀한 정량적 관계를 세세히 밝혔으며, 어빈주의자들은 열용량에 관한 자신들의 이론적 개념(notion)을 비열의 조작적 개념과 동일한 것으로 인식했기 때문에 그런 열용량의 이론적 개념을 측정 가능한 것으로 만드는 방법에서 명확히 한 목소리를 내고 있었다. 그래서 갖가지 화학적, 물리적 과정에서 나타나는 비열, 온도, 그리고 잠열의 측정값들은 어빈주의 이론에 대한 분명한 검증 결과를 내놓았다. 온도 측정법의 측면에서 매우 놀라운 점은, 어빈주의자들이 절대영도의 지점을 찾아 나가기 시작했다는 것이었다. 이런 연구는 온도가 동일 수준으로 유지되는 가운데 알려진 규모의 열용량 변화가 일어나려면 얼마나 많은 잠열이 있어야 하는지를 측정함으로써 이루어졌다. 예를 들어 [그림 4.4]에서 회색 면적은 섭씨 0도의 얼음이 섭씨 0도의 물로 변하는 과정에 관여하는 잠열을 나타낸다. 회색 면적의 폭은 얼음과 물의 비열 차이다. 비열 차와 잠열은 측정할 수 있고 이어 잠열을 비열 차로 나누면 회색 직사각형 영역의 높이가 구해지는데, 이것이 얼음의 녹는점과 절대영도 간의 온도 차에 해당한다. 어빈은 이런 계산을 수행해 절대영도의 값이 화씨 영하 900도임을 알아냈다(Fox 1971, 28). 이는 어빈주의의 대단한 승리였다. 이전의 모든 온도 측정 척도에서 0도는 임의적인 온도점이었으나, 이제는 누구라도 어빈주의 이론만 있다면 관습적으로 쓰던 0도들이 절대영도에서 얼마나 떨어져 있는지를 계산할 수 있었다.

그렇지만 어빈의 가설에 바탕을 두어 이루어진 예측들은 대부분 입증되지 않았다. 절대영도 측정값의 경우에, 얻은 값들은 어빈주의를 반대하는 사람들의 견해에서 오히려 절대영도가 존재하지 않음을 보여주는 근거가 될 정도로 너무나 가지각색이었다. 라플라스와 라부아지에는 어빈주의를 비판하면서 섭씨 영하 600도에서 영하 1만 4,000도의 범위에 이르는 어빈주의자들의 절대영도 계산값을 제시했다. 굳건한 어빈주의 신념으로 그 계산을 수행하던 돌턴조차도 자신이 개연성 있는 것으로 제시하는 화씨 영하 6,150도라는 수치도 화씨 영하 1만 1,000도와 화씨 영하 4,000도 사이에 다양하게 나타난 결과에서 얻은 것임을 인정했다(Cardwell 1971, 64, 127). 이처럼 어빈주의의 칼로릭 이론은 자신의 목을 과감하게 내밀었고 결국 시험에 통과하지 못하여 거부되었다. 물론 어빈주의 이론이 관심을 받지 못하고 무너진 데에는 여러 가지 다른 이유들도 있었지만, 절대영도 수치가 한곳으로 수렴하지 못했다는 점이 가장 큰 실패의 원인 중 하나인 것은 확실했다.

어빈주의가 제대로 자리를 잡지 못한 것은 애석한 일이다. 어빈주의의 종언 이후에는 열과 온도의 이론적 관념들이 결코 그와 같은 아름다운 단순성을 회복하지 못했다. 게다가 어빈주의는 온도 측정 그리고 온도와 열의 이론적 개념을 잇는 명확하고 상세하며 정량적인 연결고리를 제공했던, 당시로서는 유일한 이론이었다. 어빈주의를 거부한 칼로릭 이론가들은 온도를 이해하는 문제에서 방어적이며 검증할 수 없는 방식으로만 연구를 진행할 수 있었을 뿐이었다.

제2장에서 "화학적"이라고 묘사된, 라부아지에가 이끌었던 칼로릭 이론의 전통은 칼로릭의 두 가지 다른 상태(자유/감지 가능한 칼로릭 대 결합/숨은 칼로릭)를 가정하고 있었기에 어빈주의 식의 실험 실패를 피해갈 수 있었다. 화학적 칼로릭 이론에서, 온도는 오로지 자유 칼로릭만의 밀도(또는 압력)로 여겨졌다. 왜냐하면 숨은 칼로릭은 칼로릭의 고유 특징인 척력(repulsive force)을 지니지 못해 온도 측정 물질의 팽창을 일으킬 수 없는 칼로릭으로 여겨졌기 때문이다. 그러나 직접 실험을 통해 여러 가지의 화학적 칼로릭 이론 원리들을 반박하는 것은 불가능했다. 특정한 물리적 또는 화학적 과정에서 물체에 함유된 숨은 칼로릭의 총량이 얼마인지는 고사하고 얼마나 많은 칼로릭이 잠재적으로 변하며 감지할 수 있게 변하는지 직접 측정할 방법은 없었다. 럼퍼드는 자신의 유명한 '대포 구멍 뚫기 실험(cannon-boring experiment)'을 바탕으로 칼로릭 이론을 반박하는 논증을 펴고자 했을 때 이런 반박 불가능성(irrefutability)에 직면했다. 럼퍼드 자신의 견해로는, 그의 실험은 마찰(운동)에 의해 무한한 양의 열이 생성될 수 있음을 보여주었기에 칼로릭 이론을 반증한 것이었다. 영향력 있는 칼로릭 연구자들에게 럼퍼드 실험은 그저 역학적 동요의 결과로 나타나는 결합 칼로릭의 이탈을 보여줄 뿐이었으며, 어느 누구도 얼마나 많은 결합 칼로릭이 그런 식으로 이탈할 수 있는지 알지 못했다.[16]

화학적 칼로릭 연구자들은 또한 비열과 열용량을 동일시한 어빈주의의 관점을 받아들이지 않았다. 그들에게 어빈주의 열용량이라는 개념은 의미 없는 것이었으며 비열은 어떤 물체가 온도 T°에서 온도 $(T+1)$°로 변하는 데 얼마나 많은 열이 필요한지 보여주는 측정값일 뿐이었다. 그것은 사실상 T의 변수함수(variable function)였다. 제2장의 「혼합법에 배치되는 칼로릭 이론」에서 우리는 드 뤽에 대한 아위(Haüy)의 비판을 보며 온도와 열 투입량의 관계가 화학적 칼로릭 이론으로는 얼마나 불확정적인지 보았다. 아위의 연구는 그런 전통에서 온도 측정법에 기여한 최고의 업적에 속하겠지만 여전히 부정적인 역할만 할 수 있을 뿐이었다. 제2장의 「칼로릭 학설의 신기루, 기체의 선형성」에서 논했듯이, 라플라스가 이룬 나중의 이론적 연구는 그의 목적과는 정반대로 그 이론과 실제 온도 측정법 사이의 연결고리를 더 약화시켰다. 라플라스는 온도를 "공간자유 칼로릭(free caloric of spacce)"의 밀도라고 정의했다. 그런 칼로릭은 누구도 독립적으로 관찰할 수 없었는데, 어차피 너무나 옅게 펴져 있기 때문에 검출될 수 없다고 여겨졌다. 라플라스의 기체 법칙 유도는 결국에 공기를 이용한 온도 측정법에 실제적인 통찰이나 구체적인 개선을 보태기보다는 기존의 기체 온도 측정 방식을 부적절하게 합리화하는 것으로 여겨졌다. 전반적으로 보아, 르뇨를 비롯해 온도 측정법의 진지한 실천가들이 자신들의 기술을 위해서 후기의 칼로릭 이론을 대부분 무시했다는 것도 놀라운 일은 아니다.

칼로릭 이론들이 온도 측정법을 온도의 이론적 개념에 효과적으로 연결하지 못했다면 다른 이론들은 더 나았을까? 이 대목에서 현대의 비평가들은 열이 운동으로 이루어진다는 기본 관념에 바탕을 두고서 "동역학(dynamic)"이나 "역학(mechanical)"으로 분류될 만한 이론들로 곧바로 건너뛸 것이다. 그런 관념은 칼로릭 이론의 전성기에는 수십 년 동안 외면되었지만 결국에는 승리한 전통이 되었기 때문이다. 하지만 칼로릭 이론들과 경쟁했던 당시의 동역학적 이론들은 열역학(thermodynamics) 이후에 출현했던 동역학 이론들과는 비슷한 점이 거의 없었다. 열의 동역학 이론은 17세기 기계적 철학(mechanical philosophy)의 맥락에서 큰 인기를 누리던 시기를 포함해 매우 긴 역사를 지녔지만 정교하고 정량적인 방식으로 발전한 것은 19세기가 되어서야 가능했다.

우리가 주목해야 하는 최초의 동역학 이론가는 사실 럼퍼드였다. 그는 칼로릭 이론을 충분히 무너뜨릴 만했는데 실제로 그러지 못한 연구를 했던, 그래서 종종 그 진가를 제대로 인정받지 못한 개척자로 평가받기도 했다. 그렇지만 앞 절에서 간략히 논한 양의 냉 복사를 그가 옹호했다는 사실이 보여주듯이, 럼퍼드의 열 이론은 현대의 운동 이론과는 한참 거리가 멀었다. 당시에 흔히 그러했듯이 럼퍼드도 물질의 분자는 불규칙 운동을 하며 이리저리 튀는 것이 아니라, 심지어 기체에서도 고정된 자리 주변에서 진동한다고 여겼다. 럼퍼드는 이런 진동수로 온도를 정의할 수 있다고 여겼으나, 이 점에 대해 확고한 생각을 지니지는 않아서 온도라는 것이 사실 진동 과정에서 나타나는 분자의 속력에 의해 달라질 수도 있다는 의심을 드러냈다.[17] 럼퍼드 연구를 해석하는 과정에서 현대적인 개념들을 너무 많이 끼워넣지 말아야 한다. 그는 진동하는 분자들이 그 과정에서 스스로 에너지를 잃지 않으면서 지속적으로 에테르(ether) 안에 진동을 일으킬 것이라고 믿었다. 그는 또한 온도를 제대로 된 양으로 여기지 않았기에 절대영도라는 관념도 거부했다.

뜨거움과 **차가움**은 **빠름**과 **느림**과 마찬가지로 그저 상대적인 용어이다. 그리고 운동과 정지 상태 사이에는 연관성이나 비례관계가 없듯이, 열의 어떤 온도와 절대영도, 즉 열의 완전한 부재 사이에는 연관성이 존재하지 않는다. 그래서 온도계의 척도에서 절대영도의 지점을 결정하려는 모든 시도는 쓸모없는 일임이 틀림없다. (Rumford [1804b] 1968, 323)

절대영도에 관한 이런 견해는 왕립연구소의 초창기 시절에 럼퍼드 밑에 있었으며 열의 동역학 이론을 함께 주창했던 험프리 다비(Humphry Davy: 1778~1829)도 마찬가지로 가지고 있었다. "제안된 진정한 영도의 문제를 많이도 생각해보았지만 나는 그것을 긍정하는 어떤 결론에도 만족할 수 없었다. (…) 온도는 어떤 양을 측정한 것이 아니라 그저 열의 어떤 속성을 측정한 것이다."[18]

럼퍼드를 대신하여, 우리는 분자의 불규칙 병진 운동을 믿었던 기체분자운동론의 개척자들을 살펴볼 수 있다. 그들은 온도가 분자 운동 에너지의 측정값이라는 현대적 이론의 관념을 만들었던 사람들이기 때문이다. 그렇지만 거기에서도 상황은 그리 간명하지 않다. (운동 이론의 역사에 관해서 나는 주로 스티븐 브러시(Stephen Brush 1976)의 권위 있는 설명에 의지하고자 한다.) 아주 초기부터 다니엘 베르누이(Daniel Bernoulli: 1700~1782)는 기체의 압력이 분자 충돌의 여파로 생겨난다고 설명했으며, 그것이 개개 분자들의 활력($vis\ viva$)에 비례함을 보여주었으나(현대적 표기로는 mv^2), 그는 분자의 활력을 온도로 규정하지는 않았다. 운동 이론에서 처음으로 이루어진 온도의 이론적 개념화는 잉글랜드의 존 헤라패스(John Herapath: 1790~1868)가 명시했던 것으로 보인다. 그는 1820년에 이 주제로 중요한 초기 논문을 발표했다. 그러나 헤라패스의 견해는 온도가 분자의 속력에 비례한다는 것이었지 현대적 이론이 그러하듯이 속력의 제곱에 비례한다는 것은 아니었다. 어찌됐건 헤라패스의 연구는 런던의 기성 과학계에서는 대체로 무시되었고 한동안 그는 부득이 자신의 과학 논문 일부를 자신이 편집하던 『철도 매거진(Railway Magazine)』에다 출판해야 했다. 그의 연구가 남긴 유일한 진짜 여파는 1840년대 말에 헤라패스 이론의 일부를 활용했던 제임스 줄(James Joule)을 통해서 나타났다.[19]

헤라패스보다 더 불행한 사례는 스코틀랜드 공학연구자였던 제임스 워터스톤(James Waterston: 1811~1883)의 경우였다. 그는 1843년부터 온도가 mv^2에 비례하는 것으로 정의했던 기록상 최초의 인물이었다. 1845년 왕립학회에 제출된 워터스톤의 논문은 보기 좋게 거부되어 레일리 경(Lord Rayleigh)이 1891년 왕립학회 자료실에서 그 논문을 발견해 마침내 『철학회보』에 출판할 때까지 햇빛을 보지 못했다. 동일한 이론이 유일하게 루돌프 클라우지우스(Rudolf Clausius: 1822~1888)의 연구를 통해서 실제로 유통되었다. 이 문제에 관한 클라우지우스의 논문 출판은 1850년부터 이루어졌다.[20] 그 즈음에 톰슨은 이미 절대영도에 관한 최초의 정의를 출판했으며 거시 열역학은 한동안 열의 이론에서 가장 중요한 진전의 수단이 될 수 있었다.

정리하면, 19세기 중엽까지도 열의 동역학 이론에서 온도의 의미가 무엇인지에 관해 상당한 불일치가 존재했다. 게다가 누군가가 어떤 특정한 이론적 정의를 받아들이더라도 그 정의와 실제의 측정을 성공적으로 연결하기는 쉽지가 않았다. 사실상 헤라패스는 기체 압력은 "진정한 온도"의 **제곱**에 비례한다고 선언함으로써 명확한 조작의 다리(operational bridge)를 놓은 유일한 사람이었을 것이다. 그러나 그의 이론적 개념과 조작화는 모두 다 문제가 있어 보였으며, 누구도 헤라패스의 온도 측정법을 받아들였다는 증거도 없다.[21] 그런 가운데 워터스톤도 클라우지우스도 자신들의 온도 개념을 분자의 평균 운동 에너지에 비례하는 것으로 조작화하는 방법을 찾아내지는 못했다. 사실 현대 물리학에서도 그런 개념을 어떻게 조작화할 수 있을지는 완전히 명확하지는 않다(기체 안에 보통 온도계를 고정하는 방식은 예외).

추상적인 것을 향한 윌리엄 톰슨의 움직임

앞 절에서 논한 열 이론의 주요한 두 가지 전통이 모두 다 실패했다는 점을 생각한다면, 온도 측정법에 관한 톰슨의 연구가 지닌 진정한 가치를 평가할 수 있다. 그는 새로운 열역학 이론을 독창적으로 사용하여 온도의 새로운 이론적 개념을 창안했으며, 또한 그런 개념을 측정 가능한 것으로 만들었다. 후세대에는 켈빈 경(Lord Kelvin)으로 더 잘 알려진 윌리엄 톰슨은 열역학과 전자기학(electromagnetism)에서 많은 주요 진보를 이루어냈으며 자신의 생애 마지막까지 에테르의 실용적인 물리학 이론을 창안하는 일에 매진했던 뛰어난 고전 물리학자 중 한 명이었다. 벨파스트(Belfast)에서 태어난 글래스고대학교 수학 교수의 아들로서, 어릴 적부터 총명했던 톰슨은 당시로서는 생각할 수 있는 거의 최상의 과학 교육을 받았다. 즉, 어린 시절의 가정 학습을 거쳐 글래스고대학교에 들어갔으며 이후에 수학 분야에서 케임브리지대학교의 학위를 받았고 마무리로서 파리에 있는 과학 체제의 중심에서 후속 연구와 실습 생활을 할 수 있었다. 믿기 힘든 스물두 살의 나이에 톰슨은 글래스고대학교에서 자연철학의 교수로 임명되어 1846년부터 1899년까지 재임했다. 그는 특히 푸리에의 업적을 훌륭하게 방어하고 그것을 전기동역학(electrodynamics)에 적용함으로써 일찍이 수리물리학 분야에서 명성을 얻었다. 생애의 말엽에 톰슨은 떠들썩한 경축의 대상이었던 대서양 전신 케이블의 설치를 비롯해 물리학의 갖가지 실용적 응용에 빠져들었다. 어떤 문제가 있다면 이를 추상적인 수학 공식으로 만들고 그런 다음에 추상적 공식을 구체적이고 경험적인 상황으로 되돌려 연결하는 방법을 찾으려 했던 것이 톰슨 연구의 특징이었다. 온도 측정법 분야에서 이룬 그의 연구도 예외는 아니었다.[22]

톰슨의 온도 측정법이 제2장에서 자세히 살펴본 르뇨의 연구에 대해 얼마나 경탄스러울 정도의 반대편에서 생겨났는지는 기억해둘 필요가 있다. 톰슨이 파리에 머문 시기는 르뇨가 논란의 여지가 없는 정밀 실험의 대가로서 자신의 입지를 굳히기 시작하던 때였다. 처음에 비오의 소개를 받아 르뇨의 연구실에 들어간 톰슨은 르뇨가 가장 아끼는 젊은 조수 중 한 명이 되었다. 1845년 봄, 파리에 있던 그는 아버지에게 다음과 같이 알렸다. "르뇨 선생님의 실험실에 들어간 것은 제게 아주 성공적인 일이었습니다. 늘 할 일이 많아요. 르뇨 선생님도 그분이 하시는 일에 관해서 제게 많은 이야기를 해주신답니다. (…) 때때로 이른 시간인 아침 8시에 실험실에 나가는데, 오후 5시 이전에는 거의 나올 수 없고 어떤 때에는 6시나 되어서야 나올 수 있습니다." 실험실에서 톰슨이 하는 일은 시키는 대로 공기 펌프를 작동하는 것 같은 하찮은 일에서 점차 벗어나 데이터의 수학적 분석에 관해 르뇨와 공동연구를 하는 일로 나아갔다. 1851년 무렵에 톰슨이 파리를 다시 방문해 상당한 시간을 보내며 르뇨를 위해서 새로운 열역학 이론을 설명하는 글을 썼다는 것을 우리는 알고 있다. 생애의 말엽에 이르러 톰슨은 크나큰 애정과 존경의 마음을 담아 르뇨가 자신에게 준 영향을 회고했다. 1900년 자신에게 경의를 표하는 파리 사람들의 연회에서, 톰슨(이때는 켈빈 경)은 르뇨가 "완전무결한 기술, 만사에서 정밀함에 대한 애정, 그리고 실험가의 최고 덕목인 인내"를 어떻게 가르쳐주었는지를 감격적으로 회고했다.[23]

온도 측정법에 대한 톰슨의 첫 투고논문으로 케임브리지 철학회(Cambridge Philosophical Society)에 제출된 1848년 논문은 서두에서 온도 측정 문제가 르뇨의 "매우 정교하고 세련된 실험 연구" 덕택에 "소망할 수 있는 (…) 그런 완벽하게 실용적인 해법"을 얻게 되었다고 인정했다. 그러나 그는 "하지만 온도 측정법 이론은 아주 만족스러운 상태에서는 여전히 아주 멀리 있다"라며 애석해했다(Thomson [1848] 1882, 100). 제2장의 「르뇨: 간소함과 비교동등성」에서 자세히 논했듯이, 르뇨는 열과 온도의 본성에 관해 이론적 추론을 하는 일은 꺼리면서 자신의 정밀한 공기 온도 측정법을 공고화했을 뿐이었다. 특히나 프랑스에서 널리 퍼져 있었던 추상 이론에 대한 환멸과 마찬가지로(제2장의 「르뇨, 그리고 라플라스 이후의 경험주의」를 보라), 르뇨의 태도는 기본적 측정은 스스로 정당화되어야 한다는 것이었다. 그 자체로 경험적 입증이 필요했던 이론에 바탕을 두어 측정 결과를 얻고자 했던 사람들은 사물에 대한 인식적 순서를 정확히 거꾸로 되돌려놓고 있었다. 글래스고대학교의 젊은 교수가 르뇨의 연구에 그토록 찬사를 보냈지만, 과학을 행하는 이런 엄격한 반이론의 방식은 톰슨에게도 감흥을 주지는 못했던 것으로 보인다.

톰슨은 르뇨가 엄격하고도 실용적인 온도 측정법을 얻기 위해 비교동등성이라는 기준을 강력하게 사용했음을 아주 높게 평가했다. 르뇨는 이를 통해서 아주 다양하게 제작된 공기 온도계가 매우 일관된 온도 기록을 보여준다는 점에서 온도계로 사용할 수 있는 훌륭한 장비임을 입증했다. 그러면서도 톰슨은 다음과 같은 불만족을 털어놓았다.

그러므로 우리가 온도 측정을 위한 **명확한** 체계를 구축하는 엄격한 원리를 지니고 있다 해도, 본질적으로는 그 준거(reference)라는 것이 표준적인 온도 측정용 물질인 특정한 물체에 있기 때문에, 우리가 **절대적인** 척도에 도달했다고 생각할 수는 없으며 엄밀히 말해서 실제로 채택된 척도는 **실용적 온도 측정법의 요건에 충분히 가까우면서도 임의의 수치로 매겨진 일련의 준거점**일 뿐이다.[24]

그래서 그는 온도 측정법을 구축하는 바탕이 될 만한 일반 이론의 원리를 찾아 나섰다. 그는 다른 일반적 개념들로 온도를 표현하는 이론적 관계식을 찾고자 했다. 이런 목적으로 톰슨이 사용했던 개념들은 그가 르뇨의 실험실에서 연구하면서 배웠던 것, 즉 군사 공학연구자 사디 카르노(Sadi Carnot: 1796~1832)의 열기관 이론(theory of heat engines)이라는 잘 알려지지 않은 이론에서 나온 것이었다. 카르노는 톰슨의 도움 덕분에 훗날 명성을 얻었다. 여기에서 "르뇨의 위대한 업적"이 증기기관을 이해하는 데 필요한 경험적 데이터를 확정해달라는 정부 위탁 연구의 결과였다는 점을 기억할 필요가 있다.[25] 톰슨은 온도를 더 잘 입증된 이론적 개념으로 환원하고자 시도하고 있었기에, 역학적 효과(또는 일)라는 개념은 그런 요구에 잘 들어맞았다. 열과 역학적 효과의 이론적 관계는 열기관 이론이 제시하는 바로 그것이었다. 톰슨은 다음과 같이 설명했다.

> 카르노가 입증했듯이 동력과 열 간의 관계가 그렇기에, 열의 작용으로 생기는 역학적 효과를 양적으로 표현할 때에 **열의 양**(quantities of heat), 그리고 **온도 구간**(intervals of temperature)이 유일한 요소들로 관여한다. 그리고 우리는 열의 양을 재는 명확한 측정 체계를 별도로 갖추고 있으므로, 따라서 우리는 온도의 절대적 차이를 계산하는 데 쓰는 구간 측정값을 얻을 수 있다. (Thomson [1848] 1882, 102, 강조는 원문)

카르노 이론은 추상적으로 여겨지던 열기관에 속한 열, 온도, 그리고 일이라는 세 개의 매개변수(parameter) 사이에 하나의 이론적 관계식을 제공한다. 만일 열과 일을 직접 측정할 수 있다면, 우리는 이 이론을 사용해 온도를 추론할 수 있게 된다.

이 대목에서 카르노 이론의 몇몇 요소와 그 이론의 배경을 설명할 필요가 있다. (이런 이야기는 곁길로 새는 것이긴 하지만, 이 역사 부분의 종착점인 톰슨 연구를 제대로 이해하려면 필요하다. 열기관 이론과 카르노 이론의 기술적 측면을 이미 잘 알고 있는 독자라면 이 부분을 건너뛰어 곧바로 350쪽으로 가도 좋다.) 19세기 초의 열기관 이론에 대한 관심이 큰 것은 많은 부분에서 그 이론이 산업혁명 시기에 했던 인상적인 역할 덕분이다. "열기관"이라는 말은 열을 수단으로 삼아 역학적인 일을 만들어내는 장치를 가리킨다. 실제로 카르노가 살던 시기에 사용된 대부분의 열기관은 증기기관이었다. 그것은 물이 증기로 변환될 때 생기는 물 부피와 압력의 크나큰 증가(또는 증기가 다시 액체 상태의 물로 바뀔 때 생기는 부피와 압력의 감소)를 이용했다. 처음에 증기기관은 광산의 깊은 갱도에서 고인 물을 퍼내는 데에 가장 중요하게 쓰였다. 그러나 곧 증기기관은 직물공장부터 선박, 열차까지 모든 것을 움직이는 동력으로 사용되었다. 증기기관이 스코틀랜드 공학연구자인 제임스 와트(James Watt: 1736~1819)가 발명한 것으로 보이지는 않지만, 그가 증기기관의 설계를 결정적으로 개선하는 업적을 이룬 것은 확실했다. 나는 여기에서 그의 혁신이 지닌 몇 가지 측면을 언급하고자 하는데, 그것이 카르노 이론의 어떤 특징과 긴밀하게 연계되어 있기 때문이다. 웨지우드와 마찬가지로(제3장의 「과학적 도예공의 모험」을 보라), 와트는 기술과 과학 사이에 놓인 매우 흥미로운 경계 지점에서 활동했다. 그의 경력 초기에, 와트는 글래스고대학교에서 "수학 장비 제작자"로서 조셉 블랙, 존 로빈슨(John Robinson)과 함께 일했다. 나중에 그는 매튜 볼턴(Matthew Boulton)과 함께 버밍엄 근처에 자신의 회사를 차렸으며, 달 학회(Lunar Society)의 주요 회원이 되어, 거기에서 같은 회원이던 프리스틀리(Priestley), 웨지우드, 그리고 달 학회 모임에 가끔 왔지만 중요한 방문 인사였던 드 뤽과 특히나 가깝게 지냈다.[26]

전형적인 와트 기관에서, 보일러에서 만들어진 증기는 실린더로 들어가 피스톤을 밀고, 그럼으로써 역학적 일을 생성했다([그림 4.5]). 이는 쉽게 이해되는 부분이다. 와트의 혁신은 좀 더 미묘한 부분에 있었다.[27] 증기는 실린더를 채우고 나서 이어 응결되어야(다시 액체 상태로) 했고, 그래야 피스톤은 원래 위치로 되돌아가고 전체 행정이 되풀이될 수 있었다. 모든 증기공학연구자들이 이런 응결 단계의 필요성을 알고 있었지만[28] 와트는 처음으로 그 단계의 물리학을 세심하게 연구했다. 당시에 응결은 통상적으로 차가운 물을 실린더 안에다 뿌림으로써 이루어졌다. 와트는 기존의 기관이 지나치게 많은 양의 차가운 물을 사용한다는 사실을 발견했다. 그런 물은 증기를 응결할 뿐만 아니라 실린더도 식히는 효과를 냈다. 그럼으로써 다음 순환에서 또다시 새로운 증기가 실린더 전체를 달구어야 했기에 열의 낭비가 초래되었다. 와트는 차가운 물의 양을 줄여서 증기의 대부분을 응결하는 데 필요한 만큼의 차가운 물만을 집어넣었다. (와트는 잠열을 경험적으로 알고 있었고, 블랙은 그를 이론적으로 도와주었다.)

이런 혁신은 확실히 연료 소비량을 줄여주었다. 하지만 와트는 그러다 보면 기관의 출력도 줄어든다는 사실을 알게 되었다. 문제는 실린더를 상대적으로 높은 온도로 유지하려다 보면 증기가 여전히 상대적으로 높은 압력을 유지하고, 그래서 수축 행정이 일어날 때 피스톤을 뒤로 미는 것이 힘들어진다는 것이었다. 이런 문제를 풀고자, 와트는 "분리 응축기(separate condenser)"를 발명했다. 그것은 쓰고 남은 증기를 빨아들여 응결시키는 용기였다([그림 4.5]). 차가운 물이 분리 응축기에서 분사되면 그곳에 이미 들어가 있는 증기가 응결하면서 상대적인 진공을 만들어내어 더 많은 증기가 본체 실린더에서 응축기 안으로 흘러 들어갈 수 있게 했다. 그런 과정에서 내내 본체 실린더 자체는 높은 온도를 유지하면서도, 뜨거운 증기 대

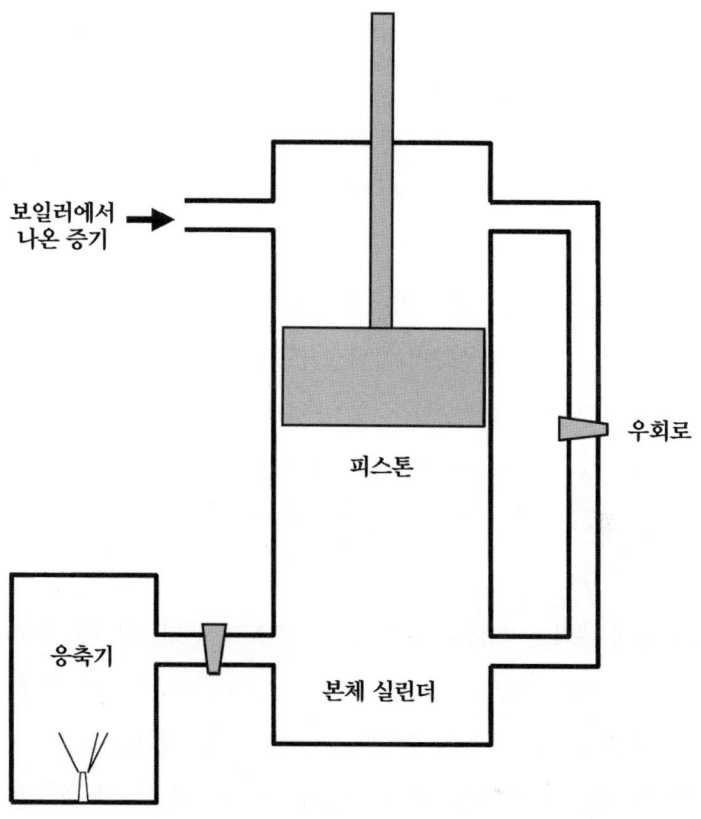

[그림 4.5] 와트 기관의 작동 과정을 보여주는 그림(Cardwell 1971, 49와 Sandfort 1964, 31의 자료를 이용). 뜨거운 증기는 본체 실린더의 윗부분으로 들어가 피스톤을 아래로 밀어내며 일을 수행한다. 그런 다음에 피스톤은 위쪽으로 당겨진다. 이와 동시에 우회로 밸브(bypass valve)가 열려 증기는 피스톤 아래쪽에 있는 실린더 부분으로 들어간다. 이 증기는 응축기(condenser)로 빨려 들어가며, 거기에서 분사되는 차가운 물이 증기를 식혀 다시 액체 상태의 물로 바꿔준다.

부분은 응축기 안으로 빨려 들어갔다. 와트의 분리 응축기는 효율을 크게 증진했으며, 그래서 이것은 기술사에서 획기적 사건 중 하나로 전해진다.

그렇지만 와트는 여전히 완전하게 만족하지 못했다. 그는 증기가 증기 용기에서 응축기로 **몰려간다는**(rush) 데 주목했고 그런 몰려가는 과정에서 유용한 일이 낭비되는 것이 틀림없다고 판단했다. 이런 불만족은 결국에 1769년 그의 "팽창 원리(expansive principle)"로 이어졌다. 와트는 실린더로 들어간 증기의 압력이 외부 기압과 같아질 때까지 그 자신의 힘으로 팽창해 더 많은 일을 할 수 있다는 것을 알아냈다. 그래서 그는 피스톤이 다 밀려가기 훨씬 전에 보일러에서 나오는 증기의 공급량을 줄여 증기가 할 수 있는 모든 일을 다 뽑아내야 한다고 판단했다. 이런 혁신의 의미는 아무리 강하게 강조해도 충분하지 않다. 카드웰(D. S. L Cardwell 1971, 52)이 말했듯이, "이 꼼꼼한 스코틀랜드인은 팽창 원리의 발견(1769)으로 열기관의 진전된 개선, 그리고 사디 카르노가 보여준 열 동력의 일반 원리에 대한 추론의 길을 미리 열었다. 놀라운 통찰력으로 와트는 열역학의 초석 중 하나를 놓았다."

그 덕분에 우리는 마침내 사디 카르노를 보게 된다. 열기관의 작동에 대한 카르노의 이론 연구도 역시 효율에 관한 관심으로 시작되었다. 이론적으로 깔끔한 측정값을 얻기 위해서, 카르노는 한 차례의 순환 과정 내에서 효율이 계산되어야 한다고 판단했다. 애초에 카르노가 생각한 순환에서는, 기관은 뜨거운 곳에서 오는 특정한 양의 칼로릭을 받아 특정한 양의 역학적인 일을 수행하며, 그런 다음에 그 칼로릭을 더 차가운 곳(와트의 응축기 같은 곳)으로 방출한다. 이 과정의 끝에서 기관은 처음의 상태로 되돌아간다. 열기관을 이해하는 데 쓴 카르노의 은유는 높은 곳에서 낮은 곳으로 떨어지는 물을 채워 역학적인 일을 만들어내는 물레방아였다. 마찬가지로 칼로릭은 높은 온도의 지점에서 낮은 온도의 지점으로 떨어짐으로써 일을 수행했다. 그런 순환에서, 효율은 기관을 거쳐 지나가는 칼로릭의 양에 대한 수행된 일의 비율로 측정된다. 카르노가 스스로 설정한 과제는 이런 효율에 영향을 끼치는 요인들을 이해하자는 것이었다.

카르노 연구가 보여주는 특유의 위대함은 모든 열기관의 기능에 담긴 핵심을 매우 추상적인 형태로 뽑아냈다는 것이었다. 그런 추상성은 또한 카르노 이론을 처음 접한 사람들 대부분에게 그 이론이 다소 당혹스럽고 난해하게 비쳐지게 하는 요인이었다. [그림 4.6]에 나타나듯이, 카르노는 열기관이 (와트 기관에서 그런 것처럼 실린더 안에 주입됐다가 빠져나가는 것이 아니라) 순환 과정 내내 실린더 안에 밀봉돼 있는, 뭐라 특정하지 않은 "일하는 물질(working substance)"을 지니는 것으로 생각했다. 그 일하는 물질은 열을 받아 팽창함으로써 일을 수행한다. 순환이 완성되려면, 일하는 물질은 이어 압축되고 냉각되어야 한다. '응결'이라는 뒷부분의 과정이 이루어지려면 그 물질에 어느 정도의 일이 가해져야 하고 동시에 어느 정도의 열이 물질에서 빠져나가야 한다. 이런 식으로 작동하는 증기기관이라면 피스톤에 의해 밀폐된 실린더를 갖춰야 할 것이며 그 안에는 일정한 압력에서 평형 상태에 있는 물-증기 혼합물이 담길 것이다. 이제 그 계(system)에 열이 공급되면 증기를 더 많이 만들어내어 피스톤을 밀어낸다. 이후에 열이 제거되고 피스톤은 원래의 위치로 돌아감으로써, 증기 중 일부는 다시 액체 상태로 응결할 수밖에 없게 된다. 바라건대 압축에는 팽창으로 생성되는 일보다 더 적은 양의 일이 들어갈 것이며, 그래서 우리는 일의 수행에서 순익을 기대할 수 있다.

카르노 순환의 형상을 마무리하기 위해서는 한 가지 요소를 추가해야 한다. 카드웰이 지적했듯이 그것은 와트의 "팽창 원리"에서 영감을 받아 이루어진, 즉 증기는 열 공급이 끊어진 뒤에도 일을 더 할 수 있다는 통찰이었을 것으로 그려볼 수 있다. 그것은 현대 물리학자들이 "단열 팽창(adiabatic expansion)", 즉 외부 자원에서 열이 전혀 오가지 않은 채 이루어지는 팽창이라고 말하는 과정이다. 기체의 단열 팽창이 기체의 온도를 낮춘다

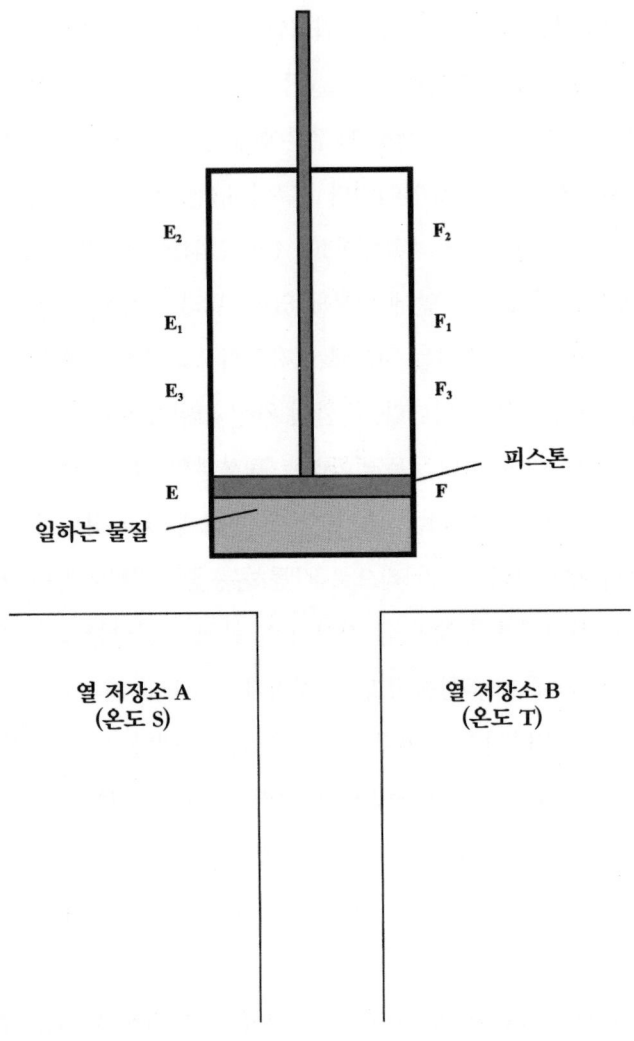

[그림 4.6] 카르노 기관의 가능한 형태를 도식적으로 보여주는 그림. Thomson [1849] 1882, 121을 참조

는 것은 카르노의 시대에도 잘 알려져 있었다. 물론 그 현상의 근저에 있는 원인에 관해 심각한 논란은 있었다.[29] 이제 우리는 유명한 카르노 순환이 현대적인 '4단계 행정(four stroke)'의 형태로 어떻게 표현되는지 살펴볼 수

있다([그림 4.6] 참조).

제1 행정: 초기 온도 S를 지닌 일하는 물질은 역시 온도 S로 유지되는 "열 저장소" A에서 오는 일정한 양의 열(H)을 받는다. 일하는 물질은 자기 온도를 S로 유지하면서 팽창해 피스톤을 EF 지점에서 E_1F_1 지점까지 밀어내며 일정한 양의 일을 행한다. 이 일을 W_1이라고 표시하자.

제2 행정: 열 저장소는 제거되고 일하는 물질은 저 홀로 (단열 상태에서) 더 팽창하며 온도 S에서 온도 T로 냉각한다. 피스톤은 E_1F_1 지점에서 E_2F_2 지점으로 더 나아가며 일 W_2가 더해진다.

제3 행정: 일하는 물질은 이제 압축되어 낮은 온도 T에 머물면서 열의 일부를 역시 온도 T로 유지되는 열 저장소 B에 방출한다. 이 과정에서 피스톤은 E_2F_2 지점에서 E_3F_3 지점으로 당겨지며 일하는 물질에 일부의 일 W_3이 행해진다. (카르노의 본래 개념에서는, 방출된 열의 양이 제1 행정에서 흡수된 열의 양인 H와 동일해질 때까지 계속된다.)

제4 행정: 일하는 물질은 단열 상태에서 (열 저장소와 접촉하지 않은 채) 더 압축된다. 압축 과정에서 일하는 물질에 더 많은 일 W_4가 행해지고 피스톤은 E_3F_3 지점에서 원래 지점 EF로 다시 돌아간다. 일하는 물질의 온도는 T에서 S로 올라간다. (일하는 물질을 정확하게 원래의 상태로 되돌림으로써 이 순환은 제4 행정이 마지막으로 "닫힌다"라고 가정된다.)

이런 행정 순환의 효율은 W/H의 비로 정의되는데, 여기에서 W는 일하는 물질이 행한 알짜 일($W_1+W_2-W_3-W_4$)이며, H는 제1 행정에서 흡수한 열의 양이다(카르노의 본래 이론에서는 이는 제3 행정에서 방출한 양이기도 하다). 이런 순환을 이론적으로 추론함으로써 카르노는 기관의 효율성은 차가운

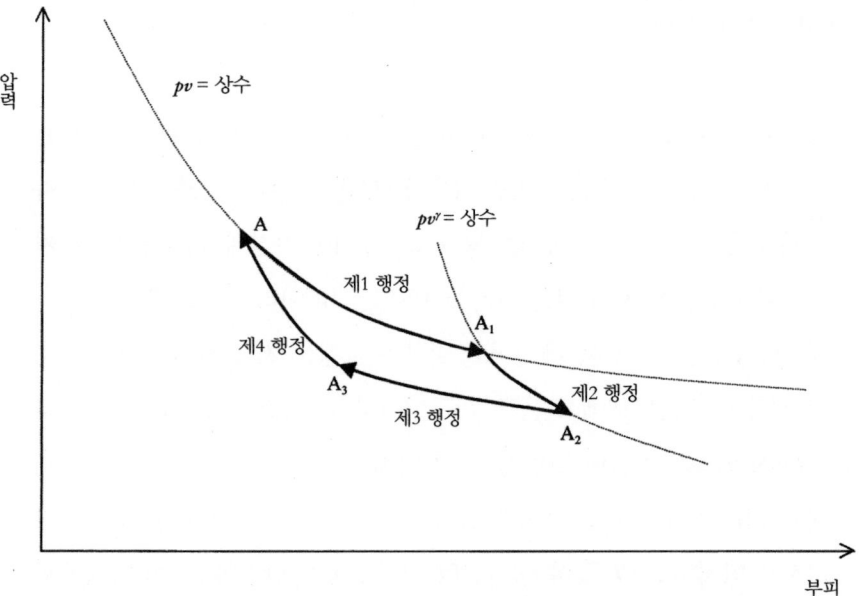

[그림 4.7] 카르노 순환을 표현하는 지표 도해. 기체 기관의 경우이다. Clapeyron [1834] 1837, 350의 자료를 사용.

저장소와 뜨거운 저장소의 온도(네 단계 행정 순환에서 S와 T)에만 의존한다는 아주 중요한 결과를 도출했다.

 마지막으로, 이제 거의 모든 교과서에서 쉽게 찾아 볼 수 있는 추상적인 카르노 순환 그래프를 설명하는 것이 도움이 될 듯하다. 이 그래프는 에콜 폴리테크니크에서 교육을 받은 공학연구자인 에밀 클라페롱(Émile Clapeyron: 1799~1864)의 1834년 해설에서 유래한 것이다. 처음에 클라페롱의 논문을 통해 카르노 이론을 처음 알게 된 톰슨은 그가 작성한 이 그래프를 받아들였다. 클라페롱의 그래프는 "지표 도해(indicator diagram)"를 사용했던 와트의 관행에서 영감을 받아 이루어졌을 가능성이 높다. 와트는 증기용기 내부 압력과 부피의 변화 수치를 자동으로 좌표에 기입하는 역학 장치를 사용해 자신의 증기기관의 성능을 관찰했다. 카드웰(1971, 80-81)에 의하면, 그 지표는 1796년 와트의 조수인 존 서던(John Southern)이 발명한 것으로, 철저히 보호된 기업비밀이었다. 클라페롱이 어떻게 그런 기업비밀에 접근할 수 있었는지는 분명하지 않지만, 그는 이처럼 압력-부피로 표현하는 닫힌곡선(closed curve)으로 카르노 순환을 그래프에 그렸고, 이는 그 추상적인 기관에서 어떤 일이 일어나는지를 눈으로 볼 수 있는 그림으로서 큰 도움이 되었다. 압력-부피 도해가 지닌 매우 훌륭한 특징 하나는 한 과정에 관여하는 역학적인 일의 양이 그 과정을 보여주는 곡선 아래의 면적으로 직접 표현된다는 점이다(적분 $\int pdv$). 한 차례 순환 과정이 끝난 뒤에 생산된 알짜 일(net work)은 닫힌곡선 안쪽의 면적으로 표현된다. [그림 4.7]은 이런 식으로 증기-물 혼합물이 아니라 단순 기체로 채워진 기관을 그래프로 표현한 카르노 순환의 한 가지 사례이다. 제1 행정을 보여주는 등온선(AA_1)은 보일의 법칙(pv=상수)을 따르는 곡선이다. 제2 행정을 표현하는 단열선(A_1A_2)은 단열 기체 법칙(pv^γ=상수. γ는 압력이 일정할 때의 기체 비열과 부피가 일정할 때의 기체 비열 간의 비율)을 따르는 곡선이다.

이런 배경 지식을 바탕으로 한다면, 이제 우리는 톰슨의 절대온도 개념도 충분히 이해할 수 있을 것이다. (이 장의 역사 부분에서 이어지는 나머지 부분을 완전하게 이해하기 위해서는 기초물리학과 미적분에 어느 정도 익숙해야 한다. 그렇지만 그런 전문 배경지식을 갖추지 않은 독자라도 말로 푸는 해설 부분을 읽으면서 여러 논증의 요지를 이해할 수 있다. 분석 부분에서는 전문적 논의를 줄이겠다.) 애초 1848년에 톰슨의 기본 생각은 온도의 1도 구간을 카르노 기관에서 단위량(unit amount)의 역학적 일을 생산하게 하는 양으로 정의하는 것이었다. 더 정확하게 톰슨 자신의 말로 전하면 다음과 같다.

내가 지금 제안하는 척도의 특징적인 속성은 모든 온도가 동일한 값을 지닌다는 것이다. 즉, 이런 척도로 볼 때 온도 T°인 물체 A에서 나와 온도 $(T-1)$°의 물체 B로 가는 열의 단위는 온도 T의 수치가 어떠하든 간에 동일한 역학적 효과를 일으킨다는 것이다. **이것은 바로 절대척도라고 불릴 수도 있을 것이다. 왜냐하면 그런 특징은 특정한 물질의 물리적 속성과는 아주 독립적으로 존재하기 때문이다.** (Thomson [1848] 1882, 104. 강조는 추가)

이런 정의는 내가 톰슨의 "첫 번째 절대온도"라고 부르고자 하는 것이다. 여기에서 톰슨이 말한 "절대"의 의미가 절대영도에서 시작해 온도를 헤아리는 것과는 아무런 관련이 없다는 점을 인식하는 것이 아주 중요하다. 사실 톰슨도 나중에 분명하게 말했지만, 그의 1848년 온도에는 영도점이 전혀 없었다. 현대적 개념에도 살아 있는 "절대영도"의 일반적 인식은 사실상 톰슨의 연구보다 더 오래된 것이다. 그것은 관찰된 공기의 압력-온도 관계식을 압력이 0이 될 때까지 외삽 추론해(압력 0은 열이 완전히 없음을 가리킬 것이므로) 영도점을 발견한다면 온도의 객관적 척도를 얻을 수 있을 것이라고 본 기욤 아몽통의 생각까지 거슬러 올라갈 수 있다. 나는 이런 온도의 개념을 아몽통 공기 온도, 또는 **아몽통 온도**라고 부르고자 한다. 사람들이 열역학 이론에서 그 개념의 의미가 무엇인지 자세히 학습하지 않는 상황에서, 아몽통 온도는 오늘날 "절대온도"가 일반적으로 의미하는 바에 아주 가까운 것으로 볼 수 있다. 곧 살펴보겠지만 톰슨은 나중에 자신의 절대온도 개념을 아몽통 온도에 좀 더 일치하는 쪽으로 수정했는데, 그 시점부터 "절대"의 두 가지 다른 의미(특정 물질에 관련되지 않는다는 의미와 절대영도를 지닌다는 의미)는 영구히 융합하게 되었다.

톰슨의 두 번째 절대온도

흥미롭게도 톰슨은 절대온도의 초기 개념을 내놓은 직후에 그 개념이 담긴 이론의 뼈대 전체를 포기하기 시작했다. 이는 많은 부분에서 제임스 프레스코트 줄(James Prescott Joule: 1818~1889)을 만나면서 생긴 결과였다. 줄은 양조업을 하는 신사 계층의 맨체스터 가문 출신 과학자로, 에너지 보존의 원리를 확립하는 데 중대한 역할을 했던 인물로 평가된다.[30] (줄과 톰슨의 협력연구 과정은 과학사학자들에게 잘 알려져 있으므로, 여기에서는 여러 자세한 내용을 다시 다루지는 않겠다.[31]) 옥스퍼드대학교에서 열린 영국 과학진흥회(British Association for the Advancement of Science)의 1847년 회의에서 줄이 열과 역학적 일의 상호변환성(interconvertibility)에 관한 자신의 생각을 발표하는 것을 들었을 때, 톰슨은 흥미를 느꼈지만 회의적이었다. 줄은 절대온도에 관한 톰슨의 1848년 논문을 읽고 나서 톰슨에게 편지를 보냈다. 그는 편지에서 열이 영향을 주지 않은 채 열기관을 그대로 통과한다는 카르노의 전제에 매달리지 말고 열과 일의 상호변환성에 바탕을 두어 그의 이론을 다시 정식화해야 한다고 권고했다. "감히 말씀드리건대 그것[선생님의 이론]은 카르노 이론이 결국에 틀린 것으로 밝혀진다 해도 흥미로움과 가치를 전혀 잃지는 않을 것입니다." 톰슨은 이에 화답하는 답장을 보냈지만 아직 카르노 이론을 포기할 준비는 되어 있지 않았고, 1849년에 발표한 논문에서는 카르노 이론을 더욱 다듬는 쪽으로 나아갔다.[32]

그렇지만 1851년 초 무렵에 톰슨은 열과 일의 상호변환에 관한 줄 이론의 시각에서 카르노 이론을 크게 수정하는 작업에 매진했다. 톰슨이 상호변환 이론으로 생각을 바꾼 이후 몇 년은 매우 어지러웠지만 또한 생산적인 시기였다. 그가 1848년에 절대온도를 정의하는 데 바탕이 됐던 것은 모두 다 바뀌어야 했다. 열을 보존되는 양으로 더 이상 생각할 수 없다면, 또 역학적 효과의 생산이 열운동의 부산물이 아니라 일에 들어간 열의 일부가 변환돼 이루어진 것으로 이해된다면, 카르노 기관의 이해는 근본부터 수정되어야 했기 때문이었다.[33]

톰슨이 자신의 절대온도 개념을 다시 바꾸면서 취했던 비틀기(twist)와 돌아가기(turn)의 모든 과정을 좇아가는 일도 흥미진진할 것이다. 논의를 명료하게 하고 자료의 접근가능성을 고려하여 여기에서는 간결한 설명만을 하고자 한다. 톰슨이 매우 단순하고 만족스러운 온도의 정의(곧 설명하겠지만 $T_1/T_2=Q_1/Q_2$로 표현된다)에 도달하기까지 주요한 세 가지 단계가 있었다. 그런 온도의 정의는 초기의 정의와 매우 다른 것이었지만 그것과 연관성을 지닌 것이었다.

첫 번째 단계는 카르노 이론 자체를 재공식화해 그것이 에너지 보존과 양립할 수 있게 하는 것이었다. 이는 1851년 3월을 시작으로 "열의 동역학 이론"에 관해 발표된 일련의 논문을 통해서 성취되었다(Thomson [1851a, b, c] 1882). 온도 측정법의 측면에서 볼 때에 이런 재정식화에서 가장 중요한 부분은 "카르노 함수(Carnot's function)"라는 개념이었다. 애초에 그가 제시한 온도의 정의는 카르노 순환에서 일정한 양의 열이 주어질 때 생산되는 역학적 효과의 양에 기초한 것이었음을 상기해보라. 열기관의 효율을 고려할 때에 가장 중요한 요인은 톰슨이 말했던 "카르노의 계수(coefficient)" 또는 "카르노의 승수(multiplier)"였다. 다음의 관계식에서 매개변수 μ로 표기됐다.

$$W = H\mu(T_1 - T_2) \tag{1}$$

여기에서 W는 순환에서 생산된 역학적 일이며, H는 기관을 통과하는 열의 양이고, T_1과 T_2는 뜨거운 저장소와 차가운 저장소의 절대온도이다.[34] 톰슨은 카르노 이론을 수정하면서 이 매우 비슷한 계수를 그대로 남겨, 여전히 μ로 표기했으며 "카르노 함수"라고 불렀다.[35] 이는 예전의 카르노 계수와 비슷한 것이었지만 두 가지 점에서 달랐다. 첫째, 열은 더 이상 보존되는 양(conserved quantity)이 아니기 때문에 방정식 (1)에서 H는 무의미하게 되었다. 그래서 톰슨은 그 대신에 열의 **투입량**(input), 즉 제1 행정(등온 팽창)에서 흡수되는 열의 양을 사용했다. 둘째, 톰슨의 μ는 카르노 순환에서 두 열저장소의 극미한 차이를 보여주는 온도 함수로 규정됐다. 톰슨은 이런 조정을 거쳐 방정식 (1)을 대신하는 일-열 관계식을 통해 μ를 정의했다.

$$W = Q\mu dT \tag{2}$$

여기에서 dT는 온도차의 미분계수이며 Q는 열 투입량이다.

톰슨의 두 번째 단계는 단순하면서도 중요한데, 그것은 온도의 이론적 개념에서 벗어나는 것이었다. 카르노 함수는 기관의 효율과 연관되었고, 톰슨은 여전히 그런 효율에 온도의 개념을 맞추고자 했다. 그러나 이제 그는 이론적인 어느 것도 사실 카르노 함수와 온도의 정확한 관계를 보여주지 않음을 깨달았다. 1848년 그의 초기 개념이 μ가 상수가 되도록 온도를 정의했을 때 그것은 그럴 만한 마땅한 이유도 없이 너무나 제한적인 것이었다. 이전에 비해 훨씬 더 자유로운 분위기에서 톰슨은 줄과 함께 쓴 1854년 논문에서 다음과 같이 썼다. "카르노 함수(그 어떤 물질의 속성에서도 유도될 수 있는, 그러나 동일 온도에서는 모든 물체에 동일한), **또는 카르노 함수 자체를 독립변수로 갖는 임의의 함수도 온도로 정의될 수 있을 것이다.**[36]

세 번째 단계는 두 번째 단계 덕분에 가능한 것이었는데, 그것은 기존의 실제적인 온도 척도와 적절하게 잘 일치하는 μ 함수를 찾는 것이었다. 열-전기 흐름에 관한 1854년 논문에 달린 긴 주석에서, 톰슨은 자신이 처음에 밝힌 절대온도의 정의에 부족한 점이 있음을 인정했다. 즉, 공기 온도계의 온도와 비교할 때 "매우 큰 불일치, 심지어 인정되는 고정점들 사이에서도 불편할 정도로 넓은 불일치"가 나타났음을 인정했다(다음 절의 [표 4.1] 참조). 그런 부족한 점을 개선하는 데 가장 중요한 단서는 줄에서 나왔고 그것은 톰슨에게는 뜻밖의 선물이었다. "그 이래로 더욱 간편한 가정이 줄 선생의 추측(conjecture)에 의해 제시되었다. 즉, 팽창 0부터 측정되는 공기 온도계의 온도로 나눈 열 단위의 일당량과 카르노 함수는 동일하다는 것이었다"(Thomson [1854] 1882, 233, 각주). 톰슨이 "팽창 0부터 측정되는 공기 온도계의 온도"라고 불렀던 것은 바로 앞 절의 끝부분에서 소개한 아몽통 온도이다. "줄 선생의 추측"이라고 했던 것은 다음과 같이 표현할 수 있다.

$$\mu = J/(273.7 + t_c) \text{ 또는 } \mu = J/t_a \tag{3}$$

여기에서 t_c는 백분위 섭씨 척도의 온도이고, t_a는 아몽통 온도이며, J는 열의 일당량을 나타내는 상수이다.[37] 톰슨은 이런 명제를 줄의 "추측"이라고 불렀는데, 이는 그가 그것이 엄밀한 진리인지에 관해서는 진지하게 의심을 품고 있었기 때문이었다. 사실, 톰슨은 μ의 값을 경험적으로 확정하는 것이 "줄-톰슨 실험"의 주된 목표가 되어야 한다고 여겼다. 이것만으로 보면 그가 μ의 값과 관련한 어떤 경험적 명제도 아직 입증되지 않은 가설로 여겼음을 의미한다고 볼 수 있다. 그렇지만 그는 줄의 추측이 진리에는 근사적으로 접근했을 것이며, 그래서 현실의 온도 척도들과 가깝게 일치하는 절대온도 개념을 발견하는 길에서 출발점의 구실을 할 수 있으리라고 생각했다. 그러므로 톰슨은 줄의 입증되지 않은 추측을 온도의 새로운 이론적 정의를 "가리켜주는" 발견의 도구로 사용했다. 자신과 줄의 공저 논문에서 톰슨은 이렇게 썼다.

> 카르노 함수는 "0에서 시작하는 공기 온도계의 온도"[아몽통 온도]라 불리는 것에 거의 반비례하여 변한다. (…) 그리고 우리는 온도를 단순하게 카르노 함수의 역수(reciprocal)라고 **정의**할 수 있을 것이다. (Joule and Thomson [1854] 1882, 393-394, 강조 추가)

이런 새로운 관념은 수학적으로 다음과 같이 표현된다.

$$\mu = J/T \qquad (4)$$

여기에서 T는 이론적인 절대온도를 가리킨다(방정식 (3)과 비교해보라. 거기에서는 동일한 형태를 지니지만 공기 온도계에 의해 조작적으로 정의되는 아몽통 온도(t_a)를 사용했다).

이런 정의를 제시한 다음에 줄-톰슨은 훨씬 더 사용하기 편하고 효과적인 것으로 판명될 만한 또 다른 공식을 논문에 추가했다.

> 어떤 물질이 완전히 가역적인 행정 순환을 따를 수 있어서 균일한 온도가 유지되는 어떤 지점에서만 열을 흡수하고 또한 균일한 온도가 유지되는 또 다른 지점에서만 열을 방출한다면, 이런 지점의 온도는 한 차례의 행정 순환 중 그 지점에서 흡수되고 방출되는 열의 양에 비례한다.[38]

수학적인 형태로, 이를 다음과 같이 쓸 수 있다.

$$T_1/T_2 = Q_1/Q_2 \tag{5}$$

여기에서 T_1과 T_2는 등온 과정(카르노 순환에서 제1, 제3 행정)의 절대온도를 가리키며, Q_1과 Q_2는 각각의 과정에서 흡수되고 방출되는 열의 양을 가리킨다.

이런 대안의 공식은 어떻게 정당화되는가? 줄-톰슨의 논문 자체는 이 점에 대해 아주 명료하지는 않지만 다음과 같이 정의 (4)가 정의 (5)의 후속 결과로 나타남을 보여줄 수는 있는데, 이는 우리가 (5)를 우선적인 정의로 받아들일 수 있음을 의미한다. 우선 절대온도 T와 T' 사이에서 작동하는 카르노 순환을 생각해보자(이때 $T > T'$). 여기에서 기관은 제1 행정에서 열 Q를 흡수하고 제3 행정에서 Q'를 방출한다($Q > Q'$). 에너지 보존에 의하면 이 순환에서 생산되는 역학적인 알짜 일은 $J(Q-Q')$인데, 여기에서 J는 열의 일당량을 나타내는 상수이며 $(Q-Q')$는 소실된(역학적 일로 변환되지 않은) 열의 양을 나타낸다. 이제 (5)에서 제시된 절대온도의 정의를 사용해 우리는 일을 다음과 같이 표현할 수 있다.

$$W = J(Q-Q') = JQ(1-T'/T) = JQ(T-T')/T \tag{6}$$

만일 온도 편차가 무한소가 되는 순환을 생각한다면, 방정식 (6)은 다음과 같이 쓸 수도 있다.

$$W = JQ(dT/T) \tag{7}$$

이제 방정식 (2), $W=Q\mu dT$에서 제시된 카르노 함수의 정의를 다시 생각해보자. 그것을 (7)과 등식화하면 $\mu=J/T$가 나오는데 이는 방정식 (4)에서 표현된 정의와 같다. 그러므로 우리는 이제 원하는 결과를 얻은 것이다.

정의 (5)는 온도 측정법에 관한 톰슨의 이론 연구에서 일단 종결점이 되었다. 물론 그는 몇 년 뒤에 다시 이 주제로 돌아왔지만 말이다. 이어지는 논의에서 나는 이런 정의 (4)와 (5)를 다 함께 톰슨의 "두 번째 절대온도"라고 부르고자 한다. 여기에서 온도 개념의 이론적 발전에 관한 나의 논의도 끝난다. 그런데 이처럼 추상적인 개념은 어떻게 측정할 수 있는 대상이 될 수 있었을까? 이것이 이어지는 두 절의 주제이다.

부분적으로만 구체적인 카르노 순환 모형

어떤 의미에서 온도의 이론적인 정의를 만드는 일은 톰슨의 과업 중에서 쉬운 부분이었다. 누구라도 이론적 정의는 구성할 수야 있지만 그 정의가 물리적 조작의 세계에 연결되지 못한다면 경험과학에서 쓸모없는 것이 될 것이다. 추상적인 이론적 개념을 구체적인 물리적 조작과 연결시키는 것은 일반적으로 도전적인 과제이며, 이에 관해서는 이 장의 분석 부분에서 더 주의 깊게 논하고자 한다. 그러나 톰슨의 경우에 그것은 정말로 어려운 일이었다. 그가 일부러 특정 물체나 물질에 조금이라도 연결되는 것을 확실히 끊어버리는 방향으로 절대온도 개념을 만들었기 때문이다. 톰슨은 어떻게 나중에 방향을 바꾸어서, '아, 죄송합니다. 이제 저는 그런 연결점들을 다시 갖고 싶어요'라고 말할 수 있었을까? 톰슨의 절대온도의 조작화는 20세기에 들어서도 결코 하찮지 않은 문제로 남아 있다. 허버트 아서 클라인(Herbert Arthur Klein)은 다음과 같이 지적했다.

> 그런 상황은 미국 국립표준국 산하 기초표준원의 전 원장인 헌툰(R. D. Huntoon)이 잘 정리했다. 1960년대 중반에 물리적 측정 표준의 상황을 조사하면서, 그는 보편적으로 사용되는 IPTS[국제실용온도눈금]의 척도와 이에 상응하는 열역학적 척도 간의 실제적 관계는 "정밀하게 알려져 있지 않다"라고 지적했다.
> (Klein 1988, 333)

톰슨이 직면한 문제를 제대로 평가하기 위해서 우리는 잠시 멈추고서 카르노 이론의 성격에 관해 다시 생각해볼 필요가 있다. 앞에서 언급했듯이 카르노는 열기관의 완벽한 일반 이론을 원했다. 그런 일반 이론에서는 그의 이론상의 기관에 있는 "일하는 물질"이 압력, 부피, 온도, 그리고 열용량의 속성만을 지니는 추상적 물체로 간주되었다. 카르노는 이처럼 추상적인 뼈대만 앙상한 물질의 거동에서 대체 어떻게 유용한 무언가를 도출해낼 수 있었을까? 그는 열의 보존과 같은 일부의 일반적인 가정들, 그리고 최신의 기체 물리학에서 발견된 일부 명제들을 이용했지만 그런 것들은 여전히 기관의 효율에 관해 명확한 무엇을 도출해내는 데에는 충분하지 않았다. 아주 솔직하게 말하면, 실제 상황에서 열기관의 효율은 기관의 특정한 설계와 일하는 물질의 특정한 성질에 따라 달라질 것이다.

카르노는 아주 제한된 종류의 열기관만을 다루면서 앞으로 나아갔다. 물론 그는 일반 이론에서 일하는 물질의 특정한 속성을 인용하는 일은 여전히 피했다. 가장 중요한 제한들은 다음과 같았다. (1) 카르노는 일하는 물질이 순환의 마지막에서 다시 시작 상태로 돌아가는 순환 과정을 통해 작동하는 기관만을 다루었다. (2) 카르노 기관은 그저 시작 상태로 돌아온다는 의미에서 순환적일 뿐만 아니라, 분명한 행정들로 하나의 순환을 이룬다는 아주 구체적인 의미에서도 순환적이었다. (3) 마지막으로 그리고 가장 중요하게, 카르노 순환은 또한 완벽하게 가역적이었다. 가역성(reversibility)은 마찰이 없으며 열기관 내에서 열과 일이 다른 형태로 분산되지 않음을 의미할 뿐 아니라 또한 어떤 온도 차이에서도 열의 이전이 없음을 의미했다. 이에 관해서는 뒤에 좀 더 논하겠다. 이런 제한들 덕분에 오히려 카르노는 추상적인 열기관에 관해 몇 가지 중요한 결론을 입증할 수 있었다.

그러나 카르노 이론은 실제로 만들 수 있는 열기관에서 너무도 멀리 떨어져 있었기 때문에 톰슨은 크나큰 어려움에 직면해 있었다. 톰슨이 어떻게 그런 난관에 대처하려고 노력했는지 생각해보자. 먼저 1848년 절대온도에 관한 그의 첫 번째 정의로 돌아가보자. 톰슨의 **첫 번째** 절대온도를 측정할 수 있는, 그 개념에 제대로 들어맞는 측정의 구상은 다음과 같았을 것이다. 먼저 온도를 측정하고자 하는 물체를 정한다. 그것을 카르노 열 저장소로 사용하고서, 그것과 함께 이미 온도를 아는 또 다른 열 저장소 사이에서 열기관을 가동한다. 생산되는 역학적인 일을 측정한다. 그것은 두 온도 간의 차이를 보여준다. 그런데 이런 시도를 할 정도로 푹 빠져 있는 사람의 기록을 본 적이 없으니, 이런 절차를 실현하는 데 뒤따를 난관은 누구나 쉽게 상상할 수 있다. 르뇨가 세운 온도 측정법의 정밀 표준에 맞추고자 한다면, 사용되는 장비는 이론적인 카르노 기관에 놀라울 정도로 가까운 것이었어야 했다. 절대온도의 조작화는 사실 현실에서는 불가능한 것이었다.

그래서 톰슨은 개념의 우회를 선택했다. 실제적이며 충분히 구체적인 카르노 기관으로 구성한 온도계를 직접 써서 온도를 측정하려는 대신에,

그는 그 작동을 설명하는 과정에서 일정한 경험적 데이터를 사용할 수 있을 만큼 충분히 구체적인 카르노 기관의 변형들에 관해 이론을 세웠다. 절대온도의 추상적 정의와 실제적인 경험적 데이터를 믿음직하게 연결하는 열쇠는, 충분히 구체적이어야 하고 또한 기관 효율에 관한 카르노 명제를 만족시킨다는 점에서 여전히 이상적인 모형을 사용하는 것이었다. 톰슨은 카르노 자신이 행한 바를 일부 따르면서 어느 정도 구체적인(quasi-concrete) 모형 두 가지를 만들어냈다. 즉, 물과 증기로 구성된 계(system)가 그 하나이며, 그 안에 공기만을 담은 계가 다른 하나였다. 여기에서 나는 톰슨의 물-증기 계에 관해서만 자세히 이야기하겠다.[39] 이런 계의 중요한 이점은 "포화된" 증기의 압력이 오로지 온도의 함수라는 점이었다(제1장「끓음의 이해」를 보라). 그것은 나중에 보겠지만 추론을 상당히 단순화하는 것이었다. 이처럼 어느 정도 구체적인 모형 덕분에 톰슨은 경험적 데이터를 이용해 열과 일의 관계식을 계산할 수 있었다. 곧 볼 수 있듯이, 관련된 경험적 데이터는 공기 온도계로 측정한 온도의 함수로 계산되는 특정한 매개변수였다. 그런 데이터를 절대온도의 정의에 집어넣으면, 절대온도와 공기 온도계의 온도 간에 하나의 관계식이 나온다. 이를 가지고서 그는 공기 온도계의 온도를 절대온도도 변환할 수도 있었다. 이제 이런 계산법이 어떻게 만들어졌는지 살펴보자.

　톰슨은 자신의 첫 번째 절대온도를 측정하고자 시도했을 때에 에너지 보존 법칙이 나오기 이전의 초기 카르노 이론으로 연구하고 있었다. 그 이론에서 관련된 부분을 간략히 다시 이야기하면 다음과 같다. 카르노 기관은 일정량의 열 H가 기관을 통과할 때에 일정량의 일 W를 만들어낸다. 우리는 W를 계산할 필요가 있는데, 그것은 시각적으로 [그림 4.8]에서 네 개의 점 $AA_1A_2A_3$에 둘러싸인 면적으로 나타난다. 그것은 제3, 제4 행정에

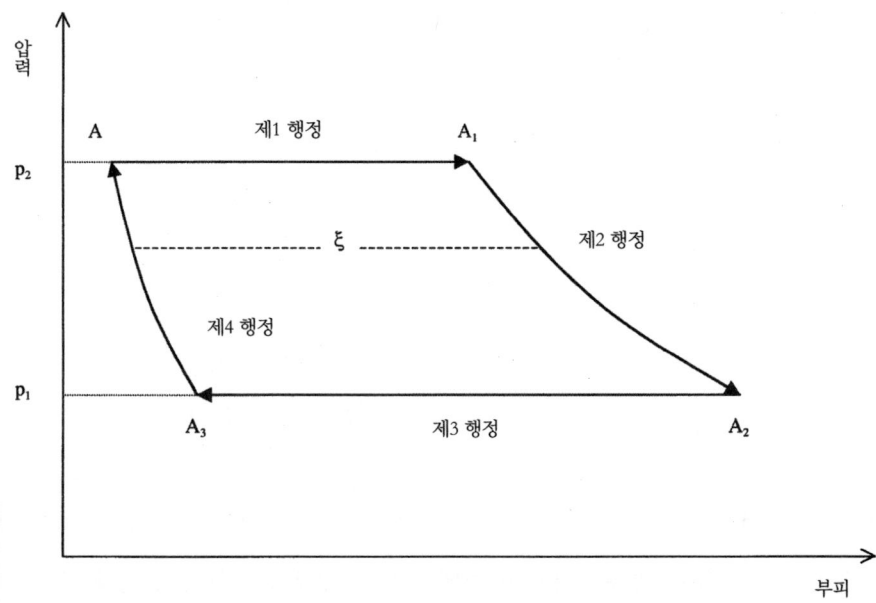

[그림 4.8] 이상적인 증기–물 순환의 작동을 보여주는 지표 도해(indicator diagram). Thomson [1849] 1882, 124에서 변형 인용.

서 증기–물 혼합물에 행해진 일의 양을 제1, 제2 행정에서 증기–물 혼합물이 행한 일의 양에서 뺀 것이다. 톰슨은 다음과 같이 압력 축을 따라 적분을 함으로써 그 면적의 값을 구했다.

$$W = \int_{p1}^{p2} \xi dp \tag{8}$$

여기에서 p_1과 p_2는 제3과 제1 행정의 압력인데 각 행정에서 온도는 변함이 없기 때문에 그 값들은 일정하다. ξ는 그림의 곡선 면(AA_3과 A_1A_2)에 걸쳐 있는 선의 길이이다.

그러면 ξ는 물리적으로 무엇을 나타내는가? 이는 중요한 물음이다. 톰슨은 다음과 같이 답했다.

> 우리는 ξ가 제2, 제4 행정에 해당하는 순간, 또는 실린더 안에 있는 포화 증기 그리고 물이 같은 압력 p, 즉 t로 표시할 수 있는 동일한 온도를 지니는 순간에 피스톤 아래에 있는 부피의 차이임을 안다. 다시 제2 행정[그림에서 곡선 A_1A_2] 내내 실린더의 전체 내용물은 제4 행정[곡선 A_3A] 때보다 더 많은 양의 열 H 단위를 지닌다. 그러므로 제2 행정의 어떤 순간에도 증기는 H 단위의 잠열과 마찬가지로 제4 행정의 상응하는 순간보다 훨씬 더 많이 존재한다. (Thomson [1849] 1882, 125-126)

여기에서 중요한 전제는 포화 증기의 온도와 압력 사이에는 엄밀한 상관관계가 존재한다는 것이다. 톰슨이 이 글을 쓰던 당시에, 이는 경험 법칙으로서 일반적으로 받아들여졌다(제1장의 「끓음의 이해」를 보라). 이제 우리는 부피의 증가가 잠열 H를 담은 증기량에서 얼마나 많이 생겨났는지 물어야 한다. 그 부피 증가는 다음과 같이 구해진다.

$$\xi = (1-\sigma)H/k \tag{9}$$

여기에서 k는 주어진 온도에 있는 증기의 단위 부피당 잠열의 크기를 나타내며, σ는 물의 밀도에 대한 증기 밀도의 비이다. 그 공식은 다음과 같은 의미를 지닌다. 열 H의 투입이 증기 H/k리터를 생산한다. 이를 위해서는 $\sigma H/k$리터의 물이 증발해야 한다. 부피의 순 증가는 생산된 증기 부피에서 처음 물 부피를 빼어 구해진다.

그런 표현식을 방정식 (8)에 집어넣으면 다음과 같다.

$$W = \int_{p1}^{p2} (1-\sigma) \frac{H}{k} dp \qquad (10)$$

이제 이 방정식에서 H를 뺀 나머지 모든 매개변수가 공기 온도계의 온도인 t의 함수이므로 우리는 t에 관한 적분식을 다음과 같이 다시 쓸 수 있다(H는 상수이기 때문에 적분 기호 밖으로 뺄 수 있음).

$$W = H \int_T^S (1-\sigma) \frac{dp}{kdt} dt \qquad (11)$$

여기에서 S와 T는 제1, 제3 행정에서 일하는 물질의 온도이다. 톰슨의 첫 번째 절대온도 개념을 보면, 절대척도에서 이 두 온도의 차이는 W/H에 비례하는데, 이는 관련된 경험적 데이터를 집어넣고서 방정식 (11)에서 적분을 행함으로써 계산할 수 있다. 이런 방식으로 계산된 절대온도 차이를 공기 온도계 척도로 측정한 온도 차이 ($S - T$)와 비교하면, 공기 온도계의 몇 도가 절대적 온도의 1도 구간에 해당하는지 표현하는 변환계수(conversion factor)를 그 척도의 해당 온도점에서 구할 수 있다.

그러므로 증기-물 순환을 이용한 절대온도의 측정은 방정식 (11)의 적분식에 나타나는 매개변수들의 측정 문제가 된다. 즉, 압력, 밀도, 포화 증기의 잠열이 그런 것들이며 이는 공기 온도계 온도의 함수이다. 다행히 그런 양들의 상세한 측정이 다름 아닌 르뇨에 의해 이루어진 바 있었다. 르뇨의 데이터를 사용해서, 톰슨은 "제시된 척도와 공기 온도계의 척도를 후자의 한계점인 0도와 230도 사이에서 비교하는" 표를 작성했다. [표 4.1]은 좀 더 간편한 형태로 변환한 톰슨의 결과 중 일부를 보여준다. 공기 온도와 절대온도의 관계가 선형적이지 않은 점을 주목하라. 절대온도 1도의 크기는 온도가 올라갈수록 공기 온도계의 1도 크기와 비교해 점점 더 작아진다. (전에

[표 4.1] 톰슨의 비교표: 공기 온도계 온도와 그의 첫 번째 절대온도 간의 비교

공기 온도계 온도	절대온도(첫 번째 정의)
0°C	0[a]
5	5.660
10	11.243
15	16.751
20	22.184
25	27.545
30	32.834
35	38.053
40	43.201
45	48.280
50	53.291
55	58.234
60	63.112
65	67.925
70	72.676
75	77.367
80	82.000
85	86.579
90	91.104
95	95.577
100	100
150	141.875
200	180.442
231	203.125

출처: Thomson [1848] 1882, 105에서 처음 발표된 이 표는 약간 다른 형식으로 Thomson [1849] 1882, 139 와 141에 실려 출판됐다.

a 이 척도는 "절대영도"를 지니지 않았다. 척도는 0도와 100도에서 백분위 척도와 일치할 수 있도록 눈금 조정되었다.

언급한 대로 이 절대척도는 사실 영도점을 지니지 않았으며 무한히 음수로 뻗어 나갔다. 그러나 톰슨의 두 번째 절대온도 정의에서는 더 이상 그러하지 않았다.)

이제 이런 국면에서 톰슨이 절대온도 측정이라는 스스로 부여한 과제에서 정말로 성공했는지 살펴보자. 거기에는 세 가지 주요한 난제들이 있다. 첫 번째 어려움은 톰슨 자신이 명확하게 지적했다. 즉, 위에 제시된 공식에는 부피로 표시되는 증기의 잠열인 k의 값이 필요한데, 르뇨는 무게로 증기의 잠열을 측정했을 뿐이었다. 자신에게는 이를 위해 필요한 측정을 할 만한 시설이 없었기에, 톰슨은 증기가 보일과 게이-뤼삭 법칙을 따른다고 전제함으로써 르뇨의 데이터를 자신에게 필요한 것으로 변환했다. 그는 이것이 잘해야 근삿값인 점을 알았지만, 자신의 목적에는 충분히 훌륭한 근삿값이라고 믿을 만한 근거가 있다고 생각했다.[40]

둘째, 역학적인 일의 양을 계산하는 과정에서 모든 분석은 포화 증기의 압력이 오로지 온도에 따라 달라진다는 가정을 전제한 것이었다. 앞에서 말한 대로, 그런 압력-온도 관계는 선험적으로 연역할 수 있는 것이 아니라 경험적으로 얻어지는 일반칙(generalization)이었다. 엄격한 신뢰성의 측면에서 보면 그런 경험적 법칙에 의문의 여지가 없는 것은 아니었다. 이와는 별개로, 증기의 압력-온도 관계식을 사용하는 것이 결국에는 톰슨이 자신의 온도 정의에서 피하고 싶었던 특정 물질의 경험적 속성에 의존하는 데로 나아가지는 않을까? 그렇지만 톰슨을 옹호하자면 압력과 온도의 엄밀한 상관관계가 아마도 물-증기 계만이 아니라 모든 액체-증기 계에서 유지되는 것으로 전제된다고 주장할 수 있을 것이다. 우리는 또한 그가 압력-온도의 관계를 절대온도의 정의 안에서 사용한 것이 아니라 그것을 조작화하는 과정에서 사용했다는 점에 유의해야 한다. 동일 온도에서 작동하는 모든 이상적인 기관은 동일 효율을 지닐 수밖에 없다고 카르노 이론이 제시했기에, 어떤 특정한 계에서 효율을 계산해도 그것이 일반적인 답이 되기에 충분했다.

마지막으로, 이론적 정의 자체로 보면 절대온도는 열과 역학적인 일에 관해 표현된다. 앞에서 나는 "우리는 이와 별개로 열의 양을 측정하는 명확한 체계를 갖추었다"라는 톰슨의 말을 전하며 그가 위안을 얻었다고 인용했으나 그가 무엇을 생각하며 그렇게 말했는지는 명확하지가 않다. 열의 양을 측정하는 실험실의 표준적인 방법은 표준물질(예컨대 물)로 유도되는 온도 변화의 측정값에 기반을 둔 열량 측정법을 통해서 이루어졌더라도 당연히 그것은 온도계에 의지해야 했다. 절대온도를 조작화를 통해 구현하려고 톰슨이 계획했던 것도 결국에 공기 온도계 온도의 함수로 W/H를 표현하려는 것이었음을 생각해보라. H 자체의 측정값이 공기 온도계의 사용에 의존한다면(즉, 그것이 방정식 (11)의 적분식 안에 있으려면), 상당히 복잡한 문제가 생겨난다. 한번은 톰슨([1848] 1882, 106)이 열량 측정을 위해 얼음의 녹는점을 사용하는 문제를 언급한 적이 있지만 얼음 열량계를 실제로 사용하려면 거기에도 상당한 난제가 존재했다(제3장의 「웨지우드에 쏠린 집단 비판」을 보라). 여전히 우리는 원칙적으로 열은 얼음 열량계로(또는 잠열을 이용하는 다른 어떤 방법으로) 측정할 수 있다고 말할 수 있다. 그런 경우에 열의 측정은 관련된 특정한 상태 변화의 잠열과 무게를 측정하는 문제로 환원될 것이다. 하지만 결국에는 특정 물질의 경험적인 속성을 끌어들이게 될 것이다. 이는 다시 톰슨이 애초에 품은 생각에 모순되는 것이다!

기체 온도계를 사용해 절대온도의 근삿값 구하기

앞 절에서 언급한 여러 난제를 처리하기 위해 톰슨 자신이 어떤 제안을 내놓았을지도 흥미로운 물음이다. 그렇지만 그것은 가정이 담긴 물음이기도 하다. 톰슨이 초기의 절대온도 개념을 조작화하는 문제를 세밀히 고려할 기회를 갖기도 전에 절대온도의 개념을 수정했기 때문이다. 그러므로 우리는 방정식 (4)와 (5)에 표현된 자신의 두 번째 절대온도를 그가 어떻게 측정하고자 했는지 살펴보도록 하자. 이제는 줄과 충분한 협력 연구를 하게 된 톰슨은 이전에도 경험했던 동일한 도전 과제에 직면했다. 즉, 믿을 만한 카르노 기관(또는 좀 더 요점을 말하면, 가역적인 조작의 순환(reversible cycle of operations))을 현실에서는 만들 수 없다는 것이었다. 톰슨의 두 번째 절대온도 개념의 조작화(operationalization)는 길고도 점진적인 과정이었다. 그 과정에서 분석적이고 물질적인 방법들이 줄과 톰슨에 의해, 그리고 나중에는 다른 물리학자들에 의해 다양하게 시도되었다. 그런 모든 방법들은 명시적이건 암묵적이건 이상기체(ideal gas) 온도계는 절대온도를 정확하게 보여주리라는 전제에 기반을 두고 있었다. 만일 그렇다면, 실제로는 기체가 그 이상적인 것에서 얼마나 벗어나는지 측정할 수 있다면 실제의 기체 온도계가 보여주는 온도가 절대온도에서 얼마나 벗어나는지도 나타날 것이다.

우리가 우선 명확하게 해두어야 할 점은 이상기체 온도계가 톰슨의 절대온도를 표시해줄 수 있다는 근거가 무엇이냐는 것이다. 우리가 지지하는 주장(contention)에 의하면, 이상기체는 압력이 고정될 때 절대온도에 따라 균일하게 팽창한다(또는 부피가 고정될 때 온도에 따라 균일하게 압력이 증가한다)는 것이다. 이제 직접적인 실험 검증을 통해서 그런 주장의 진위를 가리고자 한다면, 우리는 일종의 순환에 들어서게 된다. 주어진 기체 시료가 이상적인 것인지 아닌지는 어떻게 판별할 수 있을까? 절대온도를 측정하는 방법을 이미 알고 있는 것이 아니라면, 그래서 기체의 거동을 절대온도의 함수로 관찰할 수 있는 것이 아니라면 말이다. 이상기체가 절대온도를 표시해준다는 성공적인 논증은 실제적 측정보다는 이론의 영역에서 이루어질 수밖에 없다. 톰슨 자신이 직접 그렇게 논증했는지는 확실하지 않지만, 적어도 그가 보여준 논의들에 기초해 충분히 명확한 재구성을 해볼 수는 있다.[41]

그 논증은 이상기체의 등온 팽창에 대한 고찰에 바탕을 두고 있다. 등온 팽창 과정에서 이상기체는 일정한 양의 열 H를 흡수하며 온도는 동일하게 유지된다.[42] 열이 더해지면 기체는 초기 부피 v_0에서 최종 부피 v_1로 팽창하고 압력은 p_0에서 p_1로 감소한다. 이런 팽창 과정에서 기체는 외부 압력을 거슬러 밀어내기 때문에 역학적인 일을 행한다. 수행된 역학적 일의 양은 일의 정의에 의해 적분 $\int p dv$로 표현된다. 우리가 전처럼 아몽통 온도를 t_a로 표시한다면, (조작을 통해 원칙적으로) 압력이 일정한 기체 온도계는 t_a가 부피에 비례함을 보여주고 마찬가지로 부피가 일정한 기체 온도계는 t_a가 압력에 비례함을 보여준다. 이상기체를 이용해 부피가 일정한 장비와 압력이 일정한 장비들은 서로 비교 가능한 것이 될 것이고, 그래서 우리는 비례성(proportionality)의 두 가지 관계를 다음과 같은 공식으로 요약할 수 있다.

$$pv = ct_a \tag{12}$$

여기에서 c는 주어진 기체 시료에만 해당하는 상수이다. 이는 일반적으로 인정되는 기체 법칙의 표현식일 뿐이다. 그것을 역학적 일의 표현식에 집어넣고서 등온 과정에서 수행된 일을 가리키기 위해 W_i를 표현하면, 우리는 다음의 식을 얻는다.

$$W_\text{i} = \int_{v_0}^{v_1} p\,dv = \int_{v_0}^{v_1} \frac{ct_\text{a}}{v} dv \tag{13}$$

우리가 등온 과정에 관심을 두고 있으므로, ct_a 항은 상수로 처리할 수 있다. 그래서 이를 적분하면 다음을 얻는다.

$$W_\text{i} = ct_\text{a} \log(v_1/v_0) \tag{14}$$

W_i가 t_a에 대해 어떻게 변화하는지 묻는다면 다음 식을 얻을 수 있다.

$$\partial W_\text{i}/\partial t_\text{a} = c \log(v_1/v_0) = W_\text{i}/t_\text{a} \tag{15}$$

이제 온도에 따른 W_i의 변화(variation)는 카르노 함수에 대해서도(따라서 톰슨의 두 번째 절대온도에 대해서도) 간단한 관계식을 갖게 된다. 방정식 (2)인 $W=Q\mu dT$는 카르노 순환에서 행해진 알짜 일을 표현하는데, 거기에서 제1과 제3 행정(등온 과정)의 온도는 무한소의 양(infinitesimal amount) dT만큼 달라진다. 그런 무한소 순환에서, 알짜 일은 (제1차 미분방정식에 따라) 제1 행정에서 생산된 일 그리고 제3 행정에서 소비된 일 사이의 무한소 차분(infinitesimal difference)이다. 다음과 같이 쓸 수 있다.

$$W = \frac{\partial W_\text{i}}{\partial T} dT \tag{16}$$

(2)와 (16)에서 다음을 구할 수 있다.

$$\partial W_i / \partial T = Q\mu = JQ/T \tag{17}$$

(17)의 두 번째 등식을 얻는 과정에서, 나는 방정식 (4)에 표현된 톰슨의 두 번째 절대온도 정의를 가져다 사용했다.

이제 (15)와 (17)을 비교해보라. 하나는 t_a로 쓰이고 다른 것은 T로 쓰인 두 가지 방정식은, 만일 $JQ = W_i$인 **조건이라면** 정확히 동일한 형태를 지닐 것이다. 달리 말해, $JQ = W_i$ 조건이 등온 팽창에서 충족되면, 이상기체에 나타나는 아몽통 온도는 절대온도처럼 거동하리라는 것이다. 그런데 열역학 이론에 의하면 이런 조건의 충족은 이상기체의 특징이며, 그것은 등온 팽창에서 흡수되는 모든 열이 역학 에너지로 전환되고 내부 에너지의 변화에 들어가는 것은 없음을 의미한다(마찬가지로, 압축에 의한 단열 가열에서 기체에 쓰이는 일은 모두 다 열로 변환된다). 사실 이런 조건은 종종 "마이어의 가설(Mayer's hypothesis)"이라고 불리는 것과 다르지 않다. 독일 의사 율리우스 로베르트 마이어(Julius Robert Mayer: 1814~1878)는 이를 분명하게 말한 최초의 사람이다. 줄과 클라우지우스도 마이어의 가설이 경험적으로 참이라고 생각했으며, 그것은 이 장의 「톰슨의 두 번째 절대온도」에서 논한 '줄의 추측'을 내놓을 때 줄이 의지했던 기반이었다.[43]

마이어 가설의 경험적 진리성을 검증하면서, 줄과 톰슨은 작은 구멍을 통과하는 기체를 연구했는데 그것은 실제 기체(actual gas)가 아니라 이상기체(ideal gas)에 대해 등온이어야 하는 과정이다. 그들은 이상기체가 자유 팽창을 할 때에는 그 온도가 변하지 않으리라 추론했다. 그러나 실제 기체는 응집력(cohesion)을 지니고 있고 그래서 실제 기체를 팽창시키는 데에는 에너지가 필요할 것이다(스프링을 늘릴 때 일이 들어가는 것처럼). 만일 그렇다면 실제 기체가 자유 팽창을 하면 기체는 냉각될 것이다. 왜냐하면 적절한 외

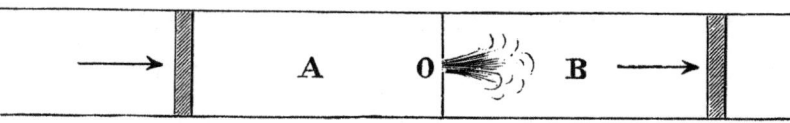

[그림 4.9] 줄-톰슨 실험의 개념도(Preston 1904, 801, fig. 231)

부의 에너지원이 없는 조건이라면, 기체 자신이 지닌 열에너지에서 팽창에 필요한 에너지가 빠져나가야 하기 때문이다. 그런 냉각을 관찰해 양으로 나타낸다면, 그것은 실제 기체가 이상적인 것에서 얼마나 벗어나는지를 보여주는 측정값이 될 것이다.

이런 효과를 얻으려고 고안된 줄과 톰슨 실험은 종종 "다공 마개 실험(porous plug experiment)"으로 불리는데, 그 실험의 기본 구도는 1851년 톰슨이 줄(1845)의 이전 논문에 영감을 받아 마련했다. [그림 4.9]에서 볼 수 있듯이, 그 절차는 아주 작은 구멍으로 서로 연결된 두 개의 (나선형) 관을 기체 증기가 계속 통과하도록 강제하는 것이다. 구멍에서 나오는 기체의 온도를 정확하게 측정하는 것은 어렵기 때문에, 그 대신에 줄과 톰슨은 구멍을 통과한 기체를 다시 원래 온도로 되돌리는 데 들어가는 열의 양을 측정했다. 이런 열의 양과 기체의 비열을 이용해, 기체가 구멍을 빠져나올 때의 온도를 추정했다.

줄-톰슨 실험의 결과는 실제 기체 온도계 온도가 절대온도에서 얼마나 벗어나 있는지를 보여주는 측정값을 얻는 데에 어떻게 사용되었을까? 아쉽게도 그런 추론의 세부 내용은 여기에서 효과적으로 정리해내기에는 너무나도 복잡하다(그리고 모호하다).[44] 지금의 우리 논의에 비추어 더 중요한 것은 어찌됐건 줄과 톰슨의 결과물이 지닌 성격을 분석하는 일이다. 그들은 실제 기체의 거동에 대한 공식을 절대온도의 함수로서 도출하기 위해서 냉각에 관한 실험 데이터를 사용했으며 실제 기체가 이상기체 법칙에서 얼마나 벗어나 있는지를 보여주었다. 줄과 톰슨의 "완전한 해(complete solution)"는 다음과 같았다.[45]

$$v = \frac{CT}{p} - \frac{1}{3}AJK\left(\frac{273.7}{T}\right)^2 \qquad (18)$$

이 방정식은 T, 즉 "온도 측정의 절대적 열역학 체계에 따른 온도(the temperature according to the absolute thermodynamic system of thermometry)"를 모두 다 측정 가능한 다른 매개변수들의 항으로 표현한다. 즉, v는 주어진 기체의 부피이며 p는 그 압력이다. C는 "압력과 온도와는 별개인" 매개변수이며, A는 각 기체 유형의 특성을 담은 상수이고 J는 열의 일당량이며 K는 일정한 압력에 있는 (단위 질량당) 비열이다. 그래서 방정식 (18)은 원칙적으로 절대온도 T의 측정으로 곧바로 나아가는 길을 보여준다. 오른쪽에 있는 두 번째 항은 이상적인 것에서 얼마나 벗어나 있는지를 보여주는 측정값이다. 그래서 이 항이 없다면 이 방정식은 간단하게 이상기체 법칙으로 환원될 수 있다. 이는 기체 온도계가 정확하게 "온도 측정의 절대적 열역학 체계에 따른 온도"를 보여줌을 의미하는 것이다.

이 식은 절대온도 측정의 문제를 마무리하는 것으로서 부각된다. 톰슨과 줄은 마침내 자신들이 절대온도를 측정할 수 있는 양으로 환원하는 데 성공했다고 자신했으며, 실제로 그들은 공기 온도계가 절대온도에서 얼마나 벗어나 있는지 그 수치를 계산하는 데로 나아갔다. 그 결과는 공기 온도계를 뒷받침하는 매우 든든한 것이었다([표 4.2]를 보라). 즉, 온도가 높아지면서 공기 온도계 온도와 절대온도의 차이는 꾸준히 늘어났지만 르뇨의 표준 공기 온도계로 볼 때 그 차이는 섭씨 300도 부근에서 고작 섭씨 0.4도에 불과

[표 4.2] 줄과 톰슨의 비교표: 절대온도(두 번째 정의)와 공기 온도계 온도 간의 비교

절대온도, −273.7°[a]	공기 온도계 온도[b]
0	0
20	20+0.0298
40	40+0.0403
60	60+0.0366
80	80+0.0223
100	100
120	120−0.0284
140	140−0.0615
160	160−0.0983
180	180−0.1382
200	200−0.1796
220	220−0.2232
240	240−0.2663
260	260−0.3141
280	280−0.3610
300	300−0.4085

출처: Joule and Thomson [1854] 1882, 395-396.

a 줄과 톰슨은 절대온도와 백분위 척도가 원칙적으로 서로 정확히 일치하도록 만드는 방식으로 절대적인 온도 1도의 크기를 될수록 백분위 온도의 1도와 같도록 설계했다. 하지만 이 새로운 절대온도에 0도가 따로 있었으며, 그것을 줄과 톰슨은 섭씨 영하 273.7도로 계산했다. 그러므로 어는점의 절대온도는 273.7도다(지금은 273.7켈빈이라고 말한다). 이 표에서는 어는점 0도로(그리고 다른 모든 절대온도의 값은 273.7을 이동해) 표시했는데 이는 보통의 공기 온도계 온도와 비교하기 위함이다.

b 물의 어는점 온도에 대기압에서 기체로 채워진 일정 부피의 공기 온도계에 나타난 수치이다.

한 것으로 계산됐다. 누구라도 줄과 톰슨이 그처럼 논란을 마감하는 일치의 결과를 얻은 데 대해 만족했을 것이라고 상상할 수 있다. 그들의 업적은 19세기 말까지 후속의 정교화 과정을 거쳤지만 내가 아는 한 결코 심각하게 도전을 받지는 않았다. 그렇지만 절대온도의 측정에 관한 톰슨과 줄의

연구가 인식적 정당화의 측면에서 완결적이었다고 여기기는 힘들다. 가장 명확한 문제는 그들이 줄-톰슨 실험에서 교정되지 않은 수은 온도계를 사용했으며, 그래서 그들의 데이터에 기반을 둔 공기 온도계의 교정이 신뢰할 수 있을지는 명확하지 않다는 점이다. 다음 분석 부분에서 나는 이 문제에 관해 철학적이고 역사적인 논의를 자세하게 해보고자 한다.

분석 Analysis

조작화 ―
사물과 행위 간의
접촉 만들기

> 우리에게는 이런[줄―톰슨의] 가열과 냉각 효과를 온도의 어떤 척도에서도 측정할 권리가 없다. 아직 온도 측정의 척도를 만들지도 못했기 때문이다.
>
> ― 윌리엄 톰슨, 「열」, 1880

이 장의 역사 부분에서, 나는 온도가 이론적으로 설득력 있고 경험적으로 측정할 수 있는 개념으로서 확립되는 길고도 구불구불한 과정을 좇아 이야기했다. 이제 여기에서는 그런 성취를 좀 더 정확하게 이해하는 길로 나아가 보고자 한다. 지금까지 우리가 거쳐온 과정을 단순화하면, 이 책의 제1~3장은 구체적인 물리적 조작에 기반을 둔, 일관되고 정량적인 개념에 관한 것이었다. 그러나 그런 조작적 개념의 구축은 진정한 이론과학에서 충분하지 않다. 여러 가지 중요한 이유들 때문에 과학자들은 관측 가능한 과정에서 순수하게 그리고 직접적으로 만들어지지 않는 추상적인 이론 구조들을 얻고자 열망해왔다. 그렇지만 또한 우리가 추상적인 이론에 경험적 의미와 검증가능성을 제공함으로써 경험과학에 계속 매진하고자 한다면, 우리는 조작화의 도전에 정면 대응해야 한다. 즉, 추상적 이론 구조를 구체적인 물리적 조작에 연결해야 한다. 제3장의 「브리지먼을 넘어서」에서 전개한 용어로 표현한다면, 조작화는 이전까지 존재하지 않았던 조작적 의미를 창조하는 행위이다.

추상적 이론의 조작화는 그 추상적 이론 안에서 생기는 특정한 개별 개념들을 실용화하는 문제와 연관된다. 그래서 그런 개념들은 추상적인 것과 구체적인 것 사이를 잇는 명료하고도 편리한 다리로서 구실을 할 수 있다. 어떤 개념을 조작화하는 확실한 한 가지 방법은 그것을 물리적으로 측정 가능하도록 만드는 것이다. 물론 '조작적인 것'의 목록에는, 좁은 의미의 측정으로 여겨질 수 있는 것보다 더 많은 것이 포함돼 있기는 하다. 그러므로 측정은 조작화라는 도전 과제가 스스로 드러나는 유일한 지점은 아닐지라도 가장 분명한 지점이 된다. 다음의 절들에서 나는 톰슨의 절대온도를 측정하려는 시도들의 역사를 다시 돌아볼 것이다. 그것은 조작화에 연관되는 두 가지 주요한 과업, 즉 조작화를 행하는 것, 그리고 그것이 잘 이루어졌는지 이해하는 것과 관련된 것이다.

환원의 숨겨진 어려움

절대온도 측정의 물리학과 역사를 설명하는 대부분의 저자들은 절대온도가 측정할 수 있는 다른 양(quantity)의 함수로 표현될 수 있다는 사실에 안도하는 것처럼 보인다. 변칙적인(anomalous) 제만 효과(Zeeman effect)를 발견한 아일랜드 물리학자 톰슨 프레스턴(Thomson Preston: 1860~1900)은 열에 관해 쓴 교과서에서 이런 상황을 통찰력 있게 표현했다.

우리가 어떤 열역학의 관계식, 즉 τ[절대온도]와 연관된 어떤 방정식 그리고 p[압력]와 v[부피]로 표현되는 다른 양을 갖고 있다면, 다른 양을 알고 있을 때 그 각각의 관계식은 τ를 계산할 수 있는 수단을 제공한다. (Preston 1904, 797)

다른 말로 하면, 절대온도는 쉽게 측정할 수 있을 것으로 여겨지는 압력과 부피로 환원해 측정될 수 있다. 그런 환원적 도식의 구조는 사실 어빈주의의 것과 매우 유사하다. 어빈주의의 절대온도는 열용량과 잠열로 표현될 수 있었으며, 그 둘은 모두 다 직접 측정할 수 있는 것으로 여겨졌다. 프레스턴의 견해나 어빈의 견해나 둘 다 다소 전통적인 철학적 관념에 아주 잘 들어맞는다. 즉 ,이론적 개념의 실용화는 궁극적으로 직접 관측할 수 있는 속성들에 연결되는 일련의 관계식을 통해 이룰 수 있다고 보는 관념이다. [그림 4.10]은 그런 환원적인 개념을 표현한 그림으로 허버트 파이글(Herbert Feigl)에게서 가져온 것이며, [그림 4.11]은 헨리 마그노(Henry Margenau)의 것에서 가져온 비슷한 그림이다. [그림 4.12]에서 나는 절대온도에 관한 프레스턴의 관념을 그림으로 표상했다. 그 관념은 다른 그림들에도 완벽하게 들어맞는다.

조작화의 환원적인 관점은 마음 편하게 하지만 그렇다고 너무 쉽게 인식론적인 잠(sleep)에 취해서는 안 된다. 겉보기에 조작적으로 정의될 수 있는 듯한 개념들이 조작화의 환원적 토대로서 기여할 것이라는 주장도 있지만 그 개념 자체가 조작 가능하지 않는 경우도 종종 있으며 사실 그것을 조작에 옮기기는 매우 어려운 일이다. 프레스턴의 경우에, 그의 말에 나타나는 분명한 자신감은 "압력"과 "부피"라는 용어의 의미에 존재하는 모

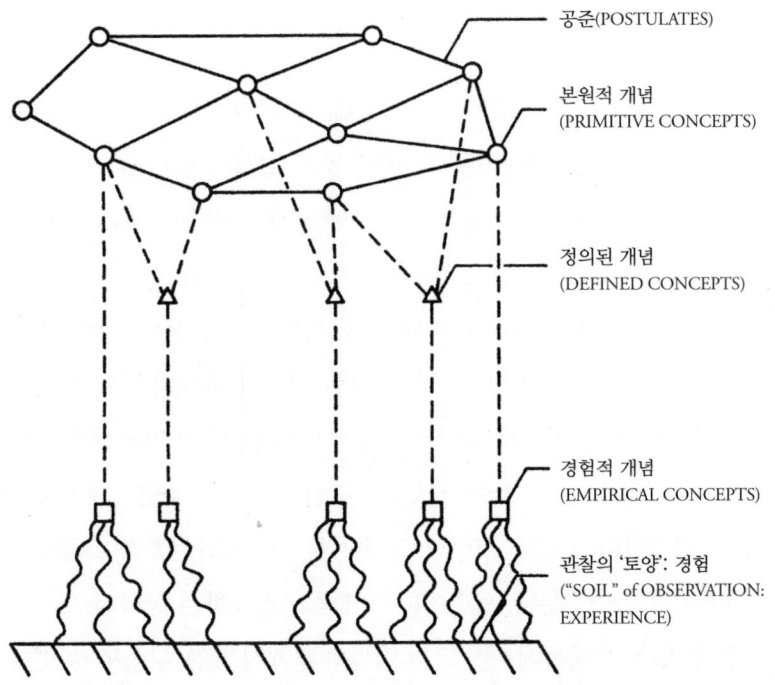

[그림 4.10] 추상적인 이론적 개념이 경험적인 관측과 연결되어 있음을 보여주는 허버트 파이글(1970, 6)의 그림. 미네소타대학교 출판부의 허락을 받아 싣는다.

호함(ambiquity)에 의해 생겨난 것이다. 열역학 이론에서 등장하는 p와 v는 추상적인 개념들이고, 그래서 저절로 저 혼자서 조작화로 나아가지는 못한다. 우리가 그런 추상적 개념을 가리킬 때에 이미 조작적인 의미로 가득 차 있는 일상 환경의 용어인 "압력"과 "부피"라는 말을 똑같이 그대로 사용하고 있기 때문이다. 다른 말로 하면, [그림 4.12]는 어떤 보증도 없이 여러 의미를 지닌 용어를 사용하는 사례를 보여준다. 더 정확한 그림은 [그림 4.13]에서 제시되는데, 여기에서 p, v, τ를 연결하는 열역학적 관계는 단호하게 추상적인 것의 영역에 놓이며 p와 v를 조작화할 필요성은

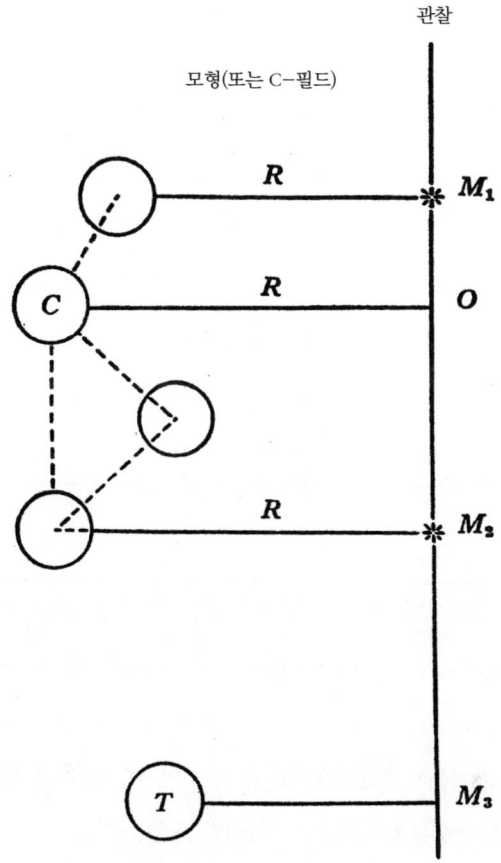

[그림 4.11] 추상적인 이론적 개념이 경험적인 관찰과 연결되어 있음을 보여주는 헨리 마그노(1963, 2)의 그림. 시카고대학교 출판부의 허락을 받아 싣는다.

분명해진다. 프레스턴의 다의적인 용어는 제3장의 「퍼시 브리지먼의 여행 안내」에서 우리가 신중하게 대해야 한다고 배운 바로 그런 종류의 것이다. 즉, 같은 용어나 수학적 기호를 다양한 상황에서 사용하다 보면 그것이 그런 모든 상황에서 동일한 것을 의미한다고 생각하는 오류로 나아가기 쉽다는 것이다. (브리지먼은 별다른 보증도 없이 하나의 현상 영역에서 다른 현상 영역

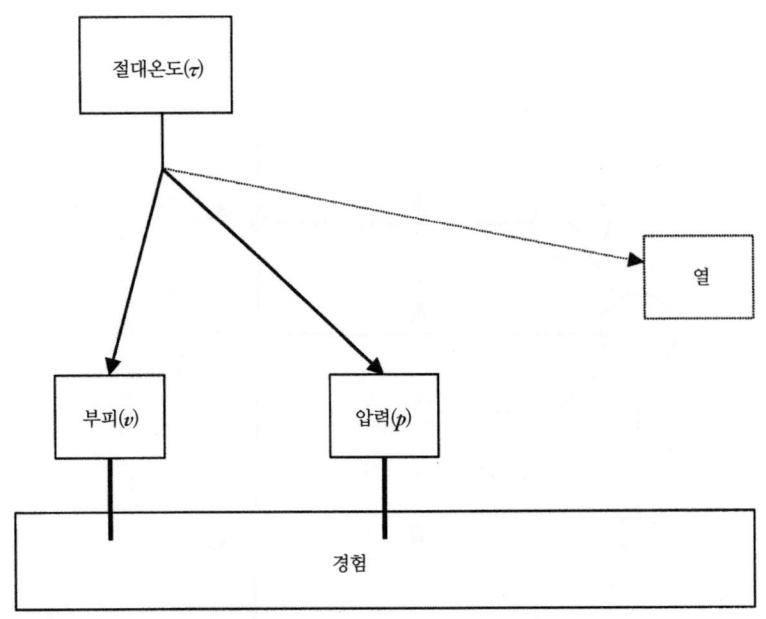

[그림 4.12] 절대온도의 조작화에 대한 토머스 프레스턴의 생각을 보여주는 그림

으로 도약하는 데 대해 초점을 맞추었으나 그의 경고는 마찬가지로 추상적인 것과 구체적인 것 사이의 도약에도 적용된다.)

만일 열역학에서 압력과 부피 자체가 매우 쉽게 조작화할 수 있는 것이라면, 프레스턴에 대한 나의 이견은 쓸데없는 비판일 것이며, [그림 4.13]에 제시된 대로 그림을 다시 그리는 것은 나를 궁지에 몰아넣을 것이다. 그러나 이 책의 앞 장들에서 다룬 온도에 관한 논의들은 조작화하기에 쉬워 보이는 개념도 실제로 조작화하기에 매우 어려울 수 있음을 충분히 보여준다. 압력을 생각해보자. 우리가 압력에 관해 본원적이고(primitive) 거시적인 이론적 개념(notion)을 지니고 있다손 치더라도, 수은 온도계에 비해 수은 압력계(manometer)를 훨씬 더 직접적으로(straightforward) 확립할 수 있다

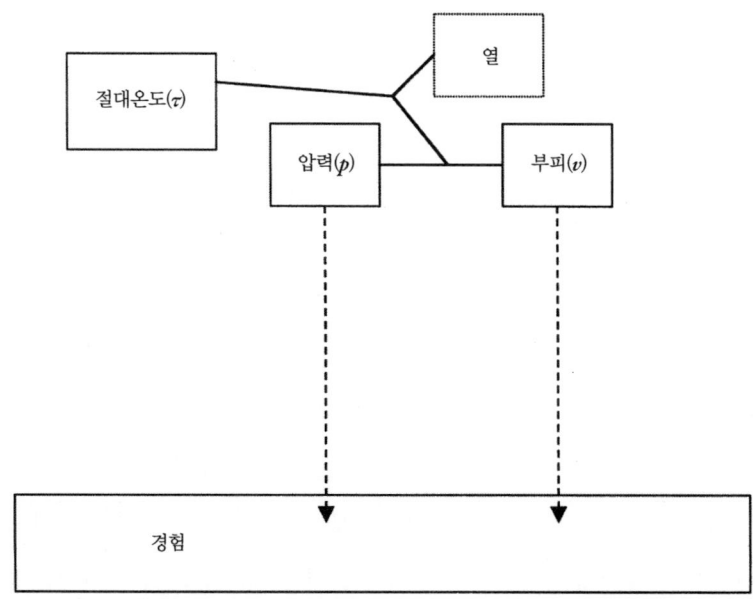

[그림 4.13] 절대온도의 조작화에 관한 프레스턴 그림의 개정판

고 가정할 근거는 없다.[46] 열역학 이론 안으로 들어가면 압력 개념은 보편적으로 적용할 수 있다고 의도되어 있는데, 심지어 실제의 압력계가 적용될 수 없는 상황, 예컨대 미시적인 과정이나 완벽하게 가역적인 과정이라는 상황에서도 그렇다. 우리가 동력(power)의 열역학적 이론화에 들어서자마자 곧이어 극소의 정밀함(infinitesimal precision)으로 잘 정의된 연속적인 변수(continuous variable)로서 압력이 관련된 미분 방정식(differential equation)을 다루게 된다. 만일 우리가 한 발자국 더 나아가 기체의 운동 이론을 집어 든다면, 압력은 장벽에 부딪혀 퉁겨 다니는 무수한 분자들의 집합 효과(aggregate impact)라는 용어로 이론적 정의가 내려질 것이다. 그 대목에서도 압력 개념의 조작화가 일반적으로 사소한 문제로 비쳐질 만한 희망은 없다. 아무래

도 그것은 온도를 조작화할 때와 같은 정도의 어려움을 지니는 문제일 것이다.

톰슨 자신의 절대온도 정의를 되돌아보면 약간 다른 종류의 문제가 생겨난다. 톰슨의 두 번째 정의에서 절대온도는 압력이나 부피가 아니라 **열의 식으로 표현된다**. 첫 번째 정의에서, 톰슨의 조작화 시도는 압력, 밀도, 공기 온도계 온도, 그리고 잠열의 표현식으로 나타났다(이 장의 「부분적으로만 구체적인 카르노 순환 모형」에서 방정식 (11)을 보라). 프레스턴조차도 앞에서 인용한 말을 하고 난 뒤 바로 뒤이어 부피와 압력에 더해 잠열이 관련되는 조작화를 제시한다. 일반적으로 말하면, 카르노 순환의 효율(카르노 함수 μ를 통한)을 언급하는 온도의 정의는 어느 것이나 열의 측정값과 어느 정도 관련될 수밖에 없을 것이다. 그러나 열의 양으로 온도를 정의하는 것은 순환(circularity)의 흥미로운 문제를 야기한다. 열의 정량적인 개념은 흔히 온도로 환원함으로써 조작되기 때문이다. 톰슨 자신의 실험 과정을 생각해 보라. 열의 단위는 "물 1킬로그램의 온도를 공기 온도계 0도에서 1도로 올리는 데 필요한 양"이었다(Thomson [1848] 1882, 105). 줄–톰슨 실험에서는 열의 측정이 줄의 수은 온도계를 사용해 이루어졌다. 이런 순환의 문제를 피하는 한 가지 방법은 열을 다른 어떤 방법으로 측정하는 것이다. 하지만 이미 앞에서 지적했듯이, 적어도 이 장에서 다루어지는 시대에는 온도계에 의존하지 않으면서 실용적으로 열량을 측정하는 방법은 없었다. 그런 열량 측정의 수준에서는 온도를 열로 환원함으로써 온도를 조작화하려는 시도는 어떤 것도 크게 성공하지 못할 것이었다.

대체로 보아, 그저 단순한 환원적인 도식은 절대온도를 조작화하는 데에 적합하지 않았다. 더 일반적으로 말하면, 만일 환원에 의한 조작화가 제 기능을 하는 듯이 보인다면 그것은 필요한 기능이 다른 어디에선가 이미 이루어졌기 때문에 가능한 일이다. 환원은 다른 개념들에 의해 조작화된 개념만을 표현하기에 다른 개념들이 조작화되지 못하면 아무것도 이룰수 없다. 환원 이전에 조작화가 먼저 이루어져야 한다. 어디에선가, 어떻게든, 일부의 추상적 개념들은 이미 조작화된 다른 개념들에 상관없이 조작화되어야 한다. 그런 다음에 조작화된 개념들은 다른 개념들을 환원하는 환원적 토대로서 구실을 할 수 있다. 하지만 그런 초기의 조작화는 어떻게 이룰 것인가?

추상적인 개념들 다루기

조작화 과정을 더 깊게 이해하려면, 추상적인 것(the abstract)과 구체적인 것(the concrete)을 명확하게 구분해야 한다. 이 대목에서 내가 "추상(abstraction)"이라는 말을 어떤 의미로 쓰는지 좀 더 분명하게 밝히는 것이 도움이 될 것이다.[47] 나는 추상을 어떤 대상(entity)에 관한 설명에서 특정 속성들을 제거하는 행위라고 받아들인다. 그 결과는 실제의 대상에 맞대응할 수 있지만 그것에 관한 충분한 설명을 담지는 못하는 어떤 개념(conception)이다. 일반적인 사례를 하나 들면, 기하학적 삼각형은 실제의 삼각형 대상들을 추상적으로 표현하는 것으로 거기에서 그 형태를 빼고 다른 모든 성질들은 제거된다. (삼각형은 또한 완벽하게 곧은 선, 너비 없는 선 등으로 이루어진 **이상화**(idealization)이기도 하지만 이는 다른 문제이다.) 원리적으로는 어떤 속성이라도 제거하면 그것으로 추상이 구성되겠지만, 지금 우리 논의의 목적에 가장 부합하는 것은 공간–시간 위치나 어떤 감각 가능한 성질처럼 각 실체를 물리적으로 개별화하는 속성들을 제거하는 그런 추상이다.

톰슨은 추상이라는 쟁점을 부각하는 데 기여한 인물로 평가받을 만하다. 그는 온도의 이론적 개념은 어떠한 특정 물질의 속성이라도 참조해서는 안 된다고 강하게 주장했기 때문이다. 그래서 그는 조작적 개념의 구체성(concreteness) 그리고 많은 과학자가 이론적 개념에 적합하다고 여긴 추상성(abstractness) 사이에 격차가 존재함을 지적했다. 여기에서 이 장의 「열역학 이전의 이론적 온도」에서 논한 초기 열 이론가들과 비교하는 것이 도움이 될 듯하다. 당시 어빈주의자들은 열용량(heat capacity)이라는 추상적 개념과 비열이라는 조작적 개념을 무분별하게 동일시했다. 그중 일부 이론가들은 그 차이를 아주 명료하게 이해하는 데에도 실패했을 것이다. 다른 한편에서 화학적 칼로릭 연구자들은 결합 칼로릭의 개념을 조작화하는 데 아주 많은 일을 하지는 않았다. 이들과 톰슨을 정말로 구분하게 하는 것은 그의 이중적 주장이었다. 즉, 하나는 이론적 개념은 추상적으로 정의되어야 한다는 주장이었고 또 하나는 그 이론적 개념은 조작화되어야 한다는 주장이었다.

그가 덜 현상론적이었던 어떤 시기에, 르뇨는 어떤 개념과 그 측정 절차 간의 바람직한 관계에 관해 언급했다. "물리학의 근본 데이터를 확립할 때에 (…) 채택한 절차는 말하자면 탐구 대상이 되는 요소의 정의를 **물질적으로 구현하는 것**(material realization)이 되어야만 한다."[48] (르뇨 자신이 정말로 이런 좌우명을 실천했는지 아닌지는 상관없이, 그것은 많은 것을 암시하는 견해(idea)이다.) 톰슨의 절대온도의 경우에서 그런 견해를 그대로 따르려 한다면, 우리는 물리적인 카르노 기관을 만들어야 할 것이다. 그러나 이 장의 「부분적으로만 구체적인 카르노 순환 모형」에서 논했듯이, 카르노 순환이라고 부를 수 있는 열기관을 실제로 만드는 것은 불가능한 일이다. 흔히 이런 불가능은 실천의 문제일 뿐이라고 생각한다. 카르노 순환은 이상적인 계이지만 우리는 거기에 근접하려고 노력하면서 우리가 얼마나 근접했는지 이해할 수 있다는 것이다.[49] 이런 사유의 방식은 다음과 같은 상황의 가장 핵심적인 특징을 놓치고 있다. 즉, 톰슨 이후 열역학의 카르노 순환은 추상적이며, 실제의 열기관은 구체적인 것이다. 카르노 자신은 카르노 순환이 그저 실제의 열기관을 이상화한 것이라고 여겼을 가능성이 있지만, 나중의 열역학에서 카르노 순환은 추상이 되었다.

카르노 순환이 지닌 추상적 성격의 중심에는, 거기에서 쓰는 온도 개념이 구체적인 온도계로 측정되는 온도가 아니라 톰슨의 절대온도라는 사실이 있다. 그러므로 "실제의 카르노 순환" 같은 것은(또는 그것에 근접한 것조차도) 절대온도 개념이 조작화되지 않는다면 또는 조작화될 때까지는 결코 존재할 수가 없다. 그러나 절대온도를 조작화하려면 우리가 실제의 카르노 순환을 창조하거나 또는 적어도 실제의 계가 이상적인 카르노 순환에서 얼마나 벗어나 있는지 판단할 수 있는 능력을 갖춰야만 한다. 그래서 우리는 결국에 고약한 순환에 다다른다. 즉, 카르노 순환이 조작적 의미를 충분히 갖추지 못한다면 절대온도의 조작화는 불가능하며, 절대온도를 조작화하지 못한다면 카르노 순환은 조작적 의미를 충분히 갖추지 못한다.

절대온도의 조작화를 위해 줄–톰슨 효과를 사용하는 데에도 비슷한 문제가 괴롭힌다. 줄–톰슨 실험은 실제 기체와 이상기체를 비교하고자 고안되었지만 그런 비교는 말처럼 그렇게 간단하지 않다. "이상기체"라는 개념이 추상적인 것이기 때문이다. 현대 물리학의 이상기체가 이상적인 기체 법칙, 즉 보통의 온도계로 측정되는 온도 T를 사용하는 방정식 $PV = nRT$를 따른다고 생각한다면 잘못을 범하게 될 것이다. 그것이 아니라, 방정식에서 T는 톰슨의 절대온도(또는 다른 어떤 추상적이고 이론적인 온도 개념)이다. 만일 압력과 부피의 결과가 보통 온도계로 측정된 온도(켈빈온도)에 실제로 비례하는 그런 기체를 찾는다 해도, 그 보통 온도계가 실제로 절대온도를 표시하지 않는다면(그럴 가능성도 아주 낮다), 그것은 확실히 이상적인 기체가 될 수 **없을** 것이다. 그럴 가능성도 아주 낮을 뿐 아니라 우리가 줄-톰슨 실험을 행하고 그것을 정확히 해석하지 않는다면 실제로 그런지 아닌지 알 수도 없는 일이다.

그래서 우리는 다음과 같은 난제에 직면한다. 줄과 톰슨은 그들이 보통의 온도계만을 지녔으며 이상기체가 보통 온도계로 측정할 때 어떻게 거동하는지 알지 못했을 텐데도 실제 기체가 이상적인 것에서 얼마나 벗어났는지를 어떻게 판단할 수 있었을까? 그들은 실험에서 세 가지 중대한 매개변수를 계산해내기 위해 줄의 수은 온도계를 사용했다. 그 세 가지는 냉각 효과의 크기뿐 아니라 기체의 비열(K), 그리고 열의 일당량(J)이었는데, 그 값들은 모두 다 이 장의 「기체 온도계를 사용해 절대온도의 근삿값 구하기」에 나온 방정식 (18)에서 보정 계수(correction factor)에 들어갔다. 이런 상황에서 우리는 줄-톰슨 측정에 기초한 온도계의 보정이 정확하다고 어떻게 확신할 수 있을까? (여기에서 상황은 톰슨이 자신의 첫 번째 절대온도 개념을 조작화하려고 계획했던 상황과는 근본적으로 다르다. 그때의 경우에는 톰슨이 절대온도와 공기 온도계 온도의 명백한 보정을 추구하고 있었기 때문에 공기 온도계로 얻은 경험적 데이터의 사용이 문제가 되지 않았다.)

톰슨은 『브리태니커 백과사전』 제9판(1880, 49, §55)에 실린 표제어 "열"에 대한 해설에서 이런 문제를 명료하게 인식했음을 보여주었다. 거기에서 그는 대단한 통찰로 다음과 같이 털어놓았다. "우리에게는 어떤 온도 척도로도 이런 [줄-톰슨의] 가열과 냉각 효과를 측정할 권리가 없다. 우리는 아직 온도계 척도를 갖추고 있지 못하기 때문이다." 톰슨은 원칙적으로 그 문제를 어떻게 피할 수 있을지를 제시했다. "이제는 어떤 온도 척도에 의

지해 마개 통과(passage through plug)의 냉각 효과 또는 가열 효과를 계산하는 대신에 우리는 그런 효과를 없애는 데 필요한 일의 양($δw$)을 측정해야 한다." 그러나 그는 "줄과 톰슨이 실제로 행했던 그런 실험들은 그저 수은 온도계에 나타나는 냉각 효과와 가열 효과를 보여주었을 뿐이다"라고 인정했다. 이런 주목할 만한 서술의 끝 부분에서 톰슨이 보여준 정당화의 논리는 실망스러운 것이다.

[줄–톰슨 실험에서] 사용된 그 온도계들은 줄이 이전에 사용했던 것들이었다. 그 온도계를 사용해 줄은 초기 실험들에서 열의 일당량[J]을 결정했으며, 다시 나중의 실험들에서는 처음으로 일정한 압력에 있는 공기의 비열[K]을 우리의 현재 목적에도 충분할 정도로 정확하게 측정했다. 그러므로 실제로 이런 줄의 온도계들을 사용해 이루어진 서로 다른 실험들을 종합함으로써, 공기의 경우에 해당하는 모든 사건들에 대해 $δw$ 측정의 절차는 사실상 완수되었다. 그러므로 현재의 우리 관점으로 말하면, 수은 온도계는 $δw$의 측정을 돕는 수단으로 사용될 뿐이며 그 온도계의 척도는 완전히 임의적인 것일 수 있다.

톰슨이 여기에서 주장하는 바는 온도 측정이 그저 $δw$라는 값을 얻는 데 쓰인 방법일 뿐이며 최종의 결과는 그것을 얻는 데 사용된 특정한 방법과는 별개라는 것이다. 그런데 결과로 얻어진 $δw$의 경험적 공식이 수은 온도계에 관한 함수가 전혀 아닌 경우가 아니라면, 톰슨의 주장은 공허하다. 하지만 줄과 톰슨 자신의 결과로 볼 때에 $δw$는 일반적으로 수은 온도(t)의 함수이다. 그들의 실험에서 도출되는 경험적 공식은 다음과 같다.

$$-d\vartheta/dp = A(273.7/t)^2 \tag{19}$$

여기에서 ϑ는 기체 내의 온도 변화량이며 A는 해당 기체의 성질에 따라 값이 매겨지는 상수이다(A는 공기에는 0.92, 이산화탄소에는 4.64로 결정됐다). δw는 ϑ에 K(기체의 비열)와 J(열의 일당량)를 곱해 얻어진다.[50] 나는 δw가 일반적으로 t에 의존하지 않으리라는 논증이 어떻게 가능한지 이해할 수 없다. 수은 온도계 측정값이 절대온도를 가리킨다는 가정에 기초해 ϑ, K, J의 측정값들이 얻어질 때, 그런 측정값에 일정한 오류가 개입한다는 관점을 취하면 이 점은 훨씬 더 명료하게 드러날 것이다. 톰슨의 주장은 세 가지의 양이 하나의 공식에서 작동해 최종의 결과물을 생산할 때에 그런 모든 오류들은 서로 상쇄한다는 선험적인 주장이나 마찬가지이다. 특정한 개별 사례들에서는 그런 일이 가능할 수도 있지만, 그런 상황이 결코 보장되는 것은 아니다.

그렇지만 이 시기는 톰슨이 그런 문제를 떠난 시점이었던 듯하다. 『브리태니커』에 쓴 글과 같은 시기에 출판된 두 편의 관련 논문 이후에 그가 쓴 모든 저작물에서 나는 절대온도 측정에 관한 후속의 기고문을 찾지 못했다. 톰슨은 충분히 발전한 열역학 이론의 틀 안에서 자신이 찾아낸 절대온도의 이론적 이해에 아주 만족했을 것이며, 실용적인 측면에서도 기체 온도계 온도가 자신의 두 번째 절대온도에서 아주 작게 벗어남을 오래전 줄-톰슨의 경험적 연구 결과물이 충분히 보여준 듯하다는 점에 행복해했다.

다시 정리해보자. 나는 지금까지 순환의 문제를 이야기해왔다. 즉, 온도를 조작화하려면 이미 조작화한 온도 개념을 사용해야만 한다는 것이다. 톰슨과 줄은 정당화되지 못한 것으로 널리 인식되던 기존의 온도 조작화인 수은 온도계를 사용해서 이런 순환을 깨뜨렸다. 사실 수은 온도계는 결코 절대온도를 표시할 수 있으리라고 보증되지 못했다. 확실히 보정이 필요한 온도계를 사용하면서 발생할 오류를 막아내는 것이 가능했을까? 여기에서 우리는 톰슨을 넘어설 수 있을까?

조작화와 그 타당성

앞 절의 논의에서 우리는 정당화(justification)라는 막다른 곳에 다다랐다. 나는 이 문제가 정당화에 관한 부적절한 관념을 조작화에 적용해서 생겨난다고 믿는다. 이런 점을 이 절과 다음 절에서 보여주고자 노력하겠다. 여기에서는 이론과 세계의 관계에 관한 낸시 카트라이트(Nancy Cartwright 1999, 180)의 명료한 진술로 시작하는 것이 도움이 될 것이다.[51] "물리학에서 이론은 세계에서 일어나는 바를 일반적으로 표상하지 않는다. 세계에서 일어나는 바를 표상하는 것은 모형일 뿐이다. 그리고 그런 모형은 어떤 이론의 일부도 아니다." 카트라이트가 설명하듯이, 이는 『물리학 법칙은 어떻게 거짓말을 하는가(How the Laws of Physics Lie)』를 통해 널리 알려진 이전 관점을 눈에 띄게 개정하는 것이었다. 나는 그의 최근 관점이 실제로 물리적 조작을 할 수 있는 경우에는 물리 법칙도 거짓말조차 할 수 없다고 이야기하는 것으로 이해한다. 왜냐하면 법칙에 담긴 개념이 조작화하지 못하면, 그리고 조작화하기 전까지는 이론적 법칙들이 실제의 상황에 관해 어떤 것도 말해줄 수 없기 때문이다.

조작화를 더 명확하게 바라보려면, [그림 4.14]에 나타나듯이 조작화를 2단계의 과정으로 이해하는 것이 도움이 된다. 이론 개념은 다른 이론 개념들과 맺는 다양한 관계를 통해서 자신의 추상적인 성격이 규정된다. 그래서 그런 관계들은 하나의 추상적인 체계를 구성한다. 조작화의 첫 번째 단계는 **구상**(imaging)이다. 즉, 추상적 개념을 정의하는 추상적 체계의 구체적인 상을 찾는 일이다. 나는 이것이 혹시라도 실제적인 물리 체계를 암시할지도 모르기에 이를 피하려고 "모형(model)"이 아니라 "상(image)"이라고 부르고자 한다. 구체적인 상이라 해도 그것은 여전히 하나의 구상된 체계, 하나의 개념이다. 그것은 생각할 수 있는 물리적 실체(entity)와 조작(operation)으로 구성되지만 실제적인 것은 아니다. 구체적인 상은 추상적인 체계의 물리적 구현(physical embodiment)이 아니다.[52] 구체적인 상을 찾는 일은 창조적인 과정이다. 추상적 체계 자체는 그것을 어떻게 구체화해야 할지 지시해 주지 않기 때문이다. 우리가 카르노 순환을 받아들이면서, 마찰 없는 실린더-피스톤 체계를 갖추고 거기에다 무한 용량의 열 저장소에 의해 가열되고 냉각되는 물-증기 혼합물을 채우면 그런 순환을 실현할 수 있다고 말한다면, 그것이 바로 추상적 체계의 구체적인 상을 제안하는 것이다. 그리고 카르노 순환에 관한 구체적인 상은 이 밖에도 더 많이, 여러 가지 다른 방식으로 존재할 것이다.

추상적 체계의 구체적인 상을 찾은 다음에, 조작화에서 두 번째 단계는 **대응**(matching)이다. 구체적인 상에 맞는 실체와 조작의 실제적 물리 체계를 찾아내는 일이다. 여기에서 우리가 그런 대응하는 체계(matching system)를 찾아낼 수 있으리라고 당연하게 생각해서는 안 된다. 대응하는 어떤 실제적 체계도 존재할 수 없음이 명백해 보일 때, 우리는 그런 상은 이상적인(idealized) 것이라고 말한다.[53] 여러 경우에 우리가 다루는 구체적인 상들이 이상적인 것이 될 수 있다고 예상한다. 열역학과 통계역학의 맥락에서, 완벽한 가역성(reversibility)은 거시세계에서는 이상화(idealization)이다. 그러나 실제적 체계가 이상적인 것에 얼마나 가까이 근접하는지 평가하는 것은 가

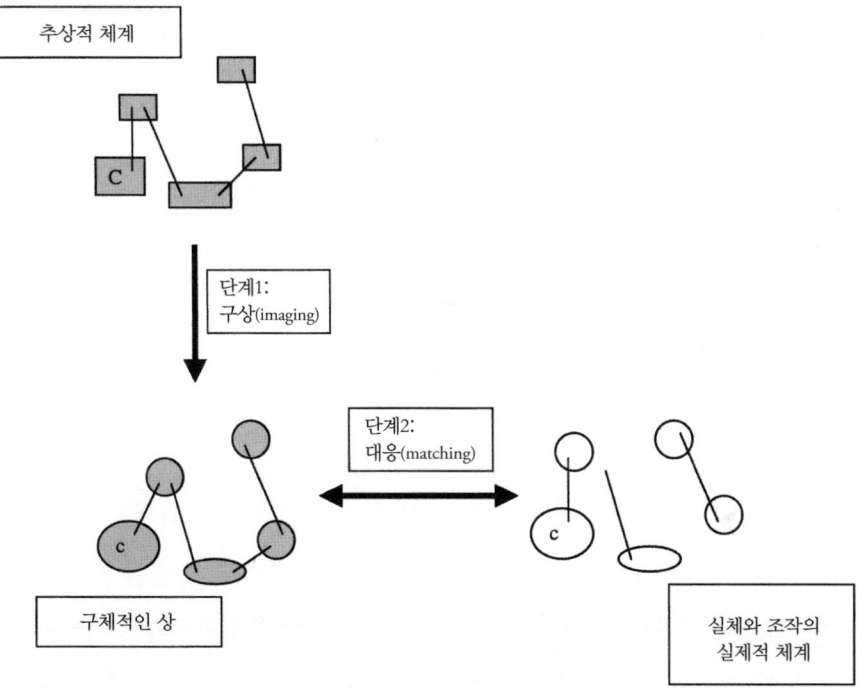

[그림 4.14] 조작화의 2단계 관점

능한 일이다.

　조작화를 2단계로 나눠 바라보면서, 이제 조작화의 정당화, 또는 조작화의 타당성 확인(validation)의 문제로 돌아가보자. 우리가 해야 할 첫 번째 일은 단순한 옳음의 맥락에서 사유하는 습관을 버리는 것이다. 큰 유혹을 받는 사유 습관으로, 어떤 조작화의 타당성을 판단할 때의 궁극적 기초는 그런 기초에서 만들어진 측정값이 실재의 값(real values)에 상응하는 값을 내놓느냐 여부가 되어야 한다고 생각하곤 한다. 그러나 "실재의 값"이라는 것이 무엇인가? 왜 우리는 조작화하지 않은 추상적 개념들이 그 자체로 어떤 구체적인 값을 지닌다고 가정하는가? 예컨대 우리는 각 개별 현상이 틀림없이 절대온도의 명확한 값을 지니기에 우리가 원칙적으로 그것을 정확히 측정함으로써 그 값을 찾아낼 수 있다고 생각하곤 한다. 이런 종류의 직관에서 벗어나기란 매우 어렵다. 하지만 바깥으로 나가고자 애쓰면서도 계속 유리창으로 날아드는 날벌레처럼 행동하고 싶지 않다면 그런 식의 직관에서는 벗어나야 한다. 조작화하지 않은 추상적 개념은 물리적인 양의 수치가 속해 있는 물리적 조작의 세계에서 그 어떤 명확한 것에 상응하는 것이 아니다. 조금 형이상학적으로 말해보자. 가장 추상적인 물리학 이론의 방정식들은 기호(그리고 보편적인 상수)를 담고 있지만 그 어떤 구체적인 물리적 속성의 숫자의 값을 담고 있지는 않다. 후자는 방정식이 실제적이건 상상적이건 어떤 구체적 물리 상황에 적용될 때에만 나타난다.[54] 일단 조작화가 이루어지면, 추상적 개념은 구체적인 상황에서 값을 지니게 된다. 그러나 우리가 명심해야 할 점은 그런 값이 문제의 조작화가 내놓는 결과물인 것이지 조작화 자체의 정확성을 판단할 때 비교 자료로 쓸 수 있는 독립적인 표준은 아니라는 것이다. 그것은 측정 방법을 정당화하고자 할 때에 거듭해서 마주치게 되는 순환의 뿌리이다.

우리가 실재의 값에 상응해야 한다는 생각에서 벗어난다면, 도대체 타당성의 문제는 조작화의 과정에 어떻게 들어갈 수 있을 것인가? 그것은 어려운 물음이며 나도 완전한 답을 제시할 수 없다. 그러나 내가 보기에 그 답은 실재의 값과 측정된 특정한 값 사이의 상응성이 아니라 체계들 간의 상응성(correspondence)을 살펴보는 데에 있으리라고 여겨진다. 타당한 조작화(valid operationalization)는 추상적 체계와 그 구체적인 상 사이, 그리고 구체적인 상과 실제적인 대상과 조작의 어떤 체계 사이의 훌륭한 상응성에 놓여 있는 것이다. 체계들 간의 상응성은 일차원의 척도로 평가할 수 있는 것이 아니다. 그래서 제한된 조작화의 타당성에 대한 판단은 복잡한 것이

될 수밖에 없고, 예/아니오로 판정할 수 있는 문제가 아니다.

　이제 톰슨의 절대온도의 경우로 돌아가서 그가 시도했던 조작화의 전략을 살펴보자. 그 전략에 관해서는 앞서 역사 부분에 있는 「부분적으로만 구체적인 카르노 순환 모형」과 「기체 온도계를 사용해 절대온도의 근삿값 구하기」에서 설명한 바 있다. 논리적으로 보아 가장 단순한 방법은 카르노 순환의 구체적인 상을 만들고 거기에 근접하는 실제적 조작을 찾아가는 길이었을 것이다. 그렇지만 카르노 순환의 그 어떤 구체적인 상도 너무나 이상적인 것이 될 수밖에 없었기에 톰슨은 그런 방향으로 진지한 시도조차 하지 않았다. 가장 무시무시한 문제는 카르노 순환의 구체적인 상이라면 충족해야만 하는 완벽한 가역성이 요구된다는 점이다. 앞에서 지적했듯이, 이는 단지 마찰 없는 피스톤과 완벽한 단열(insulation)이 요구되는 문제를 넘어서는 것이다. 가역성이란 모든 열의 이전(heat transfer)이 같은 온도를 지닌 물체들 사이에서 이루어져야 함을 의미한다(왜냐하면 열 이전이 다른 온도 사이에서 일어난다면 엔트로피(entropy)가 증가할 것이기 때문이다). 그러나 톰슨 자신은 원리 또는 심지어 정의의 문제로 볼 때에 같은 온도를 지닌 물체들 사이에서는 어떠한 열의 알짜 운동(net movement)도 일어날 수 없다고 말한 바 있다.[55] 그렇다면 가역성의 필요조건을 이해하는 유일한 방법은 그것을 제한적인 경우로, 즉 오로지 온도 차이가 0에 근접할 때에만 근사적으로 실현될 수는 있으나 명백히 이룰 수는 없는 이상(ideal)으로 여기는 것이다. 이때에 온도 차이 0은 유한한 양의 열을 이전하는 데 필요한 시간의 양이 무한에 가까울 수 있음을 의미한다 하겠다. 카르노 순환이 하나의 순환이라는 사실이 어려움을 더 키우는데, 거기에는 가역성의 필요조건을 충족하는 물리적 과정으로 단지 한 가지가 아니라 몇 가지가 발견되고 종

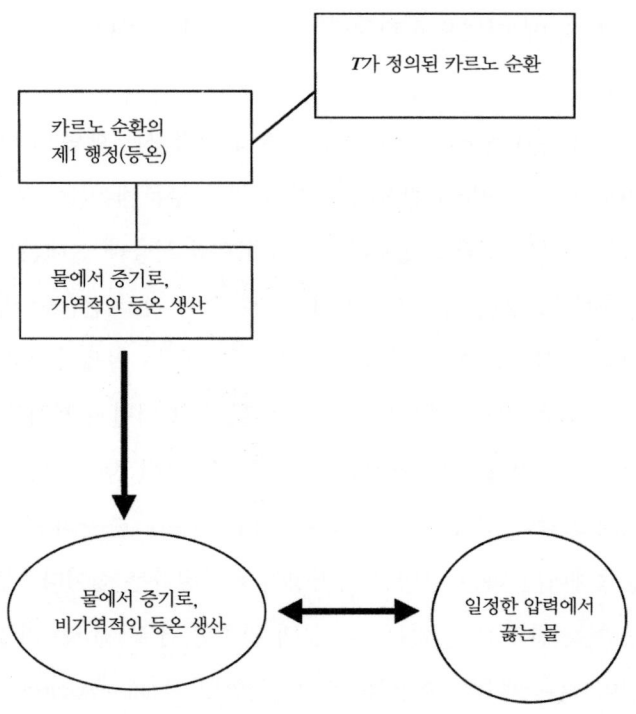

[그림 4.15] 물–증기 계를 이용한, 톰슨의 절대온도 조작화

합되어야 하기 때문이다.

   그러므로 톰슨이 선호한 바는 카르노 순환을 직접 다루는 것이 아니라 추상적인 카르노 순환의 관련 특징들을 더 단순한 추상적 과정에서 도출하여 더 단순한 과정을 조작화하는 것이었다. 이런 방향으로 나아간 톰슨의 가장 세련된 시도가 1880년에, 자신의 두 번째 절대온도를 조작화하려는 새로운 시도에서 이루어졌다. 이런 과업을 수행하면서 그는 에너지 보존 원리의 도움을 받았는데, 그 덕분에 등온 팽창만을 고찰함으로써 그 순환에서 일과 열의 비(그리고 온도를 정의하는 데 필요한 열의 입력과 산출 비)를 이

론적으로 이끌어낼 수 있었다.[56] 그래서 그는 순환 전체가 아니라 제1 행정의 구체적인 상만을 찾아내면 되었다. 톰슨은 제1 행정이 여전히 이상적인 가역적 과정이었지만 그 구체적인 상이 가역적인 과정과 적절한 의미에서 동등하다는 점을 입증할 수 있다면 그것이 비가역적인 과정이 될 수 있다고 생각했다. 조작화의 이런 구상은 [그림 4.15]처럼 정리된다.

톰슨이 선호하는 카르노 순환 제1 행정의 구체적인 상은 물에서 증기가 생산되는 것이다. 이 과정에서 일정량의 열이 투입될 때 생성되는 역학적 일의 양은 그 과정이 가역적이냐 아니냐에 의해 영향을 받지 않는다고 생각했기 때문에, 톰슨은 그 상을 가역적이지 않은 과정으로 만들 수 있었다. (그것은 증기-물 계의 내부 에너지가 상태함수(state function)이며 따라서 그 계가 한 상태에서 다른 상태로 어떻게 변하는지 상관없이 초기 상태와 최종 상태 사이의 내부 에너지의 차이는 일정하다는 가정에 토대를 두고 있다.) 이제, 앞에서도 설명했듯이 증기-물 계가 지닌 특별히 좋은 점은 일정한 압력에서 등온의 과정으로 액체 상태의 물에서 증기가 생성되기에, 생성되는 역학적인 일을 계산하는 것이 그만큼 쉽다는 점이다(단순하게 일정한 압력에 부피의 증가분을 곱한다). 기체만의 계에서는 그렇지 않다. 예를 들면 기체의 등온 팽창은 일정한 압력에서 일어나지 않기 때문에 그런 팽창에서 생산되는 역학적인 일의 계산에는 압력-부피 관계식에 관한 정확한 지식이 필요하다. 이에 더해 열의 유입 과정에서 압력이 변할 때 기체에 들어가는 열의 양을 계산하려면 압력에 따른 비열의 변화를 정확히 알고 있어야 한다. 전반적으로 보아, 단순한 기체의 등온 팽창에 속하는 일과 열의 비는 불확실성으로 둘러싸여 있다. 그리고 그 팽창이 가역적으로 행해지는지 아닌지에 따라서 일과 열의 비가 달라지는지, 그리고 얼마나 달라지는지도 분명하지 않다. 증기-물의 경우에는 그런 문제가 나타나지 않는다.

마침내 톰슨은 절대온도의 개념을 구현하는, 추상적인 열역학 계의 단순하고도 구체적인 상을 명료하게 찾아냈다. 그것은 또한 실제적인 계에 상응할 수 있는 잠재력을 분명하게 지니는 상이었다. 이는 톰슨이 증기-물의 계에 대해 왜 의기양양해했는지를 설명해준다. 그런 의기양양함이 1880년 『브리태니커 백과사전』에 실린 그의 글에 잘 나타나 있다.

> 우리는 열역학적 온도 측정을 보여주는 최초 사례로서 증기 온도계를 제시했다. 열역학 분야의 지성은 지금까지 많이 지체되었고, 그래서 열역학을 배우는 학생은 쓸데없이 곤란한 지경에 빠져 있었다. 그리고 처음부터 완벽한 기체라고 불리는 이상적인 물질에 토대를 둠으로써 **위험한 함정이 온도 측정의 원천인 양 제시돼왔을 뿐이다**. 엄밀하게 말해 그것의 어떠한 속성도 실제의 물질로 구현되지 않았으며, 그 속성의 일부는 규명되지 않았고 심지어 추측으로 짐작조차 하지 못했다. (Thomson 1880, 47, §46, 강조는 추가)

불행하게도 톰슨은 자신이 제안한 증기-물 온도계를 실제로 사용할 수 있도록 믿음직스럽게 만들지는 못했다. 그 첫 번째 이유로는, 르뇨뿐 아니라 어느 누구도 온도의 전체 범위에서 증기의 밀도(그 자체로 또는 물의 밀도와 관련해서도)를 온도의 함수로 제시하는 필수적인 데이터를 만들어내지는 못했다. 그런 데이터가 없었으므로, 톰슨은 보증되지 못한 이론적 가정들에 의지하지 않으면서 절대적 척도로 증기-물 온도계의 눈금을 매길 수는 없었다. 톰슨은 증기-물 계의 장점에 끌렸지만 기체 온도계와 비교하며 자신의 증기-물 온도계의 눈금을 조정할 수밖에 없었다.[57]

절대온도의 실제적인 조작화에는 조금 다른 전략이 영향을 끼쳤다. 그 전략에서는, 사용된 구체적인 상이 증기-물 계가 아니라 기체만의 계였다. 이 장의 「기체 온도계를 사용해 절대온도의 근삿값 구하기」에서 설명했듯이, 새로운 열역학 이론은 이상기체가 절대온도가 높아지면서 균일하게 팽창할 것이라는 명제를 만들어냈다. 절대온도를 정의하는 이론 틀로 이상기체의 팽창을 받아들임으로써, 톰슨은 카르노 순환의 그럴듯한 구체적인 상을 찾아야 한다는 필요에서 스스로 벗어났다. 이상기체의 팽창은 직접 구체적인 상(어떤 외부 압력에 맞서 팽창하는 실제적인 기체)을 갖고 있었고, 그 상에 어울리게 실제적 조작을 수행하는 것도 확실히 가능했다. 즉, 압박하는 피스톤이 달린 실린더 안에서 기체를 가열하는 것이다. 그러면 온도는 기체의 압력과 부피의 결과물로 나타난다. (우리는 제2장의 「관찰가능성의 단계별 성취」에서 고급 기체 온도계는 이보다 훨씬 더 복잡했음을 살펴보았다. 그러나 여기에서는 잠시 그런 복잡성을 무시할 수 있다.)

　기체 온도계를 제작하고 사용하는 데에 극복할 수 없는 장애가 존재하지는 않았으므로, 이런 조작화의 두 번째 단계로 나아가는 것은 쉬운 일이었다. 이 경우에 흥미로운 문제는 그런 상과 실제적 조작 간의 정확한 대응(match)을 살피는 과정에서 등장했다. 르뇨는 서로 다른 기체로 만든 온도계들은 고정점들 외의 영역에서는 서로 불일치함을 아주 명료하게 입증했던 바 있다. 그러므로 이상기체 온도계의 상과 실제적인 모든 기체 온도계 간의 정확한 일치를 얻는 것은 불가능했다. 그런 상은 각각의 상황에서 하나의 온도 수치만을 요구했지만 갖가지 기체 온도계들은 여러 가지 수치를 보여주었기 때문이다. 정확한 일치를 얻기 위해서 취할 수 있는 여러 가지 선택지점들이 존재한다. (1) 한 가지 선택지점은, 누구도 옹호하는 것을 보지는 못했지만, 온도는 특정 상황에서 여러 가지 값을 가질 수 있다고 말함으로써 그런 상을 수정하는 것이다. 그러고서 내가 제2장의 「비

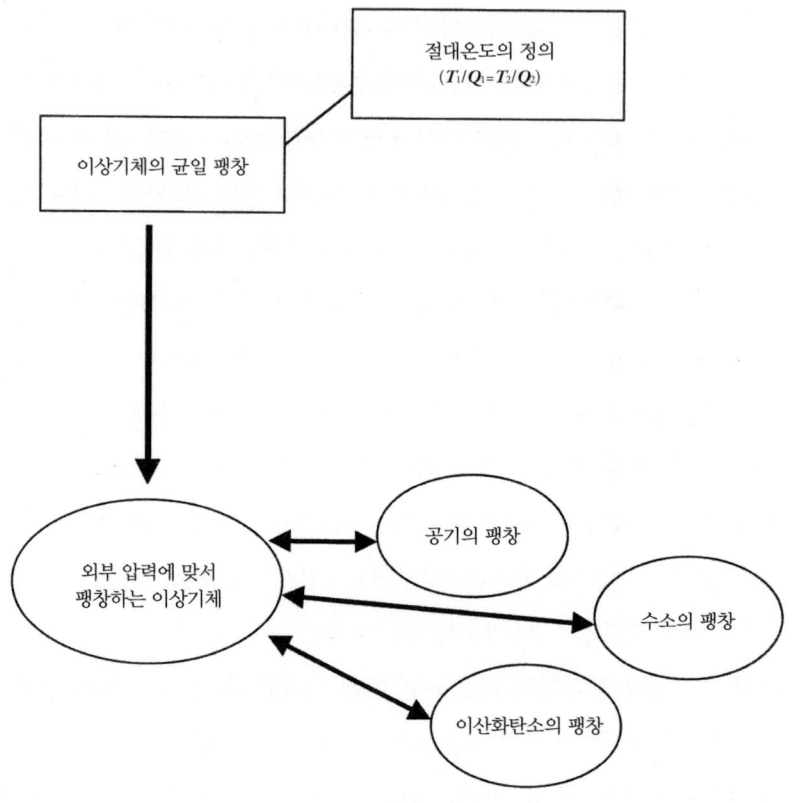

[그림 4.16] 줄과 톰슨이 기체만의 계를 이용해 보여준 절대온도의 조작화

교환등성과 단일값의 존재론적 원리」에서 단일값의 원리라고 불렀던 것을 무시하는 것이다. (2) 또 하나의 선택지점은 실제적 온도계 중 하나는 절대온도의 옳은 측정자이며 나머지는 그것에 순응하도록 보정해야만 한다고 선언하는 것이다. 그런 규약주의적인(conventionalist) 선언을 하는 데에 논리적인 문제는 없다. 그러나 그것은 설득력 없는 근거로 절대온도 개념을 한 가지 특정한 물질의 속성에다 속박하게 될 것이다. 내가 이미 강조했듯이, 그것은 톰슨이 명시적으로 피하고자 했던 것이었다. (3) 그래서 이제

우리는 톰슨(과 줄)이 택한 선택지점에 이르게 된다. 그것은 그 어떤 실제적인 기체 온도계도 절대온도를 정확하게 가리키는 바로 그런 것이 될 수는 없을 것이며, 그 온도계들은 모두 다 서로 일치할 수 있도록 보정되어야 한다고 말하는 것이다. 절대온도의 조작화를 위한 이런 구상이 [그림 4.16]에 정리돼 있다.

마지막 선택 지점에서 도전 과제는 절대온도의 수렴하는 수치를 보여줄 수 있도록 모든 온도계를 보정하는 데 이용할 만한 어떤 통일된 원리(rationale)를 찾아내는 일이었다. 이 장의 「기체 온도계를 사용해 절대온도의 근삿값 구하기」에서 설명했듯이, 줄-톰슨 실험 이면의 추론 과정이 그런 원리를 제공했다. 에너지 기반의 열역학 안에서는 온도 증가에 따라 규칙적으로 팽창하는 기체가 일을 행하지 않으며 팽창할 때에는 동일한 온도를 유지하는 것으로 이해된다. 두 유형의 거동은 모두 다 그런 기체의 내부 에너지(internal energy)가 단지 부피의 변화로 인해 변하지는 않음을 보여주며, 둘은 마이어 가설의 서로 다른 현상으로 여겨질 수 있다(Hutchison 1976a, 279-280). 열역학 이론에 기체분자운동론을 보충하면, 이런 조건은 이상기체에서는 분자 상호간의 힘이 존재하지 않는다는 것으로 이해될 수 있다. 그러나 실제의 기체에서는 어느 정도의 분자 간 상호작용을 예상할 수 있고, 따라서 줄-톰슨 팽창에서 냉각(또는 가열)은 물론이고 열적 팽창에서 어느 정도의 불규칙성은 누구건 예상할 수 있다. 실제적 기체 온도계는 모두 다 이런 동일한 기초에서 보정될 수 있기 때문에, 온도 개념 자체는 (선택 지점 2에서 그런 것과는 달리) 일반성(generality)을 유지할 수 있을 것이다. 이런 조화된 보정 덕분에 측정된 값들이 서로 가까워진다면, 그런 수렴(convergence)은 실제적 기체 온도계와 이상기체 온도계 간의 대응을 향해 한 발짝 더 나아가는 일이 될 것이다. 줄과 톰슨, 그리고 이후 다른 연구자들에 의해 수행된 보정(corrections)은 수렴을 향한 그런 움직임을 이루었을 뿐인 것으로 생각할 수 있다. (그렇지만 그 정확한 온도와 성취된 수렴의 모습을 제시하기 위해 데이터를 더욱 세심하게 쌓아가는 일은 가치 있는 일일 것이다.)

반복을 통한 정밀성

여전히 중요한 물음 하나가 남는다. 나는 앞 절에서 논의를 시작하며 조작화를 정확성(correctness)의 맥락에서 사유하기를 피해야 한다고 말했으나, 끝 부분에서는 실제적 측정 장비에서 이루어지는 보정에 관해 논했다. 그렇다면 우리가 정확성에 관심을 두지 않으면서도, "보정"에 관해 대체 무엇을 이야기할 수 있을까? 정확성의 문제를 기각하는 데에서 핵심은 추상적 개념에 우리가 도달하려고 애쓸 수 있는 어떤 수치가 이미 존재하는 것이 아님을 인정하는 것이다. 앞에서도 말했듯이 "실재적(real)" 수치는 성공적인 조작화의 결과에 의해서만 생길 수 있다. 하지만 "성공적인"이라는 말의 이면에 숨어 있는 타당성의 의미를 여기에서 명료하게 밝힐 필요가 있다.

톰슨 자신은 심지어 1880년 논문에서도 자신이 정확성을 높이기 위해 수행한 일의 인식적 특징을 명료하게 설명하지 않았다. 이는 이 장의 「추상적인 개념들 다루기」에서도 논의된 바 있다. 다행스럽게도 절대온도의 조작화 문제에 관해 훨씬 더 만족스러운 이해가 휴 롱번 캘린더(Hugh Longbourne Callendar: 1863~1930)의 연구를 시작으로 10년 안에 등장할 수 있었다. 캘린더는 증기의 속성에 관한 중요한 관찰 결과를 남기고 전기저항 온도 측정법(electric-resistance thermometry)에 지대하게 기여한 영국 물리학자이자 공학연구자였다. 캘린더의 연구에 관한 나의 논의는 앙리 루이 르 샤틀리에의 해설에 의존할 것인데(르 샤틀리에의 인물 소개는 제3장의 고온 측정법 논의를 참조), 그것은 캘린더 자신의 설명보다 훨씬 더 도움이 된다.[58] 캘린더와 르 샤틀리에의 절대온도 조작화는 제1장의 「표준의 반복적 개선」에서 처음 소개했던 인식적 반복(epistemic iteration) 과정의 한 사례로서 이해될 수 있다.

인식적 반복의 시작점은 어떤 특정한 지식 체계에 대한 확인(affirmation)이다. 그것은 최종적 정당화(ultimate justification)를 수반하지는 않으며 여러 가지 이유로 인해 나중에 바뀔 수도 있다. 캘린더에게 최초의 가정은, 공기 온도계 온도와 절대온도 수치는 서로 매우 가깝다는 것이었다. 우선 우리는 실제 기체의 열적 거동을 지배하는 법칙을 다음과 같이 서술할 수 있다.

$$pv = (1-\Phi)RT \qquad (20)$$

여기에서 R는 상수이며 T는 절대온도이고 Φ는 T와 p의 아직 알지 못하는 함수이다. Φ 함수는 방정식 (20)을 이상기체 법칙과는 다르게 만드는 것이며, 그것은 기체의 유형마다 서로 다른 함수이다. Φ는 규모가 작으리라 **가정되며**, 그래서 실제 기체는 대체로 이상기체 법칙을 따른다는 가정에 이른다. 그런 가정은 그 단계에서 검증 가능하지 않다(또는 심지어 충분한 의미를 지니지도 않는다). 왜냐하면 T는 아직 조작화되지 않기 때문이다. 그렇지만 보정 과정이 결국에 성공적이라면 그것은 증명될 수 있으며, 또는 보정 과정이 효과적으로 이루어질 수 없다면 개연성이 없는 것으로서 폐기될 수 있다.

다음 단계는 Φ를 계산하는 일이다. 그것은 줄-톰슨 실험의 결과를 사용해서 톰슨의 방법을 좇아 행해진다. 르 샤틀리에는 대기의 공기를 이용한 실험에서 얻은 데이터로 계산해 다음과 같은 경험적인 결과를 제시한다.

$$\Phi = 0.001173 \frac{p}{p_0}\left(\frac{T_0}{T}\right)^3 \tag{21}$$

여기에서 p_0는 표준의 대기압이며 T_0는 얼음이 녹는 절대온도이다. 나는 다른 곳에서 이런 결과의 유도 과정을 어느 정도 자세하게 보여준 바 있으나, 한 가지 중요한 점은 최종 결과를 따져봐야만 얻을 수 있는 것이다. 방정식 (21)은 경험적인 결과로 여겨지나 여기에서 Φ는 줄-톰슨 실험에서 보통 온도계로 측정한 (아몽통) 온도 t_a의 함수가 아니라 절대온도 T의 함수로 표현된다. 이 유도식에서 나타나는 것은 절대온도와 공기 온도(또는 수은 온도)를 의도적으로 융합한다는 것이다. 캘린더와 르 샤틀리에가 t_a로 표현된 경험적인 줄-톰슨 공식을 받아들이면서, 그것을 T로 표현되는 이론적인 공식으로 간단하게 대체해 t_a가 T의 대역을 맡게 하는 식이다. 이는 Φ의 값이 매우 작기 때문에 T와 t_a는 대강 동일하다는 가정에서, 근삿값으로서, 허용된다.[59]

톰슨과는 달리, 르 샤틀리에는 방정식 (21)이 최종의 보정을 제시하지 않음을 분명하게 밝혔다(Le Chatelier and Boudouard 1901, 25). "이것은 여전히 근삿값의 결과이다. 왜냐하면 우리는 줄과 톰슨의 실험에, 그리고 단열 팽창의 법칙에 의존하고 있기 때문이다." 여기에서 르 샤틀리에는 또한 (21)의 유도식에서 그것이 정확히 사실인지 규명되지 않았음을 자신도 알았지만 근사적으로 사실이라고 가정하면서 자기 스스로 단열 기체 법칙으로 나아갔다는 사실을 인식하고 있었다. (21)에서 제시되는 보정의 도움을 받으면 더 나은 보정 작업이 이루어질 수 있었을 것이다. 이는 (21)을 (20)에 넣음으로써 얻어지는 팽창 법칙을 좇아 공기 온도계의 눈금을 재조정하는 문제일 것이다. 처음에 공기 온도계의 눈금은 공기 팽창이 정확히 규칙적이라는($\Phi=0$) 가정에 기초해 매겨졌음을 기억하라. 공기 온도계의 눈금을 재조정한다면, 누구나 줄-톰슨 실험을 다시 하거나 또는 그저 옛 데이터를 재분석할 수 있을 것이다. 어떤 경우이건, 다시 다듬은 줄-톰슨 실험은 좀 더 다듬어진 Φ의 값을 산출해 유도식 (21)을 더 나은 것으로 만들 것이다. 이런 과정은 원하는 만큼 여러 번 자주 되풀이될 수 있다. 그런 비슷한 상황 평가가 20년 뒤 데이(A. L. Day)와 소스먼(R. B. Sosman)에 의해 제시됐다. 이들은 지금까지 내가 살펴본 문제에 관해 매우 간결하고도 개념적으로 명료하게 설명했다.

> 기체 온도계를 이용한 우리의 초기 측정 결과는 문제의 기체가 $pv=k\Theta$ 법칙을 따르느냐 아니냐에 관해 아무것도 이야기해주지 않음을 기억하는 것이 이 시점에서 중요하다. 기체의 에너지 연관성에 관한 측정 결과만이 우리에게 그런 정보를 보여줄 수 있다. 하지만 그런 측정 결과는 온도 측정과 연관되기 때문에, **온도 척도의 현실화가 논리적으로 성공적인 근삿값 얻기의 과정임은 자명해진다.** (Day and Sosman 1922, 837. 강조 추가)

그렇지만, 실제로는 어느 누구도 우려해서 두 번째 단계 이상으로 보정을 행하는 데로 나아가지는 않았던 것 같다. 캘린더는 첫 번째 단계의 보정값을 최대 섭씨 1,000도의 공기 온도계에서 계산했다. 그리고 보정값이 온도가 높아질수록 커지더라도 부피가 일정한 공기 온도계에서 섭씨 1,000도일 때 고작 0.62도였으며 압력이 일정한 공기 온도계에서도 1.19도에 불과한 것으로 나타났다. 그 온도점을 넘어서면 보정값은 급속히 커질 것으로 여겨졌으나 그리 큰 실제적인 우려는 아니었다. 왜냐하면 섭씨

1,000도는 기체 온도계가 어떻게든 기능할 수 있는 한계점 부근으로 받아들여졌기 때문이었다.[60] 르 샤틀리에는 기꺼이 다음과 같이 선언했다.

> 그러므로 0도와 100도에서 일치(concordance)가 입증된다면 고온에서 공기 온도계가 이에 일탈하는 현상은 아주 사소한 일이다. 우리는 열역학적 온도계와 공기 온도계의 온도가 가리키는 수치의 차이에 관해 더 몰두할 필요는 없을 것이다. (Le Chatelier and Boudouard 1901, 26)

누구나 보정값이 더 크게 나타나는 이산화탄소 같은 기체를 그저 피하기만 하면 됐다. 데이와 소스먼도 비슷한 견해를 제시했다(1922, 837). "실제적으로 말해, 처음의 근삿값으로 충분하다. 기체 온도계에 흔히 사용되는 기체는 $pv = k\theta$라는 법칙에 나타나는 '이상적인' 거동을 거의 따른다."

이는 만족스러운 결과이다. 그러나 우리는 또한 첫 번째 단계의 보정값이 작다는 것이 두 가지 이유에서 이야기의 끝이 되지 못함을 명심해야 한다. 첫째, 각각의 기체에 대해서 보정값이 실제로 그런 방식으로 점점 더 작아져 종국에는 수렴하는지 알아볼 필요가 있다. 수학에서는 반복을 통한 수렴(iterative convergence)이 언제 얻어질 수 있는지 쉽게 판단이 가능하다. 우리가 근접하고자 하는 진짜 함수는 이미 알려져 있거나 적어도 알 수 있는 것이기 때문이다. 인식적 반복에서, 진짜 함수는 알려져 있지 않으며 지금과 같은 함수의 경우에는 심지어 정의되어 있지도 않다. 그래서 우리가 할 수 있는 유일한 것은 수렴이 일어나게 되리라고 실용적으로 만족할 수 있을 때까지 반복적으로 근삿값 얻기를 계속 수행하는 일이다. 절대온도의 경우에, 한 번의 반복적 보정은 모든 실제적인 목적에 대해, 온도계로 쓸 수 있는 몇몇 기체에 대해 충분해 보였다. 그렇지만 내가 아는 한,

보정 단계를 더 나아가 수행한다면 수렴이 나타나리라는 결정적인 증명을 어느 누구도 제시하지는 않았다.

주의해야 하는 두 번째 점은 앞 절의 마지막에서 했던 논의에 담겨 있다. 우리가 온도의 정의를 특정한 물질에서 분리하겠다는 톰슨의 애초 목적을 존중하고자 한다면 한 가지 기체 온도계의 보정값에서 수렴을 확인하는 것만으로는 충분하지 않다. 여러 가지 기체 온도계는 각자 자체 내에서 수렴할 뿐 아니라 모두가 서로 수렴해야 한다. 그럴 때에만 우리는 절대온도라는 단일값의 이미지와 일련의 기체 온도계로 측정된 조작적 절대온도 사이에서 완벽한 대응(perfect match)을 얻을 수 있을 것이다. 몇몇 특정 기체를 실격 판정할 만한 특정한 이유가 있다면 적격한 온도 측정용 유체의 자격에서 그것들을 제외할 수도 있겠지만, 우리가 톰슨이 품은 기획의 정신에 대해 믿음을 지키고자 한다면 적어도 어느 정도의 일반성은 유지되어야 할 것이다.

실제적인 온도계의 "보정"을 반복적 과정으로 바라보면 지금까지 내 분석에서 모호한 채로 남은 몇몇 쟁점이 명료해진다. 반복적 과정에서 각각의 모든 단계를 하나하나씩 정당화하는 것이 가능하지도, 필요하지도 않다는 깨달음에서 그런 명료화가 생겨난다. 중요한 점은 각 단계는 어느 정도의 개선을 통해서 다음 단계로 나아간다는 것이다. 여기에서 핵심은 반복적 과정 안에 흘러든 약간 부정확한 정보도 (제1장의 「표준의 반복적 개선」에서 다룬 사례에서 퍼스가 지적했듯이) 당연히 보정된다는 점이 아니다. 이미 말했듯이 정확성이라는 문제는 반복적 과정이 성공적인 결과를 산출하지 못하면, 그리고 그러기 전에는, 적용될 수조차 없다. 그러므로 존재할 수 없는 엄밀함(illusory rigor)을 추구하도록 우리를 내몰 수 있는 그런 종류의 정당화 요구를 완화하는 것이 이치에 맞는 일이다.

이런 완화에는 몇 가지 측면이 있다. (1) 첫째 어디에서 시작하는지 자체는 중요하지 않을 수 있다. 절대온도의 경우에, 이상기체 법칙의 구체적인 상이 실제 기체에도 근사적으로 들어맞는다는 가정이 우연히 거의 바로 핵심을 맞혔지만 반복적 보정 과정은 다른 초기 근삿값에서 시작해 비슷한 최종 결과물에 이르렀을 수도 있었다. (2) 애초의 출발점을 넘어서서 채택되는 추론 과정에서는 어느 정도의 느슨함도 허용될 수 있다. 톰슨은 현실적인 의미를 알지 못하면서도 자신의 여러 유도식들에서 특정한 지름길(shortcut)을 만들고 겉보기에 보증되지 않은 근삿값을 만들 수 있었다.[61] 마찬가지로 르 샤틀리에도 단열 기체 법칙이 정확히 올바르다고 보장받을 수 없음을 잘 알면서 그것을 자신의 뜻대로 받아들였다. (3) 정확하게 올바르지 않을 수 있는 경험 데이터도 적격한 것으로 사용될 수 있다. 따라서 줄-톰슨 실험에서 줄의 수은 온도계를 사용한 데 대해 톰슨이 변호한 것은 (이 장의 내가 이 장의 「추상적인 개념들 다루기」에서 논했듯이) 쓸모없을 뿐 아니라 불필요한 것이었다. 반복적 과정이 무엇인지 제대로 인식했다면 톰슨은 존재하지 않는 문제(illusory problem)와 그에 대한 유사 해법에 빠져들지 않았을 것이다. (4) 출발점이 달라도 동일한 결론에 도달할 수도 있는 것처럼 다른 경로의 추론 과정도 마찬가지로 그러할 수 있다. 톰슨 자신은 절대온도를 조작화하는 다양한 방법을 제안했지만, 하나의 방법만이 치우쳐 추구되어 다른 방법의 전략을 통해서도 같은 결과에 도달했을 것인지 알기는 힘들게 됐다. 그러나 나는 줄-톰슨 실험이 바라는 결과를 얻을 수 있는 유일하게 가능한 길은 아니었다고 말하는 것이 무난하다고 생각한다. 실제로 1862년에 누가 보더라도 만족스럽게 줄과 톰슨은 랭킨(Rankine)이 르뇨의 데이터를 사용해 실제 기체의 팽창 법칙에 대한 공식을 구했으며 그것은 기본적으로 줄-톰슨 실험에 기초한 자신들의 결과(방정식 (18))

와 동일한 것임을 언급했다.[62]

　명료하게 해두어야 할 중요한 문제가 한 가지 더 있다. 추상적 개념의 조작화 과정에서 정확하게 말해 우리는 무엇을 목적으로 삼아야 하고, 무엇을 얻어야 하는가? 희망하는 바는 추상 개념의 구체적인 상, 그리고 그 개념을 경험적인 것으로 만들기 위해 채택하는 실제적 조작(측정값을 포함해)이 조화를 이루는 결과물이다. 그것이 생각할 수 있는 가장 쉽게 이해되는 상응이며 자기만족으로 상상하는 이론과 경험, 즉 이론과 "실재(reality)" 간의 상응은 아니다. 반복적 과정을 생각할 때에 우리는 조작적인 상과 실제적인 조작이 정확하게 조화를 이룬다고 기대하지는 않으며, 그 둘 사이의 점진적 수렴을 바랄 뿐이다. 그런 수렴이 높은 수준의 정량적 정밀도로 이루어질 수 있다면 상당한 성취가 될 것이다.

　이런 수렴은 조작할 수 있는 정확도 개념의 토대가 된다. 수렴이 훌륭하게 나타난다면 우리는 정확한 측정 방법을 확보했다고 말할 수 있다. 진리는 어떤가? 우리가 절대온도와 같은 추상 개념의 진정한 값을 얻었는지 아닌지 말할 수 있을까? 진리의 문제(problem of truth)는 각각의 모든 물리적 상황에서 객관적으로 확정할 수 있는 그 개념의 값이 존재할 때에나 비로소 받아들여질 것이다.[63] 우리에게 수렴적인 조작화가 나타난다면, 우리는 그 수렴의 한계치를 "실재하는(real)" 수치로 여길 수 있다. 그런 뒤에 우리는 제안된 다른 조작화가 진정한 수치를 산출하는지 아닌지를 판단하는 데 쓰는 잣대로 이런 수치를 사용할 수 있다. 그러나 우리는 그런 "실재 수치"의 존재는 반복적 절차가 성공하느냐 여부에 달려 있으며 성공적 조작화는 "실재"로 구성되어 있음을 확실하게 명심해야만 한다. 만일 반복적 조작화를 통해서 진정한 수치에 접근할 수 있다고 말하며 스스로 만족하고자 한다면, 우리는 그런 진리성이 오로지 접근 그 자체에 의해 창조될 수 있는 목적지라는 점을 기억해두어야만 한다.

열역학 없는 이론적 온도?

앞에서 한 분석은 온도의 이해와 측정을 정리하고 어쩌면 더 다듬는 어떤 흥미로운 방식을 보여준다. 그런 방식은 무엇보다도 내 자신의 분석에 담긴 분명한 결점을 인정할 때 모습을 드러낸다. 그 결점은 추상적인 것과 구체적인 것 사이에 첨예한 이분법이 존재한다고 추정한다는 것이었다.

그런 지나친 단순화로 만들어진 내 논의의 불편함은 이미 독자에도 자명한 것이 되었다. 추상적인 것과 구체적인 것의 이분법은 초기 단계들에서 나의 생각을 명확하게 보여주는 데 크게 도움이 되었지만, 이제는 내게도 좀 더 정교해질 수 있는 여유가 생겼다. 현실에서 우리가 경험하는 것은 가장 추상적인 것과 가장 구체적인 것의 연속(continuum), 또는 적어도 순차적인 연쇄(sequence)이다. 이것은 아주 추상적인 어떤 개념의 조작화가 단계적으로 전진할 수 있으며 구체적 조작을 통한 어떤 개념의 구축도 마찬가지로 그럴 수 있음을 의미한다. 그리고 추상화의 사다리(ladder of abstraction)에서 매번 아주 조금씩 위아래로 이동하는 것이 긍정적으로 도움이 될 수 있을 것이다. 톰슨은 너무나 큰 야심을 품고서 확실히 추상적인 온도 개념을 단 한 번에 가장 구체적인 측정 절차와 연결하려고 시도했다. 종국에 그는 더 작은 단계들에 의지해야 했다. 그가 밟은 단계들을 간략히 살펴보더라도, 작은 단계들을 통해 좀 더 신중하게 전진하는 어떤 방식들을 볼 수 있을 것이다.

기체와 기체 온도계에 관한 줄–톰슨의 연구는 열기관이나 그 어떤 일반적인 열역학 이론을 참조하지 않으면서도 이상기체의 거동에 의해 규정되는 **약간**(slightly) 추상적인 온도 개념을 가정할 수도 있음을 보여준다. 톰슨 이전에 오래전부터 이미 잘 알려졌듯이, 대부분 기체는 액화 온도에 너무 가까이 있지 않다면 열적 팽창에서 비슷한 패턴을 보여준다. 다음과 같은 이야기에 들어맞는 온도의 이론적 개념('이상기체 온도'라고 부르자)을 추정해낸다면 이는 경험적 관찰에서 나온 온당한 도약(modest leap)이 될 것이다. "기체의 거동은 단순 법칙에 따라 온도의 지배를 받는다. 당연히 거기에는 어느 정도의 복잡성은 존재한다. 왜냐하면 우리는 실재 온도를 측정하는 완벽하게 정확한 방법을 갖고 있지 않고 또한 서로 다른 기체들은 모두 다 자신만의 다양한 방식으로 약간은 불완전하기 때문이다. 그러나 이상기체는 완벽하게 선형적인 방식으로 실재 온도에 따라 팽창할 것이다." 이런 만족스러운 이론적인 이야기를 믿고 싶다면, 우리는 비어 있는 부분들을 성공적으로 채워 넣어야만 한다. 우리는 실제 기체들에 있는 그런 갖가지의 불완전성을 탐지하고 측정하는 어떤 독립적인 방식을 찾아내야 한다. 그래야 우리는 그런 측정값이, 온도에 따른 선형적 팽창과는 다른 실제 기체들의 일탈과 조화를 이룰 수 있게 하리라는 희망을 가질 수 있다. 이것은 톰슨, 줄, 그리고 후속 연구자들이 아몽통 온도의 개념에 바탕을 두어 실제로 행했으며 이루려 했던 바와 아주 다른 것이 아니다. 줄-톰슨의 냉각 효과는 우리가 정규 팽창에서 벗어난 일탈과도 견실한 상관성을 보여준다고 생각할 수 있는 바로 그런 속성이다. 더 나아간다면, 줄-톰슨 냉각이 왜 기체 팽창의 독특한 현상(peculiarity)과 연관되는지에 관해 톰슨이 제시하고자 애썼던 특유의 매우 이론적인 이야기는 사실 필요하지 않다. 그처럼 매우 이론적인 이야기는 추상화의 사다리를 오르는 나중 단계에 속하며 이상기체 온도의 개념을 구성하는 데에 제약을 가할 필요는 없다.

사실, 역사를 되돌아볼 때에 열기관 이론이, 이론적인 온도 개념이 정박한 최선의 자리였는지는 명백하지 않다. 온도를 정의하는 과정에서 카르노 순환의 사용은 매우 불필요했다. 그것은 톰슨이 추상적인 온도 개념이 어떻게 구성되는지 이해하게 한다는 목적에서는 초기에 확실히 도움이 되었다. 그러나 그가 당시에 그 사다리를 걷어차는 것도 가능한 일이었다. 1854년의 정의는 여전히 지나치게 제한적이었는데, 그것은 가역적 순환 내에서 일어나는 등온 과정에서 열의 투입, 산출에 계속 속박돼 있었다. 매우 자유로운 온도 개념이라 해도 카르노 순환에 기초한다면 그것은 제한적일 것이다. 그런 개념은 비가역적 또는 비순환적 과정에 맞춰 쉽게 개조될 수 없기 때문이다. 카르노 순환, 그리고 심지어 모든 고전 열역학을 우회하여, 이상기체 온도는 기체분자운동론에 아주 자연스럽게 연결될 수 있다. 그런 다음에, 분자운동론에 따른 온도 개념을 고전역학이나 양자통계역학 같은 훨씬 일반적이고 추상적인 이론의 틀에 통합하는 것에 관해 생각하는 것이 당연히 적절하다. 나는 여기에서 1850년 무렵의 톰슨이 현대 분자운동론과 통계역학의 발전을 예견했어야 한다거나 예견할 수 있었다고 말하는 것이 아니다. 그가 당시에 인식할 수 있었으리라고 내가 생각하는 바는 기체 팽창에 적용할 수 있는 온도의 관념이 열기관 이론 안에 머물러야 할 필요는 없었다는 점이다.

제1장의 「고정성 변호」에서, 나는 낮은 수준의 법칙이 지니는 강건함에 관해 언급한 적이 있다. 그런 법칙이 의미를 갖추고 쓸모 있으려면, 그 안에 있는 개념은 부분적으로만 구체적인(semi-concrete) 수준에서 잘 정의되어야 하며 추상화에 근접한 수준에도 잘 연결되어야 한다. 이상기체 온도의 개념과 같은 것은 기체들의 현상론적 물리학을 뒷받침하는 추상화의 수준에 곧바로 놓여 있는 것이다. 현상론에서 그와 동일한 수준에 놓인 다른

이론들(예컨대 전도와 복사를 지배하는 이론들)에는 당연히 거의 구체적인 온도 개념이 서로 다르게 필요할 것이다. 더 높은 추상화로 나아가는 그런 개념 구축 과정은 가장 추상적인 개념들에서 시작해 단계적으로 그것들을 구체화하는 조작화의 과정과 조화를 이루어야 한다. 추상화와 구체화라는 잘 정돈된 두 가지 과정이 갖춰질 때 우리는 개념-조작적 체계(conceptual-operational system)를 구축할 수 있다. 그것은 변화와 새로운 발견에 직면하여 최대의 유연성(flexibility)과 최소의 파괴(disruption)와 더불어 진화할 수 있다.

주

1. 이 장에서 다루어진 윌리엄 톰슨의 절대온도에 관한 연구는 이상욱과의 긴밀한 공동연구를 통해 이루어졌다. 우리 연구의 결과는 Chang and Yi 2005, 「The Absolute and Its Measurement; William Thomson on Temperature」, 『Annals of Science』 62(3), 281-308쪽에서 충분히 기술적으로 상세하게 보고된다. 「온도, 열, 그리고 냉」의 내용은 Chang 2002에서 가져와 개작한 것이다.
2. 셀시우스, 드릴, 왕립학회의 척도에 대한 좀 더 자세한 내용으로는 Middleton 1966, 58-62, 87-89, 98-101; Van Swinden 1778, 102-106, 115-116, 221-238; Beckman 1998을 보라. 1737년 드릴이 셀시우스에게 보낸 원래의 드릴 온도계는 웁살라대학교에 보존돼 있다. 사진과 설명을 보려면 Beckman 1998, 18-19를 보라. 영국 그리니치에 있는 국립해양박물관(National Maritime Museum)에는 왕립학회 온도계 세 개(참조자료 번호 MT/Th.5, MT/BM.29, MT/BM.28)와 드릴 척도로 눈금이 매겨진 19세기 말 온도계 하나가 있다(번호 MT/Th.17(iv)).
3. 예를 들어, 셀시우스의 본래 척도는 그 자신이 세운 스웨덴 웁살라의 천문관측소에서 펴낸 기상 보고서에 1740년대 말 한동안 채택되었다. 왕립학회 온도계는 18세기 초에 주요한 영국 표준이 되었으며, 여러 나라에 파견돼 왕립학회에 기상 관측을 보고했던 관리들에게 보내졌다. 보고된 기상 관측 자료는 요약되어 『런던 왕립학회 철학회보(Philosophical Transactions of the Royal Society of London)』에 정기 보고서로 실렸다. 왕립학회 척도가 확실히 사용된 시기는 적어도 1733년부터 1738년까지이다. 드릴 척도는 널리 인정되었으며 한동안 매우 큰 인기를 누렸는데, 특히 러시아에서 그랬다.
4. 개인 대화, 2001년 2월 28일. 조언을 해준 베크만 교수께 감사드린다.
5. 예를 들어 볼턴(Bolton 1900, 42-43)은 1655년 보일이 한 다음의 말을 인용한다. "보통의 장비는 우리에게 공기의 상대적인 차가움 이상을 보여주지 못하며 그것의 양의 온도에 관해 여전히 우리를 어둠 속에 둔다…" 비슷하게 왕립학회의 기록들(Birch [1756-57] 1968, 1:364-5)은 1663년 12월 30일의 모임에서 "냉의 표준을 만들려는" 움직임이 일어났다고 전한다. 그 표준에 관해, 후크(Hooke)는 "증류수를 얼리는 냉의 온도"를 언급했다. 매우 현대적으로 보이는 열 이론을 지닌 헨리 캐번디시조차도 1783년 자신의 논문의 제목을 주저 없이 다음과 같이 달았다. "은을 얼리는 냉의 온도를 결정하는 허친스 실험의 관측."
6. Bolton 1900, 30-31을 보라. 메르센은 이 온도계를 1644년에 소개했다.
7. 열과 냉에 관한 기계적 철학자들의 관점을 요약한 것으로는 Pyle 1995, 558-565를 보라. 더 자세한 내용으로는 Bacon [1620], book II, esp. aphorism XX, 132-135를 보라.

보일에 관해서는 Sargent 1995, 203-204를 보라.
8. 당대에 이른 화학의 역사에서 중요한 정보원인 톰슨에 관한 더 자세한 정보로는, Morrell 1972와 Klickstein 1948을 보라.
9. *Encyclpaedia Britannica*, 2d ed. vol. 3 (1778), 2065-2067의 표제어 "냉(cold)"을 보라. 인용문은 2,066쪽에 있다(원서에는 1066으로 되어 있으나, 서지 사항에 따르면 2066이 맞을 것으로 보인다 — 옮긴이). *Encyclpaedia Britannica*, 3d ed. (1797), 8:350-353의 표제어 "열(heat)"을 보라. 인용된 원리는 351쪽에 있다.
10. 틴들(1880, 289-292)은 왕립연구소에 있는 이 장치를 사용할 기회를 얻는다는 것이 얼마나 대단한 일인지 알고 있었다. 그는 어린 시절에 자신이 장차 자연철학자가 되리라는 꿈을 갖게 된 것은 험프리 다비가 똑같은 장치를 사용해 행한 실험들의 설명문을 읽으며 느낀 흥분 때문이었다고 회상한 바 있다. 당시 다비의 실험은 럼퍼드 백작의 의뢰로 이루어졌다.
11. Young 1807, 1:631. 그는 이어 말했다. "그러나 열이 양의 성질이며 냉은 그런 성질의 감소 또는 부재라고 가정할 만한 여러 가지 근거가 있다." 하지만 그는 "여러 가지 근거" 중 어느 것을 언급하는 데에 관심을 두지는 않았다.
12. Chang 2002를 보라. Evans and Popp 1985는 같은 이야기를 다른 관점에서 유익하게 설명한다.
13. 간략한 추가 정보로는, Chang 2002, 141을 보라. 그의 삶과 업적을 현대의 관점에서 매우 상세하고 권위 있게 설명한 것으로는 Brown 1979가 있다.
14. 럼퍼드의 겨울 의상에 관해서는, "Memoirs" 1814, 397과 Brown 1979, 260을 보라.
15. 어빈과 그의 생각에 관한 더 많은 정보로는, Fox 1968, Fox 1971, 24ff, 그리고 Cardwell 1971, 55ff를 보라.
16. 이 유명한 실험에 대한 설명은 Rumford [1798] 1968에 나온다. 칼로릭 연구자들이 행했던 전형적인 반박의 사례로는, Henry 1802 그리고 Rumford [1804a] 1968, 470-474에 전재된 베르톨레(Berthollet)의 논의를 보라. 칼로릭 이론에 대한 럼퍼드 자신의 개념은 확실히 어빈주의의 변종이었다. 이런 점은 그가 금속 조각들의 (무게에 따른) 비열이 금속 덩어리의 비열과 동일함을 입증함으로써 열이 열용량 변화에서 나올 수 없다고 논증하고자 했다는 데에서 볼 수 있다.
17. Rumford [1804b] 1968, 427-428을 보라. 또한 Evans and Popp 1985, 749에서 이 문제에 관한 짧지만 흥미로운 평을 보라.
18. 다비가 헤라패스(Herapath)에게 보낸 서신(1821년 3월 6일). Brush 1976, 1:118에 인용돼 있다.
19. 베르누이의 연구에 관해서는 Brush 1976, 1:20을 보라. 헤라패스의 이론에 관해서는 같은 책 1:69, 110-111을 보라. 자신의 견해를 알리고자 애쓴 헤라패스의 전반적인 노력에 관해서는 1:115-130을 보라. 헤라패스 이론에 대한 줄의 옹호에 관해서는

Mendoza 1962-63, 26을 보라.
20. 워터스톤의 기본 이론에 관해서 Brush 1976, 1:70-71을 보라. 그 출판물의 유통에 관해서는 같은 책 1:156-157을, 클라우지우스의 기여에 관해서는 1:170-175를 보라.
21. 헤라패스의 온도 개념에 대한 설명으로는, Brush 1976, 1:111-112를 보라.
22. 톰슨의 생애와 연구에 관해 지금까지 가장 폭넓고 상세한 설명으로는 Smith and Wise 1989와 Thomson 1910이 있다. 짧지만 마찬가지로 통찰력이 담긴 문헌으로는 Sharlin 1979가 있다.
23. 르뇨와 함께한 톰슨의 연구에 관한 기록으로는, Thomson 1910, 117, 121-122, 126, 128, 226, 947-948, 1,154를 보라. 아버지에게 보낸 톰슨의 편지(1845년 3월 30일)는 128쪽에서 인용했으며, 1900년 그의 연설은 1,154쪽에서 인용했다.
24. Thomson [1848] 1882, 102, 강조는 원문. Joule and Thomson [1854] 1882, 393을 보라.
25. Regnault 1847의 도입 장에서 르뇨는 자신이 열기관의 작동을 개념화했던 방식을 설명하고 있다. 르뇨의 열기관은 사실상 카르노의 기본 틀과 아주 다르지는 않았다.
26. 와트와 달 학회의 상호작용에 관해서는 Schofield 1963을 보라.
27. 와트의 혁신에 관해서는 많은 해설들이 있지만, 여기에서 나는 주로 Cardwell 1971, 42-52의 해설을 따른다.
28. 사실 세이버리(Savery)와 뉴코먼(Newcomen)이 만든 초창기 증기기관들에서 역학적 당김(pull)의 형태로 유용한 일을 수행한 것은 바로 수축 단계였다. 와트의 증기기관 연구는 글래스고대학교에서 강의 시연용으로 사용된 뉴코먼 기관을 고쳐달라는 요청을 받으면서 시작되었다.
29. 예를 들어 Dalton 1802a를 보라. 거기에는 몇 가지 선구적 실험 결과들과 어빈주의의 훌륭한 설명이 담겨 있다.
30. 줄의 생애와 업적에 관한 좀 더 자세한 설명으로는 Cardwell 1989와 Smith 1998을 보라.
31. 예를 들어, Cardwell 1989의 제5장과 제8장을 보라.
32. 톰슨에게 보낸 줄의 서신, 1848년 10월 6일자와 1848년 10월 27일자. Kelvin Papers, Add. 7342, J61 and J62, University Library, Cambridge.
33. 공식적인 의미로 볼 때 확실히 톰슨은 예전 해석들을 될수록 많이 유지하고자 했지만, 몇 년 뒤 행한 다음의 주장은 내가 보기에도 별 도움이 되지 않는 허세로 보인다. "[1848년의] 논문은 전적으로 카르노의 잘못된 이론에 토대를 두었다. (…) 이에 따라 요구된 수정은 (…) 그렇더라도 이 논문의 주제인 온도 측정법의 절대척도에는 전혀 영향을 주지 않는다." 여기에서 톰슨이 입증하고자 했던 바는 절대온도에 대한 자신의 두 가지 정의를 연결하는 다음과 같은 하나의 단순한 수치 변환 공식이 존재한다는 것이었다. $T_1=100(logT_2-log273)/(log373-log273)$. $T_2=0$일 때 T_1은 음의 무한이 되며, T_2가 273일 때 T_1은 0으로 설정된다는 점에 주목하라. Thomson [1848]

1882, 106에 있는 회고적인 주석을 보라.
34. 이 관계식은 내가 Thomson [1849] 1882, 134, §31에서 제시된 공식 (7)에서 추론해낸 것이다. 톰슨의 첫 번째 절대온도 정의의 결과물인 μ는 상수라고 전제한다.
35. 카르노 함수의 형태로 도출된 다음의 식은 Thomson [1851a] 1882, 187-188, §21에서 가져온 것이다. 이곳과 또 다른 곳에서 나는 다른 공식들의 관계를 더 명확히 나타내고자 톰슨이 쓴 기호를 약간 바꾸었다.
36. Joule and Thomson [1854] 1882, 393, 강조는 추가. 이와 관련해 이런 자유로운 개념은 톰슨의 1848년 논문에서도 이미 표현됐다고 이야기되지만 아주 정확하지는 않다.
37. 이 표현식에 관해서는 Thomson [1851a] 1882, 199를 보라. 여기에서 톰슨은 1848년 12월 9일 줄이 자신에게 보낸 편지를 인용했다. 나는 273.7이라는 수치를 Joule and Thomson [1854] 1882, 394에서 가져왔다.
38. Joule and Thomson [1854] 1882, 394. 같은 해에 출판된 톰슨의 열-전기 관련 논문에도 사실상 동일한 정의가 실렸다. "온도의 정의와 일반 온도 측정법의 가정. 만일 두 물체가 닿아 있으며 어느 것도 다른 것에 열을 제공하지 않는다면, 둘의 온도는 동일하다고 말할 수 있다. 그러나 하나가 다른 것에 열을 제공한다면, 열을 제공하는 것의 온도가 더 높다고 말할 수 있다. 두 물체의 온도는 서로 다른 두 온도점에서 각각 흡수하거나 방출하는 열의 양에 비례한다. 이때에 열의 흡수와 방출은 완전히 가역적인 열역학의 실행을 보여주는 한 차례의 순환을 따를 만한 물질계에 의해 이루어진다. 다른 어떤 온도에서도 열을 방출하거나 흡수할 수 없다. 그것 아니면, 두 온도 절댓값은 더 높은 온도와 더 낮은 온도에 각각 있는 열원과 증기 응축기를 갖추고서 작동하는 완벽한 열역학 기관에서는 받아들여지지 않는 채 흡수되는 열에 비례할 것이다." (Thomson [1854] 1882, 235)
39. 공기기관(air engine)을 다룬 내용으로는, Thomson [1849] 1882, 127-133을 보라.
40. Thomson [1848] 1882, 104-105를 보라. 또한 톰슨은 공기기관의 경우를 추론해내는 데에도 보일 법칙과 게이-뤼삭 법칙을 사용해야 했다.
41. 나는 이 대목에서 Gray 1908, 특히 125쪽의 해설에서 도움을 받았다. 그레이는 톰슨의 글래스고대학교 교수직을 이어받는 연구자로, 톰슨의 과학 연구를 매우 명쾌하고 이해할 수 있도록 설명해준 것이 그의 업적이다. 여기에서 재구성한 논증은 현대적인 논증들, 예컨대 Zemansky and Dittman 1981, 175-177과 그리 많이 다르지 않다.
42. 어떤 온도 표준으로 쟀을 때 동일하다는 말일까? 사실 그 말의 의미는 분명하지 않다. 그러나 우수한 온도계로 쟀을 때 일정한 온도에서 일어나는 현상이 일정한 절대온도에서도 마찬가지로 일어나리라는 것은 별다른 의도 없이도 충분히 가정할 수 있을 것이다.
43. 마이어 가설의 역사와 여러 갈래의 가설 형식들에 관해서는 Hutchison 1976a를 보라.

줄과 톰슨의 서신에 나타나는 줄의 추측에 줄이 어떻게 이르게 되었는지에 관한 설명으로는 Chang and Yi 2005를 보라.
44. 이 부분에 관심을 기울이는 독자는 Hutchison 1976a와 Chang and Yi 2005에서 줄–톰슨의 추론을 자세하게 볼 수 있다.
45. Joule and Thomson [1862] 1882, 427–431을 보라. 이 책에 실은 방정식은 430쪽의 (*a*)에서 가져온 것이다.
46. Middleton 1964b에 있는 기압계의 폭넓은 역사를 보라.
47. 추상의 성격에 관한 좀 더 미묘하게 다른 관점으로는, Cartwright 1999, 39–41 등등을 보라.
48. 르뇨의 인용문의 출처는 Langevin 1911, 49이다. 이런 진술은 르뇨가 이론에 반감을 갖고는 있었지만 측정이 이미 있는 개념에 답을 해야 한다는 사실은 여전히 명확히 인식하고 있었음을 보여준다. 달리 말하면, 브리지먼의 경험주의 다양성과는 대조적으로, 르뇨의 경험주의는 측정에서 가설을 제거하고자 했을 뿐이지 어떤 개념의 의미에 있는 비조작적 성분을 부정하지는 않았다.
49. 실제 열기관의 효율이 이상적인 카르노 기관의 효율에서 얼마나 많이 벗어나 있는지를 충분히 쉽게 말할 수 있어야 하지 않는가? 카르노 자신이 그런 계산을 했으며 톰슨도 같은 종류의 계산을 수행했다. 예를 들어 Thomson [1849] 1882에서 부록(150–155쪽)의 제5절을 보라. 그러나 카르노 순환과 물리적인 열기관 간의 직접 비교가 이루어질 수 있다고 보는 것은 인식적인 착각이다. 그 이유에 관해서는 다음 절에서 좀 더 명확하게 논하겠다.
50. Joule and Thomson [1862] 1882, 428–429. 이런 결과가 어떻게 얻어졌는지에 관한 더 자세한 해설로는 Chang and Yi 2005를 보라. 수소의 경우에, $d\Phi/dp$는 확실히 온도의 함수가 아니었다. Thomson 1880, 49를 보라.
51. 그는 이런 관점의 영감을 부분적으로는 Margaret Morrison(1998)에서 얻었다고 말한다.
52. 비록 내가 "모형"이라는 용어를 사용하지는 않지만 모형의 성격과 기능에 관한 최근의 일부 문헌은 여기에서 논의하는 바와 확실히 연관된다. 특히 이론적 모형이 측정 장비와 같은 기능을 할 수 있다는 모리슨(Morrison)과 모건(Morgan)의 견해(1999, 21-23)를 보라.
53. 엄격하게 말해서, 이상화를 이런 식으로 생각하는 것은 추상적 체계에는 적용되지 않는다. 그렇지만 추상적 체계가 구체적인 상들을 이상화하는 듯이 보인다면 우리는 그 추상적 체계 자체가 이상화한 것이라고 말할 수 있다.
54. 나는 여기에서 속성이 가진 값이 실재하는지에 대해 존재론적 허무주의를 옹호하는 것이 아니다. 다만 우리의 개념들이 다양한 수준(level)에서 어떻게 의미를 갖는지(meaningful)에 관해 주의를 기울이자는 것이다. 이론적인 수준에서 충분히 의미 있는

어떤 개념도 조작적인 수준에서는 의미를 잃을 수도 있으며, 반대의 경우도 마찬가지이다. 또한 의미의 수준을 구별한다(differentiate)고 해서 내가 제3장 「브리지먼을 넘어서」에서 거부했던 그런 종류의 극단적 조작주의를 옹호하고 있는 것이 아님을 분명하게 해두어야 하겠다. 일관된 이론 내의 추상적 개념은 조작화되지 않는다 해서 무의미해지는 것은 아니다. 그러나 그것이 경험적인 의미를 지니려면 조작화를 거쳐야만 한다.

55. 주 38의 1854년 문헌에서 인용된 그 정의를 보라.
56. 도출 방법에 관한 자세한 내용으로는, Chang and Yi 2005를 보라.
57. Thomson 1880, 46, §44. 또한 Thomson [1879-80a] 1911과 Thomson [1879-80b] 1911을 보라.
58. Callendar 1887, 179는 캘린더의 분석의 출발점과 최종 결과를 제시하지만 추론의 상세한 내용을 보여주지는 못한다. 나의 논의는 Le Chatelier and Boudouard 1901, 23-26을 따른다.
59. 자세한 내용은 Chang and Yi 2005를 보라.
60. Callendar 1887, 179를 보라. 데이와 소스먼(1922, 859)에 의하면, 당시까지 기체 온도계를 사용해 섭씨 1,000도에 도달하려는 시도는 네 번만이 이루어졌다. 또한 제3장의 「웨지우드에 쏠린 집단 비판」에서 다룬 공기 온도계의 고온 한계에 관한 논의를 보라.
61. 톰슨의 연구에 있는 이런 측면의 좀 더 자세한 의미에 관해서는 Chang and Yi 2005를 보라.
62. Joule and Thomson [1862] 1882, 430. 이들은 1854년 『철학회보(Philosophical Transactions)』의 제2부 336쪽에 실린 랭킨의 논문을 언급했다. 줄과 톰슨은 둘이 공저한 초기의 글 ([1854] 1882, 375-377)에서 이미 이 주제에 관해 랭킨이 보내온 서신을 해설과 함께 인용한 바 있다.
63. 온도의 실재성(reality)에 관해 이야기하는 것은 이상하게 들릴지도 모른다. 온도는 속성(property)이지 물체(object)가 아니다. 그렇지만 실체(entity)보다는 속성에 대해 실재론 문제를 다루는 것이 더 이해될 만하다는 의미에서 훌륭한 논증들은 존재한다. Humphreys 2004, sec. 15를 보라.

제 5 장

측정, 정당화, 그리고 과학의 진보

측정, 순환, 그리고 정합론
정합론이 진보하게 만들기: 인식적 반복
반복의 열매: 풍부화와 자기 교정
전통, 진보, 그리고 다원론
추상적인 것과 구체적인 것

INVENTING TEMPERATURE

측정,
정당화,
그리고 과학의 진보

> 어떤 면에서 설거지와 언어는 비교될 수 있다. 개숫물이 더럽고 행주가 더럽더라도 우리는 어떻게든 결국에 접시와 유리를 깨끗하게 닦아낼 수 있다. 마찬가지로 우리에게 명료하지 않은 용어가 있고, 언어가 적용될 때 알 수 없는 방식으로 제한되는 논리가 있다. 그렇더라도 우리는 언어를 성공적으로 사용해서 자연에 대한 우리의 이해를 깨끗하게 닦아왔다.
>
> — 닐스 보어(Niels Bohr) 1933(『물리학과 그 너머(Physics and Beyond)』(1971)에서, 베르너 하이젠베르크가 인용한 말)

앞 장들에서는 표준과 그 전제의 정당화 과정에 초점을 맞춰 온도 측정법의 발전 과정을 살펴보았다. 이런 측정의 이야기는 특정한 유형의 과학적 진보를 보여준다. 이제 나는 이전에 발표된 다양한 견해에 의지해 간략하게나마 과학적 진보에 관해 체계적으로 설명하고자 한다. 나는 이 책에서 모든 것에 적용되는 어떤 인식론적 원리(doctrine)를 발전시키고자 하지 않았다. 그렇지만 구체적인 역사 사건을 고찰하는 과정에 등장하는 특정 유형의 과학적 진보의 이미지를 드러내지 않는다면 이 또한 솔직하지 않은 일이 될 것이다. 뒤의 「추상적인 것과 구체적인 것」에서 더 정교하게 논하겠지만, 이 장에서는 앞선 장들을 통해 어떤 일반화(generation)를 찾아내려는 것이 아니라 그런 구체적인 이야기를 구성하는 추상적인 틀을 분명하게 밝히고자 한다. 또한 이 장이 앞선 장들에서 지적된 인식론적으로 중요한 모든 요점을 정리하려는 것도 아니다. 나는 여기에서 종합을 통해서 더 강력하고 심화할 수 있는 생각과 논증만을 모아 다루고자 한다. 나머지는 앞 장들에서 전개된 대로 둘 것이다.

이 장의 전체 논증은 다음과 같이 요약할 수 있다. 측정 방법을 정당화하려고 할 때 우리는 경험주의적 토대론(empiricist foundationalism)에 내재한 순환을 발견한다. 그런 순환에 대처하는 데 유일하게 생산적인 방법은 그것을 받아들이는 것, 그리고 경험과학 내의 정당화는 정합론(coherentism)을 지지할 수밖에 없음을 인정하는 것이다. 그런 정합론 안에서 인식적 반복은 과학적 진보를 이루는 효과적 방법이 되며 결국에는 애초 확인된 체계를 풍부화하고 자기 교정을 하게 한다. 과학적 진보를 이루는 이런 방법은 보수성(conservatims)과 다원론(pluralism)을 동시에 포용한다.

측정, 순환, 그리고 정합론

과학 이론을 경험적으로 검증하는 것의 어려움을 논한 그 유명한 논의에서, 피에르 뒤엠은 "이론에 대한 실험적 검증은 물리학에서는 생리학에서 그런 것과 같은 논리적 단순성을 지니지 않는다"라는 흥미로운 진술을 했다([1906] 1962, sec. 2.6.1, 180-183). 생리학자들은 스스로 당연시하는 물리학 이론에 바탕을 둔 실험실 장비를 사용해서 관찰을 행할 수 있다. 그렇지만 물리학 이론을 검증할 때에는 "우리가 검증하고자 하는 이론을 실험실 문 밖에 두는 것이 불가능하다." 물리학자들은 물리학 이론에 기반을 두고서 물리학 이론을 검증해야 한다. 물리학자들 중에서도, 기본적 관찰(elementary observation)을 통해 복잡하고 첨단적인 이론을 검증하는 데 관여하는 사람들이라면 뒤엠이 말한 생리학자와 아주 비슷하게 비교적 단순한 인식적 위치에 놓일 것이다. 하지만 기본적 관찰 자체를 정당화해주는 그 추론을 정당화해야 하는 사람들은 순환에서 벗어나기가 매우 어려운 일이다. 기초가 되는 문제는 명료하다. 즉, 경험과학에는 이론에 기반을 둔 관찰이 필요하다. 그러나 경험주의 철학에서는 그런 이론은 관찰에 의해 정당화되어야 한다. 그리고 순환 문제가 모호하지 않고 가장 확실히 명료하게 등장하는 것은, 다름 아니라 그 정당화가 매우 정밀하게 이루어져야 한다는 정량적 측정의 맥락에 놓여 있다.

앞 장들에서 나는 정당화의 과정에 나타나는 이런 순환이 온도 측정법 발전의 특정한 역사적 사건(episode)에서 어떻게 그 모습을 드러냈는지 살펴보았다. 제1장에서는 이전에 온도의 일정함에 대한 어떤 표준도 확립된 적이 없는데도 특정 현상이 일정한 온도에서 일어난다고 어떻게 판단할 수 있었는지의 물음을 던졌다. 그 답은 스스로 개선되는 나선형의 정량화에서 찾았다. 그것은 감각에서 출발해 통상의 온도경을 거쳐 나아갔으며 결국에는 수치 온도계에 이르렀다. 제2장에서는 특정한 경험적 규칙성(regularity) 자체가 온도계 기록의 도움을 받아서 검증되어야 했을 텐데 그런 규칙성에 의지하는 온도계의 정확성은 어떻게 검증될 수 있었는지에 관해 물었다. 그 답은 우리가 온도계의 이론적 정당성을 증명할 수 없을지라도 온도계는 비교동등성(comparability)이라는 잣대에 의해 검증될 수 있다는 것이었다. 제3장의 물음은 온도 측정용 척도가 확립됐더라도 새로운 영역에 사용할 수 있는 기존의 표준이 없는 마당에 그 척도를 확장해 적용하는 것이 어떻게 평가 가능할 수 있었는가 하는 것이었다. 그 답은 새로운 영역에 적용되는 갖가지 제안된 측정 방법 사이에 측정값의 수렴 현상이 확립됨으로써 새로운 영역의 온도 개념은 부분적으로 구축이 되었다는 것이었다. 제4장에서는 온도의 추상적 개념을 측정하는 방법이 어떻게 검증될 수 있는지 물었다. 추상적 개념과 물리적 조작이 조응한다는 것은 어떤 이론에 의지해 확인될 수 있으며, 그런 이론은 온도 측정의 결과를 사용해 경험적으로 증명되어야 했다는 것이었다. 그 답은 정당화되지 않은 가설을 임시로 가정하는 데 바탕을 두면서 결국에는 그 초기 가설을 교정하는 데로 나아가는 반복적 탐구(iterative investigation)에서 찾았다.

내가 제시한 각각의 역사적 사건들에서, 정당화는 그저 여러 요소의 일관성(coherence)에서 나타났는데, 그런 요소들은 그 자체로 궁극적 정당화를 지니지는 않는 것이었다. 각 역사적 사건은 경험주의적 토대론의 기본 한계를 담고 있는 것이다. 나는 다음과 같은 리처드 폴리(Richard Foley 1998, 158-159)의 설명을 토대론(foundationalism)의 정의로 받아들인다. "토대론자들에 따르면, 인식적 정당화에는 위계적인 구조가 있다. 어떤 믿음들은 스스로 정당화될 수 있어서 그 자체가 증거 토대(evidence base)로 사용될 수 있다. 다른 믿음들은 이런 기본 믿음들이 적합하게 뒷받침해줄 때에만 정당화된다." 토대론의 프로젝트에서 주된 난제는 그처럼 자기 정당성을 지니는 믿음을 실제로 찾아내는 일이다. 이 문제에 관해서는 커다란 논쟁이 있어왔다. 그러나 나는 자기 정당성을 지닌 듯한 어떤 명제 집합도 우리에게 자연에 관해 많은 것을 가르쳐줄 정도로 유익하지는 않았다는 데 대부분 비평가들이 동의하리라고 생각한다. 형식논리와 수학이 바로 여기에 해당한다. 경험의 영역에서는, 언어와 관찰도 이론의 영향을 받는다는 이론 적재성(theory-ladenness)을 생각한다면 우리는 언어로 표현되지 않은 직접 경험만이 자기 정당성을 지닐 것임을 인정할 수밖에 없다. 모리츠 슐리크(Moriz Schlick)

도 인정했듯이, 그런 직접 경험(그는 "확인(affirmation)"이라 부른다)은 과학 지식의 체계를 구축하는 데 그 기초로 사용될 수 없다[1930] 1979, 382). "확인의 토대 위에는 논리적으로 조리 있는 어떠한 구조를 세울 수 없다. 왜냐하면 그런 확인이라는 것은 건축이 시작되는 순간에 이미 사라지고 없기 때문이다."[1]

토대론적인 정당화가 지니는 이런 어려움을 마주할 때, 우리는 경험적인 정당화의 관심사를 완전히 포기함으로써 거기에서 벗어나고자 노력할 수 있다. 하지만 나는 그것이 바람직한 선택이라고는 생각하지 않는다. 물리적 측정의 측면에서, 나는 정당화의 문제를 완전히 피하는 데에는 오로지 두 가지 길만이 있다고 본다. 첫째, 우리는 단순한 형태의 규약주의(conventionalism)를 받아들일 수 있다. 거기에서 우리는 그저 방법 M으로 정량 Q를 측정하기로 결정하면 될 뿐이다. 그러면 M은 약속에 의해 올바른 방법이 된다. 사람들은 어떤 위원회가 선정한 미터 막대자(또는 표준 킬로그램 등)와 같은 것이 그런 규약주의적 전략을 구현한다고 생각할 수 있다. 그들은 모든 고려 사항들을 무시하고 미터 막대자로 특정한 백금을 선택하는 데로 나아가며, 결국에 쓸 수 있는 재료 중에서 백금이 가장 강건하고 가장 적게 변한다는 결론에 도달할 것이다. 극히 단순한 규약주의는 받아들이기 힘들 정도의 독단성을 띤다. 그러나 좀 더 세련된 형태의 규약주의로 나아간다면 다시 정당화의 필요성이 제기될 것이다. 예컨대 앙리 푸앵카레의 규약주의에서는 누구라도 어떤 정의가 가장 단순한 법칙 체계에 이르는지에 관한 자신의 판단을 정당화해야만 한다.

정당화 문제를 제거하는 두 번째 방법은 제3장의 「브리지먼을 넘어서」에서 내가 비판적으로 살펴보았던 그런 종류의 극단적 조작주의이다. 이에 의하면 모든 측정 방법은 스스로 그 자신의 개념을 정의하기 때문에 자동으로 올바른 것이 된다. 그런 해법의 문제점은 그런 조작에서 조금이라도 변화가 생기면 새로운 개념을 정의하게 되기 때문에 그 방법은 끝없는 새로운 조건 열거(specification)의 수렁에 빠지고, 그것은 사실상 측정을 완전히 방해하게 된다는 것이다. 그런 문제를 맛보려면 다음과 같은 브리지먼의 문장을 음미해보라.

> 그 자체로 충분히 복잡한 문제인 정지한 물체의 길이에 대해서는 충분히 이야기했다. 이제 우리는 움직이는 거리의 자동차를 측정해야 한다고 생각해보자. 가장 손쉬운 방법, 우리가 '순진한 절차'라 부를 수 있는 것은 미터 막대자를 들고 자동차에 올라타고서 멈춘 물체에 적용되는 절차들을 되풀이하는 것이다. (…) 그러나 여기에서 새로운 세부 질문이 나올 수 있다. **우리는 어떻게 막대자를 들고서 차에 올라탈 것인가?** 뒤에서 차를 쫓아가다가 올라탈 것인가 아니면 차가 앞쪽에 있는 우리를 태우도록 할 것인가? 또는 어쩌면 막대자를 구성하는 물질이 전에는 문제가 없었지만 지금은 달라지지 않았을까? (Bridgman 1927, 11, 강조 추가)

이런 종류의 우려는 자기만족을 경계하는 것으로서는 매우 효과적이지만 그럴듯한 실천으로는 도움이 되지 않는다. 잠재적으로 관련된 측정 환경들을 모두 다 열거한다는 것은 불가능하기 때문에, 일반적인 특성을 지닌 절차를 채택하고 정당화할 필요가 있다.

그러므로 우리는 자명한 자기 정당성을 지니는 토대가 없더라도 끊임없이 정당화를 추구하는 것 외에 선택할 길이 없다. 그런 인내 덕분에 우리는 정합론(coherentism)에 도달할 수 있다. 나는 이 말을 다음과 같은 의미로 사용하며, 다시 한 번 더 폴리(1998, 157)의 정식화를 받아들이고자 한다. "정합론자들은 어떠한 믿음도 자기 정당성을 지닌다는 것을 부정하면서, 그 대신에 믿음들은 서로 뒷받침해주는 믿음들의 어떤 체계에 속하는 한에서 정당화된다고 제안한다." 우리는 앞선 장들에서 정합론이 긍정적 작용을 하는 것을 보았다. 가장 단순한 경우는 제2장과 제3장에서 다루었는데, 제2장에서 르노는 "비교동등성"이라는 잣대를 도입해 특정 온도계를 실재 온도를 표시하는 후보에서 배제했다. 제3장은 다양한 측정 방법들의 "서로 받쳐주기"가 온도 개념을 더 넓은 영역으로 확장하기 위한 전략으로서 구실을 했음을 보여준다. 이 장의 나머지 부분에서 나는 과학의 진보를 이해하는 데 생산적인 틀이 될 수 있는 특정한 정합론을 분명하게 제시해보고자 한다. (그렇다고 그 자체가 정합론이 토대론보다 우월함을 증명하는 것은 아니다.)

진보적 정합론(progressive coherentism)을 이야기하기 전에 먼저 흥미롭게 언급할 만한 것이 있는데, 은유에 담긴 물리적 상황이 정확히 말 그대로 이해된다면, 확고한 토대 위에 건축물을 세운다는 토대론의 주요한 은유가 사실 정합론을 보여준다는 점이다. 건축물 은유를 흔히 토대론 식으로 이해하는 것은 편평한 지구가 등장하는 우주론만큼이나 시대에 뒤진 것이다. 어떤 고대 신화 속의 우주 그림에는, 편평한 지구가 아주 커다란 코끼리의 등 위에 올려져 있고 그 코끼리는 거대한 거북이 등 위에 서 있다고 한다. 그러면 거북이는 또 무엇 위에 서 있을까? 우리가 머물고 있는 지구의 실제 형상을 생각해보자. 그러면 토대의 토대는 무엇일까 하는 물음은 잘못된 물음임을 알 수 있다. 우리는 편평한 지구에서 위쪽을 향하는 것이 아니라 둥근 지구에서 바깥쪽으로 구조물을 세운다. 우리가 지구에 건축물을 세우는 이유는 궁극적인 의미에서 지구가 근본적이거나 안전하기 때문이 아니라, 또한 지구 자체가 궁극적으로 확고한 어떤 무엇 위에 놓여 있기 때문이 아니라, 그저 우리가 지구에 살고 있기 때문이다. 토대 자체는 다른 무엇의 토대 위에 있지 않다. 지구는 자체 내에서 응집하며 다른 물체를 끌어당기는 거대하고 딱딱하며 조밀한 물체이기 때문에 그저 토대로서 구실을 한다. 과학에서도 우리는 우리에게 처음 주어진 것 주변에다 구조물을 세운다. 거기에는 절대적으로 안전한 출발점이 필요하지 않다. 되돌아보면 아이러니는 자명하다. 토대론자들은 정합론에 꼭 맞는 은유에 의존해왔던 것이다.

사실, 둥근 지구 위에서 건축하기의 은유는 정합론을 좀 더 정교하게 만드는 데 크게 도움을 줄 수 있다. 이는 콰인의 막(membrane)이나 심지어 노이라트의 배 은유보다 더 유용하다(두 은유는 제3장의 「성장의 전략, 서로 받쳐주기」에서 다루었다). 왜냐하면 기존의 그런 정합론 은유들은 위계적인 구조의 의미를 전혀 담아내지 못하기 때문이다. 우리 둥근 지구가 부동의 토대가 되지는 않더라도, 지구의 중력물리학은 여전히 우리에게 특정 위치에서 "위"나 "아래", 그리고 어느 곳에서나 "안으로"나 "바깥으로" 같은 방향 감각을 제공한다. 그런 방향성은 우리의 건축 활동에 강한 제약(constraint)이 되는데, 그런 제약은 또한 매우 유용하게 쓰일 수도 있다(제약이 없는 공간에서 우주정거장을 건설하는 일의 어려움을 생각해보라). 이런 제약은 전반적인 진보의 방향을 명료하게 제시해주는데, 그것은 아래쪽에(또는 안쪽에) 이미 쌓인 토대 위에 위쪽 방향으로(또는 바깥쪽으로) 건축을 행한다는 것이다. 거기에는 내부층의 요소가 외부층의 요소를 떠받친다는, 즉 반대로 이루어지는 것이 아니라 말 그대로의 의미가 존재한다.[2] 둥근 지구 정합론은 토대론의 가장 적합한 측면들을 끌어들여 통합할 수 있다. 덕분에 우리는 위계적 정당화는 응당 흔들림 없는 토대로 귀결되어야 한다고 주장하지 않으면서, 또는 무한회귀(infinite regress)의 운명에 빠질 수 있다는 두려움을 품지 않으면서도 위계적 정당화를 완벽하게 이해할 수 있다.³

정합론이 진보하게 만들기: 인식적 반복

지금까지 나는 정당화의 추구가 정합론으로 나아갈 수밖에 없다고 논증해왔다. 그러나 정합론의 진짜 잠재력은 우리가 그것을 **정당화**(justification)보다 **진보**(progress)의 철학으로 받아들일 때에만 제대로 이해될 수 있다. 당연히 정당화와 진보 사이에는 내적인 연결고리가 존재한다. 따라서 지금 내가 주창하는 바는 강조점이나 관점의 변화일 뿐이지만 거기에는 어떤 실재적 의미도 함께 담겨 있을 것이다. 정합론에 대한 이런 재조명(reorientation)은 사실 제1장의 「표준의 타당성 확인」과 「표준의 반복적 개선」에서 보여준, 고정점을 다루는 두 가지 방식 간의 대비에서도 이미 내비친 바 있다. 내가 집중하고 싶은 물음은 과학 지식의 발전을 어떻게 지속하는가이지 우리가 이미 지닌 것을 어떻게 정당화하는가는 아니다.

정합론의 틀에서 보면, 탐구(inquiry)는 확인된 기존 지식 체계의 토대 위에서 진행되어야 한다. 이 점은 비트겐슈타인(Wittgenstein 1969), 후설(Husserl 1970), 폴라니(Polanyi 1958), 쿤(Kuhn 1970c)을 비롯해 주요 철학자들 사이에서 폭넓게 강조되어 왔다. (포퍼도 말했듯이, 이런 탐구 과정의 역사적 시작은 아마도 누구라도 생각할 수 있는 것이었으리라. 궁극적 기원이 누구인지에 관한 물음은 지금 나의 논의에서 아주 중요한 문제는 아니다.) 기존 지식 체계에서 출발한다는 것은 과거에 지성적으로 활동했던 실제 집단의 성과물 위에다 건축물을 세운다는 것을 의미한다. 로렌스 스클라(Lawrence Sklar 1975, 398-400)가 잠정적으로 제시했듯이(어떤 흥미로운 토대론 은유에서), "보수성의 원리(principle of conservatism)"는 "모든 정당화를 세울 때에 의지해야 하는 초석"일 수 있다. 그것은 지식에 지워지지 않는 역사적 성격을 부여한다. 해럴드 샬린(Harold Sharlin 1979, 1)이 윌리엄 톰슨의 연구에 관한 자신의 논의 틀을 짜면서 다음과 같은 유추를 사용했는데, 그것은 또한 일반적인 의미를 지닌다.

아버지-아들의 관계에는 과학 연구의 역사적 토대에 비유할 만한 어떤 요소가 있다. 아들에게 아버지는 경쟁의 상대이며 아들은 위험을 무릅쓰고 아버지를 거부한다. 과학 전통은 현대 과학에 방해가 될 수 있지만 그런 전통을 완전히 부정하는 것은 과학 연구의 토대를 훼손하는 일이 된다. 아들에게, 그리고 새로운 세대 과학자들에게는 두 가지의 열린 길이 놓여 있다. 과거에 순응해서 다른 누군가의 경험이 주는 교훈들로 에워싸인 채 또다시 복제자가 되거나, 아니면 그런 길에서 벗어나는 길이다. 현재와 과거의 역사적 관계를 해치지 않으면서 과거에서 벗어나고자 시도하는 이들은 자신의 독립성을 유지하면서 독창적인 기여를 할 수 있다.

나는 제1장의 「표준의 타당성 확인」에서 이와 비슷한 생각을 "존중의 원리(principle of respect)"로 정리한 바 있다. 그것은 윌리엄 라이칸(William G. Lycan 1988, 165-167)이 말한 "신빙성의 원리(principle of credulity)"보다는 더욱 강한 의미이다. 신빙성의 원리는 어떤 사람이 지닌 믿음은 근거 없이 거부되어서는 안 되지만 사소하더라도 근거가 있을 때에는 거부되어야 한다고 말할 뿐이다. 존중의 원리는 혁신자(innovator)를 그렇게 쉽게 놔두지 않는다. 이미 확인된 체계를 존중하는 사람들도 그 체계를 거부할 만한 강력한 근거들을 지닐 수 있다. 그러나 그들은 또 다른 기초에서 출발하면 조화를 이루기에 매우 큰 어려움을 겪을 상당한 성과물이 이미 확인된(affirmed) 체계에 구현되어 있음을 인식하고 있기 때문에 그것과 더불어 지속적으로 작업을 해나갈 것이다.

기존 지식 체계에서 초기의 확인은 무비판적으로 이루어질 수도 있지만, 확인된 지식 체계가 불완전하다는 이유 있는 의심을 받으면서 이루어질 수도 있다. 확실하게 우월한 다른 대안이 존재하지 않을 때에는 이미 알려진 체계를 확인하는 것이 유일한 선택지가 된다. 간단한 사례에서 이런 점을 볼 수 있다. 파렌하이트는 서로 다른 온도를 띤 여러 유체들의 양을 미리 측정한 다음에 이를 혼합해 그 결과로 나타나는 온도를 관찰함으로써, 초기의 비열 연구에 중요하게 기여한 몇 가지 실험을 했다. 그 실험들에서 그는 오류의 중요한 원천을 잘 알고 있었다. 혼합 용기(그리고 온도계 자체)의 초기 온도가 결과에도 영향을 끼칠 수 있다는 점이었다. 이런 오류의 원천을 제거하는 유일한 방법은 처음에 혼합 용기의 온도를 혼합 결과물의 온도에 맞춰놓고 실험을 벌이는 것이었다. 그러나 그 혼합 결과물의 온도라는 것은 이 실험에서 찾아내고자 하는 바로 그것이었다. 파렌하이트가 채택한 해법은 실용적이며 또한 심오한 것이었다. 1718년 12월 12일 부르하베에게 보낸 편지에서, 그는 다음과 같이 썼다.

(1) 나는 내가 구할 수 있는 한에서 가장 얇은 유리로 만든 넓은 용기들을 사용했다. (2) 나는 액체들을 이 용기에 부었을 때에 액체들에 나타나는 온도에 근사적으로 같은 온도로 이 용기들을 가열하고자 했다. (3) 나는 앞에서 수행한 몇몇 시험들에서 이런 근사적인 온도를 알게 되었으며, 만일 용기가 그렇게 근사적인 온도로 가열되지 않는다면 용기가 (더 뜨겁거나 더 차가운) 자기 온도 중 일부를 혼합물과 주고받는다는 사실을 알게 되었다. (van der Star 1983, 80-81)

나는 파렌하이트가 사용한 근사법의 정확한 절차에 관한 기록을 찾을 수는 없었다. 그렇지만 다음과 같은 재구성은 가능하며, 이는 파렌하이트 자신이 그렇게 했는지 아닌지와는 별개로 매우 가능한 일이라고 생각한다. 용기의 온도를 처음에는 뜨겁고 차가운 액체들의 초기 온도 사이에 있는 중간 온도로 시작한다. 이 실험에서 혼합물의 온도를 측정하고, 그런 다음에 다음 번 실험에서는 용기를 그 온도로 맞춘다. 이 실험의 결과는 이전 실험의 결과와는 약간 다를 것이다. 이런 절차는 원하는 만큼 되풀이 할 수 있고, 그럼으로써 우리는 용기의 초기 온도에서 비롯하는 오류를 크게 줄일 수 있다. 결국에 우리가 초기에 설정하는 용기의 온도는 혼합물의 온도와 거의 동일해질 것이다. 이런 일련의 실험들에서 우리는 결과에 대해 토대가 부실한 추정을 한다는 것을 알면서 시작하지만, 그런 추정은 시작점으로서 구실을 하며 거기에서 시작해 아주 정확한 결과에 도달할 수 있을 것이다.

이것은 제1장의 「표준의 반복적 개선」에서 내가 이름 붙인 "인식적 반복(epistemic iteration)"을 보여주는 하나의 사례이다. 나는 인식적 반복을 다음과 같이 설명한 바 있다. "인식적 반복은 앎(knowledge)의 연속 단계들이 각각 앞선 단계에 의존하면서 어떤 인식 목표의 성취를 높이고자 창출되는 과정이다. (…) 각 단계에서, 나중 단계는 앞 단계에 기반을 두지만 어떤 식으로건 앞 단계에서 곧바로 연역될 수는 없다. 단계와 단계의 각 연결(link)은 존중의 원리와 진보의 정언명령에 기반을 두며, 연쇄사슬 전체는 연속적 전통 안에서 혁신적 진보를 보여준다." 의심의 여지가 없는 토대의 도움이 없는데도 지식이 어떻게 나아갈 수 있는지 이해하는 데 반복은 열쇠를 제공한다. 우리가 지닌 것은 매우 불완전한 성분은 다 함께 던져버리고서 불완전성이 조금 덜한 무엇을 만들어내는 과정이다. 여러 과학자와 철학자가 이 과정에 담긴 감탄스러운 본성, 거의 믿기 힘들 정도로 너무 훌륭한 본성에 주목해왔으며, 그것이 어떻게 작동하는지 이해하고자 노력해왔다. 나는 이미 제1장의 「표준의 반복적 개선」에서 지식이 지닌 자기 교정(self-correcting)의 성격에 관한 퍼스(Peirce)의 생각을 언급한 바 있다. 조지 스미스(George Smith 2006, 46)는 경험 세계의 복잡성(empirical complexity)에 대한 반복적인 관여야말로 뉴턴 체계를 다른 경쟁자의 것보다 우월하게 만드는 요인이라고 설득력 있게 논증했다. "갈릴레오와 하위헌스의 합리론 역학과는 대조적으로, 『자연철학의 수학적 원리(Principia)』에서 우러나오는 과학은 실제적 운동을 온갖 복잡성을 지닌 채로 파악하고자 애쓴다. 그렇지만 그것은 단일한 정밀 해법을 통해 이루어지는 것이 아니라 일련의 연속적인 근삿값 구하기를 통해서 이루어진다." 요즘 철학자 중에서는 아마도 데보라 메이요(Deborah Mayo 1996)가 자기 교정과 "확장적 개입(ampliative inference)"의 본성을 설명하려고 가장 폭넓은 노력을 기울이고 있다.[4]

당연히 인식적 반복의 방법이 언제나 성공적이라는 보장은 없다. 반복 과정에는 자기 파괴(self-destruction)의 위험도 내재해 있다(Smith 2002, 52 참조). 초기에 확인된 체계는 수정되기도 쉽기에, 연구 자체의 타당성이 위태로워질 가능성도 존재한다. 진보를 이루려는 시도에서 바로 그 기초가 되는 초기에 확인된 체계의 요소들을 변경해야 한다면 그것은 어떻게 정당화될 수 있을까? 과학에 깃든 사람의 생각을 바꾸는 데에 어려움이 있다는 것이 아니다. 자칫 잘못하면 그 과정 전체가 자기모순의 늪이 될 수도 있다는 점이 우려의 대상이 된다. 우리가 확실히 해두어야 하는 것은, 초기에 확인된 체계에서 어떤 산출물이 변화를 유발했더라도 그렇게 해서 생겨난 변화가 바로 그 산출물을 무효화하지는 않는다는 점이다. 그런 일이 가능한지 아닌지는 개별 사례에서 우연적이고 경험적인 문제이다. 만일 어떤 체계에 시도되는 모든 반복적 개선들이 자기모순을 초래한다면 그것은 그 체계 자체가 실패인 것으로 받아들여질 것이다. 이처럼 반복적인 자기 파괴가 일어난다면 우리가 초기에 확인된 체계를 경험적으로 반증하는 데로 점점 더 가깝게 나아갈 수 있다. 앞선 장들에서, 우리는 초기에 확인된 믿음이 이처럼 거부되는 사례들을 여러 차례 잠시 들여다보았다. 예를 들어서, 수은의 본질적인 유동성(제3장의 「수은은 얼 수 있는가?」와 「수은은 어는점을 스스로 보여줄 수 있는가?」), 열용량에 관한 어빈의 학설(제4장의 「열역학 이전의 이론적 온도」), 그리고 알코올 팽창의 선형성(제2장의 「르뇨: 간소함과 비교동등성」에서 끝 부분)에 관해 다룬 부분이 그렇다. 어떤 지식 체계가 전진하는 탐구를 더 이상 뒷받침할 수 없다면, 그런 상황은 그 체계에 반하는 저주스러운 판결이 된다.

반복이 성공적일 때, 우리는 그렇게 해서 진보가 얼마나 성취되었는지 어떻게 판단하는가? 이 대목에서 어떤 이들은 다시 토대론에 눈길을 돌릴 수도 있겠다. 토대론에서는 자기 정당성을 지닌 명제들이 진리의 확실한 결정권자(arbiter)로서 구실을 할 수 있다. 그래서 우리가 진리에 얼마나 더 근접했는지(또는 적어도 우리가 오류(falsity)를 얼마나 잘 피했는지)에 따라 과학적 진보를 평가할 수 있는 명쾌한 의미를 얻을 수 있다. 의심의 여지가 없는 토대가 없다면, 우리가 진리에 좀 더 근접했는지 아닌지 어떻게 판단할 수 있다는 말인가? 여기에서 우리가 해야 할 일은 진리에서 눈을 돌리는 것이다. 가장 엄격한 토대론자들도 인정할 터인데, 사실 우리가 지식 체계의 우수함을 판단할 때 사용할 수 있고 사용해야 하는 판단 기준은 다양하게 존재한다. 그런 잣대는 절대적인 것은 아니며 그 응용도 어느 정도는 역사적으로 우연적이다. 그러나 그것들은 우리가 판단하는 방향을 제시하는 데에 상당한 힘으로 작용한다.

경험적 확증의 판단 기준에 관한, 그리고 가설연역론(hypothetico-deductivism)이라는 틀 내의 가설수용가능성에 관한 칼 헴펠(Carl Hempel 1966, 33-46)의 논의에서는 이론과 관찰 간의 단순 일치를 넘어 여러 가지 다른 측면이 중요한 요인으로 인식된다. 무엇보다 헴펠은 이론–관찰 일치의 질은 증거의 양(quantity), 다양성(variety), 그리고 정밀성(precision)이라는 서로 다른 세 가지 기준에 의거해 판단되어야 함을 강조한다. 이에 더해 그는 개연성(plausibility)의 판단 기준으로는 단순성(simplicity), 더 일반적인 이론의 뒷받침, 이전에 알지 못하던 현상의 예측 능력, 그리고 배경 지식과 관련한 신뢰성(credibility)을 제시한다. 토머스 쿤(1977, 322)은 정확성(accuracy), 일관성(consistency), 적용범위(scope), 단순성, 생산성(fruitfulness)을 "어떤 이론의 적합성을 평가하는 표준적인 기준" 또는 "가치(value)"로 꼽는다. 이런 기준을 이용해 공약불가능성이 존재하더라도 서로 맞서는 패러다임들 간에 비교 및 판단을 할 수 있다는 것이다. 바스 반 프라센(Bas van Fraassen 1980, 87)은 우아(elegance), 단순성, 완결성(completeness), 통일력(unifying power), 그리고 설명력(explanatory power)을 언급했지만 이처럼 희구되는 것들은 그저 "실용적인 덕목들(pragmatic virtues)"일 뿐이라고 낮춰 평가했다. 그러나 반 프라센도 그것들이 가치를 지니지 않는다고 주장하지는 않을 것이며, 다른 이들은 이런 실용적 덕목이 정당화의 요소가 된다(justificatory)고 논증한다. 윌리엄 라이칸(William Lycan 1988; 1998, 341)은 인식적 또는 "이론적" 덕목의 예로서, 단순성, 검증가능성(testability), 다산성(fertility), 정연성(neatness), 보수성(conservativeness), 일반성(generality)(또는 설명력)을 제시한다. 나는 이런 다양한 판단 기준을 모두 다 "인식적 가치" 또는 "인식적 덕목"이라고 부르고자 하며, 이런 용어를 어느 정도 섞어 쓸 것이다. (열거된 목록은 동일하더라도, 그것이 지식 체계에 대해 판단을 내리는 데 쓰는 기준으로 이해될 때에는 인식적 **가치**로 부르고, 지식 체계가 지니는 훌륭한 특성으로 이해될 때에는 인식적 **덕목**으로 부를 것이다).

반복의 과정이 결국에 진보를 이루었는지, (또는) 어느 정도나 이루었는지는, 그 인식적 덕목들 사이의 어느 것에서건 지식 체계가 향상되었는지 살펴봄으로써 판단할 수 있다. 나는 지금 진보를 다원적인 방식으로 정의하고 있다. 즉, 일반적으로 인식적 덕목으로 인정되는 어떤 특징의 향상(enhancement)이 진보를 이룬다. 이런 진보의 관념은 부적절하며 지나치게 소극적인 것으로 여겨질지도 모르지만, 나는 이런 정의가 과학철학에서, 또는 과학 자체 내에서 대부분의 목적에 부합할 만큼 사실상 충분히 명확한 것이라고 생각한다. 주요한 몇 가지 우려는 여기에서 서둘러 씻어내고자 한다. (1) 인정된 인식적 가치들에 사람들이 동의하지 않는다면 통상의 규범적 담론은 가능하지 않을 것이다. 그러나 앞에서 거론한 그런 인식적 가치들이 바람직하다는 점에는 실제로 놀랄 정도로 높은 합의가 존재한다. (2) 그런 가치들에 동의가 이루어지더라도, 명료하게 진보를 판단하는 데 도달하지 못하는 상황은 존재할 것이며, 그런 상황에서는 우리가 명료한 판정을 내리리라고 기대할 수 없다. 일부는 다른 모든 덕목들(예컨대 반 프라센의 경험적 적합성(empirical adequacy), 쿤의 문제 풀이 능력(problem-solving ability), 그리고 러커토시의 참신한 예측(novel predictions))을 넘어서는 가장 중요한 것으로서 한 가지의 인식적 덕목(또는 한 무리의 인식적 덕목들)을 제기하고자 시도해왔으나, 그런 덕목들의 분명한 위계에 관해 아무런 합의도 이루어지지 않았다.[5] (3) 누군가는 우리가 다른 무엇들에 앞서 최고의 덕목으로 여길 수 있고 여겨야 하는 유일한 덕목은 진리라고 주장할 것이며, 내가 인식적 덕목을 논의하는 대목에 들어서면서 진리를 우선 제쳐놓는 바람에 길을 잃고 말았다고 주장할 것이다. 나는 라이칸(1988, 154-156)의 견해를 좇아, 인식적 덕목은 우리를 진리로 이끌건 아니건 상관없이 그 자체로서 소중하다고 생각한다. 진리가 과학 활동의 궁극적인 목표라 할지라도, 그것이 사용 가능한 판단 기준으로서 기여할 수 있는 것은 아니다. 과학의 진보가 정말 우리가 평가할 수 있기를 원하는 그 무엇이라 해도, 그것이 곧 진리에 더 가까이 접근함을 의미할 수는 없다. 사용할 수 있으며, 물을 타 묽어진, 그러면서 진리 같은 개념들(근사 진리(approximate truth), 박진(verisimilitude) 등)을 찾아 나아가려는 다양한 시도들 중 어느 것도 그동안 한 가지의 합의를 모을 수는 없었다.[6]

반복의 열매: 풍부화와 자기 교정

이제 인식적 반복의 방법으로 성취될 수 있는 과학적 진보의 성격을 좀 더 자세히 들여다보자. 반복에 의해 이루어지는 진보에는 두 가지 방식이 있다. 하나는 초기에 확인된 체계(initially affirmed system)가 부정되는 것이 아니라 정제되어 그것의 인식적 덕목(virtue) 일부가 향상되는 **풍부화**(enrichment)이며, 다른 하나는 초기에 확인된 체계가 그 자체에 기초해 이루어진 탐구의 결과로서 실제적인 내용이 변화하는 **자기 교정**(self-correction)이다. 종종 풍부화와 자기 교정은 하나의 반복 과정에서 동시에 일어나지만 우선은 둘을 서로 떼어 고찰하는 것이 도움이 된다.

풍부화

풍부화가 어떻게 기능하는지는 다음의 실제 이야기에서 볼 수 있다. 보스턴에서 나의 모교인 노스필드 마운트 허만 고등학교까지 가는 길에서 웨스턴 매사추세츠에 있는 경관 좋은 2번 길을 따라 차를 몰고 가면서, 나는 놀라울 정도로 난해한 다음과 같은 도로 표지를 보곤 했다. "다리 거리 다리(Bridge St. Bridge)." 그것은 거리의 이름을 다리 이름을 따라 붙이고 다시 그 거리의 이름을 따라 이름을 붙인 다리를 가리키는 것으로 보였다. 몇 년 동안 나는 아주 자주 그 표지를 지나치면서 그런 이름이 어떻게 생겨났는지 궁금해했다. 마침내 그 이야기를 찾아내기 위해서 지역 역사 분야에서 약간의 연구를 해볼 수도 있겠다는 생각이 떠올랐다. 그러나 그 이후로 나는 그 표지를 다시 찾을 수 없었고 그것이 어떤 마을에 있었는지도 기억해내지 못했다. 그렇지만 나는 다음과 같은 그럴듯한 역사 가설에 이를 수 있었다. 초기에 그 마을은 너무나 작아서 거기에는 다리가 하나뿐이었고 (이름 없이 그저 '다리'라고 불리는) 거리에도 이름이 없었다. 나중에 이름을 붙여야 할 정도로 충분한 거리들이 생겨났고, 다리로 이어지는 거리는 자연스럽게 "다리 거리"라는 이름을 얻었다. 그런 뒤에 다른 다리들이 생겨났고 다리들의 이름을 붙여야 할 필요가 생겨났다. 다리에 이름을 붙이는 가장 쉬운 방법 중 하나는 다리가 이어주는 거리들의 이름을 붙이는 것이다 (⟨필링 그루비(Feelin' Groovy)⟩로도 불리는 사이몬(Simon)과 가펑클(Garfunkel)의 노래에서 예찬하는 "59번가 다리(59th Street Bridge)"에서 그런 것처럼). 이렇게 되면 본래의 다리는 '다리 거리 다리'로 명명된다! 나의 가설이 맞는다면 그 이름에 담긴 분명하게 순환적인 난센스는 반복적인 마을 개발이라는 누구나 쉽게 느낄 만한 역사의 기록일 뿐이다.

    우리는 반복을 통한 풍부화가 작동하는 모습을 무엇보다도 먼저 제1장에서 분석한 조작적 온도 개념의 정량화 과정에서 살펴보았다. 처음에 온도의 판단은 뜨거움과 차가움의 감각에 바탕을 두어 정성적으로만 이루어졌다. 그 뒤에 온도경(thermoscope)이 나타나 감각과 두루 일치함을 보여줌으로써 인증을 받았다. 온도경 덕분에 서로 다른 온도를 지닌 다양한 현상들에 대해 확고하고 일관되게 비교하면서 뜨겁고 차가운 온도의 순서를 매기는 일이 가능해졌다. 이후에 수치 온도계들이 반복적인 과정을 거쳐 온도경에서 생겨났는데, 이것들은 뜨거움과 차가움의 정도에 의미 있는 수치를 매김으로써 더 나아갔다. 이런 발전 과정에서 온도는 정량화하지 못한 속성에서 서수적인(ordinal) 정량화로, 나중에는 다시 기수적인(cardinal) 정량화로 진화했다. 각 단계는 이전 단계의 바탕에서 만들어졌지만 거기에는 새로운 차원이 추가됐다. 매우 비슷한 유형의 발전은 제3장의 매우 뜨겁고 매우 차가운 영역에서 온도 표준을 만들어가는 과정에서도 볼 수 있었다. 이런 과정에서 확장한 주요 인식적 덕목은 넓은 의미에서 보아 '정밀성(precision)'이라고 말할 수 있다. 그렇지만 이 이야기는 또한 우리가 흔히 정밀성이라고 생각하는 것이 얼마나 복합적인지를 보여준다. 정성적인 것에서 정량적인 것으로 순수하게 나아가는 것은 확실히 정밀성의 향상(enhancement)이다. 그러나 서수에서 기수로 나아가는 것도 마찬가지이며, 또한 기수로 전환된 이후에는 수치 정밀성이 높아진 것도 그러하다. 이런 세 가지 향상이 모두 다 우리가 알고 있는 바와 같이 온도계의 발명 과정에서 나타났다.

반복을 통한 풍부화의 또 다른 측면은 제3장에서 논한 온도 척도의 확장(extension)에서 볼 수 있다. 좁은 온도대에서 작동하는 온도계를 이용해 수치적 온도의 개념을 확립한 이후에, 그 개념은 극한 조건을 견디는 온도계를 이용해 이전에는 접근할 수 없었던 영역까지 확장되었다. 새로운 영역의 온도 표준 확립도 마찬가지로 새로운 영역에서 정성적인 것(이번에는 순수한 감각이 아니라 단순 장비의 조작에 바탕을 둔)에서 서수적인 것으로, 그리고 기수적인 것으로 나아가는 비슷한 과정을 보여준다. 전체의 온도 척도를 개관하면 반복적 확장이라는 그림을 떠올릴 수 있다. 거기에서 초기 영역의 개념은 보존되지만 새로운 영역으로 증강된다. 이 과정에서 확장되는 주요한 인식적 덕목은 적용 범위(scope)이다. (적용 범위의 확장은 감각을 온도경이 대체하는 과정에서도 이미 나타났던 바 있다. 이에 관해서는 제1장의 「표준의 타당성 확인」과 「표준의 반복적 개선」에서 논했다.) 위의 사례들은 반복적 풍부화를 실제로 보여주는 몇 가지일 뿐이다. 나는 우리가 같은 방식으로 다른 영역의 과학적 진보를 살펴본다면 더 많은 다른 사례를 찾아볼 수 있으리라고 기대한다.

자기 교정

반복적 진보의 다른 주요한 측면인 자기 교정(self-correction)도 우선은 일상생활에서 접하는 이야기로 설명할 수 있다(이 설명에는 약간의 과장이 담겨 있다). 안경을 쓰지 않으면 나는 작거나 희미한 물체에 눈의 초점을 잘 맞출 수 없다. 그래서 안경을 살펴보려고 안경을 벗으면 안경에 있는 미세하게 긁힌 자국과 얼룩을 볼 수 없다. 그러나 같은 안경을 쓰고서 거울 앞에서 서면, 렌즈의 세세한 모습을 아주 잘 볼 수 있다. 한마디로, 내 안경은 내게 안경 자신의 결점을 보여줄 수 있다. 이것이 자기 교정의 놀라운 모습이다. 그렇지만 결점 많은 동일한 안경을 통해서 얻은 결점 많은 안경의 상을 나는 어떻게 믿을 수 있는가? 우선, 나의 믿음은 그것이 어떻게 얻어진 것인지는 상관없이 감각의 명증성과 상 자체의 명료도에서 비롯한다. 이 때문에 나는 안경에 있는 특정한 결점들이, 보이는 상의 질에 영향을 주지 않음을 일단 받아들일 수 있다(그 상이 그런 결점 자체에 관한 것일 때에도). 그러나 이런 자기 교정의 메커니즘에는 또한 더 깊은 층위가 존재한다. 처음에 나는 안경에 결점이 있더라도 안경이 내게 명증하고 세세한 상을 보여줄 수 있다는 사실에 기뻐했지만, 좀 더 관찰하면서 나는 일부 결점이 때때로 인지할 수 있을 정도로 상을 왜곡함을 알게 된다. 일단 그런 점을 알아차린 뒤에는, 나는 왜곡을 교정하려고 시도할 수 있다. 예를 들어, 렌즈의 중앙에 아주 큰 얼룩은 자기 얼룩을 포함해 렌즈의 전체 상을 흐릿하게 할 것이다. 그래서 거울을 통해 나의 왼쪽 렌즈에 얼룩이 있음을 본다면, 나는 그 얼룩의 경계부는 눈에 보이는 것보다 실제로는 더 뚜렷한 것이 틀림없다고 추론할 수 있다. 그런 식으로 나는 계속 나아갈 수 있으며, 점차 내가 관찰하는 상 자체의 어떤 특성들에 토대를 두어 상을 교정해 나갈 것이다. 이런 경우에 내 안경은 내게 안경 자신의 결점을 보여줄 뿐 아니라 내가 그 결점을 점점 더 정확하게 이해할 수 있도록 도와준다.

제2장에서 우리는 특정 유형의 온도계가 정확성을 지닌다고 보았던 초기의 전제가, 같은 유형이지만 서로 다른 개별 온도계들 사이에 비교동등성이 없음을 보여주는 관찰 결과가 나오면서 어떻게 스스로 무너졌는지 보았다. 그 이야기에서 가능했던 것은 적극적인 교정이라기보다는 반증이었다. 그러나 제1장의 「표준의 타당성 확인」과 「표준의 반복적 개선」에서, 우리는 애초에는 이전 표준에 기초했던 나중의 표준이 그 이전 표준을 누르고 교정하는 데로 나아갈 수 있음을 보았다. 나중의 표준을 이전 표준이 진화한 판이라고 이해한다면, 이 사례는 이전 표준의 자기 교정이라고 여길 수도 있겠다. 제4장에서 우리는 자기 교정의 다양한 사례를 보았다. 가장 명료한 사례는 절대온도 개념을 조작화했던 캘린더와 르 샤틀리에의 방법에서 찾아볼 수 있다. 당시에 실제 기체가 이상기체 법칙을 따른다는 초기의 전제는 실제 기체가 그 법칙에서 벗어나는 정도를 계산하는 데 사용됐다(자세한 내용은 제4장의 「반복을 통한 정밀성」을 보라). 하인리히 헤르츠(Heinrich Hertz)의 역학 공식을 비판하면서, 사이먼 손더스(Simon Saunders)는 시간 측정을 개선하기 위해 매우 비슷한 과정을 설명했다. 간단히 말해, "시

계의 정확도 자체는 동역학 원리와 조화를 이루면서 교정될 수 있어야 한다." 손더스는 다음과 같이 지적했다.

> 우리에게는 **오직** 반복의 과정만이 있으며, 행성 간 물질 밀도와 항성 천체 조수 효과의 급속한 감소에 관한 추정치를 비롯해 이론의 전제들이 주어질 때에만 명확한 결과를 산출하는 것이 보장된다. (…) 대체로 역학에서 '검증'의 개념은 체계적으로 정밀성 표준을 향상하는 과정에서 일관성이 나타나느냐의 문제이다.[7]

정밀과학을 면밀하게 살펴본다면 더 많은 여러 사례들을 찾아볼 수 있을 것이다.

전통, 진보, 그리고 다원론

이 장에서 나는 '정합론의 틀에서 이루어지는 인식적 반복'이라는 과학적 진보의 특정 양식을 이야기했다. 정합론적 반복의 논의를 마치기에 앞서, 과학의 정치학에 속하는 몇 가지 간략한 견해를 덧붙이고자 한다. 대체로 정의로만 보면, 인식적 반복은 보수적인 과정이다. 그것이 존중의 원리에 기초를 두고 있어 이미 존재하는 지식 체계를 확인할 것을 요구하기 때문이다. 그렇지만 반복의 보수성은 **다원론**(pluralism)이 스며들면서 완화된다. 이런 다원론에는 몇 가지 측면이 있다.

첫째, 존중의 원리는 초기에 어떤 지식 체계를 확인해야 하는지 지정하지 않는다. 현대의 과학계 분위기도 그렇게 권장하고 있듯이, 확실히 누구라도 당시의 정통 체계(orthodox system)를 확인함으로써 시작할 수 있다. 그렇지만 그 정통조차도 누구나 할 수 있는 선택의 사항이다. 궁극적으로는 어느 것도 우리에게 우리의 성장 배경이 된 체계에 전적으로 머물도록 강요하지는 않는다. "정상과학(normal science)"에 대한 쿤의 설명에서는 특정한 과학 학제 내부에서는 과학자들에게 오로지 하나의 패러다임만이 주어진다고 여겨졌으나, 나는 우리 연구의 토대로서 확인할 만한 기존에 이미 존재하는 대안 체계를 찾아낼 수 있다면 허무주의를 불러내지 않으면서도 정통(orthodoxy)은 거부될 수 있음을 인정해야 한다고 생각한다. 그 대안의 체계는 현재 정통의 초기 판일 수도 있고 과학의 역사에서 발굴해낸 오랫동안 잊힌 틀일 수도 있고, 또는 아주 다른 전통에서 수입해온 무언가일 수도 있다. 쿤은 정통 패러다임을 고수하며 밀어붙이다가 그것이 깨어질 때에 패러다임 변동이 일어난다는 점을 설득력 있게 논증했다. 하지만 그는 하나의 패러다임을 믿으며 따르는 것이 다른 패러다임으로 나아가는 유일하게 합당한 길이라거나 심지어 가장 효과적인 길이라고는 논증하지는 않았다.

기존 체계의 확인이라는 것을 한 가지로 몰아 생각할 필요는 없다. 종종 과학자들은 완전히 "전문분야 기반(disciplinary matrix)"으로 짜인 쿤 식의 패러다임 같은 무언가를 받아들이며, 그런 경향성은 전문직업화한(professionalized) 현대 과학에서 널리 퍼진 흐름일 수도 있다. 그렇지만 우리가 사실 쿤 자신이 제시한 패러다임의 처음 의미로 되돌아간다면 이해할 수 있듯이, 확인(affirmation)이라는 것이 그리 완결적일 필요도 없다. 쿤은 패러다임을 이렇게 설명했다. 쿤의 패러다임이란 많은 이들이 널리 따르는 모범적인 연구물이며 "어떤 특정한 과학계가 더 나아가는 실천의 토대를 제공하는 것으로서 한동안 인정하는" 성취물(Kuhn 1970c, 10; Kuhn 1970b, 271-272)

이다. 모범을 따름(emulation of an exemplar)이 반드시 포괄적인 전문분야의 기반을 만들어내는 것은 아닐 것이다. 엄격한 교육과 전문직업화의 집행 없이, 서로 다른 여러 사람들이 동일한 모범을 따르다 보면 서로 다른 결과물로 나아갈 수도 있다. 더욱 결적인 의미에서 패러다임들에 충실한 과학계가 존재한다고 해도, 그 과학계에 완전히 속하지 않은 누군가는 그 지배적인 패러다임의 모든 요소를 다 받아들여야 하는 것도 아니다. 그리고 동일한 주제를 연구하는 경쟁적인 과학계가 있다면, 개인들은 인정을 받을 수 있는 일관된 혼합 체계를 창조할 수 있는 선택권을 지니게 된다.

또한 그 확인의 **깊이**(depth)를 선택하는 일도 가능하다. 예컨대 기존의 모든 지식 체계에 대해 충분한 정도의 절망이나 각성이 나타나면, 과학자들은 도를 넘어 개발된 모든 체계를 거부하기로 결심하고서 좀 더 기초적이고 안전해 보이는 무언가를 확인하며 다시 시작할 수 있다. 19세기 물리학과 화학 분야에서 종종 그랬듯이 연구 현장 과학자들의 행동 속에 현상론이나 실증주의가 나타날 때 우리는 대부분 그렇게 이해할 수 있다. 지나치게 복잡하고 성과 없어 보이는, 물질의 미시적 구성과 거동에 관한 이론들에 환멸을 느껴 일련의 유능한 과학자들(예를 들어, 울러스턴, 푸리에, 뒬롱, 프티, 카르노, 르뇨, 마흐, 뒤엠)은 좀 더 관찰 가능한 현상과 그 현상에 밀접히 연계된 개념에 몰두했다(제2장의 「르뇨, 그리고 라플라스 이후의 경험주의」 참조). 그러나 실증주의자조차도, 그들이 연구 현장의 과학자들이었던 만큼 기존 체계를 확인하며 시작했던 것이지 그렇게 형이상학적으로 정교한 체계에서 곧바로 시작한 것은 아니었다.

마지막으로, 기존 체계의 확인이 그 발전의 방향을 완전히 고정하는 것은 아니다. 여기서 요점은 우리가 어떤 발전 방향이 옳은지 알지 못할뿐더러, 정확한 것이나 최선의 발전 방향과 같은 그런 것은 존재하지 않으리라는 것이다. 이 장의 「정합론이 진보하게 만들기」에서 이야기했듯이, 서로 다른 인식적 덕목을 향상하려는 욕구로 인해 우리는 서로 다른 방향으로 나아갈 수 있다. 하나의 덕목을 향상하는 것은 다른 덕목이 희생되는 대가를 치러야 가능하기 때문이다. 우리가 그저 어떤 인식적 덕목 하나의 향상만을 고려할지라도 그것을 이루는 데에는 여러 가지 다른 길들이 존재하며, 그것을 똑같이 훌륭하게 성취하는 데에도 하나 이상의 길이 존재할 것이다. 종종 우리는 진리라는 것에 사로잡혀 서로 병립할 수 없는 지식 체계들은 모두 다 진리일 수 없다는 이유로 이런 다원적 인식에서 멀어지곤 한다. 다른 덕목의 성취가 그리 배타적인 것은 아니다. 서로 병존할 수 없는 명제에 대한 믿음에 관련한 특정한 인식적 덕목(예를 들어, 설명력 또는 측정의 수치 정확성)을 향상하는 데에도 서로 다른 길이 존재할 수 있다. 일반적으로 말해, 우리가 기존 지식의 발전을 창조적 성취로 본다면, 그런 성취의 방향이 여러 선택지들에 열려 있다는 점은 그리 거슬리는 것이 아니다.

대체로, 인식적 반복의 정합론적 방법은 **다원적 전통주의**(pluralistic traditionalism)를 보여준다. 즉, 연구의 개별 계보(line)는 전통 안에서 생기게 마련이지만, 연구자는 궁극적으로 한 가지 전통의 선택에 구속되지 않으며 각각의 전통은 경쟁적 발전의 여러 계보를 생기게 할 수 있다. 인식적 반복이라는 방법론은 경쟁하는 전통들이 융성하게 할 수 있는데, 그런 경쟁적 전통들의 각각은 항상 다른 전통과 비교되어 판단될 필요 없이 자신만의 토대 위에서 진보할 수 있다. 이런 다원론은 분별없는 상대론과는 명확하게 구분되어야 한다. 별다른 제한 조건이 없는 정합론에서는 내적 일치를 갖춘 지식 체계는 모두 다 평등하게 타당한 것으로 간주된다. 하지만 이와 대조적으로 내가 옹호하는 정합론은 진보라는 정언명령에 의해 추동되며, 따라서 각 전통은 다양한 인식적 덕목을 향상한 기록에 의거해서 지속적으로 판단된다. 인식론에서는 "무정부주의(anarchism)"를 보여준 파이어아벤트(Feyerabend 1975, 27)도, 비록 "진보(progress)"를 분명하게 정의하고자 하지는 않았지만, 지식 체계를 평가하는 데에는 진보의 구현이라는 측면에서 보는 데 관심을 기울였다. 반복적 진보라는 정합론적인 틀에서, 다원론과 전통주의는 행복하게 공존할 수 있다. 직업 과학자들의 전문가 공동체를 지배하는 지적/사회적인 제약들 때문에 인식적 반복에 내재한 자유가 충분히 기능할 수 있을지는 의문스럽다. 그렇지만 모든 과학 활동이 그런 제약들에 종속되는 것은 아니다. 이런 통찰은 과학사와 과학철학 분야에서 내가 하는 연구의 토대가 된다. 이에 관해서는 제6장에서 더 자세히 논하겠다.

추상적인 것과 구체적인 것

이 장에서 요약하고 전개한 추상적인 통찰은 앞선 장들에 담긴 구체적인 연구에서 생겨난 것이다. 그러나 이는 거기에서 살펴본 몇 가지 안 되는 이야기들에서 끄집어낸 단순한 일반화는 아니다. 적은 수의 특정한 이야기들에서, 그것도 모두 다 같은 과학 영역의 이야기들에서 내가 살펴본 바를 바탕으로 일반적으로 과학은 어떻다는 둥, 과학은 어떻게 진보해야 한다는 둥 추론한다면 이는 어리석은 일이다. 과학사와 과학철학을 통합하려는 시도에는 일반화의 문제가 스며들기 때문에, 여기에서 나는 몇 가지 짧은 언급을 함으로써 그런 문제를 어떻게 처리할 수 있는지에 관한 나의 견해를 대략 밝히고자 한다.

나는 과학의 모든 역사 서술은 철학적이라고 말한다는 점에서 러커토시

(Lakatos 1976)와 같은 견해를 갖고 있다. 구체적인 연구에서도 추상적인 생각(abstract idea)은 등장한다. 그것이 서술(narrative)에서 불가피한 요소이기 때문이다. 추상적인 생각은 단 하나의 구체적인 이야기를 충분히 이해하는 데에도 필요하다. 일반화를 의식적으로 회피함으로써 추상적인 것을 제거할 수 있다고 생각한다면 잘못이다. 우리는 행위들을 추상적인 용어("정당화되다", "일관된", "관찰", "측정", "단순한", "설명", "참신한" 등)로 사유하지 않는다면 그것들을 판단하기는 고사하고 이해할 수도 없다. 이야기 안에 등장하는 사건, 인물, 상황, 결단의 특징을 설명할 때에 추상적 관념을 사용하지 않는다면 그런 유익한 구체적 서술을 이야기할 수는 없다. 그러므로 특정한 역사 사건(episode)에서 추상적인 통찰을 뽑아낼 때 우리가 하는 것은 일반화라기보다 이미 존재하는 바를 말하는 것이다. 그러므로 우리 자신의 이야기가 처음 서술될 때, 그 서술의 구성을 이끄는 추상화들을 별달리 의식하지 않으면서 이야기될 때도, 그것은 자기 분석(self-analysis)을 보여주는 행위일 수도 있다.

이 장에서 살펴본 각각의 역사 사건에서 나는 추상적인 물음을 던져왔다. 아주 일반적으로 이야기해서, 반복해 등장한 물음은 인류 지식의 건설과 정당화와 관련된 것이었다. 즉, 우리는 우리가 알고 있는 것을 정말로 알고 있다고 어떻게 말할 수 있는가? 우리는 우리가 어떻게 이전에 알았던 것보다 더 많이 더 잘 알 수 있게 되는가? 이런 물음에 답하려면, 생각해둔 답변이 특정한 역사 사건에만 해당된다 해도, "정당화"와 "진보"의 추상적 개념이 필요하다. 그런 물음들은 특정한 인식적 가치 쪽으로 좁아지더라도 물음의 가치가 또한 추상적이기 때문에 여전히 추상적 성격은 유지한다.

이 장에서 나는 중심이 되는 추상적 견해 하나를 전개했다. 인식적 반복은 오류 없는 토대가 없을 때 과학적 지식을 구축하는 타당하고 효과적인 방법이다. 그러나 나는 "과학적인 방법"을 닮은 어떤 것도 제시하지는 않았다. 이 장에서 내가 전개한 견해는 추상적이지만 그것이 보편적인 적용 가능성을 지닌다고 여겨지지는 않는다. 내가 하고자 하는 바는 과학이 진보하게 하는 특정한 방법 하나를 찾아내는 것이다. 그것은 대안이나 보완으로 사용될 수도 있는 다른 방법들을 배제하지는 않는다. **추상적인** 것과 **보편적인** 것을 혼동해서는 안 된다. 추상화는 널리 적용되기 이전에는 일반적이지 않다.

추상적인 관념(idea)의 가치는 두 가지 다른 방법으로 제시돼야 한다. 첫째, 그 **그럴듯함**(cogency)이 추상적인 고찰이나 논증을 통해 증명돼야 한다. 이 점은 내가 이 장을 시작하며 노력했던 바인데, 의지할 만한 다른 확실한 토대가 없을 때 인식적 반복이 훌륭한 진보의 방법이 된다는 생각을 옹호하는 것이다. 둘째, 교육적으로 갖가지 구체적인 역사 이야기를 할 때 그런 관념을 끌어들일 수 있음을 보여줌으로써 그런 관념의 **응용성**(applicability)을 증명해야 한다. 인식적 반복의 관념은 내가 이 책에서 살핀 역사적 사건 각각의 과학적 진보가능성을 이해하는 데 도움을 주었다. 물론 좋은 의미에서 그런 응용성을 일반적인 것으로 넓히려면 훨씬 더 구체적인 연구가 필요하다.

주

1. 그렇지만 빈 학파 내부에서 "관찰명제(protocol sentence) 논쟁"이 벌어질 때 슐리크는 노이라트와는 정반대로 토대론을 견지하면서, 확인이 여전히 지식을 경험적으로 검증하는 데 토대가 될 수 있다고 주장했다.
2. 그러나 위쪽의 단을 완전 붕괴시키는 그런 식으로 하지만 않는다면, 아래에 있는 구조를 바꾸기 위해서 구멍을 아래로 뚫는 일도 때때로 가능하다. Hempel 1966, 96을 보라.
3. 남아 있는 한 가지 흥미로운 물음은 얼마나 자주 과학 탐구가 어떤 특정 전제들은 의문의 여지없는 진리인 척하면서 이루어질 수 있는가이다. 생리학 측정 장비의 올바른 기능을 보증하는 물리학 원리의 올바름에 관해 생리학자들이 걱정해야 하는 것은 아니라고 말한 뒤엠의 견해(제5장 「측정, 순환, 그리고 정합론」에서 논했다)를 생각해보라. 토대론이 일반 인식론으로 기능을 하지 않는다 해도, 사실상 토대론적인 과학적 상황은 존재한다. 건축물의 은유로 되돌아가 말하면, 가장 일상적인 건축 작업은 지구가 편평하고 확고하게 고정돼 있는 듯이 이루어진다는 것은 확실히 사실이다. 토대론의 붕괴가 뚜렷한 방식으로 과학 연구에 영향을 끼치거나 끼치지 않는 상황들의 유형을 분별해내는 일은 중요하다.
4. 메이요의 견해에 대한 간략한 설명으로는, 메이요의 주요 연구에 관한 나의 리뷰 논문을 보라(Chang 1997).
5. 아주 간략한 개론으로는, Kuhn 1970c, 169-170 and 205; Van Fraassen 1980, 12 and ch. 3; Lakatos 1968-1969 and Lakatos 1970, or Lakatos [1973] 1977을 보라.
6. 이런 방향으로 이루어지는 주요한 시도들, 예컨대 포퍼, 오디(Oddie), 니니루오토(Niiniluoto), 애런슨(Aronson), 하레(Harré)와 웨이(Way), 그리고 기어리(Giere)를 비롯해, 프실로스(Psillos 1999, ch. 11)는 유용한 정리와 비판을 제시해준다. 또한 "진리-같음(truthelikeness)"이라는 프실로스 자신이 제시한 개념(276-279쪽)을 참조하라. 근사 진리의 개념과 그 난제들에 관해서는 Boyd 1990을 보라.
7. Saunders 1998, 136-142를 보라. 인용된 문장은 137-140쪽에 있다(강조 원문). 이 저작물을 내게 알려준 옥스퍼드대학 출판부의 익명의 심사자에게 감사드린다.

제6장

상보적 과학 – 다른 방식의 확장된 과학: 과학사와 과학철학

과학사와 과학철학의 상보적 기능
철학, 역사, 그리고 상보적 과학 내의 상호작용
상보적 과학이 생산하는 지식의 성격
과학사와 과학철학의 다른 연구 갈래와 관련해
과학으로 이어지는 다른 길

INVENTING TEMPERATURE

상보적 과학—
다른 방식의 확장된 과학:
과학사와 과학철학

> 비판은 모든 합리적인 사유의 생명줄이다.
> — 칼 포퍼, 「나의 비판자들에 답함」, 1974

> 칼 포퍼 경의 관점을 뒤집는다는 것은 바로 과학으로 나아감을 보여주는 비판적 담론을 포기하는 일이다.
> — 토머스 쿤, 「발견의 논리인가, 연구의 심리학인가?」, 1970

　이 책은 자연에 대한 우리 지식을 높이는 새로운 방식을 보여주려는 시도로 이루어졌다. 이런 나의 목표가 성공적이었다면, 이 책의 앞쪽 장들에 담긴 연구들은 전통적인 학제 계보에 따라 분류되지는 않을 것이다. 이 연구는 역사학적이며 동시에 철학적이고 과학적인 것이다. 서문에서, 나는 이런 양식의 연구를 **상보적 과학**(complementary science)이라고 아주 짧게 설명한 바 있다.[1] 그동안 몇 가지 구체적인 연구를 보여주었으니, 이제 나는 상보적 과학의 목표와 방법에 관해 좀 더 폭넓고 심층적인 일반 논의를 시도하고자 한다. 여기에서 초점은 상보적 과학이 과학사와 과학철학 분야가 나아갈 수 있는 생산적인 방향임을 다른 방향들의 중요성을 부정하지 않으면서 보여주고자 하는 것이다. 이런 기획에 따른 진술에는 세 가지 목표가 있다. 첫째, 과학사와 과학철학 분야에서 나의 연구를 비롯해 많은 연구를 추동해온 목표들을 명시적으로 이야기할 것이다. 둘째, 이렇게 목표를 강조함으로써 그런 목표로 나아가는 더 심층적인 연구가 자극되기를 기대한다. 마지막으로 내가 지지하는 연구 양식을 명확하게 정의하면 다른 관련 연구 양식들이 이와 대조적인 것인지 상대적인 것인지 훨씬 더 명확히 드러나는 데 도움이 될 것이다.[2]

과학사와 과학철학의 상보적 기능

나의 견해는 다음과 같이 요약할 수 있다. 즉 과학사와 과학철학은 과학지식을 생산하고자 모색할 수 있으며, 이는 과학 자체가 그런 역할에 실패하는 곳에서 이루어질 수 있다. 나는 이것을 과학사와 과학철학의 **상보적** 기능이라고 부른다. 이와 대비되는 기능으로는 **서술적**(descriptive) 기능과 **규범적**(prescriptive) 기능이 있다. 독자들이 곧바로 엉뚱한 결론으로 빠지지 않도록 몇 가지를 서둘러서 첨언해야 하겠다. 즉, 내가 앞에서 한 진술의 의미를 다 설명할 때쯤에 "생산하다(generate)", "과학 지식(scientific knowledge)", "과학", "실패하다(fail)" 그리고 "과학사와 과학철학"이라는 표현에 어떤 특별한 의미가 부여될 것이기 때문이다. (이후의 논의에서 나는 과학사와 과학철학이라는 말을 대신해서 흔히 비공식적으로 쓰이는 축약어인 '과사철(HPS)'을 사용할 것이다. 이 말이 간단하기도 하고, 또한 내가 보여주려는 바는 서로 따로 나란히 존재하는 과학사와 과학철학이 아니라 하나로 통합된 연구 양식임을 강조하려 하기 때문이다. 상보적 기능을 수행하려는 목적으로 실행되는 과사철은 이미 내가 서문에서도 그렇게 했듯이 **상보적 양식의 과사철**, 또는 동의어로 **상보적 과학**이라 부를 것이다.)

목적의 문제를 붙들고서 사람을 움직이는 실제적 동기, 즉 사람들은 왜 과사철 같은 것을 연구하려 하며 심지어 평생을 그 연구에 바치려 하는지를 살펴보려 하다가는 시작부터 일이 점점 더 꼬일 수 있다. 그래서 내가 취할 유일하고 자명한 출발점은 나 자신이다. 거기에는 이 분야에 다가서는 사람들이 저마다 다른 동기를 지니고 있다는 인식이 담겨 있다. 처음에 나를 이 분야로 이끌었으며 여전히 나를 추동하는 것은 과학에 대한 희열과 좌절, 그리고 열정과 회의의 신기한 조합이었다. 내가 계속 나아갈 수 있게 한 것은 처음에는 낯설고 난센스처럼 보였던 개념 체계들에서 어떤 논리와 아름다움을 볼 때의 경이이다. 그것은 일상적 실험 장치를 들여다보면서 그것이 정말이지 걸작임을 알게 되고, 그 안에서 오류들은 서로 소멸하며 지식 정보는 돌에서 물을 짜내듯이 자연에서 짜낸 것임을 깨달을 때, 그런 순간에 느끼는 감탄이다. 또한 그것은 다른 개념의 틀이 홀대되고 억압받을 때, 기본 용어의 의미가 결코 분명해지지 못하는 끝없는 계산 과정을 바라볼 때, 내게 메커니즘을 배우고 이해할 시간이나 전문성이 없는데도 실험실 장비를 받아들이고 신뢰해야 할 때, 그 순간에 드는 좌절이며 분노이다.

이런 다양한 감정을 모두 다 꿰어 엮을 수 있는 공통의 실이 존재할까? 나는 존재한다고 생각한다. 토머스 쿤의 연구는 내게 그것을 분명하게 하는 출발점을 제공한다. 나는 정상과학에 대한 쿤의 사유가 적어도 과학혁명에 관한 그의 사유 못잖게 중요하다고 믿는 사람들 중 한 명이다. 그러면서 나는 정상과학을 둘러싼 민감한 딜레마도 역시 느낀다. 쿤은 우리가 알고 있는 과학이 특정한 토대(fundamental)와 규약(convention)이 당연하게 받아들여지며 여러 비판에서 보호될 때에만 제 기능을 할 수 있으며 심지어 과학 혁신조차도 그처럼 전통에 결속된 연구에서 가장 효과적으로 생겨날 수 있음을 강조했는데, 나는 쿤이 옳았다고 생각한다(Kuhn 1970a, Kuhn 1970b 등). 그러나 나는 또한 과학에서 그런 닫힌 마음(closed-mindedness)을 장려하는 것은 과학에, 그리고 과학을 이상적 지식 형태이며 심지어 사회문제를 관리하는 길잡이로 여기는 우리 문명에 "위험스러운 일"이라는 견해를 펼친 칼 포퍼도 옳았다고 생각한다(Popper 1970, 53). 전문가적 정상과학에 상보적인 것으로서 과사철 연구를 수행하는 것은 '과학 파괴하기'와 '독단주의 조장하기' 사이에 놓인 이런 딜레마에서 벗어나는 길을 제시한다. 나는 이것이 과사철이 지적으로 그리고 동시에 정치적으로 기여할 수 있는 주요한 기능 중 하나라고 믿는다.

달리 말하면, 과사철에 대한 필요성은 전문가적 과학[3]이 완전하게 개방적일 여유가 없다는 사실에서 생긴다. 이런 개방성의 불가피한 결핍에는 두 가지 측면이 있다. 첫째, 전문가적 과학에서 지식의 많은 요소는 당연하게 받아들여질 수밖에 없다. 그것들이 다른 것들을 연구하는 데에 기초나 도구로 사용되기 때문이다. 이는 또한 당연하게 받아들여져야 하는 지식의 목록에 위배되거나 그런 지식 목록을 불안정하게 할 만큼 이질적이라면 특정한 견해나 물음들은 억제될 수밖에 없음을 의미한다. 전문가적 과학의 필수요건이 그런 것이며 이는 이견을 이유 없이 억압하는 것과는 아주 다른 것이다. 둘째, 전문가적 과학에서 모든 가치 있는 물음들이 다 루어지는 것은 아니다. 주어진 시간에 한정된 학계에서 처리할 수 있는 물음의 숫자에는 한계가 있기 때문이다. 전문가적인 과학계에는 어떤 문제가 가장 긴요한지, 그리고 어떤 문제가 가장 그럴듯하게 해결될 수 있을지에 관해 어느 정도의 합의가 이루어져 있을 것이다. 중요하지 않거나 해결될 수 없을 듯하다고 여겨지는 그런 문제들은 무시될 것이다. 이는 악의적

이거나 오도하거나 무시하는 행위가 아니라 물질적이며 지적인 자원의 한계로 인해 불가피하게 우선순위를 매기는 합리적인 행위일 뿐이다.

마찬가지로, 우리는 억압되고 무시된 물음들이 실질적이고 잠재적인 지식의 결핍을 보여준다는 사실도 직시해야 한다. 과사철의 상보적 기능이란 그런 물음을 복원하고 심지어 새롭게 만들어내며, 또한 희망사항이기는 하지만 거기에 대한 답을 찾아내는 것이다. 그러므로 이런 식의 과사철에서 이루어지는 연구의 바람직한 결과는 자연에 관한 우리의 지식과 이해를 확장하는 것이다. 과사철은 과거 과학의 기록에서 사라진 유용한 관념과 사실을 복원하며, 현재 과학과 관련한 근본 물음을 다루며, 미래 과학을 위한 대안의 개념 체계와 실험 연구 계통을 탐사할 수 있다. 이런 연구가 성공적이라면, 그것은 현재의 전문가적 과학을 보완하며 풍부하게 할 것이다. 과사철은 자연에 관한 우리 지식의 저수지를 넓히고 깊게 할 수 있다. 달리 말해, 과사철은 과학 지식을 생산할 수 있다.

다음의 유추는 다소 부자연스럽고 필요 이상으로 확대 해석되어서는 안 되겠지만 과사철의 이런 상보적 기능에 관한 나의 견해를 설명하는 데 도움이 될 수 있다. 자본주의를 견지하는 가장 설득력 있는 논증은 그것이 결국에 인간 욕구와 욕망의 만족으로 해석되는 높은 생산성과 효율성을 보증하는 가장 잘 알려진 경제 체계라는 점이다. 동시에 어느 누구도 자본주의 경제에서 불가피하게 나타나는 특정한 인간 요구의 외면과 불합리한 부의 집중을 완화하는 박애 또는 사회복지 체계에 대한 필요성을 부정하지는 않을 것이다. 마찬가지로 우리는 지식을 그토록 효과적으로 생산하는 다른 어떤 방법을 알지 못하므로 전문가적 과학 없이는 지낼 수 없다. 동시에 우리는 또한 그런 방식으로 지식을 생산하는 데 뒤따르는, 특정한 물음이 외면되고 지식이 소수 엘리트에 불합리하게 집중되는 것을 비롯한 일부 유해한 결과를 상쇄해야 할 필요성을 부정할 수는 없다. 전문가적 과학을 완전히 개방적으로 만든다면 그 과학은 파괴될 것이며 그것은 무정부 상태에 비견될 수 있을 것이다. 더 나은 선택은 전문가적 과학을 합리적인 한계 안에서 내버려 두되, 동시에 상보적 과학을 실천함으로써 그런 과학의 원치 않은 결과를 상쇄하는 것이다. 이런 방식으로 과사철은 일반 사회를 위해 열린 탐구의 정신을 견지할 수 있고, 전문가적 과학은 그 난해한 연구를 방해받지 않은 채 추구할 수 있다.

철학, 역사, 그리고 상보적 과학 내의 상호작용

과사철의 상보적 기능에 관한 나의 생각을 설명했으니, 이제 나는 한 걸음 뒤로 물러나 과학사와 과학철학을 연구한다는 것이 무슨 의미인지 좀 더 면밀하게 살펴보고자 한다. 먼저 철학을 살펴보자. 흔히 좋은 과학은 전문적이면서도 철학적이어야 한다고 말한다. 사실 우리는 과학자들이 일상적으로 자신을 "철학자"로 부르던 시절에서 2세기도 지나지 않은 시대에 살고 있다. 다른 한편으로는 오늘날 대부분 과학자들이, 직업적 철학 분야에서 현재 일어나는 대부분 논의들이 과학과는 완전히 무관하다고 여기는 것도 또한 사실이다. 과학과 철학의 관계는 확실히 복잡하며, 이런 복잡성은 우리가 과학철학 분야에서 행하려는 것이 무엇인지를 명료하게 이해하려 할수록 혼란스러움을 더해준다.

나는 과학철학을 현재 전문가적 과학에서는 다루어지지 않는 과학적 물음을 연구하는 분야로 여기자고 제안한다. 그런 물음들은 과학자들이 다룰 수는 있지만 전문화의 불가피성 때문에 배제된다. 쿤의 용어로 말하면,

경계가 명료하게 인식되면서 적합한 물음의 영역이 점점 더 협소해져야 비로소 전과학(pre-science)에서 벗어나 과학(science)이 생겨난다. 오랫동안 하나의 논문에 형이상학, 방법론, 그리고 우리가 지금 과학의 당연한 "내용"이라 여기는 것의 얽히고설킨 논의를 다 담는 일은 흔했다. 일부 사람들은 그런 자연철학의 좋은 옛 시절을 그리워할지도 모른다. 그러나 시계를 거꾸로 되돌릴 수는 없다. 철학은 한때 모든 지식을 끌어안고자 했으며 거기에는 지금 과학으로 인식되는 것도 포함됐다. 그렇지만 여러 가지 과학 분과들이(그리고 법률과 의료 같은 다른 실천 분야들이) 점차 스스로 분할한 이후에, 철학의 이름으로 남은 것은 오래전에 그랬던 것처럼 모든 것을 포괄하는 그런 학문은 아니게 되었다. "철학"이라고 불리는 현재의 학문 분야는 자신의 뜻과는 달리 사실 제한되고 한정되었다. 현재 행해지는 철학은 과학을 담지도 않으며 담을 수도 없다. 그러나 나의 견해로는, 그곳이 바로 과학과 여타 전문가주의가 놓치는 바를 다루는, 철학의 가장 중요한 기능이 놓여 있는 지점이다.

  마지막 견해는 철학의 일반 성격에 어떤 흥미로운 시사점을 던져준다. 우리는 어떤 물음이 곰곰이 따지면 어떤 실천과 연관되기는 하지만 일상 행위 과정에서 통상적으로 다루어지지는 않는 무엇일 때 그 물음을 "철학적"이라고 부르곤 한다. 마찬가지로 우리가 "X의 철학"이라고 말할 때, 종종 그것은 또 다른 학문 X와 연관되기는 하지만 통상적으로 X 자체 내에서는 다루어지지 않는 문제들을 다루는 분과학문을 의미한다. 관련된 물음들이 어떤 사유 또는 실천 체계에서 배제되는 데에는 여러 가지 이유가 있다. 물음이 너무나 일반적이기 때문일 수 있다. 또 물음들이 그 체계 내에 있는 어떤 기본 믿음들을 위협할 수도 있고, 모든 전문가가 정확한 답을 이미 알고 있으며 의견일치를 보이기에 그런 물음을 던지는 일이 쓸모없을 수 있다. 또 답변이 어떤 의미 있는 실천적 차이를 담고 있지 않을 수도 있다. 그 밖에도 여러 이유가 있을 것이다. 결국에는 모든 가능한 물음을 무한히 던지는 것은 그저 불가능하기 때문에, 물음은 선택적일 수밖에 없다. 그러나 철학은 개방성(openness)이라는 이상의 구현으로서, 또는 적어도 타당한 물음의 범위에 제한을 두는 것에 대한 저항으로서 기능할 수 있다.

과학사에 관해 아주 비슷하게 말할 수 있다. 이런 유사성에는 두 가지 원천이 있다. 과거 과학에는 현대 과학이 올바르지 않다고 여기는 것들이 존재하며, 현대 과학이 불필요하다고 여기는 것들도 존재한다. 과학 연구가 나아가면서 과거 과학의 많은 부분은 외면과 억제의 기이한 혼합 속에서 사라진다. 장비와 수학적 기법들은 종종 젊은 세대로 전수되는데, 이들은 이런 도구들이 받아들여지기 이전 단계에서 먼저 해결돼야만 했던 논증들을 쉽게 무시하곤 한다. 어떤 명료한 답을 찾을 수 없던 한 시기가 지난 뒤에야 서투른 물음들은 물러나게 마련이고, 패배한 이론과 세계관은 억제된다. 오래된 사실과 결론이 유지될 때에도 처음에 그런 사실과 결론에 도달할 수 있게 했던 전제, 논증, 방법은 거부되기도 한다. 많은 과학 교과서에서 그저 장식으로 등장하는 공식적인 "역사들"은 과거의 따분하거나 당혹스러운 모든 요소들을 아주 기꺼이 무시하곤 한다. 그러므로 과학사가 과학 자체와 다른 독립성을 주장할 때, 부정적으로 보면 그 영역은 현재 과학이 자신의 제도적인 기억에서 보존하려 애쓰지 않는 과거 과학의 모든 요소를 끌어안는 것 정도로 규정되기 쉽다.

이런 점들을 고려할 때, 과학에 대한 철학적 물음과 과학에 대한 역사학적 물음이 상당한 정도로 겹쳐 있다는 것은 놀라운 일이 아니다. 이런 영역의 겹침은 과사철을 그저 과학사와 과학철학의 병렬이 아니라 통합된 학문 분야로 실천하는 데 대한 강한 근거가 된다. 오늘날 철학적인 물음으로 여겨지는 것이 과거에는 과학적인 물음으로 던져졌을 가능성은 매우 크다. 만일 그렇다면 철학적인 물음은 동시에 역사학 연구의 주제이기도 하다. 처음에 과사철 연구에 자극을 준 것이 철학적인 관심사이건 역사학적 관심사이건 상관없이, 그 결과는 당연히 동일할 것이다.

과사철의 상보적인 양식 또는 상보적 과학에서 연구를 이끄는 데에는 두 가지의 자명한 방법이 존재한다. 그것들은 과학의 철학과 역사에서 매우 일반적인 관습에 뿌리를 두고 있기 때문에 자명한 것이다. 첫 번째 방법은 이 책에서 내가 물음을 던지는 주된 양식이었는데, 그것은 현재 과학에서 당연하게 여겨지는 바를 재고하는 것이다. 철학자 때문에 불쾌함을 느껴본 사람이라면 누구나 알듯이, 회의적인 태도로 조사하다 보면 무엇에 관해서건 의심을 키우게 된다. 이런 철학적인 의심은 더러 역사학 연구에서 효과적인 출발점이 될 수 있다. 사실 과거의 과학자들도 현재 과학에서 당연시되는 요소를 처음 입증하는 과정에서는 똑같은 의심을 다루어 왔을 것이다. 이런 방법은 문제의식을 갖고 있지 않은 역사학자의 시선에서 쉽게 벗어날 법한 과거 과학의 측면들에 관심의 초점을 맞출 수 있게 할 것이다. 역사적 기록이 확립된 이후에는, 이제 철학이 발굴된 과거 논증을 재평가하는 일에 나설 수 있다. 그런 방식으로, 철학적 분석은 내가 이름 붙인 "문제 중심의 역사 서술(problem-centered narratives)"이라는 범주 안에서 흥미로운 역사학 연구를 주도하며 이끌 수 있을 것이다. 과학사에서 철학을 이런 식으로 사용하는 것은 과학이 어떻게 작동하는지에 관한 일반적인 철학적 주장(thesis)을 뒷받침하는 경험 증거로서 역사 사례를 사용하는 것과는 아주 다르다.

상보적 과학에서 연구를 이끄는 두 번째 방법은 과거 과학에서 겉보기에 이상하고 엉뚱하게 보이는 요소를 찾아내는 것이다. 이는 근래 몇십 년 동안 과학사학자들이 매우 익숙하게 행해온 방법이기도 하다. 아마도 역사는 지금은 거의 보편적으로 받아들여지는 과학 지식 형태의 전제(presupposition)와 한계를 탐구하려는 철학자가 사용할 수 있는 가장 첨예한 도구일 것이다. 간혹 역사 기록은 현재 과학에서 비판적인 열린 조사를 하는 과정에서도 우리에게 모습을 드러내지 않을 수 있는 새로운 사실, 물음, 사유 방식을 보여준다. 이런 가능성을 키우기 위해서 우리는 현대 과학에서 살아남지 못한 과거 과학의 요소를 능동적으로 찾아 나설 수도 있다. 이런 요소들을 찾아낸 뒤에는 그것들이 거부된 역사적 이유를 연구하고 그런 이유의 철학적 설득력을 평가하는 일이 중요해진다.

역사-철학적 연구의 이런 과정은 더 깊은 철학적 관심사와 알려지지 않았던 역사의 조각을 드러내어 또 다른 계통의 연구를 자극할 수 있다는 점에서 서로 얽혀 있는 것이며 또한 계속되는 것이다. 상보적 과학의 연구에 관해 어느 정도 생각한 다음에는, 그리고 확실히 거기에 몰두하는 동안에는, 어디까지 철학이고 어디부터 역사인지, 그리고 그 반대의 상황은 어떠한지 알기 힘들어진다. 철학과 역사는 현재의 전문가적 과학에서 배제된 세계에 관한 물음을 찾아내거나 거기에 답하는 데 함께 일을 한다. 철학은 조직된 회의와 비판(organized skepticism and criticism)이라는 유용한 습관(habits)의 제공자로서, 역사학은 잊힌 물음과 답의 제공자로서 기여한다. 과학사와 과학철학은 과학 지식을 확장하고 풍부화하는 과정에서 뗄 수 없는 동반자이다. 나는 둘이 함께 이루는 학제를 일러 **상보적 과학**이라고 부르자고 제안한다. 그것은 전문가적 과학에 중요한 보완으로서 존재해야 하기 때문이다.

상보적 과학이 생산하는 지식의 성격

상보적 과학의 기본 동기와 그것을 구성하는 역사적, 철학적 연구의 성격을 설명했으므로, 이제는 좀 더 자세하게 나의 시각에서 가장 논쟁적인 측면에 대해 변론을 제시해야 한다. 나는 과학 자체가 그러하지 못하는 영역에서 상보적 과학이 과학 지식을 **생산할**(generate) 수 있다고 주장했다. 이런 말은 이상하게 들릴 수 있다. 자연에 관한 지식이 역사 연구나 철학 연구로 어떻게 생산될 수 있다는 말인가? 그리고 만일 상보적 과학이 과학 지식을 생산한다면, 그것은 그저 과학의 일부로 여겨져야 하는 것은 아닌가? 또한 그런 과학 활동이 적절하게 훈련받은 전문가들이 아니라 아무나 행할 수 있다고 말하는 것은 무모한 주장이 아닌가? 터무니없다고 느껴도 이해할 만한 일이다. 그러나 나는 지식을 생산한다는 것이 어떤 의미인지 좀 더 주의 깊게 고찰한다면 그런 터무니없다는 느낌은 떨쳐버릴 수 있다고 믿는다. 이 절에서는 앞쪽 장들에서 다룬 사료들의 예시 그리고 간혹 다른 연구 사례를 제시하며 그런 점을 고찰하겠다. 상보적 과학이 과학 지식을 보태는 세 가지 방식을 하나씩 설명하고자 한다.

복원

역사는 무엇보다도 잊힌 과학 지식을 복원(recovery)함으로써 자연에 관해 우리에게 가르침을 준다. 그런 복원의 잠재력은 제1장에서 밝힌 역사 사실들에서 충분히 나타난다. 18세기 말엽 드 뤽에서 출발한 여러 연구자들은 순수한 물이 표준적인 압력에서도 언제나 "끓는점"에서 끓지는 않음은 알았다. 그들은 다양한 조건에서 일어나는 물과 다른 액체의 "과가열"에 관한 지식을 점점 더 많이 정교하게 쌓아 나갔다. 적어도 한 번의 사례에서 이들은 끓음이 끓는점보다 약간 아래 온도에서도 일어날 수 있음을 관찰했다. 그러나 19세기 말엽에 에이트킨(Aitken)은 권위적인 교재들이 무지하거나 지나치게 단순화해 이런 지식을 간과했다는 불만을 털어놓았다. 개인적으로 나는 내가 훌륭한 연구기관에서 물리학에 대한 고등교육을 많이 받았다고 말하지만, 물의 과가열이나 그것이 끓는점의 고정성에 가하는 위협에 관해서 배운 것을 기억하지 못한다. 과가열에 관해 내가 아는 모든 것은 18세기와 19세기의 논문과 교재를 읽으면서 배운 것이다. 이 책의 독자 대부분도 그에 관해서는 여기에서 처음 알게 되었으리라 생각한다.

그렇다고 해서 과가열의 지식이 현대 과학에서 완전히 실종됐다고 말하려는 것은 아니다. 관련 전문가들은 액체 상태의 물이 끓지 않으면서도 정상적인 끓는점 너머의 온도에 도달할 수 있음을 알며, 표준적인 물리화학 교과서들도 그런 사실을 지나치게 자주 언급한다.[4] 실제로 끓는 물이 표준적인 끓는점에서 벗어나는 여러 온도를 지닐 수 있다는 오래된 관찰은 훨씬 덜 일반적으로 언급된다. 오늘날 과학 교육을 받았으면서도 이처럼 매우 기초적이며 중요한 현상에 관해 전혀 알지 못하는 사람들은 매우 많다. 사실, 이들이 안다고 주장하는 바는 순수한 물이 표준 기압에서 언제나 섭씨 100도에서 끓는다는 교과서 내용을 아무런 의심 없이 암송하면서 과가열은 일어나지 않는다고 하는 것이다. 대부분 사람들은 과가열에 관해 배우지 않는다. 그것에 관해 알 필요가 없기 때문이다. 제1장의 「고정성 변호」에서 설명했듯이, 온도계에 눈금을 매길 때의 일반적인 조건들에서는 쉽게 과가열이 예방된다. 그래서 온도계를 사용하는 사람이나 심지어 온도계를 만드는 사람도 과가열에 관한 지식을 갖출 필요는 없다. 통상적이지 않은 조건에서 일어나는 상태의 변화를 연구하는 일을 하는 사람들만이 과가열을 인식할 필요가 있다. 이것은 안다고 해서 현재 대부분의 전문가적 연구를 추구하는 데 도움이 되지는 않기에 널리 기억되지 않는 그런 지식의 사례이다.

잊히는 경향이 있는 다른 종류의 실험 지식(experimental knowledge)이 있다. 다른 말로 하면, 기초가 되는 개념적 틀을 강하게 흔들어대는 사실들이다. 내가 알고 있는 가장 좋은 사례는 제4장의 「온도, 열, 그리고 냉」에서 논한 '픽테(Pictet)의 실험'이다. 그 실험에서는 열선(ray of heat)뿐 아니라 겉보기의 냉선(ray of cold) 복사와 반사가 등장한다. 이 실험은 당시에 매우 큰 주목을 받아 19세기 초 열에 관한 지식을 갖춘 대부분 사람이 이를 알고 있었던 듯하지만, 실험은 점점 잊혔다(Chang 2002와 그곳의 참조문헌을 보라). 오늘날에는 그 시절의 물리학에 관한 지식을 갖춘 대부분 역사학자들만이 이 실험을 알고 있는 듯하다. 내가 알기로는 과거열과 다르게 냉 복사(radiation of cold)는 열과 복사에 관한 현대 전문가 대부분이 인정하지 않는 현상이다. 그것은 열이 에너지의 한 형태이며 냉은 스스로 실재하는 무엇이 아니라 에너지의 상대적 결손일 뿐이라는 개념의 틀에도 들어맞지 않는다. 그래서 에너지 전공의 전문가들이 보기에 냉 복사의 존재를 기억한다는 것은 곧 인지적 불일치를 만들어낼 뿐이다.

우리가 역사 기록에서 잊힌 경험적 지식을 복원했을 때, 있을 법하지 않은 현상의 존재를 관찰했다는 주장은 의문스러운 경우가 아니라면 쉽게 호기심을 불러일으킨다. 크렙스(Krebs)가 관찰한 대로, 물은 정말로 끓지 않으면서도 섭씨 200도에 도달할 수 있을까?[5] 다른 이들의 관찰 결과는 타당한 근거가 있을 때에는 쉽게 의심될 수 있으며 의심을 받아야 한다. 그렇지 않다면 그것이 N-선이건, 외계인 피랍, 인체 자연 발화이건 모든 증언(testimony)을 평등하게 타당한 것으로 받아들여야 할 것이다. 급진적 회의론을 받아들인다면, 우리는 과거 관찰을 입증할 방법이 없다는 결론에 도달하게 된다. 그러나 이보다 실용적인 의심은 과거 실험을 가능한 수준에서 재창조하려는 시도로 나아갈 것이다.

이 책에 담긴 연구를 수행하면서, 나는 실험실에서 실험을 수행할 위치에 있지 않았다. 그렇지만 과학사학자들은 다양한 과거 실험을 다시 창조하는 일을 하기 시작했다.[6] 이런 연구들 대부분이 상보적 과학을 이유로 내세워 수행되지는 않았지만 그 잠재력은 자명하다. 잠재력을 충분히 보여주는 한 가지 경우는 냉 복사와 냉 반사에 관한 픽테 실험의 모사이다. 1985년 제임스 에반스(James Evans)와 브라이언 포프(Brian Popp)는 『미국 물리학 저널(American Journal of Physics)』에 발표한 논문에서 다음과 같이 보고했다(738쪽). "대부분 물리학자들은 그 실험이 처음으로 시연되는 것을 보면서 놀랍고 심지어 당혹스럽다고 생각한다." 이 연구를 통해 에반스와 포프는 겉보기의 냉 복사와 냉 반사를 인식할 수 있는 실재 현상으로 되돌려 놓았다(물론 그들은 그 실험이 "냉"의 실재성을 분명히 보여준다고 여기지는 않았다). 그렇지만 모든 지표로 미루어 볼 때 그것이 다시 빠르게 완전히 잊혔거나 크게 인식되지 못한 것으로 보인다. 이것은 사람들이 무엇을 알고 있고 무엇을 알지 못하는지에 대해 내가 품은 단편적 인상에 바탕을 둔 것만은 아니다. 과학 인용색인 확장(SCIE: Science Citation Index Expanded), 사회과학 인용색인(SSCI: Social Sciences Citation Index), 그리고 인문예술 인용색인(Arts and Humanities Citation Index)을 결합해 2003년 3월 현재 검색해보니, 이 실험에 대한 인용은 단 2건으로 나타났다. 하나는 (에반스와 포프의 실험이 실린) 『미국 물리학 저널』의 후속 호에서 독자기고란에 실린 한 문단 분량의 질의였으며(Penn 1986), 다른 하나는 이 주제로 쓴 나의 논문이었다(Chang 2002).

잊힌 지식의 복원은 사실(fact)에 국한되는 일이 아니라 관념(idea)으로도 확장되는 일이다(그래서 결국에는 사실과 관념을 구분해 말하기도 매우 어렵다). 사실, 과학사학자들은 수십 년 동안 현대 과학에서 잊힌 온갖 종류의 관념들을 다시 기억해내는 데 크나큰 노력을 기울여왔다. 이런 종류의 복원은 과학사학에서 기둥이 되기에, 무수한 사례들에서 몇 가지를 집어내는 것조차 무의미한 일이다. 그러나 복원된 관념이 상보적 과학의 영역에 들어가려면, 그것이 분명히 그릇됐거나 적어도 자연에 관한 현재 우리 지식과 무관한 과거에서 온 그저 신기한 개념이라고 생각하는 정도로는 안 되며 우리는 그 이상으로 나아가야 한다. 이 점에 관해서는 나중에 더 자세하게 다루어보고자 한다.

복원의 문제를 생각하다 보면, 지식이 존재한다는 것은 어떤 의미일까 하는 기본적인 질문을 떠올리게 한다. 우리가 지식을 가지고 있다고 말할 때 그것은 당연히 우리가 지식을 소유하고 있음을 의미한다. 만일 우주의 궁극적 진리를 500년 전에 아무런 기록도 남기지 않은 채 숨진 어떤 부족이 알고 있거나 우리에게 알려지지 않은 어떤 외계인이 알고 있다고 해도 그런 지식은 아무런 소용이 없을 것이다. 거꾸로 말해, 매우 현실적인 의미에서 우리가 지식을 더 많은 사람들에게 전할 때에 우리는 지식을 창조하고 있는 것이다. 매번 새로운 사람이 "동일한" 지식 조각을 획득한다는 것은 그 개인의 믿음 체계 내에서 차별적인 의미와 중요성을 지니게 될 것이다. 지식에 관해서 이야기하면, 확산은 창조의 진정한 한 형태이며 역사 기록의 복원은 확산의 한 형태이다. 그것은 지속적인 종이와 잉크, 도서관의 도움을 받아 제도적 망각이 만든 간격을 건너뛰어 과거에서 현재로 이어진다.

비판적 지각

피상적으로 보면, 상보적 과학 연구의 많은 부분이 실제로는 과학 지식을 훼손하는 것처럼 보일 수 있다. 이 책의 앞쪽 세 장에서 보았듯이 이미 받아들여진 과학의 진리에 대해 갖가지 수준의 의문을 만들어내곤 하기 때문이다. 의문의 생산은 지식의 생산과는 정확히 반대편에 서 있는 듯이 보일 수 있다. 그러나 나는 건설적 회의론(constructive skepticism)이 지식의 양은 아니더라도 지식의 질을 높일 수 있다고 주장하고자 한다. 무언가가 사실상 불확실하다면, 우리 지식은 맹목적 믿음보다 적절한 수준의 의문을 지닐 수 있을 때 우월한(superior) 것이 된다. 만일 특정한 우리 믿음의 근거들이 확정적이지 않다면, 그런 불확정성을 인식하는 것이야말로 다른 근거들이 등장해 우리 믿음을 뒤집을 가능성에 대해 우리가 더 잘 대비할 수 있도록 도와준다. 불확실성과 불확정성을 비판적으로 지각하면서, 우리 지식은 더 높은 수준의 유연성(flexibility)과 정교함(sophistication)에 도달한다. 엄격하게 말하면, 모든 경우에 비판적 지각(critical awareness)을 하는 데에 상보적 과학이 반드시 필요한 것은 아니다. 원칙적으로는 전문 과학자들도 스스로 노력해 기존 지식이 불완전함을 망각하지 않을 수 있다. 하지만 실제로는 동떨어진 몇몇 사례를 빼고 전문가들이 자기 실천의 기본 활동에서 이런 식의 비판적 태도를 자나 깨나 유지하기는 매우 어려울 것이다. 그런 과제는 과학철학자와 과학사학자들이 훨씬 더 쉽고도 자연스럽게 수행할 수 있다.

심지어 철학자들조차도 비판적 지각과 그것이 생산하는 후속 결과물이 과학 지식에 기여한다고 인정하지 않는 경향도 있다. 그러나 그런 철학은 스스로 자기 몸값을 낮추고 있는 것이다. 우리가 무언가를 어떻게 아는지 알지 못한다면, 어떤 의미에서 우리는 그 무엇을 진짜로 아는 것이 아니다. 그리고 생각해보면 우리 믿음을 뒷받침하는 논증과 그 믿음을 해치는 논증을 함께 지각할 때 우리 지식이 우월해진다는 데에 의문을 품을 사람은 별로 없을 것이다. 이런 이야기는 그런 우월한 지식이 그 지식을 따지지 않으며 효과적으로 응용한다는 특정한 목표를 성취하는 데 장애가 될 수 있다는 사실과 모순되는 것이 아니다. 내게는 비판적 지각이 왜 우월적 지식을 만들어낼 수 있는지에 관해 충분하고 훌륭한 논증들을 제시할 능력이 없다. 그러나 이와 관련해 내가 믿는 바를 상보적 과학의 결실이라는 측면에서 좀 더 충분히 설명할 수는 있을 것이다.

예를 들어, 지구가 태양 둘레를 돈다고 지금 죽 말할 수 있다 해도 거기에는 지식이라는 이름을 붙일 만한 것이 별로 없다. 당시에 확고하게 구축되고 고도로 발전했으며 탁월한 체계를 갖춘 프톨레마이오스의 지구 중심 천문학을 코페르니쿠스와 동료들이 확신에 차서 거부할 수 있게 했던 증거와 논증이 수반될 때 그런 믿음은 더 큰 지적 가치를 지닐 것이다. 그 과정은 예컨대 쿤이 자세히 묘사한 바 있다(1957). 그것은 현재 전문가적 과학에서는 접근할 수 없는, 그러나 과사철에서 제시되는 바로 그런 종류의 과학 지식이다. 특정한 과학 논쟁들이 해결되는 방식에 관해 매우 적합한 물음을 던지고 살펴보았던 과사철의 다른 연구 사례들은 더 많이 있다. 예를 들어, 많은 학자들은 플로지스톤(phlogiston) 이론을 반박한 앙투안 라부아지에의 논증들이 얼마나 결정적인 것이 아니었는지를 보여주었다.[7] 제럴드 홀튼(Gerald Holton 1978)의 연구에서는 로버트 밀리칸(Robert Milikan)이 자신의 관찰 결과에서 낱개 전자에 속하는 기본 전하라고 여겼던 것보다 더 작은 음전하가 존재할 가능성이 나타나자 그것을 거부하는, 말로 표현하기 어려운 직관에 이끌렸던 것으로 나타났다. 앨런 프랭클린(Allan Franklin 1981)은 홀튼의 분석에 문제를 제기함으로써 이런 논쟁을 심화시켰다(Fairbank and Franklin 1982를 보라). 클라우스 헨첼(Klaus Hentschel 2002)은 미국 과학자 존 윌리엄 드레이퍼(John William Draper: 1811~1882)가 햇살에는 세 가지 다른 광선(ray)

이 존재한다는 견해를 다른 물리학자들보다 더 오랫동안 견지했던 데에는 그럴 만한 이유가 있었음을 보여주었다.[8] 나도 영국 물리학자 허버트 딩글(Herbert Dingle: 1890~1978)이 특수 상대성이론이 이른바 "쌍둥이 패러독스(twin paradox)"로 알려진 효과를 예측하지 못한다고 주장한 데에는 적합한 근거들이 있었음을 보여줌으로써 이런 방향의 연구에 작게 기여한 바 있다(Chang 1993).

여기에서 우리 과학 지식에 비판적 지각의 수준을 높여주었던 과사철 연구의 사례를 모두 다 열거할 지면의 여유는 없다. 그렇지만 나는 그런 사례를 열거하지는 못하더라도 현대 물리철학에서 번성하는 전통을 언급해야 하겠다. 일군의 철학자들은 다양한 이론들, 특히 양자역학에 대한 정통의 공식과 해석에 물음을 던지고 다시 따져보는 일을 해왔다. 이런 전통에 놓인 연구들은 종종 철학도 아니고 물리학도 아니라며 비판을 받는다. 나는 그런 비판을 이해할 수 있지만 잘못된 길로 나아가고 있다고 생각한다. 현대 물리철학의 많은 연구는 일반적이고 추상적인 철학적 관심사를 충분히 다루지 못하는 가련한 철학의 단편이 아니라 상보적 과학의 가치 있는 연구로서 인식되어야 할 것이다. 내게 떠오르는 모범 사례로는 데이비드 봄(David Bohm)의 양자역학 이론이 거부된 데 대한 제임스 쿠싱(James Cushing 1994)의 연구가 있다.

다시 이 책의 논의 주제로 돌아오면, 상보적 과학에서 성취되는 비판적 지각은 제2장에 가장 잘 나타나 있다. 제2장은 과학자들이 올바른 온도 측정용 유체를 선택하는 문제에서 르노의 비교동등성이라는 기준이 몇몇 단순한 기체들 외에 대부분의 대안적 기체들을 배제하는 데 효과적이기는 했지만 결국에 마침표를 찍을 만한 긍정적 해법에 도달하는 것이 불가능함을 알게 되는 과정을 보여주었다. 마찬가지로 제3장에서 우리는 온도 측정 척도를 매우 뜨겁고 매우 차가운 영역으로 확장하는 과정이 비슷한 문제로 어려움을 겪었음을 보았다. 또한 과학자들이 서로 맞서는 표준들 중에서 무엇이 올바른지 결론적으로 말하지 못하면서 조금씩 나아가야 했음을 보았다. 그것은 제4장에서 논한 대로 19세기 말 켈빈의 절대온도 개념이 조작화될 때까지 그런 식으로 계속되는 문제였다. 그러나 그 장에서는 또한 매우 이론적인 온도 개념이 등장하면 측정 장비의 불확정성이 제거될 수 있으리라는 기대도 헛된 것임을 볼 수 있었다. 19세기 말엽에 채택된 반복을 통한 해법이 훌륭한 것이기는 했지만 조작화의 정확성을 판정하는 문제는 결코 완전하게 해결될 수는 없었기 때문이다. 그리고 제1장에서는 온도 측정 척도에서 고정점을 찾는 아주 기초적인 과제조차도 오로지 뜻밖의 발견에서나 해법을 찾을 수 있는 그런 어려움에 둘러싸여 있었음을 보여주었다. 나는 우리가 이 책 앞쪽의 네 장에서 논한 모든 것을 알 때 온도란 무엇을 의미하며 그것은 어떻게 측정되는가에 관한 우리 과학 지식도 엄청나게 성장하리라는 점을 말하고 싶다.

새로운 전개

복원과 비판적 지각은 그 자체로 가치 있는 일이지만, 그것들은 또한 진정 새로운 지식의 생산을 자극할 수 있다. 역사학자들은 과학의 옛 기록에서 찾아낸 타당한 지식 체계를 더욱 발전시키는 일을 일반적으로 꺼린다. 그런 역사학자를 보여주는 가장 상징적인 사례가 쿤이다. 어떤 지식 체계가 폐기되었더라도 그것은 일관적이며 간단히 틀렸다고 선언할 수 없다는 그토록 강력하고도 설득력 있는 논증을 하고도, 쿤은 이 이론들이 발전될 가치가 있다고는 명시적으로 밝히지 못했다. 왜 그러지 못했을까? 그 자신의 판단 기준에 따르면, 과학 혁명들은 새로운 패러다임이 오래된 패러다임보다 더 큰 문제해결 능력을 획득할 때에 진보를 이룬다(Kuhn 1970c, ch. 13). 하지만 과학자들이 오래된 패러다임을 포기하고 그 문제해결 능력을 개선하려는 노력을 그만둔다는 사실에서 그런 문제해결 능력의 차이가 생기는 것은 아님을 우리는 어떻게 알까? 비슷한 물음이 과학 논쟁에 관한 다른 역사학자 일부의 연구 결론에서도 나타난다. 예를 들어, 스티븐 셰이핀(Steven Shapin)과 사이먼 섀퍼(Simon Shaffer 1985)는 기체역학에 관한 토머스 홉스(Thomas Hobbes)의 이론이 로버트 보일이 발전시킨 우월한 지식에 밀려 정당하게 거부됐다는 널리 받아들여진 생각에 강하게 도전했다. 하지만 그런 홉스 이론을 더 발전시키는 일이 시도할 만한 가치가 있음을 드러내놓고 제시하지는 않았다.

물론 과학사학자들은 여기에서 쉽게 답할 수 있다. 과학 이론을 적극 발전시키는 것은 역사학자가 할 일이 아니라고 말이다. 그러면 그것은 누구의 일인가? 요즘의 전문가적 과학자들이 오래전에 거부된 연구 프로그램을 발전시키는 일에 관여하지 않을 것임은 충분히 이해할 만하다. 아주 간단히 말해 그들의 관점에서 보면 그런 오래전 연구 프로그램은 틀린 것이기 때문이다. 바로 여기에서 상보적 과학이 등장한다. 지금의 정통에 맞추어야 한다는 의무감이 없는 상보적 과학자들은 정통 영역의 바깥에 놓인 것들을 발전시키는 일에 자유롭게 시간과 에너지를 어느 정도 투여할 수 있다. 이 책이나 다른 곳에서 내가 그런 새로운 발전(new developments)에 매우 크게 관여한 적은 없다. 상보적 과학의 이런 측면을 보장하려면 매우 큰 자신감이 요구되며, 나는 이 책을 쓰는 과정에서 그런 자신감을 얻기 시작했을 뿐이다. 그러나 앞으로 이루어질 연구에 요긴한 몇 가지 단서들이 떠올랐으며, 그것을 여기에서 이야기하는 것은 가치 있는 일이라고 생각한다.

명확한 한 가지 발걸음은 복원된 실험 지식을 확장하는 일이다. 우리는 과거의 신기한 실험을 그저 모사하는 것 이상으로 나아갈 수 있다. 과학사학자들은 역사 속 실험의 조건을 될수록 원형에 가깝게 모사하는 일을 강조하는 경향이 있다. 그것은 역사 서술의 목적에 부합하지만 상보적 과학의 목적에 반드시 부합하는 것은 아니다. 상보적 과학에서는, 과거에서 신기한 실험을 복원했다면 자연스러운 다음 단계는 그것을 기초로 삼아서 더 나아가는 것이다. 그런 작업은 최신의 테크놀로지와 이용할 수 있는 최선의 재료를 사용해 더 나은 실험을 수행함으로써, 그리고 오래된 경험 지식을 확인할 뿐 아니라 확장할 수 있는 옛 실험의 변형을 고안함으로써 이루어질 수 있다. 예컨대 제1장에서 논한, 끓음에 관한 다양한 실험은 더 발전시킬 만한 가치를 지닐 수 있다. 다른 자리에서 나는 이른바 "냉각 복사"의 실재성을 입증하려던 럼퍼드 백작(Count Rumford)이 냉의 겉보기 복사에 관한 픽테의 실험을 따르고자 고안했던 독창적 실험의 여러 가지 유익한 변형들을 일부 제시한 바 있다(Chang 2002, 163). 내게 그런 실험을 수행할 만한 자원이 있지는 않지만 그런 실험을 행할 기회가 있기를 바란다.

실험 자원은 덜 필요하지만 정신적으로는 더 과감해야만 이론은 새로운 발전을 이룰 것이다. 예를 들어, 제4장의 「열역학 이전의 이론적 온도」에서, 나는 온도의 이론적 개념이 열역학이나 고도의 다른 추상적 이론 없이도 어떻게 기체의 현상론적 물리학에 기초해서 규정될 수 있는지에 관해 간략히 보여준 바 있다. 덜 명확하기는 하지만 냉의 겉보기 복사에 관한 논문에서 나는 우리가 럼퍼드의 열-냉 복사 이론이 더 발전할 만한 가치를 지닐 수 있다는 견해를 제시하며 우리가 어디까지 그런 이론을 받아들일 수 있을지 살펴보았다(Chang 2002, 164). 마찬가지로 복사의 성격 논쟁에 관해 두 편으로 발표된 논문(Chang and Leonelli 2005)에서, 나는 복사의 발광, 발열과 화학 효과에 대해 서로 다른 광선이 존재한다고 추정하는 다원적 이론을 다시 살려 더 발전시킬 만한 유용한 잠재력이 있을 수도 있음을 긍정했다. 이런 것들은 매우 잠정적인 제안이며 반드시 탐구할 만큼 큰 개연성을 지니는 것은 아니지만, 나는 상보적 과학이 성숙한 단계에 도달한다면 가능할 수도 있는 그런 종류의 발전을 보여주고자 그런 사례들을 언급하는 것이다.

이론적 발전의 영역은 상보적 과학자가 가장 큰 반대나 이해부족에 직면하기 쉬운 영역이다. 만일 상보적 과학에서 제시된 어떤 견해가 생산적인 새로운 발전이 일어날 수 있는 방향으로 향하는 현재의 정통적 관점에 적합하지 않다면, 전문가들은 그것을 무언가 비전문적이어서 틀렸거나 개연성을 지니지 못하거나 또는 가치 없는 것으로 여겨 즉시 무시할 것이다. 그러나 상보적 과학은 본래 다원적 기획이다. 비록 어떤 과거 지식 체계들이 현대 세계의 일상적 믿음에도 너무 동떨어져 의미 있게 되살리기 힘든 것이라도, 상보적 과학에서는 그 이론적 가능성들을 생각 없이 무시하지는 않는다. 과거 과학자들이 행한 결정을 되돌아볼 때 거기에 합리적 의문을 품을 만한 여지가 있다면, 그것은 그런 결정에서 거부된 무엇이 다시 되살릴 만한 가치를 지닐 수 있음을 그럴듯하게 보여주는 것이다. 상보적 과학자가 거부된 연구 프로그램에서 그것의 더 깊은 잠재력을 찾아내거나 또는 기발한 연구 프로그램을 제시한다면, 그것은 또한 자신의 독특한 이론만이 진리를 보여준다는 괴짜 식의 믿음으로 행해지는 것이 아니다. 전문가들이 상보적 과학에서 비롯한 어떤 견해를 받아들이기로 선택할 때에도 그들은 그것을 논란의 여지가 없는 진리로 받아들이고 싶어 할 것이다. 그렇더라도 그것이 상보적 과학 자체가 진리를 다루는 일을 하는 것이 아니라는 사실을 바꾸지는 못할 것이다.

과학사와 과학철학의 다른 연구 갈래와 관련해

같은 과학사 또는 과학철학 분야라 해도 거기에는 여러 가지의 연구 양식이 존재한다. 나의 목표는 과사철의 상보적 양식을 분명하게 밝히려는 것이지 다른 연구 양식의 중요성을 부정하려는 것은 아니었다. 반대로, 상보적 양식의 목표가 다른 연구 양식에서 받아들여지는 것과 다르다는 이유만으로 상보적 양식이 거부되어서는 안 된다.

이와 관련해 내게는 한 가지 우려가 있다. 많은 과학사학자에게는 내가 여기에서 제시하는 바가 몹시 퇴행적인 것으로 비칠 수 있기 때문이다. 최근 몇십 년 동안, 과학사학과 과학사회학 분야에서는 많은 흥미로운 연구들이 과학을 사회적, 경제적, 정치적, 문화적 현상으로서 설명해주었다. 내가 여기에서 제시하는 과학의 역사와 철학은 과학이 발전하고 기능하는 맥락을 바라봄으로써 얻을 수 있는 통찰을 배제할 정도로 너무나 내적인 접근으로 비칠 수 있다. 그렇지만 여기에서 강조해두어야 하는 중요한 차이는 상보적 양식의 과사철은 과학에 **관한** 것이 아니라는 점이다. 비록 그것이 다루는 특정한 물음이 정확하게 말해서 현재 과학이 다루지 않는 것이지만, 그 목표는 과학 자체의 목표와 연속적인 것이다. 내가 그것을 상보적 과학이라고 부르는 이유도 여기에 있다. 상보적 양식의 과사철은 사회적 차원을 소홀히 다루는 불완전한 역사 서술을 하고자 하는 것이 아니다. 그것은 궁극적으로 과학의 사회사와는 완전히 다른 종류의 기획이다. 누군가는 그것이 역사가 아니라고 말할 수도 있다. 역사는 자연의 이해를 심화하는 일을 우선적으로 추구하지 않지만 상보적 과학은 그러하기 때문이다. 과학을 사회적 현상으로 이해하는 일이 본질적으로 중요하다는 점을 내가 부정하려는 것이 아님은 아무리 강조해도 지나침이 없지만, 나는 또한 과사철의 상보적 기능이 별도의 의미 있는 일임을 믿고 있다.

우리가 과사철의 상보적 양식이 적합하고 유용한 것이라고 받아들인다면, 어느 정도 유사성을 지니는 과사철의 다른 연구 양식과 그것을 비교하고 대비함으로써 그 상보적 양식의 성격을 명확하게 해두는 것이 도움이 될 것이다.

과학지식사회학(Sociology of scientific knowledge). 어쩌면 신기한 일이기도 하지만, 상보적 과학은 과학지식사회학(SSK)과 한 가지 중요한 측면을 공유하고 있다. 즉, 과학에서 받아들여진 믿음들에 대해 물음을 던지는 일이 그것이다. 익숙한 사실들을 다시 탐사하는 일은 브뤼노 라투어(Bruno Latour)가 말한 "블랙박스"를 열고서 "진행 중인 과학(science in action)"의 성격을 드러내는 과정으로 이해될 수 있다. 그러나 과학지식사회학과 상보적 과학에서 각각 그런 물음을 던지고서 얻고자 하는 결과물 간에는 분명한 차이가 있다. 과학지식사회학은 과학적 믿음의 정당화를 사회적 원인으로 환원함으로써 과학 전반이 지니는 특별한 권위를 수축시킨다. 이와는 대조적으로, 상보적 과학에 있는 회의론과 반독단주의(anti-dogmatism)의 목표는 과학 지식의 특정 측면들을 더욱 증강하는 것이다. 어떤 경우에 상보적 과학의 연구는 과거의 일부 과학적 판정이 인식적 토대 없이 이루어졌음을 보여줄 수 있지만 그것은 인식적 토대를 갖춘 믿음과 그렇지 못한 믿음 사이의 차이를 인정하지 않는 과학지식사회학의 방법론적 거부와는 다른 것이다.[9]

내적 역사학(Internal history). 내가 제시한 구체적 사례 연구를 보면, 내가 상보적 양식으로 이룬 과사철의 과거 성취로 여기는 많은 것이 내적 과학사학 전통에서 나온 것임이 자명해질 것이다. 상보적 과학은 그저 그런 전통의 연속일 뿐일까? 그런 전통에서 과거에 존재했던 그대로 과학 지식을 발굴하고 충실하게 이해하려고 노력할 뿐일까? 그렇지 않음을 보여주는 중요한 근거가 하나 있다. 만일 우리가 내적 역사학 그 자체를 위한 역사를 좇는다면 우리의 궁극적 목표는 과거 과학자들이 무엇을 믿었으며 어떤 생각을 했는지에 관해 일종의 개관적인 역사 사실을 발견하는 일이 될 수밖에 없다. 이것은 상보적 과학이 추구하는 최종 목표가 아니다. 상보적 과학은 현재 우리 지식을 늘리고 다듬고자 내적 과학사학을 사용할 뿐이다. 이렇게 목표가 달라 생기는 한 가지 두드러진 차이는 상보적 과학이 과거 과학의 특성에 대해 거리낌 없이 규범적 인식의 평가를 행한다는 것인데, 이는 "새로운" 내적 과학사학에는 저주와도 같은 일일 것이다.[10] 하지만 역사철학자의 판단은 현재 전문가적 과학자의 판단과 아주 쉽게 갈라질 수 있기에 상보적 과학은 결코 휘그주의(Whiggism)에 빠지지 않는다.

방법론(Methodology). 상보적 과학은 또한 "과학적 방법", 달리 말해 자연에 관한 지식을 얻는 가장 효과적이거나 신뢰할 만한, 또는 합리적인 방법을 추구하는 것과는 구분된다. 나의 구체적 사례 연구에서 많은 논의가 주로 과학적 방법론에 관한 것이었고 제5장 전체가 그런 것이었음을 생각하면, 이런 이야기는 당혹스럽게 들릴지도 모른다. 상보적 과학의 연구는 지식을 얻는 방법에 관한 물음들과 관련이 있을 수 있으며 또한 관련돼 있다. 그러나 거기에는 주목해야 할 뚜렷한 차이가 하나 있다. 방법론에 대해 상보적 과학이 취하는 태도는 대부분 현장 과학자들이 방법론에 대해 취하는 태도와 많이 비슷하다. 즉, 방법론은 탐구에서 최우선이나 최종의 목표인 것은 아니다. 우리가 훌륭한 방법이라고 부르는 것은 유용하거나 정확한 결과를 산출하는 그런 방법들이다. 이처럼 훌륭함(goodness)에 대한 판단은 사후에 이루어지지, 사전에 이루어지지는 않는다. 다른 말로 하면, 방법론적 통찰은 실재하는 과학적 물음들에 답하면서 부산물로서 얻어지는 것이다. 우리가 자연에 관해 어떤 물음을 던질 때, 우리가 답을 어떻게 찾아가는지는 그 답의 일부가 된다. 상보적 과학에서 우리는 과학이 따라야 할 방법론의 일반 규칙을 설정하지는 않는다. 우리는 그저 작동 중인 훌륭한 규칙들을 바라봄으로써 그것들을 다른 곳에서도 시도해볼 만한 가치를 지니는 성공적 전략으로서 인식할 뿐이다.

자연주의적 인식론(Naturalistic epistemology). 마지막으로 상보적 과학은 요즘 과학철학에서 강력하게 등장하고 있는 경향과도 구분되어야 한다. 그런 경향이란 굳이 규범을 함축하려 하지 않으면서 특정한 종류의 인식론적 활동으로서 과학의 성격을 규정하자는 것이다(Kornblith 1985를 보라). 이런 경향은 적어도 부분적으로는 과학자들에게 어떤 방법론이 바람직한지를 알려주려는 헛돼 보이는 시도에 대한 반작용으로 나타나는 듯하다. "자연주의"라는 충동은 통합적인 과사철에 강한 동기를 주기 때문에 어느 정도는 상보적 과학에 적합하다. 하지만 자연주의적 인식론이 고양시키는 것은 **서술적** 양식의 과사철인데, 그것은 무엇보다도 과학을 자연적으로 존재하는 묘사의 대상으로 간주한다. 이와 대조적으로 상보적 양식의 과사철에서는 연구의 궁극적 대상이 자연이지 과학은 아니다.

과학으로 이어지는 다른 길

책을 마무리하면서, 다시 전문가 과학과 상보적 과학 사이의 관계로 잠깐 되돌아가고자 한다. 내가 지금까지 충분히 논하지 않은 한 가지 큰 물음은 상보적 과학이 정통의 전문가적 과학에 중요한 기획인가 하는 것이다. 좀 더 넓게 말하면, 과사철의 상보적 기능에는 어떤 규범적 차원이 존재하는가 하는 것이다. 이는 분명하게 답하기에 어려운 물음이다. 그래서 나는 이런 주제의 미묘함을 다음과 같이 이해할 수 있으리라고 생각한다. 즉, 전문가적 과학과 관련해서 상보적 과학은 **비판적**이다(critical). 그러나 규범을 **제시하는**(prescriptive) 것은 아니다.

  전문가적 과학에 대해 상보적 과학이 취할 수 있는 비판적 입장에는 두 가지 다른 차원이 존재한다. 하나는 상보적 과학이 전문가적 과학에 의해 배제된 과학적 물음을 분별해낼 때 우리가 그런 물음들의 답에 담긴 함축적 의미를 피하기는 어렵다는 점이다. 거기에는 이미 과학에 대한 가치 판단, 즉 과학이 우리가 중요하다거나 흥미롭다고 여기는 어떤 문제를 다루지 않는다고 보는 가치 판단이 담겨 있다. 그렇지만 적어도 많은 경우에, 이런 판단에는 또한 전문가적 과학이 그런 물음을 외면하는 데에 나름의 충분한 이유가 있다고 바라보는 완화된 인식(recognition)이 함께 나타난다. 그런 인식으로 인해 판단에서 규범으로 나아가는 단계는 멈출 수 있다. 상보적 과학의 일차적 목적은 전문가적 과학에 무엇을 하라고 이야기해주는 것이 아니라 전문가적 과학이 현재 할 수 없는 것이 무엇인지 이야기해주려는 것이다. 그것은 그림자 같은 분과이다. 즉, 그 경계는 바로 전문가적 과학에서 배제되는 모든 것을 포괄한다는 목적에 따라 변화한다.[11]

  비판적 입장의 두 번째 차원은 더욱 논쟁적이다. 이는 이미 이 장의 「상보적 과학이 생산하는 지식의 성격」에서 논한 바 있다. 과거 과학에서 폐기된 특정 요소들을 살펴보면서, 우리는 **불완전한 이유로**, 또는 **더 이상 타당하지 않은 이유로** 그런 폐기가 이루어졌다는 판단에 도달할 수 있다. 그런 판단은 상보적 과학의 가장 창조적인 측면을 활성화할 수 있다. 만일 지식의 통로가 보잘것없는 이유로 폐쇄됐다는 판단에 이른다면, 우리는 다시 그런 지식의 통로를 탐사하고자 시도할 수 있다. 바로 그런 지점에서 상보적 과학은 전문가적 과학에서 발전해온 지배적 전통들에서 벗어나 과학 연구의 병렬적 전통들을 창조하기 시작할 것이다. 비록 그런 단계에 이르더라도 그 단계에서는 현재의 전문가적 과학과 같은 명성을 얻지는 못한다는 점을 명심해야 한다. 상보적 전통이 성공적일지 아닐지, 그리고 어느 정도나 성공적일지는 미리 알 수 없다. 따라서 그런 전통을 창조한다고 해서 그런 행위가, 우리가 다시 열고자 하는 지식의 통로가 폐쇄된 이래로 전문가들이 성취해온 것보다 더욱 우월한 결과를 낳으리라고 볼 수는 없다. (이 말이 과사철에 규범적 연구 양식이 필요한 상황이 있을 수 있음을 부정하는 것은 아니다. 그런 경우에 우리는 과학이 제대로 행해지는지 물음을 던지고 그 답이 부정적일 때 외부 간섭을 제안한다.)

상보적 과학은 우리 과학 지식의 성격에 결정적인 변형을 촉발할 수 있다. 확장하며 분화하는 현재의 전문가적 지식과 더불어, 우리는 옛 과학의 재생, 과거와 현재 과학에 대한 새로운 판단, 그리고 대안의 탐색을 결합하는 상보적 지식 체계를 더 많이 창조할 수 있다. 이런 지식은 본래 비전문가들도 접근할 수 있는 그런 것이 될 것이다. 또한 그것은 과학 지식의 기초 내용이 받아들여진 그 이면의 이유를 보여줄 수 있기에 현재 전문가들에게도 유익하거나 또는 적어도 흥미로울 수 있다. 그것은 근본에 대한 맹목적 믿음을 침식한다는 점에서 전문가들의 연구에 간섭이 될 수 있지만, 나는 그것이 실제로는 이로운 효과를 전반에 만들어내리라고 믿는다. 무엇보다도 가장 신기하고 흥미로운 효과를 만들어낼 분야는 교육이다. 상보적 과학은 과학 교육의 버팀줄이 되어 전문가 훈련의 사전 교육뿐 아니라 일반 교육의 수요에 기여할 수 있다.[12] 그것은 아주 멀리 나아가는 발걸음이며, 그 덕분에 교육받은 대중은 우리 우주에 대한 지식을 세우는 일에 다시 한 번 참여할 수 있을 것이다.

주

1. 이 장에서 설명한 몇몇 견해들은 Chang 1999에 처음 출판됐다.
2. 이런 목적에 맞춰 내가 따르고자 하는 설명의 모형은 논리실증주의자들의 「빈 학파 선언문(Wiener Kreis Manifesto)」(Neurath et al. [1929] 1973)이며 또한 데이비드 블루어(Davied Bloor)가 설명한 과학지식사회학의 '스트롱 프로그램(strong program)'이다(1991, ch. 1).
3. 지금부터 나는 내 논의가 정상과학 또는 패러다임에 관한 쿤의 특정한 견해를 거부하는 사람들이라도 받아들일 수 있도록 "정상과학(normal science)"보다는 "전문가적 과학(specialist science)"에 관해 이야기하겠다.
4. 예를 들어 다음을 보라. Oxtoby et al. 1999, 153; Atkins 1987, 154; Silbey and Alberty 2001, 190; Rowlinson 1969, 20. 흥미롭게도 이런 문헌들이 제시하는 과가열의 설명들은 서로 모순된다고 말할 수는 없지만 매우 다양하다. 실비와 앨버티는 과가열이 표면장력으로 인해 성장하지 못한 증기 거품이 붕괴해서 생기는 것으로 설명한다(충분한 끓음 이전의 '치익소리(hissing)' 현상에 대한 드 뤽의 설명을 참조). 앳킨스에 따르면, 과가열은 "빈 공간 내부의 증기 압력이 인위적으로 낮기" 때문에 생긴다. 그런 현상은 예컨대 물이 흔들리지 않을 때 일어날 수 있다고 한다. 그러나 옥스토비(Oxtoby) 등은 그것이 물이 급속 가열될 때에만 일어날 수 있다는 취지의 언급을 한다.
5. 로우린슨(Rowlinson 1969, 20)은 실제로 섭씨 270도에 이른 1924년의 실험을 언급한다.
6. 잘 알려진 사례로는, 페테르 헤이링(Peter Heering 1992, 1994)이 재현한 쿨롱(Coulomb)의 정전기 비틀림저울 실험, 오토 시붐(H. Otto Sibum 1995)이 재현한 줄의 회전날개(paddle wheel) 실험 등이 있다. 최근에는 윌리엄 뉴먼(William Newman)이 뉴턴의 연금술 실험을 재현하는 연구를 하고 있으며, 제드 부크왈드(Jed Buchwald)는 매사추세츠공과대학교(MIT)와 캘리포니아공과대학교(Caltech)에서 학생들이 과학사의 주요한 실험을 재현하는 실험실 과정을 가르치고 있다.
7. 내 견해로는, 이 문제에 관해서 앨런 머스그레이브(Alan Musgrave 1976)의 글이 가장 읽기 편하고 통찰력 있는 개괄을 제시한다. 머스그레이브에 따르면, 라부아지에 연구 프로그램이 플로지스톤 연구 프로그램보다 더 우월하다는 점은 리커토시가 제시한 진보의 판단기준에서만 이해될 수 있다. 모리스(Morris 1972)는 라부아지에의 연소 이론을 상세하게 제시했는데 거기에는 그 이론의 여러 가지 문제점도 포함돼 있다.
8. 드레이퍼가 제시한 근거들에 좀 더 동조해 논의를 전개한 것으로는 Chang and Leonelli 2005를 보라.
9. 데이비드 블루어(David Bloor 1991, 7)는 이런 점을 과학지식사회학(SSK)의 '스트롱 프로그램'에서 지켜야 하는 주요한 원칙들 중 하나로서 명확히 밝혔다. "그것은 진실과 오류

에 대해, 합리와 불합리에 대해, 성공과 실패에 대해 공평해야 한다. 이런 이분법의 두 항에는 모두 다 설명이 필요하다." 게다가 "예를 들어 진실의 믿음과 오류의 믿음을 설명할 때 그 원인은 동일한 유형이어야 할 것이다."
10. 여기에서 내가 말하는 것은 쿤이 "새로운 내적 과학 역사서술론(historiography)"이라고 지칭한 적 있는 내적 역사학의 반(反)휘그주의 유형이다(Kuhn [1968] 1977, 110).
11. 그렇다고 그 경계선이 완전히 뚜렷하다고 말하는 것은 아니다. 과학의 경계들이 희미한 정도로 상보적 과학의 경계선도 희미할 것이다. 그러나 회색 지대가 존재한다고 해서 차이가 완전히 없어지는 것은 아니다. 또한 본래 전문 과학자인 이도 상보적 과학 연구에 참여할 수 있으며 반대의 경우도 마찬가지이다. 이는 과학자가 과학 연구의 예술적 차원을 탐구하는 것만큼이나 이상한 일이 아니다.
12. "교양(liberal)" 과학의 교육에 과학사와 과학철학이 지니는 중요성은 마이클 매튜스(Michael Matthews 1996)가 꼼꼼히 정리해 보여주었듯이 많은 저자들에 의해 논증돼왔다. 나에게 주요한 영감은 하버드대학교에 마련된 제임스 브라이언트 코넌트(James Bryant Conant)의 일반 교육 프로그램, 그리고 제럴드 홀튼과 그의 조교들이 확장한 프로그램이 전해준 시각에서 나온 것이다(이에 관한 개괄은 Conant 1957과 Holton 1952를 보라).

과학, 역사, 철학 용어의 해설 Glossary

일러두기: 별표(*)가 달린 용어는 이 책의 저자가 만든 용어이거나 표준과 다른 의미를 붙인 용어이다. 나머지는 표준 용어이거나 표기된 다른 저자들이 사용한 용어이다.

절대온도(Absolute temperature): 윌리엄 톰슨(William Thomson, 켈빈 경(Lord Kelvin))이 1848년부터 절대적인 온도의 개념을 고안할 무렵에 그의 주된 의도는 어떤 특정한 물질의 속성에 기대지 않는 온도 개념을 만들자는 것이었다. 현대의 용례에서, 이 용어의 의미에는 열이 전혀 없음을 가리키는 절대영도에서 시작해 매기는 온도라는 의미가 섞여 있다. 후자의 개념은 사실 더 이른 시기에 제시된 것인데, 예컨대 기욤 아몽통(Guillaume Amontons)과 윌리엄 어빈(William Irvine) 같은 이들이 그런 개념을 주창했다. 참조: '아몽통 온도', '어빈주의'

절대영도(Absolute zero): '절대온도', '아몽통 온도'를 보라.

***추상화**(Abstraction): 어느 대상을 묘사할 때에 특정한 속성을 생략하는 일. 추상을 이상화(idealization)와 혼동해서는 안 된다.

단열 기체 법칙(Adiabatic gas law): 바깥 환경과 열을 교환하는 일 없이 팽창하거나 수축하는 기체의 거동을 기술하는 법칙. 표준식은 pv^γ=상수. 여기에서 γ는 압력이 일정할 때의 기체 비열과 부피가 일정할 때의 기체 비열 간의 비율을 말한다.

단열 현상(Adiabatic phenomena): 주위 환경과 열이 교환되지 않는 격리된 계(system)에서 일어나는 현상. 잘 알려진 것으로, 열이 더해지지 않고 기체가 압축에 의해 가열되는 단열 가열과, 열을 빼앗기지 않고 기체가 팽창에 의해 냉각되는 단열 냉각이 있다. 이런 현상이 지금에야 열과 역학 에너지의 상호변환을 놀라울 정도로 입증한다고 여겨지지만, 그런 해석을 제임스 줄(James Joule)이 처음 제안한 것은 1890년 무렵이었다. 줄 이전에 단열 현상에 대한 가장 믿을 만한 설명 중 하나는 존 돌턴(John Dalton)이 어빈주의 칼로릭 이론(Irvinist caloric theory)에 바탕을 두어 제시한 설명이었다.

***아몽통 온도**(Amontons temperature): 절대영도에서 시작해 매기는 공기 온도계의 온도. 그 개념은 기욤 아몽통에서 나왔다. 아몽통은 냉각하면 점차 압력이 줄어드는 것으로 알려진 기체 속성에서 외삽 추론을 하여, 특정한 온도점에서는 압력값이 0에 도달할 것이라고 예측했고, 압력이 사라질 때 열이 완전히 없음을 의미한다고 이해했다. 그러므로 아몽통의 척도에서 0의 압력은 절대영도의 온도로 간주된다.

원자 열(Atomic heat): '뒬롱-프티의 법칙'을 보라.

보조 가설(Auxiliary hypothesis): 검증 대상이 되는 주된 가설에서 나올 수 있는 관찰 가능한 후속 결과를 연역하는 데 사용되는 추가적인 가설. 경험적 관찰에서 주된 가설이 겉보기에 오류가 있음이 드러날 때, 비난의 대상을 보조 가설 쪽으로 옮기면 주된 가설을 방어할 수 있다. 참조: '전체론'

끓는점(Boiling point): 액체가 끓을 때의 온도. 온도계에서 따로 이야기하지 않는 끓는점은 물의 끓는점을 말한다. 지금에야 고정된 압력에 놓인 순수 액체의 끓는점은 변함이 없다고 일반적으로 받아들여지지만, 18세기와 19세기에는 그렇지 않다는 인식이 널리 퍼져 있었다.

보일의 법칙(Boyle's law) 또는 **마리오트의 법칙**(Mariotte's law): 로버트 보일(Robert Boyle) 또는 에듬 마리오트(Edme Mariotte)에 의해 정립된 법칙으로, 온도가 일정할 때 기체의 압력과 부피를 곱한 값은 일정하다는 법칙(pv = 상수).

요동 끓음(Bumping, 프랑스어로 soubresaut): 시끄럽고 불안정한 끓음의 유형. 분리된 커다란 수증기 거품이 때때로, 불규칙한 패턴으로 한 차례 또는 여러 차례에 걸쳐 솟아오른다. 온도는 불안정해서 큰 기포가 생기면 온도가 떨어지고, 기포가 형성되지 않는 동안에는 온도가 다시 올라간다.

칼로릭(Caloric): 열의 물리적인 실체. 앙투안 라부아지에(Antoine-Laurent Lavoisier)가 1780년대에 자신이 새로 화학 명명법의 일부로서 만든 용어. 당시에 다수의 화학자와 물리학자는 열이 물리적인 실체라는 데 동의했으며 많은 사람이 칼로릭(caloric)이라는 용어를 썼다. 그러나 여러 가지 칼로릭 이론 사이에는 상당한 차이가 있었다. 참조: '화학적 칼로릭 이론', '어빈주의'

열량 측정(Calorimetry): 열의 양을 정량적인 방법으로 재는 측정. 18세기와 19세기에 가장 일반적인 방법은 얼음 열량 측정법(ice calorimetry)과 물 열량 측정법(water calorimetry)이었다.

대포 구멍 뚫기 실험(Cannon-boring experiment): 무딘 날을 지닌 금속 원통으로 구멍 뚫기 연마를 하는 과정에서 매우 많은 열이 생성됨을 보여준 럼퍼드 백작(벤자민 톰슨(Benjamin Thompson))의 실험. 럼퍼드는 바바리아인 군대를 지휘하던 시절에 뮌헨 병기공장에서 대포 구멍 뚫는 작업을 감독하던 중에 그런 마찰로 인해 열이 생성됨을 처음 알게 됐다. 훗날 전해진 이야기와는 달리, 이 실험이 널리 알려지고 논쟁 대상이 되기는 했지만 칼로릭 이론을 설득력 있게 논박했던 것은 아니었다.

기수 척도(Cardinal scale): 산술 작업에 적합하도록 숫자를 부여하는 측정 척도. 참조: '서열 척도'

카르노 기관(Carnot engine), **카르노 순환**(Carnot cycle): 사디 카르노(Sadi Carnot)가 처음에 고안한 이상적이고 추상적인 열기관. 제4장의 「추상적인 것을 향한 윌리엄 톰슨의 움직임」에서 더 자세한 설명을 보라.

섭씨 척도(Centigrade scale, Celsius scale): 섭씨온도 눈금은 물의 어는점/녹는점이 0도로 설정되고 끓는점이 100도로 설정된 일반적 척도이다. 이는 대체로 안데르스 셀시우스(Anders Celsius)의 공로이지만, 그의 처음 척도는 같은 백분위 100도라 해도 끓는점을 0도, 어는점을 100도로 설정했다. 백분위 100도의 척도를 요즘 쓰는 숫자의 방향으로 처음에 생각한 사람이 누구인지에 관해서는 논란이 있다.

상태 변화(Change of state): '물질 상태'를 보라.

샤를 법칙(Charles's law) 또는 **게이—뤼삭 법칙**(Gay-Lussac's law): 샤를(J. A. C. Charles) 또는 조셉—루이 게이—뤼삭(Joseph-Louis Gay-Lussac)의 공로로 밝혀진, 일정한 압력에서 기체의 부피는 온도에 선형적으로 변화한다는 규칙.

*__화학적 칼로릭 이론__(Chemical caloric theory): 앙투안 라부아지에에서 기인한 것이 아주 명확하지만 조셉 블랙(Joseph Black)에서도 유래한 전통적인 칼로릭 이론. 칼로릭은 다른 실체와 화학적으로 결합할 수 있는 실체로 여겨졌다('결합 칼로릭'을 보라).

정합론(Coherentism): 어떤 신념이 서로 뒷받침하는 일련의 신념 체계에 속한다면 그 신념은 정당화된다는 인식론적 관점. 정합론자들은 스스로 정당화하는 신념이 존재한다는 것을 부정한다. 참조: '토대론'

결합 칼로릭(Combined caloric): 화학적 칼로릭 이론에서, 보통 물질과 화학 결합한 상태에 있는 칼로릭('자유 칼로릭' 참조). 좀 더 현상학적인 용어로, 결합 칼로릭은 잠열(latent heat)이라고 말할 수 있다. 앙투안 라부아지에는 연소 중인 열이란 산소 기체에서 결합 칼로릭이 빠져나오는 것이라고 설명했다.

비교동등성(비교가능성, Comparability): 좋은 측정 장비는 자기 정합성을 지녀야 한다는 필요조건. 한 종류의 장비를 유형으로 간주할 때, 비교동등성은 같은 유형의 모든 장비들이 같은 상황에서 서로 일치해야 함을 의미한다. 이런 필요조건은 단일값의 원리(principle of singe value)에 바탕을 둔다. 빅토르 르뇨(Victor Regnault)는 비교동등성을 온도계의 정확도를 검사할 때 중요한 평가 기준으로 사용했다.

드릴 척도(Delisle scale): 러시아에서 산 프랑스 천문학자 조셉—니콜라스 드릴(Joseph-Nicolas Delisle)이 창안한 온도 척도. 0도는 물의 끓는점으로 설정되었으며 점점 차가워질수록 숫자가 올라 물의 어는점은 150도로 표시됐다.

뒤엠–콰인 테제(Duhem-Quine thesis): '전체론'을 보라.

뒬롱–프티의 법칙(Dulong and Petit's law) 또는 **원자 열 법칙**(law of atomic heat): 모든 화학 원소에서 원자 무게와 (무게에 따른) 비열의 곱은 대략 동일하다는, 피에르 뒬롱(Pierre Dulong)과 알렉시스–테레즈 프티(Alexis-Thérèse Petit)의 경험적 관찰. 이는 종종 어떤 원소의 원자라도 동일한 열용량을 지님을 의미하는 것으로 받아들여졌다. 그래서 이 법칙은 때때로 원자 열 법칙으로도 불렸다.

열의 동역학 이론(Dynamic theory of heat) 또는 **열의 역학 이론**(mechanical theory of heat): 열을 운동의 형태로 여기는 모든 열 이론. 참조: '열의 물질 이론'

비등(Ebullition): 일반적으로 말해, 끓음의 또 다른 이름일 뿐이다. 그렇지만 장–앙드레 드 뤽(Jean-André De Luc)에게 "진정한 비등"은 순수하게 열의 효과로 일어나는 끓음을 지칭하는 이론적 개념으로, 물에 녹아 있는 공기의 작용으로 더 낮은 온도에서 일어나는 평범한 끓음과는 구별되는 것이었다.

에콜 폴리테크니크(École Polytechnique): 파리에 있는 엘리트 이공대학교로서, 1794년에 프랑스혁명에 이은 교육 개혁의 일환으로 세워졌다. 19세기 전반기에 지도적인 프랑스 자연과학자의 다수가 이곳에서 가르치고 배웠다.

* 인식적 반복(Epistemic iteration): 앎의 연속 단계들이 각각 앞선 단계에 의존하면서 어떤 인식 목표의 성취를 높이고자 창출되는 과정. 다른 수단에 의해 알려진 정답 또는 적어도 원칙적으로 알 수 있는 정답에 접근하는 데 수학적 반복(mathematical iteration)이 쓰인다는 점에서, 인식적 반복과 수학적 반복은 결정적으로 다르다.

팽창 원리(Expansive principle): 증기가 제 힘으로 확장하면서 일을 할 수 있다면 증기기관의 효율은 더 높아진다는, 제임스 와트(James Watt)의 원리.

화씨 척도(Fahrenheit scale): 다니엘 가브리엘 파렌하이트(Daniel Gabriel Fahrenheit)가 고안해 널리 쓰이는 온도 척도. 물의 어는점이 32도이고, 끓는점은 212도이다. 파렌하이트가 이런 척도에 이른 이유는 복잡하다. 더 자세한 설명으로는, 미들턴(Middleton, 1966)을 보라.

고정점(Fixed point): 온도계 척도의 기준점으로, 정의에 의하여 고정된 값이 주어진다. 이 용어는 그런 어떤 점을 정의하는 자연 현상을 가리킬 때도 사용된다.

토대론(Foundationalism): 인식적 정당화는 위계 구조를 지닌다는 주장. 토대론에 의하면, 어떤 신념은 스스로 정당화하며 그렇게 신념의 증거 기반을 구성하지만, 다른 신념은 이런 기본 신념들이 적절하게 뒷받침을 해주어야만 정당화된다. 참조: '정합론'

자유 칼로릭(Free caloric): 화학적 칼로릭 이론에서, 보통 물질과 화학 결합으로 묶여 있지 않은 칼로릭을 뜻한다('결합 칼로릭' 참조). 좀 더 현상학적인 용어로 말하면, 자유 칼로릭은 감지 가능한 칼로릭(sensible caloric)이라고 말할 수 있다.

공간자유 칼로릭(Free caloric of space): 피에르–시몽 라플라스(Pierre-Simon Laplace)의 용어로, 분자들 사이의 공간에 존재한다고 추정되었던 칼로릭을 가리킨다. 그런 칼로릭은 분자들 사이에서 복사 전이가 일어나는 과정에 나타난다고 이해되었다. 라플라스는 온도란 공간자유 칼로릭의 밀도라고 정의했다.

자유 표면(Free surface): 상태 변화(change of state)가 일어날 수 있는 표면을 말한다. 존 에이트킨(John Aitken)의 관점으로 말하면, 상태 변화와 연결된 온도에 이른다고 해서 상태 변화가 반드시 일어나는 것은 아니고, 자유 표면이 있어야 그런 변화가 가능하다.

혼합냉동제(Freezing mixture): 매우 낮은 온도를 얻는 데 쓰는 혼합물. 일반적으로 얼음(또는 눈)과 산성 물질의 혼합으로 구성된다. 혼합냉동제는 오랫동안 그 작용이 이론적으로 만족스럽게 이해되지 않은 채 사용되었다. 조셉 블랙의 잠열이라는 개념이 등장하면서, 산성 물질을 더하면 어는점을 떨어뜨려 얼음을 녹이고 그 얼음이 녹는 과정에 주변의 열을 많이 흡수한다는 것이 이해되었다.

어는점(Freezing point): 액체가 어는 온도. 온도계로 보면, 따로 이야기되지 않는 어는점은 대체로 물의 어는점을 말한다. 순수 액체의 어는점을 고정하는 문제는 과냉각(supercooling) 현상 때문에 복잡해진다. 그리고 일반적으로는 물의 어는점이 얼음의 녹는점과 동일하다고 여겨지지만 이 문제에 관해서는 여러 의문이 제기돼왔다.

열용량(Heat capacity): 열을 품을 수 있는 물체의 용량. 조작의 측면에서 말하면, 어느 물체의 열용량은 온도를 단위량만큼 올리는 데 필요한 열의 양, 즉 비열로 식별할 수 있다. 어빈주의 칼로릭 이론(Irvinist caloric theory)에서 열용량과 비열은 명백하게 동일한 것이었다. 그렇지만 화학 칼로릭 이론(chemical caloric theory)에서 그런 동일성은 부정되었다. 칼로릭은 어떤 물체 안으로 들어가면 결합(숨은)된 채 존재할 수 있고, 그래서 온도계에는 전혀 영향을 주지 않을 수 있다고 여겨졌기 때문이었다. 지금도 일상 담론에서 열용량은 여전히 비열을 의미하는 것으로 자주 쓰이지만, 현대 열물리학에서 열용량을 그런 의미로 사용하는 것은 더 이상 타당하지 않다.

치익소리(Hissing, 프랑스어로 sifflement): 수많은 수증기 거품이 물 전체에 어느 정도 일어나지만 물 표면까지 올라오기 전에 액체 상태로 다시 돌아가는, 끓기 직전의 현상. 이런 현상은 물의 중층과 상층이 바닥층보다 차가울 때에 나타난다. 본격적으로 끓기 전에 주전자에서 들리는 익숙한 치익소리는 이런 현상 때문에 생긴다.

전체론(Holism)(이론 검증에서): 널리 알려진 대로 피에르 뒤엠(Pierre Duhem)과 콰인(W. V. O.

Quine)에서 비롯한 관점으로, 따로 떨어진 가설 하나를 경험적 검증에 맡겨서는 안 된다고 본다. 그보다는, 일정 수 이상의 가설의 집합만이 경험적 의미를 지니고, 그래서 경험적 검증의 대상이 될 수 있다는 것이다. 참조: '보조 가설'

이론 검증의 가설연역 모형(Hypothetico-deductive(H-D) model of theory testing): H-D 모형에 의하면, 이론 검증이란 이론에서 나오는 관찰 가능한 결과를 연역하고, 그런 다음에 그것을 실제의 관찰 결과와 비교하는 것으로 이루어진다. 경험적 이론은 모두 가설적이며 이런 방식으로 검증될 수 있다.

얼음 열량 측정(Ice calorimetry): 얼음이 녹을 때에 나오는 열의 양을 측정하는 것. 얼음이 녹는점에 다다를 때 얼음을 둘러싼 상자 안에 뜨거운 물체를 집어넣는다. 그리고서 뜨거운 물체에서 얼음으로 전해지는 열의 양은 녹은 물의 무게 그리고 무게로 잰 융해의 잠열의 곱셈으로 계산한다. 이런 구상을 실제 행한 것은 피에르-시몽 라플라스와 앙투안 라부아지에가 처음이었다.

이상기체(Ideal gas), **이상기체 법칙**(Ideal gas law): "이상기체"라는 말은 다양한 방식으로 이해되어왔다. 칼로릭주의자들의 표준 개념에 따르면 기체는 칼로릭의 순수 효과를 근사적으로 보여주는 것이었다. 기체가 다량의 칼로릭을 포함하고 있어서, 보통 물질의 분자들이 서로 너무 멀리 떨어져 있어 서로 끌어당김은 무시할 만한 것이었기 때문이었다. 이상기체에서는 분자 간의 무시할 만한 상호작용도 완전히 사라진다고 쉽게 상상할 수 있었다. 또한 그런 경우에 기체의 열적 팽창은 완벽하게 규칙적일 것이라고 상상할 수 있었다. 기체분자운동론(kinetic theory of gases)에서, 이상기체는 분자들이 (상호충돌을 제외하고는) 상호작용을 하지 않을뿐더러 (공간을 점유하지 않는) 점과 같고 완벽한 탄성을 지닌다고 여겨졌다. 그런 이상기체는 흔히 $PV = RT$라는 공식(R은 상수)으로 작성되는 이상기체 법칙을 따르는 것으로 이해되었다. 이상기체 법칙은 보일 법칙과 샤를 법칙의 종합이라고 여길 수 있다.

*** 이상화**(Idealization): 한 대상의 어떤 속성들을 실제로 얻을 수는 없지만 편리하거나 바람직한 특정 수치로 설정하는 그런 묘사. 이상화를 추상화(abstraction)와 혼동해서는 안 된다.

어빈주의 칼로릭 이론(Irvinist caloric theory) 또는 **어빈주의**(Irvinism): 윌리엄 어빈(William Irvin)이 독창적으로 생각해낸 영향력 있었던 칼로릭 이론. 어빈주의의 핵심은 열용량에 관한 어빈의 원리였다. 그것은 어떤 물체가 지닌 총 열량은 그 물체의 열용량과 그것의 절대온도(열이 전혀 없음을 나타내는 절대영도부터 시작하는 온도)의 단순 곱셈이라고 본다.

등온 현상(Isothermal phenomena): 어떤 고정된 온도에서 일어나는 현상. 압력이 일정한 물에서 나오는 수증기의 분출은 등온 과정이라고 생각할 수 있다. 등온을 유지하며 팽창하거나 수축하는 기체는 보일 법칙을 따른다.

반복(Iteration): '인식적 반복'을 보라.

줄의 추측(Joule's conjecture): 윌리엄 톰슨이 붙인 이름으로, 기체의 단열 압축으로 소모된 모든 역학적인 일은 열로 변환된다는 제임스 줄(James Joule)의 개념을 가리킨다. 율리우스 로베르토 마이어(Julius Robert Mayer)가 비슷하지만 더 폭넓은 개념을 발전시켰는데, 나중에 마이어 가설(Mayer's hypothesis)로 불리게 되었다. 이와 관련해 현재 여러 가지로 가능한 공식들이 있다(Hutchison [1976a]을 보라).

줄-톰슨 실험(Joule-Thomson experiment): 제임스 줄과 윌리엄 톰슨이 1850년대에 처음 수행했던 일련의 실험으로, 다공 마개 실험(porous plug experiment)이라고도 부른다. 줄과 톰슨은 여러 종류의 기체를 좁은 구멍 또는 다공 마개를 통해 밀어넣고 그 결과로 나타나는 온도의 변화를 관찰했다. 온도 변화의 양이 실제 기체가 이상기체에서 얼마나 벗어나 있는지를 보여준다고 해석되었다. 그래서 줄-톰슨 실험의 결과는 절대온도의 값을 얻기 위해서 기체 온도계 기록의 보정을 계산하는 데에도 사용되었다.

기체분자운동론(Kinetic theory of gases): 19세기 후반에 충분히 발전해 널리 알려진 기체의 이론. 기체 분자들은 용기의 내벽과 서로 충돌하면서 방해를 받는 무작위 운동을 하는 것으로 이해되었다. 이런 운동 이론에서, 온도는 분자들의 평균 운동 에너지에 비례하는 것으로 해석된다.

라플라스 물리학(Laplacian physics): 과학사학자(historian of science) 로버트 폭스(Robert Fox 1974)가 그 특징을 지적한 대로, 피에르-시몽 라플라스로 대표되는 물리학의 전통을 뜻한다. 뉴턴주의의 입자 전통에서 여러 현상은 점 같은 물질 입자들 사이에 매개물 없이 작용하는 힘의 결과로 이해되었다. 마찬가지로 라플라스도 열량의 작용을 이런 방식으로 해석했다.

잠열(Latent heat): 온도 상승 없이 물체에 흡수되는 열. 예를 들어 고체가 녹고 액체가 끓을 때 그렇다. 잠열 현상은 조셉 블랙에 의해 매우 훌륭하게 관찰됐다. 화학적 칼로릭 이론에서는, 결합 칼로릭이 잠열로 이해되었다. 어빈주의 칼로릭 이론에서는 물체의 열용량 변화가 잠열에 해당하는 것으로 이해되었다.

열의 물질 이론(Material theory of heat): 열을 물질적 실체로 보는 여러 가지 칼로릭 이론을 포함하는 모든 열 이론. 참조: '열의 동역학 이론'

마이어 가설(Mayer's hypothesis): '줄의 추측'을 보라.

열의 역학 이론(Mechanical theory of heat): '열의 동역학 이론'을 보라.

녹는점(Melting point): 고체가 녹을 때의 온도. 온도계로 보면, 달리 특정하지 않은 '녹는점'은 대체로 얼음의 녹는점을 가리킨다. 일반적으로는 얼음의 녹는점이 물의 어는점과 같다고 여겨지지만, 그 문제에는 여러 의문이 있어왔다.

* **혼합법**(Method of mixture): 온도계의 정확도를 검증하는 데 쓰는 열량 측정 방법으로, 장-앙드레 드 뤽이 매우 효과적으로 수행한 바 있다. 이미 알고 있는 두 가지 측정 온도의 물을 혼합한다. 그러고는 계산된 혼합물 온도를 시험 대상의 온도계에 실제로 나타난 기록과 비교한다. 이런 방법을 써서 드 뤽은 온도 측정용 액체로는 수은이 다른 액체보다 더 우수하다는 주장을 폈다.

측량학(Metrology): 측정을 행하는 과학 또는 기술.

* **측량적 의미**(Metrological meaning): 측정의 방법으로 얻은 어떤 개념의 의미. 참조: '조작적 (실행적) 의미'

혼합물(Mixtures): '혼합법'을 보라.

규준적 측정(Nomic measurement): '규준적 측정 문제'를 보라.

일점 고정법(One-point method): 하나의 고정점만을 사용해 온도계의 눈금을 매기는 모든 방법('이점 고정법' 참조). 이 방법에서는 온도 측정용 액체의 부피가 고정점 온도에 있을 때와 비교해 얼마인지를 가리킴으로써 온도를 측정한다.

* **존재론적 원리**(Ontological principle): 존재론적 원리는 특정 인식적 집단 내에서 일반적으로 실재의 본질적 특성으로 간주되는, 실재를 설명하는 모든 과정에서 이해가능성(intelligibility)의 토대가 되는 전제들이다. 존재론적 원리의 정당화는 논리나 경험에 의해 이루어지지 않는다.

* **조작적 확장**(실행적 확장, Operational extension): 어떤 개념의 의미론적 확장(semantic extension)이 보여주는 한 측면. 조작적 의미가 이전에는 없었던 영역에서 새롭게 생기는 일이다.

* **조작적 의미**(실행적 의미, Operational meaning): 물리적 조작에 체현된 어떤 개념의 의미. 그 때에 조작은 그 개념과 연관되어 서술된다. 측량적 의미(metrological meaning)보다 더 넓은 의미이지만, 종종 퍼시 브리지먼(Percy Bridgman)을 비롯해 많은 해설자들은 측량적 의미를 가리키는 데 이 말을 사용해왔다.

조작주의(실행주의, Operationalism 또는 operationism): 어떤 개념의 의미는 일차적으로 그것을 측정하는 방법으로 또는 그런 방법만으로 찾을 수 있다는 철학적 관점. 주창자로는 자주 퍼시 브리지먼이 이야기돼왔으나, 브리지먼은 조작적 분석이 사유를 명료하게 해주는 방법이라고 계속 옹호하면서도 자신이 그런 체계적 철학을 제안할 의도를 지니고 있없음은 부정했다.

* **조작화**(실행화, Operationalization): 어떤 개념에 전에는 없던 조작적 의미를 부여하는 과정. 조작적 의미 부여는 명시적 측정 방법의 상세한 항목과 관련될 수도, 관련되지 않을 수도 있다.

서열 척도(Ordinal scale): 완전한 수를 부여하기보다는 그저 서열만을 부여하는 측정의 척도. 서열 척도는 거기에 해당하는 숫자를 지니지만 그 숫자는 이름뿐이며 진짜 수는 아니다. 온도경(thermoscope)에는 서열 척도가 쓰인다. 참조: '기수 척도'

다공 마개 실험(Porous plug experiment): '줄-톰슨 실험'을 보라.

* **압력-균형 끓음 이론**(Pressure-balance theory of boiling): 어떤 액체의 증기 압력이 외부 압력과 일치할 때에 끓음 현상이 생긴다는 19세기에 널리 알려진 이론. 달리 말하면, 액체가 증기를 만들어낼 수 있을 온도에 다다를 때에야 끓기 시작한다. 증기는 외부 압력 때문에 액체 밖으로 나올 수 없고, 그래서 증기는 그런 외부 압력을 넘어설 정도로 충분한 압력을 얻어야 방출될 수 있다는 것이다.

존중의 원리(Principle of respect): 이전에 세워진 지식 체계는 가벼이 폐기되어서는 안 된다는 금언. 누구에게나 탐구 과정에서는 출발점이 필요하기 때문에, 무엇보다도 먼저 이전 체계는 반드시 받아들일 수밖에 없다. 또한 이 금언은 기성 지식 체계가 우선 폭넓은 설득력을 지녀 존중할 만한 장점을 어느 정도 갖추고 있으리라는 인식에 바탕을 두고 있다.

단일값의 원리(Principle of single value): 진정한 물리적 속성은 특정한 조건에서 하나 이상의 분명한 값을 지닐 수 없다는 원칙. 비교동등성이라는 기준의 배경이 되는 원칙이다. 이는 존재론적 원리의 한 가지 사례이다.

규준적 측정 문제(Problem of nomic measurement): 측정하고자 하는 양을 (좀 더) 직접 관찰할 수 있는 또 다른 양과 연계하는 식으로, 경험 법칙에 의존하는 측정 방법을 정당화하려고 시도할 때에 나타나는 순환성의 문제. 법칙을 증명하려면 측정하고자 하는 다양한 정량적 값에 관한 지식이 필요하며, 누구나 측정 방법을 신뢰하지 않고서는 안심하면서 그런 정량적 값을 얻을 수 없다.

변덕스러운 은(Quicksilver): 수은. 수은은 본질상 유동성을 지닌 금속으로 여겨진다.

복사(Radiation) 또는 **복사열**(radiant heat): 일정한 거리를 가로질러서 매개물 없이 직접적으로 (또는 거의 직접적으로) 일어나는 열의 이전. 복사는 1790년 무렵에 마크-오귀스트 픽테(Marc-Auguste Pictet)의 실험과 피에르 프레보스트(Pierre Prevost)의 교환이론으로 시작해 체계적으로 연구되었다. 19세기에 들어서 럼퍼드 백작은 복사열이 에테르(ether) 내의 진동에 존재한다고 주장했지만 일반적으로는 빠른 속도로 날아다니는 칼로릭으로 이해되었다.

레오뮈르 척도(Réaumur scale): 프랑스어를 사용하는 유럽 지역에서 널리 퍼졌던 온도계 척도로, 일반적으로 레오뮈르(R. A. F de Réaumur)의 공로로 여겨진다. 이 척도의 표준 양식은 사실 장-앙드레 드 뤽에게서 나왔다. 드 뤽은 수은을 사용해(레오뮈르는 알코올을 사용했다), 어는점/녹는점에서 레오뮈르 0도(0°R)로 기록되고 끓는점에서 레오뮈르 80도(80°R)로 기록되도록 장비에 눈금을 매겼다(레오뮈르는 일점 고정법을 사용했다).

의미 환원주의(Reductive doctrine of meaning): 어떤 개념(concept)의 의미는 측정 방법에만 존재한다는, 존재해야 한다는 생각(idea). 이는 종종 퍼시 브리지먼의 조작주의에서 핵심 부분으로 여겨진다.

존중(Respect): '존중의 원리'를 보라.

가역성(Reversibility), **가역 기관**(reversible engine): 열기관이 가역적이라면, 그런 열기관은 보통 방식의 조작으로 생산될 만한 역학적인 일을 똑같은 양으로 소비하면 원래 상태로 "되돌아갈" 수 있을 것이다. 사디 카르노(Sadi Carnot)의 이론에서, 이상적인 열기관은 완벽하게 가역적이어야 한다고 여겨진다. 그런 요구조건 이면에는 일정한 차이의 온도 사이에 이루어지는 열 이전(가역적 과정이 될 수 없다)이 생성될 수 있는 잠재적 역학 효과가 낭비되는 현상과 관련될 것이라는 인식이 자리 잡고 있다. 훗날의 열역학에서 온도차 간의 열 이전이 엔트로피 증가를 초래한다는 인식에 이런 직관의 한 측면이 남아 있었다.

* **왕립학회 온도측정위원회**(Royal Society committee on thermometry): 1776년 왕립학회가 온도계의 눈금을 매기는, 특히 고정점을 설정하는 명확한 방법을 얻기 위해 임명한 7인 위원회로, 헨리 캐번디시가 의장을 맡고 장-앙드레 드 뤽도 참여했다. 위원회 보고서가 이듬해에 출판되었다(Cavendish et al. 1777).

왕립학회 척도(Royal Society scale): 런던 왕립학회가 위임한 날씨 관측 활동에서 한동안(적어도 1730년대에) 사용된 온도 측정 척도. 기원은 불분명하다. 이 척도에서는 "극한열(extreme heat, 대략 화씨 90도 또는 섭씨 32도)"에 0도가 표시됐으며, 점점 냉각할수록 숫자가 커졌다. 나중에 이루어진 왕립학회 온도측정위원회의 활동과는 관련이 없다.

포화 증기(Saturated vapor): 일정량의 물이 기화해 닫힌 공간 안에 최대로 들어간다면 그 공간은 증기로 "포화되었다"라고 말할 수 있다. 마찬가지로, 공기가 있는 닫힌 공간에서 최대량의 기화가 일어나면 그 공기는 포화되었다고 할 수 있다. 혼동될 수 있지만, 그런 환경에서는 "증기 자체가 포화되었다"라고도 말한다.

*의미론적 확장(Semantic extension): 한 개념이 이전에는 분명한 어떤 의미도 갖지 않았던 영역에서 그 개념에 의미를 부여하는 행위. 조작적 확장(operational extension)은 의미론적 확장의 한 형태이며, 측량 확장(metrological extension)은 조작적 확장의 한 형태이다.

감지열(Sensible heat): 감각에 의해 인지될 수 있는, 또는 온도계로 검출될 수 있는 열('잠열' 참조). 화학적 칼로릭 이론에서, 감지열은 자유 칼로릭으로 이해되었다.

총알얼음(Shooting): 촉매점(catalytic point)에서 얼음 결정이 "발산(shooting out)"하면서 과냉각된 물(또는 다른 액체)이 갑자기 어는 현상. 역학적 동요를 일으키는 운동 또는 얼음 조각 집어넣기 같은 여러 요인에 의해 총알얼음이 생겨날 수 있다. 총알얼음의 전형적인 결과는 전체 온도를 보통 어는점까지 올릴 만한 정도의 잠열을 방출할 수 있는 바로 그만큼의 얼음이 만들어지는 것이다.

단일값(Single value): '단일값의 원리'를 보라.

비열(Specific heat): 어떤 물체의 온도를 단위온도만큼 올리는 데 필요한 열의 양. 한 물질의 비열은 그 물질의 단위량에 대한 비열로 표현된다. 어떤 물체나 물질의 비열이 온도의 함수인지를 규명하는 데에는 어려움이 있었다. 기체의 경우에, 복잡한 문제가 더해지는데, 실험 기술이 충분한 정확성을 얻고 나서야 일정한 압력 조건에 있는 비열이 일정한 부피 조건에 있는 비열보다 더 크다는 문제가 드러났다.

정령(Spirit), **포도주의 정령**(spirit of wine): 에틸알코올. 일반적으로 포도주를 증류해 얻는다.

물질 상태(States of matter): 고체, 액체, 그리고 기체 상태. 열의 추가 또는 추출로 인해 상태 변화가 일어난다는 것은 상식이었다. 그러나 조셉 블랙이 상태 변화에 관련하는 잠열을 처음으로 명확하게 개념화했다. 대부분의 칼로릭 이론 연구자(calroist)는 칼로릭의 척력이 분자 간의 인력을 느슨하게 하는 원인이라는 라부아지에의 생각을 공유했다. 이는 고체를 액체로, 액체를 기체로 만드는 데 필요한 것이었다.

증기점(Steam point): 끓는 물에서 나오는 증기의 온도. 증기점이 끓는점과 동일한지를 놓고서 여러 논란이 있었다. 헨리 캐번디시는 왕립학회 온도측정위원회에서 (고정 압력의 조건에서) 증기점은 끓는점보다 더 신뢰할 만하게 고정적이라는 주장을 폈다. 이후에 증기점은 정밀 온도계를 만드는 과정에서 끓는점보다 더 일반적으로 사용되었다.

미묘한 유체(Subtle fluid): 보통의 감각으로는 인지할 수 없을 정도로 완전히 퍼져 스며들어 있는 유체(그러나 그 효과는 인지할 수도 있다). 미묘한 유체의 예로는 칼로릭(caloric), 플로지스톤(phlogiston), 전자유체, 자기유체, 그리고 에테르가 있다. (겉에 드러나는) 무게가 없다는 점을 부각하여 무게 없는 유체라고도 불렸다.

과냉각(Supercooling): 통상의 어는점 아래에서 액체가 냉각되는 현상. 과냉각은 18세기에 물뿐만 아니라 녹은 금속에서도 관찰되었다. 1724년 다니엘 가브리엘 파렌하이트가 처음 기록으로 남긴 물의 과냉각 현상은 어는점을 고정할 수 있으리라는 기대에 난제로 떠올랐다. 수은의 과냉각은 수은 온도계의 작동 과정에서 당혹스러운 이상 현상을 나타냈다.

과가열(Superheating): 통상의 끓는점 위에서 액체가 가열되는 현상. 물의 과가열 현상은 끓는점을 고정할 수 있으리라는 기대에 난제가 된다. 과가열과 그 의미에 관한 논란에서는, 물이 끓지 않으면서 버티는 온도와 물이 끓으면서 유지하는 온도의 차이를 기억해두어야 한다. 과가열은 이런 두 가지의 의미로 발생할 수 있다. 물론 후자가 끓는점을 고정하고자 할 때에 더 큰 문제가 된다.

*** 온도경**(Thermoscope): 숫자를 표시하지 않으면서 온도의 상대적인 변화 또는 비교 결과를 나타내는 온도 측정 장비. 기수 척도를 쓰는 다른 온도계와는 달리, 온도경은 서열 척도를 사용한다.

이점 고정법(Two-point method): 두 개의 고정점을 사용하여 눈금을 매기는 온도계의 방식('일점 고정법' 참조). 매우 일반적인 이야기로, 온도 측정용 유체가 고정점들 사이에서 그리고 고정점들을 넘어서 온도에 선형적으로 비례하며 팽창한다는 가정에서 이런 척도가 얻어졌다.

과소결정(Underdetermination), **증거에 의한 이론의 과소결정**(underdetermination of theory by evidence): 일정한 집단의 경험적 증거들과 완전한 조화를 이루는 이론은 여럿 존재한다는 사실, 또는 그에 대한 우려.

증기 압력(Vapor pressure): 액체의 기화로 인해 만들어진 포화 증기의 압력. 18세기 말엽부터 증기 압력은 온도의 함수인 것으로, 그리고 온도만의 함수인 것으로 폭넓게 인정되었다. 이런 전제는 '압력-균형 끓음 이론'을 세우는 일뿐 아니라 '절대온도'를 조작화하려는 윌리엄 톰슨의 시도에서도 중요한 구실을 했다.

물 열량 측정법(Water calorimetry): 물을 가열함으로써 열의 양을 측정하는 방법. 이미 온도가 얼마인지 알고 있고 양이 얼마인지 측정해둔 차가운 물에 뜨거운 물체를 넣는다. 뜨거운 물체에서 차가운 물로 이동한 열의 양은 물에 나타난 온도 상승과 물의 비열을 곱하는 방식으로 계산된다. 물의 비열 자체가 온도의 함수라는 것이 인식된 뒤에는 이런 단순 도식이 수정되어야 했다.

옮긴이 후기

쉽지 않은 책을 붙들고서 한밤과 휴일의 시간을 이용해 번역하느라 보낸 짧지 않은 시간을 이제 정리하고 최종 탈고를 해야 한다니 뿌듯함보다 아쉬움이 밀려온다. 저자와 독자 사이에 낀 번역자는 저자의 이야기를 충분히 이해하고 독자한테 되도록 그 이야기를 가감 없이 전하고자 애써야 하니, 자기 글을 쓸 때와는 또 다른 부담이 번역자한테 늘 따라 다니게 마련이다. 이는 몇 차례의 번역을 할 때마다 느꼈던 바이다. 그나마 다행인 것은 이번 번역에선 훌륭한 감수자와 편집자들께서 번역의 문제점을 많이 바로잡아주셨다는 점이다. 물론 그렇더라도 역시나 이번에도 번역자로서 내 작업이 그다지 만족스럽지는 않다. 활자가 된 자기 글을 다시 읽을 때 느끼는 어떤 낯뜨거움 같은 감정을 번역서가 출간된 이후에 분명히 느낄 것을 생각하니 조금 두렵다.

그렇더라도 번역 작업은 나도 모르게 빠져드는 즐거운 과정이었다. 무엇보다 너무 낯익어 상식이 된, 흔들림 없어 보이는 견고한 과학 지식의 틈새에도 얼마나 흥미로운 인간의 향취, 아니 땀내음과 각고의 역사가 담겨 있는지 읽는 일은 매우 인상적이었다. 정보와 지식의 홍수에 휩쓸려 살며 물음을 던지기보다는 흐름을 따라잡기에 바쁜 우리는 이 책을 통해 잠시나마 새로운 간접 경험을 할 수 있다. 책의 주제인 '물의 끓는점 섭씨 100도는 어떻게 고정된 지식이 되었는가'와 같은 한 가지 물음을 잡고서 답을 찾아가는 철학적 사유를 어디까지 밀어부치며 나아갈 수 있는지 볼 수 있었다. 나는 오랫동안 파고들 만한 그런 가치 있는 물음을 가질 수 있을까? 그런 사유의 태도를 닮고 싶은 마음도 들었다. 한 사람의 독자로서는, '인식적 반복'과 그 과정을 거치며 찾아가는 '정합'의 길에서 섬광이 비치는 단번의 발견이나 기계적 논리 증명의 위대함이 아니라 '과학을 행하는 인간'에 대한 믿음, '인간이 행하는 과학'에 대한 믿음을 보았다. 결국 이 책에서 나는 인간을 읽는다.

부족한 번역에 크고 작은 도움을 주신 감수자 이상욱 교수님, 그리고 좋은 책을 번역할 기회를 주신 동아시아 출판사의 한성봉 사장님, 편집자로서 많은 도움을 주신 박현경 주간님, 김종립·안상준 팀장님들께 다시 감사드린다. 여전히 남아 있을 게 뻔한 번역의 모자람에 대한 부끄러움은 번역자의 몫이다.

2013년 10월
오철우

감수의 글

'다른 방식으로 과학하기'로서의 과학철학

내가 장하석 교수를 처음 만난 때는 1995년 가을 영국 런던정경대학(LSE)의 미카엘마스(대천사 미카엘의 축일인 9월 29일) 학기 시작 전날이었다. 나는 과학철학 공부를 시작하기 위해 엄청나게 큰 가방을 끌며 런던에 도착했고, 새로운 시작에 대한 기대 반 긴장 반의 다소 흥분된 상태의 예비 대학원생이었다. 한편 장 교수는 런던 유니버시티칼리지(칼리지라는 이름이 끝에 붙어서 마치 단과대학처럼 느껴지지만, 실은 런던대학교 연합체를 구성하는 여러 대학교 중 역사와 규모 면에서 대표적인 종합대학교이며 흔히 UCL로 줄여 지칭한다) 과학학과에서 막 첫 직장을 시작한 신참교수였다.

장 교수는 스탠퍼드대학교에서 박사 과정을 하면서 뛰어난 과학철학자 낸시 카트라이트 교수의 지도를 받았다. 나는 서울대학교 물리학과 학부 4학년 때 카트라이트 교수의 첫 책을 읽고 거의 충격에 가까운 감명을 받았다. 내가 카트라이트 교수와 함께 공부하고 싶다는 생각을 하면서 우리 두 사람의 인연이 시작된 것 같다. 장 교수가 학위를 끝낸 후, 카트라이트 교수는 런던정경대학 철학과로 자리를 옮겼고, 나도 영국으로 와서 2000년 가을에 박사 학위 논문 구두시험에 통과했다. 결국 장 교수는 내겐 사형(師兄)인 셈이다.

우리 두 사람을 모두 알고 있던 지인의 소개로 장 교수와 몇 번 전자우편을 주고받은 적이 있었지만, 직접 만난 것은 1995년 그날이 처음이었다. 이런저런 일로 런던에 온 김에 장 교수를 귀찮게 한 사람이 많았을 텐데도, 장 교수는 그런 내색 없이 저녁까지 사주면서 나를 격려해주었다. 그 이후 내 유학 생활 내내 학문적으로나 정서적으로 장 교수는 큰 힘이 되어주었다. 그런 의미에서 장 교수는 내게 은인이기도 하다.

고마운 사람과 생각이 달라지면 난처한 일이 생길 수 있다. 친구로서 가깝게 지내던 사람도 핵심적인 사안에 대해 대립하면 멀어지기도 한다. 다행스럽게도 장 교수와 나는 철학적 주제에 대해 의견이 다른 경우가 거의 없었다. 특히 우리는 양자역학에 대한 만족스러운 철학적 해석이 무엇인지와 같은, 의견이 달라도 별 문제가 없는 전문적 사안에 대해서보다는, 과학철학은 어떤 성격의 학문인가처럼 결정적이고 포괄적인 주제에 대해 의견이 일치하는 경우가 많았다. 여기에 더해 장 교수와 학술적 주제로 흥미진진하게 이야기를 나누다 보면 각자의 생각이 보다 명료해지고 논증이 보강되는 느낌을 받곤 했다. 이런 의미에서 장 교수는 내게 무엇보다 학술적 동지라고 할 수 있다.

일반적으로 동지라는 표현은 정치적 결사체에 대해 주로 사용된다. 그래서인지 장 교수가 자신의 첫 책인 『온도계의 철학』을 내게 선물하면서 책 속지에 이 표현을 써주었을 때 약간 어색한 느낌이 들었다. 하지만 이번에 책을 감수하면서 '동지'라는 표현이 우리 둘에게 정말 잘 어울린다는 점을 새삼 깨닫게 되었다.

아직까지도 내게 과학철학이 과학인지 철학인지를 묻는 사람이 있다. 예술철학이 예술이 아니라 철학이듯, 과학철학도 과학이 아니라 철학이다. 실제로 철학은 세상에 무엇이 존재하는지(존재론), 존재하는 것에 대해 우리는 무엇을 알 수 있는지(인식론), 우리가 가치 있게 여기는 것은 무엇인지(윤리학) 등의 핵심적 물음을 탐구한다. 그런데 이 모든 탐구에서 과학철학은 중심적인 위치를 차지한다. 그 이유는 과학이 우리가 우주에 대해 알 수 있는 것의 중요한 부분을 차지하기 때문이다. 세계가 존재하는 방식과 그에 대해 지식을 얻는 탐색에서 과학은 전형적인 위치를 차지한다. 또한 현대사회에서 과학의 영향은 우리 삶의 여러 측면을 관통하고 있기에 이에 대한 윤리적 탐색의 중요성은 그 어느 때보다 크다.

과학철학 연구를 위해서는 철학적 사고 능력 이외에도 과학의 전 분야는 아니더라도 적어도 탐색하려는 주제에 대한 과학적 식견을 함께 갖추어야 한다. 장하석 교수도 물리학 연구전통이 매우 뛰어난 캘리포니아 이공대학교에서 물리학을 공부했고 스탠퍼드대학교 철학박사 학위 논문도 양자역학에서의 측정의 문제를 다루었다. 하지만 좋은 과학철학자가 되기 위해 반드시 과학 학위가 있어야 하는 것은 아니다. 과학자들과 철학자들은 던지는 질문이 다르기 때문이다.

이와 관련하여 『과학혁명의 구조』의 저자로 잘 알려진 토머스 쿤의 재미있는 일화가 있다. 하버드대학교 물리학과 대학원생 시절 쿤은 자신이 두 가지 서로 다른 종류의 물음에 동시에 관심을 갖고 있다고 자주 이야기했다고 한다. 그는 예를 들어 금속이 왜 전기가 통하는지를 물리학 이론을 활용하여 설명하고 이해하는 데도 관심이 있었지만, 자연현상을 비교적 단순한 물리학 이론을 통해 수학적으로 '설명한다'라는 것이 도대체 무엇인지에 대해서도 관심을 가졌다. 전자가 좁은 의미의 과학적 물음이라면 후자는 메타적이고 철학적인 질문이라 할 수 있다. 장 교수도 학부 시절 쿤과 마찬가지로 이렇게 서로 다른 두 종류의 질문에 동시에 흥미를 느겼다고 한다. 과학철학자로서의 장 교수의 미래가 엿보이는 대목이다.

그런데 여기서 금속의 전자 이론처럼 금속이 왜 전기가 통하는지를 설명하는 것이 '좁은 의미'에서 과학적 설명이라고 표현한 데는 이유가 있다. 대략 19세기 중반 이전까지의 과학 연구에서는 이러한 설명이 왜 설명이 될 수 있는지를 탐색하는 것 역시 전자와 마찬가지로 엄연히 정당한 과학의 영역에 속했기 때문이다. 그러므로 19세기 이전의 과학 연구와 비교할 때 현대 과학은 훨씬 더 '좁은' 영역의 질문에 몰두하고 있다고 평가할 수 있다. 다른 말로 하자면 19세기 이전의 과학(혹은 당시 용어로 자연철학)은 현재 우리가 과학적 탐구의 영역이라고 생각하는 것보다 훨씬 넓은 영역의 문제를 탐구했던 것이다.

장 교수가 이 책에서 하고 있는 작업은 정확히 이러한 사실과 깊은 관련을 갖는다. 즉, 장 교수는 경쟁하는 온도 개념의 경합과 그것을 경험적으로 측정할 수 있는 다양한 조작(혹은 실행) 방법의 역사를 통해, 현대 과학의 '좁은' 의미에서는 철학적 물음이라고 생각되지만 실은 과거 과학자들에게는 논란의 여지가 없이 훌륭한 '과학적' 물음이었던 것들을 다시 묻고 그에 대한 보다 체계적인 답을 제시하려고 노력하고 있다. 이는 그가 과학사와 과학철학이 다른 의미에서의 '과학하기'를 통해 현대 과학에 대한 '보완'이 될 수 있다고 생각한다는 점과 일맥상통한다.

결국 장 교수는 이 책을 통해 우리가 '과학적'으로 던질 수 있는 질문의 영역을 확장하고 그 질문에 대해 설득력 있는 답변도 제공하려는 어려운 작업을 시도하고 있다고 할 수 있다. 적어도 내가 보기에 그의 이런 시도는 매우 성공적이다. 하지만 물론 앞서 말한 이유로 나는 '공정한' 평가자가 되기는 어려울 것 같다. 그럼에도 불구하고 나는 이 책이 단순히 과학철학에 관심 있는 독자만이 아니라 현대 과학의 연구방법론을 활용하여 충분히 탐색할 수 있지만, 과거 과학의 이론틀(혹은 패러다임)에 속하기에 이제는 더 이상 '좁은' 의미의 과학에서는 다루지 않는 물음들에 호기심을 갖고 있을 수많은 과학 전공자들에게도 매력적일 것으로 기대한다. 보다 일반적으로 이 책을 통해 많은 사람들은 과학 수업 시간에 궁금했지만 복잡한 수식이나 어려운 용어에 주눅이 들어 던지지 못했던 질문들, 예를 들어 "도대체 원자가 핵과 전자로 구성되어 있다는 것을 우리가 어떻게 알 수 있지? 원자는 엄청나게 작다는데…."에 대해 현대 과학의 '표준적 답'을 넘어선 설명을 찾을 수 있을 것이다. 그런 의미에서 이 책은 확장된 의미의 과학적 작업이면서 동시에 보다 근본적인 질문에 답하려는 진지한 철학적 노력이기도 하다. 개인적으로 나는 이 책이 과학철학이 얼마든지 역사적으로 정확하면서도 동시에 철학적으로 대담할 수 있음을 보여주었다는 점에 찬사를 보내고 싶다.

이처럼 훌륭한 책을 좋은 번역을 통해 보다 많은 우리나라 독자들이 읽을 수 있게 된 점을 기쁘게 생각한다. 감수를 하면서 책 내용을 어떤 수업에 어떻게 사용할까를 궁리하며 즐거운 시간을 보냈다. 크게 공감하는 부분이 나오면 나도 모르게 고개가 끄덕여지기도 했다. 모쪼록 이 책을 읽는 모든 분들도 그런 즐거운 경험을 하시기를 기원한다.

참고문헌 Bibliography

Aitken, John. 1878. "On Boiling, Condensing, Freezing, and Melting." *Transactions of the Royal Scottish Society of Arts* 9:240–287. Read on 26 July 1875.

———. 1880–81. "On Dust, Fogs, and Clouds." *Transactions of the Royal Society of Edinburgh* 30(1):337–368. Read on 20 December 1880 and 7 February 1881.

———. 1923. *Collected Scientific Papers of John Aitken*. Edited by C. G. Knott. Cambridge: Cambridge University Press.

Amontons, Guillaume. 1702. "Discours sur quelques propriétés de l'air, & le moyen d'en connoître la temperature dans tous les climats de la terre." *Histoire de l'Académie Royale des Sciences, avec les Mémoires de mathématique et de physique*, vol. for 1702, part for memoirs: 155–174.

———. 1703. "Le Thermomètre réduit à une mesure fixe & certaine, & le moyen d'y rapporter les observations faites avec les ancien Thermomètres." *Histoire de l'Académie Royale des Sciences, avec les Mémoires de mathématique et de physique*, vol. for 1703, part for memoirs: 50–56.

Atkins, P. W. 1987. *Physical Chemistry*. 3d ed. Oxford: Oxford University Press.

Bacon, Francis. [1620] 2000. *The New Organon*. Edited by Lisa Jardine and Michael Silverthorne. Cambridge: Cambridge University Press.

Ball, Philip. 1999. H_2O: *A Biography of Water*. London: Weidenfeld and Nicolson.

Barnett, Martin K. 1956. "The Development of Thermometry and the Temperature Concept." *Osiris* 12:269–341.

Beckman, Olof. 1998. "Celsius, Linné, and the Celsius Temperature Scale." *Bulletin of the Scientific Instrument Society*, no. 56:17–23.

Bentham, Jeremy. 1843. *The Works of Jeremy Bentham*. Edited by John Bowring. 11 vols. Edinburgh: William Tait.

Bergman, Torbern. 1783. *Outlines of Mineralogy*. Translated by William Withering. Birmingham: Piercy and Jones.

Biot, Jean-Baptiste. 1816. *Traité de physique expérimentale et mathématique*. 4 vols. Paris: Deterville.

Birch, Thomas. [1756–57] 1968. *History of the Royal Society of London*. 4 vols. New York: Johnson Reprint Co., 1968. Originally published in 1756 and 1757 in London by Millar.

[Black, Joseph.] 1770. *An Enquiry into the General Effects of Heat; with Observations on the Theories of Mixture*. London: Nourse.

———. 1775. "The Supposed Effect of Boiling upon Water, in Disposing It to Freeze More Readily, Ascertained by Experiments." *Philosophical Transactions of the Royal Society of London* 65:124–128.

———. 1803. *Lectures on the Elements of Chemistry*. Edited by John Robison. 2 vols. London: Longman and Rees; Edinburgh: William Creech.

Blagden, Charles. 1783. "History of the Congelation of Quicksilver." *Philosophical Transactions of the Royal Society of London* 73:329–397.

———. 1788. "Experiments on the Cooling of Water below Its Freezing Point." *Philosophical Transactions of the Royal Society of London* 78:125–146.

Bloor, David. 1991. *Knowledge and Social Imagery*. 2d ed. Chicago: University of Chicago Press.

Boerhaave, Herman. [1732] 1735. *Elements of Chemistry: Being the Annual Lectures of Hermann Boerhaave, M.D.* Translated by Timothy Dallowe, M.D. 2 vols. London: Pemberton. Originally published as *Elementa Chemiae* in 1732.

Bogen, James, and James Woodward. 1988. "Saving the Phenomena." *Philosophical Review* 97:302–352.

Bolton, Henry Carrington. 1900. *The Evolution of the Thermometer, 1592–1743*. Easton, Pa.: Chemical Publishing Company.

Boudouard, O.: see Le Chatelier and Boudouard.

Bouty, Edmond. 1915. "La Physique." In *La Science FranÇaise [à l'Exposition de San Francisco]*, vol. 1, 131–151. Paris: Larousse.

Boyd, Richard. 1990. "Realism, Approximate Truth, and Philosophical Method." In C. Wade Savage, ed., *Scientific Theories*, 355–391. Minneapolis: University of Minnesota Press.

Boyer, Carl B. 1942. "Early Principles in the Calibration of Thermometers." *American Journal of Physics* 10:176–180.

Brande, William Thomas. 1819. *A Manual of Chemistry; Containing the Principal Facts of the Science, Arranged in the Order in which they are Discussed and Illustrated in the Lectures at the Royal Institution of Great Britain*. London: John Murray.

Braun: see Watson.

Bridgman, Percy Williams. 1927. *The Logic of Modern Physics*. New York: Macmillan.

———. 1929. "The New Vision of Science." *Harper's* 158:443–454. Also reprinted in Bridgman 1955.

———. 1955. *Reflections of a Physicist*. New York: Philosophical Library.

———. 1959. *The Way Things Are*. Cambridge, Mass.: Harvard University Press.

Brown, Harold I. 1993. "A Theory-Laden Observation Can Test the Theory." *British Journal for the Philosophy of Science* 44:555–559.

Brown, Sanborn C.: see also Rumford 1968.

Brown, Sanborn C. 1979. *Benjamin Thompson, Count Rumford.* Cambridge, Mass.: MIT Press.

Brush, Stephen G. 1976. *The Kind of Motion We Call Heat: A History of the Kinetic Theory of Gases in the 19th Century.* 2 vols. Amsterdam: North-Holland.

———, ed. 1965. *Kinetic Theory.* Vol. 1, *The Nature of Gases and of Heat.* Oxford: Pergamon Press.

Burton, Anthony. 1976. *Josiah Wedgwood: A Biography.* London: André Deutsch.

Callendar, Hugh Longbourne. 1887. "On the Practical Measurement of Temperature: Experiments Made at the Cavendish Laboratory, Cambridge." *Philosophical Transactions of the Royal Society of London* A178:161–230.

Cardwell, Donald S. L. 1971. *From Watt to Clausius.* Ithaca, N.Y.: Cornell University Press.

———. 1989. *James Joule: A Biography.* Manchester: Manchester University Press.

———, ed. 1968. *John Dalton and the Progress of Science.* Manchester: Manchester University Press.

Carnot, Nicolas-Léonard-Sadi. [1824] 1986. *Reflections on the Motive Power of Fire.* Translated and edited by Robert Fox, along with other manuscripts. Manchester: Manchester University Press. Originally published in 1824 as *Réflexions sur la puissance motrice du feu et sur les machines propres à développer cette puissance* in Paris by Bachelier.

Cartwright, Nancy. 1983. *How the Laws of Physics Lie.* Oxford: Clarendon Press.

———. 1999. *The Dappled World: A Study of the Boundaries of Science.* Cambridge: Cambridge University Press.

Cartwright, Nancy, Jordi Cat, Lola Fleck, and Thomas E. Uebel. 1996. *Otto Neurath: Philosophy between Science and Politics.* Cambridge: Cambridge University Press.

Cat, Jordi: see Cartwright et al.

Cavendish, Henry. [1766] 1921. "Boiling Point of Water." In Cavendish 1921, 351–354.

———. 1776. "An Account of the Meteorological Instruments Used at the Royal Society's House." *Philosophical Transactions of the Royal Society of London* 66:375–401. Also reprinted in Cavendish 1921, 112–126.

———. 1783. "Observations on Mr. Hutchins's Experiments for Determining the Degree of Cold at Which Quicksilver Freezes." *Philosophical Transactions of the Royal Society of London* 73:303–328.

———. 1786. "An Account of Experiments Made by John McNab, at Henley House, Hudson's Bay, Relating to Freezing Mixtures." *Philosophical Transactions of the Royal Society of London* 76:241–272.

———. [n.d.] 1921. "Theory of Boiling." In Cavendish 1921, 354–362. Originally unpublished manuscript, probably dating from c. 1780.

———. 1921. *The Scientific Papers of the Honourable Henry Cavendish, F. R. S.* Vol. 2,

Chemical and Dynamical. Edited by Edward Thorpe. Cambridge: Cambridge University Press.

Cavendish, Henry, William Heberden, Alexander Aubert, Jean-André De Luc, Nevil Maskelyne, Samuel Horsley, and Joseph Planta. 1777. "The Report of the Committee Appointed by the Royal Society to Consider of the Best Method of Adjusting the Fixed Points of Thermometers; and of the Precautions Necessary to Be Used in Making Experiments with Those Instruments." *Philosophical Transactions of the Royal Society of London* 67:816–857.

Chaldecott, John A. 1955. *Handbook of the Collection Illustrating Temperature Measurement and Control.* Part II, *Catalogue of Exhibits with Descriptive Notes.* London: Science Museum.

———. 1975. "Josiah Wedgwood (1730–95)—Scientist." British Journal for the History of Science 8:1–16.

———. 1979. "Science as Josiah Wedgwood's Handmaiden." *Proceedings of the Wedgwood Society*, no. 10:73–86.

Chang, Hasok. 1993. "A Misunderstood Rebellion: The Twin-Paradox Controversy and Herbert Dingle's Vision of Science." *Studies in History and Philosophy of Science* 24:741–790.

———. 1995a. "Circularity and Reliability in Measurement." *Perspectives on Science* 3:153–172.

———. 1995b. "The Quantum Counter-Revolution: Internal Conflicts in Scientific Change." *Studies in History and Philosophy of Modern Physics* 26:121–136.

———. 1997. "[Review of] Deborah Mayo, *Error and the Growth of Experimental Knowledge.*" *British Journal for the Philosophy of Science* 48:455–459.

———. 1999. "History and Philosophy of Science as a Continuation of Science by Other Means." *Science and Education* 8:413–425.

———. 2001a. "How to Take Realism beyond Foot-Stamping." *Philosophy* 76:5–30.

———. 2001b. "Spirit, Air and Quicksilver: The Search for the 'Real' Scale of Temperature." *Historical Studies in the Physical and the Biological Sciences* 31(2):249–284.

———. 2002. "Rumford and the Reflection of Radiant Cold: Historical Reflections and Metaphysical Reflexes." *Physics in Perspective* 4:127–169.

Chang, Hasok and Sabina Leonelli. 2005. "Infrared Metaphysics: The Elusive Ontology of Radiation (Part1)"; "Infrared Metaphysics: Radiation and Theory-Choice (Part 2)." *Studies in History and Philosophy of Science* 36:477-508, 686–705.

Chang, Hasok and Sang Wook Yi. 2005. "The Absolute and Its Measurement: William Thomson on Temperature." *Annals of Science* 62:281–308.

Cho, Adrian. 2003. "A Thermometer beyond Compare?" *Science* 299:1641.

Clapeyron, Benoit-Pierre-Émile. [1834] 1837. "Memoir on the Motive Power of Heat."

Scientific Memoirs, Selected from the Transactions of Foreign Academies of Science and Learned Societies and from Foreign Journals 1:347–376. Translated by Richard Taylor. Originally published as "Mémoire sur la puissance motrice de la chaleur," *Journal de l'École Polytechnique* 14 (1834): 153–190.

Conant, James Bryant, ed. 1957. *Harvard Case Histories in Experimental Science*. 2 vols. Cambridge, Mass.: Harvard University Press.

Crawford, Adair. 1779. *Experiments and Observations on Animal Heat, and the Inflammation of Combustible Bodies*. London: J. Murray.

———. 1788. *Experiments and Observations on Animal Heat, and the Inflammation of Combustible Bodies*. 2d ed. London: J. Johnson.

Crosland, Maurice. 1967. *The Society of Arcueil: A View of French Science at the Time of Napoleon I*. London: Heinemann.

———. 1978. *Gay-Lussac: Scientist and Bourgeois*. Cambridge: Cambridge University Press.

Cushing, James T. 1994. *Quantum Mechanics: Historical Contingency and the Copenhagen Hegemony*. Chicago: University of Chicago Press.

Dalton, John. 1802a. "Experimental Essays on the Constitution of Mixed Gases; on the Force of Steam or Vapour from Water and Other Liquids in Different Temperatures, Both in a516 Torricellian Vacuum and in Air; on Evaporation; and on the Expansion of Gases by Heat." *Memoirs and Proceedings of the Manchester Literary and Philosophical Society* 5(2):535–602.

———. 1802b. "Experiments and Observations on the Heat and Cold Produced by the Mechanical Condensation and Rarefaction of Air." *[Nicholson's] Journal of Natural Philosophy, Chemistry, and the Arts* 3:160–166. Originally published in the *Memoirs and Proceedings of the Manchester Literary and Philosophical Society* 5(2):515–526.

———. 1808. *A New System of Chemical Philosophy*. Vol. 1, part 1. Manchester: R. Bickerstaff. Daniell, John Frederick. 1821. "On a New Pyrometer." *Quarterly Journal of Science, Literature, and the Arts* 11:309–320.

———. 1830. "On a New Register-Pyrometer, for Measuring the Expansions of Solids, and Determining the Higher Degrees of Temperature upon the Common Thermometric Scale." *Philosophical Transactions of the Royal Society of London* 120:257–286.

Day, A. L., and R. B. Sosman. 1922. "Temperature, Realisation of Absolute Scale of." In Richard Glazebrook, ed., *A Dictionary of Applied Physics*, Vol. 1, *Mechanics, Engineering, Heat*, 836–871. London: Macmillan.

Delisle [or, De l'Isle], Joseph-Nicolas. 1738. *Memoires pour servir a l'histoire & au progrès de l'astronomie, de la géographie, & de la physique*. St. Petersburg: l'Academie des Sciences.

De Luc, Jean-André. 1772. *Recherches sur les modifications de l'atmosphère*. 2 vols. Geneva: n.p. Also published in Paris by La Veuve Duchesne, in 4 vols., in 1784 and 1778.

———. 1779. *An Essay on Pyrometry and Areometry, and on Physical Measures in General.* London: J. Nichols. Also published in the *Philosophical Transactions of the Royal Society of London* in 1778.

De Montet, Albert. 1877–78. *Dictionnaire biographique des Genevois et des Vaudois.* 2 vols. Lausanne: Georges Bridel.

De Morveau: see Guyton de Morveau.

Donny, François. 1846. "Mémoire sur la cohésion des liquides, et sur leur adhérence aux corps solides." *Annales de chimie et de physique*, 3d ser., 16:167–190.

Dörries, Matthias. 1997. *Visions of the Future of Science in Nineteenth-Century France (1830–1871).* Habilitation thesis. Munich.

———. 1998a. "Easy Transit: Crossing Boundaries between Physics and Chemistry in mid-Nineteenth Century France." In Jon Agar and Crosbie Smith, eds., *Making Space for Science: Territorial Themes in the Shaping of Knowledge*, 246–262. Basingstoke: Macmillan.

———. 1998b. "Vicious Circles, or, The Pitfalls of Experimental Virtuosity." In Michael Heidelberger and Friedrich Steinle, eds., *Experimental Essays—Versuche zum Experiment*, 123–140. Baden-Baden: NOMOS.

Draper, John William. 1847. "On the Production of Light by Heat." *Philosophical Magazine*, 3d ser., 30:345–360.

[Du Crest, Jacques-Barthélemi Micheli.] 1741. *Description de la methode d'un thermomètre universel.* Paris: Gabriel Valleyre.

Dufour, Louis. 1861. "Recherches sur l'ébullition des liquides." *Archives des sciences physiques et naturelles*, new ser., 12:210–266.

———. 1863. "Recherches sur la solidification et sur l'ébullition." *Annales de chimie et de physique*, 3d ser., 68:370–393.

Duhem, Pierre. 1899. "Usines et Laboratoires." *Revue Philomathique de Bordeaux et du Sud-Ouest* 2:385–400.

———. [1906] 1962. *The Aim and Structure of Physical Theory.* Translated by Philip P. Wiener. New York: Atheneum.

Dulong, Pierre-Louis, and Alexis-Thérèse Petit. 1816. "Recherches sur les lois de dilatation des solids, des liquides et des fluides élastiques, et sur la mesure exacte des températures." *Annales de chimie et de physique*, 2d ser., 2:240–263.

———. 1817. "Recherches sur la mesure des températures et sur les lois de la communication de la chaleur." *Annales de chimie et de physique*, 2d ser., 7:113–154, 225–264, 337–367.

Dumas, Jean-Baptiste. 1885. "Victor Regnault." In *Discours et éloges académiques*, vol. 2, 153–200. Paris: Gauthier-Villars.

Dyment, S. A. 1937. "Some Eighteenth Century Ideas Concerning Aqueous Vapour and

Evaporation." *Annals of Science* 2:465–473.

Ellis, Brian. 1968. *Basic Concepts of Measurement*. Cambridge: Cambridge University Press.

Ellis, George E. 1871. *Memoir of Sir Benjamin Thompson, Count Rumford*. Boston: American Academy of Arts and Sciences.

Evans, James, and Brian Popp. 1985. "Pictet's Experiment: The Apparent Radiation and Reflection of Cold." *American Journal of Physics* 53:737–753.

Fahrenheit, Daniel Gabriel. 1724. "Experiments and Observations on the Freezing of Water in Vacuo." *Philosophical Transactions of the Royal Society of London, Abridged*, vol. 7 (1724–34), 22–24. Originally published in Latin in the *Philosophical Transactions of the Royal Society of London* 33:78–84.

Fairbank, William M., Jr., and Allan Franklin. 1982. "Did Millikan Observe Fractional Charges on Oil Drops?" *American Journal of Physics* 50:394–397.

Farrer, Katherine Eufemia, ed. 1903–06. *Correspondence of Josiah Wedgwood*. 3 vols. Manchester: E. J. Morten.

Feigl, Herbert. 1970. "The 'Orthodox' View of Theories: Remarks in Defense as well as Critique." In Michael Radner and Stephen Winokur, eds., *Analyses of Theories and Methods of Physics and Psychology* (Minnesota Studies in the Philosophy of Science, vol. 4), 3–16. Minneapolis: University of Minnesota Press.

———. 1974. "Empiricism at Bay?" In R. S. Cohen and M. Wartofsky, eds., *Methodological and Historical Essays in the Natural and Social Sciences*, 1–20. Dordrecht: Reidel.

Feyerabend, Paul. 1975. *Against Method*. London: New Left Books.

Fitzgerald, Keane. 1760. "A Description of a Metalline Thermometer." *Philosophical Transactions of the Royal Society of London* 51:823–833.

Fleck, Lola: see Cartwright et al.

Foley, Richard. 1998. "Justification, Epistemic." In Edward Craig, ed., *Routledge Encyclopedia of Philosophy*, vol. 5, 157–165. London: Routledge.

Forbes, James David. 1860. "Dissertation Sixth: Exhibiting a General View of the Progress of Mathematical and Physical Science, Principally from 1775 to 1850." In *Encyclopaedia Britannica*, 8th ed., vol. 1, 794–996.

Fourier, Joseph. [1822] 1955. *The Analytic Theory of Heat*. Translated by Alexander Freeman. New York: Dover. Originally published in 1822 as *Théorie analytique de la chaleur* in Paris by Didot.

Fox, Robert. 1968. "Dalton's Caloric Theory." In Cardwell, ed., 1968, 187–202.

———. 1971. *The Caloric Theory of Gases from Lavoisier to Regnault*. Oxford: Clarendon Press.

———. 1974. "The Rise and Fall of Laplacian Physics." *Historical Studies in the Physical Sciences* 4:89–136.

Frängsmyr, Tore, J. L. Heilbron, and Robin E. Rider, eds. 1990. *The Quantifying Spirit in* the 18th Century. Berkeley: University of California Press.

Frank, Philipp G., ed. 1954. *The Validation of Scientific Theories*. Boston: Beacon Press.

Franklin, Allan: see also Fairbank and Franklin.

Franklin, Allan. 1981. "Millikan's Published and Unpublished Data on Oil Drops." *Historical Studies in the Physical Sciences* 11(2):185–201.

Franklin, Allan, et al. 1989. "Can a Theory-Laden Observation Test the Theory?" *British Journal for the Philosophy of Science* 40:229–231.

Galison, Peter. 1997. *Image and Logic: A Material Culture of Microphysics*. Chicago: University of Chicago Press.

Gay-Lussac, Joseph-Louis. 1802. "Enquiries Concerning the Dilatation of the Gases and Vapors." *[Nicholson's] Journal of Natural Philosophy, Chemistry, and the Arts* 3:207–16, 257–67. Originally published as "Sur la dilation des gaz et des vapeurs," *Annales de chimie* 43:137–175.

———. 1807. "Premier essai pour déterminer les variations des température qu'éprouvent les gaz en changeant de densité , et considérations sur leur capacité pour calorique." *Mémoires de physique et de chimie, de la Société d'Arcueil* 1:180–203.

———. 1812. "Sur la déliquescence des corps." *Annales de chimie* 82:171–177.

———. 1818. "Notice Respecting the Fixedness of the Boiling Point of Fluids." *Annals of Philosophy* 12:129–131. Abridged translation of "Sur la fixité du degré d'ébullition des liquides," *Annales de chimie et de physique*, 2d ser., 7:307–313.

Gernez, Désiré . 1875. "Recherches sur l'ébullition." *Annales de chimie et de physique*, 5th ser., 4:335–401.

———. 1876. "Sur la détermination de la témperature de solidification des liquides, et en particulier du soufre." *Journal de physique théorique et appliquée* 5:212–215.

Gillispie, Charles Coulston. 1997. *Pierre-Simon Laplace 1749–1827: A Life in Exact Science*. With Robert Fox and Ivor Grattan-Guinness. Princeton: Princeton University Press.

Glymour, Clark. 1980. *Theory and Evidence*. Princeton: Princeton University Press.

Gray, Andrew. 1908. *Lord Kelvin: An Account of His Scientific Life and Work*. London: J. M. Dent&Company.

Grünbaum, Adolf. 1960. "The Duhemian Argument." *Philosophy of Science* 27:75–87.

Guerlac, Henry. 1976. "Chemistry as a Branch of Physics: Laplace's Collaboration with Lavoisier." *Historical Studies in the Physical Sciences* 7:193–276.

Guthrie, Matthieu [Matthew]. 1785. *Nouvelles expériences pour servir à déterminer le vrai point de congélation du mercure & la difference que le degré de pureté de ce metal pourroit yapporter*. St. Petersburg: n.p.

Guyton [de Morveau], Louis-Bernard. 1798. "Pyrometrical Essays to Determine the Point to which Charcoal is a Non-Conductor of Heat." *[Nicholson's] Journal of Natural Philosophy, Chemistry, and the Arts* 2:499–500. Originally published as "Essais pyrométriques pour déterminer à quel point le charbon est non-conducteur de chaleur," *Annales de chimie et de physique* 26:225ff.

———. 1799. "Account of Certain Experiments and Inferences Respecting the Combustion of the Diamond, and the Nature of Its Composition." *[Nicholson's] Journal of Natural Philosophy, Chemistry, and the Arts* 3:298–305. Originally published as "Sur la combustion du diamant," *Annales de chimie et de physique* 31:72–112; also reprinted in the *Philosophical Magazine* 5:56–61, 174–188.

———. 1803. "Account of the Pyrometer of Platina." *[Nicholson's] Journal of Natural Philosophy, Chemistry, and the Arts*, new ser., 6:89–90. Originally published as "Pyromètre de platine," Annales de chimie et de physique 46:276–278.

———. 1811a. "De l'effet d'une chaleur égale, longtemps continuée sur les pièces pyrométriques d'argile." *Annales de chimie et de physique* 78:73–85.

———. 1811b. "Suite de l'essai de pyrométrie." *Mémoires de la Classe des Sciences Mathématiques et Physiques de l'Institut de France* 12(2):89–120.

Hacking, Ian. 1983. *Representing and Intervening*. Cambridge: Cambridge University Press.

Hallett, Garth. 1967. *Wittgenstein's Definition of Meaning as Use*. New York: Fordham University Press.

Halley, Edmond. 1693. "An Account of Several Experiments Made to Examine the Nature of the Expansion and Contraction of Fluids by Heat and Cold, in order to ascertain the Divisions of the Thermometer, and to Make that Instrument, in all Places, without Adjusting by a Standard." *Philosophical Transactions of the Royal Society of London* 17:650–656.

Haüy, (l'Abbé) René Just. [1803] 1807. *An Elementary Treatise on Natural Philosophy*. 2 vols. Translated by Olinthus Gregory. London: George Kearsley. Originally published in 1803 as *Traité élémentaire de physique* in Paris.

———. 1806. *Traité élémentaire de physique*. 2d ed. 2 vols. Paris: Courcier.

Heering, Peter. 1992. "On Coulomb's Inverse Square Law." *American Journal of Physics* 60: 988–994.

———. 1994. "The Replication of the Torsion Balance Experiment: The Inverse Square Law and its Refutation by Early 19th-Century German Physicists." In Christine Blondel and Matthias Dörries, eds., *Restaging Coulomb: Usages, controverses et réplications autour de la balance de torsion*. Florence: Olschki.

Heilbron, John L.: see also Frängsmyr et al.

Heilbron, John L. 1993. *Weighing Imponderables and Other Quantitative Science around 1800*, supplement to *Historical Studies in the Physical and Biological Sciences*, vol. 24, no. 1.

Heisenberg, Werner. 1971. *Physics and Beyond*. Translated by A. J. Pomerans. London: George Allen & Unwin.

Hempel, Carl G. 1965. *Aspects of Scientific Explanation, and Other Essays in the Philosophy of Science*. New York: Free Press.
———. 1966. *Philosophy of Natural Science*. Englewood Cliffs, N.J.: Prentice-Hall.
Henry, William. 1802. "A Review of Some Experiments, which Have Been Supposed to Disprove the Materiality of Heat." *Memoirs of the Literary and Philosophical Society of Manchester* 5(2):603–621.
Hentschel, Klaus. 2002. "Why Not One More Imponderable? John William Draper's Tithonic Rays." *Foundations of Chemistry* 4:5–59.
Herschel, William. 1800a. "Experiments on the Refrangibility of the Invisible Rays of the Sun." *Philosophical Transactions of the Royal Society of London* 90:284–292.
———. 1800b. "Investigation of the Powers of the Prismatic Colours to Heat and Illuminate Objects; with Remarks, that Prove the Different Refrangibility of Radiant Heat. To which is Added, an Inquiry into the Method of Viewing the Sun Advantageously, with Telescopes of Large Apertures and High Magnifying Powers." *Philosophical Transactions of the Royal Society of London* 90:255–283.
Holton, Gerald. 1952. *Introduction to Concepts and Theories in Physical Science*. Cambridge: Addison-Wesley.
———. 1978. "Subelectrons, Presuppositions, and the Millikan-Ehrenhaft Dispute." *Historical Studies in the Physical Sciences* 9:161–224.
Holton, Gerald, and Stephen G. Brush. 2001. *Physics, the Human Adventure*. New Brunswick, N.J.: Rutgers University Press. This is the third edition of Holton 1952.
Humphreys, Paul. 2004. *Extending Ourselves: Computational Science, Empiricism, and Scientific Method*. Oxford: Oxford University Press.
Husserl, Edmund. 1970. *The Crisis of European Sciences and Transcendental Phenomenology*. Translated by David Carr. Evanston, Ill.: Northwestern University Press.
Hutchins, Thomas. 1783. "Experiments for Ascertaining the Point of Mercurial Congelation." *Philosophical Transactions of the Royal Society of London* 73:*303–*370.
Hutchison, Keith. 1976a. "Mayer's Hypothesis: A Study of the Early Years of Thermodynamics." *Centaurus* 20:279–304.
———. 1976b. "W. J. M. Rankine and the Rise of Thermodynamics." D. Phil. diss., Oxford University.
Jaffe, Bernard. 1976. *Crucibles: The Story of Chemistry from Ancient Alchemy to Nuclear Fission*. 4th ed. New York: Dover.
Joule, James Prescott. 1845. "On the Changes of Temperature Produced by the Rarefaction and Condensation of Air." *Philosophical Magazine*, 3d ser., 26:369–383. Also reprinted in *Scientific Papers of James Prescott Joule* (London, 1884), 172–189.
Joule, James Prescott, and William Thomson. [1852] 1882. "On the Thermal Effects Experienced by Air in Rushing through Small Apertures." In Thomson 1882, 333–

345 (presented as "preliminary" of a composite article, Art. 49: "On the Thermal Effects of Fluids in Motion"). Originally published in the *Philosophical Magazine* in 1852.

———. [1853] 1882. "On the Thermal Effects of Fluids in Motion." In Thomson 1882, 346–356. Originally published in the *Philosophical Transactions of the Royal Society of London* 143:357–365.

———. [1854] 1882. "On the Thermal Effects of Fluids in Motion, Part 2." In Thomson 1882, 357–400. Originally published in the *Philosophical Transactions of the Royal Society of London* 144:321–364.

———. [1860] 1882. "On the Thermal Effects of Fluids in Motion, Part 3. On the Changes of Temperature Experienced by Bodies Moving through Air." In Thomson 1882, 400–414. Originally published in the *Philosophical Transactions of the Royal Society of London* 150:325–336.

———. [1862] 1882. "On the Thermal Effects of Fluids in Motion, Part 4." In Thomson 1882, 415–431. Originally published in the *Philosophical Transactions of the Royal Society of London* 152:579–589.

Jungnickel, Christa, and Russell McCormmach. 1999. *Cavendish: The Experimental Life*. Rev. ed. Lewisburg, Pa.: Bucknell University Press.

Klein, Herbert Arthur. 1988. *The Science of Measurement: A Historical Survey*. New York: Dover.

Klickstein, Herbert S. 1948. "Thomas Thomson: Pioneer Historian of Chemistry." *Chymia* 1:37–53.

Knight, David M. 1967. *Atoms and Elements*. London: Hutchinson.

Knott, Cargill G. 1923. "Sketch of John Aitken's Life and Scientific Work." In Aitken 1923, vii–xiii.

Kornblith, Hilary, ed. 1985. *Naturalizing Epistemology*. Cambridge, Mass.: MIT Press.

Kosso, Peter. 1988. "Dimensions of Observability." *British Journal for the Philosophy of Science* 39:449–467.

———. 1989. *Observability and Observation in Physical Science*. Dordrecht: Kluwer.

Kuhn, Thomas S. 1957. *The Copernican Revolution*. Cambridge, Mass.: Harvard University Press.

———. [1968] 1977. "The History of Science." In *The Essential Tension: Selected Studies in Scientific Tradition and Change*, 105–126. Chicago: University of Chicago Press. Originally published in 1968 in the *International Encyclopedia of the Social Sciences*, vol. 14.

———. 1970a. "Logic of Discovery or Psychology of Research?" In Lakatos and Musgrave 1970, 1–23.

———. 1970b. "Reflections on My Critics." In Lakatos and Musgrave 1970, 231–278.

———. 1970c. *The Structure of Scientific Revolutions*. 2d ed. Chicago: University of Chicago

Press.

———. 1977. "Objectivity, Value Judgment, and Theory Choice." In *The Essential Tension: Selected Studies in Scientific Tradition and Change*, 320–339. Chicago: University of Chicago Press.

Lafferty, Peter, and Julian Rowe, eds. 1994. *The Hutchinson Dictionary of Science*. Rev. ed. Oxford: Helicon Publishing Inc.

Lakatos, Imre. 1968–69. "Criticism and the Methodology of Scientific Research Programmes." *Proceedings of the Aristotelian Society* 69:149–186.

———. 1970. "Falsification and the Methodology of Scientific Research Programmes." In Lakatos and Musgrave 1970, 91–196.

———. [1973] 1977. "Science and Pseudoscience." In *Philosophical Papers*, vol. 1, 1–7. Cambridge: Cambridge University Press. Also reprinted in Martin Curd and J. A. Cover, eds., *Philosophy of Science: The Central Issues* (New York: Norton, 1998), 20–26.

———. 1976. "History of Science and its Rational Reconstructions." In Colin Howson, ed., *Method and Appraisal in the Physical Sciences*, 1–39. Cambridge: Cambridge University Press.

Lakatos, Imre, and Alan Musgrave, eds. 1970. *Criticism and the Growth of Knowledge*. Cambridge: Cambridge University Press.

Lambert, Johann Heinrich. 1779. *Pyrometrie, oder vom Maaße des Feuers und der Wärme*. Berlin: Haude und Spener.

Lamé, Gabriel. 1836. *Cours de physique de l'École Polytechnique*. 3 vols. Paris: Bachelier.

Langevin, Paul. 1911. "Centennaire de M. Victor Regnault." *Annuaire de Collège de France* 11:42–56.

Laplace, Pierre-Simon: see also Lavoisier and Laplace.

Laplace, Pierre-Simon. 1796. *Exposition du système du monde*. 2 vols. Paris: Imprimerie du Cercle-Social.

———. 1805. *Traité de mécanique céleste*. Vol. 4. Paris: Courcier.

———. 1821. "Sur l'attraction des Sphères, et sur la répulsion des fluides élastiques." *Connaissance des Tems pour l'an 1824* (1821), 328–343.

———. [1821] 1826. "Sur l'attraction des corps spheriques et sur la répulsion des fluides élastiques." *Mémoires de l'Académie Royale des Sciences de l'Institut de France* 5:1–9. Although Laplace's paper was presented in 1821, the volume of the *Mémoires* containing it was not published until 1826.

———. [1823] 1825. *Traité de mécanique céleste*. Vol. 5, book 12. Paris: Bachelier. The volume was published in 1825, but book 12 is dated 1823.

Latour, Bruno. 1987. *Science in Action*. Cambridge, Mass.: Harvard University Press.

Laudan, Laurens. 1973. "Peirce and the Trivialization of the Self-Correcting Thesis." In Ronald N. Giere and Richard S. Westfall, eds., *Foundations of Scientific Method: The*

Nineteenth Century, 275–306. Bloomington: Indiana University Press.

Lavoisier, Antoine-Laurent. [1789] 1965. *Elements of Chemistry*. Translated in 1790 by Robert Kerr, with a new introduction by Douglas McKie. New York: Dover. Originally published in 1789 as *Traité élémentaire de chimie* in Paris by Cuchet.

Lavoisier, Antoine-Laurent, and Pierre-Simon Laplace. [1783] 1920. *Mémoire sur la chaleur*. Paris: Gauthier-Villars.

Le Chatelier, Henri, and O. Boudouard. 1901. *High-Temperature Measurements*. Translated by George K. Burgess. New York: Wiley.

Lide, David R., and Henry V. Kehiaian. 1994. *CRC Handbook of Thermophysical and Thermochemical Data*. Boca Raton, Fla.: CRC Press.

Lilley, S. 1948. "Attitudes to the Nature of Heat about the Beginning of the Nineteenth Century." *Archives internationales d'histoire des sciences* 1(4):630–639.

Lodwig, T. H., and W. A. Smeaton. 1974. "The Ice Calorimeter of Lavoisier and Laplace and Some of its Critics." *Annals of Science* 31:1–18.

Lycan, William G. 1988. *Judgement and Justification*. Cambridge: Cambridge University Press.

———. 1998. "Theoretical (Epistemic) Virtues." In Edward Craig, ed., *Routledge Encyclopedia of Philosophy* 9:340–343. London: Routledge.

Mach, Ernst. [1900] 1986. *Principles of the Theory of Heat (Historically and Critically Elucidated)*. Edited by Brian McGuinness; translated by Thomas J. McCormack, P. E. B. Jourdain, and A. E. Heath; with an introduction by Martin J. Klein. Dordrecht: Reidel. Initially published in 1896 as D*ie Prinzipien der Wä rmelehre* in Leipzig by Barth; this translation is from the 2d German edition of 1900.

McCormmach, Russell: see Jungnickel and McCormmach.

McKendrick, Neil. 1973. "The Rôle of Science in the Industrial Revolution: A Study of Josiah Wedgwood as a Scientist and Industrial Chemist." In Mikulás Teich and Robert Young, eds., *Changing Perspectives in the History of Science: Essays in Honour of Joseph Needham*, 274–319. London: Heinemann.

Magie, William Francis, ed. 1935. *A Source Book in Physics*. New York: McGraw-Hill.

Marcet, François. 1842. "Recherches sur certaines circonstances qui influent sur la température du point d'ébullition des liquides." *Bibliothèque universelle*, new ser., 38:388–411.

Margenau, Henry. 1963. "Measurements and Quantum States: Part I." *Philosophy of Science* 30:1–16.

Martine, George. [1738] 1772. "Some Observations and Reflections Concerning the Construction and Graduation of Thermometers." In *Essays and Observations on the Construction and Graduation of Thermometers*, 2d ed., 3–34. Edinburgh: Alexander Donaldson.

―――. [1740] 1772. "An Essay towards Comparing Different Thermometers with One Another." In *Essays and Observations on the Construction and Graduation of Thermometers*, 2d ed., 37–48. Edinburgh: Alexander Donaldson.

Matousek, J. W. 1990. "Temperature Measurements in Olden Tymes." *CIM Bulletin* 83(940): 110–115.

Matthews, Michael. 1994. *Science Teaching: The Role of History and Philosophy of Science*. New York: Routledge.

Maxwell, Grover. 1962. "The Ontological Status of Theoretical Entities." In H. Feigl and G. Maxwell, eds., *Scientific Explanation, Space and Time* (Minnesota Studies in the Philosophy of Science, vol. 3), 3–27. Minneapolis: University of Minnesota Press.

Mayo, Deborah. 1996. *Error and the Growth of Experimental Knowledge*. Chicago: University of Chicago Press.

Meikle, Henry. 1826. "On the Theory of the Air-Thermometer." *Edinburgh New Philosophical Journal* 1:332–341.

―――. 1842. "Thermometer." *Encyclopaedia Britannica*, 7th ed., 21:236–242.

"Memoirs of Sir Benjamin Thompson, Count of Rumford." 1814. *Gentleman's Magazine, and Historical Chronicle* 84(2):394–398.

Mendoza, Eric. 1962–63. "The Surprising History of the Kinetic Theory of Gases." *Memoirs and Proceedings of the Manchester Literary and Philosophical Society* 105:15–27.

Micheli du Crest: see Du Crest.

Middleton, W. E. Knowles. 1964a. "Chemistry and Meteorology, 1700–1825." *Annals of Science* 20:125–141.

―――. 1964b. *A History of the Barometer*. Baltimore: Johns Hopkins Press.

―――. 1965. *A History of the Theories of Rain and Other Forms of Precipitation*. London: Oldbourne.

―――. 1966. *A History of the Thermometer and Its Use in Meteorology*. Baltimore: Johns Hopkins Press.

Morgan, Mary: see Morrison and Morgan.

Morrell, J. B. 1972. "The Chemist Breeders: The Research Schools of Liebig and Thomas Thomson." *Ambix* 19:1–46.

Morris, Robert J. 1972. "Lavoisier and the Caloric Theory." *British Journal for the History of Science* 6:1–38.

Morrison, Margaret. 1998. "Modelling Nature: Between Physics and the Physical World." *Philosophia Naturalis* 35(1):65–85.

Morrison, Margaret, and Mary S. Morgan. 1999. "Models as Mediating Instruments." In Mary S. Morgan and MargaretMorrison, eds., *Models asMediators*, 10–37. Cambridge: Cambridge University Press.

Mortimer, Cromwell. [1735] 1746–47."A Discourse Concerning the Usefulness of Thermometers in Chemical Experiments…" *Philosophical Transactions of the Royal Society of London* 44:672–695.

Morton, Alan Q., and Jane A. Wess. 1993. *Public and Private Science: The King George III Collection*. Oxford: Oxford University Press, in association with the Science Museum.

Morveau: see Guyton de Morveau.

Murray, John. 1819. *A System of Chemistry*. 4th ed. 4 vols. Edinburgh: Francis Pillans; London: Longman, Hurst, Rees, Orme & Brown.

Musgrave, Alan: see also Lakatos and Musgrave.

Musgrave, Alan. 1976. "Why Did Oxygen Supplant Phlogiston? Research Programmes in the Chemical Revolution." In C. Howson, ed., *Method and Appraisal in the Physical Sciences*, 181–209. Cambridge: Cambridge University Press.

Neurath, Otto. [1932/33] 1983. "Protocol Statements [1932/33]." *In Philosophical Papers 1913–1946*, ed. and trans. by Robert S. Cohen and Marie Neurath, 91–99. Dordrecht:Reidel.

[Neurath, Otto, et al.] [1929] 1973. "Wissenschaftliche Weltauffassung: Der Wiener Kreis [The Scientific Conception of the World: The Vienna Circle]." In Otto Neurath, *Empiricism and Sociology*, 299–318. Dordrecht: Reidel. This article was originally published in 1929 as a pamphlet.

Newton, Isaac. [1701] 1935. "Scala Graduum Caloris. Calorum Descriptiones & Signa." In Magie 1935, 125–128. Originally published anonymously in *Philosophical Transactions of the Royal Society of London* 22: 824–829.

Oxtoby, David W., H. P. Gillis, and Norman H. Nachtrieb. 1999. *Principles of Modern Chemistry*. 4th ed. Fort Worth: Saunders College Publishing.

Pallas, Peter Simon: see Urness.

Péclet, E. 1843. *Traité de la chaleur considérée dans ses applications*. 2d ed. 3 vols. Paris: Hachette.

Peirce, Charles Sanders. [1898] 1934. "The First Rule of Logic." *In Collected Papers of Charles Sanders Peirce*, vol. 5, edited by C. Hartshorne and P. Weiss, 399ff. Cambridge, Mass.: Harvard University Press.

Penn, S. 1986. "Comment on Pictet Experiment." *American Journal of Physics* 54(2):106. This is a comment on Evans and Popp 1985, followed by a response by James Evans.

Petit, Alexis–Thérèse: see Dulong and Petit.

Pictet, Mark Augustus [Marc-Auguste]. 1791. *An Essay on Fire*. Translated by W. B[elcome]. London: E. Jeffery. Originally published in 1790 as *Essai sur le feu* in Geneva.

Poisson, Siméon–Denis. 1835. *Théorie mathématique de la chaleur*. Paris: Bachelier.

Polanyi, Michael. 1958. *Personal Knowledge: Towards a Post-Critical Philosophy*. Chicago: University of Chicago Press.

Popper, Karl R. 1969. *Conjectures and Refutations*. 3d ed. London: Routledge and Kegan Paul.
———. 1970. "Normal Science and its Dangers." In Lakatos and Musgrave 1970, 51–58.
———. 1974. "Replies to My Critics." In Paul A. Schilpp, ed., *The Philosophy of Karl Popper*, vol. 2, 961–1200. La Salle, Ill.: Open Court.
Pouillet, Claude S. M. M. R. 1827–29. *Élémens de physique expérimentale et de météorologie*. 2 vols. Paris: Béchet Jeune.
———. 1836. "Recherches sur les hautes températures et sur plusieurs phénomènes qui en dépendent." *Comptes rendus hebdomadaines* 3:782–790.
———. 1837. "Déterminations des basses températures au moyen du pyromètre à air, du pyromètre magnétique et du thermomètre à alcool." *Comptes rendus hebdomadaines* 4:513–519.
———. 1856. *Élémens de physique expérimentale et de météorologie*. 7th ed. 2 vols. Paris: Hachette.
Press, William H., Brian P. Flannery, Saul A. Teukolsky, and William T. Vetterling. 1988. *Numerical Recipes in C: The Art of Scientific Computing*. Cambridge: Cambridge University Press.
Preston, Thomas. 1904. *The Theory of Heat*. 2d ed. Revised by J. Rogerson Cotter. London: Macmillan.
Prevost, Pierre. 1791. "Sur l'équilibre du feu." *Journal de physique* 38:314–323.
Prinsep, James. 1828. "On the Measurement of High Temperatures." *Philosophical Transactions of the Royal Society of London* 118:79–95.
Psillos, Stathis. 1999. *Scientific Realism: How Science Tracks Truth*. London: Routledge.
Pyle, Andrew J. 1995. *Atomism and its Critics: Problem Areas Associated with the Development of the Atomic Theory of Matter from Democritus to Newton*. Bristol: Thoemmes Press.
Quine, Willard van Orman. [1953] 1961. "Two Dogmas of Empiricism." In *From a Logical Point of View*, 2d ed., 20–46. Cambridge, Mass.: Harvard University Press. The first edition of this book was published in 1953.
Réaumur, René Antoine Ferchault de. 1739. "Observations du thermomètre pendant l'année M.DCCXXXIX, faites à Paris et en différent pays." *Histoire de l'Académie Royale des Sciences, avec les Mémoires de mathématique et de physique*, vol. for 1739, 447–466.
Regnault, (Henri) Victor. 1840. "Recherches sur la chaleur spécifique des corps simples et composés, premier mémoire." *Annales de chimie et de physique*, 2d ser., 73:5–72.
———. 1842a. "Recherches sur la dilatation des gaz." *Annales de chimie et de physique*, 3d ser., 4:5–67.
———. 1842b. "Recherches sur la dilatation des gaz, 2e mémoire." *Annales de chimie et de*

physique, 3d ser., 5:52–83.

———. 1842c. "Sur la comparaison du thermomètre à air avec le thermomètre à mercure." *Annales de chimie et de physique*, 3d ser., 5:83–104.

———. 1847. "Relations des expériences entreprises par ordre de Monsieur le Ministre des Travaux Publics, et sur la proposition de la Commission Centrale des Machines à Vapeur, pour déterminer les principales lois et les données numériques qui entrent dans le calcul des machines à vapeur." *Mémoires de l'Académie Royale des Sciences de l'Institut de France* 21:1–748.

Reiser, Stanley Joel. 1993. "The Science of Diagnosis: Diagnostic Technology." In W. F. Bynum and Roy Porter, eds., *Companion Encyclopedia of the History of Medicine* 2:824–851. London: Routledge.

Rider, Robin E.: see Frängsmyr et al.

Rostoker, William, and David Rostoker. 1989. "The Wedgwood Temperature Scale." *Archeomaterials* 3:169–172.

Rottschaefer, W. A. 1976. "Observation: Theory-Laden, Theory-Neutral or Theory-Free?" *Southern Journal of Philosophy* 14:499–509.

Rowe, Julian: see Lafferty and Rowe.

Rowlinson, J. S. 1969. *Liquids and Liquid Mixtures*. 2d ed. London: Butterworth.

Rumford, Count (Benjamin Thompson). [1798] 1968. "An Experimental Inquiry Concerning the Source of the Heat which is Excited by Friction." In Rumford 1968, 3–26. Originally published in *Philosophical Transactions of the Royal Society of London* 88:80–102.

———. [1804a] 1968. "Historical Review of the Various Experiments of the Author on the Subject of Heat." In Rumford 1968, 443–496. Originally published in *Mémoires sur la chaleur* (Paris: Firmin Didot), vii–lxviii.

———. [1804b] 1968. "An Inquiry Concerning the Nature of Heat, and the Mode of its Communication." In Rumford 1968, 323–433. Originally published in *Philosophical Transactions of the Royal Society of London* 94:77–182.

———. 1968. *The Collected Works of Count Rumford*. Vol. 1. Edited by Sanborn C. Brown. Cambridge, Mass.: Harvard University Press.

Salvétat, Alphonse. 1857. Leçons de céramique profesées *à l'École centrale des arts et manufactures, ou technologie céramique* ... Paris: Mallet-Bachelier.

Sandfort, John F. 1964. *Heat Engines: Thermodynamics in Theory and Practice*. London: Heinemann.

Sargent, Rose-Mary. 1995. *The Diffident Naturalist: Robert Boyle and the Philosophy of Experiment*. Chicago: University of Chicago Press.

Saunders, Simon. 1998. "Hertz's Principles." In Davis Baird, R. I. G. Hughes, and Alfred Nordmann, eds., *Heinrich Hertz: Classical Physicist, Modern Philosopher*, 123–154.

Dordrecht: Kluwer.

Schaffer, Simon: see Shapin and Schaffer.

Scherer, A. N. 1799. "Sur le pyromètre de Wedgwood et de nouveaux appareils d'expériences." *Annales de chimie* 31:171–172.

Schlick, Moritz. [1930] 1979. "On the Foundations of Knowledge." In *Philosophical Papers*, vol. 2 (1925–1936), edited by H. L. Mulder and B. F. B. van de Velde-Schlick, 370–387. Dordrecht: Reidel.

Schmidt, J. G. 1805. "Account of a New Pyrometer, which is Capable of Indicating Degrees of Heat of a Furnace." *[Nicholson's] Journal of Natural Philosophy, Chemistry, and the Arts* 11:141–142.

Schofield, Robert E. 1963. *The Lunar Society of Birmingham*. Oxford: Clarendon Press.

Shapere, Dudley. 1982. "The Concept of Observation in Science and Philosophy." *Philosophy of Science* 49:485–525.

Shapin, Steven, and Simon Schaffer. 1985. *Leviathan and the Air-Pump: Hobbes, Boyle, and the Experimental Life*. Princeton: Princeton University Press.

Sharlin, Harold I. 1979. *Lord Kelvin: The Dynamic Victorian*. In collaboration with Tiby Sharlin. University Park: Pennsylvania State University Press.

Sibum, Heinz Otto. 1995. "Reworking the Mechanical Value of Heat: Instruments of Precision and Gestures of Accuracy in Early Victorian England." *Studies in History and Philosophy of Science* 26:73–106.

Silbey, Robert J., and Robert A. Alberty. 2001. *Physical Chemistry*. 3d ed. New York: Wiley.

Sklar, Lawrence. 1975. "Methodological Conservatism." *Philosophical Review* 84:374–400.

Smeaton, W. A.: see Lodwig and Smeaton.

Smith, Crosbie. 1998. *The Science of Energy: A Cultural History of Energy Physics in Victorian Britain*. London: Athlone Press and the University of Chicago Press.

Smith, Crosbie, and M. Norton Wise. 1989. *Energy and Empire: A Biographical Study of Lord Kelvin*. Cambridge: Cambridge University Press.

Smith, George E. 2002. "From the Phenomenon of the Ellipse to an Inverse-Square Force: Why Not?" In David B. Malament, ed., *Reading Natural Philosophy: Essays in the History and Philosophy of Science* and Mathematics, 31–70. Chicago: Open Court.

Sosman, R. B.: see Day and Sosman.

Taylor, Brook. 1723. "An Account of an Experiment, Made to Ascertain the Proportion of the Expansion of the Liquor in the Thermometer, with Regard to the Degrees of Heat." *Philosophical Transactions of the Royal Society of London* 32:291.

Thenard, Louis-Jacques. 1813. *Traité de chimie élémentaire, théoretique et pratique*. 4 vols. Paris: Crochard.

Thompson, Silvanus P. 1910. *The Life of William Thomson, Baron Kelvin of Largs*. 2 vols. London: Macmillan.

Thomson, Thomas. 1802. *A System of Chemistry*. 4 vols. Edinburgh: Bell & Bradfute, and E. Balfour.

———. 1830. *An Outline of the Sciences of Heat and Electricity*. London: Baldwin & Cradock; Edinburgh: William Blackwood.

Thomson, William: see also Joule and Thomson.

Thomson, William (Lord Kelvin). [1848] 1882. "On an Absolute Thermometric Scale Founded on Carnot's Theory of the Motive Power of Heat, and Calculated from Regnault's Observations." In Thomson 1882, 100–106. Originally published in the *Proceedings of the Cambridge Philosophical Society* 1:66–71; also in the *Philosophical Magazine*, 3d ser., 33:313–317.

———. [1849] 1882. "An Account of Carnot's Theory of the Motive Power of Heat; with Numerical Results Deduced from Regnault's Experiments on Steam." In Thomson 1882, 113–155. Originally published in the *Transactions of the Royal Society of Edinburgh* 16:541–574.

———. [1851a] 1882. "On the Dynamical Theory of Heat, with Numerical Results Deduced from Mr Joule's Equivalent of a Thermal Unit, and M. Regnault's Observations on Steam." In Thomson 1882, 174–210 (presented as Parts 1–3 of a composite paper, Art. 48 under this title). Originally published in the Transactions of the Royal Society of Edinburgh in March 1851; also in the *Philosophical Magazine*, 4th ser., 4 (1852).

———. [1851b] 1882. "On a Method of Discovering Experimentally the Relation between the Mechanical Work Spent, and the Heat Produced by the Compression of a Gaseous Fluid." In Thomson 1882, 210–222 (presented as Part 4 of Art. 48). Originally published in the *Transactions of the Royal Society of Edinburgh* 20 (1851).

———. [1851c] 1882. "On the Quantities of Mechanical Energy Contained in a Fluid in Different States, as to Temperature and Density." In Thomson 1882, 222–232 (presented as Part 5 of Art. 48). Originally published in the *Transactions of the Royal Society of Edinburgh* 20 (1851).

———. [1854] 1882. "Thermo-Electric Currents." In Thomson 1882, 232–291 (presented as Part 6 of Art. 48). Originally published in the *Transactions of the Royal Society of Edinburgh* 21 (1854).

———. [1879–80a] 1911. "On Steam-Pressure Thermometers of Sulphurous Acid, Water, and Mercury." In Thomson 1911, 77–87. Originally published in the *Proceedings of the Royal Society of Edinburgh* 10:432–441.

———. [1879–80b] 1911. "On a Realised Sulphurous Acid Steam-Pressure Differential Thermometer; Also a Note on Steam-Pressure Thermometers." In Thomson 1911, 90–95. Originally published in the *Proceedings of the Royal Society of Edinburgh* 10:523–536.

———. 1880. *Elasticity and Heat (Being articles contributed to the Encyclopaedia Britannica)*. Edinburgh: Adam and Charles Black.
———. 1882. *Mathematical and Physical Papers*. Vol. 1. Cambridge: Cambridge University Press.
———. 1911. *Mathematical and Physical Papers*. Vol. 5. Cambridge: Cambridge University Press.
Tomlinson, Charles. 1868–69. "On the Action of Solid Nuclei in Liberating Vapour from Boiling Liquids." *Proceedings of the Royal Society of London* 17:240–252.
Truesdell, Clifford. 1979. *The Tragicomical History of Thermodynamics, 1822–1854*. New York: Springer-Verlag.
Tunbridge, Paul A. 1971. "Jean André De Luc, F.R.S." *Notes and Records of the Royal Society of London* 26:15–33.
Tyndall, John. 1880. *Heat Considered as a Mode of Motion*. 6th ed. London: Longmans, Green and Company.
Uebel, Thomas: see Cartwright et al.
Urness, Carol, ed. 1967. *A Naturalist in Russia: Letters from Peter Simon Pallas to Thomas Pennant*. Minneapolis: University of Minnesota Press.
Van der Star, Pieter, ed. 1983. *Fahrenheit's Letters to Leibniz and Boerhaave*. Leiden: Museum Boerhaave; Amsterdam: Rodopi.
Van Fraassen, Bas C. 1980. *The Scientific Image*. Oxford: Clarendon Press.
Van Swinden, J. H. 1788. *Dissertations sur la comparaison des thermomètres*. Amsterdam: Marc-Michel Rey.
Voyages en Sibérie, extraits des journaux de divers savans voyageurs. 1791. Berne: La Société Typographique.
Walter, Maila L. 1990. *Science and Cultural Crisis: An Intellectual Biography of Percy Williams Bridgman (1882–1961)*. Stanford, Calif.: Stanford University Press.
Watson, William. 1753. "A Comparison of Different Thermometrical Observations in Sibiria [sic]." *Philosophical Transactions of the Royal Society of London* 48:108–109.
———. 1761. "An Account of a Treatise in Latin, Presented to the Royal Society, intituled, De admirando frigore artificiali, quo mercurius est congelatus, dissertatio, &c. a J. A. Braunio, Academiae Scientiarum Membro, &c." *Philosophical Transactions of the Royal Society of London* 52:156–172.
Wedgwood, Josiah. 1782. "An Attempt to Make a Thermometer for Measuring the Higher Degrees of Heat, from a Red Heat up to the Strongest that Vessels Made of Clay can Support." *Philosophical Transactions of the Royal Society of London* 72:305–326.
———. 1784. "An Attempt to Compare and Connect the Thermometer for Strong Fire, Described in Vol. LXXII of the Philosophical Transactions, with the Common Mercurial Ones." *Philosophical Transactions of the Royal Society of London* 74:358–384.

———. 1786. "Additional Observations on Making a Thermometer for Measuring the Higher Degrees of Heat." *Philosophical Transactions of the Royal Society of London* 76:390–408.

Wess, Jane A.: see Morton and Wess.

Wise, M. Norton: see also Smith and Wise.

Wise, M. Norton, ed. 1995. *The Values of Precision*. Princeton: Princeton University Press.

Wittgenstein, Ludwig. 1969. *On Certainty (Ü ber Gewissheit)*. Edited by G. E. M. Anscombe and G. H. von Wright. Dual language edition with English translation by Denis Paul and G. E. M. Anscombe. New York: Harper.

Woodward, James: see also Bogen and Woodward.

Woodward, James. 1989. "Data and Phenomena." *Synthese* 79:393–472.

Young, Thomas. 1807. *Lectures on Natural Philosophy and the Mechanical Arts*. 2 vols. London: Joseph Johnson. The first volume contains the main text, and the second volume contains a very extensive bibliography.

Zemansky, Mark W., and Richard H. Dittman. 1981. *Heat and Thermodynamics*. 6th ed. New York: McGraw-Hill.

찾아보기 | Index

일러두기: 쪽수 뒤에 'f'가 붙은 경우는 그 단어가 해당하는 쪽의 그림/사진에 나타나 있음을 뜻한다. 마찬가지로 't'가 붙은 경우는 해당하는 단어가 그 쪽수에 있는 표에 나타나 있음을 뜻한다.

ㄱ

가브리엘 라메(Gabriel Lamé: 1795~1870)   131t, 154-156, 211
가설-연역 모형(Hypothetico-deductive model, 이론 검증에서)   187, 437
가역성(Reversibility)   361, 392, 395
갈릴레오(Galileo)   40, 104t, 435
감각 데이터(Sense-data)   111
감각(Sensation)   96-99, 103, 172-175, 244, 305, 430, 440-442
감지 가능한 칼로릭(Sensible caloric) '자유 칼로릭' 참조
강건함(Robustness)   70, 111-112, 117, 412
개념(Concepts) '추상화', '확장', '의미 부여', '조작주의', '이론적 개념' 참조
개념의 확장(Conceptual extension) '확장' 참조
거리(Distance) '길이, 브리지먼의 논의' 참조
거품(Bubbling)   56-57
건축(지식 토대의 은유로서)   429-431
검증(Testing, 경험적)   111, 132, 180-186, 424, 444
· 가설-연역 모형   187, 440
· 르노   158-159, 167
· 비교동등성   180-186, 301
· 순환   199, 256, 369, 424
* '정당화', '검증가능성', '타당성' 참조
검증가능성(Testability)   332, 378, 437
게이-뤼삭 법칙(Gay-Lussac's law)   367
결합 칼로릭(Combined caloric)   143, 151, 334, 386. '잠열' 참조

겹침 조건(Overlap condition)   296-300
경험 법칙(Empirical law)   156, 197, 205, 264, 493.
* '중간 단계의 규칙성', '현상론적 법칙' 참조
경험적 적합성(Empirical adequacy)   438
경험주의(Empiricism)   156, 172-176, 185-187, 193-199
* '퍼시 윌리엄스 브리지먼', '현상론', '실증주의', '라플라스 이후의 경험주의', '앙리 빅토르 르뇨' 참조
고온 측정(Pyrometry)   241-276, 290
· 결과의 수렴   260t-261t, 274-275
· 공기   269-273
· 광학   311
· 금속성   244, 300
· 냉각   244, 269
· 물 열량 측정   268-269
· 백금   257-265, 302
· 복사   311
· 열전기   311
· 전기저항   311
· 점토   134, 241-257, 397-301
고정성(Fixity)   40, 62, 90-91, 112, 116-117, 424-425
· 고정성 변호   106-113
고정점(Fixed points)
· 고온 측정   254, 259, 262
· 다양한   39-44, 43t
* '물의 끓는점', '고정성', '어는점' 참조
공간자유 칼로릭(Free caloric of space)   151

찾아보기 | 525

공기 온도계(Air thermometer) 134, 244
· 고온 영역 269-273
· 드 뤽과 아위의 비판 204, 206
· 라메의 연구 155-156
· 라플라스의 옹호 논증 149-154
· 르뇨의 연구 164-167, 169, 177-180, 269
· 비교동등성 162-170
· 수은 온도계와의 비교 150, 162, 179-180, 201
· 일정한 부피 방식 164, 177, 178t, 405
· 일정한 압력 방식 165, 310, 405
· 저온 영역 239-241
· 전체 범위의 표준 299
· 정령(알코올) 온도계와의 비교 239-241, 299
· 톰슨의 첫 번째 절대온도와의 비교 356, 362, 365, 366t, 388
· 톰슨의 두 번째 절대온도와의 비교 374-376, 404-406
* '팽창' 참조
공안위원회(Committee of Public Safety) 258
과가열(Superheating) 52-63, 68-69, 76, 80-81, 465-466, 496
· '끓으면서' 대 '끓지 않으면서' 62
· 방지 59, 62-64, 466
· 얼음 85, 115
· 현대 과학의 설명 483
* '물의 끓는점' 참조
과거 실험의 재현(Replication of past experiments) 466-468, 474-475
과냉각(Supercooling) 85, 114-118, 233-235, 496
· 수은 114
· 총알얼음 116-118, 495
· 파렌하이트의 발견 114-116
과소결정(Underdetermination) 301, 305-306, 496
과포화(Supersaturation)
· 용해 80-81
· 증기(steam) 68, 82-86, 110

과학 교육(Science education) 466, 482
과학 사회사(Social history of science) 477
과학 혁명(Scientific revolutions) 473
과학사(History of science)
· 과학과의 관계 462
· 내적 접근법 478-479
· 사회사 478
· 철학과의 관계 456-460, 462-463
과학사와 과학철학(History and philosophy of science) 31-34
· 규범적 양식 477-478
· 상보적 기능 456-460, 477
· 서술적 양식 477
· 통합 학문 분야 261-262, 477
과학의 내적 역사학(Internal history of science) 478-479
과학의 진보(Scientific Progress)
· 관찰 173-176, 198-199
· 서로 받쳐주기 307
· 인식적 반복 32, 101-103, 403, 431-439
· 정언명령 100
· 혁명 473-474
과학적 방법(Scientific method) '방법론' 참조
과학적 실재론(Scientific realism) '실재론' 참조
과학지식사회학(Sociology of scientific knowledge) 478
관찰 불가능한 대상과 속성(Unobserable entities and properties) '관찰가능성' 참조
관찰(Observation) '관찰가능성', '감각', '관찰의 이론 의존성' 참조
관찰가능성(Observability, 그리고 관찰 불가능성) 133, 172-176, 265, 312, 326, 377-380
관찰의 이론 의존성(Theory-ladenness of observation) 111, 133, 191, 426
교정(보정, Correction) 50, 97, 388, 401-403, 406-408, 426, 442. '자기 교정' 참조
구리(Copper) 253t, 260t, 268, 311
구상(Imaging) 392. '조작주의' 참조

구체적 상(Concrete image, 추상적인 계의) '구상' 참조
구체화(Concretization) '구상' 참조
국립해양박물관(National Maritime Museum, 그리니치) 18, 414
국제실용온도눈금(International Practical Scale of Temperature) 299, 360
규범적 판단(Normative judgments, 과학에 대한) 479-480
규약(Convention) 184, 286, 295, 457
규약주의(Conventionalism) 131-132, 400, 427
규준적 측도의 문제(Problem of nomic measurement) 133, 180-182, 244
그럴듯함(Cogency, 추상적 관념의) 450
그로버 맥스웰(Grover Maxwell) 173
그리니치(Greenwich) '국립해양박물관' 참조
근사 진리(Approximate truth) 111, 356, 367, 439
근사/근삿값(Approximation) 387, 392, 395
 · 성공적인 102, 405-408, 434 ('인식적 반복' 참조)
금(Gold) 253t, 259, 260t-261t, 311
금속 온도계(Metallic thermometers) '고온 측정' 참조
기계적 철학(Mechanical philosophy) 322, 335
기름(온도계 유체로서) 134, 136, 139f
기상학(Meteorology) 48, 84, 109, 318
기수 척도(Cardinal scale) 441
기압계(Barometers, 그리고 압력계(manometers)) 48, 52, 70, 157, 161, 178-179, 220, 382-383
기욤 아몽통(Guillaume Amontons: 1663~1738)
 · 공기 팽창 136, 198, 204
 · 사용한 고정점 43t
 · 이중 척도 정령 온도계 320-321
기욤—앙투안 드 뤽(Guillaume-Antoine De Luc) 46
기체 온도계(일반적인) 165-167, 239, 335, 410
 · 절대온도의 근삿값 369-376, 398-408
 '줄—톰슨 실험' 참조
기체(Gases)
 · 비열 351, 388, 389, 397

· 칼로릭 이론의 해석 146-147, 195
· 팽창 146-156, 165, 195-197, 198, 270, 369, 401-404, 408, 410, 돌턴과 게이-뤼삭 146, 르노 195, 르노의 무게 측정법 209
* '기체 온도계', '이상기체', '기체분자운동론', '피에르-시몽 라플라스' 참조
기체분자운동론(Kinetic theory of gases) 401, 412
길이, 브리지먼의 논의 282, 428
깊은 지하실의 온도 41, 204
끓음(Boiling) 39-89, 475
 · 과가열 61-69
 · 드 뤽의 끓음 현상 연구 56-58
 · 압력-균형 이론 72-79, 87, 105
 · 여러 이론들: 캐번디시 64-69, 77, 82-84, 109, 드 뤽 52, 64, 도니 78, 제르네 78-79, 톰린슨 79, 베르데 77
 · 정도 46, 50, 56, 107-108
 · 증발 87
 · 촉진 요인: 공기 53-55, 60, 77-81, 85, 110, 먼지 81, 109, 고체 표면 60
* '물의 끓는점', '비등', '증발', '증기', '과가열' 참조
끓음의 정도(Degree of boiling) '끓음' 참조

ㄴ

나폴레옹(Napoleon) 144, 156
날씨(Weather) '기상학' 참조
납(Lead) 113, 260t-261t
낮은 단계의 법칙(Low-level laws) '중간 단계의 규칙성' 참조
낸시 카트라이트(Nancy Cartwright) 112, 391
냉(차가움, Cold)
 · 럼퍼드의 연구 328, 336
 · 복사 327-328, 336, 467-468, 475
 · 시베리아 218
 · 실재 318-329, 467, 475

- 인공적인 221, 237 ('혼합냉동제' 참조)
* '저온의 생성과 측정' 참조
냉각 법칙(뉴턴, Newton's law of cooling) 196, 244
냉각 복사(Frigorific radiation) 328-329, 475
냉에 의한 유체의 수축 '팽창' 참조
냉의 입자(Frigorific particles) 322-323
네빌 마스켈린(Nevil Maskelyne) 119
네일 맥켄드리크(Neil McKendrick) 256
노스필드 마운트 허만 고등학교(Northfield Mount Hermon School) 439
노우드 러셀 핸슨(Norwood Russell Hanson) 112
녹는점(Melting point) 253t, 260t-261t, 273
- 구리 253t, 260t-261t, 268, 311
- 금 253t, 259, 260t-261t, 311
- 납 113, 260t-261t
- 놋쇠 247, 253t, 260t-261t
- 버터 42
- 아연 260t-261t, 270
- 얼음 115, 117, 267 ('물의 어는점' 참조)
- 은 253t, 259, 260t-261t, 272, 297, 310-311
- 철 253t, 259, 260t-261t, 268, 273, 298, 311
놋쇠(Brass) 247, 253t, 260t
높은 단계의 이론(High-level theories) 111-112
높이(Heights, 압력을 이용한 측정) 48
뉴코먼 기관(Newcomen engine) 416
니콜라스 클레망(Nicolas Clément: 1778/9~1841) 267-268, 270, 274, 304
닐스 보어(Niels Bohr) 423

ㄷ

다공 마개 실험(Porous-plug experiment) '줄—톰슨 실험' 참조
다니엘 가브리엘 파렌하이트(Daniel Gariel Farenheit: 1686~1736) 130, 135, 160, 163

- 과냉각 114-116
- 온도 척도 43t, 47f, 92-93
- 혼합 실험 433
다니엘 베르누이(Daniel Bernoulli: 1700~1782) 337
다리 거리 다리(Bridge St. Bridge) 440
다원론(Pluralism) 438, 444-448, 476
다원적 전통주의(Pluralistic traditionalism) 444-448
다이아몬드 259
단순성(Simplicity) 424, 437
단열 기체 법칙(Adiabatic gas law) 404, 408
단열 현상(Adiabatic phenomena) 143, 347, 351, 372
- 어빈주의의 설명 416
단일값의 원리(Principle of single value) 133, 159, 180-183, 187, 400, 407, 493. '비교동등성', '존재론적 원리' 참조
단일화(Unity) '이론 단일화' 참조
대응(Matching) 392, 407. '조작화' 참조
대포 구멍 뚫기 실험(Cannon-boring experiment) 334
더들리 셰이퍼(Dudley Shapere) 210
데보라 메이요(Deborah Mayo) 435
데이(A. L. Day) 405
데이비드 봄(David Bohm) 472
데이비드 블루어(David Bloor) 483
데지레-장-바티스트 제르네(Désiré-Jean-Baptiste Gernez) 78-81, 116
도널드 카드웰(Donald S. L. Cardwell) 346-347, 350
독단주의(Dogmatism) 458, 478
독립성(Independence) 192
동물 열(Animal heat) 331
동시성(Simultaneity) 279, 286
둥근 지구 정합론(Round-earth coherentism) 430
뒤엠-콰인 테제(Duhem-Quine thesis) '전체론' 참조
뒤집힌 온도 척도(Inverted temperature scales) 220-221, 318-320
뒤집힌 척도(Upsided-down scale) '뒤집힌 온도 척도' 참조
뒬롱-프티의 법칙(Dulong and Petit's law) 196, 197

드 모르보(De Morveau) '루이-베르나르 기통 드 모르보' 참조
드라이아이스 238
드미트리 멘델레예프(Dmitri Mendeléeff) 157
등온 팽창(Isothermal expansion) 396-397
· 이상기체 370-372
· 카르노 순환 355
뜻밖의 발견(Serendipity) 85, 109-110, 117-118

ㄹ

라플라스 물리학(Laplacian physics) 154, 491. '라플라스 이후의 경험주의' 참조
라플라스 이후의 경험주의(Post-Laplacian empiricism) 156-157, 196-199, 446
럼퍼드 백작(Count Rumford: 1753~1814) 249, 328-329, 334-337, 415, 475
레너드 코헨(Leonard Cohen) 90
레오뮈르(R. A. F. de Réaumur: 1683~1757) 130-131, 135
· 온도 척도 43t, 47f, 120, 138, 307
레이프 슈피츠(Lafe Spietz) 313
로드윅(T. H. Lodwig) 266
로렌스 스클라(Lawrence Sklar) 431
로렌츠 크렐(Lorenz Crell) 249
로버트 모리스(Robert J. Morris) 483
로버트 밀리칸(Robert Millikan) 326, 471
로버트 보일(Robert Boyle: 1627~1691) 41, 322, 474
로버트 폭스(Robert Fox) 141, 148, 194, 196, 200
로버트 후크(Robert Hooke: 1635~1703) 41, 43t, 119
로우린슨(J. S. Rowlinson) 483
롯섀퍼(Rottschaefer) 211
루돌프 클라우지우스(Rudolf Clausius: 1822~1888) 338, 372
루드비히 비트겐슈타인(Ludwig Wittgenstein) 96, 98, 108, 293, 431
루이 듀포어(Louis Dufour: 1832~1892) 60, 62, 76-78, 80-81, 87, 114
루이 드 릴 드 라 크로이에레(Louis de l'Isle de la Croyere) 307
루이 베르나르 기통 드 모르보(Louis-Bernard Guyton de Morveau: 1737~1816) 258-259
· 백금 고온온도계 258-259, 262, 302-304
· 열량 측정 고온온도계 266
· 웨지우드의 점토 고온온도계 249, 275
루이 베르트랑(Louis Bertrand: 1731~1812) 326
루이 파스퇴르(Louis Pasteur) 78
루이-자크 테나르(Louis-Jacques Thenard: 1777~1857) 147
르네 쥐스트 아위(René-Just Haüy: 1743~1794) 144-146, 149, 155, 206, 335
리처드 보이드(Richard Boyd) 451
리처드 커완(Richard Kirwan) 237
리처드 폴리(Richard Foley) 426

ㅁ

마거릿 모리슨(Margaret Morrison) 418
마랭 메르센(Marin Mersenne: 1588~1648) 320
마르셀린 베르텔로(Marcelin Berthelot) 157, 199
마르셀 에밀 베르데(Marcel Émile Verdet: 1824~1866) 61, 63, 77-79
마리오트의 법칙(Mariotte's law) '보일의 법칙' 참조
마이어의 가설(Mayer's hypothesis) 372, 401. '줄의 추측' 참조
마이클 매튜스(Michael Matthews) 484
마이클 폴라니(Michael Polanyi) 431
마일라 월터(Maila L. Walter) 312
마케도니오 멜로니(Macedonio Melloni) 311
마크-오귀스트 픽테(Marc-Auguste Pictet: 1752~1825) 207, 249, 324-328, 467, 475

마토우세크(J. W. Matousek) 217, 311
마티아스 되리이스(Matthias Dörries) 157, 199
매튜 거스리(Matthew Guthrie: 1732~1807) 224, 230, 235, 308
매튜 볼턴(Matthew Boulton) 343
먼지 63, 81, 83-86, 88, 109-111
메리 모건(Mary Morgan) 418
메리 헤세(Mary Hesse) 112
모리츠 슐리크(Moritz Schlick) 426
모형(Models) 359-367, 392
· 부분적으로만 구체적인 362
* '구상' 참조
목마 넘기(Leapfrogging) 300
무한회귀(Infinite regress) 92, 431
문제 중심의 역사 서술(Problem-centered narrative) 463
문제 풀이 능력(Problem-solving ability) 438
물 끓임 용도의 금속 용기(Metallic vessels for boiling water) 51, 59, 65f, 107
물(Water)
· 어는 현상에 관한 의문 222
· 열량 측정 265, 268, 273, 298, 486, 496
· 온도 측정용 유체 95, 131t, 134, 139t
* '끓음', '물의 끓는점', '어는점', '얼음', '잠열', '비열', '증기', '과냉각', '과가열' 참조
물레방아(waterwheel) 346
물의 끓는점(Boiling point of water) 44-52, 465-468
· 고정성 106-110
· 끓음 현상 없는 규정 82
· 두 개의 끓는점 45, 47t
· 불명확한 것으로 여겨짐 45-48
· 에이트킨의 정의 87
· 영향 요인: 점착 60, 74-78, 응집 74, 물 깊이 51, 107, 용기 재질 59-62, 74, 107, 압력 45, 51, 70, 황 피복 75
* '끓음', '증기점', '과가열' 참조

물질 상태(States of matter) '상태 변화' 참조
미들턴(W. E. Knowles Middleton) 93, 119-121
미묘한 유체(Subtle fluids) 141
밀랍(Wax) 44

ㅂ

바스 반 프라센(Bas van Fraassen) 173, 437
반복(Iteration) '인식적 반복', '수학적 반복' 참조
반증(Falsification) 189, 436, 443
방법론(Methodology) 479-480
배 은유(Boat metaphor) '오토 노이라트' 참조
백금(Platinum) 257
· 고온온도계 257-265, 302-304
· 공기 온도계 272-273, 298
· 녹는점 261t
· 비열 273
· 팽창 257-258, 262-265
백분위 척도(Centigrade scale) 114, 132, 162
버밍엄 달 학회(Lunar Society of Birmingham) 48, 232, 343
버터 42
베르너 하이젠베르크(Werner Heisenberg) 423
벤자민 톰슨(Benjamin Thompson) '럼퍼드 백작' 참조
보수성(Conservatism) 424, 432, 437, 444
보일의 법칙(Boyle's law) 149, 198, 351, 367
보조 가설(Auxiliary hypotheses) 74, 189, '전체론' 참조
보편성(Universality) 450
복사 칼로릭(Radiant caloric) 150
복사(Radiation, nature of) 475
복사냉(Radiant cold) 327-328
복사열(Radiant heat) 311, 327-328
복지국가(Welfare state, 상보적 과학의 유추) 459
볼타(Alessandro Volta) 206
분리 응축기(Separate condenser) '제임스 와트' 참조

분자(Molecules) 118, 270, 412
· 라플라스의 칼로릭 이론 151-154
· 열의 동역학 이론 336-338, 401
· 작용: 끓음에서 76-77, 87, 123, 열적 팽창에서 139, 145
붉은 열(Red heat) 245-246, 252, 253t, 255, 260t, 269
브라이언 엘리스(Brian Ellis) 123, 210
브라이언 포프(Brian Popp) 415, 468
브루크 테일러(Brook Tayler: 1685~1731) 136
브뤼노 라투어(Bruno Latour) 478
『브리태니커 백과사전(Encyclopaedia Britannica)』 43t, 44, 61, 237, 242, 323, 388, 390, 398
비(Rain) 46, 84
비교동등성(Comparability) 159-170, 180-186, 274-275, 296, 370, 425, 429, 443, 472
· 공기 온도계 163-170, 192, 269
· 드 뤽의 사용 161
· 르뇨의 사용 159, 162-170, 341
· 수은 온도계 162-163
· 웨지우드의 점토 고온온도계 245-247, 252-254, 274, 301-302
· 일반 기체 온도계 167-168
· 정령 온도계 161-162
* '단일값의 원리' 참조
비등(Ebullition)
· 진정한 비등(드 뤽) 52-58, 66
· 통상의 비등(제르네) 79-81
* '끓음' 참조
비열(Specific heat)
· 기체 373, 388, 390
· 뒬롱—프티의 법칙 196-197
· 백금 273
· 어빈주의의 개념 330-334, 386, 397
· 온도 의존성 140, 145, 188, 268
· 화학적 칼로릭 이론 143-145, 334

비투스 베링 선장(Captain Vitus Bering) 218
비판(Criticism) 455, 457, 464, 481-482. '비판적 지각' 참조
비판적 지각(Critical awareness) 469-473
빈 학파 선언문(Wiener Kreis manifesto) 483
빌리엄 지멘스(William Siemens) 311
빛(Light, 화학적 원소로서) 142

ㅅ

사디 카르노(Sadi Carnot: 1796~1832) 154, 195, 342, 446
사비에르 비샤(Xavier Bichat) 174
사이몬 섀퍼(Simon Schaffer) 474
사이몬 손더스(Simon Saunders) 443
산업혁명(Industrial Revolution) 343
산크토리우스(Sanctorius) 43t, 123
상대론(Relativism) 184, 447
상보적 과학(Complementary science) 27, 31-33, 455-482
· 다른 과학 양식과 비교 477-480
· 새로운 전개 473-476
· 생산하는 지식의 성격 465-476
· 전문가적 과학과 비교 476, 480-482
상응(Correspondence) 394, 409
상태 변화(Change of state) 85-86, 150, 330, 368
· 어빈주의의 설명 330-332
· 에이트킨의 견해 85-88
· 화학적 칼로릭 이론 141
새뮤얼 호슬리(Samuel Horsley) 119
생산성(Fruitfulness) 437
샤를 카냐르 드 라 투르(Charles Cagniard de la Tour: 1777?~1859) 61
샤를—베르나르 데조르므(Charles-Bernard Desormes: 1777~1862) 267-268, 270, 274, 304
샤를의 법칙(Charles's law) '게이-뤼삭 법칙' 참조
샤틀리에(Chatelier) '앙리-루이 르 샤틀리에' 참조

샬로트 왕비(Queen Charlotte) 48, 243
서로 받쳐주기(Mutual grounding) 278, 304-303, 313
서술(Narratives) 449
서열 척도(Ordinal scale) 104, 181, 441, 487
선형성(Linearity, 온도에 관한)
· 온도계 132-133, 181, 188, 202-203, 240
· 점토의 수축 255-256, 259-262, 298
* '팽창' 참조
설거지(Dishwashing, 반복적 진보의 은유로서) 423
설득력 있는 거부(Plausible denial) 106, 117
설명력(Explanatory power) 437, 447
세이버리 기관(Savery engine) 416
셰러(A. N. Scherer) 310
소스먼(R. B. Sosman) 405-406
수렴(Convergence) 257, 283, 289, 303, 305, 333, 401, 406. '겹침 조건' 참조
수소(Hydrogen) 169, 400
수은(Mercury)
· 공기 온도계 239
· 과냉각 114
· 끓는점 244, 260t-261t, 262
· 동결 218-223
· 어는점 223-232
· 유체로서 고찰 221, 436
· 팽창 132, 144-146, 162-164, 229, 262, 298
수은 온도계(Mercury thermometer)
· 고온에 나타나는 약점 218, 243
· 공기 온도계에 사용 178-180
· 공기 온도계와 비교 150, 162-163, 180, 200-201
· 드 뤽의 옹호 논증 144-146, 224-226
· 백금 온도계와 비교 262
· 비판 145-146, 150, 162-164, 189
· 상대적 장점 135, 136, 137-139, 204, 296
· 수은의 어는점 측정에 사용 223-230
· 웨지우드 고온온도계와 비교 249-253, 262, 297-298
· 저온에 나타나는 약점 218-222, 279
· 정령 온도계와 비교 130-132, 139t, 163t, 223-226, 236
· 줄—톰슨 실험에 사용 384, 388, 408
* '팽창' 참조
수은의 끓는점(Boiling point of mercury) 242, 253t, 262
수은의 동결(Freezing of mercury) '수은' 참조
수치 온도계(Numerical thermometers) '온도계' 참조
수학적 반복(Mathematical iteration) 102
순환(Circularity) 191, 285, 302, 440
· 경험주의적 정당화에 고유한 199, 423-425
· 규준적 측정 문제 133-134, 162, 169, 180-182, 268
· 조작화 369, 384, 387, 390, 394
숨은 칼로릭(Latent caloric) '결합 칼로릭' 참조
슈미트(J. G. Schmidt) 272
스넬의 법칙(Snell's law) 111
스타티스 프실로스(Stathis Psillos) 451
스트롱 프로그램(Strong program) '과학지식사회학' 참조
스티븐 브러시(Stephen G. Brush) 337
스티븐 셰이핀(Steven Shapin) 474
스티븐스(S. S. Stevens) 210
시간(측정) 443
시메옹—드니 푸아송(Siméon-Denis Poisson: 1781~1840) 153, 208
시베리아 탐사(Expeditions to Siberia) 218-219, 221
신빙성의 원리(Principle of credulity) 432
실용적 덕목(Pragmatic virtues) 437
실재론(Realism) 103, 173, 182, 189, 327
실증주의(Positivism) 70, 194, 281, 446
쌍둥이 패러독스(Twin paradox) 472

ㅇ

아낙(Anac) 225

아니스 열매 기름(Aniseed oil) 41
아데어 크로퍼드(Adair Crawford: 1748~1795) 143, 331
아돌프 그륀바움(Adolf Grünbaum) 191
아르망 세갱(Armand Séguin) 249
아르키메데스 법칙(Archimedes's law) 111
아리스토텔레스(Aristotle) 322
아마 씨 기름(Linseed oil) 134
아몽통 온도(Amontons temperature) 225, 352, 372, 411. '절대온도', '절대영도' 참조
아연(Zinc) 260t, 270
아이작 뉴턴(Isaac Newton: 1642~1727)
· 물의 끓는점 46, 47f, 97
· 온도 척도 46
· 혈온 42, 92-94
안개 83
안개상자(Cloud chamber) 83
안경(자기 교정의 설명 사례) 442
안나 이바노브나(Anna Ivanovna), 러시아 여제 218
안데르스 셀시우스(Anders Celsius: 1701~1744) 42, 43t, 104t, 135, 318
알렉산더 오베르(Alexander Aubert) 119
알렉상드르 마르셋(Alexandre Marcet) 59
알렉세이 치리코프 선장(Captain Alexei Chirikov) 218
알렉시스 테레즈 프티(Alexis Thérèse Petit: 1791~1820) 154, 264
· 라플라스 이후의 경험주의 194-196, 446
· 온도 측정 162, 200-202, 268-269, 270-271
알버트 아인슈타인(Albert Einstein) 279, 281, 286-287
알코올 온도계(Alcohol thermometer) '정령 온도계' 참조
알코올(Alcohol) '정령(포도주)' 참조
알폰스 살베타(Alphonse Salvétat) 311
압력(Pressure)
· 브리지먼의 연구 279
· 추상적 개념 380-385
* '끓음', '물의 끓는점', '증기', '수증기' 참조

압력계(Manometers) '기압계' 참조
압력-균형 끓음 이론(Pressure-balance theory of boiling) '끓음' 참조
앙리 루이 르 샤틀리에(Henri Louis Le Chatelier: 1850~1936) 255, 273, 276, 403-408, 443
앙리 마리 블랭빌(H. M. D. de Blainville) 211
앙리 빅토르 르뇨(Henri Victor Regnault: 1810~1878) 156-203, 340-341, 399
· 공기 온도계 162-167, 177-180, 270
· 기체의 팽창 164-167
· 비교동등성 159-161, 162-170, 301, 429, 472
· 수은 온도계 159-164
· 연구 스타일 156, 158
· 온도 측정 표준 177-180
· 이론에 대한 저항 158-159, 168, 197
· 정밀성 157-159, 193-197
· 증기 데이터 72, 73t, 157
· 최소주의 189-193
· 활동 경력 156-157
앙리 푸앵카레(Henri Poincaré) 131, 184, 427
앙투안-로랑 라부아지에(Antoine-Laurent Lavoisier: 1743~1794) 46, 122, 249, 483
· 얼음 열량계 265-266
· 칼로릭 이론 142, 148, 334-335
· 협력 연구자 148, 249, 258, 265
액체 비중 측정법(Areometry) 162
앤드루 그레이(Andrew Gray) 417
앤드루 그레이엄(Andrew Graham) 228
앤드루 어(Andrew Ure) 272
앤드루 파일(Andrew J. Pyle) 414
앨런 머스그레이브(Allan Musgrave) 483
앨런 프랭클린(Allan Franklin) 191, 471
앳킨스(P. W. Atkins) 483
양자역학(Quantum mechanics) 182, 281, 313, 472
어는점(Freezing point)

· 물 41, 42, 113-118, 266
· 부정형이라고 여겨지는 41, 223
· 수은 224-241
· 아니스 열매 기름 41
어빈주의 칼로릭 이론(Irvinist caloric theory) 141, 331-333, 379, 415
· 단열 현상의 설명 416
· 돌턴의 옹호 142-143, 416
얼음(Ice)
· 과가열 86, 117
· 녹는점 115, 117, 267 ('물의 어는점' 참조)
· 녹을 때의 잠열 116, 어빈주의의 설명 141, 330-332
· 열량계 265-268, 298, 302, 368
* '과냉각' 참조
에너지 170, 336-338, 467
· 내부 에너지 372, 397, 401
· 양자역학 124, 204
· 에너지 보존 170, 291, 354, 358, 362
에너지 보존(Conservation of energy) '에너지' 참조
에드먼드 바우티(Edmond Bouty) 196
에드먼드 핼리(Edmond Halley: 1656~1742) 40, 43t, 93
에드문트 후설(Edmund Husserl) 104, 431
에듬 마리오트(Edme Mariotte) 41
에른스트 마흐(Ernst Mach) 195, 446
에밀 클라페롱(Benoit-Pierre-Émile Clapeyron: 1799~1888) 195-196, 350-351
에콜 폴리테크니크(École Polytechnique) 144, 154-156, 259, 267, 350
에테르(Ether) 134, 336, 339
역학적 일(Mechanical work) '일' 참조
역학적 효과(Mechanical effect) '일' 참조
열 보존(Conservation of heat) '열' 참조
열 운동 이론(Kinetic theory of heat) '열역학 이론' 참조
열(Heat)

· 보존 188, 265, 360
· 일과 열의 관계 342, 349, 354, 358, 372, 396 ('효율' 참조)
· 일당량 356, 389
· 조작화 385-386
· 화학 반응 330
* '칼로릭 이론', '열의 동역학 이론' 참조
열기관(Heat engine) '카르노 기관', '증기기관' 참조
열량 측정법(Calorimetry) 273, 298, 342, 368, 384
· 고온 측정 264-270
· 물 265, 268, 298, 342, 368, 384
· 얼음 265-268, 298, 302, 368
열에 의한 점토의 수축 '선형성', '조시아 웨지우드' 참조
열역학(Thermodynamics) '절대온도', '카르노 기관', '윌리엄 톰슨' 참조
열용량(Heat capacity) 94, 143, 146, 196, 330-332, 379, 436
· 비열 334, 386
열의 동역학 이론(Dynamic theory of heat) 335-338, 354
열의 물질 이론(Material theory of heat) '칼로릭 이론' 참조
열의 역학 이론(Mechanical theory of heat) '열의 동역학 이론' 참조
열적 팽창(Thermal expansion) '팽창' 참조
열전쌍(Thermocouple) 240
영국 과학진흥회(British Association for the Advancement of Science) 353
오귀스탱 프레넬(Augustin Fresnel: 1786~1827) 194
오귀스트 콩트(Auguste Comte: 1798~1851) 155, 194
오스본(H. C. Osborn) 311
오토 노이라트(Otto Neurath) 303-304, 313, 430
오토 폰 구에리케(Otto von Guercke) 43t
온도 척도(Temperature scale) '절대온도', '아몽통 온도', '안데르스 셀시우스', '백분위 척도', '호아침 달렌스', '존 돌턴', '존 프레데릭 다니엘', '드릴', '다니엘 가브리엘 파렌하이트', '고정점', '국제실용온도눈금', '뒤집힌 온도 척도', '아이작 뉴턴', '일점 고정법', '레오뮈르', '왕립학회', '이점 고정법', '조시아

웨지우드' 참조
온도 측정용 유체(Thermometric fluids)
· 공기와 수은의 비교   150, 162, 179, 201-202
· 공기와 정령의 비교   240-241, 300
· 다양성   134
· 다양한 유체 비교   131, 135-137, 139, 319
· 선택   137, 169, 180-181, 201-202, 301, 472
· 수은과 정령의 비교   131, 139, 161, 223-227, 236-237, 300
* '공기 온도계', '기체 온도계', '수은 온도계', '온도 측정용 유체로서 기름', '고온 측정', '정령 온도계', '물' 참조
온도(Temperature, 이론적 개념) '절대온도' 참조
온도경(Thermoscopes)   93-95, 97, 99, 104-105, 134, 177, 424, 440-442, 496
온도계(Thermometers, 수치)   93, 104-105, 117, 129, 176-181, 203, 217, 425, 441
올레 뢰머(Ole Rømer)   43t
올로프 베크만(Olof Beckman)   320
왕립학회(Royal Society)   119, 63, 228-232, 246, 414
· 온도계(온도 척도)   318-320
· 위원회(온도측정위원회)   44-46, 50-52, 64-69, 82, 87, 107, 111, 232
· 회원과 관리자   40, 48, 114, 136, 246
외삽(Extrapolation)   225, 227, 240, 264, 300, 352
요동 끓음(Bumping)   57. '과가열' 참조
요한 게오르크 그멜린(Johann Georg Gmelin: 1709~1755)   218-220
요한 하인리히 람베르트(Johann Heinrich Lambert: 1728~1777)   136
원자 열(Atomic heat) '뒬롱—프티의 법칙' 참조
위계(Hierarchy) '정당화' 참조
윌러드 반 오먼 콰인(Willard van Orman Quine)   303-304, 430
윌리엄 뉴먼(William Newman)   483
윌리엄 라이칸(William G. Lycan)   432, 437, 438

윌리엄 스미턴(William Smeaton)   119, 266, 310
윌리엄 어빈(William Irvine: 1743~1787)   141, 331. '어빈주의 칼로릭 이론' 참조
윌리엄 왓슨(William Watson: 1715~1787)   219, 221
윌리엄 위더링(William Withering)   232
윌리엄 클레그혼(William Cleghorn)   222
윌리엄 톰슨(William Thomson, 켈빈 경: 1824~1907)   339-340
· 과학 이론의 추상성   339, 359, 385-387, 406
· 르뇨   157, 170, 339-340
· 열역학   195
· 절대온도: 이론적 개념   305, 339-359, 406, 410-412, 조작화 359-376, 384-385, 389-391, 395-402, 408-409
· 줄과의 협력연구   356-359, 373-374 (줄—톰슨 실험도 참조)
* '절대온도', '줄—톰슨 실험' 참조
윌리엄 하이드 울러스턴(William Hyde Wollaston: 1766~1828)   249, 258, 446
윌리엄 허버든(William Heberden)   119
윌리엄 허셜(William Herschel: 1738~1822)   324
윌리엄 헨리(William Henry: 1774~1836)   171
유리(Glass)   130, 223
· 물 끓이는 용기   53, 59-62, 74, 107
· 팽창   130, 163-164, 168, 209
율리우스 로베르트 마이어(Julius Robert Mayer: 1814~1878)   372
은(Silver)
· 녹는점   254, 259 260t, 272, 297, 298, 311
· 웨지우드의 온도 측정   252, 254, 256
· 팽창   252, 256, 298
응결(Condensation) '증기' 참조
응용성(Applicability, 추상적 관념의)   450
응집(Cohesion)   74, 327, 372, 430
응축기(Condenser) '제임스 와트' 참조
의료 온도 측정(Medical thermometry)   123
의미 부여(Meaning)   111, 305, 418
· 브리지먼   287-295
· 사용   293-294

· 정의 292-294

· 조작적 292-295

· 확증 이론 288

· 환원적 원리 288-295, 378-379, 385

* '확장' 참조

의미 확장(Semantic extension) 292

의미의 환원적 원리(Reductive doctrine of meaning) '의미 부여' 참조

이론 단일화(Theoretical unity) 300-301

이론적 개념(Theoretical concepts) 386, 391, 418

이상기체 법칙(Ideal gas law) 374, 403, 408, 443

이상기체 온도(Ideal-gas temperature) 411

이상기체(Ideal gas) 402-411

· 절대온도 369-373

· 추상화 387-388

이상욱(Yi Sang Wook) 414, 418, 419

이상화(Idealization) 392, 395

· 카르노 기관 387, 395-397

이언 해킹(Ian Hacking) 112, 174-175, 326

이점 고정법(Two-point method) 132

인식적 가치(Epistemic values) 437-438, 449. '인식적 덕목' 참조

인식적 덕목(Epistemic virtues) 181, 437- 439, 441-442, 447. '인식적 가치' 참조

인식적 반복(Epistemic iteration) 32, 101-103, 403, 406, 424, 434-435, 439, 444, 447-450

일(Work) 342, 346. '열' 참조

일관성(정합성, Consistency)

· 논리적 98, 437, 444, 447

· 물리적 182, 186-187, 241, 301. '단일값의 원리' 참조

일점 고정법(One-point method) 119, 492

임계점(Critical point) 61

임레 러커토시(Imre Lakatos) 171, 438, 448, 483

임마누엘 칸트(Immanuel Kant) 237

ㅈ

자기 개선(Self-improvement) 99-100, 425

자기 교정(Self-correction) 32, 99-101, 424, 435, 439-444

자기 정당성 신념(Self-justifying beliefs) 426, 428-429, 436

자기 증거적 설명(Self-evidencing explanation) 234

자기 척력(Self-repulsion, 칼로릭) 141, 152, 202

자기 파괴(Self-destruction)/자기모순(self-contradiction) 435-436. '자기 교정' 참조

자력 해결(Bootstrapping) 100

자연주의적 인식론(Naturalistic epistemology) 480

자유 칼로릭(Free caloric) 144, 150-153, 334

자유 표면(Free surface) 85-87, 117. '존 에이트킨', '상태 변화' 참조

자크 바르텔레미 미셸리 뒤 크레스트(Jacques Barthélemi Micheli du Crest: 1690~1766) 43t, 135

잠열(Latent heat)

· 동결 115, 229, 234, 265, 307

· 어빈주의의 개념 141, 330-332, 379

· 증기 67, 344, 364-368

· 화학 칼로릭 이론 142, 332

* '결합 칼로릭', '과냉각' 참조

장 바티스트 조셉 푸리에(Jean Baptiste Joseph Fourier: 1768~1830) 154, 193-197, 339, 446

장−바티스트 뒤마(Jean-Baptiste Dumas) 158, 199

장−바티스트 비오(Jean-Baptiste Biot: 1774~1862) 59, 110, 158, 238, 340

장−앙드레 드 뤽(Jean-André De Luc) 42, 46-51, 198, 343

· 끓음 50-69, 77-81, 87, 107, 110, 465

· 비교동등성 161-162

· 수은 온도계 137-140, 235-236

· 수은의 동결 223-227

· 얾과 과냉각 113-118

· 정령 온도계 139t, 161

· 혼합법 137-140, 188-189; 그 비판 144-147, 192,

201, 267, 335
장−자크 도르투스 드 메랑(Jean Jacques d'Ortous De Mairan: 1678~1771) 323
장−자크 루소(Jean-Jacques Rousseau) 46
저온(생성과 측정) 218-241
적외선 복사(Infrared radiation) 324
적용범위(Scope, 인식적 덕목으로서) 437, 442
전기저항 온도 측정법(Electric-resistance thermometry) 402
전문가적 과학(Specialist science) '정상과학' 참조
전체 범위의 표준(Whole-range standards) 298-299
전체론(Holism, 이론 검증에서) '보조 가설', '피에르 뒤엠',
* '윌러드 반 오먼 콰인' 참조
전통(Tradition) 445-448, 458, 472, 478, 481-482
절대영도(Absolute zero) 352
· 럼퍼드와 다비의 견해 336-337
· 아몽통의 개념 225-256
· 어빈주의의 개념 330, 379
· 어빈주의의 추론 333
· 톰슨의 첫 번째 정의에는 없는 366t, 367
* '절대온도' 참조
절대온도(Absolute temperature)
· 아몽통의 개념 352
· 어빈주의의 개념 141, 329-334, 379
· 캘린더와 르 샤틀리에의 연구 402-406
· 톰슨의 1880년 연구 388-390, 396-398
· 톰슨의 개념 340-342
· 톰슨의 첫 번째 정의 352: 조작화 360-368, 382
· 톰슨의 두 번째 정의 357-359, 417: 조작화 369-376, 383, 396-407, 첫 번째 정의와의 관계 417
점착(Adhesion) 60, 74-78
점토 고온온도계(Clay pyrometer) '조시아 웨지우드' 참조
정당화(인식적) 32, 75, 424-431, 478
· 온도의 조작화 391, 393, 394
· 위계적 426, 430
· 정합론 424, 426, 428-431

· 존재론적 원리 135, 180
· 측량 확장 293
· 측정 방법/표준 91-99, 173, 302, 358, 394, 426-427
· 토대론 95, 424, 426-427, 인식적 반복에서 요구되지 않는 403, 407, 430, 438
· 회피 427
* '검증', '타당성' 참조
정령 온도계
· 공기 온도계와의 비교 240-241, 298-299
· 뒤 크레스트의 옹호 136
· 드 뤽의 온도계 121
· 브라운 223-225
· 비판 135-136, 139t, 160-162, 188, 236
· 수은 온도계와의 비교 131-132, 139t, 161f, 223-226, 236, 298-299
· 아몽통 320
· 파렌하이트 온도계 160
* '팽창' 참조
정령(포도주)
· 끓는점 40-41, 121
· 팽창 135-136, 139t, 160-162, 223-224, 236, 240-241, 436
정령의 끓는점(Boiling point of spirit) 40-41
정밀성(Precision) 59, 97, 164, 181, 273, 305
· 라플라스 이후의 경험주의 196-199
· 르뇨의 성취 157-159, 193-197
· 이론적 개념 283, 409
· 인식적 덕목 437, 441, 444
정상과학(Normal science) 72, 445, 457-458. '전문가적 과학' 참조
정신적 구성물(Mental constructs) 294
정의(Definition) '의미 부여', '조작주의' 참조
정의의 물질적 구현(Material realization of a definition) 386
정합(일관성, Coherence) 104, 305-306, 426
정합론(Coherentism) 303, 424, 428-430, 444, 447-448

찾아보기 | 537

· 둥근 지구 429-430

정확도(Accuracy) 100, 133, 144, 164, 256, 409, 437

정확성(Correctness) 388, 393-394, 399, 407, 446

· 측정 방법 425, 434

· 조작주의 394, 402-403, 473

제드 부크왈드(Jed Buchwald) 483

제럴드 홀튼(Gerald Holton) 279, 312, 471, 484

제레미 벤담(Jeremy Bentham: 1748~1832) 222

제만 효과(Zeeman effect) 378

제인 마르셋(Jane Marcet) 60

제임스 데이비드 포브스(James David Forbes) 157

제임스 보겐(James Bogen) 112

제임스 브라이언트 코넌트(James Bryant Conant) 484

제임스 에반스(James Evans) 415, 468

제임스 와트(James Watt: 1736~1819) 72, 73t, 343-346

· 분리 응축기 344-346

· 지표 도해 349-351

· 팽창 원리 346, 347

제임스 우드워드(James Woodward) 112

제임스 쿠싱(James T. Cushing) 472

제임스 클러크 맥스웰(James Clerk Maxwell) 88

제임스 프레스코트 줄(James Prescott Joule: 1818~1889) 353, 355-359, 408, 416

· 톰슨과의 협력 연구 353-359, 369 ('줄-톰슨 실험' 참조)

제임스 프린셉(James Prinsep: 1799~1840) 271-272

조르주-루이 르 사주 2세(George-Louis Le Sage the Younger: 1724~1803) 138

조셉 뱅크스(Joseph Banks) 246

조셉 블랙(Joseph Black: 1728~1799) 67, 115, 118, 134, 137, 141-142, 229, 235, 249, 343

· 수은 동결 장치 228, 234

· 잠열 67, 115

조셉 애덤 브라운(Joseph Adam Braun: 1712?~1768) 220-228, 279

조셉-니콜라스 드릴(Joseph-Nicolas Delisle: 1688~1768) 43t, 47f, 318-320

조셉-루이 게이-뤼삭(Joseph-Louis Gay-Lussac: 1778~1850)

· 기체의 팽창 142

· 끓음 59, 62, 74-75

· 온도 측정법 129, 147

조시아 웨지우드(Josiah Wedgwood: 1730~1795) 134, 243

· 얼음 열량계 265-268

· 온도 척도 247: 파렌하이트 척도 252-254, 기통에 의한 수정 258-259

· 유색점토 고온온도계 245

· 이어붙이기 297-298

· 점토 고온온도계 134, 245-257, 297-301: 명반-점토 혼합물 254, 수은 온도계와 비교 249-253, 비판 253-265, 표준화의 어려움 253-255, 고정점 254

· 조작주의 287-291

· 조작적 의미 부여(Operational meaning) 290-295, 387, 410

· 조작적 확장(Operational extension) 292

조작주의(Operationalism, operationism) 131, 279-287, 287-289, 295, 419. '퍼시 윌리엄 브리지먼' 참조

조작화(Operationalization) 338, 377-413, 427

· 두 단계의 과정 391-393 ('구상', '대응' 참조)

· 열 385-386

· 타당성 391-402

· 톰슨의 첫 번째 절대온도 360-368, 385

· 톰슨의 두 번째 절대온도 369-376, 400f

· 환원적 관점 377-385

조지 3세(George Ⅲ) 45, 48, 249

조지 마틴(George Martine: 1702~1741) 135

조지 스미스(George E. Smith) 435

조지 애덤스(George Adams: ?~1773) 45, 47t, 50-51, 107

조지 에드워드 무어(G. E. Moore) 98

조지 크렙스(Georg Krebs: 1833~1907) 60, 467

조지 포다이스(George Fordyce: 1736~1802) 243-244

존 돌턴(John Dalton: 1766~1844)
· 기체의 팽창 148, 197
· 될롱과 프티의 비판 201
· 수은의 어는점 237
· 어빈주의 칼로릭 이론 331-333
· 온도 척도 142, 237
· 원자 208
· 증기 압력 72, 73t
· 혼합법 142, 146, 189
존 레슬리(John Leslie: 1766~1832) 332
존 로크(John Locke) 222
존 맥내브(John McNab) 236
존 머레이(John Murray: 1778?~1820) 248, 327, 332
존 서던(John Southern) 350
존 에이트킨(John Aitken: 1839~1919) 83-89, 109, 111, 116-117, 466
존 윌리엄 드레이퍼(John William Draper: 1811~1882) 471
존 제임스 워터스톤(John James Waterston: 1811~1883) 338
존 찰더코트(John Chaldecott) 120, 244, 309
존 틴돌(John Tyndall) 89, 324, 325
존 파울러(John Fowler) 43t
존 프레데릭 다니엘(John Frederic Daniell: 1790~1845)
· 백금 고온온도계 259-264, 268, 272-273, 302
· 온도 척도 262
· 웨지우드 고온온도계 247, 289, 297
존 헤라패스(John Herapath: 1790~1868) 337-338
존재론적 원리(Ontological principles) 183-186
존중의 원리(Principle of respect) 97-103, 301, 432-435, 444-445
주전자의 노랫소리(Singing of the kettle) 57
줄의 추측(Joule's conjecture) 356, 372. '마이어의 가설' 참조
줄-톰슨 실험(Joule-Thomson experiment, 그리고 줄-톰슨 효과) 356, 373f, 387-388, 389-391, 403-411
중간 단계의 규칙성(Middle-level regularities, 또는 낮은 단계

의 법칙) 112-113. '경험 법칙', '현상론적 법칙' 참조
중첩결정(Overdetermination) 187-190
증기(Steam)
· 과포화 68, 82-84, 110
· 드 뤽 68-69
· 르뇨의 데이터 72, 73t, 156, 365, 398
· 밀도 382-384, 398
· 압력-온도 관계 70-72, 82-83
· 응결 344
· 잠열 67, 344, 364-365
· 캐번디시 65-68
· 포화 70-72, 364, 367
* '증기기관', '증기점', '증기-물 계', '증기(vapor)' 참조
증기(Vapor)
· 압력 70-72, 73t, 76, 87
· 포화 70-72
* '끓음', '증발', '증기(steam)' 참조
증기기관(Steam engine) 156-157, 342-343, 348-350
증기-물 계(Steam-water system) 351, 363-365, 397-399
증기-물 온도계(Steam-water thermometer) 398
증기점(Steam point) 70, 105, 111, 495
· 고정성 확보를 위한 먼지의 역할 81, 109
· 고정성에 관한 마르셋의 연구 69
· 드 뤽의 회의론 68-69
· 캐번디시의 옹호 64-69
* '끓음', '물의 끓는점', '과포화' 참조
증발(Evaporation) 54, 57-58, 67, 70, 78, 81-88, 142, 244, 364
지구 '둥근 지구 정합론' 참조
지표 도해(Indicator diagram) '제임스 와트' 참조
지하실 '깊은 지하실의 온도' 참조
진리(Truth) 103, 409, 436, 438-439, 447, 469-470
질산 221

ㅊ

찰스 블래그덴(Charles Blagden: 1748~1820)
- 과냉각 114-118
- 수은의 동결에 관해 218-220, 230-236

찰스 샌더스 퍼스(Chales Sanders Peirce) 101, 102f, 407
찰스 윌슨(C. T. R. Wilson) 83
찰스 캐번디시 경(Lord Charles Cavendish: 1704~1783) 71
찰스 톰린슨(Charles Tomlinson: 1808~1897) 80-81, 110
찰스 피아치 스미스(Charles Piazzi Smith: 1819~1900) 44
참신한 예측(Novel predictions) 438
척도(Scales) '기수 척도', '서열 척도' 참조
철
- 고온온도계 272
- 녹는점 242, 253t, 259, 260t-261t, 268, 273, 291, 311
- 연철 268
- 용접 253t, 260t-261t, 291
- 주철 242, 253t, 259, 311
- 팽창 260t-261t, 264

철학(Philosophy)
- 과학과의 관계 460-461
- 과학사와의 관계 448-450, 456-457, 461-464

체온(Human body temperature) '혈온' 참조
초용해(Surfusion) 124
총알얼음(Shooting) '과냉각' 참조
최소주의(Minimalism) 159, 186-193
추상화(Abstraction, 과학 이론에서) 385-386, 411
- 조작화 393-394
- 카르노 이론 346, 360, 386
- 톰슨의 선호 339, 359, 385-387

추상화(철학 사상에서) 32-33, 410-413, 449-450
측량 확장(Metrological extension) 288, 290, 295
측정법/측정 방법(Measurment methods) '정당화', '검증', '타당성', '조작화', '표준' 참조
치멘토 아카데미(Accademia del Cimento) 42

치익소리 현상(Hissing(sifflement)) 50, 56

ㅋ

카길 노트(Cargill Knott) 83
카냐르 드 라 투르(Cagniard de la Tour) '샤를 카냐르 드 라 투르' 참조
카넬리(Carnelly) 125
카르노 기관(Carnot engine) 195, 342-344, 346-351, 367
- 순환 350t, 360, 363t, 412
- 이상화 362, 367, 395-398
- 추상화 387
- 톰슨의 구체적 모형 360-367, 392, 394-398: 기체계 417, 증기-물 계 362-367, 397-398
- 톰슨의 재공식화 354-356

카르노 함수(Carnot's function) 354-357
카르노의 계수(Carnot's coefficient, 또는 승수) 354
카를 분데르리히(Carl Wunderlich: 1815~1877) 123
카를로 레날디니(Carlo Renaldini) 43t, 104t
카트린느 여제(Catherine the Great) 221
칼 보이어(Carl B. Boyer) 108
칼 포퍼(Karl Popper) 112, 168, 191, 332, 431, 455, 458
칼 헴펠(Carl G. Hempel) 234, 437
칼로릭 이론(Caloric theory) 111, 141-145, 329-333
- 라부아지에 142
- 라플라스 150-154
- 어빈주의 141, 329-333, 386
- 카르노의 수용 346
- 화학적 이론 141-144, 333-335, 386

칼로릭(Caloric) '칼로릭 이론', '결합 칼로릭', '자유 칼로릭', '공간자유 칼로릭', '복사 칼로릭' 참조
켈빈 경(Lord Kelvin) '윌리엄 톰슨' 참조
코넬리우스 드레벨(Cornelius Drebbel) 307
코페르니쿠스 천문학(Copernicanism) 471

콜레주 드 프랑스(Collège de France) 156-157

쿨롱(Coulomb) 483

퀵실버(Quicksilver) '수은' 참조

크리스티안 프라이헤르 폰 볼프(Christian Freiherr von Wolff) 160

크리스티안 하위헌스(Christiaan Huygens) 43t, 435

클라우스 헨첼(Klaus Hentschel) 471

클로드-루이 베르톨레(Claude-Louis Berthollet: 1748~1822) 148, 266

클로드-세르배-마티아스 푸이에(Claude-Servais-Mathias Pouillet: 1790~1868) 238-241, 272, 299, 308-311

클리포드 트루스델(Clifford Truesdell) 208

킨 피츠제럴드(Keane Fitzgerald) 309

ㅌ

타당성(Validity)
- 조작화 391-395
- 측량 확장 295-296
- 측정 방법/표준 91-99, 117, 295-296, 402, 435, 447, 467

타당성 확인(Validation) '정당화', '타당성' 참조

탄산가스(Carbonic acid gas, 이산화탄소) 167, 169, 406

탄소 259

토대론(Foundationalism) 32, 96, 303, 424-430, 436

토르베른 베리만(Torbern Bergman) 232, 249

토머스 벤틀리(Thomas Bentley) 243

토머스 영(Thomas Young: 1773~1829) 135, 328, 396, 397

토머스 지벡(Thomas Seebeck) 311

토머스 쿤(Thomas Kuhn)
- 과거 과학의 타당성 480-481
- 관찰의 이론 의존성 112
- 인식적 가치 437, 438
- 정상과학 72, 445, 457-458

- 패러다임 447, 473-474
- 확인 433

토머스 톰슨(Thomas Thomson: 1773-1852) 149, 332

토머스 프레스턴(Thomas Preston) 80, 381-385

토머스 허친스(Thomas Hutchins: ?~1790) 227-232

토머스 호프(Thomas Hope) 249

토머스 홉스(Thomas Hobbes) 41, 43t, 414

틸로리에(A. Thilorier) 238-241

ㅍ

파리 관측소(Paris Observatory) 41

파울 파이어아벤트(Paul Feyerabend) 112, 448

패러다임(Paradigm) 447, 473-474

팽창 원리(Expansive principle) '제임스 와트' 참조

팽창(열)
- 다양한 물질의 팽창: 공기 154-156, 169, 270, 365, 기체(일반) 146-156, 169, 197-198, 202-203, 271, 369, 399-401, 408, 411, 유리 130, 163-164, 169, 금 271, 철 261t, 264, 수은 131, 137-140, 144-146, 234, 262, 298, 금속(일반) 202, 244, 298, 백금 257-262, 263-264, 은 250-252, 256, 298, 고체(일반) 135, 264, 정령 135, 139t, 161-162, 225-227
- 돌턴 237
- 뒬롱과 프티 202
- 아위의 이론 145
- 온도계 163-165, 271
- 푸리에 197

팽창에 의한 냉각(Cooling by expansion) '단열 현상', '줄-톰슨 실험' 참조

팽창의 규칙성(Regularity of expansion) '팽창', '선형성' 참조

팽창의 균일성(Uniformity of expansion) '팽창', '선형성' 참조

퍼시 윌리엄스 브리지먼(Percy Williams Bridgman: 1882~1961) 131, 277-298, 381, 428, '의미 부여', '조작주의' 참조

페르디난드 대공(Grand Duke Ferdinand, 메디치)　42, 43t
페어뱅크(William M. Fairbank Jr.)　471
페클레(E. Péclet)　276
페테르 시몬 팔라스(Peter Simon Pallas: 1741~1811)　221-222, 224, 230
페테르 헤이링(Peter Heering)　483
페트루스 반 뮈센브뢰크(Petrus van Muschenbroek: 1692~1761)　323
평형(Equilibrium)
・상태 변화　76, 115-118
・혼합　206, 265
・복사열　150
・열의 동역학　347, 417
포미(Fourmi)　274
포화 증기(Saturated steam) '증기(steam)' 참조
포화 증기(Saturated vapor) '증기(vapor)' 참조
폭발(Explosion)　57
폴 랑주뱅(Paul Langevin)　156
표준(Standards)
・개량　99-105, 173, 425-426. ('자기 개선' 참조)
・고정성　90
・서로 받쳐주기　301-306
・선택　181
・온도　29, 226, 236, 257, 317
・전체 범위　298-299, 313
・정당화　91-99, 300-301, 341, 394
・타당성　91-99, 103-105, 117
・확장　223, 296-297, 439-442
풍부화(Enrichment, 반복을 통한)　439-442
프란시스코 에스치나르디(Francesco Eschinardi) 25t, 43t
프랑수아 드 뤽(François de Luc)　46
프랑수아 마르셋(François Marcet: 1803~1883)　60, 69, 74-76
프랑수아 마리에 루이 도니(François Marie Louis Donny: 1822~?)　60, 79
프랑수아 아라고(François Arago: 1789~1853)　194
프랑스 과학 아카데미(Académie des Sciences)　130, 156
프랑스 학회(Institut de France)　258
프랑스혁명(French Revolution)　156, 258
프랜시스 베이컨(Francis Bacon: 1561~1626)　322
프톨레마이오스(Ptolemy)　471
플로지스톤(Phlogiston)　471
피라미드(Pyramid)　44
피에르 가상디(Pierre Gassendi: 1592~1655)　322
피에르 뒤엠(Pierre Duhem)　187, 190-192, 196, 200, 424-425, 446
피에르 뒬롱(Pierre Dulong: 1785~1838)　154, 238, 264
・라플라스 이후의 경험주의　194-197, 446
・온도계　162, 200-203, 268-270
피에르 프레보스트(Pierre Prevost: 1751~1839)　150
피에르-시몽 라플라스(Pierre-Simon Laplace: 1749~1827)　148, 193, 265-266, 333, 335
・기체　152
・얼음 열량계　265-268
・칼로릭 이론　150-154
피터 갤리슨(Peter Galison)　112, 122
피터 코소(Peter Kosso)　192, 211
필리프 데 라 이레(Phillippe de la Hire)　43t

ㅎ

하인리히 헤르츠(Heinrich Hertz)　443
하인츠 오토 시붐(Heinz Otto Sibum)　483
합치 조건(Conformity condition)　296-301
해럴드 브라운(Harold Brown)　191
해럴드 샬린(Herald I. Sharlin)　416, 432
허드슨 만 회사(Hudson's Bay)　227-230, 236
허버트 딩글(Herbert Dingle)　472

허버트 아서 클라인(Herbert Arthur Klein) 360
허버트 파이글(Herbert Feigl) 111-112, 379
헌툰(R. D. Huntoon) 360
험프리 다비(Humphry Davy: 1778~1829) 337
헤르만 부르하베(Herman Boerhaave: 1668~1738) 130-131, 137, 160, 433
헨리 마그노(Henry Margenau) 379, 381f
헨리 메이클(Henry Meikle) 208
헨리 캐링턴 볼턴(Henry Carrington Bolton) 107
헨리 캐번디시(Henry Cavendish: 1731~1810) 39, 44-46, 50
· 끓음에 관해 64-68, 77, 82-84, 110
· 수은의 동결에 관해 228-237, 299
· 증기점 옹호 64-68
현대 물리철학(Philosophy of modern physics) 472
현미경(Microscopes) 174-175, 326
현상론(Phenomenalism) 193-197, 412-413, 475
현상론적 법칙(Phenomenological laws) '경험 법칙', '중간 단계의 규칙성' 참조
혈온(Blood heat) 42, 92-93
호노리 파브리(Honoré Fabri) 43t
호레이스 월폴(Horace Walpole) 109
호아침 달렌스(Joachim Dalencé: 1640~1707?) 42
혼합(Mixtures, 파렌하이트의 실험) 433
혼합냉동제(Freezing mixtures) 221, 227, 229, 233, 236, 238, 279
혼합법(Method of mixtures) 134-146, 188, 225, 267
· 돌턴의 비판 142-143
· 드 뤽의 사용 137-140, 146, 188, 267
· 르 사주의 제안 138
· 블랙의 사용 137
· 아위의 비판 144-145
· 크로퍼드의 사용 143, 146
· 테일러의 사용 136
화학적 칼로릭 이론 334-335, 386
확인(슐리크의 정의) 427

확인(affirmation, 기존 지식의) 403, 424, 431-436, 444-447
확장(Extension, 개념) 286-287, 290, 293, 287-301
· 의미론 292-295
· 조작적 292
· 측량 292, 295-296, 441-442, 473: 온도 측량 239, 295-301, 425, 429
확증(Confirmation) 437. '인식적 덕목', '정당화', '검증' 참조
환원(Reduction) '조작화의 환원적 관점' 참조
황(Sulphur) 75
황산(Sulphuric acid) 134, 167-169, 237
회의론(Skepticism) 470, 478
효율(Efficiency, 기관의) 345, 349, 354-355, 360, 368, 384
휘그주의(Whiggism) 479
휴 롱번 캘린더(Hugh Longbourne Callendar: 1863~1930) 402-405, 443

지은이 장하석 HASOK CHANG

장하석 케임브리지대학교 석좌교수는 1967년 장재식 전 산업자원부 장관의 차남으로 서울에서 태어났다. 장하준 케임브리지대학교 경제학부 교수가 친형이며, 장하진 전 여성부 장관과 장하성 고려대학교 교수가 사촌으로, 그의 가족은 인동 장 씨 명문가로 유명하다.

서울에서 중학교를 마치고 미국 명문 고교인 노스필드 마운트 허먼 고등학교를 거쳐 물리학 연구 전통이 뛰어난 캘리포니아 이공대학교에서 물리학과 철학을 공부하였고 스탠퍼드대학교에서 「양자물리학의 측정과 비통일성」으로 철학박사 학위를 받았다. 하버드대학교에서 박사후(post-doctor) 과정을 밟았다.

1995년 28세의 나이로 런던대학교 교수로 임용되었으며 2005년 영국과학사학회에서 뛰어난 저술가에게 수여하는 '이반 슬레이드상'을 수상하였다.

2006년 이른바 '과학철학의 노벨상'이라 불리는 '러커토시상'(Lakatos Award, 지난 6년간 영어로 저술된 최고의 과학저작물에 수여하는 상)을 받으며 일약 세계적 과학철학자로 명성을 알렸다. 수상작인 『온도계의 철학Inventing Temperature』은 토머스 쿤의 저작들과 비견되기도 하며, 2010년 40대 초반의 나이에 케임브리지대학교 석좌교수로 초빙되어 오늘에 이르고 있다.

옮긴이 오철우

1990년 서울대학교 영문과를 졸업하고 그해 말 한겨레신문사에 입사했다. 편집부, 사회부, 문화부 등을 거쳤으며, 과학 담당 기자로 일하고 있다. 지금은 한겨레 과학웹진 '사이언스온(scienceon.hani.co.kr)'의 운영자로 일하며, 여러 웹진 필자들과 함께 과학과 사회의 소통, 과학 저널리즘에 관한 새로운 시도를 하고 있는 중이다. 2009년에 교육과학기술부 '대한민국 과학문화상(인쇄매체 부문)'을 수상했다. 서울대학교 과학사 및 과학철학 협동과정에서 석사 학위를 받았으며 박사과정 수업을 마쳤다. 옮긴 책으로 『과학의 언어』, 『과학의 수사학』 등이 있고, 지은 책으로 『갈릴레오의 두 우주 체계에 관한 대화』가 있으며, 『인문학의 창으로 본 과학』, 『GMO 논쟁상자를 다시 열다』를 기획(공저)했다.

감수 이상욱

서울대학교 물리학과를 졸업하고 동 대학 대학원에서 양자적 혼돈현상에 대한 연구로 석사 학위를 받은 후, 과학사 및 과학철학 협동과정으로 옮겨 과학철학 박사과정을 마쳤다. 그 후 런던대학교에서 자연현상을 모형을 통해 이해하려는 작업에 대한 연구로 철학박사 학위를 받았고, 이 논문으로 2001년 '로버트 맥켄지상'을 수상했다. 그 후 런던정경대학 철학과 객원교수로 활동하다 현재 한양대학교 철학과(과학기술철학) 교수로 즐겁게 학생들을 가르치며 배우고 연구하고 있다.

지은 책으로(이하 공저) 『과학 윤리 특강』, 『욕망하는 테크놀로지』, 『과학으로 생각한다』, 『과학기술의 철학적 이해』, 『뉴턴과 아인슈타인: 우리가 몰랐던 천재들의 창조성』 등이 있다.